suhrkamp taschenbuch 996

Stanisław Lem, geboren am 12. 9. 1921 in Lwów, lebt heute in Kraków. Er studierte Medizin und war nach dem Staatsexamen als Assistent für Probleme der angewandten Psychologie tätig. Privat beschäftigte er sich mit Problemen der Kybernetik, der Mathematik und übersetzte wissenschaftliche Publikationen. 1955 wurde Lem mit dem Goldenen Verdienstkreuz, 1959 mit dem Offizierskreuz der *Polonia Restituta* ausgezeichnet und erhielt 1976 den Großen Staatspreis für Literatur der VRP. Er ist Gründer der polnischen astronautischen Gesellschaft. Seit 1973 liest Lem als Dozent am Lehrstuhl für polnische Literatur an der Universität Kraków. Wichtige Veröffentlichungen: *Solaris* (1972), *Die vollkommene Leere* (1973), *Sterntagebücher* (1973), *Robotermärchen* (1973), *Das Hohe Schloß* (1974), *Summa technologiae* (1976), *Imaginäre Größe* (1976), *Der Schnupfen* (1977), *Phantastik und Futurologie I und II* (1977/78), *Die Stimme des Herrn* (1981), *Provokation* (1981), *Kyberiade* (1983).

Stanisław Lems *Phantastik und Futurologie*, in der BRD wie in Polen in zwei Bänden erschienen, ist der Versuch, eine Phänomenologie und Theorie der Science Fiction aufzustellen, zu welchem Genre Lem eine bekannt kritische Einstellung hat. Für ihn ist die Science Fiction kein rein intellektuelles Spiel, sondern eine Denkmethode zur Erforschung der Welt, vor allem der zukünftigen, des Menschen. Lem hat mit dem Begriff der Unterhaltungsliteratur nichts im Sinn, er ist unduldsam gegenüber dem Spiel mit dem Entsetzen, der Weltkatastrophe etwa. Er säubert daher das Terrain und legt den Grundstein für die Fragen, die er an die Science Fiction richten will. Sein Buch ist eine Einführung in die Schöpfungstheorie, in die Sprache, die Welt und die Strukturen der literarischen Kreation, verbunden mit heftiger Polemik gegen Strukturalismus und bestehende Science Fiction.

Stanisław Lem
Phantastik und Futurologie

1. Teil

Übersetzt von Beate Sorger
und Wiktor Szacki
(vom Autor autorisiert)

Phantastische Bibliothek
Band 122

Suhrkamp

Redaktion und Beratung: Franz Rottensteiner
Titel der Originalausgabe: *Fantastyka i Futurologia*

suhrkamp taschenbuch 996
Erste Auflage 1984

Lizenzausgabe mit freundlicher Genehmigung des
Insel Verlags, Frankfurt am Main
Suhrkamp Taschenbuch Verlag
Druck: Ebner Ulm · Printed in Germany
Umschlag nach Entwürfen von
Willy Fleckhaus und Rolf Staudt

1 2 3 4 5 6 – 89 88 87 86 85 84

Einführung

Eine Definition des Phantastischen zu geben, ist eine der schwereren Aufgaben, die man sich stellen kann. Die Grenzen dieses Begriffes sind so verschwommen, daß – im Hinblick auf die vielen Dinge, die denkbar sind –, schon die Feststellung, ob das jeweilige Objekt phantastisch ist oder nicht, ein Dilemma darstellt. Ein quadratischer Regenbogen ist ohne Zweifel ein phantastisches Objekt, aber kann man eine Addition, in der zwei und zwei sieben ergibt, phantastisch nennen? Eine derartige Operation kann, wie mir scheint, eine phantastische Prägung erhalten, wenn sie in einem entsprechenden Kontext untergebracht ist. Das heißt, daß das Phantastische nicht Attribut isolierter Begriffe sein muß, sondern diesen durch ihre Zuordnung zu einem bestimmten komplexen System zukommt.

Phantastische Designate gehören teilweise in die Nullklasse, teilweise nicht in die Nullklasse von Begriffen. So sind z. B. ein Zwerg, ein Bewohner des Jupiter oder eine fliegende Schnecke Begriffe nicht existierender, aber phantastischer Dinge. Afrikanische Götter, zweiköpfige Hunde oder Computer, die Menschen hypnotisieren können, sind dagegen Begriffe existierender Dinge (d. h. Dinge, die real existieren können), die dennoch von vielen für phantastisch gehalten werden.

Was die Nullklasse der phantastischen Designate betrifft, so ist deren Menge nicht homogen. Die Nichtexistenz der Zwerge ist nicht dieselbe wie die der fliegenden Schnecken. Ich habe mir die fliegende Schnecke ad hoc ausgedacht, indem ich Attribute realer Dinge miteinander kombinierte, einen Zwerg hingegen kann man sich nicht ausdenken, denn dieser Begriff existiert bereits im Kollektivbewußtsein mancher Kulturkreise. Sicherlich entstand auch dieser Begriff irgendwann als Produkt kombinatorischer Akte, doch er hat keinen spezifizierbaren Autor, zumindest ist er uns nicht bekannt. Somit umfaßt die Nullklasse der phantastischen Designate sowohl Begriffe, die in einem Kollektivbewußtsein existieren – durch das jedes Mitglied des entsprechenden Gemeinwesens das fiktive Objekt, das zu dem jeweiligen Namen gehört, beschreiben kann – als auch Objekte, die bisher noch niemand erdachte, aber die durch kombinatorische Akte konstruiert werden können. Durch eben diesen Unterschied kommt es, daß das Aussehen eines Zwerges als eines kleinen bärtigen Männleins nicht von mir abhängt, dagegen aber das Aussehen einer fliegenden Schnecke (der ich nach Belieben die Attribute eines Gefieders, eines Vogelfittichs oder eines Insektenflügels etc. beigeben kann). Doch weiter: von der Nichtexistenz realer Zwerge bin ich völlig überzeugt, doch die Existenz von Jupiter-Bewohnern ist für mich nur »wenig wahrscheinlich«. Wir stoßen hier auf die probabilistische Gradation des existentiellen Status phantastischer Objekte. Wenn die Jupiter-Bewohner entdeckt wären und das allgemeine Bewußtsein diese Tatsache assimiliert hätte, dann würden die Jupiter-Bewohner nicht mehr zu den phantastischen Gebilden zählen.

Doch durch die Tatsache, daß ein bestimmtes Objekt real existiert, muß dieses noch nicht automatisch die Merkmale des Phantastischen verlieren. Weshalb halten wir afrikanische Götter für phantastische Dinge? Doch wohl deshalb, weil wir von den ungewöhnlichen Eigenschaften, die ihnen von bestimmten Menschen zugeschrieben werden, nur eine ungefähre Vorstellung haben. Wenn wir nichts darüber wüßten, könnten wir ein Totem vielleicht für eine extravagante Skulptur halten, jedoch niemals für eine phantastische Schöpfung. Hier stoßen wir erneut auf ein Attribut des Phantastischen, das durch ein Begriffssystem denominiert wird, nämlich: durch den Glauben der Afrikaner, die diese Götter anbeten. Für uns ist ein Totem nur ein Gegenstand, für die Bekenner der afrikanischen Religion aber ein zu ihrem System gehörendes Signum. Darf man nun folgern, daß die Statuen von Engeln phantastische Objekte sind? Wohl kaum, denn in unserem Kulturkreis gelten Engel nicht als phantastische Wesen. Wir berühren hier einen delikaten Punkt der Psychologie des Glaubens: Christen ist es wohl kaum erlaubt, Engel für erdachte Wesen, die keine reale Existenz besitzen, zu halten. Gemäß dem Dogma, an das ein Christ glaubt, sind Engel existent, wenn auch auf eine andere Weise als Wolken oder Tisch und Stühle. So zählen selbst für die Menschen, die den gegebenen Glauben nicht teilen, aber im Kreis seiner permanenten Ausstrahlung erzogen wurden, die Dinge, die durch die Begriffe dieses Glaubens denominiert sind, eigentlich nicht zum Phantastischen. So halten wir die Taube, sprich Heiliger Geist, die Erzengel, die Seraphime, Gott-Vater usw. nicht für phantastische Erscheinungen. Und wir würden von einem Werk, in dem Mariä Verkündigung dargestellt wird, wohl eher sagen, daß es zum religiösen Schrifttum gehört als daß es phantastische Literatur sei. Vom empirischen Standpunkt ist der Text ganz offensichtlich phantastisch, doch die Kriterien, die man bei einem Kommunikat zur Charakterisierung des Phantastischen gewöhnlich anlegt, sind eher kulturmorphologisch als wissenschaftlich-empirisch. Aber weshalb halten wir den dreiäugigen Schiwa oder den Zerberus-Hund für phantastische Wesen? Doch wohl deshalb, weil die Gottheit aus einem uns fremden Kulturkreis und der Hund aus der Mythologie eines seit langem toten Glaubens (und zwar der griechischen Mythologie) stammt. Die durch die unterschiedlichen Kulturkreise bedingten Differenzierungen, die die Taube, sprich Heiliger Geist, von Schiwa oder Zerberus unterscheiden, existieren für den Empiriker nicht.

Für einen Christen ist der Heilige Geist existent, wenn auch auf eine andere Weise als gewöhnliche Gegenstände; er ist ein transzendentes, aber kein phantastisches Objekt. Für einen Mathematiker-Platoniker dagegen existieren ideale mathematische Objekte, die er bei seiner Arbeit benutzt wie z. B. der Kreis, der Punkt, die Kugel, die Gerade etc.; diese Objekte existieren – so sagen die Platoniker – ebenfalls auf eine andere Weise als gewöhnliche Gegenstände, aber auch auf eine andere Weise als Engel oder Seraphime. Die idealen Objekte eines Mathematikers existieren somit in der Transzendenz, aber nicht auf eine übernatürliche Weise. (Sie sind nicht sakral.) Hier geht es um eine weitere, die dritte Variante des existentiellen Status.

Bisher haben wir nur über Objekte gesprochen, die zur Nullklasse gehörten; doch wie bereits erwähnt, werden oft auch solche Dinge für phantastisch gehalten, die real existieren können wie z. B. ein Computer, der ein Hypnotiseur ist, oder ein lebender Hund mit zwei Köpfen. Objekte dieser Art werden deshalb als phantastisch angesehen, weil das allgemeine Bewußtsein sich an ihre Existenz noch nicht gewöhnt hat. Wenn die Ärzte sich zwecks Hypnose der Computer so geläufig bedienen werden wie heute der Stethoskope, dann wird man aufhören, solche Einrichtungen für phantastisch zu halten, und wenn ebenso die Verpflanzung von Köpfen Bestandteil des Allgemeinwissens wird, dann wird auch ein zweiköpfiger Hund als nichtphantastisch gelten. Ein alter Mann, der lebt, weil er das Herz einer jungen Frau in seiner Brust hat, war bis vor kurzem noch ein Objekt der Phantastik, was er heute schon nicht mehr ist. Ein Teil der Nullklasse phantastischer Designate wird also durch die wissenschaftlich-technische Entwicklung stufenweise entvakatisiert werden, indem diese Objekte die bisherige Menge dadurch vermindern, daß man sie für üblich zu halten beginnt.

Daher sind telepathische Maschinen oder Roboter, mit denen man einen Flirt beginnen kann, zwar phantastische Objekte, aber phantastische Objekte anderer Art als Zwerge, Geister und Vampire oder auch als griechische und hinduistische Götter. Denn die historische Entwicklung kann die Nullklasse der erstgenannten Begriffe irgendwann einmal entvakatisieren und diese dadurch entphantastisieren.

Doch es existiert noch eine weitere Gruppe von Objekten bzw. von phantastischen Prozessen, zu der z. B. der Zwillingsbruder Napoleons, der Sieg Polens über Deutschland im Jahre 1939, die Invasion der Marsianer auf die Erde im Jahre 1889 gehören, oder das im Atlantik zwischen Europa und Amerika existierende Atlantis als ein gesonderter, großer Kontinent. Diese Denominationen beschreiben weder Objekte, die irgendwann in der Zukunft entstehen können noch Objekte, denen man ein transzendentales (ideales) Sein zuzuschreiben geneigt ist. In welcher Form also existieren diese Ereignisse bzw. Objekte? Man kann von ihnen nur als einem potentiell Möglichen sprechen, das sich nicht realisierte, obwohl eine derartige Realisierung nicht mit der Kausalordnung der Dinge im Widerspruch gestanden hätte, also möglich gewesen wäre. Denn Napoleon hätte einen Zwillingsbruder haben können, Atlantis hätte existieren und der

Mars aggressive Bewohner haben können usw.; Erscheinungen also, die sich fakultativ in den Rahmen der Kausalordnung der Welt einordnen, unterliegen dadurch, daß ihre Möglichkeit sich nicht in Realität verwandelte, der Benennung phantastisch.

Bei der Vorbereitung unserer Reise zum Science-Fiction-Land sind für uns sowohl die Dinge am interessantesten, die es heute noch nicht gibt – obwohl sie irgendwann entstehen können –, als auch jene, die es nicht gibt und wahrscheinlich auch nie geben wird, aber die existiert »haben könnten«, – wobei diese ihre Existenz nicht im geringsten Widerspruch zu den Naturgesetzen steht.

Weitere Präzisierungen werden wir schrittweise während der Ausführungen liefern, jetzt wäre aber noch zu sagen, daß der Begriff der phantastischen Literatur als einem Produkt künstlerischen Schaffens sich nicht genau mit dem Begriff des phantastischen Kommunikats (der Übermittlung, der Überlieferung) deckt. Beide Begriffe entwickelten sich teilweise selbständig, aber auch teilweise gegenseitig abhängig. So durfte man z. B. die Strukturmodelle aus dem Bereich der Religionen solange nicht willkürlich zu literarischen Schöpfungen modifizieren, so lange die jeweilige Religion relativ breit geglaubt wurde. Insbesondere durfte dann eine derartige Modifikation nicht die religiösen Dogmen (sagen wir der unbefleckten Empfängnis) verletzen. Fragen wie: die Beziehung eines religiösen Paradigmas zur Struktur der Fabel, der Legende, des Volksmärchens und darüber hinaus der Novelle, des Romans oder der Oper gehören nur am Rande zu unserem Thema. Wir werden sie von Fall zu Fall berühren, ihnen aber keine umfangreicheren exegetischen Ausführungen widmen.

Es ist eine Besonderheit der Literatur, daß sie viele verschiedene Funktionen auf einmal erfüllt, d. h. erfüllen kann. Sie kann darüber berichten, was tatsächlich vorkomnt (z. B. über die Napoleonischen Kriege oder die menschlichen Schwächen), darüber, was nach der Ästhetik oder der normativen Ethik vorkommen sollte (z. B. sollten die Menschen zueinander gut sein) und schließlich darüber, was überhaupt nicht vorkommt, aber worüber zu erfahren agréable ist, sogar wenn die ethische Qualität des Kommunikats fragwürdig ist (z. B. von der ungewöhnlichen, ja antiveristischen Überlegenheit des Helden in ritterlicher, erotischer oder anderer Hinsicht).

Die Literatur übt also wenigstens drei Funktionen aus: eine informative als informierende, eine didaktische als über Pflichten belehrende sowie eine unterhaltende als Pläsier bereitende. Die Science-Fiction-Literatur leistet überdies noch einen Extraservice – und zwar den prognostischen; was sie jedoch von der Erfüllung der oben genannten Funktionen keineswegs befreit. Somit können die Texte der Phantastik vierfunktional sein (dann, wenn sie gleichzeitig informieren, belehren, unterhalten und prophezeien).

Die folgende Besprechung der Phantastik ist dreigliedrig. Ihre drei Segmente sind: das strukturalistische, das soziologische und das problemorientierte. Davon zerfällt das erste wiederum in eine Triade; diese Dreiheit besteht aus einem Abschnitt über die *Sprache* eines Werkes, einem zweiten Teil – über die *Welt* eines Werkes – und einem dritten Teil über die Gesetze und Regeln der *Entstehung* eines phantastischen Werkes.

Wir gehen also zuerst an das Werk als eine *linguistische* Konstruktion heran, danach als an eine fiktive *Realität*, und schließlich sind wir – während wir bis in das Innere der Sprachabläufe und der Situationsmechanismen vordringen – der Schaffung von Science Fiction *in statu nascendi* auf der Spur.

Der zweite Problemkreis – *Die Soziologie der SF* – steht gesondert und bleibt umfangmäßig hinter den ihn flankierenden Nachbarn (d. h. dem strukturalistischen und dem problemorientierten Part) bedeutend zurück. Dies ist ein überleitendes Kapitel; denn davor wurde das analytische Verfahren abgeschlossen und danach beginnt ein Überblick über die Problemfelder, auf die die Phantastik sich einläßt und die mit Vorbedacht unpräzise bleiben wie z. B. *Die Katastrophe in der Science Fiction, die Metaphysik in der SF, der Sex in der Phantastik* usw. Dort fand auch ein Abschnitt über die sogenannte »Neue Welle«/»New Wave« der angelsächsischen Phantastik Herberge, übrigens auf einem recht breiten Hintergrund – und zwar dem des modernen Experiments in der Prosa sowie deren evolutionären Trends des »semantisch-gelockerten« Typs. Vielleicht ist es sinnvoll, unseren Reiseplan schematisch darzustellen:

1. Strukturen	2. Schriftsteller – Leser	3. Problemfelder
I. Die Sprache des des Werkes	Einführung in die Soziologie der Autoren, der Herausgeber und der Leser der SF	Katastrophe
II. Die Welt des Werkes		Metaphysik
III. Die Entstehungsstrukturen des Werkes		Sex
		»Neue Welle« in der SF usw.

Aus der Vielfalt der Dinge, die man tun kann, sind nur sehr wenige einer Realisierung wert. Und man kann zweifelsohne eine Schöpfung der phantastischen Literatur als eine »visio furore intellegens« – komparatistisch und sogar »instrumental« (d. h. im Sinne der Nutzbarmachung) – auf ein futurologisches Unternehmen ohne jedes künstlerische Attribut reduzieren. Der Haken und die Frage sind hier, ob es sich *lohnt*, so vorzugehen. Mir scheint, daß dem so ist. Höhere Benotungen und Plazierungen, die eine Literatur immer erhält, die nicht nur unterhaltende Inhalte liefert, sind wohl nicht nur Ausdruck einer snobistischen Heuchelei der Leser. Wahrscheinlich ist dies so, weil einer der wesentlichen und zugleich autonomen Werte unserer Kultur die Wahrheit ist: denn wir sind doch der Meinung, daß man die Wahrheit erkennen muß, auch wenn sie deprimierend ist. In Übereinstimmung mit dieser Feststellung glauben wir, daß die Literatur uns unterhalten, uns angenehme Entspannung oder einen schwindelnden Kopf verursachen, auch Formen des »wishful thinking«, d. h. einer sehnsüchtigen Träumerei, bewirken kann, sich aber nicht auf diese Dienste beschränken darf.

In der heutigen Zeit geht – allmählich und nicht ohne Mühe – eine tiefgreifende Reorientierung der Kultur vor sich: bisher starrte die Kultur nur auf die historische Vergangenheit und auf die Gegenwart des Menschen, jetzt aber beginnt sie, einen Teil ihrer fleißigen und solennen Aufmerksamkeit der Zukunft des Menschen zuzuwenden. Es geht nicht um eine voluntaristische, durch flüchtige Moden bedingte Veränderung der Perspektive, sondern um die wohlverstandene *Notwendigkeit* von prognostizierbaren Handlungen: die fundamentale Qualität der Existenz kann von solchen Prognosen abhängen. Bei Wendepunkten der Geschichte mangelte es früher nie an Literatur, folglich sollte es ihrer auch nicht in einem Prozeß ermangeln, in dem sich das Blatt des Kollektivdenkens wendet. Sie sollte überall dort sein, wo der menschliche Geist arbeitet und wacht. Science Fiction nennt sich nicht erst heute eine Wandlerin in der Zukunft. Weil eine derartige Tätigkeit weder in den exakten noch in den Geisteswissenschaften für salonfähig gehalten wird, hat sich niemand der Mühe unterzogen, ihre Ansprüche genauer unter die Lupe zu nehmen. Doch wenn Richtung und Beurteilung sich diametral verändern, dann scheint eine Prüfung der angemeldeten Ansprüche, der Sinnhaftigkeit kreativer Arbeit, ihrer Spezifik oder, kurz gesagt, die kritisch-theoretische Kontrolle ihrer Qualität höchst aktuell.

Strukturen

I.
Die Sprache des literarischen Werkes

Ich möchte das theoretische Instrumentarium anhand einer möglichst kleinen Zahl abstrakter Begriffe darstellen und mich nicht in ein tiefschürfendes Theoretisieren einlassen, das uns von den bevorstehenden Aufgaben in unerwünschter Weise entfernen würde. Bemühen wir uns also um möglichst einfache Ausführungen, und sorgen wir für die Plastizität der angewandten Termini hinsichtlich ihres Auslösungsvermögens, selbst wenn wir dadurch zur Benutzung nicht völlig korrekter, aber anschaulicher und augenfälliger Modelle bzw. Beispiele verleitet werden. Beginnen wir damit, daß jedes literarische Werk ein sprachliches Gebilde ist; die Sprache wiederum, aus der die Texte bestehen, kann mal an ein Fenster erinnern, das auf eine bestimmte Welt hinausgeht, aber mit einer durchsichtigen Glasscheibe versperrt ist, und mal an ein Mosaikfenster. Dabei sind zwischen einer Sprache von der Durchsichtigkeit des Glases und einer Sprache, durch die man wie bei einem Mosaikfenster nicht hindurchschauen kann, stufenweise Übergänge möglich, die – zusammengenommen – eine gewisse fortlaufende Skala bilden; die literarischen Werke können sich an jeder beliebigen Stelle plazieren. Der obige Vergleich gestattet auf Anhieb die Feststellung, daß alle durchsichtigen Glasscheiben, vorausgesetzt, daß sie wirklich durchsichtig sind, eine Klasse äquivalenter, d. h. austauschbarer Elemente bilden; ob ein Fensterrahmen mit einem Stück Glas, Plexiglas, Glimmer oder Quarz verschlossen ist, hat keine Bedeutung für denjenigen, der durch dieses Fenster die dahinter vorgehenden Erscheinungen beobachtet. Und ebenso existiert eine Klasse äquivalenter sprachlicher Beschreibungen, die mehr oder weniger gleich leistungsfähig in der Demonstration der »gegenständlichen Wirklichkeit« des Werkes sind, wenn die Sprache eines Werkes hinsichtlich der in diesem Werk gezeigten Objekte »durchsichtig« ist.

Von einer ideal durchsichtigen Glasscheibe bis zu einem Mosaikfenster ist der Weg sehr weit; wenn wir aber bereits ein Mosaikfenster vor uns haben, dann wissen wir, daß es nicht durch irgend etwas anderes zu ersetzen ist; denn nicht das, was sich *hinter* diesem Fenster befindet, bestimmt die Geschlossenheit des Wahrgenommenen, sondern die spezifische Charakteristik des Mosaikfensters selbst. Fensterglas indes kann rauchig oder farbig sein, es kann stellenweise Unebenheiten und Blasen aufweisen, die Glasscheibe kann auch durch eine konvexe oder konkave Linse ersetzt werden, und einfache optische Systeme wiederum sind durch irgendwelche äußerst findige auszutauschen, in der Art eines Objektivs, das die Eigenschaften eines Mikroskops oder auch eines Teleskops besitzt. Schließlich kann man ein Mosaikfenster halbdurchsichtig anfertigen; ein Beobachter, der vor solch einem Gebilde steht, gerät oft in Schwierigkeiten, weil er nicht entscheiden kann, ob das, was er sieht, ein Spezifikum der halbdurchsichtigen Scheidewand ist oder ein Spezifikum der Welt, die sich hinter dieser Scheidewand befindet.

Zwischen den verschiedenen Glasarten und der Sprache besteht aber ein sehr wichtiger Unterschied und zwar hinsichtlich der Frage, die mit dem Zugang zu den Objekten – einmal durch das Fenster, zum anderen durch das Werk des Gezeigten – verbunden ist. Man kann wohl eine Glasscheibe zertrümmern und dann die Fragmente der Wirklichkeit tête-à-tête vor sich haben, doch eine analoge Zerschmetterung, d. h. eine Zerstörung der sprachlichen Schicht eines Kommunikats schafft ein komplettes Nichts; denn eine durch Artikulation bestimmte Welt geht mit ihr zusammen zugrunde. So ist es auch mit einem Mosaikfenster; ganz offensichtlich hat es keinen Sinn, ein Mosaikfenster – was immer es auch darstellen möge – zu zerschlagen mit der Absicht, »besser sehen zu wollen«.

Die obige Betrachtung jedoch stellt noch nicht die letzte Möglichkeit dar, dieses optische Modell zu verwenden; nur Erscheinungen, die mit dem bloßen Auge wahrnehmbar sind, können ohne irgendwelche speziellen Instrumente, die der Sehkraft hinzugefügt werden, betrachtet werden; wir wissen, daß durch die Zerstörung eines Mosaikfensters ein ästhetisches Objekt vernichtet wird, weil das Mosaikfenster selbst eben solch ein Objekt ist, doch die durch ein Mikroskop betrachteten Bakterien befinden sich ganz und gar nicht in dem Mikroskop selbst noch sind sie ein »solches«, obwohl die

Zerstörung des Mikroskops auch das Abbild jener Bakterien zerstört. Ergo: auch rein visuell zugängliche Objekte sind manchmal nicht direkt betrachtbar. Die Sprache als ein nichtoptisches Instrument der Information (natürlich im semantischen Sinne und nicht im Hinblick auf die Augenscheinlichkeit der Lettern und der Ausdrücke auf dem Papier) stellt – nur in einer sehr groben und primitiven Annäherung – einen Ersatz dar, ein Surrogat für das unmittelbare Dabeisein, für die persönliche, beobachtende Teilnahme an den Ereignissen, von denen verbal berichtet wird. Ganz offensichtlich kann die Sprache das Sehen nicht entbehrlich machen, desgleichen auch nicht die anderen Sinne, aber sie ist auch an keinen von ihnen adressiert; wenn die Sprache ein »Verweiszeichen« an die Sinne enthält, dann nur gleichsam mittelbar, da sie sich an die Instanzen unseres Gehirnes wendet, d. h. vor allem an die Fähigkeit unseres Begreifens. Ich erinnere deshalb an diese Trivialität, weil verschiedene Modelle, auf die wir uns beziehen werden, diesen Aspekt des sprachlichen Kommunikats übergehen. Umso mehr soll schon hier dieser unveränderliche und zugleich allgemeine Charakter der Sprache, der zu ihren dominierenden Merkmalen gehört, unterstrichen werden, weil die Sprache, die komplex auf das Aufdecken und Abbilden der eigentlichen Strukturen der Wirklichkeit ausgerichtet ist, dieses um vieles besser macht als wir, wenn wir sie zu einer Individualisierung der durch sie beschriebenen Objekte derart einspannen, daß die Objekte emotional unwiederholbar und einmalig werden. Wohl hat jedes menschliche Gesicht und jede Kontur eines Gebirges visuell nichtwiederholbare Eigenschaften, die sofort ins Auge fallen; doch um sich diesem einzigartigen Zustand bei einer sprachlichen Beschreibung wenigstens zu nähern, muß man sich bei der Artikulation immer tüchtig abquälen. Deshalb ist auch die paßmäßige Beschreibung für eine große Klasse von Personen gültig und nicht nur für jenes Individuum, zu dem diese Beschreibung intentional gehört. In diesem informativen Bereich herrscht also das Sehen über die Sprache, und von hier nehmen auch oft die Mutmaßungen über die die Fundamente der Literatur zerstörende Rolle ihren Ausgang, die die visuellen Techniken eines Kommunikats – in Gestalt des Films oder des Fernsehens – spielen können. Doch das ist ein Mißverständnis, weil all unsere Erkenntnisfunktionen, also auch die sensuell konstituierten, in ihrem Ursprung mit der Sprache legiert und gekoppelt sind. Der Film ist für die Literatur als Literatur, nicht jedoch als ein Ersatz für das Sehen, kein gefährlicher Konkurrent genausowenig wie die Restaurants für die Beschreibung großer Gelage eine gefährliche Konkurrenz darstellen könnten. Es ist offensichtlich, daß wir essen müssen und zu sehen wünschen, doch dies hat mit den für die Literatur spezifischen und zentralen Funktionen nicht viel gemein. Was ein Sprachgebilde auszudrücken vermag, das kann in keiner anderen Form geleistet werden, auch wenn es bisweilen so ist, daß sich der Ersatz – als Surrogat – dennoch als verwendbar herausstellt; doch dann haben wir es weniger mit einer bestimmten literarischen Form zu tun als vielmehr mit ihrem nicht-sehr-literarischen Mißbrauch. Jede Empfindung, die wir einem Sprachtext verdanken, ist nur deshalb möglich, weil sie primär die Instanz des semantischen Begreifens durchläuft; deshalb besitzt das Wort »Schlacht« für zwei Personen, von denen die erste nie eine Schlacht miterlebt, die andere aber ihr halbes Leben im Krieg verbracht hat, zwar verschiedene emotionale, doch dieselben semantischen Aspekte; im Hinblick darauf gibt es zwischen beiden keine Unterschiede.

Die sprachlichen Probleme der Phantastik

Indem sich die Sprache der den Menschen umgebenden Wirklichkeit anpaßt, differenziert sie sich äußerst subtil gerade an den Stellen, auf die die allgemeine Aufmerksamkeit konzentriert ist; wenn diese Orte – unterspült von dem Strom der historischen Veränderungen – verschwinden, dann stirbt auch der hier entstandene Reichtum der Sprache ab und verliert seine bisherige Nützlichkeit. Die Eskimos haben für die verschiedenen Formen des Schnees spezielle Namen, die man angeblich in keiner anderen Sprache antrifft; und die »alten Polen« hatten, da sie in Pferde und

Rüstungen vernarrt waren, für diesen Bereich einen derartigen Wortschatz entwickelt, daß er eine wahre Fundstätte ist – die heutzutage aber leider nur für Romanschreiber des historischen Genres ausbeutbar ist. Die Amerikaner stiegen derart schnell von der Kutsche ins Auto um, daß sich der Autowortschatz über den Kreis des eigentlichen Automobilismus hinaus ausgedehnt hat, und man darf solche Begriffe wie »low gear« oder »high gear« (niedriger Gang, hoher Gang) im amerikanischen Englisch auch als Metaphern verwenden. Und da die Amerikaner ziemlich bequeme Menschen sind, gründeten sie Service-Unternehmen, in die man mit dem Auto hineinfährt und wo man – ohne das Auto zu verlassen – einkaufen, Schecks einlösen oder Kino gucken kann; für diese Unternehmen haben sie den kompakten Begriff »drive in« erkoren, also sachliche und funktionelle Bedürfnisse schaffen Bezeichnungen, die schnell zu kompakten Abkürzungen zusammenschrumpfen.

Die Fähigkeit der englischen Sprache, neue Namen – entsprechend den entstehenden Notwendigkeiten – zu kreieren ist hoch. Genaugenommen sind die Anglosachsen nicht in der Lage, ihre rein ethnischen Wortschöpfungen exakt von solchen Wortschöpfungen zu unterscheiden, die auf einer lateinischen Herkunft basieren, weil das Latein bereits in grauen Vorzeiten – als Großbritannien von den Römern besetzt war – in das Blut ihrer Sprache einging. Gerade deshalb wehrt sich die englische Sprache nicht in einem Selbstreflex gegen die Invasion von Worten fremden Ursprungs, die hier sogar ganz englisch klingen. In anderen Sprachen ist dies schwieriger, obwohl die Puristen aussterben, die Worte wie Thermometer in Wärmemesser umtaufen wollen. Die englische Sprache wurde im Bereich der wissenschaftlich-technischen Nomenklatur aggressiv, was schon daraus zu sehen ist, daß der »Computer« praktisch internationalisiert wurde. Ihm auf den Fersen folgten dann solche Schlagworte wie z. B. »software«, »hardware« oder »Randomisation« (den letzten Begriff hat auch die russische Sprache bereits übernommen.)

Einen wortschöpferischen Profi erkennt man in der SF daran, daß er sich nicht endloser, aus griechisch-lateinischen

Segmenten zusammengekitteter Wortraupen bedient, sondern die Sache in lakonischer Kürze erfaßt. Die SF hat in den Bereichen, die thematisch sehr lange und sehr sorgfältig poliert wurden, einen äußerst reichen Wortschatz fiktiver Begriffe entwickelt. Die bühnenmäßige und gehobene Sprache, mit der Deutsche wie Polen Psi-Erscheinungen zu beschreiben pflegen, ist der englischsprachigen Phantastik eigentlich fremd. Im Gegenteil, derartige Ausdrücke haben sich völlig familiarisiert. (Z. B. ist ein »precog« – als Abkürzung für »precognition« – im Grunde genommen ein Hellseher, der die Zukunft erkennen kann und ein »prefash« ein Projektant, der die künftigen Moden – »pre-fashion« – erkennen kann.) Zu der »Telepathie« gibt es kein Verb – die Amerikaner wagen es bereits, dafür »to teep« zu benutzen. Hieraus resultieren auch die Probleme für die Übersetzer englischsprachiger SF; denn es genügt nicht, in den Übersetzungen die Begriffe wiederzugeben, man muß auch noch darauf achten, daß die Neologismen so einfach aussehen, als ob sie seit eh und je in der jeweiligen Umgangssprache zu Hause wären.

Man darf nicht vergessen, daß der Wortschatz fiktiver Begriffe in der SF Kollektiveigentum ihrer Autoren ist; und es wäre Aufgabe eines Spezialisten – der besser als ich bibliographisches Wissen zu speichern vermag – festzustellen, wer, wann, wo und unter welchen Umständen als erster diesen oder jenen phantastischen Namen erfunden hat. Die lexikographischen Probleme sind in der SF vielschichtig, weil in ihr gewöhnlich ein erzählerischer Relativismus herrscht. Wenn der Erzähler ein Zeitgenosse von uns ist, der in irgendeine Zukunft oder »seitlich« in ein »paralleles Universum« geraten ist, dann dürfen wir, die Leser, ihm ruhig die Schwierigkeiten überlassen, die aus der linguistischen Unverständlichkeit der uns unbekannten Umgebung resultieren: denn der Erzähler hat nicht nur die Funktion eines Führers durch diese Umgebung, sondern auch die eines Führers durch die in ihr herrschende Sprache. Wenn der Erzähler jedoch ein Bürger der anderen Zeit oder der anderen Welt ist, dann werden in der SF die potentiellen Komplikationen gewöhnlich mit Hilfe einiger typischer Kunstgriffe liquidiert. Die

Bewohner eines fremden Planeten sprechen »ihre Sprache«, und die Konvention erlaubt es, sie »im Original« zu zitieren – natürlich nur in Form einer »Kostprobe«, die irgend jemand oder irgend etwas – ein Übersetzer oder eine Translationsmaschine – sofort in eine verständlichere Sprache überträgt. Roboter drücken sich bisweilen ein bißchen steril aus, was ihre superlogische Denkweise imitieren soll. Da die SF eigentlich – was die Konstruktion außerirdischer Kulturinstitutionen betrifft – mikroskopische Erfindungsgabe zeigte, ist der Wortschatz ihrer kosmischen Anthropologie in diesem Bereich äußerst karg. Dagegen ist der Wortschatz, der die »Ausrüstung« (Maschinen, Transportmittel, Waffen usw.) betrifft, sehr reich.

Originellere Sprachversuche in der Phantastik sind jüngeren Datums. Ich denke dabei an Dialekte und Slangs, die manchmal so konsequent verwandt werden, daß das gesamte Werk darin abgefaßt ist. A. Burgess z. B. schrieb »A Clockwork Orange« in einem erfundenen Slang der künftigen britischen Halbstarken, in dem zahlreiche Worte russischen Ursprungs sind. (»groodies« von »grud« – der Busen; »glazzies« von »glaz« – das Auge etc.) Davon gibt es derart viele, daß dem Buch am Ende ein spezielles Vokabelverzeichnis angefügt wurde. Dieser Kunstgriff gefiel R. Heinlein offensichtlich, denn er benutzte in »The Moon is a Harsh Mistress« eine analoge Methode; sein Erzähler wendet sich an »Bog!« und nicht an »God!«; doch Heinlein hat den Slang des öfteren nur angedeutet, was im Prinzip wohl vernünftig ist: denn es ist für einen angelsächsischen Literaten schwer, von seinen Lesern zu verlangen, mit einem Wörterbuch in der Hand gelesen zu werden.

Dieses Schrifttum ist ziemlich skurrilen Mißverständnissen ausgesetzt. So erklärte z. B. N. Spinrad, als er den englischen Kritikern seines Buches »Bug Jack Barron« antwortete, daß er nicht eine reale Form des amerikanischen Slangs – wie die Kritiker angenommen hatten – benutzt habe, sondern daß er eine Mischung der gegenwärtigen Slangs in den fiktiven Wortschatz der Zukunft »extrapoliert« habe. Wie man sieht, konnten die britischen Ohren über den Ozean hinweg authentische Slangformen nicht von erfundenen Dialekten unterscheiden. Wenn dem so ist, dann kann man schwerlich verlangen, daß jemand – für den Englisch eine fremde Sprache ist – genügend differenzierende Sensibilität bei der Bewertung von Neologismen in der SF – seien sie britisch oder seien sie amerikanisch – entwickelt. Denn zweifelsohne muß man, um sich richtig, d. h. optimal mit Wortschöpfungen beschäftigen und um sie angemessen beurteilen zu können, äußerst sensible Ohren und einen ausgeprägten Sprachsinn haben, d. h. man muß der paradigmatischen Intuition völlig mächtig sein.

In dem Buch »The Left Hand of Darkness« führt Ursula LeGuin zahlreiche Worte, Namen und Sprichwörter aus der gethenischen Sprache an und fügt dem Buch sogar eine Zusammenstellung derselben bei (z. B. die Monatsnamen). Ein solcher Kunstgriff scheint die Suggestivität einer Erzählung zu verstärken; die Handlungsweise der Autorin läßt sich insofern rechtfertigen, als der Erzähler der »Linken Hand der Dunkelheit« ein Erdbewohner ist. Die Manie, die die Amerikaner bei der Beschreibung der Welt anderer Zivilisationen an den Tag legen, äußert sich in der Sturheit, mit der sie deren Herrscher und Respektabilitäten als »Septarchen«, »Marquisen«, »Markgrafen« etc. betiteln. Diese Manie scheint mir – aber ich kann mich irren – die Folge einer naiven Suche nach Funktionen und Posten zu sein, die elitär und gleichzeitig soweit wie nur irgend möglich vom amerikanischen Alltag entfernt sind. In einem Land, das nie Kaiser und Könige kannte, das also – genaugenommen – keine eigene Aristokratie besaß, kulminiert die Exotik offenbar gerade in solchen Begriffen, die für uns – besonders in technologischen Texten – komisch klingen (wenn jene »Septarchen« das Telefon oder Tonbänder benutzen und vor dem Abfahren das automatische Getriebe des Autos einschalten.)

Eine für die SF typische Situation ist der Kontakt mit einer unbekannten und unerklärlichen Umgebung; ihre gegenständliche Rätselhaftigkeit kann durch die benutzte Sprache noch verstärkt werden; aber eine solche Maßnahme darf nicht zu konsequent durchgeführt werden, denn nicht eine totale Unverständlichkeit ist bezweckt, sondern allein ein

Gefühl der Verwirrung, wenn die sich nicht eindeutig zu erfassende Bedeutung der Dinge durch viele, sich gleichzeitig ausschließende Möglichkeiten ins Flimmern gerät. Die Zone, die die situationsmäßige Eindeutigkeit von der völligen Unlesbarkeit trennt, ist relativ schmal. Gewöhnlich überschreitet man in der SF diese Zone – gemeinsam mit dem Erzähler – ziemlich rasch – und dies zum Schaden des Werkes, weil eine antizipierte Enthüllung nur selten mit dem vergleichbar ist, was das Werk zu enthüllen hat. Von einem der schwächsten Romane H. G. Wells »When the Sleeper Wakes« (»Wenn der Schläfer erwacht«) ist heute eigentlich nur noch der erste Teil lesbar, in dem wir – zusammen mit dem Helden, der zwei Jahrhunderte verschlafen hatte – durch eine rätselhafte Umgebung irren; die dann folgenden Erklärungen enttäuschen gehörig, denn es geht um den zur Genüge bekannten und traditionell verlaufenden Kampf um die Macht. Im Grunde genommen lohnt sich in der SF die Erhöhung des Niveaus der sprachlichen Unzugänglichkeit des Textes, was daran zu erkennen ist, daß die Bücher, die man in einer fremden Sprache – die man schlechter als die Muttersprache spricht – gelesen hat, oft enttäuschen, wenn man sie erneut in einer Übersetzung kennenlernt. Doch die Autoren können sich auf diesem Gebiet nicht allzuviel leisten; denn die geistige Faulheit der SF-Leser stellt für sie bei der Entwicklung origineller Ideen, darunter auch linguistischer, ein Hindernis dar. Wie man aus den Bekenntnissen vieler Schriftsteller weiß, haben die Verleger ihre Werke oft gerade wegen der Finesse der Erzählweise, wegen der sprachlichen Perfidie, abgelehnt: das Bild des typischen SF-Lesers, das den Herausgebern vorschwebt, ist eine wahre Beleidigung; denn diese uneingeschränkten Beherrscher des SF-Reiches halten dessen Fans für primitive Halbidioten, die man mit keinen schwierigen Problemen (natürlich nicht nur sprachlichen) konfrontieren darf.

Obgleich die Sprache einen halbdurchsichtigen Schleier abgeben kann, der die in dem Werk gezeigte Welt noch mehr verrätselt, wird dieses Mittel dennoch nicht allzuoft von den Autoren verwandt. Sie setzen dagegen – und zwar bereits alle – schweigend die Kenntnis des »basic-S-Fictionese«, ein gemeinsames Eigentum der Schriftsteller und Leser, voraus; deshalb hat jeder, selbst wenn er gut englisch kann, aber zum ersten Mal ein SF-Buch in die Hand nimmt – und sei es auch nur ein ganz durchschnittliches – sprachliche Schwierigkeiten. Es ist nämlich keinem Wörterbuch zu entnehmen, daß »spacer« ein erfahrener Kosmonaut (von space – Weltall) ist, daß »coldpack« eine Art hibernatorischen Eisschrank darstellt und »protofazon« ein im Text nicht näher erklärter Terminus aus der fiktiven Theorie der Gehirnfunktion ist.

Die Lesbarkeit der zeitgenössischen experimentellen, jedoch nichtphantastischen Prosa ist gewöhnlich durch sprachliche Operationen der Autoren verdunkelt, die indes wohl nie bis auf die Ebene des Wortschatzes (Lexikographie) hinunterreichen: von Deformationen der Alltagssprache und der traditionellen Konventionen sind nur höhere phraseologische Aggregate betroffen. Dieser Kunstgriff, der eigentlich von rein ästhetischen Kriterien diktiert wurde, da eine derartige Transformation der Sprache gewöhnlich keine Probleme ontologischer (philosophischer) Natur in sich birgt, könnte in der SF eine ganz und gar rationale Begründung finden; denn ihre Domäne sind doch Kontakte und Kollisionen zwischen Welten, die nichts voneinander wissen, d. h. zwischen Kulturen, die nicht nur planetar oder »chronal«, sondern auch begrifflich weit voneinander entfernt sind. Doch da die Schaffung sprachlicher »Merkwürdigkeiten« selbst immer unzureichend bleiben muß, wenn der Autor sich nicht für die Konstruktion komplexer Strukturen mit diametralen Bedeutungen entscheidet, sind solche Experimente in der SF praktisch nicht zu finden. Somit spiegelt sich auch auf der sprachlichen Ebene deren typische Schwäche wider: der Verzicht auf neue *System*bedeutungen, auf Sinngebungen *höherer Ordnung* zugunsten eines rein lokal produzierten Effektes, der schockieren, überraschen und für den Moment die erzählerische Glaubwürdigkeit erhöhen soll, weil mit der Schaffung derartiger momentaner Reizmittel gewöhnlich alles zu Ende ist.

Die Struktur der Darstellung und die Struktur des Dargestellten

Wenn auf dem Fernsehschirm das Bild eines bestimmten Gegenstandes, z. B. eines Skelettes, gezeigt wird, dann soll gerade diese Struktur als »Struktur des Dargestellten« verstanden werden. Die Struktur der Darstellung dagegen sieht völlig anders aus; das Fernsehen überträgt aufgrund der Prozesse der sogenannten Austastung jedes beliebige Objekt, das sich im Blickfeld der Kamera befindet; das Bild eines solchen Objektes wird in Hunderte von horizontalen Zeilen zerlegt und der elektronische Strahl, der ständig an jenen Zeilen entlangläuft (die ihre Wanderung in der äußeren oberen Ecke des Bildschirms beginnen und in der unteren Ecke beenden), erzeugt auf dem Fernsehschirm ein Bild, das in Wirklichkeit nicht simultan entsteht, sondern aus Punkten zusammengesetzt ist. Nur die Refraktion des Auges – als Inertion der Netzhaut, die alle Bilder, die öfter als mindestens zehnmal pro Sekunde aufeinanderfolgen, nicht unterscheiden kann – erlaubt die Täuschung, daß wir etwas Existierendes wie ein Bild betrachten, das genauso unbeweglich ist wie eine gewöhnliche Fotografie.

Die Struktur der Objekte, die der Fernseher zeigt, hängt ausschließlich von deren Äußerem ab; folglich ist die Struktur so, wie die visuellen Eigenschaften der gezeigten Objekte sie festlegen. Gleichzeitig ist die Struktur der Darstellung im Fernsehen immer dieselbe – und immer nehmen wir sie auf die gleiche Weise nicht wahr, wenn wir auf den Bildschirm schauen. Zwar ist all das, was ein literarisches Werk beschreibt, uns auch nur in der Form der Sequenz, d. h. der Aufeinanderfolge zugänglich – weil Sprache nur so funktioniert – doch die Struktur der Darstellung der Gegenstände, von denen ein literarisches Werk handelt (also Berichtetes), ist mannigfaltig. Sprache geht sequentiv vor: sie kann nichts gleichzeitig zeigen (was gerade die Fotografie vermag), sondern immer nur – hintereinander und schrittweise. Erst der Empfänger baut durch seine aktive – obgleich oft nicht bewußte – Anstrengung aus jenen, in der Austastung erlangten Bruchteilen eine gewisse, genügend kohärente Ganzheit zusammen. Wir tragen Hemd, Unterwäsche und Anzug, wobei wir einen Teil über den anderen ziehen; nur beim Wäschewaschen lassen sich alle Teile auf einer Schnur nebeneinander aufhängen. Genau in solch einer »Nebeneinander«-Ordnung liefert uns die Sprache die Information: dem Akt des Verstehens des Geäußerten entspricht also der Akt des Anziehens der einzelnen Kleidungsstücke in der *richtigen* Reihenfolge. Erst aufgrund dieses Zusammenfügens offenbart sich uns der sachliche Zusammenhang des Gesagten. (Das »Kleidung-Wäsche«-Beispiel stammt von Susanne Langner.)

Wenn wir in alltäglichen, »nichtliterarischen« Situationen sprachlich miteinander kommunizieren, dann sind wir der Überzeugung, daß hinter dem, von dem die Worte berichten, reale Ereignisse stehen oder standen, deren Hergang völlig unabhängig davon ist, ob und wie sie sprachlich beschrieben werden. Wenn wir z. B. etwas über die »Titanic«-Katastrophe lesen, dann sind wir davon überzeugt, daß dieses Schiff, das mit vielen Menschen an Bord versank, die Bühne für unzählige Ereignisse abgab wie: das Hereinstürzen der eiskalten Wassermassen in den Kesselraum; das Herabfallen und Zerschlagen des Geschirrs in den Eßsälen; das Entstehen schwarzer Wasserstrudel am Fuße der nacheinander versinkenden Treppen, die in die höheren Decks führen, und wir sind davon überzeugt, daß all das, was sich auf dem Schiff abspielte, auch unabhängig davon geschah, ob irgend jemand diese Vorgänge zu Papier gebracht hat – um sie eventuell später in einem Buch oder einer Zeitung zu beschreiben. Desgleichen sind wir davon überzeugt, daß das Schiff, als es auf den Meeresboden sank, nicht zu existieren aufhörte, sondern daß es irgendwo in der Tiefe des Meeres als rostendes Wrack zu finden ist, und diese Überzeugung wird auch nicht dadurch erschüttert, daß vielleicht niemand je diese Überreste zu Gesicht bekommen wird. Ein ganzes Leben lang werden wir gerade an solch eine Haltung den Dingen gegenüber gewöhnt, und so glauben wir auch nicht, daß erfundene Schiffe, die in künstlerischen Schöpfungen auf fiktiven Wellen schwimmen, nur und ausschließlich in diesen Fragmenten in dem Moment zu existieren beginnen, wenn sie durch die Worte der literarischen Beschreibung ins Leben gerufen werden. Wir beachten überhaupt nicht, daß das Steuer, die Masten, die Segel, die Segelstangen oder die Kommandobrücke nur eine momentane Existenz haben, und gleichfalls sind wir nicht der Meinung, daß die Teile des Schiffes, die der Erzähler nicht erblicken kann, weil sie im Wasser liegen, eigentlich überhaupt »nicht existieren«; so schwimmt während der Lektüre eine wunderliche Schar verschiedener Teile an unseren Augen vorbei – aus Worten gewoben und mit Worten zu einem Art Puzzle zusammengesetzt, was – entgegen allen Gesetzen der Hydrodynamik und obwohl es weder Planken noch einen Kiel noch Spanten besitzt – dennoch schwimmtüchtig ist. Wenn wir dies nun auf die Romane Conrads übertragen, dann stellen wir fest, daß sein Werk von völlig normalen, d. h. von vollständigen Schiffen berichtet, und eben diese Haltung übertragen wir im allgemeinen sowohl auf alle Fakten und Ereignisse, von denen der Text ausführlich berichtet als auch auf jene Dinge, von denen kaum etwas erwähnt wird. Wenn über das Aussehen des Himmels nichts gesagt wird, nehmen wir dennoch nicht an, daß sich über dem Schiff des literarischen Textes ein unendliches Vakuum, ein luftleerer Raum, ausbreitet; und wenn ein Text von dem zwitschernden Gezänk unsichtbarer Möwen handelt, dann wird niemand davon ausgehen, daß dies nicht den Kehlen konkreter Vögel entstammt, obwohl keinerlei Worte in dem Buch auftauchen, die diese Vögel benennen etc.

Wir haben die Rezeption jeder sprachlichen Beschreibung derart automatisiert, daß wir bereits das für bare Münze nehmen, was nur dem Anschein, dem Klang, der Anspielung, ja, der reinsten Vermutung nach bare Münze ist. Dank dieser Anlage – die wir im Kopf haben, und die gerade die obige Haltung gegenüber literarischen Werken zuläßt –, können wir mit weiteren Lesern literarischer Werke in einer Weise sprechen, die es einer außenstehenden Person bald unmöglich macht, sie von der Art und Weise zu unterscheiden, in der man sich über Menschen, Schiffe, Stürme und all die anderen realen Dinge des Himmels und der Erde unterhält. Diese seltsame Automatik, derer wir uns in kompletter Unwissenheit über ihre Wirkungsgesetze bedienen, kann von Zeit zu Zeit durch die Beobachtung ihres eigentlichen, ihres kreativen Verhaltens – gleichsam in flagranti – ertappt werden. Als man z. B. in einem gezielten Experiment verschiedenen Personen erzählte: »Ich habe gestern einen Wal mit einer Zigarette und einem Zylinder gesehen« und danach fragte, was sie bei diesem Satz gedacht und wie sie sich das Erzählte vorgestellt hätten, da zeigte sich, daß mehr als 90 Prozent aller Befragten einen Wal mit einer Zigarette im Schlund und einem Zylinder auf dem Kopf vor Augen gehabt hatten, wobei dieses Bild ganz unwillkürlich aufgetaucht war, ohne sich auf eine bewußte Hypothese zu gründen. Für jenen »Bauapparat« nämlich, der wachsam und ständig in Bereitschaft ist, und der aus den Fragmenten, die das sprachlich Gesagte uns liefert, verstandesmäßig die Ganzheit rekonstruiert, für diese Ratemaschine hat ein Zylinder seinen Platz auf einem Kopf und eine Zigarette – in der Schnauze, selbst dann, wenn das Subjekt, d. h. der Besitzer dieser Gegenstände, ein Wal sein soll. Jener semantische Automat geriete indes erst dann in eine gewisse Konfusion, wenn der Satz lauten würde: »Ich habe einen Wal in saurer Sahne gesehen« oder: »Ich habe einen Wal auf einem Teller gesehen«; denn dann bliebe offen, ob es sich um irgendeinen Zwerg vom Geschlecht der Wale oder um die Portion eines Gerichtes gehandelt habe, an die wir denken, wenn wir sagen: »Ich habe gestern Wildschwein gegessen« – niemand nimmt dann an, daß wir damit sagen wollen, es sei uns gelungen, ein ganzes Wildschwein auf einen Schlag zu verzehren.

Wie verhält sich aber jener, im Kopf des Lesers untergebrachte, semantische Rekonstrukteur, wenn die Sätze phantastische Objekte beschreiben, die bisher niemand gesehen hat, und wenn ein Satz z. B. so lautet: »Ein kosmischer Bürger verließ nach der Landung die Rakete. Er trat indes nicht aus ihr heraus, denn er gehörte zu einer Rasse, die auf dem Äußeren von Raketen reist«? Stellen wir uns dann tatsächlich vor, wie und auf welche Weise sich der Gelandete unbekannter Gestalt vom Raketenrumpf herabgleiten läßt, vielleicht so, wie ein – einer Schneiderpuppe – leicht umgehängter Mantel auf den Fußboden gleitet? Nein, so muß es nicht sein. Wir stellen uns jenen Vorgang nämlich nicht visuell vor, d. h. wir müssen ihn uns nicht visuell vorstellen; es genügt, daß wir begreifen, worum es geht. Bei Indikativsätzen des Typs: »Das Schiff schwamm unter vollen Segeln, und das Tauwerk knarrte« – und Sätzen des Typs: »Ein korpulenter Mensch erfreut sich immer eines guten Allgemeinbefindens« tritt eine Abschwächung der visuellen Funktionen des semantischen Rekonstrukteurs ein. Diese Schwächung erfolgt allmählich, und man kann auf einer imaginären Skala, die von dem Pol ausschließlich visueller Ereignisse bis zu dem Pol völliger Unanschaulichkeit reicht, keinen Punkt ausmachen, an dem das begreifende visuelle Erfassen plötzlich in ein Erfassen ohne jede bildhafte Unterstützung umschlägt.

Der semantische Rekonstrukteur funktioniert anhand der Stereotypen von äußeren Gestaltungsformen, die in uns fest eingeprägt sind. Die Stereotypen solcher äußeren Gestaltungsformen begleiten oft das Nachdenken über ganz abstrakte Themen und stehen diesem dabei häufig hilfreich zur Seite. Ich erinnere mich, wie ich mich einmal bemühte, den Unterschied zwischen der guten instrumentellen Meßbarkeit der Werte solcher Gegenstände wie dem Fotoapparat und der schlechten Meßbarkeit der Werte solcher Objekte wie dem Teppich zu begreifen; plötzlich stellte ich mir eine Art halbrunde Skala vor, auf der sich Zeiger (wie bei einer Uhr) bewegten. Der Bewegungssektor der Zeiger verengte sich, weil die Amplitude der Ausschläge immer mehr von zwei Seiten begrenzt wurde; und danach oder vielleicht auch gleichzeitig begriff ich, daß die Axiometrie um so leichter ausführbar ist, je eindeutiger das Ziel (die Bestimmung) des jeweiligen Objektes ist. Der Fotoapparat dient ausschließlich der Anfertigung von Aufnahmen, und deshalb braucht man seine Qualität nur unter diesem Aspekt zu beurteilen, ein Teppich hingegen kann viele verschiedene Bestimmungen haben (als reiner Gebrauchsgegenstand, als rein ästhetisches Objekt, als ein »Mehrzweck«-Objekt etc.). Das erwähnte visuelle Modell half mir, eben diese Aussage zu formulieren.

Als ich mich dann bemühte, den Unterschied zwischen dem zutreffenden und dem unzutreffenden Denken über ein bestimmtes Thema zu erfassen, stellte ich mir einen Apparat vor, der einem Hybrid aus einem Webstuhl und einem Pantographen ähnlich war. Dies war ein Gerüst mit vielen Flaschenzügen (Flaschenzugrollen), an denen an Fäden Gewichte herabhingen, während die anderen Enden der Fäden mit einem Schreiber verbunden waren. Die Bahn des Schreibers mußte sich folglich in der Resultante aller partikularen Belastungen befinden, die über die Fäden und die Flaschenzugrollen wirkten. Dieses Bild suggerierte mir: wenn man über eine besonders komplexe Erscheinung nachdenkt, dann muß man einen Komplex von Faktoren, die sowohl Bestandteil als auch Determinante dieser Erscheinung sind, d. h. also was diese Erscheinung mitbildet und mitbestimmt, in Rechnung stellen. Ein einseitiges, unzutreffendes Denken dagegen vernachlässigt einen Teil der Faktoren und schafft dadurch ein hinsichtlich des Charakters der Ereignisse unproportionales Gewicht. Doch woher nahm ich dieses Bild? Ich glaube, es entstand aus der Umformung einer Zeichnung, die ich einmal sah; es ging um die nichtmathematische Lösung eines Problems: auf welche Weise kann man den kürzesten Weg finden, der drei Städte, die die Eckpunkte eines Dreiecks bilden, miteinander verbindet, wobei dieser Weg so angelegt sein soll, daß die Bewohnerzahl jeder Stadt mitberücksichtigt ist (es ist gerechtfertigt, wenn der Verbindungsweg durch seinen Verlauf die Zentren favorisiert, die die meisten Bewohner haben; nur so kann die Zahl der notwendigen Mittel für die Gewährleistung eines flüssigen Verkehrs zwischen den drei Orten niedrig gehalten werden). Das geht ganz einfach: man zeichnet auf einer entsprechenden Skala die jeweilige Lage der Städte ein, bohrt an den jeweiligen Punkten Löcher, zieht durch diese entsprechende Fäden – die an einem Ende miteinander verknüpft werden, – und hängt an die anderen Enden Gewichte, deren Masse sich proportional zur Anzahl der Einwohner der jeweiligen Ansiedlung verhalten muß. Nachdem sich die herabhängenden Gewichte wie ein Lot eingependelt haben, ergeben die Fäden mit ihrem Verlauf die Topologie der otpimalen Lösung an. (Vgl. Zeichnung 1).

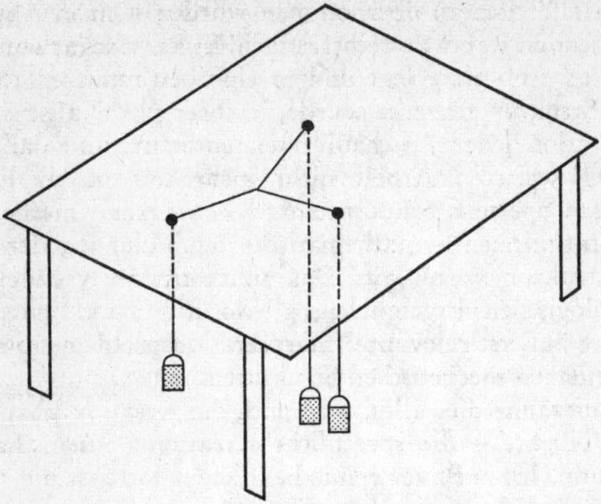

Bisweilen ist jedoch die Art und Weise, in der sich ein anschauliches Objekt in einen Denkprozeß einschaltet, ein Rätsel; mir erzählte ein Astrophysiker, er habe sich bei seiner Arbeit an den Problemen der transgalaktischen Astronomie die Nebelflecken als graue Fleckchen vorgestellt, diese wurden für ihn zu Hilfskonstruktionen. Maxwell bediente sich – als er an seiner Theorie des Elektromagnetismus arbeitete – mechanischer Modelle in Form von Zahnrädern, was der Theorie weder schadete noch sie zu einer mechanistischen machte. In solchen Fällen ist das visuell Vorgestellte ein »Gerüst«, das die Formung der Gedanken erleichtert, das aber später weggeworfen wird – wenn die Aussage bereits formuliert ist.

Was aber macht ein Physiker, der es im allgemeinen mit optisch (makroskopisch) nicht vorstellbaren Objekten zu tun hat? Oft ist es so, zumal in der heutigen Zeit, daß für ihn mathematische Strukturen das Gerüst – als Hilfe – abgeben; die phänomenologische Ähnlichkeit des Verhaltens bestimmter Mikroobjekte mit völlig anderen Erscheinungen (z. B. die Ähnlichkeit mikromolekularer Phänomene mit akustischen) scheint eine Einführung mathematischer Strukturen – die aus dem entsprechenden Gebiet (sagen wir hier

– dem akustischen) übernommen wurden – in den zu untersuchenden Raum zu rechtfertigen. Es kann sogar sein, daß das, was grob festgelegt und in eine bestimmte mathematische Struktur gebracht wurde, in ihrer physikalischen Interpretation jeder Anschaulichkeit entbehrt, und daß man bei der weiteren Arbeit nicht mehr mit physikalischen Begriffen operiert, sondern einfach – aufgrund mathematischer Intuitionen – mathematische Umbildungen der Ausgangsstruktur vornimmt. Das führt oft zu vorzüglichen gnoseologischen Ergebnissen, gleichzeitig jedoch entstehen dadurch äußerst relevante Interpretationsprobleme dieser so entstandenen theoretischen Strukturen.

Ich erwähne dies alles, weil auch die Kreation phantastischer Objekte – die sprachliche Kreation – unanschaulich sein kann. Ich z. B. verwende bei diesem Job fast nie reproduktive Projektionen; also es ist nicht so, daß ich zuerst den phantastischen Gegenstand durch das »Auge des Geistes« wahrnehme und danach das Vorgestellte sprachlich beschreibe. Während des Schreibens sehe ich nichts, stelle mir auch nichts räumlich vor, sondern ich gestalte in Gedanken eine Situation analog den – durch entsprechende Entscheidungen – getroffenen Grenzbedingungen. Maßgebend ist dabei die Kategorie des Stils des Erzählten, denn man muß entscheiden, ob das Werk in einer sachlich-nüchternen (realistischen), grotesken oder humoristischen Tonart abgefaßt sein soll. Wenn ich ad hoc einen Roboter konstruieren wollte, und noch dazu einen, der wahrscheinlich nicht von Menschen gebaut wurde, dann könnte ich von einem gewöhnlichen Kreisel ausgehen; doch ein Roboter, der deutlich an einen Kreisel erinnert, kann nur in einem scherzhaften Text auftreten; wenn es aber um eine Konstruktion »ernsthafterer« Natur geht, dann muß solch ein Objekt entsprechend umgeändert und zugleich genau definiert werden. Nehmen wir an, ein Teil des Gebildes dreht sich mit hoher Geschwindigkeit (zwecks Erreichung des gyroskopischen Effektes, also zwecks Beibehaltung des Gleichgewichtes), der andere Teil dagegen ist unbeweglich und mit Fühlern – anstatt Augen – ausgestattet, um eine Ähnlichkeit mit der menschlichen Gestalt zu vermeiden, dann könnte man den einen Teil des Roboters rundherum mit einem schmalen Spalt versehen, durch den der Roboter in alle Richtungen zugleich schauen kann; usw. Doch dieses Beispiel ist unsagbar primitiv. Stark phantastische Objekte sind vor allem diejenigen, mit denen wir bis dato nirgends zu tun hatten. Und der Kontakt zu solchen Gegenständen zeichnet sich gerade dadurch aus, daß wir diese Gegenstände im eigentlichen Sinne nicht betrachten können. Derjenige betrachtet eine Schlange richtig, der auf Anhieb ihr Schwanzende vom Kopfende unterscheiden kann, der weiß, wo das Hinterteil und wo das Vorderteil einer sitzenden Hornisse ist, usw. Dies ist nicht immer sehr leicht, besonders wenn es um Details geht, mit denen wir weder aus der Nähe noch oft zu tun haben. So ist es z. B. charakteristisch, daß die in den Kinderbüchern vermenschlichten Ochsen, Kühe, Pferde, Hunde oder Fische im allgemeinen nach dem tatsächlichen Schema dieser Tiere gezeichnet sind; wenn dagegen Insekten als Figuren auftreten, dann erhalten sie statt jener Organe, mit denen sie tatsächlich ausgerüstet sind (vornehmlich des Kopfteils), Abbildungen vorwiegend menschlicher Gesichter. Für den Nichtentomologen ist es nämlich ein totales Rätsel, wo die Fliegen oder die Bienen eigentlich ihr Maul haben, wo (und ob) sie Gehörorgane besitzen etc. Deshalb sind uns auch Großaufnahmen von Insektenköpfen irgendwie unheimlich: sie wirken »anormal« auf uns, wie ein Zerrbild dessen, wie ein Maul, ein Kopf oder Augen aussehen »sollten«. Irgendwie ähnliche Erfassungsschwierigkeiten und dazu der Eindruck von Unheimlichkeit müßten – aufgrund von Extrapolationen – auch bei der Berührung mit außerirdischen Objekten, z. B. mit kosmischen Wesen, mit einer Maschine aus dem Jahre 30 000 etc. mitwirken. Für die Definition dessen, was man dann sieht, fehlen dem Erzähler Begriffe, Bezeichnungen und ein Bezugssystem, folglich muß die Erfassung des phantastischen Objektes im zeitlichen Prozeß erfolgen. Natürlich, wenn man eine Groteske schreibt, dann stellen sich solche Probleme nicht; in dieser Hinsicht ist die »realistische«, die »ernste« Phantastik – unter strukturell-sprachlichem Aspekt – die schwierigste Variante der Science Fiction.

Sprachliche Intuition und intuitive Taktik sagen uns überdies, wieweit eine phantastische Beschreibung kompliziert sein darf; denn es ist mehr als wahrscheinlich, daß der Leser eine übermäßig komplizierte Beschreibung nicht integriert, besonders wenn es um die Beschreibung einer Situation geht, in der ihm alle Komponenten fremd sind. Man kann nämlich das Aussehen von Objekten sowie Empfindungszustände nur unter Bezug auf die Summe der gemachten Erfahrungen unterscheiden; das Unbekannte wird in zumindest teilweise Ähnliches transponiert. Eine derartige eventuelle Paralyse des Rekonstrukteurs semantischer Ganzheit tritt bei Märchen nur selten ein – denn im Märchen sind die intersituativen Abenteuer und nicht die einzelnen Situationen am ungewöhnlichsten. Die Verwandlung eines auf die Erde geworfenen Kammes in einen Wald ist ungewöhnlich, doch gleichzeitig sind Kamm und Wald dem Leser bekannte Gegenstände. Ebenso führt das mühelose Öffnen des Sesamberges, das Erscheinen des Teufels nach Ausspruch einer Beschwörung oder die Verwandlung eines verzauberten Prinzen in einen Stein den semantischen Mechanismus in kein Dilemma, denn es ist nicht besonders schwer, eine gewöhnliche Tür an die Felswand zu projizieren, sich den Teufel aufgrund der unzähligen geläufigen Abbildungen vorzustellen oder die zwei folgenden Bilder miteinander zu verbinden: einen lebenden Menschen und seine steinerne Statue. Die Objekte der Science Fiction vom Typ »extraterristische Wesen«, »Zeitmaschinen«, »kosmische Kreuzer« dagegen sind keine Konstituanten konkreter Visionen, sondern eine Art Wechsel, den das Werk ausstellt und den – mit seinem weiteren Verlauf – einzulösen es sich verpflichtet. Die Mehrzahl der Autoren geht jedoch solche Verpflichtungen ernstlich nicht ein. Dies soll ein Beispiel verdeutlichen. In der Erzählung »The Mailman Cometh« von R. Raphael gibt es im »Hyperraum« eine kreisende galaktische Poststation, die von zwei jungen Männern bedient wird; diese nehmen die Raketen-Roboter mit den mikrofilmierten Postsendungen in Empfang und schicken sie – je nach Adresse – an die entsprechenden Planeten weiter. Die jungen Männer vernachlässigen ihre Dienstpflichten, sie versuchen z. B. aus Malz und Hefe – in den Klimaanlagen ihrer Station – Bier herzustellen; ein junges, bezauberndes Mädchen – der Postinspektor – trifft bei ihnen ein und steckt sie mit Grippe an; statt strenge Berichte zu schreiben, muß das Mädchen den ganzen Postverkehr auf der Station abwickeln und dazu auch noch die beiden Kranken fürsorglich pflegen – bis zur Ankunft der Raketenhilfe. Der Autor indes konzentriert die Aufmerksamkeit auf das, was dem Leser geläufig ist: auf das entstehende Dreieck (zwei junge Männer und eine rothaarige Schönheit), auf die Versuche, Bier zu brauen (daß dies in der Klimaanlage der kosmischen Station geschieht, ist nur eine »exotische« Zugabe), und auf den Postwirrwarr, der daraus entsteht.

Die Situationsmuster sind also ausgesprochen alte Klamotten, und die kosmische Dekoration hat den Charakter eines konventionellen Requisits, das überhaupt nicht ernst zu nehmen ist: wenn Raumstationen im Hyperraum existieren, wenn Roboter Mikrofilmpost liefern, wenn beliebige Objekte durch »Transporterstrahlen« blitzschnell von Ort zu Ort gebeamt werden können, dann sind die beiden jungen Männer samt ihrer Raumstation – technisch gesehen – ganz offensichtlich völlig überflüssig. Es wäre viel bequemer, die Mikrofilmbilder z. B. durch holographische oder andere Strahlen-Licht-Methoden zu übertragen; der Anachronismus, den die Raumstation darstellt, dient folglich nur der Schaffung einer pittoresken Szene (die jungen Männer haben seit langem keine Frau gesehen; ein strenger Inspektor im Rock, der sich dann um sie kümmern muß; diese Konstellation diente seit eh und je als Generator einer erotischen Atmosphäre). Die genannte Story ist also nur dank der in ihr auftauchenden Requisiten – die einen reinen Scheinservice darstellen – eine phantastische Geschichte, als strukturelle Ganzheit ist die Geschichte lediglich eine Variante altväterlicher Komödien, die mit dem abgenutzten Kunstgriff des qui pro quo operieren. (Das Mädchen taucht als ratlose «Schiffbrüchige des Weltraums« auf, um die jungen Postleute besser erwischen zu können.) Unter dem Aspekt der Sättigung mit phantastischen Elementen ist die Mehrzahl der Werke von Robbe-Grillet, Kafka oder Gombrowicz der Erzählung »The Mailman Cometh« haushoch überlegen, (d. h. wenn wir die »Menge der Seltsamkeiten« des Textes zusammenstellen und diese von ihrem ästhetischen Stellenwert abstrahieren.) Doch die im Umlauf befindliche Klassifikation nennt »The Mailman Cometh« Phantastik, mehr noch, sie spricht den oben genannten Werken selbst einen sinnverwandten Terminus ab. Solch eine Klassifikation berücksichtigt vornehmlich die äußeren Merkmale eines Textes, was an den darin auftretenden leeren Begriffen (»Hyperraum«, »Rakete«, »kosmische Poststation«, »Transporterstrahlen« usw.) nachweisbar ist. Eine analoge Klassifikation in der Biologie würde z. B. alle Tiere in fliegende und nicht-fliegende Tiere trennen, wodurch sich dann die Fledermäuse in einer Klasse mit den Fliegen und Schmetterlingen wiederfänden; dementsprechend wären die Mäuse von den Fledermäusen bedeutend weiter entfernt als die Fledermäuse von den Bienen, da Mäuse nicht fliegen. Das wäre doch wohl eine völlig sinnlose Einteilung, wenn man – statt der strukturellen *Ganzheit* von Organismen – nur eine kleine Anzahl ihrer isoliert behandelten Merkmale vergleicht. Aber genau das macht man in der Literatur. Man klassifiziert Werke unter Berufung auf die in ihnen vorkommenden Begriffe und Strukturen auf der Satzebene, über höhere Ebenen wird meistens geschwiegen. Doch das Phantastische ist ganz woanders lokalisiert: es ist sowohl ontologisch als auch epistemologisch, doch mit diesem Problem, das eine gründliche Untersuchung erfordert, werden wir uns gesondert beschäftigen.

Der semantische Rekonstrukteur eines Textes ist eine in unseren Köpfen steckende Einrichtung, die die Gesamtheit der Situationen und Bedeutungen zu einem vieldimensionalen Gebäude zusammenfügt – allein aufgrund des linear empfangenen sprachlichen Textes. Seine Fähigkeiten muß der Rekonstrukteur am meisten bei der Integrierung von besonders umfangreichen Texten beweisen. Wie aber funktioniert er, wenn die aufeinanderfolgenden Beschreibungen aus Hunderten oder Tausenden von Sätzen bestehen? Nun, er verhält sich dann genauso wie beim Bau von Rekonstruktionen kleineren Ausmaßes. Was das Bewußtsein nicht mit einem Schlag überblicken kann, das wird dem Gedächtnis überwiesen. Auf diese Weise entsteht während der fortschreitenden Lektüre aus den Rekonstruktionen, die durch die Sätze des Werkes bestimmt sind, eine Ganzheit, die sich zu der kohärenten Welt des literarischen Werkes verfestigt. Wie solch eine Welt eigentlich unter nicht-sprachlichem Aspekt aussieht, d. h., wie ein Leser phantastischer Werke sich einen »anderen Planeten«, eine »andere Zivilisation«, »Androiden«, »Roboter« usw. vorstellt, darüber wissen wir nichts; denn niemand hat zur Beantwortung dieser Frage entsprechende Forschungen angestellt. Wir können indes konstatieren, daß die Texte im allgemeinen sehr wenig Angaben liefern, die eine brauchbare Visualisierung phantastischer Gegenstände ermöglichen würden, was an den gewaltigen Schwierigkeiten ablesbar ist, auf die jeder Filmemacher sofort stößt, der versucht, solch einen Text zu verfilmen. Es zeigt sich dann, daß das Aussehen phantastischer Dinge nicht nur recht vage ist, sondern daß ihnen selbst bestimmt feste Konturen fehlen: es ist fast eine Regel, daß die *Bilder* durch Namen ersetzt werden, deren Designate sich jeder auf eigene Faust – so gut er kann – vorstellen muß. Somit ist der semantische Rekonstrukteur nicht nur ein Aktualisator von Satzinhalten, sondern er kann auch – da er das Gedächtnis hinzuschalten kann – der Baumeister ganzer fiktiver Welten sein, deren Gebäude und Räume ein literarisches Werk durch Worttropfen in ihn hineingibt. Das ist – so muß man sagen – außerordentlich seltsam, denn solch eine Welt bleibt in ihrer eigenartigen Isolation gegenüber allem, was nicht als Information zu ihr gehört, im Gedächtnis haften. So verwirren sich in unserem Kopf auch nicht die Gestalten einer bestimmten aktuellen Lektüre mit tatsächlichen Personen, sondern noch mehr, wir können zwei, ja sogar drei Bücher »gleichzeitig« lesen, dergestalt, daß wir ihre Lektüre unterbrechen: wir lesen das erste Kapitel der »Buddenbrooks« von Thomas Mann, dann das erste Kapitel von »Effi Briest« von Theodor Fontane und danach das zweite Kapitel von Stifters »Nachsommer« usw. Dies führt trotzdem nicht zu einer völligen Verwirrung in unserem Kopf; wenn wir eine unterbrochene Lektüre fortsetzen, schalten wir ganz automatisch gleichsam zu dem speziellen Ort des

Gedächtnisses um, an dem die – durch die frühere Lektüre – erlangten Kenntnisse aufbewahrt sind. Aber noch einmal: wie das vor sich geht, auf welche Weise das Gedächtnis so vortrefflich selektiv arbeitet, darüber wissen wir nichts, (obwohl zu diesem Thema bereits Hypothesen zu hören sind).

Die einfachste Struktur der Darstellung in der Literatur findet sich in einem Werk, das mit dem Ablauf seiner Ereignisse den Verlauf von Geschehnissen, wie er für die Alltagswirklichkeit spezifisch ist, imitiert. Eine der einfachsten schriftstellerischen Erschwerungen der Darstellung von Inhalten ist die satzinterne Inversion der Zeitordnung. Der Satz: »Das Kind betete und legte sich schlafen« entspricht mit der Reihenfolge seiner syntaktischen Fragmente offensichtlich der tatsächlichen Reihenfolge der beschriebenen Ereignisse. In einer invertierten Ordnung hingegen lautet derselbe Satz so: »Das Kind legte sich schlafen, nachdem es gebetet hatte.« Wir halten beide Sätze für inhaltlich äquivalent, denn der semantische Rekonstrukteur stellt es eben so fest; die Bedeutung – als Endresultat des Lesevorgangs jener zwei Sätze – ist deren Invariable. Die Reihenfolge der Darstellung von Aktionsfragmenten hingegen kann sehr starken Umformungen unterliegen, aber auch dann können wir gewöhnlich die tatsächliche, d. h. die realistische Chronologie der Ereignisse rekonstruieren und dadurch das Netz von Ursache und Wirkung in ihrer dem empirischen Wissen und den täglichen Erfahrungen adäquaten Gestalt erkennen.

Bisweilen kommt es vor, daß wir ein zwei- oder sogar vielbändiges Werk nicht in der richtigen Abfolge der Bände in die Hand bekommen; wir erhalten zuerst den zweiten, dann den ersten und schließlich den dritten Band. Das Ergebnis dieser Lektüre ist dennoch kein sinnloses Galimathias; offensichtlich sind die Empfindungen, die diese Lektüre begleiten, etwas anders als die Empfindungen, die man gehabt hätte, hätte man die Bücher in der richtigen Reihenfolge (1, 2, 3) erhalten – doch die Veränderungen oder Nachteile sind im allgemeinen nur marginaler Natur; nach der Lektüre des gesamten Werkes haben wir alles, was es zur Darstellung brachte, fast genausogut oder vielleicht genausogut im Gedächtnis gespeichert, als wenn wir das Werk in der üblichen Reihenfolge kennengelernt hätten. Es ist fast so, als ob wir ein unsichtbares, weil z. B. total durchsichtiges Objekt vor uns hätten, daß uns dadurch sichtbar gemacht wird, daß jemand es nach und nach mit einem Faden umwickelt; ist jenes Objekt topologisch etwas kompliziert, ist es also z. B. keine Kugel oder kein Zylinder, sondern etwas in der Art eines knorrigen Baumes, dann hängt der Schwierigkeitsgrad der Enträtselung, um was für ein Objekt es sich handelt und wie seine Gesamtheit aussieht, entscheidend von der Systematik ab, mit der der Faden umwickelt wird. Umwickelt man den Faden, indem man unregelmäßig von einem Ort des unsichtbaren Gegenstandes zu einem anderen, entfernteren springt, läßt man die Fäden sich miteinander kreuzen (dergestalt, daß zwar ein Teil des Objektes bereits zwei- oder dreimal mit dem Faden umwickelt wurde, andere Teile dagegen überhaupt noch nicht berührt wurden), dann werden unsere Zweifel über das Aussehen jenes Objektes sehr groß sein, und wir werden lange falsche Vermutungen hegen, was wir eigentlich vor uns haben. Ein ordentliches, systematisches Umwickeln hingegen erleichtert uns das Enträtseln und beschleunigt zugleich den Aufschluß über das Gesamtbild. Wenn jedoch jede Art des Umwickelns schließlich dazu führt, daß es kein Stück auf der Oberfläche des Gegenstandes mehr gibt, das nicht mit dem Faden bedeckt ist, dann ist klar, daß wir bei solch einem Finale immer im Besitz eines genauen Wissens über den gezeigten Gegenstand sein werden. Dann ist es auch nicht mehr wichtig, in welcher Reihenfolge die Schnur umwickelt wurde – ob dies systematisch oder exzentrisch geschah –, obwohl in allen ähnlichen Situationen (und jetzt wenden wir uns von dem Modell ab und der Literatur zu) die Erzählstruktur nicht immer mit der Struktur der Verdinglichung identisch ist. Die Erzählstruktur hat übrigens ihre realen Entsprechungen in den alltäglichen Erscheinungen des Lebens. Wenn uns jemand mit dem Aussehen seines Heimes bekannt macht, indem er uns zunächst in den ersten Stock führt und danach in den Keller oder besser uns zuerst das Parterre sowie den Dachboden zeigt und danach die übrigen Zimmer vorführt, dann wird dadurch über die abschließende Vorstellung als dem Eindruck über die topologische Gesamtkonfiguration der Wohnung überhaupt nichts entschieden. In diesem Sinne kann die Erzählstruktur mit der üblichen Richtung des Zeitablaufes konform gehen, chronologisch parallel verlaufen oder auch nicht, die Summe der Nachrichten aber, die wir der Lektüre entnehmen, hängt nicht prinzipiell von der Reihenfolge der Darstellung der Glieder der Beschreibung ab. Abhängig von der Reihenfolge hingegen sind in sehr hohem Maße, ja geradezu entscheidendem Maße die Empfindungen, die in uns *während* der Lektüre geweckt werden.

Für alle Werke, die so gebaut sind, wie jenes »Fadenmodell« oder das mit der Besichtigung eines Hauses vorgetragene Modell es zeigte, gilt das Gesetz von der Invarianz der Gegenstände, also das Gesetz von der Unabhängigkeit der semantischen Struktur der kreierten Welt von der Erzählstruktur der *Darstellung* dieser Welt durch den Verlauf des Werkes. In der Klasse solcher Werke darf man legitimerweise nach Beendigung der Lektüre die dargestellte Welt von den Mitteln, die sie darstellen, »trennen«.

Diese Frage kann einem bis zur Trivialität nichtig scheinen. Es mag auch so sein. Für uns ist jedoch folgender Schluß aus dem Gesagten wichtig: die (im empirischen Sinne) gnoseologischen Eigenschaften eines beliebigen Textes (also nicht nur eines literarischen Werkes) hängen ausschließlich davon ab, was in dem Text den Komplex der semantischen Invariablen ausmacht, die keiner, durch die Anwendung verschiedener Darstellungsstrukturen hervorgerufenen Variation unterliegen. Unter rein gnoseologischem Aspekt hat jeder literarische und jeder andere Text einen Wert nur in bezug auf seine Verdinglichungen, nicht aber in bezug auf die »evozierenden« Operationen, die jene Verdinglichungen uns präsentieren.

Doch das muß man richtig verstehen. Ganz offensichtlich sind unter dem Aspekt der semantischen *Verstehbarkeit* eine komplizierte, dunkle und schwere Darstellung der Theorie Einsteins und eine klare, eindeutige und einfache Darstellung nicht gegenseitig äquivalent. Ebenso kann uns ein und derselbe Sachverhalt in einer Beschreibung deutlich, genau und präzise wiedergegeben werden, in einer andereren aber – kompliziert, gestammelt, mit Wiederholungen und unerträglichem Geschwätz. Unterschiedlich wird aber immer nur die geistige Anstrengung sein, die wir für das optimale Ordnen des Kommunikats zu investieren genötigt sind. Die Relativitätstheorie ist nämlich, schwierig und kompliziert vorgetragen, im Grunde genommen genau dieselbe Theorie, die uns in einem anderen, für uns weitaus verständlicherem Vortrag zur Kenntnis gebracht wird. Daß es in allen Fällen um genau die gleiche Theorie oder um genau dieselben gegenständlichen Ereignisse geht, steht jetzt nicht zur Beweisführung an. Wir nehmen dies als gegeben an. Die Verdinglichungen sind unter gnoseologischem Aspekt in der gesamten Klasse der realistischen Werke genauso gegeben, wie die reale Welt gegeben ist, die Katastrophe der »Titanic« und der vor dem Fenster wachsende Baum; der Komplex der Unterschiede läßt sich also auf die Differenzierungen im Bereich der Erzählstrukturen zurückführen.

Nichtliterarische Texte hinsichtlich ihrer Verstehbarkeit zu klassifizieren, ist ziemlich leicht. Als einziges Kriterium dient die Frage – komparatistisch gesehen – wie die Verstehbarkeit der jeweiligen Information im Hinblick auf ihre Rezeption durch uns ist. Wenn wir die Information im Nu begreifen, dann ist die Verstehbarkeit exzellent. Jede schwere und unverständliche Explikation schneidet bei dieser Art der Bewertung schlechter als eine leichte und klare ab.

Eine analoge Katalogisierung literarischer Texte darf jedoch bei der Bewertung nicht so monokategorial verfahren. Denn ein Text, der infolge der Verwendung einer eminent »verzwickten« Erzählstruktur durch den Autor bei der Lektüre sehr dunkel bleibt – wird vielleicht gerade deswegen höher von uns eingeschätzt als seine einfache Variante. Die Satisfaktion beim Umgang mit Kunstwerken ist sowieso überhaupt nicht mit der Summe der Nachrichten, die wir der Lektüre entnehmen, vergleichbar und läßt sich nicht auf die Quantität der erlangten Informationen reduzieren. Der Weg, auf dem wir jene Informationen erhalten, ist damit von erstrangiger Bedeutung.

Der Typ informativer Originalität, den wir in der Science

Fiction suchen, ist aber eben nicht innerhalb der Darstellungsstruktur des Kommunikats lokalisiert. Denn alle Informationen, die im Verlauf der Darstellung als originale Informationen empfangen wurden und die danach ihre Alltäglichkeit offenbaren, sollten wir in der Science Fiction disqualifizieren. Ich mache indes eine Einschränkung: nicht als »Durchschnittsleser« dieser Werke, sondern als Sucher dessen, was gnoseologisch wirklich von Wert ist. Wir werden also gleichsam gegen den Strom der heute verbindlichen ästhetischen Konventionen schwimmen.

Eine maximale und optimale Schlichtheit des Kommunikats ist dieser Konvention eher fremd. Solche Beurteilungen sollen, wenn sie von ästhetischen Kriterien ausgehen, von uns nicht in Frage gestellt werden; denn das wäre ein sehr unkluges Vorgehen und mit dem Vorwurf an einen Illusionisten zu vergleichen, daß er uns betrügt, wenn er Eier aus dem Ohr, der Nase oder der Luft herausgreift. Dies wäre eine dumme Kritik an dem Illusionisten, obwohl er uns – in rein empirischem Sinne – tatsächlich betrügt. In dieser Hinsicht betrügt uns auch jeder Kriminalroman, der unsere Erwartungen auf eine falsche Fährte lenkt; doch das ist gerade eine der elementaren Regeln jenes Spiels, das zwischen dem Autor und dem Leser stattfindet. Solche »Betrügereien« sind die taktischen Elemente zahlreicher Spielverläufe. Nur auf dem Gebiet der Erkenntnis und des diskursiven Denkens gibt es für sie keinen Platz. Da jedoch all jene Ideen, Begriffsstrukturen und deren Transformationen, die wir in der Science Fiction in der Hoffnung auf ihre eventuelle Ausnutzung zu futurologischen Zwecken erwarten, keinen Scheincharakter haben dürfen, dürfen sie auch nicht – nur Fragmente momentaner, durch eine bestimmte Lektüre hervorgerufener Täuschungen sein; sie müssen unser unantastbares und dauerhaftes Eigentum auch nach dem Zuklappen des Buches bleiben. Gemäß diesen Erwartungen verlangen wir von der Science Fiction in ihrem Bereich authentische Informationen. Das bedeutet nicht, daß wir sofort und a priori all jene Texte der SF disqualifizieren, die die Bedingung »Invarianz hinsichtlich der Erzählstrukturen« nicht erfüllen. Das heißt einzig und allein, daß wir nur ihre Werte verlagern: wir machen nämlich geltend, daß diese Texte als *literarische* und *künstlerische* Werke, die gewisse *Erlebnisse* vermitteln, vielleicht wertvoll sind, doch wir sprechen ihnen jeden epistomologischen Wert ab. Auf diese Weise wird ihnen Gerechtigkeit zuteil – auch wenn sie unseren gnoseologischen Hunger nicht stillen können. Indes, wir werden sehen, daß oft Werke, denen die Bürgerrechte im Bereich der Science Fiction entzogen wurden, weil ihre Phantastik genauso vorgetäuscht war wie ihre Wissenschaftlichkeit, absolut nichts für die Begründung eines eventuellen »Umzuges« in das Gebiet der »mehr gewöhnlichen« Literatur aufweisen. Sie stellen sich dann als rechtlose Eindringlinge heraus, die mit der »Exmission« aus allen Literaturwelten bedroht sind.

Wir fassen zusammen, was aus dem bisher Gesagten das Wichtigste ist. In nichtkünstlerischen, rein gnoseologischen Texten ist (d. h. sollte sein) die Struktur der Darstellung der Inhalte dem tatsächlichen Sinn jener Inhalte fügsam untergeordnet. Jede vorgenommene Erschwerung der Erzählung (als einer Ausführung), die nicht der Exemplifikation der Sache dient, erhält dann automatisch einen Minuspunkt. In der Literatur hingegen verhält es sich anders; in ihr kann der Weg zum Ziel, also zur Erkenntnis der Trajektorien der Ereignisse künstlerisch wichtiger sein als die Ereignisse selbst. Und nur, wenn wir uns auf den gnoseologischen Wert eines literarischen Werkes konzentrieren, lassen wir alle immanenten Qualitäten der Darstellungsstruktur außer acht. Wir betrachten dann die gesamte Zeit der Aktion des Werkes nach Beendigung der Lektüre bewegungslos als ein vierdimensionales Gebilde (mit den drei räumlichen Dimensionen und der, durch die Chronologie der Ereignisse bestimmten vierten Dimension). Wir können dann in der Erinnerung den gesamten Verlauf der Situationen, die das Werk darstellt, abschreiten. Bei solch einer Betrachtungsweise gehen die retardierenden, überraschenden und unerwarteten Effekte verloren, die während der Lektüre durch den Zusammenprall unserer unsichtbaren Antizipationen mit den Ereignissen entstanden, und die der Text während des Lesens entweder bestätigte oder liquidierte. Wir können uns daran erinnern, welche Empfindungen wir hatten, als sich die Form der Ereignisse aus dem Unbekannten erhob, aber wir können nicht mehr von der Komposition der einzelnen Fragmente des Werkes als ihrer kunstvoll geschaffenen Abfolge überrascht sein. Die Welt des Werkes liegt bereits vor uns als ein ideal geschlossenes Gebilde, geschlossen natürlich nur hinsichtlich der Ereignisse, nicht aber hinsichtlich der Interpretationen. Wir können die Interpretationen dessen, was vorgefallen ist, auch bei einem petrifizierten Wissen darüber, was tatsächlich vorgefallen ist, fernerhin vermehren: denn ganz wie wir die Freiheit hinsichtlich der Segmentierung der Wirklichkeit von vorübergehenden Ereignissen haben, besitzen wir die Freiheit der Reminiszenz, aber wir machen uns bereits keine Illusionen darüber, welche Erscheinungen sich tatsächlich erfüllen werden und welche nicht; es ist bereits zu spät, es ereignete sich unwiderruflich eben das, was sich gerade ereignete. Als eine Imitation, ja sogar als eine brillante Imitation eines Schicksals *in statu nascendi* kann ein Werk nur *während* der Lektüre angesehen werden, solange die »Zukunft unbekannt ist« und dadurch im Raum der Virtualität schwebt, aber nach dem Wort »Ende« sind diese Gefühle nicht mehr am Platze. Die spezifische Qualität der Darstellung wird hier von der dargestellten Welt getrennt, und diese Welt gibt sich uns auch aus ihren epistomologischen, z. B. futurologischen (prädiktiven) Werten zu erkennen, sofern sie welche besitzt.

Die immanenten Strukturen der Darstellung

Vergleichbar den Abziehbildern, von denen Kinder die Papierschichten abreiben und unter denen allmählich das Glanzbild in taufrischen, reinen Farben zum Vorschein kommt, befreit sich im klassischen Roman die Welt von den Fesseln der lenkenden Sprache und steht vor dem Leser »scheinbar lebendig« da. Doch dieser äußerst naive Sachverhalt ist in der neueren Literatur bereits anachronistische Vergangenheit: die Erzählstrukturen wollen hier nicht von der geschaffenen Welt getrennt werden.

Dieser feste Zusammenwuchs des Beschriebenen mit dem, was beschreibt, kann zunächst daher rühren, daß die Welt des literarischen Werkes eine bestimme Etappe des sprachlichen und nur des sprachlichen Weges darstellt; ein Verlassen dieses Weges käme dem gleich, daß man ein Mosaikfenster – in der primitiven Hoffnung, es »besser« sehen zu können – zertrümmert, wodurch es dann völlig verlorengeht. Ein ähnlicher Zusammenwuchs der Objekte mit den zu ihnen führenden sprachlichen Wegen herrschte immer in der Mathematik, danach war er in der Poesie anzutreffen und heute – bei der zunehmenden Eroberungstendenz dieser Methode – ist ihm auch die Prosa verfallen.

Diese Untrennbarkeit kann auch (zweitens) das Ergebnis der Besonderheit nicht der sprachlichen Beschreibung an sich, sondern der dargestellten Verdinglichung selbst sein. Dann ist es unmöglich, ihre eigentliche Gestalt aufzuspüren, weil diese sich nicht enthüllt: bestenfalls kommt man zu einer gewissen Menge von Teilbildern, die untereinander inkongruent – sogar bis zur Kontradiktion – sind. Eine annähernde Entsprechung dieser Situation wäre in der Realität z. B. der Umstand, daß wir von denen, die die Katastrophe der »Titanic« überlebt haben, eine Reihe von inkohärenten, untereinander geradezu widersprüchlichen Berichten über die Gründe, den Verlauf und das Ende des tragischen Ereignisses erhalten – oder eine Szene aus dem Gerichtssaal, in der sich die Aussagen der Zeugen gegenseitig widersprechen, obwohl sie sich auf ein und dasselbe Ereignis beziehen –, oder der Versuch, die Biographie einer bestimmten Person anhand ihrer eigenen Erinnerungen zu rekonstruieren, diese Person aber von Phantasmagorien heimgesucht wird (also ununterbrochen etwas erdichtet und ausdenkt). Die Grenze solcher Indeterminismen bildet das Protokoll der halluzinatorischen Faseleien eines Wahnsinnigen; hier gelingt es uns nicht einmal mehr, die separaten Fragmente als opponierende Versionen ein und desselben Tatbestandes auszumachen. Die modernen Konventionen der Prosa geben mit Vergnügen gerade diesen Paradigmata den Vorzug vor den diskursiven.

Also, an dieser Situation des Zusammenwuchses – die das Vordringen zu dem Wissen darüber, »wie es tatsächlich war«, vereitelt – ist mal die Sprachschicht und mal die Gegenstandsschicht des literarischen Werkes schuld.

Es scheint, daß als eine besondere Variante, d. h. als dritte Variante, ein Sachverhalt hervorgehoben werden kann, in dem die »Schuld« für die Untrennbarkeit der linguistischen und reistischen Elemente auf den Leser fällt. Wie bereits erwähnt, kann man im Prinzip jedes Kommunikat gnoseologischen Typs, z. B. die Relativitätstheorie, von dem Objekt (in diesem Falle – dem theoretischen), von dem das Kommunikat berichtet, trennen. Es ist indes verständlich, daß derjenige, der den Begriffs- und Kategorienapparat nicht kennt, dessen man sich bei den Ausführungen unbedingt bedienen muß, nichts oder fast nichts von dem Gesagten versteht und deshalb auch nicht imstande ist, eine Grenze zwischen der Relationsstruktur und der Referenzstruktur des Kommunikats vorzunehmen (dergestalt, *wie* es berichtet und *worüber* es berichtet). Bei wissenschaftlichen Ausführungen handelt es sich dann um die übliche und triviale Ignoranz seitens des Empfängers. Das literarische Experiment als völlig neue Kreation beruht hingegen gerade auf diesem Verfahren, bei dem sich praktisch *alle* Menschen – egal, wieviel sie von der schönen Literatur verstehen oder nicht – hinsichtlich seines Resultates (d. h. hinsichtlich des Werkes) als komplette Ignoranten in einer unangenehmen Situation erweisen müssen. Sie müssen dann – ähnlich dem, der von neuem das lernen muß, was er vermeintlich bereits wußte –, auf neue Regeln und Prinzipien der Konstruktion stoßen, unter dessen Schirmherrschaft das Werk entstand. Doch diese Unwissenheit und Desorientierung – als »semantische Verwirrung« – kann aus zweierlei Gründen zugleich beharrlich und lange währen. Der erste Grund kann leicht expliziert werden: derjenige, der die neue Empfangsstrategie nicht absolut beherrscht, muß dennoch nach der Lektüre des Originaltextes nicht leer ausgehen. Schließlich ist ja ein solcher Text nicht aus Geheimsymbolen mathematischen Typs gebaut, sondern ihn schafft die lexikographisch und syntaktisch verbreitete Sprache, folglich bleibt gewöhnlich auch bei dem Leser »ein bißchen« hängen, der das Prinzip der neuen Kreationstaktik nicht im Griff hat. Wenn dies so ist, dann kann sich jener Leser einfach mit dem zufrieden geben, was er von dem neuen Werk »auf hergebrachte Weise« versteht; bestenfalls wird er bei der Lektüre das starke Auseinanderklaffen der semantischen Erwartungen von ihren tatsächlichen Verwirklichungen registrieren. Er ist vielleicht unzufrieden und wird – wenn er ein Kritiker ist – die Lektüre negativ rezensieren; er kann aber vielleicht auch gerade ihre teilweise Unverständlichkeit für geheimnisvoll und irgendwie reizvoll halten. Nicht alle Leser der »seltsamen« Theaterstücke Witkacys haben deren sinnliche Regeln verstanden; und doch wurden diese Theaterstücke gelesen, gerade weil sie als »seltsam« und »verworren« galten; dies kommt daher, daß eigentlich kein literarischer Text eine derartige Dichotomie schafft wie ein deduktiver Satz, z. B. ein mathematischer Satz, der entweder vollständig empfangen wird oder überhaupt nicht empfangen wird. Man kann einen literarischen Text gleichsam wie einen besonders klitschigen Kuchen »kennenlernen«, indem man aus ihm die Rosinen und andere »bessere« Inhalte herauspolkt und sich damit zufriedengibt.

Der zweite Grund für den Umstand, daß hinsichtlich moderner Werke eine ständige Desorientierung herrscht, ist in der Tat erstaunlich, besonders wenn man ihn deutlich beim Namen nennt. Er besteht darin, daß ein Autor dem Leser sehr oft nicht nur deshalb nicht selbst zu Hilfe eilt (indem er über die von ihm neu erfundenen Kreationsprinzipien spricht), weil er dies nicht tun will, sondern er hüllt sich deswegen in Schweigen, weil er selbst nicht weiß, was er wie und warum machte. Ganz allgemein bedeutet dies, daß die »Gehirnlokalisation« der schöpferischen Einrichtung, derer sich der Schöpfer bedient, von der Lokalisation jener »Einrichtungen« abweicht, die das logisch-diskursive Denken verwalten, obwohl sie sich ebenfalls in seinem Gehirn befinden. Daß dies so ist und gerade so zu sein scheint, kann ich an einem eigenen Beispiel verbürgen und beweisen. Dieses Beispiel ist hier von besonderem Wert, weil es einfach ist. Vor ziemlich langer Zeit schrieb ich die Erzählung »Invasion«, in der eigentümliche Meteore in der Gestalt großer gläserner Birnen mit einem milchigen, beweglichen Kern auf die Erde fallen. Dies sind – wie sich später herausstellt – lebende Wesen, die in Form von »Sporen« jahrhundertelang im Kosmos kursieren, und deren Entwicklungszyklus erst beim Aufprall auf einen Planeten beginnt. Dabei imitiert der Kern der »gläsernen Birne« in seiner frühen »Embryonalphase« mit den Formen, die er annimmt, das Aussehen jener Objekte, die sich – zufällig – in der Nähe des Aufschlagortes befanden. Befand sich in ihrer Nähe ein Vogel oder ein Mensch, dann produziert die »Birne« in ihrem Inneren eine gleichsam gestochene, bewegliche Replik des ersten beziehungsweise des zweiten Objektes. In der Erzählung wird dann erörtert, welchen »Sinn« jenes »kopierende Verfahren« hat, wem es dient und welche Ursache es hat etc.

Weder zu der Zeit, als ich diese Erzählung schrieb, noch viele Jahre später war ich mir darüber im klaren, wie ihre allgemeine Bedeutung aussieht. Lange Zeit danach, im Jahre 1967, formulierte ich (auf einem außerliterarischen und zwar dem philosophischen Gebiet) die Hypothese, daß zwischen der Variabilität der Formen, die man in der evolutionären Bewegung antrifft, und der durch die Umwelt bedingten Selektion jener Formen immer eine gewisse *Toleranz* existiert, die nicht von einer Adaptationsform ausgefüllt wird, sondern dem Spiel reiner Zufallsfaktoren unterliegt (d. h. daß nicht alle Erscheinungen der Bioevolution oder der Linguoevolution einen adaptiven Charakter haben). Danach versuchte ich, diese These noch mehr zu verallgemeinern, damit sie alle denkbaren Arten evolutionärer Prozesse, die Kulturentwicklung inbegriffen, umfassen kann. Als ich dies schrittweise versuchte, war ich mir nicht im entferntesten darüber im klaren, daß die erwähnte Erzählung »Invasion« ein konkretes Beispiel für diese allgemeine Regel war, daß sie eine gewisse (phantastische) Partikularisierung der »Toleranz«-Hypothese darstellte, weil gerade »nichts« das seltsame, imitierende Verhalten der »gläsernen Birnen« veranlaßte. Die Erzählung suggeriert, daß diese Erscheinung nicht erklärbar ist, weil es für sie keine andere als nur eine inzidentale Erklärung gibt. Als ich diese Erzählung schrieb, kannte ich die obige Hypothese noch nicht (ich habe sie erst

Jahre später aufgestellt), und nochmals, als ich die Hypothese aufstellte, kam ich nicht einmal auf die Idee, daß sie etwas mit einem meiner literarischen Texte gemeinsam haben könnte. An diesem Beispiel, dessen Vorzüge in seiner Einfachheit und Eindeutigkeit liegen, ist zu sehen, daß ein Schriftsteller einem Werk den Charakter eines »Signalisationssystems« geben kann – und gleichzeitig überhaupt nicht weiß, was *eigentlich* anhand dieses »Systems« signalisiert werden soll! In unserem Beispiel ging es um die Beziehung zwischen »Signalisierendem« (die Erzählung) und »Signalisiertem« (die Hypothese), was einer *indirekten* Interpretation der generellen These – durch eine partikulare Demonstration der *Gültigkeit* dieser allgemeinen Behauptung – entspricht. Eine solche Beziehung ist indes relativ einfach aufzudecken, doch der nicht unbedingt logische und auf Regeln zu deduzierende Typ von Beziehungen, die zwischen einem modernen Werk und seinem »semantischen Gegenüber« als sinnlichem Wahrnehmungskomplex herrschen, erschwert entsprechende Erklärungen der Situation beträchtlich.

(Meine Erzählung war hinsichtlich ihres Konstruktionsprinzips eine durchaus konventionelle Erzählung, ihre Erzählstruktur hat also nichts originäres; die ganze Originalität bestand in der Relation zwischen dem konkret Gezeigten [das merkwürdige Verhalten der »Birnen«] und einem allgemeinen Prinzip, das jenes »Konkrete« zu implizieren *scheint; im Werk selbst* kann man diese Relation natürlich nicht aufspüren, sie entsteht erst bei der Gegenüberstellung des Besonderen, d. h. des Werkes, mit dem Allgemeinen, also der genannten Hypothese: und diese muß man sich schon selbst ausdenken.)

Worin also kann sich die Dunkelheit nicht konventioneller Kreationen verbergen? Darin, daß der Autor sich gleichsam nicht auf der gleichen semantischen und kategorialen Ebene bewegt, auf der normalerweise der diskursive menschliche Gedanke arbeitet. Dies ist nun nicht das Produkt irgendeiner spitzfindigen Perversität: ein Künstler kann oftmals einfach nicht anders arbeiten.

Das von mir vorgetragene Beispiel könnte – fälschlicherweise – suggerieren, daß man nur einen ausreichend eindringlichen Scharfsinn braucht, um in jedem einzelnen Fall eines modernen Werkes feststellen zu können, welche Konkretisierung neuer, übergeordneter Bedeutungen es liefert. Diese Hoffnungen sind jedoch zu vereiteln, wenn sich hinter ihnen der Glaube an eine gewisse »Algorithmisierbarkeit« jenes aufgespürten Verfahrens verbirgt. Das dies total vergeblich ist, soll ein anderes Beispiel zeigen. In diesem Beispiel geht es nicht mehr darum, was ich einst geschrieben, sondern darum, was ich geträumt habe. Ich träumte, daß ich irgendwo stehe – seltsam gekleidet, weil ich viele Hemden gleichzeitig, eines auf dem anderen, trug, wobei das oberste mit verschiedenen wie Reklame aufgedruckten Aufschriften bedeckt war. Als ich mich vergewissert hatte, daß diese Aufschriften sich irgendwie auf mein künftiges Schicksal beziehen, wollte ich es kennenlernen und begann, ein Hemd nach dem anderen auszuziehen. Doch da dies mühselig und ich neugierig war, zog ich schnell unter den anderen Hemden, die ich noch trug, die Manschette des letzten Hemdes hervor – ich trug es direkt auf dem Körper), und es überraschte mich sehr, daß diese Manschette weiß und sauber war. Dies beunruhigte mich, also zog ich schnell die nächsten Hemden aus, wobei das vorletzte völlig anders als die übrigen aussah, denn es war weder bedruckt noch weiß. Es war ein khakifarbenes grobes und rauhes Militärhemd; auf der linken Seite – so ungefähr in Höhe des Herzens – hatte der Stoff einen großen hartgewordenen Flecken, in dessen Mitte sich ein kleines Loch befand. Ich schaute mit Entsetzen auf dieses Hemd in meinen Händen, und gleichzeitig hörte ich eine Stimme, die irgendwo in der Ferne leise davon sprach, daß jemand, der in einer sich lang hinziehenden Schützenlinie stand, gefallen sei ... Damit endete der Traum.

Natürlich kann man diesen Traum als eine Art »Signalisierung« bestimmter Bedeutungen mittels semantisch besetzter Objekte ansehen, aber man weiß nicht, wie der »eigentliche« Sinn ist, der die – auf jene visuelle Weise vorgeführte – diskursive These bildet. Es ging vermutlich um eine »Vorwarnung«, um eine indirekte Informationsform an den »Hemdbesitzer« über den Tod, der ihn erwartet.

Dem Buchstaben nach ging es wohl kaum um den Tod auf dem Schlachtfeld. Ich vermute, daß ich mich in jenem Traum gleichsam selbst von der Unvermeidbarkeit des Todes in Kenntnis setzte, darüber, daß bei meinem Tode alles weiterhin so bleiben würde, wie es war, und jene Gleichgültigkeit der äußeren Erscheinungen gegenüber dem individuellen Schicksal zeigte sich auf bildhafte Weise in dem letzten Hemd, das das Totenhemd war, es war nämlich absolut leer, weiß und sauber. So könnte es sein. Doch hier geht es gerade darum, daß weder die obige »Übersetzung« der Beispielserie von Ereignissen in eine diskursive Sprache noch eine andere Übersetzung den gesamten semantischen und emotionalen Inhalt des Traums bis zum letzten ausschöpfen kann. Es ist immer so, daß nur präzise und neutrale Symbole – mit denen die diskursive Sprache operiert – leicht von den durch sie bezeichneten Bedeutungen getrennt werden können. Solche Symbole jedoch wie die, die in dem Traum auftraten, sind ganz bestimmt nicht neutral in ihren Bedeutungen; sie bilden die Batterien einer total emotionalen, hieratischen und bisweilen geradezu sakralen Ladung, sie sind *asynonymische* Gebilde. Das Wort »Gebäude« ist ein Synonym für das Wort »Haus«, das Symbol des »Kreuzes« indes kann nicht durch das Symbol des »Galgens« ausgetauscht werden (obwohl durch sie Gegenstände derselben Strafeinrichtung bezeichnet werden!). So ist es immer, sogar wenn Sprachsymbole verwandt werden, die kulturell sehr verbreitet sind (wie z. B. das »Kreuz«). Wenn individualisierte Sprachsymbole benutzt werden, deren Sinn durch den Kontext erschlossen wird (solche Symbole waren im Traum eben die Hemden, und die kosymbolische Sinngebung ergab sich aus der Beziehung der räumlichen Nachbarschaft zwischen dem scheinbar harmlos, mit lustigen Aufschriften bedruckten Hemd und dem Hemd, das auf der Brust einen blutigen Durchschuß hatte, wobei diese räumliche Relation sich dann auf das Zeitverhältnis bezog, denn *nach* dem Tragen des »unschuldigen« Hemdes war das Anlegen des Kriegshemdes an der Reihe), dann beginnt über die Eigenschaften eines Textes immer stärker dessen inneres Bezugsfeld zu entscheiden (was wir eben am Material des Traumes gezeigt haben). Wenn also jemand ein literarisches Werk schafft, dann kann er nicht wissen, was dieses Werk in letzter Konsequenz aussagt; denn ein Werk kann – wie in dem zitierten Traum – eine komplex deutliche Bedeutung haben, aber zugleich auch eine weitere, die durch keine gesonderte, korrekt diskursive Aussage ausgeschöpft und äquivaliert wird. Bildliche, »ikonenhafte« Kommunikate haben ein gewaltiges Potential an denkbaren diskursiven Interpretationen, doch ihre Menge kann nicht mit dem emotionalen Empfang der Bildserien ins Gleichgewicht gebracht werden (d. h. ersetzt werden).

Auch das Grundprinzip einer Kreation ist – anhand einer beliebig präzisen Analyse eines Werkes und besonders eines modernen Werkes – nicht hundertprozentig und eindeutig rekonstruierbar. Das Prinzip der Kreation muß nicht unmittelbar völlig mit dem verbunden sein, was das Werk zeigt. Denn es stellt weder den Inhalt eines Werkes dar, noch läuft es diesem Inhalt irgendwie parallel. Das Kreationsprinzip der Erzählung »Invasion« besteht nicht in der »Theorie der evolutionären Toleranzen, die durch schicksalhafte Koinzidenzien ausgefüllt werden«, sondern ihr Prinzip ist die *Darstellung einer Generalisierung* mittels der Demonstration ihrer *partikular konkreten Anwendung* auf bestimmte Objekte. Das Prinzip des kurz zusammengefaßten Traumes hingegen besteht nicht in der Wiederholung des »memento mori«, sein Prinzip ist die Übersetzung einer Sammlung von synonymen Feststellungen (über die Unvermeidbarkeit des Todes) in deren symbolische Demonstration, die *Methode der Umsetzung* des Diskurses in Bilder ist also das Kreationsprinzip des Traums. (In dem besprochenen Traum handelt es sich um – weil unsichtbare Zeitbezüge – abstrakte Umsetzungen in erfahrungsmäßig sichtbare Beziehungen räumlicher Natur.) Wenn man über einfache Werke spricht, dann können sowohl ihre Grundbedeutungen als auch ihre Kreationsprinzipien leicht wiedergegeben werden – deshalb waren die verwendeten Beispiele absichtlich so einfach. Wenn wir uns jedoch der Untersuchung komplizierterer literarischer Werke zuwenden, dann wird nicht nur die Demonstration des semantischen Integrals sowie des

Kreationsprinzips dieser Werke schwerer, sondern auch die Resultate all dieser Verfahrensweisen sind mit Indeterminismen behaftet: viele verschiedene Auslegungen und generative Rekonstruktionen sind möglich, sie schaffen ein ganzes Bündel von Interpretationen, die ineinander übergehen. Also, wie jemand einen Text mit seinen Sinnen ordnet, so liest er ihn auch, und erst nach der verstehenden Entzifferung wird es möglich, das Kreationsprinzip wiederzugeben. Hinzuzufügen ist, daß die strukturalistische Kritik deshalb in Antinomien verwickelt ist, weil sie sich bemüht, mit Scharfsinn das zu tun, was die traditionelle Kritik unscharf (auf jeden Fall – weniger scharf) bereits getan hat. Wenn aber ein gewisser, bereits nicht reduzierbarer Indeterminismus herrscht, dann nimmt uns eine Einführung in eben das Gebiet der scharfen Methoden nicht nur Sorgen nicht ab, sondern im Gegenteil, sie vergrößert ihre Menge. Wenn wir die Länge eines bestimmten Objektes mit einem gewöhnlichen Zollstock messen, obwohl dieser nicht sehr genau ist, dann haben wir zumindest keine Probleme mit dem Ablesen der Meßresultate. Wenn wir aber die Messung präzisieren wollen und jene Stellen, an denen die Enden des zu messenden Gegenstandes mit den Markierungen des Zollstocks zusammenfallen, zuerst unter die Lupe nehmen und danach unters Mikroskop legen, dann sehen wir – statt dünner und scharfer Millimeterstriche – gewaltige, mit verwischten Farben bedeckte Löcher, und wir befinden uns erst recht in einer schwierigen Lage. Die Meßtheorie handelt davon, und jeder Physiker weiß genau, wenn das Auslösungsvermögen einer Messung bei dem zehnten Teil der verwendeten Maßeinheiten aufhört, dann handelt derjenige unsinnig, der die Resultate bis zur zwanzigsten Stelle nach dem Komma berechnen will; wenn die Ausgangsdaten unscharf sind, dann hilft es auch nicht, wenn man an sie die allerbesten Rasiermesser einer mathematischen Prozedur anlegt. Und das trifft genauso auf die Kritik zu: so wie es nicht möglich ist, das Wesen der Zukunft dadurch besser zu erkennen, daß man den zur Prognose dienenden Kaffeesatz unter dem Mikroskop betrachtet und seine topologischen Qualitäten berechnet, so ist es auch nicht möglich, die Prinzipien kreativer

Neuerungen in der Literatur dadurch vollkommen zu erkennen, daß man an die notwendig semantisch unscharfen und immer ein wenig willkürlichen Exegesen moderner Texte die Mikrotome des Strukturalismus anlegt. Dem desolaten Zustand der methodologischen Fundamente der Geisteswissenschaften im allgemeinen und der Literaturwissenschaft im besonderen ist dieser Verwirrungszustand zu verdanken, in dem man zu genausowenig vernünftigen Praktiken unter der Parole einer größeren Präzision gelangen kann, die dann eben nur eine größere Präzision der Untersuchungen der Kaffeesatzgeometrie und des zu Silvester gegossenen Bleis wird. Je mehr »kohärent mögliche, semantische Zustände« ein Text bei der Rezeption annehmen kann, um so schwieriger ist ein bestimmtes, deutliches und scharfes Konstruktionsprinzip, das bei der Geburt über den Text wachte, für diesen auszumachen. Obwohl diese Probleme für die Science Fiction kein Kernproblem darstellen, so sind sie dennoch in ihr bereits aufgetaucht – dank der »Neuen Welle« in der SF, über die wir noch anderenorts sprechen werden.

Die vier Strukturen eines literarischen Werkes

Es ist sicherlich zweckmäßig, den Komplex an Strukturen, mit denen wir es bei der Untersuchung literarischer Werke zu tun haben, einmal zusammenzustellen.

1) Die erste Struktur ist die der Darstellung als Zusammenspiel der sprachlichen Wirkungen, mit denen der Text uns in seinen Vergegenständlichungen »herumführt«. Diese Struktur nennt man auch Erzählstruktur und den fiktiven Punkt, von dem her die Ereignisse betrachtet und beschrieben werden – »Erzähler«. Als Erzähler kann entweder der Autor selbst auftreten, indem er berichtet, daß er angeblich das, was er im Werk darstellt, selbst erlebt hat, oder ein Erzähler als Vermittler, wie es z. B. Marlowe bei Conrad ist, oder eine Gestalt aus dem Werk, besonders wenn sie in der ersten Person spricht. In solchen Fällen bereitet die Lokalisierung des Erzählers keine Schwierigkeiten. Doch die Lokalisierung selbst ist nicht immer durchführbar; denn der Er-

zähler muß nicht unbedingt eine »Person« sein, und er braucht darüber hinaus überhaupt nicht eindeutig als ein fest verankerter »Beobachtungspunkt« der Aktion lokalisierbar zu sein. Auf das Phänomen dieser Nichtlokalisierbarkeit des Erzählers stößt man immer, wenn einzelne und miteinander benachbarte Textstellen Erzählerstandpunkte enthalten, die Textstellen aber in einem empirischen oder logischen Widerspruch zueinander stehen. Hier eine Textprobe, die absichtlich so präpariert wurde, um analoge Erzählantinomien zu erfassen: »Nur die unter den großen Blättern versteckten Spinnen erlebten den heftigen Sturm, der als Donnerkanonade über den Wald hinwegjagte. Der vom Blitz getroffene Baum am Wildbach erglühte trotz des Regens für einen kurzen Moment und verkohlte völlig. Aber Asche und Kohle waren bereits kalt, als der Wanderer, der in der Dämmerung aus dem Wald trat, am Lauf des trüben Wassers stehenblieb. Unbekannte Gedanken kamen ihm in den Kopf, als er da so gekrümmt stand und das Blut in den von der Last des Rucksackes schmerzenden Schultern pulsieren fühlte.«

Vom ersten Satz an werden wir davon unterrichtet, was im Wald vor sich ging, als dort niemand außer den Spinnen war. Daraus ergibt sich der notwendige Schluß, daß der Erzähler, wenn er nicht selbst eine mit der Kenntnis der Sprache ausgestattete Spinne war, entweder eine Art allwissendes Wesen sein muß wie Gott – denn dieser kennt die unerläßliche Gebundenheit an einen bestimmten Ort nicht, um zu wissen, was dort geschieht – oder er ist zumindest jemand, der mit den Spinnen über das Thema ihrer gemachten Erfahrungen Gespräche führen kann. Jede dieser Annahmen ist kontraempirisch, jedoch nicht bis zur logischen Widersprüchlichkeit. Es gibt indes kein Mittel, das gestatten würde, eine dieser drei Annahmen damit in Deckung zu bringen, wo der Erzähler, der sich aus dem letzten Satz schlußfolgern läßt, zu lokalisieren ist. Dieser Satz beinhaltet, daß sich ein Mensch an einem Fluß aufhält, er neben einem vom Blitz getroffenen Baum steht, er über etwas nachdenkt – worüber, das ist nicht bekannt – und gleichzeitig das Pulsieren des Blutes spürt sowie einen Schmerz in den Schultern, weil er lange einen schweren Rucksack getragen hatte. Die Hypothese, eine Spinne oder ein Wesen, das sich mit den Spinnen ins Einvernehmen setzen konnte, könne der Erzähler sein, fällt in sich zusammen, wenn dieses Wesen gleichzeitig ein Geschöpf sein muß, das weiß, was ein bestimmter Mensch fühlt (Schmerz, das Pulsieren des Blutes), obwohl er sich mit ihm in kein Gespräch eingelassen hat. Der Erzähler muß folglich ein gottähnliches, allwissendes Wesen sein. Wenn er allwissend ist, dann müßte er auch wissen, worüber der am Fluß weilende Mensch nachdachte. Der Text jedoch versichert ausdrücklich, daß die Gedanken dieses Menschen »unbekannt« sind (d. h. also, wir erfahren gleichzeitig, daß er nachdachte und daß das, worüber er nachdachte, nicht in Erfahrung zu bringen ist). Die ersten Sätze suggerieren somit einen allwissenden Erzähler, der letzte Satz impliziert zwar auch einen Erzähler mit übermenschlichem Wissen (kein Mensch kann wissen, wenn er auf einen Passanten schaut, was ihm und wo weh tut oder ob er und wie das Pulsieren des Blutes in seinem Körper fühlt), aber einen unvollkommeneren (den physischen Schmerz konnte der Erzähler an dem Beobachteten erkennen, den Inhalt seiner Gedanken jedoch konnte er schon nicht mehr erkennen). Vielleicht ist die Bemerkung wichtig, daß jener Zustand der inneren Widersprüchlichkeit – obwohl die Tatsache logischer Antinomien in der Darstellungsstruktur (d. h. in der Frage der Lokalisierbarkeit des Erzählers) dem literarischen Text als einem Kunstwerk überhaupt nicht schadet – jede eindeutige Präzisierung des Erzählstandpunktes unmöglich macht. Das ist eine Klippe, die für den normalen Literaturleser keinerlei Bedeutung hat, die aber für ihre Theoretiker von prinzipieller Bedeutung ist; denn ein einziger logischer Widerspruch, den ein bestimmtes System enthält, reicht aus, um es nicht mehr in den Stand einer logischen Kohäsion führen zu können. Wer sich also mit der Lokalisierung des Erzählers in einem Werk, das auf dem Prinzip der oben beispielhaft angeführten Antinomien aufgebaut ist, beschäftigen will, der kann bestenfalls ein protokollarisches Verzeichnis all solcher Antinomien des Erzählstandpunktes anfertigen, doch er darf auch nicht einen einzigen Schritt weitergehen. Der einzig korrekte Ausweg besteht darin, die Nichtlokalisierbarkeit als Nichterortbarkeit des Erzählers anzuerkennen, der dadurch zu einer »Felderscheinung« wird. Die Theoretiker der Literaturwissenschaft gehen jedoch oft nicht so vor: sie übergehen die logisch antinomischen Textstellen und versuchen den Erzählstandpunkt zu rekonstruieren, was – da die Ausgangsprämissen Widersprüche sind – zu total beliebigen Produkten nach dem alten und gut bekannten Muster der Redensart »ex falso (also auch – ›ex contradictione‹) – quodlibet« führt. Das Nachzeichnen der Darstellungsstruktur darf also nicht das Erorten desjenigen, der die Darstellungsstruktur als fiktiver Erzähler hervorbringt, zum Hauptziel haben. Gerade dann muß man oft feststellen, daß es in dem Werk einen solchen Erzähler nicht gibt; als einziges ist der Grenzbereich der Variationen der Erzählstandpunkte aufzudecken, doch das, was sich innerhalb dieses Bereiches befindet, muß als »nichtlokalisierbarer Erzähler, also als Felderzähler« bezeichnet werden.

2) Die zweite Struktur eines Werkes ist die Struktur, die die gegenständlich dargestellte Welt hat. Man kann über sie in prinzipiell derselben beziehungsweise sehr ähnlichen Art und Weise sprechen, in der wir über die reale Welt und die in ihr real vorkommenden Ereignisse sprechen. Diese Struktur kann – in unterschiedlicher Intensität – an die Struktur des entsprechenden Fragmentes der Wirklichkeit erinnern, wobei die Aufdeckung solch einer Ähnlichkeit natürlich zusätzliches Wissen zu jenem Thema, das von außerhalb des Textes stammt, verlangt. Gemäß den getroffenen Einschätzungen kann man dann feststellen, ob die in einem Werk vorgeführten menschlichen Taten, Gedanken, Reaktionen und Gefühle, gekoppelt mit den Konfigurationen der Ereignisse, in veristischer Hinsicht glaubwürdig sind oder nicht. Solch eine Einschätzung stellt, wenn sie sich erhärten läßt, gewöhnlich nicht die Endstation des Nachdenkens des Lesers über das Werk dar. Nachweisbare Abweichungen der Struktur der dargestellten Welt von der Struktur der realen Welt nämlich, d. h. die Auflistung der Ereignisse nach ihrer Wahrscheinlichkeit, erlauben eine Orientierung dahingehend, ob das Werk realistisch ist oder ob es »irgend etwas anderes«, ob es also ein Märchen, eine Groteske, eine Fa-

bel oder – ob es einen belletrisierten Stereotyp aus der Sammlung kultureller Klischees (wie das »sentimentale Melodrama mit Happy-End«, eine sadistische Version oder eine »Legende von Karriere und Untergang« etc.) darstellen kann.

Die Untersuchung der strukturellen Eigenschaften der dargestellten Welt gibt uns die Möglichkeit festzustellen, ob diese in dem gesamten Werk von Anfang bis Ende homogen bleiben. Oft ist es eben nicht so: in vielen Werken kann man intuitiv und zugleich eindeutig nicht ein *statisches* Auseinanderklaffen der Wahrscheinlichkeit der Ereignisse von der durch die reale Welt bestimmten Wahrscheinlichkeit beobachten, sondern ein *dynamisches* Auseinandergehen beider Welten. »Die Schönheit des Lebens« von Żeromski z. B. führt uns stufenweise – von einer strukturellen Wahrscheinlichkeit der beschriebenen Ereignisse bis zu deren Unwahrscheinlichkeit – in den Aktionsverlauf ein. Gewöhnlich heißt es dann, der Autor habe irgendwie mit wachsendem Energieaufwand die Ereignisse seinen Absichten angepaßt, statt »die Zügel hängen zu lassen« gegenüber der inneren Logik der Ausgangsbedingungen, die er selbst festgelegt hat. Dies verändert bisweilen auch die Art eines Werkes, das sich von einem realistischen in ein halbmärchenhaftes, von einem ernsten in ein groteskes usw. verkehrt. In einer phantastischen Erzählung eines amerikanischen Autors (Albert C. Friberg, The Careless Love) verhält sich der Großcomputer Dinah, der die Funktion eines Strategen der Streitkräfte der Staaten ausübt, während des Krieges zwischen den USA und dem Osten anfangs genau so, wie man es von einer elektronischen und strategischen Anlage erwarten kann, doch am Ende der Erzählung »verliebt er sich« in sein russisches Pendant, worauf beide Computer, nachdem sie sich aus ihren Fundamenten gerissen und eine Rakete bestiegen hatten, sich auf ihre »Hochzeitsreise« begeben und einen dadurch entstandenen und in dem beginnenden Chaos verbleibenden »Zwangsfrieden« zurücklassen. Es kommt hier also zu einer Transformation der anfangs quasiveristischen Struktur in die Struktur einer grellen Groteske, weil die Absicht des Autors zu *spotten* dasjenige Element ist, das in den

Verlauf der Ereignisse eingeführt wurde und diese deformiert. Für die Science Fiction ist ein anderer Typ der Struktur der dargestellten Welt sehr charakteristisch und zwar folgender: das Strukturskelett des Märchens, verpackt in pseudoveristische Realien, wird als eine ernst zu nehmende Prognose des künftigen Zustandes oder als ein Erscheinungsmodus z. B. in »anderen Zivilisationen« des Kosmos, der als Hypothese Anspruch auf Verwirklichung erhebt, präsentiert.

Der Grad des Zusammenfließens und Verbindens von Strukturen genetisch unterschiedlicher Herkunft, z. B. der Märchenstruktur mit der »veristischen«, ist von Fall zu Fall verschieden; in der Welt der »Königlichen Hoheit« von Thomas Mann sind strukturelle Eigentümlichkeiten des Märchens, wenn auch ziemlich gut getarnt, versteckt. Je »tiefer« ihr arealistisches, kontraempirisches Skelett unter der Hülle der gezeigten Ereignisse verborgen ist, um so erforderlicher ist eine komplexe Betrachtung der Aktion, um die Existenz dieses Skelettes aufzudecken; denn einzelne Kapitel der »Königlichen Hoheit« sind – isoliert betrachtet – durchaus »veristisch«. Jedes beliebig kleine Fragment eines Märchens hingegen, das nicht in der obigen Weise strukturell »getarnt« ist, offenbart seine »Märchen«qualität (über die uns sogar einzelne lexikographische Erscheinungen wie die Bezeichnung der handelnden Personen als Dämonen, Zwerge und Geister usw. informieren) sofort bei der Lektüre.

Daraus ist zu entnehmen, daß zwischen Verismus und Averismus innerhalb der Gegenstandsstruktur eines Werkes verschiedene Beziehungen herrschen können. Das Werk kann *als Ganzes* phantastisch strukturiert sein, nicht aber in seinen Fragmenten (gerade so ist es bei der »Königlichen Hoheit«). Es kann andererseits als Ganzes veristisch sein – aber nur hinsichtlich der semantischen Beziehungen, nicht aber hinsichtlich der literarischen Inhalte –, während es in Teilstücken absolut phantastisch ist. (So sind z. B. die Werke Kafkas zu sehen, die als Ganzes – durch phantastisch gestaltete Verdinglichungen – nichtphantastische Grund- und Allgemeinbedeutungen implizieren; denn das tatsächlich Phantastische der Verwandlung eines Menschen in einen Käfer z. B. hat einen nichtphantastischen, allegorischen Sinn.) Schließlich kann ein Werk auch als Ganzes phantastisch sein und aus phantastischen Elementen bestehen und umgekehrt – es kann sowohl im großen als auch kleinen (lokalen) Maßstab veristisch sein. Natürlich approximiert dieses viergliedrige Schema nur grob die Vielfalt der realen Möglichkeiten, die ein Werk bietet. Als ein grob klassifizierendes Schema ist es aber nicht ganz nutzlos (derart: phantastisch aus Phantastischem oder aus Veristischem und veristisch aus Veristischem oder aus Phantastischem).

3) Außer der Erzählstruktur und der Struktur der gezeigten Welt weist uns ein literarisches Werk auf die Problematik der Strukturen hin, die die ursächlichen Auslöser des Werkes sind; anders gesagt, auf die Frage nach den Strukturen, die bei der Entstehung des Werkes als regulierend-semantische Grundprinzipien der Kreation Pate standen.

Man trifft in der Philosophie auf eine besondere, nichtempirische Form, die Gesamtheit des Seins als durch Jemanden errichtet zu behandeln. Doch bei solch einer Vorgehensweise stößt man – auch in der Literaturwissenschaft – auf die Frage nach der Struktur der Methode, was die Welt geschaffen hat. Der Theologe erweist sich gleichsam als ein ultimativer Strukturalist, da er nach der oben genannten Struktur fragt und sich zugleich mit Repliken beeilt, die in der Urheber-Struktur des kreativen göttlichen Aktes die Anwesenheit von Merkmalen postulieren, die deren Perfektion in vielen Bereichen beweisen (verursacht durch Allmacht, Allwissen, Alliebe usw.). Der Manichäismus gestattet die Möglichkeit der Heterogenität der Struktur des Schöpfers, da er suggeriert, daß die Welt teilweise ein großer Jux sei, den »Satan« dem Herrgott bei der Schöpfung bereitete. Wir sagen dies nicht ohne Grund, denn die Strukturen, die bei Werken von weit geringerem Kaliber als dem Kosmos und zwar bei literarischen Werken Pate standen, sind ebenfalls interpretierbar als Werke, die unter der Aufsicht heterogener Elemente entstanden. Gerade hierin unterscheiden sie sich besonders von allen Produkten logisch-diskursiver Konstruktionstätigkeit; denn diese Produkte können keine logischen Widersprüche enthalten (dabei bleibt die Frage nach den Antinomien, die von Mathematikern in deduktiven Systemen nachgewiesen wurden, unberücksichtigt, weil der Nachweis solcher Antinomien sofort Wirkungen auslöst, die sie aus dem System hinaustreiben müßten; ähnliches kommt in künstlerischen Schöpfungen nicht vor).

Bei literarischen Werken stehen als deren ursächliche Auslöser solche Wirkungsstrukturen Pate, die ihrem Wesen nach antinomisch sind; spricht man in einer metaphorischen Sprache, dann ist es so, als ob im Kopf des Autors ein klarer Geist herrscht, der mit einem dunklen Geist verwoben ist, und deshalb stellt ein Werk als Resultat dieses »mikromanichäischen« Kampfes auch ein mehrfach innerlich widersprüchliches System dar. (Es kann auch sein, daß es für ein Werk sowohl antinomische als auch nichtwidersprüchliche Interpretationen gibt.) Übrigens ist die Widersprüchlichkeit der Kreationsstruktur nicht nur auf logische Widersprüche beschränkt; die Konzeption des Sollens kämpft in den Strukturen mit dem Wissen über die Fakten, das Wohlwollen dem Geschaffenen gegenüber – als vom Willen des Autors abhängig – mit dem Gefühl des Maßes und der Pflicht der »Gerechtigkeit gegenüber der Welt durch das Werk«. Im Verlauf des Kampfes solch widersprüchlicher Tendenzen kristallisiert sich die Schöpfungsmethode heraus, die in der »wirklichen« Literatur nicht mit der Struktur der typisch handwerksmäßigen Tätigkeiten gleichgesetzt werden darf. Unter einem Handwerker verstehen wir hier jemanden, der die richtigen Regeln und Operationen eines beliebigen Faches zu erlernen in der Lage ist, und der danach gemäß der technologischen Struktur dieses Faches und nicht gemäß der Struktur, die mit seiner eigenen (!) Persönlichkeit korreliert, entsprechende Produkte anfertigt. Einen in dieser Hinsicht idealen Handwerker gibt jeder exzellente Plagiator oder Epigone ab, der es versteht, sich das Prinzip irgendeiner kreativen Tätigkeit einigermaßen abzugucken, und dieses Prinzip dann selbst, bereits an einem Material, das er über seinen eigenen Leisten schlägt, wiederholt. Ein Schriftsteller mit tatsächlicher Begabung indes, also ein Künstler, ist in demjenigen zu sehen, der nicht deshalb die Anleihe einer ganzen Schöpfungsmethode vermeidet, weil er ihre Schöpfungsprinzipien entweder *nicht* nachzuahmen oder *nicht* »zu stehlen« *versteht*, sondern der dies deshalb nicht tut, weil er es *nicht* tun *will*. Intuitiv würde er ein solches Vorgehen für eine Vergewaltigung seiner inneren Authentizität halten, weil die so entstandenen Produkte nicht Ausdruck seiner ehrlichen Absichten, Pläne und Reflexionen (z. B. über das Sein) wären, sondern Akte einer rein äußerlichen Kopierung (obwohl durchaus nicht zugleich eines Plagiats) fremder schöpferischer Methoden. Viele Schriftsteller verhalten sich aber genau so, wenn sie sich von einer Zeitmode verführen lassen und dadurch gleichsam ihre angeborenen Fähigkeiten des kreativen Ausdrucks vergewaltigen (soweit sie diese überhaupt besitzen); Erscheinungen eines ähnlichen Verhaltens kann man besonders oft in der Science Fiction nachweisen. Das Resultat solcher imitierender Bemühungen ergibt eine derart starke Angleichung der Strukturen der literarisch dargestellten Ereignisse an ein Paradigma (das eine außerindividuelle Gattungskonstante darstellt), daß damit die Werke und ihre Autoren eigentlich zu fast austauschbaren Elementen werden. Man kann dann weder aufgrund der Stilqualität noch aufgrund der Qualität der Erzählstruktur oder der Gegenstandsstruktur eines Werkes die Individuen erkennen, die diese Werke geschaffen haben. Ein Gattungssterotyp dominiert über alle persönlichen Qualitäten einer Kreation, und es entsteht etwas in der Art eines Kollektivproduzenten der Texte, die unmittelbar aus den Strukturprinzipien der Methode ableitbar sind, die für die ganze Klasse solcher belletristischen schriftstellerischen Verfahren wie z. B. phantastischen, westernhaften oder krimiartigen wichtig ist. Die Struktur der Schöpfungsmethode von Werken wird also aus dem Bereich von Einzelpersonen ausgesiedelt und steht personenneutral über dem ganzen Universum des jeweiligen Schrifttums. Es wird die Meinung vertreten, daß gerade solche Verhältnisse in der Wissenschaft typisch sind, und daß man ihre Obliegenheiten von denen der Kunst gerade dadurch unterscheiden kann, daß der Gelehrte »sich verleugnet«, wenn er Verallgemeinerungen von Erscheinungen äußert, der Künstler hingegen sich dann selbst ausdrückt. Um ehrlich zu sein, das ist nicht ganz so. Unterschiedliche

Stufen der persönlichen Expression sind auch zwischen Kunst und Wissenschaft nicht in Abrede zu stellen; doch es ist gewöhnlich unvergleichlich leichter, die Persönlichkeitsstruktur eines Lyrikers anhand seiner künstlerischen Produktion aufzudecken als die Persönlichkeitsstruktur eines Physikers anhand der theoretischen Früchte seiner Arbeit. Dennoch ist auch letzteres oft möglich. Nur die Standardabweichung dieser Information, die in der Wissenschaft herauszufinden ist, wird gewöhnlich größer sein. Leider können wir diese ungemein interessante Frage hier nicht ausführlicher behandeln, denn dies würde eine solide Dokumentation und eine breite Darstellung erfordern. Wir beschränken uns deshalb auf die Feststellung, daß aufgrund der Menge der Paradigmata aller Schöpfungstheorien bestimmte Typen von Persönlichkeiten unter dem Kreationsaspekt in bestimmten historischen Perioden auf Kosten anderer priviligiert sind, und dies nicht nur in jenem trivialen und sich aufdrängenden Sinn, daß Personen ohne mathematische Begabung – wenn ein starker Trend zur Mathematisierung in einem früher mathematisch nichtpenetrierten Bereich der Wissenschaft herrscht –, auf diesem nicht arbeiten können. (So ist es heutzutage z. B. in der theoretischen Biologie; noch vor einem halben Jahrhundert konnte ein Biologe eine wissenschaftliche Berühmtheit und zugleich ein mathematischer Ignorant sein; das ist heute nicht mehr möglich.) Die Prädilektion eines bestimmten Typs – wie dies an den berühmten Gelehrten zu zeigen ist – ist sicher in dem ihnen eigenen Typ der Persönlichkeitsstruktur tief verwurzelt. Darum ist es auch nicht möglich zu glauben, Einstein habe nur deshalb der stochastisch-zufälligen Betrachtungsweise in der Mikrophysik widersprochen, weil er schon »zu alt« war, um den Sinn dieser umwälzenden Feststellung zu verstehen, die die klassische Physik durch die quanten-indeterministische Betrachtungsweise durcheinanderbrachte, oder weil sein intellektueller Mut nicht für den Wechsel zu dieser neuen Position reichte. Denn gerade er gehörte zu den Erstbegründern der Quantenmikrophysik. Sein Widerstand war also weder Ausdruck einer dogmatischen Verknöcherung noch eines geistigen Unvermögens, er offenbart die generelle Beziehung

Einsteins zur Erscheinungswelt; und diese Beziehung ist Ausdruck der tiefsten Schichten seiner Persönlichkeit. In solch einem Kontext müssen die Strukturen, die für das literarische, phantastisch-prädiktive Schrifttum spezifisch sind, untersucht werden.

Das, was in diesen Strukturen eine intellektuell errichtete Vision ist, also das Bemühen, das Aussehen der Zukunft zu erraten, die von privaten und individuellen Ängsten, Träumen, Hoffnungen und Erwartungen vollkommen unabhängig ist, muß sich unvermeidbar mit dem verschmelzen, was Ausdruck gerade privatester und individueller Qualitäten ist. Doch es ist außerordentlich schwer, in diesen Werken das theoretisch-strukturelle Element von dem emotional-expressiven Element zu trennen. Man kann Versuche dieser Art unternehmen, wenn der Schöpfer des Werkes ein Einzelgänger ist und sein Gesamtwerk dadurch im Hinblick auf alle anderen Schöpfungen in einer starken Isolierung erscheint. Doch dort, wo eine Art Universum entsteht, das durch Schöpfer, die wie Handwerker anonym bleiben, kollektiv exploitiert wird – wie dies gerade für die Science Fiction typisch ist –, dort erreichen die Regeln, die die schöpferische Arbeit verwalten, eine überindividuelle Position, und das Grundparadigma knetet dann kleinkarierte Schriftsteller wie Teig durch, und dies um so leichter, weil gerade die Sichentledigung der individuellen Merkmale beim Schöpfungsvorgang rentabel sein kann. (Z. B. dergestalt, daß derjenige, der am geschicktesten die Art phantastischer Produktion, die sich heute auf dem Absatzmarkt der größten Nachfrage erfreut, zu fälschen versteht, durch sehr große Erfolge ausgezeichnet wird.)

4) Die vierte Form der für ein literarisches Werk spezifischen Strukturen erscheint stufenweise und in einer erstarrten Form erst dann, wenn der Text seine semantische Festigkeit im Kreis der Leser infolge der Empfangsprozesse, die seine Bedeutung stabilisieren, erlangt hat. Es geht gleichsam um die auf das Werk bezogene »extrem externe« Struktur. In dieser Struktur ist ein Werk sowenig bestimmt wie ein Sonnenstrahl bestimmt ist, der grün aufstrahlt, wenn er auf Grünes trifft und sich gelb entflammt, wenn er auf Wüsten-

sand fällt oder sich schwarz verfärbt, wenn er mit Ruß in Berührung kommt. Die Strukturen, in denen sich die Werke durch den breiten Empfang der Leser – der eine bestimmte Zeit währt – ablagern und gleichsam petrifizieren, sind nicht durch immanente Merkmale des Werkes eindeutig determiniert. In diesem sowohl soziologischen als auch gesellschaftlichen Sinne wissen die Werke »oft selbst nicht, was sie verkünden«, und welche Bedeutungsarten aus ihnen als die wertvollsten und hauptsächlichsten herausgelesen werden können. Die Hauptlast der Verantwortung für die Artikulierung dessen, was ein Werk allein durch seine Gestalt ermöglicht, legt sich auf die Schultern der Lesergemeinde. Die Literaturkritiker und -experten entwickeln zusammen mit der schweigenden Leserschaft – während der natürlichen Prozesse des Kreislaufes von Werken und von Meinungen über sie – aus dem Bedeutungsnebel des Textes stufenweise deutlich werdende Formen, und auf diese Weise kommt man zu einer eigenartigen Auslese und Selektion, die die zwei Ströme der kulturellen Evolution darstellen. Die Reaktionen des Empfängers spiegeln zuerst die allgemeinen Normen der gegebenen Kultur wider, ein Werk (wahrscheinlich nicht jedes) kann aber aktiv auf die Umformung dieser Normen einwirken. Folglich arbeiten alle Schöpfer in einer bestimmten Weise, oft übrigens in Kollisionsform, mit den Empfängern zusammen als – an den Kollektivprozessen engagiert, also als Gegenstände und als aktive Veranlasser dieser Prozesse; dadurch werden sie deren Subjekte und Piloten. Während dieses dynamischen Spiels können Werke derart oft für null und nichtig erklärt werden, bis sie ins Vergessen versinken, oder sie werden durch Feststellungen in Form von positiven Urteilen und Exegesen auf das Piedestal der gesellschaftlich anerkannten Werte gehoben. Die Dialektik dieses Prozesses liegt darin, daß die kulturell motivierte »natürliche Auslese« wertvoller Werke nicht immer »künstlerische Mutationen« vernichtet; unter günstigen Bedingungen (oft unter der, durch die besondere Spezifik des historischen Augenblicks hervorgerufenen Zerschlagung der kulturellen Normen) beginnen gerade diese »Mutationen« zu dominieren; sie verleihen den Kreationsströmen eine neue Richtung, der dann auch – mit einer gewissen Verzögerung, da sie gewöhnlich ein gewisses Trägheitsmoment auszeichnet – ein gesamtkultureller Veränderungsprozeß der Gesellschaft folgt. Doch derartige Kursänderungen sind seltene Erscheinungen, besonders in der Konfrontation mit den zahlreichen, permanent auftauchenden *Vorschlägen* als schöpferischen Innovationen. Die meisten davon sind flüchtige Moden; insgesamt erinnert dieser Prozeß an eine breite, langsame Flußströmung – voll von kleinen und marginalen Strudeln, die auf die Gesamtheit der Bewegung keinerlei Einfluß haben. Damit sich die Chancen für die Entstehung einer scharfen Wende realisieren können, müssen erst Geschichte (als politische Geschichte) und Ökonomie (als Fundament des materiellen Seins) ihre verbindlichen Aussagen treffen. Die Gesamtheit dieser Phänomene bildet eine ökologische Nische, einen Lebensraum literarischer Werke, sie bildet den Raum, in dem die Texte unter dem Hagel der Kontakte mit dem Leser semantischen Bearbeitungen unterliegen, Prozessen also, in denen die Bedeutungen gehobelt, gepreßt, imprägniert und entworfen wurden, bis die »Struktur des vierten Typs« festliegt.

Keine individuelle Mutmaßung also, kein privater Scharfsinn der Lektoren noch die Empfindungen besonders talentierter Menschen, sondern die gesellschaftliche Dynamik der Leserschaft verleiht einem Werk »das Limit« seiner Bedeutungen, weist ihm in der Schatzkammmer des kulturell-nationalen Vermögens eine dauernde beziehungsweise eine relativ dauernde Position zu, sie stellt gegenseitige Beziehungen, auch hierarchische Beziehungen, der einzelnen Werke fest, und auf diese Weise entsteht ein in seiner Entwicklung kontinuierliches – zugleich teilweise heterogenes und teilweise homogenes – *semantisches Feld* der jeweiligen Kultur, in dessen typischer Organisierung die Texte – wie das lokale Zellensystem in einem großen Gewebe – plaziert sind. Gerade den Beziehungen solch einer, schon bewegungslosen Nachbarschaft verdankt ein literarisches, kulturell fest lokalisiertes Werk die Gesamtheit der semantischen Struktur; diese ist – hinsichtlich des Werkes – dadurch irgendwie – »extern«, weil sie in ihren maximalen Spannbreiten und in ihrem »eschatologischen« Bereich der Bedeutungen festgelegt ist. Doch die meisten kurzlebigen Werke dringen im allgemeinen bis zu diesem Punkt der Fixierung der Semantik nicht mehr vor.

Wir haben nun vier Strukturarten, mit denen die Literaturwissenschaft sich beschäftigen kann, unterschieden. Um jedoch darüber Gewißheit zu erlangen, daß jene Strukturen nicht die verdinglichten Resultate von Operationen sind, die bestimmte, rein prozessuale Aspekte eines Werkes hypostasieren, und um sich auch darüber zu informieren, welche gegenseitigen Beziehungen zwischen den genannten Strukturen herrschen, suchen wir deren Äquivalente in einem sehr einfachen Produktionsprozeß und zwar in der Tischlerei. Ein Tischler – als Autor eines künftigen Stuhls – verfügt über instrumentelle und planerische Fähigkeiten, aufgrund derer er sich an die eigentliche Arbeit machen kann. Diese zwei Arten von Fähigkeiten (zu planen und zu realisieren) bilden die Struktur der Produktionsmethode einer Tischlerei. Es bedarf wohl keiner Erklärung, daß die Struktur dieser Methode nicht die Struktur des realisierten Objektes, d. h. des Stuhls selbst, ist. Auch das Projekt des Stuhls muß nicht immer mit dem fertigen Möbel identisch (isomorph) sein. Der Widerstand des Materials, seine spezifischen und unvorhergesehenen Eigenschaften sowie Einfälle, die erst während des Realisierungsprozesses entstanden, all das kann eine Divergenz zwischen Entwurf und hergestelltem Objekt verursachen. Die Gegenstandsstruktur des Stuhls ist dann das Äquivalent zur Gegenstandsstruktur eines Werkes. Gewöhnlich kann man einen Stuhl auf einen Blick erfassen. Wenn ihn aber jemand bedeckt und uns seine Teile nur nacheinander zeigt, indem er das, was er zeigte, im nächsten Moment wieder verdeckt, so daß wir den ganzen Stuhl nie auf einmal sehen konnten, so werden wir dennoch – obwohl in »Portionen« – seine Gesamtgestalt kennenlernen. Und wiederum braucht man wohl keine Worte für die Feststellung zu verlieren, daß die Struktur des Zeigens der einzelnen Teile des Stuhls nicht die Struktur dieses Gegenstandes ist. An demselben Stuhl kann man die erwähnte Methode der teilweisen Enthüllungen in einer unendlichen Zahl verschiedener Reihenfolgen demonstrieren. Man wird auch nicht erklären müssen, daß man nur solche Objekte wie eben einen Stuhl simultan mit einem Blick umfassen kann, ein literarischer Text hingegen läßt sich nicht auf Anhieb erfassen; folglich ist die vieletappige Lektüre nicht Ergebnis der Anwendung einer bestimmten Konvention, sondern eine unabwendbare Notwendigkeit.

Die vierte Struktur nun, in die der Stuhl verwickelt ist, ist umweltbestimmt. Zuweilen wird es so sein, daß ein Stuhl gerade die Rolle erfüllt und so benutzt und geschätzt wird, wie der Entwerfer und Realisator es sich vorgestellt hat. Doch zuweilen verläuft das Schicksal eines Stuhls auch völlig anders, als sich dies sein Autor vorstellte. Ein für den Salon bestimmter Stuhl landet in der Küche, ein anderer, für die »Ewigkeit« geschaffen, wird als häßlich oder nutzlos verschmäht, ein dritter wird zum Ausgangspunkt eines neuen Möbelstils oder seine Bedeutungslosigkeit aufgrund seines »plagiativen« Charakters in bezug auf die bereits existierenden Stühle wird enthüllt, ihn kann eine ungewöhnliche Karriere erwarten – dies alles kann einem Stuhl widerfahren, und dies alles kann auch einem Buch zuteil werden. Schon Norwid wußte genau, daß viele Werke sich oft nicht in den Zimmern der Nachwelt aufhalten, für die sie ihr Schöpfer sorgfältig ausgesucht hat. Dieses, »durch die gesellschaftliche Apperzeption« eines Buches oder eines Stuhls bedingte, vieldimensionale Spiel der Faktoren also schafft die letzte Struktur, die über die Bedeutung, die Wichtigkeit und die instrumentellen, ästhetischen, informativen sowie pragmatischen Merkmale entscheidet, und die ein Möbelstück oder ein Werk erwerben, wenn sie in ihren normalen Kreislauf eintreten. Von einem derart primitiven Modell, das wir für die Darstellung des Strukturalismus verwandten, kann man nicht viel erwarten. Insbesondere sind die Relationen, die zwischen den genannten strukturellen Aspekten des Stuhls herrschen, ganz anders als die Relationen, durch die die analogen Abhängigkeiten in der Literatur verwaltet werden.

Die vier Strukturarten eines Werkes: die Struktur der Methode, die das Werk geschaffen hat, die Struktur der Verdinglichungen, die das Werk bestimmt, die Erzählstruktur, die diese Verdinglichungen stufenweise enthüllt und die Struktur des semantischen Schicksals, das gesellschaftlich bedingt ist – diese vier Strukturen eines Werkes stellen *abhängige Variable* dar.

Intuitiv ist jedoch klar, daß zwei der genannten Strukturen im Hinblick auf ein Werk »mehr intern« und die zwei anderen »mehr extern« sind. Die Verdinglichung und die Art ihrer Darstellung sind intern gekoppelte Variable, die Kreationsmethode und die festgestellten Prinzipien der Apperzeption dagegen sind externe Variable, deren gegenseitige Verbindung sehr schwach sein und sich sogar Null nähern kann (was nichts anderes bedeutet, als daß Bücher in völliger Unabhängigkeit davon, welche Strukturprinzipien bei ihrer Entstehung Pate standen, gelesen, verstanden und interpretiert werden können). Jene »intern lokalisierten Variablen« sind daher objektiver, beziehungsweise in einem höheren Maße unabhängig von den Umständen der Genese und der Rezeption eines Werkes als es die Semantik jener Genese und jener Rezeption ist.

Die letzte Struktur können gewaltige Fluktuationen kennzeichnen (ein Werk kann in der einen Generation von Empfängern in den Himmel gehoben werden und in der folgenden der Vergessenheit anheimfallen). Die vorletzte, die genetische Struktur der Entstehung eines Werkes dagegen kann zwar erkannt werden, aber nur probabilistisch. Und das ist auch verständlich: weil zu eben diesen Resultaten beziehungsweise zu eben diesem Buchtext verschiedene Schöpfungswege führen, können wir niemals völlig sicher sein, daß es uns aufgrund von durchgeführten Untersuchungen gelungen ist, jene einzige und richtige generative Struktur, die das Werk tatsächlich ins Leben rief, aufzudecken.

Gerade dadurch, daß ein Werk gleichsam »auf Stoßdämpfern aufgehängt« ist, dank der Vielfalt von Strukturen, deren Abbild in einer gewissen Komprimierung oder sogar Verschmelzung insgesamt durch das Werk geliefert wird, (denn die Strukturen überlagern sich teilweise gleichsam, obwohl sie sich nicht völlig decken) gerade dadurch, daß ein Werk über die genannten Arten der Verankerung verfügt, wird es zu einem besonderen, »schwimmenden« Gebilde gleich einem gefederten mechanischen System. Deshalb ist es auch schwer, ein Werk gleich in all seinen Bedeutungen »festzunageln« und es semantisch »in die Enge zu treiben«, weil es dann »Ausweichbewegungen« vornimmt; man kann ein Werk auch ohne eine totale Übereinstimmung mit den herrschenden Apperzeptionsnormen rezipieren, und es muß auf diese »ihm aufoktroyierte Deviation« überhaupt nicht mit komplettem Zerfall reagieren. Wenn jemand einen Sessel, statt ihn zum Sitzen zu benutzen, zum Bau einer Straßenbarrikade verwendet, dann wird er zwar zu einem Teil dieser Barrikade werden, doch die bisherigen strukturellen Eigenschaften seiner Verdinglichung wird er nicht im mindesten verlieren; seine Füße bleiben weiter Füße, seine Lehne weiter Lehne. Wenn jedoch jemand das Märchen vom Aschenputtel als eine mit sado-masochistischen Symbolen arbeitende Geschichte rezipiert, ungefähr so, daß der Autor des Märchens ein geistiger Verwandter des Marquis de Sade sei, der die Geschichte auf eine rein simulierte Weise »unschuldig gemacht habe«, die sich aber im Grunde genommen, d. h. aufgrund der Erwägungen eines entsprechenden Lesers, heimlich auf triebhafte und aggressive Schichten kryptosexueller Erscheinungen beziehe, dann unterliegen die Bedeutungen der Elemente dieses Werkes – aufgrund der besonderen Lesart – ganz offensichtlich Veränderungen.

Augenscheinlich geht es um das Anpassen des engen Schuhs durch die Schwestern von Aschenputtel, insgeheim jedoch bedeutet jene Prozedur das Ausleben eines getarnten Sadismus. (Ergo: der Autor hat die Ereignisse absichtlich so eingerichtet, daß das blutige Zeh-Abschneiden am nackten Fuß erforderlich wurde, weil der Zeh nicht in den Schuh passen wollte; er hat auf diese Demonstrationen und auf dieses Blut Wert gelegt; um sich jedoch zu rechtfertigen, und um die schändliche Lust zu verstecken, hat er die Verantwortung für diese Demonstrationen – durch eine geschickte Inszenierung – den »bösen Schwestern« Aschenputtels übertragen.) Der Verdacht des Lesers fügt also zu allem, was gegenständlich sichtbar und in seiner Buchstabentreue während der unschuldigen und kindlichen Märchenlektüre unveränderlich ist, bedeutende Ergänzungen hinzu, die bereits in eine völlig andere Richtung steuern. Äußerlich unverändert, werden die buchstäblichen Bedeutungen für ungültig erklärt, sie werden als verschleiernde Masken und Tarnungen ausgegeben, und auf diese Weise unterliegt das ganze Werk in seiner Semantik einer starken Verzerrung als einer wohl außerordentlich radikalen Vorstellung (aus einem Kindermärchen wird eine sadistische Story gemacht). Wenn solche Transformationen schon ein bescheidenes Märchen treffen können, was für ein Schicksal können dann erst entsprechend reinterpretierte, weniger kindliche und konstruktionsmäßig kompliziertere Werke erleiden. Diese, den Bedeutungen der Werke aufgezwungenen Deformationen müssen nicht auch deren Gesamtgestalt vernichten, sie stellen diese nur in neue Bedeutungsregionen. Solche extremen Verpflanzungen der eigentlichen Bedeutungen der Werke werden jedoch in unseren weiteren Ausführungen keine große Rolle spielen. Es kann natürlich sein, daß eine wenig wichtige und mit Füßen getretene Person (z. B. ein gewöhnlicher Angestellter einer Reklameagentur), die über Kriege zwischen galaktischen Imperien schreibt, sich an den beschriebenen Visionen delektiert und mit einem Federstrich mal tausend Sonnen auslöscht, mal ganze Raketenarmeen liquidiert, um die Frustrationen ihres Lebens zu kompensieren. Auch derjenige, der nicht als SF-Schriftsteller, sondern als Gelehrter und Futurologe seinen Landsleuten – wie Nostradamus, aber anhand der Empirie – und seiner Regierung als deren bezahlter Berater über unzählige Scheußlichkeiten berichtet, die die Politiker samt den Bürgern auf der Straße in naher Zukunft erwarten, auch er kann – im Grunde genommen – auf diese Weise irgendwelche privaten Frustrationen und Aggressionstriebe mittels der beschworenen und durch entsprechende Prognosen verbreiteten Gespenster befriedigen – ersatzweise und zugleich nicht rechtswidrig (da man ihn gerade dafür bezahlt, daß er solch eine Panik verbreitet)! Auf solche Möglichkeiten werden wir an geeigneter Stelle am Rande hinweisen; denn wir legen auf dieses »demaskierende« Vorgehen keinen besonderen Wert; die privaten Motivationen der Phantasten wie der Futurologen sind für uns nicht besonders wesentlich. Die Motive, aus denen man bestimmte Dinge sagt oder tut (z. B. SF-Werke oder futurologische Werke zu schreiben) werden von unserem Prinzip der Suche nach den gnoseologischen, objektiv in all diesen Regionen beweisbaren Werten in den Hintergrund gerückt. Im Grunde genommen beschäftigen uns doch die Werke weit mehr als deren Autoren. Deshalb werden wir uns auch systematisch auf die Gegenstandsstruktur (eine der vier genannten Strukturen) literarischer Erzählungen und empirischer Prognosen konzentrieren. Wenn wir bisweilen auch andere strukturelle Aspekte der Texte entlang unseres Weges erwähnen werden, dann wird dies nur flüchtig und gelegentlich geschehen, ungefähr so, wie man während einer ernsthaften und seriösen Expedition ab und zu ein Blümchen pflückt oder einen am Wege liegenden Halm in der Botanisiertrommel versteckt, obwohl das Hauptziel der Expedition völlig anders ist.

Die wortwörtliche und die signalgebende Funktion der Romanwelt

Das letzte Werkzeug zur Sezierung von Texten, mit dem wir uns jetzt beschäftigen – bevor wir es zusammen mit den anderen zu dem Reiseinstrumentarium packen – ist auf die Gegenstandswelt eines Werkes ausgerichtet. Die Probleme und Interpretationsschwierigkeiten nämlich hören auch dann nicht auf, wenn man die Erzählstruktur eines Textes ganz präzise von der Welt, die in sie »eingewickelt« ist, abheben kann. Probleme analoger Art sind in der unmittelbaren Erfahrungswelt nicht anzutreffen: sie sind hier völlig fremd. Wir glauben nämlich nicht, daß Ereignisse und Begebenheiten, an denen wir als Beobachter oder als Akteure teilnehmen, zusätzlich eine Schicht verdeckter Bedeutungen besitzen. Wir nehmen doch nicht an, jemand wolle uns irgend etwas – wenn wir eine Schlägerei an einer Eckbude sehen – mittels dieser Szene übermitteln, wobei er die Straße, den Kiosk sowie die Laternen als Dekoration und die halbstarken Raufbolde als Gestalten eines Dramas oder als Lettern eines Alphabets mit festgelegter Bedeutung benutzt. Wir glauben ebenfalls nicht, daß die unzähligen alltäglichen Ereignisse von der Art einer irrtümlichen Fahrt mit der falschen Straßenbahn, eines Zusammentreffens mit einem seit langem nicht gesehenen Bekannten, eines Sieges beim Bridge, des Verstauchens eines Fußes etc. pp. Elemente an uns adressierter Nachrichten mit einem Informationscharakter sind. Wir sind der Meinung, daß dies alles einfach geschieht, daß die Mischung von Fakten, die wir erfahren, in ihren Proportionen im Hinblick darauf, was hier zufällig und was zweckgerichtet ist, ein nicht in Frage zu stellender Grundstein der Wirklichkeit ist, die keine Anspielungen und keine versteckten Bedeutungen enthält.

Doch zugleich sind wir nicht der Meinung, daß sich die normale Methode der Autoren literarischer Werke auf das Aufschreiben von zufälligen und dadurch beiläufigen Ereignissen (eventuell in einer eleganten und schönen Sprache) beschränkt, Ereignissen, an denen der Autor leibhaftig teilnahm und der – unter diesem Aspekt – genauso ein Mensch ist wie wir. Wir wissen, wenn wir uns an ein belletristisches Buch machen, nicht im voraus, warum, wieso und mit welchem Ziel der Autor diesen und keinen anderen Inhalt gewählt hat. Gleichzeitig jedoch schließen wir die Möglichkeit, der Autor habe in dieser Frage keinen blassen Schimmer gehabt, er habe geschrieben, was ihm in den Kopf gekommen sei und was der Zufall ihm vor den verschwommenen Blick brachte, völlig aus. Die Überzeugung, daß die Situationen, die ein literarischer Text präsentiert, aus bestimmten Anlässen und zu bestimmten Zwecken beschrieben wurden, ist im Bewußtsein des Literaturlesers fest verwurzelt. Aus dieser Überzeugung hat sicher schon manch ein Autor Profit geschlagen, wenn er auf solenne und eingehende Weise Szenen deskriptiv beschrieb, mit denen er uns eigentlich »aber auch rein gar nichts sagen wollte«; wir jedoch, die wir daran gewöhnt sind, daß Literatur nicht das Protokoll beiläufiger Erscheinungen ist, wir versehen unwillkürlich auch solch einen Text mit einem semantischen Überbau und bemühen uns, mittels Vermutungen zu den versteckten Inhalten der Scheinübermittlung vorzustoßen. Anzumerken wäre, daß in solch einer Situation der Leser geprellt wurde, der

Autor dagegen geprellt hat, denn auch derjenige, der bestimmte Ereignisse »ohne Anlaß« darstellt, hat eine bestimmte Auswahl getroffen, denn jede mündliche oder schriftliche Artikulation eines beliebigen Satzes stellt immer einen Auswahlakt dar, unabhängig davon, ob der Artikulierende eine vorsätzliche Auswahl hatte treffen wollen oder nicht. Dem wäre noch hinzuzufügen, daß der Leser, der vom Autor – entsprechend der obigen Methode – mittels Vermutungen auf die Suche nach Bedeutungsbezügen des Textes geschickt wurde, auf eine sowohl lustige als auch besondere Weise einem Paranoiker ähnlich wird. Ein Hauptsymptom der Paranoia ist nämlich – wenn sie den Charakter von Verfolgungswahn hat – die Neigung des Irren, unaufhörlich allen, sogar den banalsten Ereignissen in seiner Umgebung geheime und gegen seine Person gerichtete Bedeutungen zuzuschreiben. Aufgrund dieses Wahns kommt es, daß sich gerade der Paranoiker verfolgt fühlt: der Schaffner in der Straßenbahn lochte den Fahrschein auf eine irgendwie »Verachtung ausdrückende« Weise; der Straßenlärm vor seinem Fenster ist nicht zufällig, sondern hat das Ziel, ihm das Leben schwer zu machen, das Lachen und die Mimik der Nachbarn sind Anzeichen einer Verschwörung, die sie gegen ihn anzetteln usw. Wenn sich der Leser eines Werkes – das Ereignisse registriert, die untereinander ohne Beziehungen sind – bemüht, deren bedeutungsmäßige Beziehungen (nach dem oben erwähnten Prinzip) aufzudecken, wenn er unter beträchtlichem Arbeitsaufwand das miteinander verknüpft, was sich nicht miteinander verknüpfen läßt, wenn er in Gedanken in Regionen von immer ferneren Bezugssystemen umherwandert, um vielleicht in ihnen doch noch die Pfeiler des Werkes zu finden, wodurch er dieses in ein *Kommunikat* umzuformen vermag – dann hat der Leser sowohl und nicht nur mit Zitronen gehandelt, sondern er wird auch – wie wir sehen – zu einem semantischen Idioten gemacht. Die Möglichkeit eines solchen Vorgehens ist immer gegeben, wenn wir vor der Gegenstandswelt irgendeines Werkes stehen, doch sie führt dann zu einer drastischen Übersteigerung, zu einer »Elefantiasis in einem Vakuum«, wenn es zu den oben beschriebenen Operationen an einem Text kommt, dessen Organisationsprinzip zufällig ist (d. h. wenn der Text nicht den ordnenden Sinn einer Kreationsregel besitzt).

Als Hypothese ist indes immer die Annahme zulässig, daß die Gegenstandswelt – wenn sie von der Schicht der sprachlichen Darstellung »abgehoben« wurde – nicht die Endstation – vergleichbar einem massiven, undurchdringbaren Felsen – einer Lektüre ist; man kann sie nämlich immer noch so behandeln, wie wir früher die Sprachschicht einer Erzählung behandelt haben und zwar als eine halbdurchsichtige Trennwand, deren Durchschlagen den Blick auf neue phänomenologische oder semantische Landschaften eröffnet.

Für ein Kind wird das Bild bunter Fahnen im Hafen, die ein Matrose an Bord eines Schiffes an einer Strippe hochzieht, nur und ganz einfach lustig oder schön sein. Jeder Insider weiß dagegen, daß dies Signalflaggen sind, durch deren Anordnung die Besatzung übermittelt, daß auf dem Schiff die Pest ausgebrochen sei. In visueller Hinsicht ist die benannte Gegenstandssituation für beide Beobachter – sowohl für das Kind wie für den Erwachsenen – genau dieselbe, in semantischer Hinsicht jedoch ist diese Situation diametral verschieden. Für das Kind hat der Vorfall empfindungsmäßig einen »lustigen« Charakter, da der Matrose seiner Meinung nach mit den Fähnchen spielt; weitere Bedeutung hat dies nicht. Für einen Insider hingegen ist dies eine Kommunikationssituation: das, was für das Kind farbige Gegenstände sind, ist für ihn ein *Apparat*, der bestimmte Inhalte signalisiert. Ob ein Werk in seiner Gegenstandswelt Objekte an sich zeigt oder Objekte als Zeichen, ob es eine bestimmte Kombination von Dingen (z. B. schönen oder interessanten) darstellt oder aber ob es eine bestimmte Kombination von *Zeichen und Symbolen* ist – diese Frage ist für den Literaturleser ein essentielles Interpretationsproblem.

Der obigen Dichotomie folgend, – an deren einem Ende sich die Objekte als solche gruppieren, die außer sich selbst nichts weiter bedeuten und die auf nichts verweisen, und an deren anderem Ende sich die Objekte finden, die Repräsentanten von etwas sind, was nicht zugleich anwesend ist, – kann man alle literarischen Texte schematisch klassifizieren, indem man sie entsprechend entweder auf der Seite der

»Signale-Apparate« oder auf der Seite der »bedeutungsentleerten Dinge« unterbringt. Es ist indes so, daß sich die Mehrheit der Werke den Versuchen einer derart einseitigen Klassifikation heftig widersetzt. Die Unsicherheit hinsichtlich der semantischen Erwartungen bereitet uns übrigens nicht nur dann Kummer, wenn wir einen Roman lesen. Ein Autofahrer hält eine rote Neonreklame irrtümlich für ein Ampelzeichen; ein anderer läuft beim Klingen eines Löffels im Glase zum Telefon; ein Astrophysiker sucht im Rauschen der Pulsare einen Signalcharakter – all diese Menschen befinden sich in einer immanenten semantischen Unsicherheit, und nicht immer ist es leicht, diese zu beheben. Das Entstehen oder das Schwinden des semantischen Indeterminismus ist davon abhängig, »von welcher Seite des Prozesses aus« die Erzählung mit ihm Kontakt haben soll. Stellen wir uns eine strickende Oma vor; dies ist – in ihrer »Instrumentalität« – eine eindeutige Tätigkeit, sie ist liebenswert und völlig harmlos. Wenn jedoch die Dämmerung hereinzubrechen beginnt, wenn die schnell aufblinkenden Stricknadeln in den Händen der Oma immer schwerer wahrnehmbar werden, wenn das Wollknäuel im Schatten verschwindet und zugleich das scharfe Profil der Alten stärker hervortritt, dann könnte es so aussehen, als ob die Alte – die die klauenartigen Hände, in denen sie *nichts* hält, bewegt – sich irgendwelchen finsteren Praktiken, vielleicht Geisterbeschwörungen, hingibt. Die von uns verwandte Abfolge der Beschreibung gestattet keinen semantischen Irrtum, doch man kann die Ordnung umkehren und die Erzählung mit dem »hexenartigen« Ende der Situation beginnen. Die Bedeutungen prima facie in der obigen Form zu defokussieren, das widerfährt literarischen Werken oft. Doch dabei entstehen dann die merkwürdigsten Erfahrungseffekte – wenn wir eben nicht mit Sicherheit feststellen können, ob wir ein harmloses Bild mit an einem Mast flatternden Fähnchen vor uns haben oder ein finsteres Bild, dann, wenn man beginnt, die Pest an Bord bekanntzugeben. Was alles kann eine semantisch bestimmte Erwartung sein? Alles. Wenn sich jemand zum Schlafen in eine Behausung begibt, von der man erzählt, daß es dort spuke, dann wird diese Person – selbst wenn in dieser Nacht absolut nichts Ungewöhnliches passiert – empfindungsmäßig, also in Erwartung von »Zeichen«, dennoch weit mehr erleben als derjenige, der sich in das Bett eines Hotelzimmers legte (obwohl sich gegenstandsmäßig hier wie dort überhaupt nichts ereignete). Sogar durch die totale Nichterfüllung aller Ankündigungen braucht eine zauberhafte oder gruselige Atmosphäre nicht völlig vernichtet zu werden, sofern sie für den Leser erst einmal vorhanden ist; zwar wird niemand in dem Buch von James »The Turn of the Screw« etwas finden können, was die Gegenwart von Geistern in der Welt dieses Romans belegen könnte, doch solch eine Interpretation ist zulässig, und das reicht bereits aus, um jene Welt mit der Aura einer eigentümlichen, finsteren Unsicherheit anzufüllen.

Die Sprache selbst besitzt nicht die Kraft, ähnliche Effekte unmittelbar hervorzurufen, weil die sprachlichen Aussagen als Worte – worauf die Sprachwissenschaftler oft hinweisen – für Bedeutungen immer stark »transparent« sind. Nimmt man einem Wort seine Bedeutung, dann bleibt nur ein blasses, neutrales Zusammenspiel von Klängen oder ein Fleck Druckerfarbe übrig, und genauso muß es auch sein: Wenn Worte eine genauso große Intensität eigener Eichung besäßen wie materielle Objekte, dann würde ihr Gebrauch als Kommunikat ständig über ihre rein reistischen immanenten Eigenschaften zu Fall kommen. Worte »dürfen nicht« *außersemantisch* interessant sein, nicht einmal ein bißchen. Unser Verhältnis zu den Worten ist in der Tat durch ihre Bedeutungen bestimmt und nicht durch ihr optisches oder akustisches Aussehen. Infolgedessen ist der Weg vom Donnerschlag bis zum Blitz »kürzer« als vom Donnerschlag zum Donnerstag, weil die semantischen Verwandtschaften über die Verwandtschaften sensuellen Aussehens dominieren. Doch das, was uns das literarische Werk in seiner Gegenstandswelt demonstriert, ist keine – hinsichtlich der Transparenz der Zeichen – neutrale Menge mehr. Von ihr gerade stammen jene ungewöhnlichen Effekte, die dann entstehen, wenn Dinge, die harmlos oder idyllisch aussehen, uns dramatische Bedeutungen vermitteln oder wenn – umgekehrt – irgend etwas Grauenvolles in einem tieferen, bedeutenden Sinn feine Ironie bedeutet. (Genau nach dem letzten Prinzip ist »Die Verwandlung« von Kafka konstruiert.)

Interpretationsprobleme des obigen Typs liegen durchaus auf unserem Weg. Ich berufe mich hier nochmals auf das bereits erwähnte Beispiel meiner eigenen Erzählung »Invasion«. Das, was dort die Gegenstandswelt ausmacht, ist ganz offensichtlich eine Fiktion, und es wäre Unsinn, solch ein Werk wie eine Prophezeiung behandeln zu wollen (derart, daß in der Tat Meteore mit den Eigenschaften der »gläsernen Birnen« auf die Erde fallen könnten). Doch allein die Behandlung dieser Erzählung als »Exemplifikation« einer allgemeinen *nichtfiktiven These* auf dem Material fiktiver Elemente zeigt, daß man einem Werk, das sich an »gnoseologisch leer« ist, dennoch einen gewissen – in Anführungszeichen – gerade epistomologischen Wert zuschreiben kann. »Invasion« kann dann als ein Buch angesehen werden, in dem in einer besonderen Weise ein literarisches Werk als »signalgebender Apparat« verwendet wird, wobei der *Apparat selbst* »empirisch ohne Sinn« ist (empirisch »sinnlos« sind auch die Signalflaggen als Stücke eines unterschiedlich gefärbten Stoffes), doch das, worüber der Apparat durch die Beziehungen seiner Objekte berichtet, kann durchaus über einen empirischen Sinn verfügen. (Die Hypothese von den »evolutionären Toleranzen« ist empirisch überprüfbar.) Doch selbst derjenige, der das Werk schrieb, kann übersehen, daß er bestimmte empirische Inhalte signalisierte (ich erinnere daran, daß ich dies – als ich »Invasion« schrieb – nicht sah), und dies um so eher, je leichter der Leser sich analog verhalten kann, »den Wald vor lauter Bäumen nicht sieht« und – in die Peripetie der Aktionen verstrickt – nicht daran denkt, was das Werk auch auf der Ebene implizierter Bedeutungen aussagen kann. Übrigens ist, um solche Bedeutungen aufzudecken, die Entfaltung von aktivem und großem Scharfsinn unabdingbar. Es ist im voraus nicht bekannt, ob wir überhaupt eine »signalgebende Apparatur« vor uns haben, die »in den Gegenständen der Aktion versteckt wurde« und wie wir mit dieser Apparatur umgehen sollen. Im Falle der »Invasion« ist ein der Reduktion entgegengesetztes Vorgehen richtig. (Man muß den Sinn, der konkret gegeben ist, generalisieren.) Die Anwendung dieser Regel auf andere Werke führt jedoch unter Umständen auf Irrwege. Jedes Werk muß einer solchen Interpretationsprozedur angepaßt werden, die seine versteckten Symbole und Bedeutungen in den Stand einer deutlichen Klarheit versetzt; das, was unklar und was eine Vermutung ist, wird dann klar und deutlich. Es kann indes keiner ein für allemal so angeleitet werden, daß er für jeden möglichen Text Rat weiß und daß er weiß, welche Methode anzuwenden ist.

Hierbei geht es dann – besonders in der Science Fiction – sehr sonderbar zu, insofern das, was ein Werk wörtlich zeigt, unwahrscheinlich ist und das, was es semantisch impliziert, der Wahrheit nahekommt. In dieses Fach paßt »Invasion«. Doch es kann auch umgekehrt sein: die Ereignisse können gerade wortwörtlich wahr sein, das aber, was als allgemeine These aufgrund der Artikulation der Einzelteile vermutet wird, kann völlig falsch sein. So ist es z. B. im höchsten Grade wahrscheinlich, daß die Erscheinung prophetischer Träume nicht existiert und gleichzeitig, daß einige Menschen dennoch »prophetische Träume« haben. Wenn in einer großen Stadt, z. B. in London 10 Millionen Menschen 10 Millionen verschiedene Sachen träumen, – und dies jede Nacht – dann ist es äußerst wahrscheinlich, daß sich der Inhalt von mindestens einigen hundert Träumen bald »erfüllt«. Dies ereignet sich aber nicht deshalb, weil jene Auserwählten Hellseher sind, sondern deshalb, weil bei solch einer quantitativ großen Menge von »Prognose«-Träumen eine bestimmte Anzahl seine Äquivalente in der nahen Wirklichkeit einfach finden muß – aufgrund der rein zufälligen Koinzidenz (des Inhaltes des Traumes und des Inhaltes der Wirklichkeit.) Fünfzehntausend Personen z. B., die reiche und kränkliche Tanten haben, träumen von deren baldigem Ableben – und in sechs oder acht Fällen werden diese Tanten tatsächlich binnen einer Woche sterben. Einige tausend Menschen können innerhalb von zwei oder drei Jahren ebenfalls Träume haben, die sich in der obigen Weise »bewahrheiten«. Diese Menschen haben auch weiterhin Träume, und wieder wird nach Monaten oder Jahren eine Handvoll von ihnen erneut »prophetische Träume« haben. Wenn tausend Menschen von einem Sieg oder einem Gewinn bei einer Börsenoperation träumen, so wird eine bestimmte, wenn auch nicht sehr große Zahl von ihnen tatsächlich einen Börsengewinn erzielen. Derjenige nun, der in seinem Leben drei oder vier Träume hatte, die sich in der Weise, wie ich es beschrieben habe, »erfüllten«, der wird bereits im Glorienschein eines Hellsehers umherwandeln und nichts wird ihm diese übernatürliche Fähigkeit aus dem Kopf schlagen können, hat er doch ihre wunderbaren Effekte mehrmals erfahren! Solch ein Mensch behandelt sich selbst nämlich als eine isolierte Einheit und nicht als Element einer zahlenmäßig großen Menge (von Träumenden.) Er weiß nicht, daß er infolge der rein zufälligen Koinzidenz des Trauminhaltes und der Wirklichkeit nur »Schwein hatte«, und daß es nur aufgrund des Wahrscheinlichkeitsgesetzes dazu kam. Ein literarisches Werk kann uns nun gerade das Leben eines solchen Menschen – ohne jeden Kommentar – präsentieren, und dann wird die vermutete Implikation des Inhaltes zu einer allgemeinen These: »Das Phänomen prophetischer Träume existiert« – die empirisch jedoch völlig falsch ist.

Zum Abschluß unserer Expeditionsvorbereitungen müssen wir also feststellen, daß unser Programm der Suche nach den gnoseologischen Werten in der Science Fiction ziemlich viele harte Nüsse zum Knacken enthält. Wir sahen, wie unbestimmt die Adresse ist, unter der diese Werte wohnen; was eigentlich sollen wir also suchen – sollen wir wortwörtliche Prognosen suchen? Ist es nicht vielleicht schade, auf bestimmte Hypothesen zu verzichten, die in den Werken explizit nicht ausgedrückt wurden und die nur durch die Bedeutungen der Werke impliziert sind? Wir müssen folglich großen Scharfsinn an den Tag legen. Wo endet die Suche nach den, durch die Werke implizierten Bedeutungen und wo beginnen einfach Zusätze zu Bedeutungen, die die Werke »nicht haben«? Doch was bedeutet es, daß bestimmte Werke solche implizierten Bedeutungen »nicht haben«? Müssen uns – ganz allgemein – Bedenken dieser Art (die Texte »haben« – »haben nicht« bestimmte Implikationen) beschäftigen? Ist es eigentlich angemessen, futurologische Adler auf die Jagd zu schicken, damit sie sich auf die literarischen Werke stürzen und ihnen die epistemologisch wertvolle Leber herausreißen? Wir sind nicht in der Lage, darauf eine einzige und allgemein gültige Antwort zu geben, die die obigen und ähnliche Zweifel endgültig beseitigen könnte. Die Vorstellung unseres Reiseinstrumentariums ist nicht ein Akt, der uns völlig vom Denken befreien kann – durch die totale Automatisierung aller anliegenden Entscheidungen. Alles, was wir tun können, ist, die verschiedenen begrifflichen Werkzeuge einzupacken, um uns auf den Weg zu machen.

II.
Die Welt des literarischen Werkes

Traditionell unterscheidet man zwischen der Ontologie als der Lehre vom Sein und der Epistemologie als der Lehre von der Erkenntnis. Unter der Ontologie versteht die Philosophie also jenen Teil, der die letzten Qualitäten des Seins beziehungsweise das im Zustand der Dinge erforscht, was dauernd, primär und notwendig ist. Zumindest ist ein solches Programm ontologischer Untersuchungen aus der klassischen Philosophie ableitbar. Da das erlebende Sein weder dauern noch notwendig noch primär sein muß, ist jenes Programm – Ausdruck elementaren menschlichen Strebens als Suche nach der Sicherheit unerschütterlicher Feststellungen – optimistisch wie die Geste eines Jägers, der die Waffe durchlädt, ohne zu wissen, ob sich in dem Wald, in den er eintritt, Wild versteckt hält. Die heutige Ontologie untersucht mehr die Beschaffenheit der Grundbegriffe, mit denen wir umgehen, und nicht die Beschaffenheit der Fakten und ihrer Verbindungen, aus denen sich »das nackte Sein« zusammensetzt. Zumindest kann man es so sehen. Die eigentliche Bewegung philosophischen Denkens hat sich also im historischen Zeitablauf von der Erforschung der immanenten und verborgenen Qualitäten der Natur als Sein abgewandt und sich der Erforschung der Sprache zugewendet; dieser Verschiebung entsprach ein Standpunktwechsel des Forschers, diese Verschiebung entsprach einem Umzug von dem postulierten Absoluten der Existenzmerkmale auf Positionen, die mit dem Signum der Relativität versehen sind. Ein Aphorismus beschreibt diese Umzieherei; er besagt, daß sich die Philosophen früher den Kopf über die Welt zerbrachen und heute über die Sprache.

Weil die Untersuchung mal der Unrelativität, mal der Relativität des Grundlagenwissens über das Sein das Resultat von Operationen ist, aus denen sich die Erkenntnis zusammensetzt, ist dadurch die Ontologie ständig mit der Epistemologie verknüpft, weil man – um jedes Sein, sowohl das nichtsprachliche wie das sprachliche, zu erkennen – denken muß. Denken wir über das Thema des Seins nach, dann sind wir Ontologen, denken wir über das Thema des Denkens nach – dann Epistemologen. Dies ist legitim, weil man die Aufmerksamkeit abwechselnd mal auf das, was wir ultimativ als Sein erkennen und mal auf das, in welcher Weise wir dies tun, richten kann. In diesem Sinne ist es möglich, die Lehre vom Sein von der Lehre von der Erkenntnis zu trennen.

Unsere Aufgabe ist im Grunde genommen nicht philosophisch; deshalb stellt auch die »vergleichende Ontologie«, der wir uns hier widmen, nicht ein Kapitel der Philosophie dar. Wir wollen uns nicht damit beschäftigen, womit sich die Philosophie beschäftigt, die tête-à-tête mit der Welt steht beziehungsweise eine solche Position einzunehmen bemüht ist. Wir wollen annehmen, daß die verschiedenen literarischen Gattungen bestimmte Welten konstruieren, die sich untereinander sowohl in ihren Teilwerten als auch ihren Gesamtwerten unterscheiden und die sich überdies auch noch von der einen Welt unterscheiden, die unsere Wohnung – sowohl die zeitliche als auch eschatalogische – bildet.

Die Art der Existenz der Welten der Belletristik in bezug auf die Art der Existenz der normalen Welt wird nicht das wichtigste Problem sein, obwohl dies für die Literaturtheorie von Relevanz ist. Da es den Ausführungen dient, für eine Weile anzunehmen, daß die Ontologie sich zu der Menge der sprachlichen Aussagen so verhält wie sich die Metamathematik zu der Menge der mathematischen Teilgebiete verhält, soll dies hier geschehen, und wir sehen dann, daß sich vom metamathematischen Standpunkt aus mindestens zwei Arten von Fragen ergeben. Dies ist zum einen die Frage nach der Art der Existenz mathematischer Objekte, d. h. beliebiger mathematischer Objekte, und dies ist zum anderen die Frage nach den fundamentalen Ähnlichkeiten und Unterschieden zwischen der Arithmetik und der Geometrie, zwischen der Algebra und der Mengenlehre usw. Gerade das, was für einen Mathematiker Analogien und Heterologien der Arithmetik und Geometrie – als Ganzes betrachtet – darstellen, das werden für uns die wechselseitigen Ähnlichkeiten und Unterschiede der Welten des Volksmärchens, des Kunstmärchens, der Horrorgeschichte und der wissenschaftlichen Phantastik sein. (In gleicher Reihenfolge entsprechen diesen

Bezeichnungen folgende angelsächsische Bezeichnungen: Weird Tale, Fantasy, Horrorstory und Science Fiction.)

Warum jedoch wollen wir über die »Welten« des Märchens und des Nichtmärchens statt über Sprachtexte als Konstruktionen mit Bedeutungen sprechen? Vor allem aus Bequemlichkeit. Deshalb behandeln wir diese Welten so, als ob sie von der realen Welt separiert wären – eingeschlossen in große Boxen, die in unsere Richtung hin verglaste Scheiben haben. Doch wir wollen nicht nur die »Gattungswelten« der Belletristik zusammenstellen, denn wir werden bei unserem Bestreben nach überkomparatistischen Feststellungen über ihre gnoseologischen Werte auch die »Seinsstrukturen« der Fantasy und der Science Fiction mit den Strukturen der realen Welt vergleichen.

Hierbei bildet die reale Welt den Nullpunkt unseres Koordinatensystems als ein »Bezugsuniversum«, als dessen spezifische Transformation sich die Universa der phantastischen Werke erweisen werden. Was eben gesagt wurde, nimmt schon bestimmte Punkte unseres Programmes vorweg; denn wir sind davon überzeugt, daß die einzelnen Formen der Phantastik, d. h. also die den Werken entsprechenden »Welten« gegenseitig durch ihre Einordung in entsprechende Transformationskomplexe umgewandelt werden können.

Vor unserem Einstieg in medias res wäre noch anzumerken, daß die von uns benutzte Bezeichnung »Strukturen« nicht wörtlich vom literarischen Strukturalismus übernommen wurde. Die Gründe, weshalb wir dieser Schule nicht trauen, sollen gesondert an passender Stelle besprochen werden.

Bei Beginn der Lektüre eines beliebigen Textes vollführt ein normaler Leser – selbst ein philosophisch nicht geübter Leser – Akte reflexmäßiger Klassifizierungen, die ihn irgendwann zum praktischen Analogon eines Ontologen machen. Ein Leser, der sich nicht bewußt mit der »angewandten Philosophie« beschäftigt, ist sich trotzdem darüber im klaren, daß die Welt der Science-Fiction-Erzählung ganz anders ist als die Welt des Märchens von Schneewittchen und den Zwergen und daß diese beiden Welten wiederum nicht mit der Welt identisch sind, in der in einer verfallenen Schenke an einem Kreuzweg die müde gewordenen Wanderer durch die grünliche Leiche des Wirtes, der sich – frisch aus dem Grabe gestiegen – schwer dahinschleppt, aus ihren Träumen gerissen werden. Der Leser – gefragt – würde vielleicht antworten, daß sich »die Welten« der gattungsmäßig so verschiedenen Werke durch die behandelten *Themen* voneinander unterscheiden, doch mit dieser falschen Feststellung befände er sich – ohne davon zu wissen – in der ausgezeichneten Gesellschaft von zahlreichen Theoretikern, die ähnliches glauben. Die praktische Fähigkeit nämlich, bestimmte Systeme zu unterscheiden, ist etwas völlig anderes als die Fähigkeit, sich in der *Theorie* zurechtzufinden, die eben diese Unterscheidung verursacht. Es ist leicht, mit einem Blick menschliche Gesichter wiederzuerkennen, aber es ist äußerst schwer, die Systematik der Merkmale aufzustellen, auf die sich das Wiedererkennen stützt.

Roger Caillois hat in seinem brillanten Essay über die Science Fiction die phantastischen Werke folgendermaßen systematisiert: das Märchen als Ganzes liegt in einer magischen Welt, in der prinzipiell keine Unterschiede zwischen Übernatürlichem als *Unmöglichem* und Natürlichem als *Möglichem* existieren; für diese Welt ist es daher normal, daß der Held auf einem Pferd sitzt und sich zugleich durch eine Drehung an einem Ring im Nu hinter Berge und Wälder versetzen kann. Das Märchen (und wir können wohl auch den Mythos hinzufügen) kennt eigentlich nur eine Ordnung der Dinge, in der Gewöhnliches mit Wunderbarem wie Kraut und Rüben miteinander vermischt werden kann; *für uns,* die wir in die Tiefe der Märchenwelt durch eine Glasscheibe schauen, ist der Ring mit den erwähnten Bewegungspotenzen ein übernatürlicher und verzauberter Gegenstand, er ist es aber überhaupt nicht für die Märchenfiguren. In ihrer Welt gibt es keine prinzipiellen Unterschiede zwischen der Kunst, auf einem Pferderücken zu reiten und der Kunst, auf einem Drachen zu reiten; beides ist gleich erlernbar, denn beides ist in dieser Welt gleich normal.

Anders ist es mit Gespenstererzählungen. Ein Gespenst, ja sogar ein Ungeheuer kann auch in einem Märchen auftauchen und auch einen Helden in Furcht versetzen; aber er wird sich vor dem Gespenst so fürchten, wie wir vor einem Löwen in freier Wildbahn, und nicht wie vor einem sich lebhaft bewegenden Leichnam. Wir nämlich glauben, daß die Löwen tatsächlich auftauchen können und ein Prinz aus dem Märchen glaubt ebenfalls, daß die Gespenster tatsächlich erscheinen können; solche Regeln herrschen in seiner Welt.

Die Horror Story als Erzählung über das Entsetzen hingegen bewegt sich in derselben Welt, in der die gewöhnlichen Löwen mit uns leben, doch das Auftauchen eines Geistes von jenseits des Grabes bedeutet die Zertrümmerung der existierenden Ordnung, die Entstehung eines gewaltigen Loches in dieser Welt, dem die Erscheinung entsteigt. Damit der Effekt solch einer Invasion angemessen ist, muß zuvor die Meinung gerade darüber verbreitet werden, was natürlich und was möglich ist im Gegensatz zu dem, was – da übernatürlich – nicht wird passieren können. Die Geburt der nichtmärchenhaften Phantastik stützt sich auf die zuvor vollzogene Festlegung einer Ordnung innerhalb der Welt als dem einzigen, naturgegebenen System. Die Furcht, die solch eine Phantastik in uns weckt, ist eine Begleiterscheinung nicht nur beim Anblick von Gespenstern, sie ist auch ein Symptom dafür, daß unsere tiefsten Überzeugungen darüber, was möglich und was unmöglich ist, zerbersten. Die gleiche Furcht kann uns auch bei der Abwesenheit von Gespenstern befallen, wenn z. B. eine Hand, die eine Tintenflasche greifen wollte, durch diese Flasche hindurchgeht wie durch Luft.

Entsprechend solch einer Gruppierung der belletristischen Materie erfüllt die Science Fiction auch die Funktion der schockierenden Phantastik, doch sie benutzt den »Schock mit Entwarnung«. Ein Gemüt, das durch die Meldung über die *Existenz von Geistern* per Horror Story aus dem Gleichgewicht geworfen wird, muß in den Ruinen der zerbrochenen Ordnung bleiben: eine schreckliche Transzendenz, die sich selbst nicht zurückrufen will, wenn sie erst einmal zustande gekommen ist. Ein Gemüt, das das Gleichgewicht verlor durch die Erklärung, daß Pflanzen reden oder auf fernen Planeten Kosmonauten überfallen können, indem sie aus Wurzelkräften hinter diesen hinterherlaufen, hat die Chance, seine gedankliche Ordnung wiederzufinden. Ihm wird nämlich in der Erzählung beigebracht werden, daß die plappernden und Menschen verfolgenden Pflanzen überhaupt keine übernatürlichen Phänomene sind: sie entstanden halt in der Evolution der dortigen Natur. Die Science Fiction führt also gleichsam zu einem Zusammenstoß zwischen dem begrenzten Wissen beziehungsweise dem gesunden Menschenverstand des Lesers und einem Wissen *genau desselben Typs,* aber einem breiteren und gerade deshalb schockierenden. Denn nicht der Irrationalismus versetzt den Leser in Angst, sondern einzig und allein der »besser informierte Rationalismus« über die ungeheuren Möglichkeiten der Wissenschaft oder über die phänomenologischen Verschiedenheiten galaktischer Planeten in ihrer Fauna und Flora. In der Science Fiction gibt es daher weder die Magie des Märchens noch die schrecklichen Wunder der Horror Story; in ihr ist alles »völlig natürlich«, obwohl oft sehr seltsam und für den Leser schockierend oder unvorstellbar. Doch sein Widerstand stellt nicht den Versuch dar, die empirische Ordnung zu verteidigen, wie er sich in den Worten eines Besserwissers in einer Horror Story dokumentiert: »Es gibt keine Gespenster!« Dies ist ein Widerstand, geboren aus Unwissen als Ignoranz, den man auf genau derselben, rein empirischen Ebene brechen kann, auf der er sich niedergelassen hat.

Ein klassisches Märchen ist folglich völlig außerempirisch und – gemäß dieser Außerempirie – völlig geordnet; die Science Fiction ist eine Phantastik, die sich als Bewohnerin eines Staates solidester Empirie ausgibt; die Horror Story schließlich befindet sich gleichsam in der Mitte von beiden; denn sie ist eben ein Terrain, auf dem die »andere Welt« in unsere empirische Welt einbricht, sie ist der Kollisionsort zweier verschiedener Ordnungen. Hinsichtlich der ontologischen Qualitäten ist die Welt des Märchens ganz aus Geist gewoben; die Welt der Science Fiction ist aus Materie und die Welt des Horrors stellt das Frontgebiet dar, in dem eine gegenseitige Diffusion und ein kämpferischer Zusammenstoß der obigen Welten stattfindet.

Diese Einteilung, die einem Essay von Roger Caillois entstammt, hat den Vorteil, daß sie klar und einfach ist; ihre

Schwäche jedoch liegt darin, daß sie zu wenig signifikante Merkmale und Werkzeuge für deren Nachweis anbietet. Wir sprechen nicht gegen diese Einteilung, aber wir halten sie für eine ungenügend scharfe Approximation: die Gruppierung ist allgemein und dagegen ist nichts zu sagen; aber darüber hinaus ist sie leider übermäßig allgemeinverbindlich. Wir hätten die Ontologie des klassischen Märchens in folgender Weise dargelegt: seine Welt ist im Hinblick auf die reale Welt doppelt übernatürlich: lokal und nichtlokal. Die lokalen Wunder sind Sesame, fliegende Teppiche, Lebensborne, Knüppel aus den Säcken und Tarnkappen. Sein nichtlokales Wunder ist die apriorische Harmonie aller Realisationen. Diese Welt hat derart geheimnisvolle Regler eingebaut, daß sie einen vollkommenen Homöostat abgibt, der das bestmögliche Gleichgewicht anstrebt. Gewinne und Verluste, Zum-Leben-Erwecken und Tod sind in dieser Welt »entsprechend dem Verdienst« ideal verteilt. Jedem fällt letztendlich das Schicksal zu, das ihm zukommt: dem Bösen das Böse, dem Guten das Gute. Alle Transformationen, die innerhalb des Märchens erfolgen, unterliegen einer Steuerung per Axiologie. Da das, was gut und schön ist, im Märchen immer das besiegt, was böse und häßlich ist, handelt es sich hier um eine Ontologie, in der die Werte die höchste Instanz der Kausalität sind: die Physik dieser Welt gleicht die Biologie unseres Körpers, durch die jede Verwundung am Ende doch heilt.

Ein Märchen, das es wagt, diese ideale Distribution von Gut und Böse zu verletzen, zählt bereits nicht mehr zu dem klassischen Märchen. In dem klassischen Märchen existiert der Zufall nicht als Schicksalhaftigkeit, sondern nur als moralischer Determinismus. Das Böse ist deshalb im Märchen erforderlich, damit das Gute über das Böse triumphieren und gerade dadurch seine Überlegenheit beweisen kann; da jedes Märchen ein Wahrheitsbeweis ist und der Typ seiner eigentlichen Tätigkeiten insgesamt prinzipiell unveränderlich ist, stellt ihre Wiederholung in jeder folgenden Variante eine Verfestigung der Werte dar, die in der Märchenwelt herrschen. Ein Märchen ist wie ein Schachspiel, bei dem immer nur die Weißen gewinnen, ist wie eine Münze, die immer mit dem Adler nach oben fällt; folglich ist der für jedes Spiel typische Indeterminismus, d. h. die Unsicherheit über den Ausgang – hier nur Schein.

Der Determinismus des Märchens ist unlokal, da das Schicksal der Personen ihm völlig untergeordnet ist – doch darüber hinaus ist er auch lokal. Das ist leicht zu exemplifizieren. Aladins Lampen gehen nie kaputt; wenn ein Ritter im Besitz eines Ringes ist, der durch Reibung Dschinns herbeizurufen vermag, dann wird es nie passieren, daß die Dschinns zu spät kommen, weil »das Wunder nicht funktionierte«, es wird nicht passieren, daß ein Prinz seine Prinzessin nicht heiratet, daß ein Drachen schließlich doch einen Ritter verschlingt und daß dies deshalb passierte, weil der Ritter auf einer Bananenschale ausgerutscht war. Nichts verläuft einfach nur so – zufällig, denn das, was im Märchen wie ein Zufall aussieht, ist tatsächlich Fügung des Märchenschicksals.

Woran aber erkennen wir eigentlich, daß z. B. das Zerbrechen eines Schwertes, mit dem der Held auf den Drachen losging (was in einem Märchen vorkommen kann) nur Scheinakzidentalität und nicht Akzidentalität selbst ist? Aus keinem isoliert betrachteten Märchen ist mit analytischen Mitteln mit Sicherheit solch eine Feststellung herauszuschlagen. Ähnlich wie derjenige, der nichts über die Gravitation gehört hat, nicht wissen kann, daß der Fall eines Steines Ausdruck eines Naturgesetzes ohne Ausnahme und nicht Fügung von Umständen ist. Man muß vielmals einen Stein werfen und man muß viele Märchen lesen, um die deterministischen Gesetze dieser beiden Welten zu erkennen: der Welt, in der die Steine immer fallen und der Welt, in der das Gute immer siegt. Die magische Qualität der Märchenwelt kann übrigens auf jede Lokalität verzichten, die in den Dingen und Gestalten, die die Wunder bewirken, geortet ist.

Doch wir erkennen die Märchen unfehlbar in ihrer Immanenz, weil die Struktur des Märchens, das sowohl Wundertaten demonstriert als auch auf sie verzichtet, immer dieselbe ist: eine übernatürliche Ordnung.

Stellen wir uns ein Märchen vor, in dem eine Waise, die von ihrer Stiefmutter in den Wald gejagt wurde, eine Kiste mit goldenen Talern findet. Doch die Taler sind falsch, und die Waise kommt wegen Geldfälscherei ins Gefängnis. Dem Märchen droht eine Entgleisung aus der Konvention, d. h. ein Verlassen des Gebietes seiner eigentlichen Ontologie. Doch da öffnen sich die Wände und die Fee erscheint, die die Waise aus dem Verlies herausführt. Bevor die Fee indes das Zauberwort aussprechen kann, das sie und die Waise dorthin hinweghebt, wohin sie müssen, geraten beide unter die Räder einer vorbeifahrenden Kutsche, die ihnen Hände und Füße bricht. Wenn die Fee ein Zauberwort kennt, das die gebrochenen Glieder sofort heilt, dann kann das Märchen geflickt werden; doch wenn beide ins Krankenhaus müssen und danach an den Galgen kommen – die Waise wegen der Flucht aus dem Gefängnis und die Fee wegen der Hilfeleistung dabei – dann bleiben wir nicht mehr innerhalb der klassischen Märchenwelt, sondern wir sind woanders. Aber wo eigentlich? Was für eine Welt ist das, in der es Feen gibt, die zugleich gut und dem Bösen gegenüber hilflos sind? Das ist die Welt einer neuen Version des Märchens – der Fantasy. Gerade in ihr sind »Spritzen der Zufälligkeit«, die die klare Präzision des Schemas Gut – Böse, dieses Erbe des klassischen Märchens unterhöhlen, *bereits* zulässig. Wie bereits erwähnt, ist das klassische Märchen zweifach übernatürlich; magischen Charakter haben sowohl seine Objekte als auch zugleich deren Aktionsverbindungsglieder. Das Märchen ist daher eine Geschichte, die in unserer Welt ganz bestimmt nicht vorkommen kann, beziehungsweise es in einer fiktiven Welt lokalisiert, die von der realen Welt verschieden ist; um diese Welt zu erkennen und um die Spezifik ihrer Gesetze zu verstehen, muß man vor allem die Gesetze der gewöhnlichen Realität kennen. Die Märchenwelt ist ein vollkommener Homöostat, dessen Gleichgewicht wohl gestört werden kann, doch er kehrt am Ende immer zu diesem Gleichgewicht zurück. Wenn diese Bewegung zum Gleichgewicht hin gleichsam über die Köpfe der Helden hinweg, denen wir gewogen sind und mit denen wir uns identifizieren, erfolgt und wenn sie den Charakter eines unausweichlichen Gesetzes hat, das im allgemeinen auf die Pläne, Intentionen und Interessen der positiven Gestalten keine Rücksicht nimmt, dann haben wir nicht mehr ein Märchen vor uns, sondern einen Mythos à la Ödipus z. B. Eine Welt, die mit dem Ödipus-Mythos zu interpretieren ist, ist ebenfalls ein vollkommener Homöostat, jedoch ein Homöostat, der die Fügungen des Fatums, des Schicksals und der Moira, nicht aber die Wünsche von Personen verwirklicht. In solch einer Welt gibt es eine völlig subjektive Handlungsfreiheit, die im Gesamtplan der Handlungen jedoch prädeterminierter Zwang ist: Ödipus tut das, was er will, doch am Ende stellt sich heraus, daß er gerade das tat, was er partout nicht tun wollte.

Die Märchenwelt hingegen ist ein Homöostat, der genau das realisiert, was Wille und Absicht der Helden war. So wenigstens ist es im Volksmärchen. Wenn Gleichgewichtsstörungen stark sind und wenn sie irreversibel scheinen, dann gerade deshalb, weil sich hierin die Perfektion der Märchenhomöostase bestätigt, die für jede, auch die ausgefallenste Störung Rat weiß. In diesem Sinne sind alle Abenteuer und Aventüren, die der Held des Märchens überstehen muß, gleichsam die Summe der Prüfung der instrumentellen Fähigkeiten nicht nur und nicht allein des Helden, sondern auch der Welt, in der der Held handeln muß. Denn diese Welt begünstigt ihn ständig in unfehlbarer Weise. In diese Richtung weisen gewöhnlich auch die verschiedenen folkloristischen Schöpfungen, die Welten kreieren, die letzten Endes immer auf der Seite derer sind, auf deren Seite sie sein sollen – gemäß dem Gefühl der Märchenerzähler und ihrer Zuhörer. Doch die Märchenwelt gelangt zu der Fülle der Bedeutungen nur durch ihre Konfrontation mit der Wirklichkeit, in der sie bedeutend schlechter dasteht. Die Märchenwelt verliert bei Abwesenheit der Wirklichkeit ihren spezifischen intendierten Sinn: und gerade deshalb kann der Strukturalismus, der die Kommunikate isoliert untersucht und deren Strukturen nicht auf die Strukturen der realen Welt bezieht, das Wesen des Märchenuniversums nicht erfassen. Ich gebe zu bedenken, daß in den Märchen oft Märchen erzählt werden, doch für die Märchenfiguren sind dies durchaus keine Märchen; solch eine Narration ist für die Märchenfiguren gleichsam »realistisch«, sie ist das Äquivalent einer Lektüre gleich der Lektüre eines Balzac oder eines

Zola in unserer Welt. Deshalb ist jener Kunstgriff höchst bezeichnend, den E. A. Poe anwandte, als er der Scheherezade befahl, dem Sultan eine Geschichte, die in unserer realen Welt der Dampfschiffe und der Eisenbahnen lokalisiert war, als ein »Märchen« zu erzählen. Der Sultan glaubte der Scheherezade nicht – logischerweise und völlig richtig, denn wenn die Märchenwelt *für uns* magisch ist, dann muß *unsere Welt* – gemäß den Gesetzen der einfachen Symmetrie – für die Märchenfiguren dementsprechend magisch sein. Das, was für uns übernatürlich ist, ist für das Märchen natürlich und gerade dadurch sind die Dinge, die für uns natürlich sind, innerhalb des Märchens *unmöglich* und daher übernatürlich.

Diesen ganzheitlich-symmetrischen Aspekt der »paarigen Ontologie« kann der Strukturalismus mit seinen analytischen Instrumenten weder behandeln noch in den Griff bekommen, dieser Aspekt jedoch stellt die semantische Grundlage phantastischer Kreationen auf dem Gebiet des Märchens dar. Wir wissen, daß in einem Märchen sowohl Essenz als auch Existenz transzendental sind. Wenn nun die Essenz bleibt, die Zuverlässigkeit der existentiellen Verwirklichungen jedoch zu kränkeln beginnt, also wenn »der deterministische Optimismus« des Schicksals in einen »durch die Stochastik der Zufälle durchlöcherten Determinismus« umschlägt, dann wird das klassische Märchen zu einer Fantasy. In der Fantasy gibt es bereits den echten, den nicht-scheinbaren Zufall – als Fatalität bar jeder übergeordneten Bedeutung. Im Märchen stellt der Zufall nur ein Verzögerungselement für den glücklichen Ausgang dar; in der Fantasy kann er darüber hinaus diese an die reale Welt, in der das böse Schicksal nicht notwendig Prämisse einer baldigen Verbesserung ist, angleichen.

Das Märchen und die Fantasy stellen folglich zwei verschiedene Arten eines Spiels dar: das Märchen ist ein Spiel mit Nullsummen, die Fantasy kann ein Spiel mit Nicht-Nullsummen sein. Das Märchen macht in seinen Abläufen arithmetisch perfekte Abschlüsse: so ist es immer in einem leeren Spiel; beim Schachspiel ist Gewinnen gleich Verlieren – nur mit entgegengesetzen Vorzeichen; wenn es die Zahlungsfunktion gibt wie z. B. beim Kartenspiel, dann gewinnt ein Spieler so viel, wie der andere verliert.

Im Märchen ist es ähnlich: der Prinz und nicht der böse Zauberer oder der Drachen bekommt die Prinzessin; was der eine verliert, das erhält der andere. Im Märchen geht damit nichts Gutes verloren. Die Zahlungsfunktion muß erfüllt werden. Spiele mit Nicht-Nullsummen sind z. B. typische Kampfspiele mit der Natur; wenn die biologische Gattung und die Natur als Antagonisten auftreten und wenn die Gattung verliert (also umkommt), dann »hat die Natur nichts davon« – Verlieren als Tod einer Gattung ist schlechterdings nicht mit einem Gewinn zu vergleichen, weil dieser Gewinn nicht als meßbarer Wert auf der Seite der Natur zu Buche schlägt.

Spiele mit Nicht-Nullsummen sind in unserer Alltagswelt häufig zu finden, sie treten überall dort auf, wo Niederlagen im Hinblick auf die Funktion der Bezahlung kein symmetrisches »Gegengewicht« haben; wenn in einer Wirtschaftskrise alle an diesem Spiel Beteiligten verlieren, so muß dennoch keiner gewinnen; das ist ein Spiel mit Nicht-Nullsummen. Ein ähnliches »Nicht-Nullspiel« stellt jede persönliche Existenz im Gesamtplan dar. (Der Tod eines Menschen, wenn er z. B. an Lungenentzündung oder aus Altersschwäche stirbt, braucht niemandem irgendeinen Gewinn zu bringen.) Kulturschaffende Tätigkeiten wie die eines Religionsschöpfers beschäftigen sich gewöhnlich mit der Umwandlung von Nicht-Nullspielen in Nullspiele. (Gott, der Herr, schafft Berichtigungen, die alle Funktionen der Bezahlung gerecht ausgleichen.) In der Literatur kam man vom Märchen als einer Form, in der das Nicht-Nullergebnis realer Lebensspiele in ein Nullergebnis umgewandelt wurde, zur Fantasy und im weiteren zur Darstellung – nicht dessen, wie es aufgrund unserer Träume »sein sollte«, die Wechsel und Schuldscheine entsprechend den Ängsten und Qualen ausstellen, denen uns die Welt durch ihre Stochastik aussetzt, sondern zur Darstellung dessen, »wie es ist«.

Die Fantasy ist der Realität ontologisch ein *bißchen* näher als das Märchen. Natürlich ist dies nicht ein unbeugsamer Imperativ, sondern nur eine Möglichkeit, in einer Weise zu handeln, die für das Märchen untypisch ist, eine Möglichkeit, die von den Schöpfern ausgenutzt werden kann, aber nicht muß, um so mehr, als sich die Schöpfer über deren Existenz oft keine Rechenschaft ablegen, weil – wie dies besonders oft in der Kunst ist – neue Regeln nicht aus alten durch die bewußte Lokalisierung des Ortes entstehen, an dem alte Konventionen absichtlich zerbrochen werden, sondern fast reflexmäßig, was an bestimmten Punkten den Reifen der normativen Ästhetik durch das kreative Bemühen zerbricht. Das ontische Prinzip des Märchens, des Mythos, der Fantasy und der Science Fiction gleicht sich darin, daß das Sein, das sie konstruieren, einen gemeinsamen Nenner hat – die Gleichartigkeit, d. h. die Homogenität der fundamentalen Ordnung. Die Märchenwelt ist auf die Aufnahme ihrer positiven Gestalten vorbereitet, nur die Figuren wissen dies zu Beginn gewöhnlich nicht; doch es stellt sich immer heraus, daß ihre Regeln mit der genauen Erfüllung der glücklichmachenden und fürsorgenden Pflichten gegenüber dem guten Helden identisch sind. Die Welt des Mythos ist ebenfalls auf die Aufnahme ihrer Helden vorbereitet, doch sie kann nicht nur Freund, sondern auch Feind sein; die Helden wissen nichts davon, ebenso wie die Märchenfiguren das absolute Wohlwollen ihrer Welt nicht kennen. Das mythische Universum ist ein Homöostat, der vielleicht durch Götter, vielleicht durch blinden Zufall aufgezogen wurde; dieser Homöostat ist – wie auch der des Märchens – gewöhnlich determiniert, doch er verfolgt in seiner unaufhörlichen Bewegung außer- oder gegenmenschliche unbekannte Ziele. Er hat ebenfalls eine gewisse »Verpflichtung«, aber dies ist eine sekrete Verpflichtung, die zumindest – wenn sie auch nicht unabwendbar feindlich ist – das menschliche Schicksal völlig determiniert. Im Märchenkosmos dagegen decken sich die Pflichten total mit dem, was man die Optimierung des Schicksals seiner besten Bewohner nennen könnte.

Die Fantasy unterscheidet sich von den Welten des Märchens und des Mythos dadurch, daß ihr Mechanismus nicht deterministisch sein muß. Ein Autor genießt jedoch nicht immer diese Freiheit, weil er sich nicht – wie wir hier – mit allgemeinontologischen Überlegungen beschäftigt. Deshalb ist es auch oft schwer, zwischen der Fantasy, dem Märchen und der Science Fiction zu unterscheiden, besonders wenn das im Vordergrund steht, was sie miteinander verbindet, also Ungewöhnlichkeit und Antiverität der sich ereignenden Verwirklichungen.

Die wissenschaftliche Phantastik schließlich kümmert sich darum, daß ihre Ontologie bereitwilligst die Ontologie der natürlichen Welt imitiert. Sie benutzt gleichsam eine Mimikry vom Aussehen dieser Welt, doch sie verfremdet diese systematisch, weil sie zu zeigen beabsichtigt, daß das kosmisch, galaktisch und sternenhaft identische Sein in Masken von derartigen Erscheinungsunterschieden auftaucht, daß wir nicht sofort an die Existenz der Kontinuität glauben können als einer überprüfbaren Möglichkeit des Überganges vom Homo sapiens zum Homo superior, von einem Boot zu einem Photonenraumschiff, von einer Nähmaschine zu einer Wunscherfüllungsmaschine, von Topfpflanzen zu Pflanzen, die Kosmonauten fressen oder sich mit Kosmonauten unterhalten. Doch die SF hat auch die Absicht, daß die Entdeckung des gemeinsamen Nenners dieser ungewöhnlichen Objekte und Prozesse mit dem, was bekannt und gewöhnlich ist, am Ende doch erfolgt. Wir sollen aufgrund der phantastischen Demonstrationen an der Einheitlichkeit der Ordnung zweifeln, aber danach sollen wir durch die Bewußtmachung gedemütigt werden, daß wir begriffsstutzig waren und unfähig zu begreifen, daß alles Bizarre des Weltalls an dem ontologischen Prinzip, dem sich die Science Fiction unterordnet, keinerlei Kratzer hinterläßt.

So zumindest sieht es aus der Höhe, gleichsam aus der Vogelperspektive aus, und mehr oder weniger so sehen die schweigenden, übrigens den Autoren nicht immer bewußten Voraussetzungen aus.

Bisher sind wir dem Problem der Werke, die Roger Caillois »phantastische Horror Storys« nennt, aus dem Wege gangen. Was ist mit ihnen? Ist ihr ontisches Skelett tatsächlich mit einer immanenten Heterogenität geschlagen? Der französische Kritiker behauptet, daß dem so sei; denn der Schriftsteller baut eine bestimmte ruhige, sachliche und in dieser Sachlichkeit unerschütterliche, gleichsam absolut unelastische Ordnung der Ereignisse, um uns dieses Prinzip, wenn es in uns bereits verankert ist, unerwartet wie Grund unter den Füßen wegzureißen; in einem Zimmer mit verschlossenen Türen hört man Schritte, obwohl niemand in dem Zimmer ist, die Leere zugemauerter Verliese ist von Stimmen erfüllt, Schemen beginnen durch Mauern zu diffundieren, die so gediegen und massiv sind, wie sie nur sein können und die Zertrümmerung der Normen, die bisher, wie für ewig konzipiert, herrschten, scheint bereits irreversibel zu sein (weil – und hier hat Caillois recht – solche Werke selten ein Finale haben, in dem der Autor das Gesagte zurücknimmt und erklärt, daß der Held die Gespenster nur geträumt habe und daß dies keine Gespenster waren, sondern ein Gärtner, der sich ein Bettuch umgehängt hatte usw.). Solch ein Werk nimmt uns also gleichsam den Glauben an die bisherigen Feststellungen, um ihn in »puren Horror« umzutauschen: und die Angst, die man bei der Lektüre solcher Horrorgeschichten bekommt, ist irgendwie der Preis, den wir für den Verlust sicheren Wissens bezahlen müssen; von da an ist nichts mehr von Dauer, da alles passieren kann. Eine Aura von Erwartung des Unbegreiflichen beginnt jedes Ding zu durchtränken, mit dem der Blick und die Hand des Helden in Berührung kommt, der die Verlängerung der Gefühle des Lesers selbst darstellt: das Prinzip solch einer Ontologie besteht nicht nur in der Heterogenität der Erscheinungsstruktur der Welt, sondern auch in der totalen Inkohärenz beider Ordnungen: der vorgegebenen, die gerade zerbrach, und der übernatürlichen, die durch die entstandene Wunde im Zentrum der Erzählung einschlägt. Doch wenn es gelingt, die ontische Einheit der Dinge trotz allem wiederzuerlangen, dann nicht aufgrund der jämmerlichen Methode eines Ausweichmanövers, sondern dank der Berufung auf die Hilfe der Inspirationskräfte der Science Fiction. Sie stellen die zerschmetterte und gespaltene Ordnung wieder her und dadurch verwandelt sich ein Werk aus einer Geschichte über jenseitige Geister in eine SF-Geschichte. Es ist jedoch nicht ganz so, wie der französische Experte es erklärt. Die Alltagsordnung, die das Fundament unserer Erfahrung bildet, kann nicht durch jedes beliebige Zerstörungsmittel und nicht an jedem beliebigen Ort zertrümmert werden, damit dann eine Horror Story entsteht. Zuerst ist zu beachten, daß sich die Ordnung unserer Lebenspraxis gleichsam auf zwei Sockel stützt: darauf, was ihr natürlicher Koeffizient ist und darauf, was wir ihre zivilisatorisch erzeugte Komponente nennen wollen. Aus naturgegebenen Gründen weicht die Erde nicht unter unseren Füßen zurück, und es kommt auch nicht vor, daß Steine, die eine Hand losläßt, einmal herunterfallen und ein anderesmal unbeweglich hängenbleiben oder sogar wie eine Gaswolke davonschweben. Aus bereits »nichtnaturgegebenen« Gründen fließt aus einem Hahn, wenn man ihn aufdreht, Wasser, leuchtet Licht auf, wenn man es anmacht, gibt es in den Läden Brot und Zucker und in den Kellern Kohlen für den Winter. Die obige Einteilung ist legitim: denn wenn aus dem Hahn im Badezimmer einmal Wasser, einmal Tinte und einmal Blut flösse, dann stünde dies durchaus nicht im Widerspruch zur Naturordnung (Physik), doch es stünde im Widerspruch zu der Ordnung der zivilisatorischen Einrichtungen, so daß wir uns – besonders im letzten Fall – bedroht fühlen würden. Wenn aus dem Hahn im Badezimmer Blut fließt, so muß diese Erscheinung keineswegs einen übernatürlichen Charakter haben, aber sie kann doch Entsetzen verbreiten. Auch ein Erdbeben ist entsetzlich, obwohl gerade derjenige, der in einer seismischen Zone wohnt, weiß, daß Erdbeben überhaupt nicht einer Zerstörung der natürlichen Ordnung gleichkommen. Folgendes also – obwohl es trivial klingen mag – ist zu konstatieren: es gibt Verletzungen der Ordnung, die von uns zur Norm gezählt werden, vor denen wir Angst haben, dann wenn sie Symptome einer physischen Bedrohung darstellen (wie ein Erdbeben), aber auch dann, wenn sie es nicht sind. (Das Blut, das aus dem Hahn tropft, bedroht uns nicht im mindesten.) Es sind auch Erscheinungen, die uns nicht in Angst versetzen, denkbar, obwohl sie die Zerstörung beider Ordnungen zugleich, der natürlichen und der zivilisatorischen, bewirken. Wie bekannt – unter anderem durch die Untersuchungen von Piaget – werden wir keineswegs mit dem Wissen geboren, daß die materiellen Gegenstände ihre Genidentität behalten und daß sie sich z. B. nicht fortpflanzen können; das müssen wir erlernen. Als Kind und trotzköpfig gegenüber solchen Lehren glaubte ich lange Zeit, man könne »vergessene« Gegenstände zu einer Vervielfältigung zwingen, wenn man sie »auf frischer Tat« ihrer Zerstreutheit ertappe: ein Taschenmesser, das vergessen in einer Schublade liegt, findet sich in der Küche auf dem Küchentisch wieder und es, das Taschenmesser aus der Schublade, wird, wenn man es »zur richtigen Zeit erwischt« – bevor es sich »zurückziehen kann« – gleichsam in die Ecke gedrängt. Hätte mich solch eine Verdoppelung, z. B. die Umwandlung eines Taschenmessers in seinen Zwilling, die – wovon ich jetzt überzeugt bin – physikalisch unmöglich ist, entsetzt? In der Literatur überhaupt nicht und im Leben auch nicht sonderlich (man wird letzten Endes ein solches Phänomen immer »wegdeuten« können).

Normalerweise interpretieren wir Störungen der Ordnungsnorm in den Erscheinungen als ein *Zeichen*, nämlich als eine *Ankündigung* im Sinne einer Signalisation, die einem bestimmten Tatbestand zuvorkommt, sowie als eine *Chiffre*, d. h. als unverstehbare, doch irgend etwas bezeichnende Bedeutung. Die ankündigende Interpretation von Ordnungsstörungen, die gewöhnlich in Gestalt von anormalen statistischen Fluktuationen sichtbar wird, hat den Charakter einer empirischen Erklärung nach dem Ursachenprinzip. Wir halten Donnerschläge bei klarem Himmel für die Ankündigung eines aufkommenden Gewitters oder eines herannahenden Jets und das Unterbrechen des Straßenbahnverkehrs für ein Signal, das uns über einen Verkehrsunfall informiert usw. Kommt jedoch eine derartige Interpretation nicht in Frage, dann entsteht in uns eine »semantische Alarmbereitschaft«; begegnen wir einem Buckligen auf der Straße, dann denken wir uns noch nichts dabei; aber wenn er eine weiße Mütze mit einer grünen Feder trüge und in der Hand einen Schäferstock hätte und wenn wir binnen einer Stunde vielleicht drei solcher Personen träfen, dann würden wir sicherlich annehmen, daß »das etwas zu bedeuten habe«. Es »würde ebenfalls etwas zu bedeuten haben«, wenn wir auf der Straße an Menschen vorbeigingen, die sich – obwohl sie angeblich zufällige Passanten sind – dadurch auszeichnen, daß nach vier Personen mit hellen Haaren ein totaler Glatzkopf auftaucht und nach ihm zwei rabenschwarze Personen (wobei alle anderen persönlichen Merkmale völlig inkohärent bleiben). Man kann sich offensichtlich Legionen solcher Störungen – als statistischer Anomalien, die erstaunlich oder sogar geradezu verblüffend sind – ausdenken.

Es sind also statistische Erscheinungsfluktuationen eines Typs denkbar, die uns – obwohl sie nicht diese eindeutige Kontraempirie besitzen, die für die »Rückkehr von jenseits des Grabes« typisch ist – in größere Angst versetzen können als das Jenseits, das in unsere Welt einbricht.

Ein Rationalist könnte vielleicht meinen, daß das Jenseits immer nur durch die Katastrophe einer Person, nicht aber der Ontologie veranschaulicht werden muß; denn wenn Erscheinungen und Geister diese Person ständig verfolgen, dann wird sie letzten Endes gezwungen sein, eine Selbstdiagnose zu stellen: die des eigenen Wahnsinns. Solch eine Selbstdiagnose stellt sicherlich die höchstmögliche Anstrengung dar, die Ontologie als eine Ordnung zu retten, die von allen individuellen Zufälligkeiten unabhängig ist; wenn ich solch eine Diagnose selbst stelle, dann erkenne ich an, daß die Welt weiterhin unverändert bleibt, die Veränderungen nur mich betreffen; Wahnsinn ist eine Katastrophe, jedoch eine rein private: in meiner Ontologie rechnet man Geisteskrankheiten zu den empirischen Erscheinungen.

Ein Rationalist darf indes nicht übersehen, daß der Einbruch des Jenseits in die natürliche Ordnung nicht einer Proklamierung des totalen Chaos gleichkommt; das »behavior der Geister« unterlag doch in den Tiefen der Kulturtradition einer festen Kodifizierung. Schon Bezeichnungen wie »Rache aus dem Jenseits«, »Rückkehr des Ermordeten«, »eine büßende Seele« – enthalten in ihrer rein syntaktischen prädikativen Gestalt kausale Feststellungen, nur daß *diese Ketten* von Ursachen und Wirkungen, die teilweise in den »Bereich der Transzendenz« hineinreichen können, indem ein Mörder mit dem wieder zum Leben erweckten Opfer in Verbindung gebracht wird, das Irreversible (Tod) reversibel (Auferstehung) machen und einen »metaphysischen Determinismus« einführen (wonach man »sogar nach dem Tode die gemachten Schulden tilgen muß«, z. B. eben durch »bußfertiges Spuken«), nur daß solche Verbindungstypen von uns für fiktiv gehalten werden. Aber sie sind *geregelt*, sowohl kausal als auch örtlich, also in der Chronologie als auch im Raum: denn es ist ja bekannt, »woher« ein Toter kommt – doch wohl aus dem Grabe – und »warum« ein Geist spukt (weil er im Leben viel ausgefressen hat) usw. Die Inkohärenz der Verhaltensweisen des Jenseits hinsichtlich der weltlichen Ordnung ist folglich nur eine Inkohärenz prima facie. Gewiß, es wäre sicherlich nicht angenehm, in einer Welt zu leben, die *systematisch* von Gespenstern und Geistern heimgesucht wird, doch das ist eine Sache für sich – wichtiger als diese Unannehmlichkeit ist für uns jetzt die Tatsache, daß ein Prozeß, die »Welt« und das »Jenseits« im Rahmen einer einzigen Ontologie zu homogenisieren, im Prinzip durchführbar ist. Ich will damit sagen, daß ein »verdinglichter Spiritismus«, die Zurkenntnisnahme einer Gespensterphänomenologie also, in das System einer Ontologie eingegliedert sein kann, die man in einer *derartigen* Welt nicht schlechter als unsere Ontologie in unserer Welt handhaben kann. Solch ein Klassifikationsakt, der die Welt und das Jenseits zur Deckung bringt, schließt natürlich weder Ängste noch Bedrohungen aus. Auch wenn wir uns vor Geistern entsetzlich fürchten, so wissen wir aber zumindest, wovor wir Angst haben, und wir wissen auch, welcher generellen »Verhaltensregelmäßigkeit« die Geister unterworfen sind. Die Horrorliteratur wie auch folkloristische Überlieferungen lehren uns, daß das Jenseits sich nicht »total chaotisch« benehmen darf; Gespenster erscheinen meistens nachts und dazu am liebsten um 12 Uhr; ein Geist kann eventuell jemanden erwürgen, aber er wird sich kaum in eine Schlange vor der Kinokasse einreihen; er wird durch verschlossene Türen dringen, aber er wird keine obszönen Verse auf ihnen hinterlassen usw. Mit einem Wort, bei Geistern kann man unterscheiden zwischen dem, was sie machen können und dem, was sie nicht machen dürfen; Schreckliches bleibt schrecklich, aber im Rahmen bestimmter Regeln! Etwas völlig anderes hingegen ist eine total unbegreifliche und unfaßbare Gesetzmäßigkeit, der man weder eine kausale Quelle noch ein motivmäßig berechtigtes Ziel zuweisen kann. (Geister sind gewöhnlich keine »Narren« – sie wissen genau, was sie tun, was sie wollen, wozu sie spuken usw.). Vergessen wir nicht, daß die Nichterklärbarkeit sogar solch einfacher, also wenig bizarrer und durchaus möglicher, wenn auch wenig wahrscheinlicher Segregationen von Fußgängern, besonders wenn sie dauerhafter Natur sind, in uns ein Gefühl der Bedrohung wecken! Angenommen, die Welt hätte sich überhaupt nicht verändert und es gäbe in ihr keine Spur von Geistern, aber in der Straßenbahn, in die wir einsteigen, hätten alle Männer ein wenig asymmetrische Gesichter, so, als ob sie mit der linken Hälfte lächelten, alle Frauen dagegen – mit der rechten Hälfte; und weiter, daß sich nach einem Verkehrsunfall ein Auflauf bildet und fast alle seine Teilnehmer Mäntel mit abgerissenen Knöpfen tragen und Kratzspuren auf der rechten Hand haben; wenn man solche Aufzählungen fortsetzt, kann man eine Welt konstruieren, in der kein Ereignis für sich genommen erschreckend ist, es aber in der daraus gebildeten Gesamtheit erschreckend wird.

Infolge zufälliger Fluktuationen sieht man doch bisweilen einen Menschen mit einem Mantel ohne Knöpfe und mit einer zerkratzten oder blutverschmierten Hand oder ein Individuum mit einem asymmetrischen Gesicht oder eine kleine Gruppe nur hellhaariger und eine andere Gruppe nur schwarzhaariger Menschen. Wenn jedoch unter dem Wirkungseinfluß unfaßbarer Kräfte oder Gesetze diese inzidenten Erscheinungen langsam über den Mittelwert zu dominieren beginnen, der statistisch eine Homogenisierung hervorruft und dadurch extreme Abweichungen an die Norm der großen Zahl angleicht, dann würden wir in der Tat spüren, daß die Welt uns langsam unter den Füßen entschwindet; doch Erscheinungen dieses Typs müssen indes nicht unbedingt übernatürlich begründet werden wie dies Erscheinungen von jenseits des Grabes verlangen. Gerade deshalb gilt: weil für sie *keine Namen existieren*, treffen und lähmen sie uns so. Der Glaube an Geister ist – kurz gesagt – ein Kausalismus, der über das Zeitliche hinaus verlängert ist; die Kultur kennt ihn und kommt mit ihm auf ihre Art zurecht. (Das Repertoire der Mittel ist immens, es reicht von

Exorzismen bis zum Einschlagen eines Pflockes in das Herz eines Vampirs.) Solche Erscheinungen aber schleudern uns bereits aus *jeder* Ordnung. Wir spüren in den Fingerspitzen, daß sie *etwas* bedeuten, aber gleichzeitig gibt es in dem Repertoire der kulturellen Paradigmata keine Namen für sie; in diesem Sinne, d. h. semantischem Sinne kann man sogar das Jenseits mit seinen fratzenhaften Gestalten assimilieren und sich zu eigen machen, aber man kann nicht das Nichtbenennbare in den Griff bekommen.

Warum nicht? Einfach deshalb, weil keine Kultur *solch einen Typ* von Aberglauben, Wahn, magischem Ritual und Vermutung geschaffen hat. Jede, von einer Kultur abgeleitete Ontologie kennt eine Welt und ein Jenseits, aber sie kennt nicht eine in ihrer Extremität und Beständigkeit entsetzliche statistische Fluktuation. Solch eine Fluktuation nämlich ist ein Faktor, der alle Versuche einer Personifizierung und animalistischen Interpretation vereitelt. Ein sich bewegender Wald hat wohl Furcht erregen können, die Ursache dieser Bewegung ist aber bei Shakespeare völlig empirisch: die Soldaten tragen einfach von Bäumen abgeschnittene Zweige. Die totale, phänomenologisch »gestreute« Kausalitätslosigkeit verhöhnt also beide Ordnungen zugleich – die Empirie und den Spiritismus, die rationale Ontologie sowie die irrationale Ontologie. Woraus und in welcher Weise nun entsteht die Ontologie? Sie entsteht an dem Scheideweg von Orientierung und Adaptation, d. h. von Ordnen und Schützen der persönlichen Existenz. Die Funktion des Ordnens hat jedoch in gnoseologischer Hinsicht Vorrang vor der adaptiven Funktion, und ersehen kann man das daran, daß wir die Ordnung mehr schätzen als die Sicherheit. Der Horror kann – wenn er keinen Ausweichoperationen unterzogen werden kann – zumindest Ordnungseingriffen unterworfen werden; die Furcht bleibt, aber es ist eine Furcht innerhalb einer bereits geschaffenen *Ordnung*. Wir wissen bereits, wovor wir uns fürchten – vor Gespenstern z. B. Vielleicht ist nichts gegen die Gespenster zu machen, aber unser Wissen über sie ist nicht gleich Null. Deshalb steht der Akt der Klassifizierung – durch den Ontologie entsteht – über dem Akt jeglichen Schützens; rein evolutionär ist das verständlich, weil man sich orientieren muß, um sich eventuell schützen zu können. Die Orientierung ist jedoch nur im Rahmen einer *einzigen* Ordnung optimal, nicht aber im Rahmen gegenseitig kollidierender Vielheit; wenn es uns gelingt, eine höhere Ebene zu erreichen, von der aus die Vielheit heterogener Ordnungen erneut einem einzigen klassifizierenden Zugriff unterzogen werden kann, dann sind wir informativ – wenn vielleicht auch nicht existentiell – gerettet. Deshalb sind dichotomische beziehungsweise duale Ontologien möglich, die über die natürliche Welt eine zweite, eine übernatürliche Welt, bauen; das erfolgt gemäß einer Direktive, die – zumindest skizzenhaft – die gegenseitigen Beziehungen beider Glieder, d. h. der Welt und des Jenseits festlegt. In den genannten statistischen Fluktuationen hingegen bereitet uns der Zustand der totalen Nichtklassifizierbarkeit, die tiefe und ausweglose Lähmung der Orientierungsfunktionen den größten Kummer: wir wissen nicht nur nicht, was die Phänomene bedeuten, wir wissen auch nicht, wo sie zusammen mit ihrem Geheimnis semantisch hingehören. Wir wissen nämlich weder, ob wir eine Manifestation uns unbekannter Qualitäten der Empirie vor uns haben, noch wissen wir, ob es sich um eine Manifestation des Übernatürlichen handelt: wir wissen absolut *nichts*. Deshalb ist auch die durch solche Erscheinungen hervorgerufene Angst nicht aufhebbar. In der Tat: alles, was gesagt wurde, hat keine absolute Gültigkeit, doch dies erklärt sich durch die beschriebene Ordnung innerhalb der bereits festgelegten Ontologie; ist noch keine Segregation des Seins in Welt und Jenseits beziehungsweise in Welt als das Mögliche und in Nichtsein als das Unmögliche erfolgt, dann kann jedes Geheimnis anders rezipiert und »semantisch abreagiert« werden: als ein Symptom der Inkohärenz der Phänomene.

Mit einem Wort, die Billigung einer beliebigen, sogar auch einer »spritistischen« Ontologie ist besser als eine totale ontische Desorientierung.

Wir versuchen ferner zu beweisen – und nicht nur zu erklären –, daß die Werke uns ihre Bedeutungen nicht als geschlossene Strukturen übermitteln, sondern durch die Konfrontation der in ihnen enthaltenen Kommunikate mit dem außertextlichen und außerliterarischen Wissen des Lesers. Wie bereits gesagt, wäre unsere Welt genauso eingerichtet wie die Märchenwelt, dann wäre das Märchen kein Märchen mehr: es wäre ein realistisches Protokoll. Diese Feststellung ist nicht völlig banal. Hier ein Beispiel zur Erläuterung: In der phantastischen Erzählung »Zwei junge Leute« habe ich zwei Situationen als getrennte Handlungsstränge miteinander konfrontiert. In der ersten Situation – auf der Erde – lebt ein junger Mann am Rande eines großen Cañon dank einer entsprechenden Apparatur in der Illusion, daß er in einem Raumschiff fliegt, und in der zweiten Situation lebt ein junger Mann, der sich gerade mit einem Raumschiff im Kosmos befindet – dank einer analogen Apparatur – in der Illusion, daß er sich auf der Erde in der Nähe eines großen Cañon befindet.

Der Sinn der Gegenüberstellung dieser beiden Handlungsstränge ist einfach, er läßt sich in dem folgenden Sprichwort zusammenfassen: »In Nachbars Garten ist das Gras immer grüner« beziehungsweise »Jeder legt gerade darauf den größten Wert, was er nicht besitzt«. Doch wie entwickelt sich diese Sinngebung? Man kann sie in keinem der beiden Handlungsstränge getrennt nachweisen, d. h. sie steckt potentiell in jedem Handlungsstrang, aber sie ist nur eine in einer größeren Menge anderer Behauptungen, so daß sie nicht so ohne weiteres in den Vordergrund rückt. Das, was nur virtuell ist und sich dadurch schwer separieren läßt, wird plötzlich dominant, wenn wir die zwei Handlungsstränge als symmetrische Gegenglieder kontrastieren. Doch jene Sinngebung ist nicht aufgrund des Kontrastes der Handlungsstränge – der eine geschlossene Konstruktion schafft zu erschließen; für die Entzifferung des Sprichwortes ist nämlich unbedingt ein Wissen erforderlich, das nicht aus dem Werk stammt und nicht in ihm enthalten ist, um die allegorische Bedeutung erkennen zu können. Beide Situationen sind phantastisch gehalten (der Flug im Raumschiff, das Gerät, das es uns ermöglicht, sich fiktiv mal im Kosmos, mal auf der Erde aufzuhalten), die Bedeutung der Allegorie jedoch ist ganz real, sie ist eine ziemlich triviale Feststellung aus dem Bereich der menschlichen Verhaltenspsychologie. Wenn wir die Bedeutung nicht vorher gekannt hätten – weil sich die Menschen in Wirklichkeit nicht im Sinne des Sprichwortes über das grünere Gras des Nachbars benehmen, dann wären wir nicht zu dieser Generalisierung gekommen. Das Konstruktionsprinzip der Kopplung beider Handlungen in der Erzählung besteht in der Inversion; wir vertauschen das Reale und das Illusorische einmal in die eine und ein zweites Mal in die andere Richtung. Doch nicht jede analoge Inversion führt zu einem sinnvollen Resultat. Angenommen, ich stelle zwei Szenen gegenüber, von denen die erste beschreibt, daß eine Person, die die Tante von jemandem ist, eine Axt hat und die zweite beschreibt, daß eine bestimmte Axt eine Tante hat. Welchen Sinn hat die Opposition solcher Glieder? Absolut keinen, weil ihr ein Äquivalent in der Welt der Natur und in der Welt der Kultur fehlt. Solche zweigliedrig konstruierte Inversion *bedeutet* in der Oppositon *nichts*. Wir halten die erste Szene gleichsam für realistisch und die zweite für phantastisch (weil – z. B. aniministisch gesehen – eine »nicht personalisierte« Axt kaum eine Tante haben kann). Vielleicht wird aber die Bedeutung durch diese Differenzierung zerstört? Homogenisieren wir also genealogisch die beiden Szenen einer Opposition! In der ersten Szene tötet der Prinz den Drachen, in der zweiten – der Drache den Prinzen. Was kommt dabei heraus? Manchmal werden eben Drachen getötet und manchmal töten sie selbst, ergo: als zweigliedriges Ganzes besitzt dieses System wiederum keinen übergreifenden Sinn. Wir gewinnen den Eindruck einer totalen Zufälligkeit (mal geschieht es so und mal geschieht das genaue Gegenteil) und nichts darüber hinaus. Doch gerade die Bedeutung ist der Antipode zur Zufälligkeit: sie zu finden heißt, immer eine bestimmte Ordnung zu enthüllen. Die durch die Bedeutung der Erzählung von den zwei jungen Leuten gegebene Ordnung ist gleichsam die »Mikrotheorie des menschlichen behavior« – in einem Bereich, der der Relation zwischen dem, was man hat und dem, was man sich wünscht, gewidmet ist. Die übergreifende Bedeutung der Gegenglieder der durch die Invertierung entstandenen Opposition ist nur dann existent, wenn sie auch in der realen

Welt nachweisbar ist; gibt es sie in dieser Welt nicht, dann ist sie auch nicht aus dem Boden zu stampfen.

Jedes endgültige Abschließen von Bedeutungen, das die Semantik eines Werkes einkerkert und sie dadurch zu einem System macht, das von der Welt völlig getrennt ist, gleicht einer Illusion. Die Welt eines Werkes kann man fast völlig abschließen; sie jedoch tatsächlich zu hermetisieren, das heißt, ihr jede Bedeutung nehmen. Vielleicht kommt es zu Eindrücken einer inneren Kohärenz, doch sie werden nichts bedeuten. Aber was heißt das eigentlich, daß sie »nichts bedeuten werden«? Nehmen wir eine sehr einfache Situation: zwei sich liebende Wesen.

Nehmen wir an, die Liebenden haben sich vor kurzem gezankt. Die Bedeutungen, die sie ihrer Beziehung zuschreiben, unterliegen nun – im Schatten der Auseinandersetzung – einer gewissen Modifizierung. Doch es hätte den Zank auch nicht geben können. Oder er ist bereits vergessene Vergangenheit. Dennoch, man kann sich solch eine Auseinandersetzung entweder als Erinnerung oder als eine rein hypothetische Möglichkeit vorstellen. Und schließlich – um mit einem Sprung von den kleinen Akzidentalitäten des Lebens zu seinen ultimativen Begrenzungen zu gelangen – soll der Liebende daran denken, daß ein gleichzeitiger Tod beider sehr unwahrscheinlich ist und daß einer von ihnen wahrscheinlich einmal allein zurückbleibt. Sub specie mortis – als der unwiderruflichen Zerstörung ihrer Bindung – schaut er also auf die aktuelle Situation, und jede Zärtlichkeit, die er der Partnerin erweist, hat vielleicht eine Bedeutung gemäß des erwähnten Gedankens. Doch wenn es so ist, wenn eine gegenständlich immer gleiche Situation, wenn derselbe Stand der Dinge in seinen Bedeutungen so schillern kann – was sind sie dann semantisch und woher kommen sie? Welch naive, nein, welch sogar dumme Frage! Trotzdem wiederholen wir sie. Das Universum der semantischen Transformationen als Bedeutungsnuancen – die man in eine gegenständlich gleiche Situation hineinprojizieren kann – stellt eine Menge von der Mächtigkeit des Kontinuums dar. In dem erwähnten Fall geht es nicht um einen beliebigen Einfall: irgendwann haben sich die Liebenden gestritten oder werden sie sich *bestimmt* streiten, und *ganz bestimmt* werden sie einmal sterben usw. Reale Aspekte der Situation – als Bedeutungen, die die Situation virtuell impliziert – gibt es also gerade hier unendlich viel. Durch den Verlauf der Ereignisse und durch sie mitbedingt, fischen wir – je nach Verlauf der Gedanken – aus diesem Ozean mal die erste, mal die zweite, mal die dritte Bedeutung als vorläufig dominierende heraus, als den Sinn, der die anderen an den Rand der Überlegungen drängt. In eben diesem Verständnis ist die Semantik fest in der Ontologie verwurzelt: man braucht die Existenztheorie überhaupt nicht als eine theoretische Apparatur wissentlich hinzuzuziehen; sie enthält gleichsam potentiell alle Bedeutungen, die wir erkennen und aktualisieren, in sich. Und in dem Schoße jener übergreifenden, nicht unbedingt logisch kohärenten Ontologie – die wir bereits durch die Summe der Taten und Gedanken im Gesamtumriß skizzieren – kann man gleichsam künstliche Enklaven schaffen, d. h. Ontologien, die durch die poetischen, märchenhaften und phantastischen Texte lokal festgelegt sind und die des weiteren in bezug auf die übergreifende Ontologie eine Bedeutung haben. Aus der nichtmeßbaren Menge von Prinzipien, die in dem Repertoire von Bedeutungen, die wir der distributiv verstandenen Welt verleihen, nachweisbar sind, kann man z. B. ein Prinzip ausfällen – das mythische Prinzip und ihm gemäß ein Werk und dessen Welt errichten. Wenn wir aber eine mythische Welt bauen, dann können wir das prinzipiell auf zweierlei Weise tun. Wir können dies in der Überzeugung tun, daß jene Welt echt ist, daß sie eine versteckte eschatologische Bedeutung der realen Welt wiedergibt und (oder) ihr Schöpfer, ihre Ursache sowie ihr Grund ist – und unsere Aufgabe ist es dann, die Realität an den Mythos »anzugleichen« und einzupassen – durch Tätigkeiten, die die Realität faktisch so verändern, daß sie dem mythischen Modell ähnlich wird oder aber die Realität an den Mythos heranzuführen durch nur symbolische Tätigkeiten; denn ein Mythos kann sowohl darüber berichten, was man im Sinne wortwörtlicher Pflichten (z. B. seinen Nächsten lieben) tun soll als auch darüber, was man im Sinne liturgisch-sakraler Pflichten (z. B. der Liturgie, die mit der

Transsubstantiation verbunden ist) tun soll. Im ersten Fall gestalten wir das Diesseits so um, daß es das außerdiesseitige Paradigma erfüllt – sofern dies faktisch möglich ist – und im zweiten Fall bemühen wir uns – mittels symbolischer Operationen – den Mythos selbst durch Mittel des Diesseits auszudrücken. Das erste Verfahren ist gegenständlich empirisch, nur sein Grund, seine causa efficiens ist nicht empirisch. Wir tun *hier* das, was uns *von dort* empfohlen wird. Das zweite Verfahren ist sowohl in Ursache als auch in Wirkung nichtempirisch; denn es bedeutet das *Herbeirufen* des Mythos, seine *Wiedergabe* durch Symbole, seine *Wiederholung* durch Zeichen. In dem ersten Falle gibt es eine normale Chronologie: Christus befahl *einst*, den Nächsten zu lieben, wir erfüllen dies *jetzt*. Im zweiten Fall ist die Chronologie außer Kraft gesetzt: der Wein verwandelt sich *in diesem Moment* in das Blut Christi, es gibt also mal eine übernatürliche Ursache und eine natürliche Folge, und mal ist sowohl das eine als auch das andere übernatürlich. (Denn die Tatsache, daß Wein sich empirisch nicht in Blut verwandelt, halten wir für unwesentlich: denn *das* erfolgt gerade in einem nichtempirischen und zwar einem höheren, mythischen, ihm verliehenen Sinn.)

Mit einem Wort – ein *so* erbauter Mythos wurde eben nicht als ein Mythos erbaut, sondern als eine Wahrheit, die eine endgültige Ordnung der Dinge setzt. Der Mythos ist der Projektor der Wirklichkeit und diese – seine Projektion.

Man kann eine mythische Konstruktion aber auch auf eine andere Weise bauen; dann halten wir die sehbare Welt für eine reale Endgültigkeit, die mythische hingegen – für etwas, was wir uns selbst ausgedacht haben. Der Mythos als Wahrheit umhüllt die Welt; der Mythos als Märchen ist in der Welt enthalten und von uns angefertigt, so wie man Körbe und Töpfe anfertigt. In der Diachronie war der Mythos als Wahrheit primär; er hatte in den verschiedenen Kulturen viele verschiedene Versionen, und in jeder Kultur spalteten sich dann von ihm als der eschatalogischen Version des Seins, als der wahrhaftigen Ontologie spielerische, »des Ernstes entkleidete« Versionen ab, die den Namen *Märchen* erwarben.

Die Irrelativität aller gnoseologischen Überzeugungen ist historisch primär. Die euklidische Geometrie wurde für die einzig richtige Geometrie – sogar nach der Entdeckung nichteuklidischer Geometrien – gehalten. Die Geometrie des Euklid war also das mathematische Äquivalent des *wahrhaftigen und solennen Glaubens*, die Geometrien eines Riemann und Lobaczewski waren gewissermaßen die geometrischen »Märchen«, d. h. kohärente und erbaubare Konstruktionen, jedoch ohne das Signum der *Wahrheit*. Erst die allseitige Akzeptierung des Relativismus machte es möglich zu begreifen, daß die Geometrie »echt« ist, die am besten zu den physikalischen Erscheinungen paßt und nicht die, die sich als erste der Vernunft aufdrängte.

Ein Mythos kann also einfach als *Wahrheit* erbaut werden, dann muß er jedoch ohne das Bewußtsein erbaut werden, daß er *unser* Konstrukt ist: nur als *offenbarter* erwirbt der Mythos einen authentischen, transzendentalen Status. Wurde er jedoch in dem Bewußtsein des Ausdenkens erbaut, dann wird er zu einem Märchen, und die Ontologie ist eine Märchenontologie, von der wir wissen, daß wir sie nicht aus der Welt herausgelesen, sondern sie absichtlich vorläufig – als ein Spiel und ein Spaß – der Welt aufgedrängt haben und die wir sogar als »Spielwelt in der realen Welt« separiert haben. Hier also geht der Mythos – dank der Invertierung des Komplexes der ontologischen Begriffe als Rahmen, in den das Sein gestellt ist – in ein Märchen über. Das, was von uns kommt und unser ist, ist ein Märchen, und das, was von außerhalb kommt und nicht unser (weil offenbart) ist, das ist ein Mythos. Deshalb kann man »tatsächlich« an den Mythos glauben, aber es ist unmöglich, in gleicher Weise an das Märchen zu glauben.

Das Märchen verkörpert also das, dessen sich der Mythos im Verlauf seiner Desakralisation entledigt hat. Da nun die Kluft zwischen der Ontologie des Märchens und der Ontologie des Mythos hinsichtlich ihrer Tiefe und Breite unterschiedlich sein kann, stehen manche Märchen dem ultimativen Ernst des Mythos gleichsam nahe und andere sind reine »Kinderspielzeuge«. Die ersten sind noch symbolisch mysteriös – obwohl sie keine Offenbarungen mehr sind – so ist es z. B. mit dem Ödipusmythos. Die zweiten sind weder Symbole des *Geheimnisses* noch Produkte der *Offenbarung*, z. B. Märchen über Zwerge. Die ersten können noch für eine Formel des Schicksals gehalten werden, die zweiten nur noch für eine Formel der Träumerei.

Folglich ist die Ontologie des Mythos – unter dem Aspekt der »Raum-Zeit-Lokalisation« – von der Ontologie des Märchens verschieden. Der Mythos als *offenbarte Wahrheit* nämlich kann sich gleichsam überall und immer ereignen, das Märchen hingegen – niemals und nirgends. Der Mythos umfaßt uns und nimmt uns in sich auf; wir können ihn in unser »Hier« und »Heute« eingliedern, indem wir ihm gebührend Gehör schenken. Ein Märchen hingegen können wir höchstens mit dem Wissen darum darstellen, daß wir eine Fiktion wiedergeben. Der Mythos steht über der Realität, das Märchen steht außerhalb derselben. Man könnte einen Aphorismus formulieren und sagen, daß ein Gläubiger, der ja zwischen Mythen und Märchen unterscheidet, deren Distinktion so sieht: der Mythos hat uns geschaffen, das Märchen hingegen haben wir geschaffen; aus empirischer Sicht existiert dieser Unterschied offensichtlich nicht; doch ein Unterschied zwischen der Solennität des Glaubens an Übernatürliches und dem Pseudoglauben an *angenommene* Wunder bleibt auch in empirischer Sicht bestehen.

Es ist indes noch anzumerken, daß Märchen, die uns die Tradition überliefert, nicht mit den Märchen identisch sind, die ein Schriftsteller irgendwo allein schafft. Denn die ersten tragen signifikante Stigmata ihrer säkularen Herkunft; der Schleier des Glaubens ist bereits von ihnen gefallen, aber die Strukturen, die für Kommunikate sakralen Inhalts typisch sind, währen in ihnen – wenn auch verändert – in bestimmten Invariablen fort. Damit soll nicht gesagt werden, irgend jemand habe – unserer Meinung nach – irgendwann an Märchen geglaubt, so wie man z. B. an den Sonnenmythos glaubte, sondern nur, daß ein komplexes Paradigma – z. B. der Kampf des Guten gegen das Böse, die *unvermeidbare Rückkehr* einer Primärsituation oder das Vordringen durch Scheinbedeutungen hindurch zu den endgültigen Bedeutungen – daß eben solch ein strukturelles Muster oft im Mythos und im Märchen nachzuweisen ist, weil sich das Märchen unter dem Einfluß und der kulturellen Strahlenwirkung des Mythos herausbildete.

Aus dem Gesagten geht bereits hervor, daß der Mythos eine Interpretation der realen Welt ist, das Märchen aber nur ein dem Mythos spielerisch gegenübergestellter Vorschlag von einer »anderen« Welt – gewöhnlich einer in der Gewißheit all ihrer Realisationen besseren Welt. Der Schöpfer der Mythen greift aus der Realität bestimmte Parameter heraus und schafft aus diesen ein sakrales Ganzes; das gleiche tun die Märchenschreiber und Epiker, jedoch ohne die Überzeugung von der nichtdiesseitigen Notwendigkeit ihres Handelns. Die Realität ist die Menge einer unendlichen Zahl von Parametern und eine Kulturformation ist ein Filter, durch den nur einige Parameter deutlich zu sehen sind. Die Romantik, der Klassizismus, der Pseudoklassizismus, der Viktorianismus als Puritanismus, sie alle sind Filter, die auf die Wirklichkeit gerichtet sind und die aus den ausgefilterten Parametern – die nach der Selektion verblieben – bestimmte kohärente Systeme von Strukturen des Sein und Sollen schaffen, die an die Schönen Künste, also auch an die Literatur direktivenhaft adressiert sind. Nehmen wir die Parameter einer »Liebesgeschichte«, da wir die Liebe für einen Grundwert halten: wenn wir die irdische Liebe besingen, artikuliert sich das *Sollen*; und das kann »völlig ernst« sein. Nehmen wir aber die Parameter der von Anfang an gegebenen, idealen Erfüllung, dann entsteht ein Märchen, weil der Unterschied zwischen dem Wert des Zieles und seiner Erreichbarkeit einen Teil der normativen Ästhetik bildet; deshalb ist »Tristan und Isolde« noch kein echtes Märchen und bereits kein echter Mythos mehr. Der Wert (der Liebe) ist noch ideal, aber seine Erfüllung ist bereits nichtideal (nichterfüllbar). Die kulturell übergreifenden Werte sind weiterhin irrelativ, doch ihre Ableitbarkeit vom Sein ist bereits in Frage gestellt. Man kann dies auch so ausdrücken: der axiologische Optimismus dauert, doch es gibt bereits keinen Optimismus mehr als Vertrauen, das man in die Ordnung der Welt hat, weil unsere Ansprüche in bezug auf die Ordnung währen, diese aber adäquate Dienste verweigert: hier kommt es zur

Tragödie. (Die Tragödie beginnt sich zu verirdischen; sie wurde gewissermaßen nicht ganz a priori »Dort« verfaßt und dadurch »kann es vielleicht auch nicht zu einer Tragödie kommen«; im griechischen Mythos hingegen war die *Kraft des Schicksals* so stark, daß Ödipus vom Anfang bis zum Ende das tun mußte, was er tat).

Wenn wir die Ordnung nicht nur der Axiologie, sondern auch der Ontologie der Erfüllungen wiederherstellen wollen, dann dürfen wir nicht »Tristan und Isolde« schreiben, sondern ein Märchen. Und wenn wir statt der Filter des axiologisch-moralischen Optimismus nur »empirische« Filter auf unsere Objektive aufsetzen, dann entsteht die Science Fiction. Das bedeutet: im Prinzip ist bereits alles erfahrbar und alles verstehbar, aber nicht mehr. Wir werden das Sein erkennen, aber wir werden nicht die Pflichten erkennen. Das Sein ist als Ordnung einzig; die Pflichten sind im Zustand der Relativierung durch Widersprüche hin- und hergeworfen und zwischen den Ergebnissen des Wissens und dem Wesen der menschlichen Natur eingespannt. Das Sein *existiert* also für die Science Fiction zunächst so wie für die Wissenschaft und die Werte bringen wir in dieses Sein ein. Deshalb bedeutet das Sein »an sich« außerhalb der Sphäre menschlichen Tuns oder des Tuns »anderer Intelligenzen« eigentlich nichts. Es ist offensichtlich, keine schriftstellerische Maßnahme kann die tatsächliche Menge aller Parameter der Wirklichkeit berücksichtigen, weil sie unendlich ist; man kann indes beim Leser eines Werkes den Eindruck wecken, als ob man sie berücksichtigt hätte. Solche Werke nennt man realistisch. In diesem Sinne stellt die wissenschaftliche Phantastik das vor, was beliebig wenig wahrscheinlich, im Prinzip jedoch realisierbar ist; ein Gelehrter könnte aber eine sinnvolle Hypothese aufstellen und sagen, wenn sich der Planet, der angeblich einst zwischen Erde und Mars kreiste, nicht in Einzelteile zersplittert hätte, die als Asteroidengürtel sichtbar sind, dann hätte seine sonnennahe Lage ihn zur Wiege des Lebens in Eiweißformen machen können, vorausgesetzt, dieser Himmelskörper wäre in seiner chemischen Zusammensetzung erde-ähnlich gewesen. Das ist ein hypothetisch berechtigtes »Wenn und Aber«; und mit solch einem, immer kühner werdenden »Wenn und Aber« beschäftigt sich die Science Fiction.

Es bleibt noch zu überlegen, ob die Welten der Phantastik – als empirische Hypothesen betrachtet – etwas bedeuten und wenn ja, dann was. Gegenständlich bedeuten sie nichts, so wie auch die Galaxis nichts bedeutet: sie *ist einfach*. Doch wenn der Mensch sie erobert, wird er in Prozesse und Erscheinungen verwickelt, die seine Ausgangsaxiologie, seine Moral, seine Sitten und seine Begriffswelt einem gewaltigen Druck, einer Distorsion und Veränderungen aussetzen, und im Hinblick auf sie wird seine Tätigkeit etwas bedeuten; als Resultat des Zusammenstoßes mit dem Ungewissen, dem Nichtvorhersehbaren z. B., als Ruine jener festverwurzelten Urteile und neuen Triebe, vielleicht auch als verzweifeltes Beweinen über die Trümmer der Semantik, die dem Maßstab des kosmischen Unternehmens inadäquat und deshalb total zerborsten sind. Allein die Feststellung, an welcher Stelle der »normalen psychozoischen Verteilungskurve« sich die Menschheit im Kosmos befindet, muß doch gewaltige Bedeutung haben. Sind wir wie »Gras des Weltalls«, sind wir ganz gewöhnlicher Durchschnitt oder stellen wir eine Ausnahme dar und wenn ja, dann in welche Richtung, nach Plus oder nach Minus? Vielleicht ist aber die Verteilungskurve nicht in solch einfacher Weise einmodal? Es ist vermutlich deutlich, daß derjenige, der den faktischen Stand der Dinge auf dem Gebiet der erwähnten Problematik aufdeckt, nicht seine eigenen Überzeugungen äußert, sondern nur die empirische Wahrheit zur Kenntnis nimmt. Die Phantastik dagegen vermittelt uns auf diesem Gebiet Hypothesen als Wahrheiten, die zugleich Akte der Wertung, der Wertung unserer Gattung sind; wenn ich nämlich eine Frau finde, die zugleich vollkommen gut, klug und schön ist, dann ist diese Entdekkung eine Feststellung über einen Sachverhalt. Wenn ich jedoch adressenlos sage, daß es solche Frauenzimmer gibt, dann ist meine Behauptung bis zum Beweis ihres Wahrheits- oder Unwahrheitsgehaltes nicht nur eine empirische Hypothese, sondern auch eine Behauptung über die Entstehung der Beziehungen zwischen den verschiedenen physisch-psychischen Merkmalen des Menschen, eine Behauptung, die durch die Feststellung einer bestimmten »axiologischen Kohärenz« selbst einen Wert darstellt (denn wir halten diesen Sachverhalt für irgendwie ideal und vollkommen).

Es könnte jedoch auch so sein, daß die Menschheit in einem »psychozoischen Kontinuum« aller denkenden Wesen des Weltalls überhaupt nicht lokalisierbar ist, z. B. wenn sich herausstellen würde, daß dieses Kontinuum nicht nur vieldimensional ist, sondern auch Dimensionen hat, für die uns jegliche adäquaten Begriffe fehlen, wenn es – angenommen – intelligible Wesen gibt, die durch die Opposition »größer – kleiner« überhaupt nicht zu klassifizieren sind. Solche intelligiblen Wesen sind auf einer einzigen Skala genauso wenig unterbringbar wie Forelle und Kolibri auf einer Skala der »Qualität homöostatischer Lösungen« unterbringbar sind. Wir können aber prinzipiell jeden Sachverhalt, also auch solche *benennen*. Das ist dann jedoch eine Benennung, die nicht die Erkenntnis einer Erscheinungsstruktur ist, sondern nur ein semantisches Ausweichmanöver.

Nehmen wir an, eine Person mit Namen Jan habe eine andere Person mit Namen Peter mit einem Stock durchgeprügelt. Der Satz »Jan schlägt Peter« ist dann das strukturelle Äquivalent zur Struktur der Situation, – sowohl in syntaktischer als auch semantischer Hinsicht bildet dieser Satz das ab, was zwischen Jan und Peter vorging. Nehmen wir ferner an, die von einer galaktischen Expedition heimkehrenden Kosmonauten, die während dieser Expedition den bewohnten Planeten Yleb entdeckten, sagen: »Auf Yleb herrscht das Chaos«. Wir können hier aber keineswegs sicher sein, daß die Struktur dieses Satzes tatsächlich die Struktur der Ereignisse auf jenem Planten abbildet. Wir können wohl mit Sicherheit zwischen dem Zustand, in dem Jan Peter schlägt und dem Zustand, in dem er ihn nicht schlägt, unterscheiden; dagegen ist es uns völlig unbekannt, ob das, was sich für uns wie ein Zivilisationschaos darstellt, nicht doch die Form einer uns unbekannten Ordnung ist. Eine solche Unterscheidung ist daher für die Phantastik außerordentlich bedeutsam. Wie soll man das, was in den Augen eines Erdbewohners das Chaos einer anderen Zivilisation ist, darstellen? Muß man semantisch inkohärente Ereignisse präsentieren? Muß man die Zerstörung der Verdinglichungen durch eine zerstörte Syntax abbilden? Muß man in dem irdischen Verständnis von Ordnung nach rudimentären Analogien suchen? Muß man die Immanenz beschreiben? Oder ihr unsere Klassifikationen überstülpen? Oder die dortigen Begriffe in unsere zu übersetzen versuchen? Oder im Gegenteil, unsere Begriffe – sogar mit Gewalt – nach dem dortigen Muster umarbeiten? Oder soll man Kompromisse schließen? Oder die künftige Korrelierbarkeit beider Welten postulieren oder soll man sich mit Skeptizismus oder Agnostizismus abfinden? Man sieht, es gibt viele Entscheidungen, die man treffen kann, und sie alle präjudizieren das gesamte und das detaillierte Aussehen der Kreation. Was für schwere Probleme! Welche Anforderungen an unseren Verstand! Was für ungeheure Fehler, Irrtümer und Entgleisungen der Bedeutungen, die wie Fallen aufgestellt sind, erwarten den schöpferischen Akt! Was für ein ultimatives Modell des Messens »der semantischen Kräfte an den kosmischen Absichten« ist das! Aber wenn wir so sprechen, dann sprechen wir über eine leider noch nicht geschriebene Phantastik. Es ist indes sichtbar, daß sich der Weg eines solchen Vorgehens in der Phantastik unbedingt gabeln muß. Die Kreation wird gnoseologisch entweder optimistisch oder pessimistisch. Der Optimismus wird zum Beweis der Kongruenz (vielleicht einer evolutionären) unserer Begriffe mit den historisch primären Sachverhalten, z. B. einer entdeckten Zivilisation »Anderer«. Der Pessimismus wird zur ewigen Inadäquanz der Begriffe in bezug auf Neues. Doch diese Inadäquanz selbst wird entweder aufgeklärt oder nicht. Der eine Mensch weiß genau, daß er in den Tintenflecken des Rorschach-Testes in Wirklichkeit keinerlei Gestalten von Tieren, Drachen oder Elfen sieht und er diese Gestalten nur aufgrund einer schwachen und verschwommenen Ähnlichkeit seiner Vorstellungen mit den Fragmenten des Kleckses herbeiruft. Ein anderer Mensch hingegen – besonders ein Kind – ist bereit zuzugestehen, daß es sich dabei um die Gestalten merkwürdiger Wesen handelt, (die nur – sagen wir – verwischt und undeutlich sowie unscharf gemacht wurden.) Beide jedoch zwingen der »Fleckenimmanenz« strukturelle Gestaltungsformen auf, wobei der erste weiß, daß er diese Gestaltungsformen selbst *aufzwingt*, während der zweite glaubt, er habe sie nur *entdeckt*, weil sie dort ja »bereits waren«.

Ein literarisches Werk nun kann ähnlich wirken. Es kann suggerieren, eine kosmische Zivilisation *sei so*, wie die Menschen sie sehen. Es kann aber auch zu verstehen oder zumindest zu vermuten geben, daß diese Zivilisation – genaugenommen – nicht so ist, daß die Menschen sie nicht *an sich* sehen, sondern daß sie nur das zur Kenntnis nehmen, was sie in dieser Zivilisation an ihre eigenen Normen erinnert, und dann – durch die Filter dieser Normen, die die Dinge verzerren – müssen wir eine gewisse Unerklärbarkeit hinnehmen.

Die wissenschaftliche Phantastik kennt – wie gesagt – dieses Problem nicht, und dadurch hat sie es auch nicht zu lösen versucht, doch das Problem existiert auf der nichtphantastischen Ebene der echten, kreativen Novitäten in der Literatur; es existiert nicht als ein Problem, die Kultur »Anderer« zu verstehen, sondern als die Frage, ob ein bestimmter Text eine semantische Immanenz hat, zu der wir – wenn auch unter Anstrengung – vorstoßen können oder ob er diese Immanenz nicht hat und wir als Leser ihm mit Gewalt eine solche Komplexität aufzwingen, da sich der Leser bei der Lektüre konstruktionsmäßig tatsächlich neuer Texte *unbemerkbar* – weil stufenweise – von einem Entdecker von Bedeutungen zu deren Projektant umwandeln kann. Auch die Evolution literarischer Gattungen spielt hierbei ihre Rolle. Wie sich die Sehkraft bei demjenigen verschärft, der sich bereits lange im Halbdunkel aufhält und der das gut erkennen kann, was ein anderer, der aus dem Hellen kommt, überhaupt nicht sieht, so beginnt auch derjenige, der lange in dem semantischen Halbdunkel komplizierter und dunkler Werke verweilte, das deutlicher zu erkennen, was ein darin Unerfahrener im allgemeinen überhaupt nicht erfaßt. Die Grenze, die das Kreieren semantischer Strukturen von chaotischen, d. h. zufälligen Tätigkeiten trennt, ist also verschwommen, und sie kann – gleichsam arglistig – in Richtung auf das Königreich der totalen Unordnung verschoben werden.

Doch diese rein diagnostischen Probleme sind für uns zunächst nicht wichtig, weil die phantastische Literatur nicht bereit ist, ihre eigenen Bedeutungsstrukturen energisch zu verwischen. Ihre Werke haben innere Bedeutungen, die durch den Rahmen der genannten Ontologien gegeben sind; darüber hinaus kommen ihnen komplexe Bedeutungen zu, die extern entstehen – durch die Konfrontation mit der realen Welt, sie entstehen dabei positiv oder negativ, d. h. sowohl entsprechend der Intensität und der Verabsolutierung gewisser Parameter der errichteten Welt als auch entsprechend der Reduzierung der Parameter, die die reale Welt enthält. Übrigens kann man das Bauen zweigleisig vornehmen. So ist es im Märchen: die stochastischen Parameter wurden reduziert, die Parameter des Determinismus hingegen wurden einer »optimistischen Restriktion« unterzogen. Im Märchen geschieht nicht nur nichts zufällig, sondern das, was geschieht, muß noch dazu auf das Gute abzielen (und trotzdem könnte das Universum des Märchens eine Welt des triumphierenden Bösen sein; doch solch eine Möglichkeit gestattet sich manchmal nur die Fantasy.)

Die schriftstellerische Arbeit ist in der Phantastik auf das Schaffen kohärenter Ganzheiten gerichtet; das erklärt, warum es z. B. keine Horror Storys gibt, die sich auf das Aufzeigen von Geheimnissen als extremer statistischer Fluktuationen (wir treffen nur Beinamputierte auf der Straße) beschränken. Entsprechend der Konvention der Fantasy und der Horror Story hat der Leser einen Anspruch auf eine *in einer einzigen ontologischen Ordnung gegebene* Erklärung der Erscheinungen. Die Ordnung kann kontraempirisch sein – so ist es in den Erzählungen über Gespenster – aber es muß *eine* sein. Anderenfalls führt die Ratlosigkeit des Lesers zu einer negativen Bewertung des Werkes: er hält sich für einfach betrogen. Wenn man ungewöhnliche Erscheinungen auf empirische Weise erklärt, dann haben wir Science Fiction vor uns; werden sie »spiritistisch« oder umfassender: kontraempirisch erklärt, dann handelt es sich um eine Horror Story oder eine Fantasy, wobei den Werken »erlaubt« ist, zwischen der Science Fiction und der Fantasy zu oszillieren. Dies ist deshalb erlaubt, weil in der Phantastik – die wissenschaftlich genannt wird – die Hypothesen, auf denen die Werke aufbauen, gewöhnlich wie Gummi sind und sie so lange gezogen werden können, bis sie schließlich den Zustand einer völlig kontraempirischen Phantastizität erreichen. Gewöhnlich sagt man dann nicht: »Das ist Quatsch, das gehört in den Papierkorb«, sondern wir sagen – wenn der Text irgendwelche ästhetischen Werte hat – »Das ist keine Science Fiction, das ist Fantasy«. Die von uns vorgeschlagenen extremen Abweichungen von der Durchschnittsnorm der Erscheinungen dagegen zu zeigen und zu erklären – weder nach dem Science-Fiction-Muster, noch dem Märchen, noch der Horror Story, was bedeutet, alle Konventionen der Phantastik zu zerbrechen, »die ontische Verantwortlichkeit zu verlassen« und sich zu drücken – das eben ist einem Autor nicht erlaubt.

Es ist hingegen erlaubt, die Interpretation eines Werkes zu *duplizieren*. Dann verfügt der Leser über zwei heterogene Ordnungen als Schlüssel, die die Schlösser der Bedeutungen im Text gleichwertig aufschließen. Doch nur ein Schlüssel erschließt ein kohärentes Ganzes, der zweite zerbricht den Text in lose Fragmente, die rein zufällig miteinander verbunden sind. Diese Ungleichgewichtigkeit (hier Zerfall – dort Kohärenz) bewirkt eine Unsicherheit in der Entscheidung des Lesers festzustellen, was geschah und was das bedeutet. Dies führt dann zu einer Kollision in unserem Bewußtsein – zwischen den sich gegenseitig ausschließenden Interpretationen. Für das, was auf der »übernatürlichen«, z. B. der »spiritistischen« Ebene gegeben ist, spricht dessen zwingende Kohärenz, für das, was auf der Ebene der Empirie gegeben ist, spricht der glaubwürdige Charakter und der gesunde Menschenverstand; die Entscheidung für die zweite Ebene jedoch führt zu einem Zerfall des Werkes in nicht zusammenklebbare Stücke. Dafür zwei Beispiele:

1. In der Erzählung »Affenpfoten« von W. W. Jacobs ist eine klassische Märchensituation dargestellt von den drei Wünschen, die man frei äußern darf. Im Märchenmuster dieser Situation gibt es keine Angaben für eine alternative Erklärung der Sache: das, was im Märchen infolge der Äußerung der Wünsche passiert, ist gewiß kontraempirisch (z. B.

wird in einem Märchen der Wunsch geäußert, Wurst zu essen, was zu dem wunderbaren Auftauchen der Wurst führt; infolge des Aussprechens des zweiten Wunsches wächst dem die Wurst aus der Nase, der den ersten Wunsch geäußert hat usw.) Bei Jacobs ist das anders. Zwei alte Leute dürfen drei Wünsche äußern: dafür haben sie ein Amulett in Gestalt einer mumifizierten Affenpfote. Zuerst wünschen sie sich Geld – und bekommen es, doch dies ist die Entschädigung für den Tod des Sohnes, der am folgenden Tag in der Fabrik bei einem Unfall umkommt. Da wünschen sie sich die Rückkehr des Sohnes – und in der dunklen Nacht beginnt jemand an ihre Haustür zu schlagen. Darüber bestürzt, wünschen sie sich jetzt nur, daß der Klopfer an der Tür (der Sohn, der aus dem Grabe wiederkehrte?) verschwindet. Dies geschieht auch. Auf der »spiritistischen« Ebene gibt es keine Widersprüche: die Affenpfote erfüllte als »magisch wirkliches« Objekt die Wünsche, wenn auch höhnisch: das Eintreffen des Geldes verband sie mit dem Tod des Sohnes der greisen Leute; der Sohn kehrte zurück, aber als ein jenseitiges Gespenst usw. Auf der empirischen Ebene, die auch denkbar ist, sieht die Interpretation ganz anders aus: das Amulett ist nichts weiter als ein einfacher Gegenstand, der Sohn kommt durch einen reinen Zufall um, auch die Tatsache, daß jemand nach der Äußerung des zweiten Wunsches nachts an die Tür schlug und dann wegging, ist ganz zufällig. Erklärt man aber die Sache so, dann verliert die Erzählung ihre Kohärenz und wird nur zu einer *zufälligen* Serie kausal nichtzusammenhängender Erscheinungen. Solch eine Serie besitzt keine zusammenhängende Bedeutung.

2. Wenn wir annehmen, daß der Teufel im »Doktor Faustus« von Thomas Mann nur ein Gespinst des kranken Gehirns des Adrian Leverkühn ist und nicht ein Bote der Hölle, dann zerfällt das Werk in zufällig miteinander verknüpfte Fragmente. Der Arzt, der den Komponisten von der Syphilis heilen sollte, stirbt, weil der blinde Zufall es so will; der kleine Junge, den Leverkühn geliebt hat, stirbt ebenfalls durch Zufall an einer Gehirnhautentzündung und nicht deshalb, weil Leverkühn wegen dieses Gefühls die Bedingungen des mit der Hölle geschlossenen Kontraktes brach; der Kom-

ponist hatte seine Seele nie verkauft, also stellt sein Wahnsinn auch keine Strafe dar, sondern ist eine erneute Akzidentalität. Wie wir sehen, ist auch hier eine Ablehnung, die Ereignisse transzendental zu erklären, zulässig, aber sie bewirkt den Zerfall der belletristischen Materie.

Solch eine doppelt interpretierbare Komposition eines Werkes kommt durch das Aufhängen eines Gewichtes mit positivem Wert – auf der Seite der »spiritistischen« Interpretation –, das zu einer *kohärenten Ordnung* des Werkes führt, und durch das Aufhängen eines Gewichtes mit positivem Wert auf der Seite der empirischen Interpretation, das die Ereignise des Werkes für den gesunden Menschenverstand glaubhaft macht, zustande. Solch ein »ontologisch hermaphroditisches« Werk sagt dem Leser gleichsam: »Mach, wie du denkst: entweder entscheidest du dich für die phantastische Interpretation und dann bin ich für dich ein kohärentes Ganzes oder – wenn du ein hartnäckiger Empiriker bist, dann werde ich dir auch einen Sinn vermitteln, aber nur als eine Serie kausal nicht verbundener Erscheinungen«. Denn solch ein Werk siedelt auf perverse Weise die kausalen Verbindungen seiner Geschehnisse im Bereich der Transzendenz an: wollen wir die Kausalität in den Griff kriegen, dann erweist sich diese Transaktion als bedingt, und wir müssen auch die Transzendenz schlucken. Stimmen wir der Transzendenz nicht zu, fehlt uns der Zugang zu den Gliedern der Kausalkette, und die ganze Sache zersplittert sich. Aufgrund dieser Alternative herrscht auf der einen Seite zwar eine tadellose, aber wenig wahrscheinliche Ordnung, auf der anderen Seite dagegen eine Nicht-Ordnung, dafür aber eine glaubwürdige. In unserem Kopf kämpft dann weniger die Empirie mit irgendeinem Idealismus um den ersten Platz, als einfach das ästhetische Gefühl gleichsam mit dem gesunden Menschenverstand, sobald das, was ästhetisch ist, zugleich weniger wahrscheinlich oder sogar unglaubwürdig ist.

Wir bringen diese allgemeinen Betrachtungen über phantastische Ontologien zum Abschluß und kennen damit bereits ihre gegenseitigen Relationen. Wir wissen nämlich, welchen transformatorischen Operationen das klassische Märchen unterzogen werden muß, um zu einer Fantasy zu werden, und wir wissen, was man in einer Fantasy transformieren muß, damit sie zu einer Science-Fiction-Geschichte wird und wie man in umgekehrter Richtung verfahren muß. Wir wissen ebenfalls, daß es sich hierbei nicht um einzelne, sondern um komplexe Gruppen von Transformationen handelt, weil nur durch Gruppentransformationen die Ontologien des einen Typs in einen anderen Typ umwandelbar sind. Man muß nämlich die Attribute der Objekte sowie der interkasuellen Verbindungen gleichzeitig umgestalten, um z. B. ein Märchen zu einer Science-Fiction-Geschichte umzubilden. Die Tatsache, daß viele wissenschaftlich-phantastischen Erzählungen im Grunde genommen Märchen sind, die sich für Science-Fiction-Geschichten ausgeben, kommt einer Fälschung gleich, weil hier das miserable Falsifikat eines weniger »gängigen« Produktes unter die verkäuflicheren untergeschoben wird. Doch darüber werden wir noch gesondert sprechen.

Es ist zu beachten, daß sich die Nomenklatur der Genealogie nicht mit unserer Nomenklatur deckt. Obgleich allgemein bekannt ist, daß die Struktur des Kriminalromans, die ideal deduktiv ist, keine realistische Struktur darstellt, werden »Krimis« landläufig deshalb dennoch nicht für phantastisch gehalten. »Im Grunde genommen« sind sie aber phantastisch, weil in ihrer Welt ein optimistischer Determinismus herrscht (der – zugegeben – *gnoseologisch* und nicht – wie im Märchen – *moralisch* ist.) In einem Märchen muß das Gute das Böse überwinden, es ist – entsprechend dem gegebenen ontologischen Prinzip – sichtlich stärker. In einem Kriminalroman muß der Täter überführt und der Verlauf des Verbrechens rekonstruiert werden, weil der Detektiv einen derart präzisen Verstand – als Rekonstrukteur des faktischen Verlaufes der Ereignisse (d. h. des Verbrechens) besitzt. Eine Kreuzung der Fabel des Kriminalromans mit der einer Science-Fiction-Geschichte ist möglich, eine Kreuzung der Fabel des Märchens als Fantasy hingegen mit der des Kriminalromans ist praktisch unmöglich: denn wenn ein Verbrecher Wunder vollbringen kann, dann werden wahrscheinlich auch die Kontrawunder des Detektivs wirksam werden; solch ein Gag aber macht einem kausalen regressus ad infinitum Platz. Ein Kriminalroman, der mit Wundern operiert, ist eher eine nicht genutzte, parodistische Chance, weil eine – manichäisch interpretierte – Genesis gerade so aussehen könnte.

Man könnte auch sagen, der Kriminalroman verkörpere mit seiner Welt einen mechanistischen Determinismus: so wie der Dämon des Laplace den Verlauf aller Ereignisse aus deren aktueller Verteilung ablesen konnte, so vermag der Detektiv aus den Charakteristika der erhaltenen Spuren des Verbrechens darauf zu schließen, wer, wie, wann und wo das Verbrechen beging.

Die Umwandlung einer Fantasy in eine Science-Fiction-Geschichte beruht auf der »Empirisierung« der Wunder. Dann kommt es dazu, daß ein Teppich fliegt, nicht weil er magisch ist, sondern weil er antigravitative oder andere Mikroaggregate eingebaut hat. Und Pflanzen verfolgen dann Kosmonauten, weil »die Bioevolution auf diesem Planeten so verlief«. Doch solche Änderungen stellen nur den ersten Schritt dar: es genügt nicht, Koordinatoren statt Könige und Programmierer statt Zauberer einzuführen, denn dies sind nur lokale Transformationen; diese müssen von komplexen Veränderungen der Struktur der Ereignisse begleitet werden.

Ein klassisches Märchen also – wenn es in seiner Unantastbarkeit des Guten bereits angefault ist – verwandelt sich in eine Fantasy und eine Fantasy kann – dank entsprechender Transformationen – in eine Science-Fiction-Geschichte umgeformt werden. Es ist jedoch besser, wenn die wissenschaftliche Phantastik das Resultat von Transformationen darstellt, denen die reale Welt und nicht die Märchenwelt unterzogen wurde. Hier liegt übrigens die größte Schwierigkeit solcher Kreationen, weil auf die Autoren immer ein leichtmöglicher Ausrutscher in die vorgegebenen Strukturen des Märchens, der Horror Story oder der Fantasy lauert. Übrigens ist das Bemühen, neue Strukturen als komplexe Formen für große semantische Systeme zu finden, für jede ehrgeizige Kreation und nicht nur für die Science Fiction spezifisch. Es bleibt noch zu erwähnen, welche Transformationen des Materials prinzipiell nicht erlaubt sind. Über dem Reich der Literatur wölbt sich – wie der Himmel über der Erde – ein Gesetz, daß kein Schriftsteller zu verletzen wagt: aufgrund dieses Gesetzes gilt bis zum Ende eines Werkes genau dieselbe Konvention, in der das Werk begonnen wurde. Man kann dieses Gesetz – nach Belieben – ein Gesetz der Stabilisierung der Eröffnungsontologie nennen oder auch ein Prinzip der Invarianz der Regeln des literarischen Spiels, zu dem der Autor den Leser einlädt. So wie es keine Schachspiele gibt, die im Laufe des Spiels zu Damespielen und schließlich zu Knöpfespielen werden, ebenso gibt es keine Texte, die als Märchen beginnen und als realistische Erzählungen enden. Werke, die mit solchen Gradienten der Veränderlichkeit behaftet sind, können höchstens als Parodien mit gnoseologischer Adresse erscheinen, z. B. als Geschichte von einer Waise, die einen Schatz findet, aber ins Gefängnis kommt, weil dieser unecht ist (wie früher beschrieben) oder als Erzählung über eine schlafende Prinzessin, die von einem Ritter geweckt wird, der sie dann – als getarnter Kuppler – in ein Bordell bringt. (Solche »Antimärchen« schrieb z. B. Mark Twain.) Solche Schöpfungen ernsthaft zu kultivieren, ist jedoch unmöglich: es wird also keinen Kriminalroman geben, in dem der Verbrecher nicht durch einen Detektiv, sondern durch einen Drachen überführt wird; desgleichen gibt es keine epischen Werke, in denen die Helden zuerst Butterbrote essen und das Haus durch Türen verlassen und später die Räume durch die Wände verlassen können, um Manna vom Himmel zu speisen. Wie in allen Kulturkreisen das Verbot der Blutschande das gewichtigste Verbot ist, so ist für alle literarischen Arten der »ontische Inzest« ein Tabu – als eine Transformation des Verlaufes der Ereignisse, die in ihren Dimensionen den Rahmen der zu Beginn festgelegten Ontologie (empirisch, »spiritistisch«, »spiritualistisch« usw.) überschreitet. Alle Autoren wissen ganz intuitiv, daß man sich nicht so verhalten darf, doch in der Praxis passieren ihnen schon manchmal solche »ontischen Schwankungen«. Am häufigsten offenbart sich dieser Kollaps als eine Veränderung in der Verteilung der Wahrscheinlichkeit der Ereignisse; z. B. wird der Held zuerst durch empirisch noch glaubhafte Koinzidenzien aus der Klemme befreit, doch später werden diese immer wunderbarer; das Postulat der Empirie wurde formal nicht verletzt, doch es wurde durch die Handlungen des Autors faktisch unterhöhlt. Im Bereich des Verismus der Ereignisse »rutscht« die Aktion noch am leichtesten auf die außerempirische Seite, dort, wo die Erzählung auf dem Feld von Ereignissen angesiedelt ist, die aus der Erfahrung weder dem Autor noch dem Leser bekannt sind (und gerade das ist für die Science Fiction typisch). Es ist schwer, einen »Inzest« nachzuweisen, sobald uns die Intuition – als Kriterium für die Glaubwürdigkeit des Geschehens – fehlt. Anders ist es – vermutlich, – wenn der Autor die Aktion in einem Milieu ansiedelt, das der Leser besser kennt als der Autor; z. B. wenn der Autor die deutsche Okkupation beschreibt, ohne sie selbst erlebt zu haben, der Leser aber, der diese Erfahrung hat, auf eine unabsichtlich entstandene Antiverität, d. h. eine totale Unwahrscheinlichkeit der Aktion stößt.

Kein Autor verletzt die Verbote des »ontischen Inzestes« total und bewußt; doch es ist festzustellen, daß die Trends der zeitgenössischen erzählerischen Evolution sichtlich spürbar jenes »Tabu« korridieren; denn heute sind bereits Bücher denkbar, in denen Hänsel und Gretel ein Hippiepaar abgeben; Bücher, in denen die letzten zwei Menschen, die nach einem dritten Weltkrieg auf der Erde übrigbleiben, nicht ein Adam und eine Eva eines neuen Geschlechtes sind, sondern ein Homosexuellenpaar; Bücher, in denen der Robinson Crusoe neuen Typs sich als ein in jeder Hinsicht vollkommen autarker Hermaphrodit herausstellt oder Gedichte, die langsam in gewöhnliche Prosa übergehen und in einem totalen paralogischen und parataktischen Stammeln enden. Solche Werke jedoch sperren sich nicht gegen die reale Welt, und ihre wichtigsten semantischen Relationen sind nicht mit dieser verbunden: Texte dieses Typs sind Oppositionen, Transformationen oder Mutationen rein literarischer, kunstinterner Paradigmata, und in diesem Sinne sind sie sekundär; denn nicht die reale Welt ist das Hauptobjekt ihres Interesses und ihres Angriffes, sondern die Welt literarischer, bisher sakraler Werke, die Welt der künstlerischen und kulturellen Paradigmatik also ist es, die sie sadistisch oder auch parodistisch verwandeln und erodieren. Aber um solch einem Angriff, solch einer Aggressivität würdig zu sein, muß einer literarischen Gattung erst ein Indigenat zuteil werden, muß sie in den Olymp der Kultur aufgenommen werden und die für sie spezifischen Strukturen der Erzählung und der semantischen Konstruktion müssen zu einem zivilisatorischen Gemeingut geworden sein. Eigentlich keine phantastische Gattung hat sich diese Adelsinsignien erworben, folglich werden diese Gattungen manchmal ausgelacht oder karikiert, aber sie sind nie die Basis für gleichzeitig ikonoklastische, mutativ-parodistische und kreative Tätigkeiten, zu denen der klassische Roman – allein durch die Tatsache, daß er diese reinen Tugenden besitzt – den Antiroman provoziert hat. Die Frage, ob der Antiroman tatsächlich eine genealogische Blutschande ist, liegt außerhalb der Grenzen unseres jetzigen Interesses: die Erörterung dieser Frage würde mehr Platz in Anspruch nehmen als uns zur Verfügung steht. Deshalb sei nur die Bemerkung erlaubt, daß spezielle Erscheinungen der gegenwärtigen literarischen Entwicklung oft eine intergattungsmäßige Hybridisierung sind, die – obwohl noch keine ontische Blutschande – dennoch auf diese – als einer ekelhaften Grenze – hinzielen, besonders wenn man an solche Kreuzungen denkt, in denen jede Ordnung einer Auflösung in semantisch trübe, in stochastische Erscheinungen unterzogen wird.

Die Epistemologie der Phantastik

Einleitung

Epistemologie ist Erkenntnistheorie, und die Phantastik kann ihr auf vielerlei Art zustatten kommen. Doch ein entsprechender Katalog wäre wegen seines zu allgemeinen Charakters unfruchtbar; eine Kritik desinformierender Formen liegt außerhalb der praktischen Möglichkeiten, darüber hinaus ist das Hersagen einer Litanei von Entstellungen eine deprimierende Tätigkeit. Ich habe mich daher entschlossen, mich nur auf eine Frage zu konzentrieren, allerdings mit der Einschränkung, mir das Recht auf Divergationen vorzubehalten. Die Ausführungen nähern sich mit diesem Kapitel am meisten dem der Phantastik benachbarten, ihr wohl in der Richtung, aber nicht im System ähnlichen Gebiet, und zwar dem der Futurologie. Übrigens verlangt dieses Buch schon durch den Titel ein Überfliegen des benachbarten Territoriums. Wir tun dies mit der Frage, ob und in welcher Weise die SF auf eine Allianz mit der Futurologie, auf ihre Patenschaft und ihre Hilfe sowie ihre inspirative Unterstützung rechnen kann. Hilfe, Patenschaft und Inspiration nennt man den Akt der Übernahme bestimmter Muster, die Paradigmata genannt werden. Deshalb einige Worte über die Beschaffenheit dieses Aktes. Die Futurologie selbst können wir in blitzschneller und zugleich kritischer Verkürzung besprechen, indem wir uns nicht auf ihre *Inhalte* konzentrieren, sondern darauf, auf welche Weise sie zu diesen Inhalten gelangt, das heißt, woher sie ihre Informationen über die Zukunft nimmt.

Außer methodischen und dadurch metafuturologischen Anmerkungen wird es Ausführungen zur Ethik geben, weil die moderne Ethik mit der gnoseologischen Problematik verknüpft ist (oder besser umgekehrt: die Erkenntnis wird mit ethischen Ausrufezeichen versehen, die vor der Nichtneutralität derselben gegenüber dem gemeinsamen Schicksal warnen).

Die Erkenntnis – als eine Komponente, als ein Faktor

oder sogar als das Hauptziel der SF – beschränkt sich sicher nicht nur auf die Prognostik. Trotzdem werden wir die nichtprognostischen Fragen fast vollständig übergehen. Anderenfalls würde sich dieses Kapitel in eine Enzyklopädie zersplittern. Wir werden, obwohl selten, zeigen, daß sich die SF manchmal mit der Futurologie messen oder sich in ihren Voraussagen sogar wirksamer als jene erweisen kann. Von politisch-militärischen Prognosen werden wir mit einem Sprung zum anderen Ende der Skala von Prognosen übergehen, nämlich zu der hypothetischen Technologie der Ersatzwelt-Schaffung, die Phantomatik genannt wird. Denn diese hat ungeheure erkenntnistheoretische Konsequenzen. In der dort lokal entstandenen Nische werden wir (obwohl fragmentarisch) die Werke von P. K. Dick – die der »Weltschaffung« zugerechnet werden – besprechen. Eigentlich gehört das Werk von Dick überhaupt nicht in dieses Kapitel, obwohl hierher vielleicht eher als in jedes andere. Aber das Prinzip des Hineinpressens von zu besprechenden Werken in kalibrierte Löcher eines Klassifikationssystems muß seine vernünftigen Grenzen haben: anderenfalls würde dieses Buch zu einem Prokrustesbett für Autoren. Wir beschließen dann das Kapitel mit einer optimistischen Skizze einiger neuer Paradigmata, die als Beweis dafür herangezogen werden, daß die Spielarten der Phantasie sowie die Spielräume der kreativen Möglichkeiten noch nicht völlig exploitiert sind.

1. Blick auf die Welt

Was hat sich in den letzten 25 Jahren am meisten verändert? Die Weltkarte – durch das Entstehen der dritten Welt? Die Menschheit – durch ihre Verdoppelung? Die Technologie – durch ihre brisanten Umwälzungen? Die Politik – durch den Wettlauf der Mächte? Die Expansion des Menschen – durch die Landungen auf Planeten?

Ohne Zweifel, diese Veränderungen waren gigantisch. Doch am meisten hat sich unser Verhältnis zur Geschichte geändert. Seit Urzeiten galt die Geschichte als ein Element, das nicht gelenkt werden kann: wohl fehlte es nicht an Versuchen, die säkularen Ereignisse zu steuern, doch diese Versuche verliefen nach einer gewissen Zeit wieder im Sande. Die Idee von der globalen Steuerung des Schicksals der ganzen Menschheit war für Politiker und Historiker entweder eine Utopie oder ein Projekt, das in eine ungewisse Zukunft gehört. Weil die Zukunft für unergründlich galt, hat die Absicht, sie vorherzusagen – noch dazu weit vorauseilend – nie an Entscheidungen von Regierungsmaßstab teilgehabt: weder Historiker noch Politiker noch Wissenschaftler hatten je ernsthaft überlegt, was sich in fünfzig Jahren, geschweige denn, was sich in hundert Jahren konkret ereignen könnte. Horoskope, Prophetie und Voraussagen waren die Domäne von Träumern und Sonderlingen, die ihre Elaborate in völliger Abgeschiedenheit hervorbrachten. Die Gelehrtengremien hatten sich nie mit etwas derart vom Leben Getrennten beschäftigt. Sich auf die Phantasie und die Erfindungsgabe von Utopisten oder Visionären zu berufen, war niemals eine reale Alternative für irgendeine Macht: ein solcher Plan wäre ausgelacht worden, weil die Vorhersage der Zukunft gleichbedeutend war mit Weissagung aus Sternen, Innereien und Kaffeesatz oder mit Phantasieträumen, sie befand sich also immer auf dem entgegengesetzten Ende politischer Tätigkeit, die – in Übereinstimmung mit der gebräuchlichen Definition – die Erreichung des aktuell Möglichen beinhaltet.

Deshalb ist die Wende, die in den Beziehungen zwischen den Erdbewohnern und der Vorhersage der Geschichte eintrat, präzedenzlos. Es gab keine Entstehung, sondern eine Explosion der Futurologie; ihr vielleicht zentralster Begriff ist der zivilisatorische Scheideweg. Trotz anhaltender widersprüchlicher staatlicher und sozialer Interessen darf eine völlige Spontaneität der Geschichte nicht weiter andauern. Die Anwendung globaler Regulierungen im Weltmaßstab ist unvermeidlich, obwohl wir sie noch nicht verwirklichen können. Noch nie wurde der Widerspruch zwischen dem politisch Durchführbaren und dem als unbedingt lebensnotwendig Erachteten in solchem Maße offenbar. Wir können nicht, dennoch müssen wir; wir sind unvorbereitet, aber gleichzeitig werden wir unablässig gedrängt; der Vollzug einer globalen Regulierung kann nicht auf unbestimmte Zeit verschoben, kann nicht in die unbekannte Epoche einer harmonischen Gemeinschaft aller Nationen verlegt werden. Wir werden die Welt wahrscheinlich nicht einigen; also müssen wir sie als ungeeinigte lenken. Doch woher kommen jene Befehle mit ihrer Apodiktik? Vielleicht sind sie nur ein weiteres Glied in der Kette jener Illusionen, der die Menschheit schon mehr als einmal zum Opfer fiel? Vielleicht sind sie nur ein Hirngespinst irgendwelcher besonders lauter Utopisten?

Nein, so ist es nicht. Die sechstausend Jahre stehenden Wassers der Geschichte gerieten unbemerkt in Bewegung; und als diese Bewegung wahrgenommen wurde, war sie schon zu einem unaufhaltsamen Strom geworden. Die politische Zukunft der Welt ist noch voller Ungewißheiten, ihre zivilisatorische Zukunft aber hat schon einen genauen Gradienten: das ist die Beschleunigung, die sich entlang der Achse der Kolonne aller Nationen erstreckt. Wir wissen bereits, daß nichts, es sei denn eine Katastrophe, diese Beschleunigung plötzlich aufhalten kann, doch die Chancen für einen »zentralen« Krieg (d. h. einen Zusammenprall der Mächte – so die Terminologie der Strategen) sind heute geringer als vor einem Vierteljahrhundert. Wenn wir sagen, daß diese Bewegung irreversibel ist, dann beziehen wir in unsere Überlegungen vor allem den Umstand mit ein, daß andere Entwicklungsrichtungen außer der technologischen – wenn solche irgendwann existierten – als Alternative schon nicht mehr in Frage kommen. Die von dem Strom mitgerissene Menschheit hat dies zunächst nicht registriert. Dieses Phänomen hat kein bestimmtes Anfangsdatum, die Ereignisse sind der Diagnose zuvorgekommen.

In diesen Worten liegt nicht die geringste Spur einer Übertreibung. Die Angaben, die für das Ende dieses Jahrhunderts eine Gesamtbevölkerung von über sechs Milliarden voraussagen, sind schon in den 50er Jahren gemacht worden. Das Bewußtsein der wissenschaftlichen Kreise – damals gleichsam vom atomaren Schock gelähmt – ist daran gleichgültig vorbeigegangen. Die Statistiken der energetischen und urbanistischen Wachstumsraten sowie des Produktionszuwachses waren noch früher bekannt. Daß die Erde eine Kugel ist und deshalb eine begrenzte Oberfläche hat, lernen die Kinder in der Schule. Die Fakten sind geblieben, ihre Zuwachsraten waren prinzipiell nicht anders als früher – bis sie die Schwelle zur Aufmerksamkeit überschritten, und Begriffe auftauchten wie: »Bevölkerungsexplosion«, »ökologischer Kollaps«, »energetische Barrieren«, »technologische Lücken«, »Rohstoffkrisen«, »Informationssprünge« usw. Was bisher einzelne Fachgebiete registrierten, hat sich gleichsam mit einem Schlag auf den Gesamtkomplex fokussiert – doch kam dieser Gesamtkomplex wirklich unerwartet? 1962 habe ich geschrieben: »Wer bewegt wen? Bewegt die Technologie uns oder wir sie? Führt sie uns, wohin sie will, und sei es ins Verderben, oder können wir sie zwingen, sich unseren Bestrebungen zu fügen? Was aber bestimmt diese Bestrebungen, wenn nicht das technologische Denken? Ist das Verhältnis ›Menschheit – Technologie‹ immer dasselbe, oder ändert es sich historisch? Wenn ja, welche Richtung schlägt diese unbekannte Größe ein? Wer wird die Überlegenheit, den strategischen Spielraum für das Zivilisationsmanöver erringen: die Menschheit, die aus dem Arsenal der ihr verfügbaren technologischen Mittel nach freiem Belieben auswählt, oder die Technologie, die den Prozeß der Entvölkerung ihres Herrschaftsbereichs mit der Automatisierung krönt?« (»Summa technologiae«, 1963, S. 19. dt. Übersetzung 1977, S. 22/23)

Ich gestehe ein – und dies gehört zur Sache –, daß ich futurologische Bücher heute mit gemischten Gefühlen lese: denn bei der Lektüre von Autoren wie A. Toffler, Gordon R. Taylor oder J. Fourastier ist der Eindruck bisweilen unwiderlegbar, daß ich auf Fragmente aus meiner »Summa technologiae« stoße. Ich hatte die »Summa« geschrieben, ohne Echo und Widerhall zu finden, da es zu früh war. Doch innerhalb eines Jahrzehnts wurde ich eingeholt. Ich spreche von gemischten Gefühlen, weil es einerseits wenig angenehm ist, in fremden Büchern eigene Konzeptionen zu finden (sie wurden unabhängig von mir formuliert, und von einem Plagiat kann keine Rede sein); gleichzeitig aber tut solche Parallelität der Gedanken wohl, denn sie ist ein Zeichen für

Glaubwürdigkeit: es ging um Antizipationen, nicht um Hirngespinste. Heute, um 10 Jahre klüger, sehe ich das, was sich damals kaum abzeichnete, deutlicher. Man konnte in jener Zeit noch glauben, daß nicht alle Nationen der Erde die Katarakte der Technologie durcheilen müßten; ein eigener, mehr idyllischer, weniger schroffer Weg schien *die* Chance für die nachhinkenden Nationen zu sein. Doch das ist vorbei. Es gibt keinen zweiten Weg: denn man kann nicht auf das Einholen der zivilisatorischen Spitze verzichten. Warum eigentlich? Was für ein geschichtlicher Fatalismus ist das?

Das ist kein Fatalismus, das ist das Gesetz der Systemdynamik. Die Welt ist bereits zu einer Einheit geworden, und nichts – außer einem selbstmörderischen Kataklysmus – kann das ändern. Die Welt ist eine Einheit, weil das Anwachsen der Bevölkerung und der Technologie sie zu einem geschlossenen System gemacht hat. Sie ist eine Einheit, weil ihr Vorrat an Luft, Wasser, Waren und vor allem an Raum begrenzt ist. Sie ist eine Einheit, weil es für sie keine Rückkehr in die vorwissenschaftliche Epoche gibt. Sie ist eine Einheit, weil die Wissenschaft eine Einheit ist. Weil die dritte Welt bereits zu begreifen beginnt, daß die Reichen auf ihre Kosten leben, selbst wenn sie sie nicht direkt exploitieren. Die Welt wird mit jedem Jahr »immer mehr zu einer Einheit«, weil all ihre Dimensionen sich verringern. Die Zeitdimension: denn man kann im Bruchteil einer Stunde jeden beliebigen Punkt der Erde paralysieren oder erreichen. Die Wirkungsdimension: denn die chinesischen oder französischen Atombombenversuche verändern genauso wie die Emissionen der Industrie anderer Kontinente die Zusammensetzung der Luft, die wir atmen. Die politische: weil heute »lokale« Kriege alle angehen – aus praktischen und nicht nur aus ethischen Gründen. Von einer gewissen Leistungsschwelle an, hören alle Tätigkeiten auf, »rein lokal« zu sein.

Die Welt verkoppelt sich zu einem Aggregat – und nicht nur dort und dann, wenn dies von uns beabsichtigt ist. Wir sind wie Alpinisten an einem Seil – auf Tod und Leben miteinander verbunden. Milliarden Menschen wissen noch nichts davon: fast die Hälfte der Menschheit besteht aus Analphabeten. Millionen glauben nicht daran: aus Selbstschutz, weil solch ein Wissen nicht beruhigt. Es schafft Asyle ab und ist zudem beängstigend. Die Welt ist eine Einheit, aber ihre Risse vertiefen sich. Politisch ist sie schon längst auseinandergebrochen, doch dank der Konsolidierungsprozesse kam es zu einer Polarisierung der Macht in den Globalstaaten. Heute treten erste zivilisatorische Risse auf. Deren Linien beginnen sichtbar zu werden: noch ist dieser Prozeß reversibel. Doch das kommende Jahrzehnt wird das präjudizieren, was die ferne Zukunft fixiert – sogar über die Jahrhundertwende hinaus.

Die Welt wird also »immer mehr zu einer Einheit« und zugleich »kann sie es immer weniger sein«. Deshalb beginnt das Manövrierfeld – über das ich 1962 schrieb – zu schrumpfen. Diesen Sachverhalt spiegelt die Futurologie in den ihr eigenen Widersprüchen wider: denn was sie der Welt real vorschlagen kann, ist unbefriedigend, und was befriedigend wäre, ist nicht real. Deshalb befinden sich Futurologie und Welt in einer Übergangsphase. Die zivilisatorischen Bifurkationstendenzen haben ihren Höhepunkt noch nicht erreicht. Die Würfel werden in den achtziger Jahren fallen.

Woher diese Entschiedenheit? Was eigentlich muß sich in naher Zukunft unabdingbar ereignen? Ich sage nicht, daß irgendwelche Katastrophen unverzüglich eintreten müssen. Es wird sich indes herausstellen, ob der zivilisatorische Aufmarsch dauern wird oder aber einer Regression unterliegt. Die Kolonne vergrößert sich heute schneller als vor zehn Jahren. Das weitere Anwachsen der Distanz zwischen Vorhut und Nachhut belegt die Vergrößerung der interzivilisatorischen Diskrepanz.

Also gut: es kann sein, daß die Nachhut noch mehr zurückfällt, weil deren Bevölkerungsanstieg, welcher der größte der Welt ist, den ökonomischen Zuwachs verbraucht. Es kann sein, daß die Reservetruppen nicht mit den ökonomischen Zuwachsraten der Vorhut Schritt halten können. Aber allein die Extension der raupenartigen Kolonne der irdischen Staaten – die ein Indikator relativer Rückständigkeit ist –, auf die Skala wirtschaftlicher Bewertungen entscheidet doch noch nichts in endgültiger Weise.

Nun, gerade das kann über den Gesamtkomplex entscheiden. Lebensmittel-, Bevölkerungs- und Industriepotential befinden sich in einem gegenseitigen Wettlauf. Gleichzeitig läuft von der Vorhut der Kolonne eine Welle von Mustern des Warentausches und von Innovationen zu deren Ende. Die Reichen kaufen die Naturschätze der Armen. Die Distribution der Naturschätze ist eine Lotterie: denn es hängt vom Zufall ab, welche Staaten auf ihren Territorien Vorkommen an gefragten Rohstoffen haben. Wer für seine Rohstoffe genug bekommt, um sich vorwärtsentwickeln und das Tempo halten zu können, der vermag die Distanz zur Vorhut konstant zu halten. Wer weniger erhält, nimmt einen Ausverkauf vor – und fällt allmählich zurück. So ist es heute. Doch außerhalb der Übergangszone mehren sich die kritischen Schwellen. Jede von ihnen erweist sich als ein Filter zivilisatorischen Ausfalls. Wer hinter die Schwelle zurückfällt, kann sich nicht mehr erheben: die Raupe des Fortschritts zergliedert sich. Das hat mit dem Malthusianismus nicht viel gemein. Norbert Wiener schrieb einmal, daß der Mensch, der auf dem Arbeitsmarkt mit Automaten konkurrieren will, auf die Bedingungen einer Sklavenbezahlung eingehen muß; denn solch einen Status hat der Automat im Produktionsprozeß. Aber das ist ein innergesellschaftlicher Aspekt der Automation. Zwischenstaatlich sieht das ganz anders aus. Hinter der Automationsschwelle bleibt sogar die Bereitschaft zu Sklavenarbeit wertlos, weil die Automaten hier nicht mehr zu substituieren sind. Selbst Armeen von Rechengenies können die Computer der Verwaltung und Planung nicht ersetzen. Kein Handwerker kann Polymere, monokristalline elektronische Module oder polymere Fasern herstellen. Kein Arzt wird mit dem Verbundnetz der diagnostischen und therapeutischen Automatik in Konkurrenz treten können. Wer also nicht über die Schwelle kommt, wird mit jedem Jahr in der Produktionsweise, in der Ausbildung, Verwaltung und Medizin immer archaischer. Wer auf der Stelle tritt oder die Minimalgeschwindigkeit des Fortschritts nicht halten kann, der fällt aus dem Welthandel aus. Er wird seine Rohstoffe so lange ausverkaufen, bis deren Substanz verbraucht ist; denn die Naturschätze sind nicht reproduzierbar. Man muß also Innovationen importieren – wenn man sie nicht herstellt. Die Prognosen prophezeien z.B. eine baldige Erschöpfung der Erdöllager in Kuweit. Je schneller der Export wächst, um so größer kann *zeitweilig* der Wohlstand sein. Doch der Import von Technologien verlangt große Mittel und bedroht zudem die Arbeitsplätze. Es ist möglich, daß zwei Weltmärkte und zwei Wirtschaftssysteme entstehen: für Reiche und für Arme. Große soziale Umwälzungen bahnen sich an; zwei Welten sind im Entstehen, jede mit anderen Problemen. Nach der Bifurkation des Austausches von materiellen Gütern werden die Begriffswelten definitiv auseinanderfallen. Der Computer aus der Verwaltung, der Planung, der Medizin wird auch zum Lehrer. Das Eindringen des Computers in immer neue Lebensbereiche schafft neue technologische Schwellen. Bisher waren die ökonomischen Diskrepanzen – in der gesamten Kolonne der Nationen – noch – mehr oder weniger – symmetrisch. Wenn jedoch der Körper der »Raupe« an einer Stelle dünner zu werden beginnt, wenn bei einer sinnfälligen Aufstellung der Nationaleinkommen »Glatzen«, leere – von niemandem besetzte – Stellen zutage treten, dann wird dies der Anfang einer endgültigen Spaltung der Kolonne sein. Was wird dann geschehen – in solch einer Welt? Die Beschränkung der Armen auf eine innovativ eingefrorene Wirtschaft muß auf lange Sicht zu einer Tragödie werden. Die Reichen werden ihre Weigerung zu helfen rationalisieren: man kann Millionen, sogar Hundert Millionen helfen, aber nicht Milliarden.

Was wird in solch einer Welt mit der Futurologie? Ihre Internationalisierung wird sich als eine vertane Chance erweisen. Staatlich »eingekapselt«, wird sie sich in lokale Futurologien und »Konterfuturologien« vervielfältigen. Sie wird nicht Radar noch Ruder der Menschheit, sondern eine neue informatorische Waffe streitender Parteien werden. Zwei Tendenzen sind gegenwärtig in der Futurologie sichtbar: eine universalistische und eine separatistische. Den Universalismus lehren eher nicht institutionalisierte futurologische Schulen, den Isolationismus dagegen praktizieren Expertenteams, die stark mit Macht-, Interessen- und Lobbygruppen verflochten sind. Diese Spaltungstendenz ist heute noch nicht deutlich spürbar. Bisher hat niemand laut geäußert, »wir müssen im Ozean des Hungers eine Futurologie des Reichtums schaffen«, doch solche Worte liegen in der Luft. Der Verzicht auf eine globale Vision stellt die größte Bedrohung für die Futurologie und die Welt dar. Noch ist das nicht aktuell, wird es aber in naher Zukunft sein. Aber wer soll die Zukunft vorhersagen, wenn nicht die Futurologie? Wie man sieht, könnte sich auch eine Futurologie der Futurologie als überaus nützlich erweisen. Außer der isolatorischen Zersplitterung droht der Futurologie wohl auch eine ameisenartige Verspezialisierung. Die zivilisatorische Spaltung der Menschheit ist nicht nur ein moralisches Problem. Es gibt keine Rettung für die Reichen in einer – gegen die Armen errichteten – Festung, weil die Welt eine Einheit ist.

2. *Einführung in die Kreationstheorie*

Jeder schöpferische Prozeß ist Anwendung bestimmter syntaktischer Regeln auf die Gesamtheit der Bauelemente. Dieses Vorgehen ist universell gültig: es betrifft alles, was sich konstruieren läßt, einerlei ob »künstlich« (vom Menschen) oder aber »natürlich« (von den Kräften der Natur). Die vollständige Sammlung von Regeln, die einen bestimmten Kreationsbereich beherrschen, nennen wir seine Paradigmatik.

Wissenschaftliches Erkennen ist Suche nach den »richtigen syntaktischen Regeln« für Erscheinungen irgendwelcher Gebiete. Die Anführungszeichen weisen darauf hin, daß eine wissenschaftliche Theorie – die das formale Modell der Erscheinungsregel ist –, nicht einfach in der Natur gefunden oder entdeckt wird, sondern einen – von Wissenschaftlern vorgelegten – »syntaktischen Vorschlag« darstellt der einer systematischen Verifikation durch Experimente und Beobachtungen unterliegt. Die Änderung der theoretischen Fundamente einer Disziplin oder – wie Th. Kuhn in seinem Buch »Die Struktur wissenschaftlicher Revolutionen« sagt –, die Änderung der Paradigmatik bedeutet, daß bisher privilegierte »syntaktische Vorschläge« durch neue ersetzt werden. Die Kohärenz einer wissenschaftlichen Disziplin zeigt sich darin, daß einzelne Theorie-Regeln dieses Bereiches sich miteinander verbinden lassen. So werden in jeder Epoche der Physik die gesamten materialen Phänomene mit einem Begriffsnetz erfaßt, das aus einzelnen theoretischen Auffassungen gewoben ist. Danach scheint die Physik einem idealen Zustand zuzustreben, in dem all ihre traditionellen Bereiche (Optik, Mechanik, Thermodynamik usw.) als lokale Größen einer einzigen übergeordneten Paradigmatik unterliegen: noch ist die Physik von einer solchen Synthese der Theorien weit entfernt.

Das obige prozedurale Skelett wollen wir nun mit konkreten Beispielen ausstatten. Ein Chemiker, der die Regeln der chemischen Syntax auf alle möglichen *Atome* anwendet, schafft Modelle chemischer Verbindungen. Dies tut er auf dem Papier, und die Ergebnisse von Laborexperimenten sind dann der Beweis für die Beschaffenheit der von ihm modellhaft angewandten Regeln.

Diese *Atome* kann ein Genetiker in die Struktur des Vererbungskodes – von Pflanzen oder Tieren – einordnen, indem er sie der obigen (chemischen) Syntax und *darüber hinaus* noch einer anderen, und zwar der biologischen Syntax der Gene unterwirft.

Weiter: wenn das Arbeitsergebnis eines Genetikers von einem Embryologen übernommen und den Wirkungen der von ihm entdeckten Syntax der Embryonalentwicklung ausgesetzt wird, dann bekommt man die Struktur des – aus dem Genotyp entstandenen – Organismus (Phänotyp).

Weiter: wenn ein Ökologe, der die Menge von Individuen einer bestimmten Gattung – als »Katalogelemente« – den Wirkungen der biozönotischen Syntax unterwirft, dann verfertigt er ein Populationsmodell, das mit der Umwelt in ein »Spiel ums Überleben« verstrickt ist. Und schließlich: ein Evolutionist, der bis zur höchsten Ebene der Syntax – zur Biosphäre –, vordringt, erschließt aus der Geschichte unseres Planeten die strukturelle Dynamik – also die gültige Syntax – für Veränderungen des ganzen Lebens.

Wie man hieraus ersehen kann, entstehen durch das Aufeinanderbauen von Regeln hierarchisch höheren Ranges auf bereits angewandte Regeln zunehmend kompliziertere Systeme. An der Erstellung eines Modells können also zahlreiche Regeln *auf einmal* mitwirken. Welche Regeln – und in welcher Reihenfolge – mobilisiert werden, hängt von dem Untersuchungsobjekt ab sowie von dem Ziel, dem die Untersuchung dient. Denn für den Mediziner und den Evolutionisten-Biologen ist der menschliche Organismus nicht ein genau identischer Untersuchungsgegenstand; das wissenschaftliche Erkenntnisinteresse beider deckt sich nicht im angestrebten Ziel. Die taxonomische, klassifikatorische und evolutionäre Charakteristik des Menschen ist für den Evolutionisten wesentlich, für den Mediziner aber unwesentlich: für den Evolutionisten ist der Mensch Artikulation einer anderen Menge von Regeln als für den Mediziner. Die Diagnose des Evolutionisten, der den Menschen untersucht, deckt sich also nicht mit der Diagnose des Mediziners, obwohl beide auf die Feststellung eines Sachverhaltes und nicht auf dessen Bewertung aus sind. Wenn der Evolutionist und der Mediziner die Begriffe Gesundheit und Krankheit benutzen, dann bewegen sie sich in einer jeweils anderen Syntax. Gewöhnlich spricht man dann von den verschiedenen Standpunkten; sie sind nichts anderes als die übergreifende Paradigmatik, die die auf ein bestimmtes Ziel gerichtete Erkenntnis regelt.

Die Paradigmata des Biologen und des Mediziners sind miteinander verwandt, wenn auch voneinander unterschieden. Die Paradigmata des Biologen und Mediziners stehen einander näher als beide zusammen genommen dem Paradigma literarischer Schöpfungen, deren Gegenstand ebenfalls der Mensch ist. Einzelne Gruppen von Paradigmata bilden also miteinander verwandte »Familien« (Dieser Begriff wurde von L. Wittgenstein übernommen.)

Künstlerisches Schaffen ist ebenfalls Anwenden von Regeln auf die Gesamtheit der Elemente. Dies können in den asemantischen Künsten Töne, Körper, Flächen und in der Literatur oder Dramaturgie Sprachworte sein. In der Literatur nun ist die Änderung der Paradigmatik gleichbedeutend mit der Änderung der literarischen Richtung (Schule, Entwicklungsstufe, Strom etc.).

Es gibt zwei Unterschiede zwischen einer wissenschaftlichen und einer künstlerischen Kreation. Erstens, das Produkt der Wissenschaft unterliegt der experimentellen Kontrolle; zweitens, dieses Produkt ist ein adressiertes Modell. Die Theorie muß immer ihren Gültigkeitsbereich angeben: ohne ihn ist sie belanglos.

Die künstlerische Kreation dagegen unterliegt keiner erfahrungsmäßigen Kontrolle und ist grundsätzlich adressenlos. (Man wird vernünftigerweise weder die Wahrhaftigkeit eines literarischen Werkes zu erfahren suchen noch nach den Personen und Ereignissen forschen, auf die ein Werk sich angeblich bezieht.)

Offensichtlich unterscheidet sich das Produkt der Wissenschaft von dem Produkt der schönen Literatur im Bereich der Syntaxen niederer Ebene. (Der Schriftsteller benutzt eine andere Lexik, eine andere Phraseologie, Stilistik etc. als der Biologe; doch das sind im Hinblick auf die übergreifenden Paradigmata nur zweitrangige Unterschiede.)

Die Kreation der Wissenschaft dient der Erkenntnis; in der Literatur ist diese Aufgabe im allgemeinen zweitrangig, obwohl auch sie – gemeinsam mit anderen Aufgaben (ästhetischer, affektiver Natur etc.) – vorhanden sein kann.

Was gesagt wurde, war notwendig, um behaupten zu können, daß der Mensch ohne Regeln und ohne Paradigmata weder etwas zu kreieren noch zu erkennen vermag. Paradigmata neuer Erkenntnisphasen und neuer künstlerischer Kreation entstehen durch die Kombination sowie Hybridisation bereits existierender Paradigmata sowie durch die Übertragung von Paradigmata aus einem Bereich in einen anderen. Große Mengen miteinander verwobener Faktoren bestimmen, wann es zu Änderungen in der produktiven Hauptparadigmatik kommt. In diesen Mengen sind Faktoren sozialer, politischer, kultureller, psychologischer Natur etc. enthalten.

Wir beenden diese Einführung und fügen noch hinzu, daß sowohl die *Begriffsnetze* der Wissenschaft als auch der Literatur weder »direkt aus der Welt« stammen noch sich direkt auf sie beziehen. Diese Netze bilden »begriffliche Umstrickungen«, die die Resultate abstrahierender Gedankenarbeit, also Generalisierungen, darstellen, und nur manche dieser »Umstrickungen« können in ihren ableitbaren Konsequenzen in eine direkte Konfrontation mit der Welt treten. In der Wissenschaft bedeutet Konfrontation Beobachten und Experimentieren, in der Literatur dagegen kritische Mutmaßung des Lesers, der das Werk in ein bestimmtes Begriffs- und Bedeutungssystems »hineinpaßt«, das für »richtig« erachtet wird.

3. Die Paradigmatik der Futurologie

Ist die Futurologie eine wissenschaftliche Disziplin? Jede exakte Disziplin entsteht im Feld von Beobachtungen und im Raum vorwissenschaftlicher Fakten; ihre Wiege und ihre Windeln sind der Katalog und das Protokoll. Diese Kindheitsphase währt gewöhnlich lange; ein neuer Zweig ist die – hauptsächlich beschreibende – Spekulation. Durch Fortfall und Selektion der Fakten, durch die Unerbittlichkeit des Abstrahierens, durch die Delimitation der Verallgemeinerungen und die Herauskristallisierung eines zwingenden Paradigmas der Erkenntnistätigkeiten konsolidiert sich eine Disziplin in ihrer Selbständigkeit und arbeitet einen eigenen Begriffsapparat, eigene Anwendungsbereiche, eigene experimentelle Formen und ein eigenes Ziel heraus.

Die Fakten – bisher in alle Richtungen zerstiebend –, unterliegen nun dem Griff der Generalisierungen, die einen immer größeren Bereich einnehmen. Es kommt zu einer starken »Zusammenpressung« der Hauptproblematik der Forschung. Es kommt zu einer Konzentration, denn das Quantum der Informationen, die in Theorien akkumuliert werden, wächst: es gibt weniger Theorien als in früheren Epochen, doch ihr Abstraktionsgrad und ihr Geltungsbereich sind bei weitem größer.

Das »reduktive« Ideal des Strebens nach einer einzigen Supertheorie, die die Gesamtheit des phänomenologischen Bereiches in sich aufnimmt und in ihren Strukturen fokussiert, entschwindet im Laufe der Zeit wie eine Fata Morgana vor einem Wanderer. Es entstehen spezialisatorische Vergabelungen des Baumes der Erkenntnis. Frühere Einteilungen verlieren ihre Gewichtigkeit (z. B. verschwinden in der Physik die Grenzen zwischen der Wärmelehre und der Lehre vom Licht), dafür ergeben sich neue (die Festkörperphysik, die Kernphysik). Zugleich wächst die prognostische Potenz der Wissenschaft. Doch Fortschritte sind nicht gleichmäßig über die Zeit verteilt; die akkumulative Bewegung gerät irgendwann ins Stocken, weil sich die informationsverarbeitende Potenz des Paradigmas erschöpft. Th. Kuhn schrieb dazu in seinem Buch »Die Struktur wissenschaftlicher Revolutionen«, daß große Veränderungen, die einen »Sprung nach vorn« in Gang setzen, die Folge paradigmatischer Veränderungen oder auch Umbrüche sind.

Jüngere Disziplinen haben »schwache« Paradigmata, die wohl eine Verallgemeinerung und Retrognose, aber noch keine Prognose erlauben. Solch ein Zweig innerhalb der Naturkunde ist die Biologie: sie hat den Mechanismus der Naturevolution erkannt, deren weiteren Verlauf aber vermag sie nicht vorherzusagen. Ebenso ist die Physik – nach der Mathematik die Königin der Wissenschaften – prognostisch nicht unbegrenzt: man würde wohl kaum gewaltige Summen in den Bau von Akzeleratoren investieren, wenn man die Eigenschaften hochenergetischer Partikel auch voraussagen, d. h. aus der Theorie ableiten könnte.

Jede Wissenschaft beginnt also mit der Beschreibung, dann generalisiert und erst am Ende prognostiziert sie. Daß die Astronomen des Altertums Sonnenfinsternisse und Planetenbewegungen voraussagten, ist die Ausnahme, die die Regel bestätigt. Sie haben das vorausgesagt, was sich mit einer außergewöhnlichen Stetigkeit und Regelmäßigkeit zeigte. Doch dies wurde erkennbar, weil die Astronomen es beobachten konnten. Diese Behauptung muß folgendermaßen verstanden werden: die Stabilität von Erscheinungen kosmischen Maßstabes hängt von dem Grad der Isolation dieser Erscheinungen von der Umgebung ab. Diese Isolation ist in kosmischen Verdichtungen z. B. galaktischer Kerne am geringsten. Leben braucht, um entstehen zu können, Milliarden Jahre währende außerplanetarische »Nichtintervention«. Wo eine starke Isolation der Planeten fehlt, muß das dort entstehende Leben bald wieder vernichtet werden. Leben – und deshalb auch Astronomen – konnte also nur in einer kosmischen Verdünnung überdauern, in einer derart großen Leere, in der sich z. B. das Sonnensystem bewegt.

Hier handelt es sich um eine Ausnahme von der Regel: dies beweist der Umstand, daß die Astronomen ein Millennium weiterer Entwicklung brauchten, um einen nächsten Schritt tun zu können.

Keine Wissenschaft prognostiziert etwas, das ihren Methoden noch nicht unterliegt, d. h. was von ihrem paradigmatischen Zugriff noch nicht erfaßt wird. Jede Wissenschaft hütet sich im Bereich ihrer Paradigmata vor Eklektizismus. In jeder Wissenschaft kann man genau zwischen der popularisierenden Hülle der Fakten – die für ein breites Publikum bestimmt sind –, und dem spezialistischen Kern unterscheiden. Wissenschaft ist in ihrer Substanz nie Popularisierung und Popularisierung nie Wissenschaft. Keine Wissenschaft versucht durch »blindes Raten« die prognostische Systematik zu ersetzen. »Blindes Raten« ist ein Kennzeichen für eine sehr frühe, ja sogar vorwissenschaftliche Entwicklungsphase. Keine Wissenschaft versucht, die Theorie – als prognostische Basis – durch eine katalogartige Aufzählung all dessen, was mit ihren Studienobjekten passieren kann, zu ersetzen. Doch gerade all diese Merkmale, die in den exakten Disziplinen nicht vorkommen, weist die Futurologie auf. Sie ist eine »Frühgeburt«, die bereits in der Wiege zu sprechen sucht – und noch dazu klug und prägnant.

Die Futurologie verfügt weder über eigene Paradigmata noch Theorien; dennoch versucht sie, die Zukunft und zwar *ausschließlich* die Zukunft vorherzusagen! Nichtvorhandene Paradigmata sucht sie durch eklektisches Vorgehen zu ersetzen. Es ist sehr schwer zu entscheiden, was in der Futurologie die »exakte Ebene« und was die »populäre Ebene« darstellt. Bei vielen Publikationen kann man nur schwer ermessen, ob sie vornehmlich für Fachleute oder mehr für ein gebildetes Publikum bestimmt sind. Die Futurologie versucht, die prognostische Systematik durch »blindes Raten« zu ersetzen. (Das ist eine delphische Methode, das ist ein Drehbuch.) Das Fehlen einer prognostischen Paradigmatik verleitet sie nicht zu einer Beschränkung, sondern zu einer ständigen Multiplizierung ausführlicher Suppositionen darüber, was aus ihrem Objekt, der menschlichen Zivilisation, werden *könne*.

Diese Worte sind nicht als Anklage zu verstehen; genausogut können sie als Verteidigung ausgelegt werden, als ein Verzeichnis der »mildernden Umstände«: weil die Lage der Futurologie in der Tat außergewöhnlich schwierig ist. Sie kann sich nicht auf das Sammeln von Faktographien beschränken; eine faktographische Futurologie entspräche doch einer Meteorologie des vergangenen Jahres. Die Futurologie kann auch keine Experimente mit Null-Kontrollserien durchführen: denn sie untersucht ein *unikales* Objekt. Dies hat keine andere Wissenschaft zu leisten: unikale Objekte pflegen nicht Gegenstand wissenschaftlicher Erkenntnis zu sein. Die Futurologie kann auch nicht ausgesuchte, leichter zugängliche Teile des Systems untersuchen, da dies für eine Prognostik unzureichend ist. Sie versucht nicht, vereinfachte »ideale« Modelle zu bauen, so wie z. B. in der Physik das ideale Gas, die reibungslose Maschine und in der Biologie der einfache Homöostat ideal isolierte Systeme sind. Sie versucht das vor allem deshalb nicht, weil sie zwischen wichtigen und unwichtigen Variablen des Untersuchungsgegenstandes, der Zivilisation also, nur schwer unterscheiden kann.

In dem 1967 erschienenen Buch von Herman Kahn und Anthony Wiener »Ihr werdet es erleben« (»The Year 2000«) kann man Äußerungen finden, die den prognostischen Gehalt des Buches total in Frage stellen. Die Autoren erklären, daß alles völlig anders verlaufen könne, als dies in den Szenarien ihrer prognostischen Varianten dargestellt ist. Eine politische oder ökonomische Krise kann die Welt jederzeit erfassen. Man stelle sich einen Physiker vor, der einen Bericht über eine neue Theorie mit den Worten beendet, »quod autem potest esse totaliter aliter«. Er würde einfach ausgelacht werden. Wenn »alles völlig anders sein kann«, dann haben wir eine Lotterie, aber keine Wissenschaft vor uns. Wissenschaftliches Wissen benennt einen Zustand, in dem das, was geschieht, auch dann nicht überrascht, wenn es nicht konkret erwartet wurde. Ein Meteorit wird im allgemeinen weder vorhergesagt noch ist er vorhersagbar; denn wir haben keine Himmelsbeobachtung, die so geschlossen ist, daß jede Annäherung eines Meteoriten rechtzeitig gesichtet werden könnte. Doch das Auftauchen eines Meteoriten ist für die Wissenschaftler offensichtlich bar jeder Überraschung. Solch eine Erscheinung stellt ein Element einer bekannten Menge dar. Wissenschaftliche Gesetze sagen nicht, was konkret an einem bestimmten Ort und zu einer bestimmten Zeit passiert; wenn jedoch die Ausgangs- und Grenzbedingungen von Erscheinungen genau festgelegt sind, können sie auch darüber Auskunft geben. Nun, die Futurologie kennt solche allgemeinen Gesetze nicht. Deshalb kann sie die Gesamtheit aller möglichen Zustände nicht ausmachen. Sie steht einem nicht zählbaren Kontinuum und dazu einem – was noch schlimmer ist – keinen Ordnungsprinzipien unterworfenen Kontinuum gegenüber.

Was soll die Futurologie machen? Ein Aussagesatz vom Typ »quod autem potest esse totaliter aliter« ist doch nichts anderes als das Eingeständnis von Ratlosigkeit. Ein Verzicht auf Prognosen ist unmöglich, die Prognosen aber zeichnen sich durch große Unsicherheit aus. Das ist die Situation der Futurologie; sie ist in der Tat nicht beneidenswert. Doch die Futurologie ist in Mode, und die Explosion ihres Schrifttums feiert fröhliche Urständ. Wie sieht diese Explosion aus? Nun, es existieren eine gewaltige Menge punktueller Darstellungen, eine kleinere Zahl von systematischen Arbeiten bzw. Aufsätzen methodologischen Charakters, ein paar Prognosen, die mit formalen Halbmodellen arbeiten sowie vereinzelte Werke, die sich selbst zum extremen »physikalischen Objektivismus« zählen. (Zu den letzteren zählt – als ein schon früh erschienenes Buch – »The Year 2000«). Über dieser schwachen Basis erhebt sich dann ein leibhaftiger Berg von merkwürdigen »Gegenstandsverquickungen«. Es finden sich dort: a) »kassandrische« Journalistik und populärwissenschaftliche Literatur bzw. populäre, sensationslüsterne Schwarzmalerei, die für ein breites Publikum gedacht ist; b) »mehr optimistische« populärwissenschaftliche Literatur, die zeigt, daß die Zukunft nicht so schwarz ist, wie andere sie malen, oder – daß man sich ihr wird anpassen können. (Das Buch von A. Toffler »Future Shock« ist vielleicht das beste Beispiel hierfür.) c) populärwissenschaftliche Literatur aus zweiter Hand – weil von Nichtfachleuten (oft von wissenschaftlichen Journalisten) geschrieben –, die sich auf eine Aufzählung der sogenannten »verblüffenden Perspektiven der Wissenschaft« beschränken (Hier kann man als Beispiel das Buch von G. T. Taylor »Biological Time Bomb« anführen.); d) »prophetische Schriften« bzw. Doktrinen, die – als Panazeen für all die Leiden, die von den futurologischen Kassandras vorausgesagt wurden – die Welt erretten sollen; Grundstock sind die von ehrwürdigen alten Herren mit klassischer philosophischer oder humanistischer Bildung geschriebenen Bücher (Marcuse, Fromm, teilweise auch Sartre). Diese Texte bestehen meist aus einem diagnostischen Teil und einem »therapeutischen« Teil. Im diagnostischen Teil werden die – von der journalistischen Futurologie oder ihr nahestehenden Richtungen – in die Welt gesetzten Inhalte kritiklos übernommen, im therapeutischen Teil hingegen wird die Utopie des jeweiligen Autors dargestellt (bei Fromm die »psychologisch-humanistische« Utopie, bei Marcuse die »marxistisch-erotische«, bei Sartre die »superlinke«). Andere Propheten wie z. B. C. A. Reich (»Greening of America«) geben in ihren Bestsellern völlig beliebige Gedankengebäude zum besten. (Reich hat sich ein »Bewußtsein I«, ein »Bewußtsein II« und ein »Bewußtsein III« zurechtgezimmert, wobei das letztere – am besten bei Hippies und jungen Kontestatoren entwickelt – eine irreversible Erscheinung ist. Wen es – das Bewußtsein – »erfaßt«, der ist bereits Keim jener »friedlichen Revolution«, die Amerika gerade zu retten beginnt.) Damit entwuchs dem zarten Sproß einer Literatur, die der kritischen Analyse – im exakt wissenschaftlichen Verständnis – gerade leidlich standhält, ein in der Tat explosiver Pilz eines prinzipiell unverantwortlichen Schrifttums, das keinerlei Verwandtschaft mit wissenschaftlichen Methoden hat, und in dem man alles Mögliche finden kann: Appelle an das Gewissen, absonderliche Ratschläge, Apologien des Irrationalismus und Wahns, Suggestionen der Legalisierung von Rauschgiften, phantastische und völlig unrealisierbare Prognosen – vermischt mit durchaus wahrscheinlichen, Hybriden aus Futurologie und Psychologie, Vorschläge für soziale Experimente, Gründungen von »Zukunftsschulen und -werkstätten« – mit einem Wort: man beginnt frischgemut aus den Wolken über dem Dach, dem Rauch aus dem Schornstein, den Dachziegeln aus Pfefferkuchenteig ein prognostisches Gebäude zu errichten. In ihrer Erfindungsgabe und Utopität übertreffen diese Werke und Artikel oft – das muß zugestanden werden – die in den Inhalten »normalisierte« und »standardisierte« SF-Literatur, der es übrigens bestens geht und die keine Neigung zeigt, sich mit diesem trüben Gewässer zu vermischen und zu verbinden. (Diese konservative Modestität der SF muß hier wohl positiv beurteilt werden.)

Übrigens, die *Fachkreisen* eigene prinzipielle Uneinigkeit mag folgender Tatbestand illustrieren. Die in der privaten Organisation des »Club of Rome« – der 1968 von dem Ökonomen und Industriellen Aurelio Peccei gegründet wurde –, vereinigten Experten proklamierten 1972 das Projekt »Zero Growth« – die Drosselung wirtschaftlichen Wachstums. Grundlage dieses Projektes war ein vom Massachusetts Institute of Technology per Computer erarbeitetes Modell einer zivilisatorischen Expansion. Dieses Modell prophezeit einen katastrophalen Kollaps der Weltwirtschaft, wenn die demographischen und industriellen Zuwachsraten ihre heutige Größe beibehalten.

Die Wissenschaftler simulierten eine Reihe von Modellvarianten – unter Berücksichtigung verschiedener Ausgangswerte und Zuwachsraten. Eine Variante geht z. B. optimistisch von einer Verdoppelung der Rohstoffvorkommen der Erde aus – bezogen auf ihre z. Zt. geschätzte Größe. Die Antwort lautet, daß dann eine durch einen ökologischen Kollaps, nicht aber durch eine Rohstoffkrise verursachte Katastrophe zu erwarten ist. Bei der Annahme, daß der gegenwärtige Stand der Umweltverschmutzung innerhalb der nächsten drei Jahre um 75 % reduziert wird, folgt – in diesem Modell –, daß eine derartige Änderung der Bedingungen die technische Eskalation beschleunigt. Dadurch werden die Urbanisierung und Hebung des Lebensstandards gefördert, sie führen aber zu einer schnelleren Erschöpfung der Nahrungsvorräte. Bei der Annahme, daß die demographische Zuwachsrate um 50 % sinkt und die Nahrungsvorräte verdoppelt werden, ist das Ergebnis ebenfalls düster: die Industrieproduktion und die Umweltverschmutzung werden zunehmen, die Rohstoffe aber werden sich erschöpfen – und zwar mit einem Tempo, das hinsichtlich der bereits besprochenen Varianten nur minimal retardiert. »Zero Growth« fordert daher den Verzicht auf jegliches ökonomisches Wachstum und den Stillstand der Wirtschaft; danach hätte ein totaler Wandel des Denkens und Handelns im Weltmaßstab zu erfolgen: denn heute wird das Anwachsen des Bruttosozialproduktes von allen Völkern und Regierungen wie ein Augapfel gehütet. Dem Projekt »Zero Growth« haben viele Ökonomen kategorisch widersprochen. (Dabei gibt es doch auch im »Klub von Rom« Ökonomen.) Die Kritiker behaupten, daß formale Modelle die Resultate zeitigen, die man von ihnen erwartet. Der »Klub von Rom« weissagt eine Katastrophe, wenn seine Ratschläge mißachtet werden, die Kritiker des »Klubs« prophezeien dasselbe, wenn man diesen Ratschlägen folgen sollte.

Was soll man tun angesichts solcher Gegensätze unter den Spezialisten? Ich glaube, daß beide Seiten teilweise recht haben: der »Club of Rome« prophezeit eine durchaus reale Bedrohung, das Projekt des Nullzuwachses aber ist heute nicht durchführbar – aus derart vielen Gründen, daß deren Aufzählung ein neues Kapitel erfordern würde. Auf Platz eins dieser Liste steht die Unmöglichkeit, die Welt zu einigen. Die Menschheit – als Subjekt des zivilisatorischen Spiels – ist leider immer noch ein Abstraktum, weil partikulare Interessen vor den gemeinsamen Interessen der Menschheit den Vorrang haben und – auf unabsehbare Zeit – haben werden. Aber dieser Umstand darf nicht die Impotenz der Futurologie bemänteln, die sich in den diametralen Standpunkten verschiedener Fachleute ein- und derselben Disziplin dokumentiert. Man kann nachvollziehen, warum die irdischen Staaten sich nicht einigen können; schwerer zu verstehen ist, warum die Futurologen in ihren Expertisen keine Einigung erzielen. Die »paradigmatische Leere«, aus der die Gegensätze in den Ausgangspositionen jedes Zivilisationsmodells – also einfach, in dessen Diagnose – geboren werden, stellt die größte innere Bedrängnis der Futurologie dar. Die wichtige äußere Klemme bildet die auf Handeln drängende Eile; denn das Wissen der Gutachter darum, daß »die Welt gesteuert werden muß«, daß die Zivilisation sich weder als Ganzes noch als Agglomeration von Subsystemen weiter »auf eigene Faust« in der – in Jahrtausenden entstandenen elementaren Weise fortentwickeln kann, wird ihnen zum Alptraum. Es muß gesteuert werden, aber wie? Man muß bestimmte Entwicklungsrichtungen überprivilegieren, aber welche? Es sollten andersartige Drosselungen einsetzen, aber auf welche Art und Weise? Man spricht von der Unzulänglichkeit der formalen Modelle des MIT und davon, daß ein adäquates Zivilisationsmodell noch nicht geschaffen wurde. Wie kann man es aber so verfertigen, daß es die Zustimmung aller Autoritäten erhält?

Meine Meinung dazu lautet: ein Modell, das die Zustimmung aller daran Interessierten, das einen consensus omnium der futurologischen Kreise erhalten kann, ist nicht herstellbar. Warum nicht? Weil traditionelle Modelle auf Segregation und Reduktion von Variablen beruhen. Das »ideale Gas« ist reduktives Modell des realen Gases. »Reibungslose Maschinen« sind reduktive, d. h. vereinfachte Modelle realer Maschinen. Doch eine »ideale Zivilisation« ist *nicht* die Approximation der realen Zivilisation. Wenn man eine »ideale Zivilisation« verfertigt, verfertigt man einen abstrakten *Raum von Möglichkeiten,* aber nicht das Konterfei der irdischen Wirklichkeit. Deshalb erwägen die »Modellierer« nicht einmal, das Modell einer »idealen Zivilisation« zu konstruieren.

Ich glaube, daß in dieser Situation – die sich von der für die Wissenschaft typischen Situation unterscheidet –, die Heuristik von uns eine andere Ausgangsbetrachtung verlangt. Gewöhnlich ist ein Modell *einfacher* als das, was modelliert wird. Aber wenn man nicht weiß, was an dem Originalobjekt wesentlich und was unwesentlich ist, kann man nicht einmal eine Vereinfachung (d. h. Reduktion) vornehmen. Was tun? Man muß ein Modell suchen, das zumindest genauso kompliziert wie das »Original« ist – oder sogar noch komplizierter. Ein solches Modell wird sicherlich überdimensioniert ausfallen. Aber diese Überdimensionalität wäre ein kleineres Übel als das »Prokrustesbett«, d. h. eine verfrühte Reduktion, die dem Original wesentliche Merkmale abschnitte.

Doch woher nimmt man solch ein überdimensioniertes Modell für das Unikat »Zivilisation«? Vor mehr als 10 Jahren habe ich diese Schwierigkeiten selbst kennengelernt, als ich mich daran setzte, die »Summa technologiae« zu schreiben. Ich wußte nur, daß die Jahre zuvor gemachten Zukunftsprognosen durch die Zeit selbst annulliert worden waren. Diese Prognosen waren »eskalatorisch« und »extrapolativ«, d. h. sie projizierten Vergrößerungen dessen, was die Autoren in ihrer eigenen Gegenwart für die Haupttendenzen hielten, in die Zukunft. Es handelte sich also um die Verlängerung gewisser, z. B. technologischer Trends. Doch woher stammen eigentlich die Inspirationen, die die Technologie schöpferisch befruchten? Im Laufe der Zeit wird die Wissenschaft in immer größerem Maße deren Quelle. Vielleicht sollte man daher die Entwicklungstendenzen der wissenschaftlichen Basis untersuchen und nicht die daraus resultierenden technischen Entwicklungsströme? Aber eine Prognose kann auch hier nur im Rahmen der Paradigmatik getroffen werden, die in der Wissenschaft der jeweiligen Zeit fixiert ist. Die Idee, künftige Entdeckungen vorhersagen zu können, entspricht doch dem Wunsch, das zu entdecken, was unentdeckt ist, sie ist also eine contradictio in adiecto! Daher muß man zweifach vorgehen. Einerseits ist der »kreative Generator der Wissenschaft« zu suchen, d. h. eine »Anlage«, die *laufend* neue Paradigmata erzeugt (und nicht nur ein bestimmtes, aktuell gegebenes Paradigma anwendet). Doch die Ergebnisse solch eines Vorgehens werden starke Unsicherheiten enthalten müssen. Also wird man sich – nachdem zunächst in den Eingeweiden der Wissenschaft gewühlt wurde –, gleichsam nach draußen begeben und von der äußeren Welt her das finden müssen, was für die Wissenschaft Sitz künftiger kreativer Muster sein kann.

Ich hatte drei solcher »überdimensionierter« Muster ausgesiebt. Zuerst nahm ich die Bioevolution – als dynamisches Analogon der Technoevolution; doch dieses Paradigma erwies sich als prognostisch unbefriedigend. Die Zivilisation evolviert anders als die Biosphäre, obwohl beide gewisse gemeinsame Eigenschaften in der Dynamik des Wachstums haben. Als zweites überdimensioniertes Paradigma diente die Menge kosmischer Psychozoika. Das Leben der Futurologen wäre bei weitem leichter, wenn dies nicht eine leere Menge wäre. Aber sie ist leer, weil sie mit rein hypothetischen Elementen besetzt ist. Doch auch solch eine Menge ist besser als keine. Die Futurologie hat einen heimlichen Alliierten in dem Programm CETI (Communication with Extraterrestrial Intelligence). CETI ist gleichsam die »Futurologie des anderen Endes der Zeitskala«; denn das und nur das ist astronomisch beobachtbar – als Symptom der kosmischen Anwesenheit von Intelligenz –, was das Potential unserer technischen Anstrengungen gewaltig übersteigt. Signale bzw. Anzeichen einer astrotechnischen Tätigkeit wurden bisher nicht festgestellt. Obwohl weiterhin die Chance besteht, solche Signale entdecken zu können, ist es doch äußerst wahrscheinlich, daß ihre *Dichte* im Kosmos nicht groß ist. Eine niedrige Signaldichte im Kosmos ist ein Zeichen dafür, daß langandauernde Phasen exponentialen zivilisatorischen Wachstums unwahrscheinlich sind. Selbst wenn nur *eine* Zivilisation in der Galaxis mit einer exponentialen Expansion Zehntausende oder Millionen Jahre bestünde, dann wäre die Galaxis *sicherlich* ein astrotechnisch und signalisatorisch *dichter* Raum. Die Ermittlungsergebnisse von CETI sind für die Futurologie also nicht belanglos: sie weisen auf die Kurzlebigkeit der Phase hin, in der sich unsere Erde heute befindet. Wir sprechen natürlich nur von einer Heuristik, die sich auf probabilistische Schlußfolgerungen stützt. Dort, wo man nichts weiß, können solche Schlußfolgerungen hilfreich sein – vorausgesetzt, sie sind nicht der einzige Rückhalt. Darüber hinaus erlaubt die hypothetische Menge von Psychozoika, ein Repertoire von zivilisatorisch möglichen Zuständen anzulegen: die Segmentierung eines Möglichkeitsraumes bzw. die Schaffung eines Bezugssystems, in das man das Modell der Menschheit einordnen könnte. Dann entstehen neue Möglichkeiten,

z. B. für die Konstruierung von Phasenräumen – worauf wir noch zurückkommen werden.

Das letzte, das dritte »überdimensionierte« Modell schließlich stellte für mich die »Natur« dar. Ich habe sie als »Konstrukteur« behandelt und den Vererbungscode sowie das menschliche Gehirn als die besonders bedeutsamen Früchte ihrer schöpferischen Tätigkeit angesehen. (Der Gencode wurde von mir an die erste Stelle gesetzt – aus Gründen, die ich in der »Summa technologiae« angegeben habe.) Dieses »ultimative Paradigma« war gleichsam eine Konstellation der am weitesten entfernten Ziele, die man sich heute noch vorstellen kann; es war ein überdimensioniertes Muster und gleichzeitig ein Gebiet, das für die Entwicklung der Wissenschaft einen *Gradienten* liefert. Ich habe dafür eine Parole ausgegeben, die ein wenig bizarr kling: »Die Natur einholen und überholen!« (als einen Konstrukteur in verschiedenen Bereichen der Leistungsfähigkeit und Effektivität von Tätigkeiten). Ich war darauf bedacht, die drei Paradigmata – soweit nur irgend möglich – getrennt zu halten, um nicht in einen Eklektizismus zu fallen. Deshalb habe ich die »Summa technologiae« in drei entsprechende Teile untergliedert. Doch all diese Bemühungen und Ausführungen waren äußerst primitiv. Was am Ende herauskam, war weder eine ideale Prognose zivilisatorischer Initiierung noch eine Delimitation des tatsächlichen Raumes konstruktiver Möglichkeiten, sondern nur eine Erörterung, die von aktuellem Wissen ausging und nacheinander paradigmatische Muster untersuchte (das bioevolutionäre, das psychozoische und ein »Grenzmuster«, das sich im schöpferischen Potential der Natur verkörpert). Die ganzen Ausführungen bleiben – als Folgesystem und Lenksystem (im Hinblick auf diese Muster) – in einem durch den historischen Augenblick vorgegebenen Begriffshorizont stecken, weil wir von dem »eigentlichen schöpferischen Potential der Natur« im Grunde genommen nichts wissen, sondern nur einen Bruchteil davon kennen oder zu kennen glauben. Meine Realisierung kann unterschiedlich beurteilt werden, doch die Methode scheint mir weiterhin empfehlenswert. Der direkte Nutzen der »Summa technologiae« ist gering, weil sie von einem rationalen »Menschenmodell« und einer »reibungslosen Zivilisation« ausgeht. Meine Hauptaufgabe war es, bis zu den extremsten Abweichungen dessen, was im Hinblick auf unsere heutigen Fähigkeiten kreierbar ist, vorzudringen. Ich ging auch von einer demographisch stationären Menschheit aus – als Prämisse für die unbegrenzte Expansion der Intelligenz. Zweifellos ist die Demographie das Schlüsselelement unserer Epoche. Die Meisterung des Bevölkerungsdruckes wäre ein dezisiver Akt, weil dieser regulierende Präzedenzfall eine Atempause gewähren würde: doch der Wettlauf der Indexe dauert an, und er wird entscheiden, ob die Menschheit durch die weitere Entwicklung in zwei, ungleich mit Gütern versorgte Teile zerrissen wird. Die persuasive Tätigkeit des Club of Rome und anderer, ähnlich denkender Organisationen ist wohl bedeutsam, aber vorläufig noch vergeblich, weil nur überpersönliche oder sogar übernationale Entscheidungen der Sache unseres Planeten einen anderen Verlauf geben können. Ob solche Entscheidungen rechtzeitig erfolgen werden, das wird ein Futurologe gewiß nicht voraussagen können: er kann nur als Interessenvertreter der bedrohten Menschheit auftreten, nicht aber als deren höchster Dezident. Er wird nur die Notwendigkeit bestimmter Entscheidungen sowie alternative Entscheidungssituationen – in der Amplitude von Untergang und Rettung – vorhersagen können.

4. Die Ohnmacht der Futurologie

Unter den bereits vor Jahren entstandenen futurologischen Büchern gibt es kein zweites, das solch eine Fundgrube für instruktive Fehler und Irrtümer wäre wie »Ihr werdet es erleben« von Kahn/Wiener. (Natürlich nur unter den wissenschaftsambitiösen und nicht unter den »dem Pilz der futurologischen Explosion« entsprossenen Werken.)

»Ihr werdet es erleben« vermittelt einen Überblick über die vielen Prognosen – und zugleich über deren Vergeblichkeit. Es leidet an einer Reihe von Mängeln, die wir folgendermaßen betiteln wollen: »der chronologische Ausrutscher«;

»der Komplettismus«, der die Wahrscheinlichkeitskurven verflacht; »die eklektische Bastardisierung«; »die Projektierung von Ungewißheit in die Segmentation des Ereignisraumes« und schließlich die Paradigmalosigkeit, die für die anderen erwähnten Mängel ursächlich ist. Aus Loyalität wollen wir annehmen, daß die Autoren sich der meisten schwachen Stellen bewußt waren. Sie haben z. B. die paradigmatische Unzulänglichkeit ihres Werkes nicht verheimlicht. Doch die ganze Ausführung kann sich nicht in höhere Gefilde begeben, kann nicht den ganzen Wald überblicken, da sie sich ständig an Bäumen stößt.

1. Ein chronologischer Ausrutscher entsteht, wenn unter dem Vorwand, eine Prognose erstellen zu wollen, etwas in der Art von Gebrauchsanweisungen verfertigt wird. Der Verlauf aller Schachpartien oder aller Ereignisse, die einem Kraftfahrer widerfahren können, ist nicht voraussehbar. Dennoch kann man ein Lehrbuch über das Schachspiel oder das Autofahren schreiben. Solche Bücher sind durchaus nützlich: man sollte sie nur nicht »Prognosen« nennen. Ein Zeichen des »Ausrutschers« ist bereits im Untertitel des Kahnschen Werkes sichtbar: er lautet nämlich »a frame for speculation«, ein Rahmen für weitere Spekulationen, doch das widerspricht der im Titel gegebenen Zusage (»The Year 2000«). Das Buch ähnelt in den Kapiteln, die die politisch-wirtschaftlichen und militärischen Szenarien enthalten, stark einem Lehrbuch für Schachspieler oder Kraftfahrer. Seine Typologie ist trivial. (Sie ist auf die wenig relevante Annahme reduzierbar, daß entweder der Kapitalismus schwächer und der Kommunismus stärker wird oder umgekehrt, oder daß beide schwächer werden oder beide stärker werden.) Der »Übungs«-charakter der Szenarien wird manchmal durch die Kommentare der Autoren selbst enthüllt; an anderen Stellen jedoch wird davon gesprochen, was sich tatsächlich ereignen könnte, d. h. davon, was als wahrscheinlich angesehen wird. Und so gibt es eine ständige Oszillation zwischen dem Paradigma des simulierten Kriegsspiels und Voraussagen von strategischen Operationen der realen Welt, eine Oszillation zwischen einem Lehrbuch für Kraftfahrer und der Enträtselung dessen, was ihm, dem Kraftfahrer, un-

terwegs tatsächlich zustoßen könnte. Diese Unentschlossenheit ist ein Mangel, der allen Szenarien gemeinsam ist.

Der »chronologische Ausrutscher« zeigt sich außerdem darin, daß die Szenarien bestenfalls simple Prognosen, aber niemals komplexe Prognosen darstellen. Das Buch erinnert an einen Kinderbaukasten: so wie in solch einem Kasten Räder, Leisten und Schrauben voneinander getrennt liegen, so enthalten einige Kapitel von »Ihr werdet es erleben« Prädikationen wissenschaftlicher Entdeckungen, andere – Prädikationen über Veränderungen in der Rüstung und noch andere – die oben erwähnten Szenarien. Der Leser erwartet daraufhin, daß all die angeführten Innovationen (neue Waffen, neue Strategien) in den herausspekulierten Zukunftskonflikten als wesentliche Faktoren auftauchen werden, doch nichts dergleichen passiert. (Eine Ausnahme bilden die atomaren Waffen; das ist verständlich, wenn man bedenkt, daß Kahn ein Futurologe der Apokalypse war, bevor er sich pazifizierte.) Es scheint, als ob die heutige strategische Doktrin, die auf dem »second strike capability« basiert (der Fähigkeit, den zweiten, d. h. den Vergeltungsschlag zu führen), gegenüber den – in dem Buch lakonisch benannten – »kryptomilitärischen Angriffsmitteln« überbetont wird. Ihre Berücksichtigung bei den Konflikten der Jahrhundertwende hätte zumindest Erwähnung finden sollen, doch die Szenarien sind militärisch völlig konventionell, d. h. innovationslos. Warum eigentlich? Weil die Entwicklung der Rüstung für ein breites Wertspektrum eine gegenüber der Entwicklung der politischen Belange unabhängige Variable ist. Eigentlich müßte deshalb jedes Szenarium in verschiedene Varianten aufgefächert werden. Die kryptomilitärischen Angriffsmittel ergeben einen ganzen Katalog: die Beeinflussung meteorologischer Erscheinungen; die perfide Sensibilisierung der Bevölkerung für Substanzen antigenen Typs (es geht nicht um bakteriologische Waffen); die Synthetisierung chemischer Verbindungen, die Angstzustände und Depressionen hervorrufen usw. Man müßte also jedes Szenarium getrennt bearbeiten und in Varianten auflösen, indem man von verschiedenen Angriffsmöglichkeiten ausgeht – unter Berücksichtigung der neuen Formen von militärischen Mitteln: jedes dieser Mittel bewirkt bis zu einem gewissen Grade die Änderung der Taktik, ja sogar der Strategie; man müßte daher auch die Varianten der Varianten berücksichtigen: wenn nur eine Seite über die neue Waffe verfügt, wenn beide Seiten diese Waffe besitzen usw. Doch die Interferierung und gegenseitige Verschiebung aller Kalender – aller politischer, strategischer und innovativer Kalender –, zersplittert das ursprünglich monolithe Szenarium in ein leibhaftiges *Kaleidoskop*. Deshalb hat Kahn auf die *komplexe* Aufführung der Innovationsfaktoren verzichtet, um nicht im Ozean der sich multiplizierenden, pseudoprognostischen Varianten zu ertrinken.

Kann man diese Szenarien wenigstens realistische Spekulationen nennen? Kann ein Lehrbuch für Kraftfahrer aus dem Jahre 1902 noch irgendeinen Wert im Jahr 1972 haben? Haben sich doch außer der Physiologie des Autofahrers alle anderen Verkehrsparameter geändert: die Straßen und Verkehrsregeln, die Verkehrsdichte und die Leistung der Motoren, die Geschwindigkeit der Fahrzeuge und die Bremswege, die dynamischen Luftwiderstände und die Haftfähigkeit der Reifen, die Elastizität bei Zusammenstößen und die Sicherheitsmaßnahmen für die Insassen (wie Sicherheitsgurte, die es 1902 überhaupt noch nicht gab). Die Szenarien sind folglich bedeutungslos, selbst wenn man sie nur zu Übungszwecken benutzen wollte. Sie sind aus der Zukunft, auf die sie gerichtet waren, auf den Moment zurückgerutscht, in dem sie entstanden.

Wovon also handeln sie eigentlich? Das weiß man nicht: denn es kam im Verlauf des Forschungsvorhabens zu einer *Änderung* des *Forschungsobjektes*. Wie kann man über Fische sprechen, wenn man mal Enten und mal Spinnen vor Augen hat?

Hier ist der ungewöhnliche Nutzen erkennbar, den man aus dem Werk der beiden Amerikaner ziehen kann. Wir sehen nämlich, welch eine reductio ad absurdum solch eine szenarienartige Konzeption im politisch-militärischen Bereich ergibt. Andere Szenarien – vielleicht wesentlichere – wie technologische oder ethische – (über die Änderung von Werten – hervorgerufen durch technische Invasionen, die nach der sogenannten Cross Impact Matrix Analysis untersucht werden) sind von Kahn überhaupt nicht berücksichtigt worden. Der chronologische Ausrutscher Kahns mußte zu einem Verteidigungsreflex werden – angesichts des Fasses ohne Boden, in das die Szenarien sich verwandeln – vorausgesetzt, man nimmt das Prinzip von der Formulierung komplexer Prognosen ernst.

2. Der »Komplettismus« bedeutet Verlust der Differenzierung im Bereich der Glaubwürdigkeit und Wahrscheinlichkeit von Erscheinungen. Das ist ein Assekuranzreflex; Kahn ist hier zweifelsohne eingleisig, denn kühn berücksichtigt er in einem seiner Szenarien die Chance vom Bau eines Perpetuum mobile (mittels der »Abschirmung der Gravitation«), doch einen politischen Umsturz in den USA hält er offensichtlich für weit weniger wahrscheinlich; denn er erwähnt diese Möglichkeit überhaupt nicht. Ich halte sie für gering, doch bestimmt für unvergleichlich größer als den Bau eines Perpetuum mobile!

3. Die »paradigmatische Bastardisierung« stellt eine Reaktion dar, die an das Verhalten eines Ertrinkenden erinnert: er greift sprichwörtlich nach jedem Strohhalm oder jeder Rasierklinge, d. h. nach allem. Kahn stützt sich auf alles, was ihm unter die Finger kommt. Alles ist ihm recht: Spengler und Aristoteles, Marx und Pitirim Sorokin, Engels und Keynes, die zyklische Geschichtsphilosophie sowie Vergleiche zwischen den alten Römern und den heutigen Amerikanern, die »Sesselstrategie« (arm-chair-strategy) und Ergebnisse delphischer Orakel, kurz: Kraut und Rüben. Wohl ist der Autor diesen Ersatzteilen einer Paradigmatik gegenüber kritisch: so bespricht er z. B. die zyklische Geschichtsphilosophie, um sie dann zu verwerfen. Doch wem dient dann ihre Erwähnung? Das Buch wird durch derartige überflüssige Passagen verunstaltet und einem Telefonbuch ähnlich: wie in einem Telefonbuch ist alles gleich wichtig (oder gleich unwichtig). So schafft man nicht Prognosen, sondern nur »prognostisches Rauschen«. Wichtiges ist nicht von Drittrangigem zu unterscheiden, Wahrscheinliches nicht von Unmöglichen (Perpetuum mobile) und schließlich: in dem Maße, wie die Prognose durch die katalogartige Aufzählung ver-

schiedenartigster Möglichkeiten ersetzt wird, wird die Desorientierung des Lesers von dem steigenden Anspruch der Richtigkeit der Prognosen begleitet. (Wenn nur einige Zahlen vorgegeben wurden als die Menge, in der der Hauptgewinn fallen wird, dann erhalten wir weit mehr Informationen als wenn wir ein dickes Telefonbuch oder eine Tabelle zufälliger Zahlen als die Menge der »Prognosen des Hauptgewinns« ausgeben.) Wenn sich fast alles zutragen kann, dann ist fast nichts bekannt.

4. Die Projektion der eigenen Unsicherheit in den Ereignisraum hinein ist vielleicht Kahns gröbster Verstoß. Entgegen allen Versicherungen, daß die Gesamtentwicklung nicht in exponentialer Form fortwähren kann, und daß »die Wahrscheinlichkeit des Unwahrscheinlichen« mit dem weiteren Vordringen der Prognosen in die Zukunft wächst – also entgegen besserem Wissen –, macht Kahn die heutige Welt zu einer »Standardwelt« der Visionen, indem er die existierenden Trends ein bißchen verstärkt. Doch er hat trefflich gezeigt, daß eine Prognose für das 20. Jahrhundert, in der sich der Prognostiker auf die Periode der »la belle epoque« gestützt hätte, *völlig* mit der Wirklichkeit in Widerspruch geraten wäre, weil alles, was später geschah, aus der Sicht der Jahrhundertwende eben »unglaubhaft« war. Die Unsicherheit der Futurologen ist prinzipiell unabwendbar, doch man darf daraus nicht ein *methodisches Fundament* machen. Warum muß denn der Zustand, d. h. der Moment, in dem eine Prognose konstruiert wird, ein Standardzustand für die Zukunftsvision sein? Ohne Zweifel muß er der *Ausgangs*zustand sein, aber das sind doch ganz verschiedene Dinge. (Das Ei ist »Ausgangszustand«, aber bestimmt nicht »Standardzustand« des Huhns.) Die Annahme, daß die *Segmentierung des Prognosenraums* die Unsicherheit der Futurologen ausdrücke, bedeutet, die Ignoranz in den Stand der Tugend zu erheben. Doch die künftige Welt wird sich sicherlich nicht *deshalb* von der gegenwärtigen Welt erheblich unterscheiden, weil die Futurologen ihre Evolutionsprinzipien nicht kennen! Daher sind »kanonische« Varianten und »Standardvarianten« nur Objektivierungen (als Projektionen) der Ratlosigkeit. Das ist psychologisch verständlich,

doch methodologisch nicht zu rechtfertigen. (Wer zu fallen fürchtet, wird mit kleinen Schritten über einen Schwebebalken gehen; er wird in seinen Bewegungen so *zurückhaltend* sein wie Kahn mit seinen Ideen.) Die Lokalisation der Ereignisse wie deren Wahrscheinlichkeitsgrad kann verschwommen sein, aber nicht das *Koordinatensystem*, in dem sich alles ereignen muß, was sich ereignet. Doch gerade dieses System stellt eine Festschreibung (eine Projektion) des Nichtwissens dar, dem jede paradigmatische Unterstützung fehlt. Was für eine Idee, aus der Ignoranz eine Klassifikationsregel zu machen!

Das Buch »Ihr werdet es erleben« wurde vielfach kritisiert; am heftigsten wurde es als »Ausdruck einer reaktionären politischen Ideologie« angegriffen. Doch jene Kritiken waren insoweit bedeutungslos, als sie das Buch ein Werkzeug nannten, das die Position imperialer Macht festigen sollte. Nichtprognostizierende, also wirkungslose Prognosen können nur Ausdruck, nicht aber Werkzeug irgendwelcher Ideologien sein.

5. Signifikante Fehlprognosen

Signifikante und unsignifikante Prognosen sind nicht mit richtigen und falschen Prognosen gleichzusetzen. Richtige Prognosen können völlig bedeutungslos sein, und falsche Prognosen können wertvolle Informationen geben. Das scheint ziemlich merkwürdig. Am einfachsten ist das an einem Beispiel zu erklären. Wenn man voraussagt – gestützt auf bestimmte Angaben –, daß sich 40 % der Passagiere eines Zuges, der bei starkem Frost fährt, erkälten werden, wenn die Fenster geöffnet sind, wenn dann infolge einer Zugentgleisung die Scheiben zerschlagen und 40 % der Passagiere, die die Katastrophe überlebten, Schnupfen bekommen, dann hat sich die Prognose zweifelsfrei erfüllt, doch sie bleibt hinsichtlich des ganzen Ereignisses höchst unsignifikant. Die Prognose war, wenn auch richtig, zu »eng«.

Die Vorhersage, im Jahre 1925 geäußert, daß in den sechziger Jahren das Uran industrielle Bedeutung haben werde, wäre ebenfalls richtig, aber wertlos, weil zu allgemein. Die erste Prognose überging die Hauptsache der Ereignisse, die zweite beging diesen Fehler nicht, aber sie war zu unpräzise.

Eine Prognose kann auch falsch und trotzdem signifikant sein. Am besten zeigt dies ein Beispiel aus der wissenschaftlichen Phantastik.

R. Heinlein schrieb 1940 – kurz nach der Bombardierung von Coventry durch die Deutschen – die Erzählung »Solution Unsatisfactory«, in der er die Weltereignisse bis zu den fünfziger Jahren folgendermaßen darstellt: 1938 entdeckt Hahn die Uranspaltung. Im Sommer 1940 werden dann in den USA geheime Versuche zwecks Isolierung des Isotops U 235 durchgeführt. (!) Es gelingt *nicht*, eine Bombe herzustellen, aber man entwickelt die Methode Obre-Karst, eine Methode zur Herstellung tödlicher »radioaktiver Asche«. Die USA beteiligen sich weder am Krieg gegen Deutschland noch gegen Japan. 1944 gibt Italien die Achse preis, und England zieht seine Flotte aus dem Mittelmeer zurück, um die Blockade der Deutschen zu brechen. Der Krieg findet nun vor allem in der Luft statt. Beide Seiten übersäen sich mit Bomben, indes, die Lage Englands ist wesentlich schlechter. Da greifen die Vereinigten Staaten ein, indem sie den Briten ihre neue Waffe überlassen – mit der Klausel, daß ein Frieden nach Bedingungen geschlossen wird, die von den USA diktiert werden. Deutschland schenkt den Warnungen keinen Glauben. Englische Flugzeuge verstreuen über Berlin die radioaktive Asche, die gesamte Bevölkerung der Stadt wird vernichtet. Deutschland kapituliert. Damit schließt der erste Akt des Dramas. Die USA verkünden eine Pax Americana und übernehmen die Macht über die Welt mit der Absicht, eine neue internationale Organisation in der Art einer Liga der Nationen zu schaffen, nur ist sie mit der Exekutivgewalt ausgestattet: mit der Atomwaffe. Um Kontrollstationen auf der Erdkugel einzurichten (die darauf achten sollen, daß niemand die »Asche« herstellt), zwingen die USA alle Staaten, den Luftverkehr für eine bestimmte Zeit stillzulegen. Die Flugzeuge werden in speziell isolierte Gebiete evakuiert. Japan nimmt diese Bedingungen an, die »Euroasiatische

Union« jedoch beantwortet das Ultimatum mit militärischen Aktionen. Sie verfügt bereits über gewisse Mengen der »Asche«. So kommt es zu einem »Vier-Tage-Krieg«, in dem New York (Manhattan), Moskau und Wladiwostok zerstört werden. Amerika siegt und zwingt der ganzen Welt seinen Willen auf. Doch der tödliche Unfall des Präsidenten gefährdet die globale Pazifizierung. Der Vizepräsident, der die Macht übernimmt, ist Isolationist und erbitterter Gegner der Doktrin »Pax Americana«, deren Schöpfer und zugleich Vollender Oberst Manning, Chef der »Kommission für Weltsicherheit«, ist. Manning – mit dem Präsidenten konfrontiert, der ihm alle Macht entziehen will – droht mit der Zerstörung Washingtons durch Flugzeuge, deren Besatzung aus Nichtamerikanern besteht.

Manning gewinnt. Die Erzählung bricht jedoch in einer Atmosphäre bedrohlicher Unsicherheit ab: Manning ist schwer herzkrank, er hat keinen ebenbürtigen Nachfolger, die Zukunft ist ungewiß und voller Gefahren; ein »starker Mann« hat seinen Plan wohl durchgeboxt, doch er und Amerika sind von allgemeinem Haß umgeben.

Wenn man bedenkt, wann Heinlein das Buch schrieb (Kahn war damals 18 Jahre alt), dann wird man seine futurologische Leistung für beachtlich halten müssen. Die technische Beschreibung der Uranwaffe ist unsignifikant. Einige Aktionsorte scheinen gegen die Wahrscheinlichkeit zu verstoßen. Mir z. B. ist die Leichtigkeit verdächtig, mit der Manning – ganz allein – seine Pläne dem Präsidenten und der Regierung der USA aufzwingen kann (es geht um den ersten Präsidenten und dessen Kabinett); dieser Plan nämlich macht die Vereinigten Staaten nicht nur zum Polizisten der Erde, er hebt auch die Verfassung auf und – verwandelt die Demokratie in eine Diktatur. Doch als Ganzes weist das Heinleinsche Szenarium respektable Werte auf. In ihm stoßen wir zum ersten Mal auf Begriffe, die heute in der Strategie Allgemeinbegriffe sind wie z. B. die Fähigkeit, einen Vergeltungsschlag zu führen (second strike capability), die Verstaatlichung und Geheimhaltung wissenschaftlicher Forschung (das war 1940 für die USA präzedenzlos), die Atomic Energy Commission mit ihrem Einmannbetrieb des »Mr.

Commissioner«, die sich in der Erzählung »Weltsicherheitskommission« nennt; man spricht von der radioaktiven Verseuchung des Wassers durch Emissionen, die bei der Herstellung der Waffe entstehen (die Fische sterben davon); dem deutschen Botschafter in den USA wird die Vernichtungskraft der neuen Waffe demonstriert (dieser Plan wird – vor der Bombardierung Japans – von zahlreichen amerikanischen Physikern, die am Manhattan Project arbeiten, lanciert); Frau Dr. Karst, Mitentdeckerin der »Asche« begeht nach der Vernichtung Berlins Selbstmord (kein Wissenschaftler tat das wirklich, doch viele von ihnen kennen das schlechte Gewissen und Depressionen gut); usw.

Am signifikantesten indes ist der Umstand, mit welcher Treffsicherheit Heinlein die Vergeblichkeit von Mannings Plan erkannte. Die Einigung der Welt durch Gewalt ist in der Tat eine »unbefriedigende Lösung«. Die reale Welt beschritt einen anderen Weg: er führte zur Entstehung des »Gleichgewichts der Angst«. Die Erzählung Heinleins zeigt deutlich, daß dieser Weg nicht der *schlechtere* war. Was ist signifikant in einem Szenarium, das sich in der Realität *nicht* erfüllt hat? Heinlein erkannte 1940 die Relation zwischen den Begriffen »totale Waffen« und der in Blöcke geteilten Welt; das Dilemma *militärischer* Erpressung in einer Situation, die *politische* Lösungen verlangt. Das Szenarium stellt eine »sich selbst vernichtende« Prognose dar: Manning verkörpert die Politik der »Falken des Pentagon«, die in den fünfziger Jahren für einen extremen Flügel der amerikanischen Strategen typisch ist. Der Verlauf der Ereignisse selbst, der die Hoffnungen Mannings Lügen straft, zeigt, daß »die Falken« sogar im Falle eines Sieges nicht imstande gewesen wären, den mit Gewalt pazifizierten Globus zu stabilisieren.

Wir können heute also »Solution Unsatisfactory« als eine nicht realisierte Alternative der tatsächlichen Ereignisse behandeln. Die Tiefe der Zeit, aus der die Vorhersage projiziert wurde, gibt dem Buch seine besondere Bedeutung. Die Vorhersage isolierter Erscheinungen ist gewöhnlich unsignifikant; doch Heinlein bearbeitete nur eine falsche Variante des Weges, der in einer Entscheidungssituation, in der sich die Welt kurz nach der Veröffentlichung der Erzählung tatsächlich befand, beschritten wurde.

Daher ist auch der Verlauf der Ereignisse falsch, doch er liegt innerhalb richtiger, weil angemessener Möglichkeitsräume. Das ganze Netz der Beziehungen, die zwischen den neuentstandenen Mächten (USA-Regierung; andere Regierungen; Pentagon; Wissenschaftler usw.) herrschen sowie die militär-politischen Begriffe, die diese Beziehungen regulieren, wurde richtig entworfen. Die futurologische Fracht dieser Erzählung ist größer als die aller Kahnschen Szenarien zusammen. Wenn man bedenkt, daß R. Heinlein weder einen Stab von Mitarbeitern, noch die Computer des Hudson Instituts noch die der Rand Corporation, noch eine futurologische Bibliothek, noch Zugang zu dem Projekt Manhattan (das damals, als Heinlein das Buch schrieb, überhaupt noch nicht existierte) hatte, dann wird deutlich, daß die schöpferische Phantasie *durch nichts* zu ersetzen ist. Wir geben indes zu, daß Heinlein selbst nicht wußte, was er tat. Er machte sich nämlich nicht klar, daß er nicht einfach eine Prognose belletrisierte, sondern den dichotomischen Raum der Möglichkeiten begrenzte. Wir wissen davon, weil er in der Einleitung zu einem seiner Bücher zugab, daß er es für unerläßlich gehalten hatte – nachdem er aus schriftstellerischer Bequemlichkeit ein fiktives Zukunftskalendarium angefertigt hatte (davon wird noch gesondert zu sprechen sein) –, all jene Werke unter einem Pseudonym zu veröffentlichen, die in jenes Kalendarium nicht »hineinpassen« wollten, weil sie Varianten »einer anderen Zukunft« waren. Es lag also außerhalb seines Wissens, »alternative Zukunften« (die sich gegenseitig ausschließen) innerhalb *eines* Möglichkeitsraumes vorauszusagen. Man kann nur vermuten, warum Heinlein eine Variante wählte, die den geschichtlichen Ablauf des Geschehens falsifizierte: er hielt sie wohl für wahrscheinlicher. Die Situation des »Gleichgewichts der Angst« scheint nun in der Tat a priori äußerst instabil und dadurch zwangsläufig kurzlebig, d. h. temporär zu sein. Ausdruck für die Landläufigkeit gerade dieser Überzeugung war die – in den fünfziger Jahren unter den amerikanischen Atomwissenschaftlern populäre – Devise: »one world or none«. Ihr

Organ, das »Bulletin of the Atomic Scientist«, zeigte auf der Titelseite eine Geschichtsuhr, deren Zeiger von Mal zu Mal der 12 näher rückten. Aber solche Appelle sind politisch wirkungslos; deshalb wurde das Vorstellen der Zeiger – als ein Warnruf – bald zu einem graphischen Zeichen. Heinlein wählte also die Trajektorie der Ereignisse, die nicht nur ihm wahrscheinlicher zu sein schien.

Eine Analyse der Erzählung als futurologisches Szenarium – nicht als literarisches Werk (in dieser Hinsicht ist das Buch mittelmäßig) – macht verständlicher, woher diese prädiktive Treffsicherheit kommt. Einen für die Handlung zentralen Faktor bildet die Waffe, also ein Novum, das das System der Beziehungen teilweise destabilisiert und ihm seine eigene Logik aufzwingt – durch eine totale Transformation des Beziehungsnetzes. Man kann die Welt vergewaltigen, oder man kann mit der Welt in Verhandlungen treten: die Entscheidung hat dichotomische Gestalt. Am instruktivsten indes ist der Umstand, daß die Erfindungsgabe Heinleins (und 1940 war das reine Erfindung) die Abweichamplitude im Möglichkeitsraum – für die damalige Zeit – maximal aufgezeigt hat. Dadurch wurde dieser Raum geschlossen. Das Szenarium impliziert die Existenz zweier Phasen in jenem Raum: die der *militärischen* und die der *politischen* Entscheidungen. Im Szenarium wurde die militärische Lösung gewählt, und das war – wie schon gesagt wurde – falsch. Dennoch behält es seine *Signifikanz* – dank der Evokation jenes erwähnten Raumes. Wir wissen dies, natürlich, so sicher, weil es um Ereignisse geht, die der Vergangenheit angehören. Doch der Begriff des Möglichkeitsraumes kann operativ benutzt werden. Ich möchte darauf hinweisen, daß die Welt, die für die Handlungen des Buches die Ausgangswelt ist – und die mit der realen Welt identisch ist (der Krieg Englands gegen Deutschland; die globale Mächtekonstellation etc.) – nicht als irgendeine »Standardwelt« angesehen wurde, wo die Prognose ihre *Kontinuität* »in Verstärkung« darstellt. Denn – und das ist der nächste Schluß – für jede Konstellation der Welt gibt es einen Faktor, der die Eigenschaft hat, den bisher existierenden Möglichkeitsraum annullieren und einen völlig neuen kreieren zu können. An kritischen Punkten gehen diese Räume ineinander über: der alte Raum schrumpft auf Null zusammen und der neue dehnt sich aus. Zu der Menge solcher Faktoren gehören in der heutigen Zeit wissenschaftlich-technische Innovationen – deren Anteil an der Gesamtmenge nimmt zu. Man könnte annehmen, daß weitere Metamorphosen der Möglichkeitsräume unmöglich sind, wenn erst einmal eine »ultimative Waffe« existiert. Doch es muß nicht so sein. Das Prognostizieren thermonuklearer Zusammenstöße ist hinsichtlich ihres Wahrscheinlichkeitsgrades, nicht aber hinsichtlich ihrer maximalen Folgen ein wesentlicher Bestandteil der Futurologie; denn solch eine Erscheinung im zivilisatorischen Spiel entspricht einem Matt beim Schach, das beide Spieler gleichzeitig erreichen. Die Nichtprognostizierbarkeit der Folgen eines derartigen Zusammenstoßes ist total; deshalb hat eine auch darauf ausgerichtete Futurologie keinen Erkenntniswert.

Die Prognostizierung *beginnt* mit dem Entwurf von Möglichkeitsräumen, doch sie bleibt nicht dabei stehen. Solch ein Raum kann durch keine noch so große Fülle von »Szenarien« ersetzt werden. Die in der Einleitung zu diesem Kapitel skizzierte zivilisatorische Kluft der Menschheit weist auf einen anderen Raum als den, in dem wir uns gegenwärtig befinden.

Die »passive«, die »rein prädiktive« Futurologie ist wie ein Mensch, der die Konfiguration des ihn umgebenden Raumes erforschen will und Türen, Wände, Durchgänge, Hindernisse, Auswege etc. sucht. Darauf beschränkt sich ihre Tätigkeit. Die »aktive«, die »normative« Futurologie ist wie ein Mensch, der die Konfiguration des ihn einschließenden Raumes untersucht und andere Räume entwirft, zu denen er aus dem gegebenen unmittelbar hinüberwechseln kann. Er ist in dem Entwurf solcher angrenzenden Räume nicht völlig frei; auch kann er sie nicht in all ihren Dimensionen exakt beschreiben.

Die »passive« Futurologie betritt die Zukunft von der Gegenwart aus, andere Bewegungen kann sie nicht ausführen. Die aktive Futorologie kann darüber hinaus von einem selbst lokalisierten Zukunftsraum ausgehen und solche

Durchgänge – also transformatorische Handlungen – suchen, die das Gegenwartssystem in ein Zukunftssystem hinüberleiten können.

Die aktive Futurologie kann – in einer antagonistischen Welt – eine militärische Variante haben. Dann ist es ihre Aufgabe, solch einen Raum zu verfertigen, der außerhalb des aktuellen liegt und den man, ohne daß der Gegner davon weiß, konstruieren kann. In einer Welt mit einer »ultimativen Waffe« kann dieser andere Raum die Möglichkeit der Anwendung derselben nicht einfach paralysieren, er kann aber die Entscheidungsträger, die über die Anwendung bestimmen, lähmen, z. B. als Angriffsinstrument »mit Empfänger, aber ohne Absender«, d. h. als kryptomilitärisches Instrument, dessen intendierter Angriffscharakter vom Angegriffenen überhaupt nicht oder nur mit wenig Gewißheit erkennbar ist. Konzeptionen, die mit einer »ultimativen zweischneidigen Waffe« wie »Doomsday Machine« von Kahn operieren, sind nicht realistisch. Eine Strategie, die darin besteht, durch Androhung eines »Attentats auf die ganze Welt« Nachgiebigkeit zu erpressen, eine Strategie also, die in erpresserischer Absicht mit planetarem Selbstmord droht, schafft eine derartige Asymmetrie, daß ihre Verwirklichung völlig unwahrscheinlich wird. Sie ist auch nur die Frucht einer rein gedanklichen Spekulation (von Kahn et cons.). Wer bedroht ist, kann überhaupt nicht reagieren; der Bedroher muß dann (sofern er nicht selbst unter einem ultimativen Druck steht) die ganze Welt mit einseitig voller Verantwortung vernichten. Die Konzeptionen mancher Biologen gehören in die gleiche Kategorie. (Die eine Seite sensibilisiert – durch das Versprühen antigener Substanzen – die Bevölkerung des Gegners für ein Mittel, das die eigentliche Waffe ist. Dann teilt sie diesen Umstand mit und stellt ein Ultimatum, wobei sie mit der Anwendung eines weiteren Mittels droht, das die Sensibilisierten und nur die Sensibilisierten paralysiert.) Doch da der Gegner ex definitione über Atomwaffen verfügt, kann er – wenn er sich existenziell bedroht fühlt –, zurückschlagen: deshalb gibt es keine *offene* Strategie – nicht einmal als selbstmörderische Erpressungsstrategie –, die den »nuklear geschlossenen«

Raum der strategischen Möglichkeiten öffnen könnte. Katastrophen jedoch, die perfekt als unabsichtliche, d. h. als natürliche elementare Katastrophen ausgegeben werden können, öffnen den nuklearen strategischen Raum, weil sie ihm eine neue Dimension geben, die für die Atomwaffe unerreichbar ist. (Es ist sehr schwer, sich für die Notwendigkeit von Gegenangriffen zu entscheiden, wenn man nicht genau weiß, ob man es mit Angriffen zu tun hat.) In einer antagonistischen Welt ist daher diese »kryptomilitärische« Problematik äußerst signifikant. Weil sie in der SF-Literatur völlig fehlt, kann kein Beispiel angeführt werden.

Im Entwurf einen anderen Möglichkeitsraum als den, in dem wir uns befinden, zu verfertigen, ist verhältnismäßig leicht. Doch ein real erreichbares System von Operationen bzw. Wegen aufzufinden, die unseren Raum in einen projektierten überleiten, ist eine der schwersten existierenden Aufgaben. Wer solche Räume entwirft, kann sich jedoch die ameisenhafte und gewöhnlich auch unfruchtbare Mühe schenken, einzelne Erscheinungstrajektorien blind zu zeichnen (= sich irgendwelche Szenarien auszudenken). Denn diese Räume haben Phasen, Phasenübergänge, kritische Punkte und auch Grenz- sowie Randgebiete, die sich durch lokale Besonderheiten auszeichnen. Wer einen Raum verfertigt, in den der jetzt existierende umgestaltbar ist, der entspricht jemandem, der die existierende Wissenschaftstheorie durch eine neue ersetzt. Die Unterschiede zwischen beiden Tätigkeiten sind groß, doch die Ähnlichkeit besteht darin, daß man sich auf einem Niveau von (gewissen) universellen Bedeutungen bewegt: (denn einen Raum von Möglichkeiten zu entwerfen, ist gleichbedeutend mit dem Aufstellen einer futurognostischen Paradigmatik).

Die Verfertigung eines neuen Möglichkeitsraumes bedarf der Existenz gewisser Präferenzen bzw. überprivilegierter Werte. Ohne die Festsetzung eines axiologischen Minimums sind solche Entwürfe unmöglich.

Wovon ist die Rede? Es geht um eine optimistische Futurologie der Futurologie, weil – bei weiterer Perspektive – notwendige Fortschritte vorhersehbar sind: als Entwürfe von Räumen, die in andere Räume eingegliedert sind (wie die Puppen in der Puppe); Räume, die sich gegenseitig durchdringen; axiologisch verbotene Räume; »suspendierte« Räume (wegen ihrer einstweiligen instrumentalen Unerreichbarkeit); Räume mit einem hohen und mit einem kleinen Freiheitsgrad; isotrope und anisotrope Räume; Räume mit flachen und mit steilen Gradienten der verschiedenen Zuwachsraten; Räume mit vielen oder wenigen »Ein- und Ausgängen« in andere Räume; usw. Die Zukunft kann zu einer topologischen Wabe werden, die entweder voller Honig oder voller Gift ist. Die nichtgeeinte Zivilisation könnte doch zu einer Übereinkunft kommen, in welche Räume nicht einzutreten für beide Seiten besser wäre; sogar eine extrem zerstrittene Besatzung einer Fregatte sähe schnell ein, daß es – wegen der durch den Streit verursachten schlechten Steuerbarkeit des Schiffes – besser wäre, die auf der Seekarte verzeichneten Zyklone zu meiden.

Es ist eine erstaunliche Sache, daß es in der Futurologie keine Prognosen gibt, die die Welt mit einer aktiven futurologischen Komponente zeigen. Eine Futurologie, die sich selbst in den prognostizierten Welten nicht ansiedelt, verfährt sich selbst gegenüber als ungläubiger Thomas.

6. Systembedingte Ethik

1. Für das, wovon der Mensch weiß und worauf er Einfluß hat, ist er moralisch verantwortlich. Moralische Verantwortung zu postulieren für das, was unbekannt oder von uns unabhängig ist, das ist absurd. Trotzdem gab es und gibt es solche Forderungen. Es heißt, man könne im Prinzip alles in Erfahrung bringen, was anderen Menschen in der gegenwärtigen Welt zustößt; dann kann man entweder ihnen zu helfen suchen oder – wenn das undurchführbar ist – Selbstmord begehen. Denn wenn ich lebe, obwohl ich mein Leben jederzeit selbst beenden kann, dann tue ich damit kund, an allen menschlichen Angelegenheiten – sowohl erhebenden als auch schrecklichen – teilhaben zu wollen. Allein dadurch, daß ich lebe, übernehme ich die Verantwortung für all das Böse auf der Welt. Wenn ich davon weiß und lebe, ihm aber nicht

tagaus, tagein Widerstand entgegensetze, dann heißt das, daß ich all das Böse akzeptiere. Dieser Betrachtungsweise zufolge befreit Ohnmacht *nicht* von moralischer Verantwortung: denn man kann sich ihrer durch Selbsttötung entledigen.

Ein bösartiger Beobachter der menschlichen Szene könnte hier anmerken, daß dieser Maximalismus von Menschen zweier prinzipiell verschiedener Kategorien vertreten wird. Die einen vertreten ihn, begehen aber keinen Selbstmord; die anderen, die bereit sind, ihr Leben wegen der Not anderer wegzuwerfen, begründen diesen Schritt nicht mit theoretischen Publikationen. Wer solch einen Maximalismus verkündet und trotzdem ein hohes Alter erreicht, der ist ein unmoralischer Moralist; weil er andere zu einem Tun, dem er selbst ausweicht, anspornt. Trotzdem, diese Doktrin hat tatsächlich ihre Anhänger, die dann auch Selbstmord verüben. Ich wage nicht, sie als Besessene zu bezeichnen. Übrigens, wenn es eine Besessenheit gibt, die höchste Achtung und Bewunderung verdient, dann ist es diese.

Leider ist dieser moralische Maximalismus in seinen Folgen verhängnisvoll. Würde er eine Epidemie von Selbstmorden – aus edlen Motiven – auslösen, dann käme eine »natürliche Auslese« zum Zuge, die für die menschliche Gesellschaft höchst unerwünscht wäre: die Autoliquidation von Menschen, die gegenüber all dem vorhandenen Bösen besonders sensibel sind. Auf solche Argumente reagiert ein Maximalist nicht. Bereits im ersten Teil seines Programms fordert er Dinge, die undurchführbar sind: es ist nämlich unmöglich, in einem Menschenleben in Erfahrung zu bringen, wie groß die Menge all des Bösen ist, das die Menschen auf der von Milliarden bevölkerten Erde einander zufügen. Woher stammt eigentlich diese so erhabene und zugleich bizarre Haltung?

2. Es gibt eine Konzeption, wonach die Ethik mit Toleranzen arbeiten soll. Keiner ist ideal moralisch, doch jeder kennt das Ideal. Jeder weiß, wann er Böses tut. Der ethische Maximalismus legt die oberste Grenze der Vollkommenheit fest, er schafft eine Skala, an der die Handlungen gemessen werden können.

Diese schöne Doktrin jedoch hat einen niedrigen Leistungsgrad. Sie ist ein Produkt der Geschichte: sie entstand in einem offenen System; ein solches war die Welt für die Menschheit seit Beginn der Anthropogenese. In einem offenen System kann die Ethik petrifizieren. Sie gleicht dann einem Kodex des Absoluten. Sie ist eine Ethik des Maximalismus hinsichtlich der Verpflichtungen und eine Ethik des Minimalismus hinsichtlich der Verwirklichungen. Mit ihrer Realisierung rechnet in der Praxis niemand, nicht einmal die ethischen Maximalisten selbst.

3. Jede Ethik wird in der Realität immer durch das System relativiert, in einem offenen System indes kann dies nicht wahrgenommen werden. Heute wird das System durch zwei miteinander gekoppelte Explosionen, der demographischen und der technologischen, geschlossen. In einem geschlossenen System werden nun Erscheinungen, die bisher bedeutungslos waren, mit der Ethik verwoben. Bildhaft könnte man sagen, die Sphäre der Ethik dehnt sich aus und absorbiert dabei Erscheinungen, die bisher außerhalb der Ethik lagen oder umgekehrt: die Sphäre der Ethik ist unbeweglich, doch bisher neutrale Dinge münden nun in sie ein wie Materieströme in einen Stern.

Die Senkung der Säuglingssterblichkeit, die Inbetriebnahme einer Fabrik, die Geburt eines weiteren Kindes, der Ausflug ins Grüne – all solche und viele andere Initiativen beginnen – in einem geschlossenen System – der Ethik zu unterliegen.

Um dies zu erklären: in einem offenen System ist ein Familienausflug ins Grüne die Folge einer Entscheidung, die ethisch neutral ist. Wer jedoch am Weekend mit den Kindern die Stadt verläßt, obschon er die Veröffentlichungen über die erwartete Anzahl von Verkehrsunfällen kennt (und diese Prognosen haben einen hohen Glaubwürdigkeitsgrad), der betritt dadurch, daß er das Risiko eines Unfalls auch für die Kinder übernimmt, das Gebiet der moralischen Verantwortung – nicht anders als ein Kommandeur, der die Patrouille an die Front führt. Dieser Vergleich ist angemessen, weil die Möglichkeit der Verletzung oder des Todes im dichten Straßenverkehr gewöhnlich *größer* ist als die analoge Möglichkeit an der Front. Da die ethischen Intuitionen nicht mit der Realität Schritt halten, kann ein solches Denken sogar für absurd gehalten werden.

Niemand würde mit seinen Kindern – unter Artilleriebeschuß – Pilze suchen gehen, selbst wenn die Statistik versichert, daß dies weniger bedrohlich sei als ein Wochenendausflug.

4. Die Ethik, die einem offenen System entstammt, ist maximalistisch und primitiv. Sie liefert keine optimalen Lösungen für die Dilemmata eines geschlossenen Systems. Sie gestattet keine Einschränkung der als natürlich bezeichneten Rechte, z. B. der Freiheit der Fortpflanzung. Sie ist stark lokal, d. h. sie ist auf das, was »hier und heute« geschieht, ausgerichtet. Gegenüber Massenerscheinungen ist sie völlig hilflos. (Gombrowicz hat dies vorzüglich am Beispiel eines einsamen Menschen gezeigt, der am Strand Käfer rettet; der ethische Reflex fordert eine sofortige samariterische Intervention, und wer beim Anblick bedrohter Käfer, Mäuse oder Menschen – aus dem Bewußtsein der Diskrepanz zwischen Notwendigkeit und Möglichkeit – keine Hilfe leistet und statt dessen nach Hause geht, um darüber zu meditieren, wie solche Bedrohungen zu vermeiden sind, der dürfte wohl kaum das Lob der Moralisten erhalten.) Ein Reflex, der unmittelbare Taten fordert, taucht auch in der Futurologie auf. Das Projekt »Zero Growth«, das ist die Forderung, ein Vehikel zu bremsen, das sich gefährlich schnell bewegt. Ein Auto muß angesichts eines Hindernisses gebremst werden, die zivilisatorische Expansion zu bremsen, ist indes eine Sache anderer Größenordnung. Man kann den Zustand, in dem man sich befindet, nicht einfrieren und in einem geschlossenen System unter dem Status quo weiterleben in dem Glauben, daß man sich musterhaft verhalten habe. Die Ethik braucht eine eigene Futurologie; sie braucht ihre eigenen Szenarien, z. B. ein axiologisches Netz von Beziehungen, die bei der Drosselung der zivilisatorischen Entwicklung entstehen.

Futurologie, das ist Wissen auf Zuwachs; in einem sich verändernden und geschlossenen System ist auch eine Ethik auf Zuwachs unerläßlich.

5. Die Annahme, daß die rein kognitive Tätigkeit ständig ethisch neutral sei und nur die Applikationen der Entdekkungen mit der Ethik verstrickt seien, trifft nicht zu. Diese Annahme wird *ebenfalls* durch das System relativiert; sie ist von dem Niveau des bereits vorhandenen Wissens und von dem Grad der Machbarkeit von Erscheinungen abhängig. Deshalb wird die Ethik in einem Kapitel besprochen, das der Epistemologie gewidmet ist. Die Epistemologie der Wissenschaft reicht in die Ethik hinein, ob es uns nun gefällt oder nicht. Dazu nun Beispiele:

A. Eine der Lasten des menschlichen Alterns ist das Schwinden der Körperkräfte – unter Beibehalt der Selbsterhaltungsinstinkte. Man kann bereits nicht mehr lebensfähig sein und trotzdem weiterleben wollen. Der Einklang alter Menschen mit ihrem eigenen Tod gehört nicht zu den psychophysiologischen Normen unserer Gattung. Die fehlende Korrelation zwischen dem Schwinden der Lebenskräfte und dem Lebenswillen ist Folge einer »Schlamperei« der Evolution: egal, was mit den Organismen nach dem Erlöschen der Fortpflanzungspotenz geschieht, es liegt außerhalb des natürlichen Ausleseprozesses und kann deshalb keiner Aussonderung unterzogen werden.

Aus der Sicht des »rationalen Konstruktivismus« scheint sich eine Maßnahme zu empfehlen, wo die »debilitas vitae«, – wenn sie eintritt –, automatisch die »amor vitae« liquidiert. Aber hier entsteht eine moralische Klippe: wäre dies nicht eine »euthanasische Präkonditionierung«? Wenn man einem alten Menschen die Lust zu leben nimmt – so sagt der Moralist –, nimmt man ihm dann nicht die innere Freiheit der Wahl? Die Freiheit – so der Moralist – ist ein Grundrecht und unabhängig von der Verfassung der Lebenskräfte; wer zum inneren Verzicht auf das Leben gezwungen wird, der ist das Opfer einer perfiden Nötigung; solch eine Maßnahme wäre daher eine Art Verkrüppelung der Psyche.

Wohl protestiert ein Moralist *nicht mehr*, wenn man Todkranke – durch Mittel vom Typ des LSD – ihrem eigenen Schicksal gegenüber gleichgültig macht. Selbst die Moraltheologie ist *nicht mehr* der Meinung, daß Frauen unter Schmerzen gebären *müssen*. Die Ethik gibt also *bereits* ihrer

Zustimmung Ausdruck, das Leiden oder die Angst vor dem Tod abzuschaffen, aber *noch nicht* – das Sterbenwollen einzupflanzen. Die Differenzierungen, die bei derartigen Abstufungen vorgenommen werden, sind im allgemeinen nicht rationalisierbar; einen Todkranken *darf* man der Wirkung von LSD (zumindest in einigen Ländern) aussetzen, nicht aber einen sterbenden alten Menschen, obwohl der erste durch seine Krankheit und der zweite durch seine Senilität zum Tode verurteilt ist. So schwankend ist der aktuelle Bereich ethischer Entscheidungen.

Ein Moralist kann die durch die Natur gegebene »parametrische Charakteristik« des Menschen prinzipiell nicht in Frage stellen. Er hält es nicht für »unmoralisch«, daß die Menschen leiden und sterben, weil dieser Umstand von niemandes Entscheidungen abhängig ist. Doch die Technologie beginnt, in jene Parameter in ihrer gegebenen Form einzugreifen; das paralysiert die Ethik, deren letzte Instanz »der natürliche Prototyp des Menschen« ist. An was soll man dann appellieren? An die Anatomophysiologie der Engel?

B. Dieses Problem fand in der SF-Literatur in dem Roman »A Clockwork Orange« (»Uhrwerk Orange«) von Anthony Burgess eine partikulare Darstellung. Ein junger sadistischer Triebverbrecher wird in einer Spezialklinik einer »nichtpersuasiven Therapie« unterzogen. Diese »Resozialisierung« hat bedingte Reflexe zur Folge, die ihm Aggressionserscheinungen unmöglich machen. Allein beim Anblick brutaler Taten wird ihm schlecht. Nach den Worten des Gefängnispfarrers (einer Gestalt des Romans) ist dies eine Verstümmelung der Seele: der Entzug der inneren Entscheidungsfreiheit des Menschen. Um dem Vorwurf zu entgehen, daß die Therapie beim Täter nur »das Böse« amputiere, hat Burgess seinen Helden mit »höheren Neigungen« – der Liebe zur ernsten Musik – ausgestattet. Die Blockierung der Aggressionen umfaßt auch jene Melomanie; die Diagnose von der psychischen Verkrüppelung wird evident. Der Roman – wie auch der Film von S. Kubrick unter dem gleichen Titel – lassen ethische Tradition und Erscheinungen der sozialen Technologie aufeinanderprallen. Aus gesellschaftlicher Sicht scheint die »nichtpersuasive Resozialisierung« eine gute Sache; Burgess treibt den Konflikt zwischen dem Allgemeininteresse und dem Individualinteresse auf die Spitze und zeigt, daß der »Resozialisierte« mit seiner neuen Existenz nicht fertig wird und Selbstmord begeht. In dem Artikel »A Clockwork Marmelade« hat Burgess, notabene, geäußert, daß der Regisseur den Gehalt seines Buches deformiert habe: er habe aus dem jungen Verbrecher eine symphatische Figur gemacht, vor allem dadurch, daß er dessen Opfer antisymphatisch zeichnete und auch den Angestellten der Resozialisierungsanstalt widerliche Züge gab. Ich erwähne dies deshalb, weil ich mit dem Psychiater Robert Plank übereinstimme, daß der Held Burgess' – auch in der Buchversion – völlig unwahrscheinlich ist; und weiter: die Eingriffe, die die sadistisch-gewalttätigen Triebe des Helden – in der Version von Kubrick – »ästhetisieren« sollen, verstärken die Fiktivität jener Charakteropathie nur. (In dem Film ist der junge Sadist so hochgradig meloman, daß er minderjährige Mädchen zum Takt der »Kleinen Nachtmusik« vergewaltigt.) Burgess versuchte indes, das Gleichmaß zu wahren; Kubrick nun stellte einem sympathischen, wenn auch in seinen Trieben widerwärtigen Individuum ein Kollektivungeheuer, die Gesellschaft, gegenüber. Dadurch wurde das eigentliche Problem völlig verzerrt. Die Annahme, daß eine Person wie Alex aus »A Clockwork Orange«, ein Psychopath also, bis zu den »resozialisierenden« Eingriffen innerlich frei gewesen sei, trifft nicht zu; das Verhalten von Charakteropathen trägt alle Züge einer Kompulsation; die Gesetzgeber sind sich dessen völlig bewußt, denn sie kennen die verminderte Zurechnungsfähigkeit und damit auch die verminderte Verantwortung für begangene Taten. Ein Psychopath kann nämlich innerlich gezwungen gewesen sein. Ein Vergleich zwischen der geistigen Situation eines Psychopathen und der normalen Situation von Entscheidungsfreiheit zwischen Gut und Böse ist daher eine nicht rechtskräftige Idealisierung. Gerade die Eingriffe können ja die triebhafte Kompulsivität ausschalten und dadurch dem Psychopathen die innere Freiheit wiedergeben. Die Diagnostizierung gerade eines solchen Sachverhaltes ist indes – zugestandenermaßen – nicht einfach. Die optimale

Lösung wäre eine Wiederherstellung des »Gleichgewichts der Kräfte in der Seele«; die Moraltheologie und die experimentelle Psychologie decken sich hier in ihren Diagnosen keineswegs. Die Theologie geht nämlich von der inneren Freiheit jedes einzelnen Menschen aus; sie schweigt erst dann, – manchmal sogar ganz abrupt – wenn die Beweise a contrario nicht mehr zu widerlegen sind – wie im Falle eines völlig schwachsinnigen Gewalttäters.

Vorkommnisse ähnlicher Art werden in der Zukunft viel gewalttätiger sein als sie der Roman – als prognostisches Modell – beschreibt. Es ist zu bedauern, wie total gleichgültig sich die an diesen Fragen interessierten Autoren gegenüber den Ergebnissen der auf diesem Gebiet kompetenten Disziplinen, speziell der Psychologie und Psychiatrie, zeigen. Man darf nicht vergessen, daß die Grenzen zwischen einem Kunstwerk, das Warnfunktion ausüben will (vor omnipotenten Innovationen, die zu moralischen Dilemmata führen) und solchen Schöpfungen, die den Sachverhalt drastisch verzerren und Lüge für Wahrheit ausgeben, oft sehr schmal sind. Man muß auch bedenken, daß Filme wie »A Clockwork Orange« versuchen, Feindschaft zu säen gegen *jede* sozio- und biotechnische Intervention im allgemeinen. *Jeder* mögliche Eingriff wird in schwarzen Farben gemalt und so dargestellt, daß er Ekel und Entsetzen hervorruft. Dadurch kommt zu den ethischen Dilemmata eine Desinformation hinzu, die den eh schlimmen Sachverhalt noch verschlimmern: man kann schwerlich von einem breiten Publikum verlangen, daß es sich in den Problemen der menschlichen Biopsychologie auskennt, wenn sich nicht einmal diejenigen, die auf künstlerischem Gebiet mit der »Futurologisierung« herumspielen, Mühe geben, mehr Wissen zu den behandelten Themen zu erwerben, bevor sie ihr Verdammungsurteil sprechen. Dies ist jedoch, leider, eine für die SF typische Erscheinung: die Autoren zeigen uns mit Vorliebe »Zukünfte«, in denen das einzige zugängliche Fleischprodukt – als Leckerbissen – Küchenschaben sind, die auf die Größe eines Schweins gezüchtet werden; »Zukünfte«, in denen die antikonzeptionelle Arbeit des Staates eine Art sadistische Verfolgung der »besonders zeugungsfähigen« Personen darstellt (z. B.

N. Kamin: »The Herod Men«); »Zukünfte«, in denen aus dem Kosmos Bakterien auf die Erde gelangen, die Tod und Vernichtung bringen (»The Andromeda Strain« von M. Crichton); »Zukünfte«, in denen das Anschließen eines menschlichen Gehirns an einen Mikrocomputer – zu Heilungszwecken (um Epilepsieanfälle zu beseitigen) – den Delinquenten in einen »elektrifizierten Frankenstein« verwandeln (»The Terminal Man« vom gleichen Autor); »Zukünfte«, in denen – wie in »Triage« von L. C. Lewin – die demographische Politik der USA – mit dem Segen des Präsidenten selbst versehen – darin besteht, einen systematischen Genozid an »unbequemen« Bürgern zu verüben. Solche »futurologischen« Tätigkeiten könnten in ihrer gedankenlosen Unverantwortlichkeit unabsehbare gesellschaftlich negative Folgen haben, wenn es nicht das Phänomen gäbe, daß die westliche Gesellschaft durch »Greuelpropaganda« nicht mehr aufzuregen ist.

6. Eine systembedingte Ethik wird bis zu den Grenzbedingungen, die das System aufzeigt, relativiert. Sie wird folglich bis zu den technologisch bedingten Veränderungen relativiert. Ihre – bisher unbekannte – Besonderheit liegt zum einen in der Alienation von menschlichen Entscheidungen, – die in mindestens zwei verschiedenen Formen auftritt –, und zum anderen in der Abhängigkeit von technoderivaten Rationalisierungen, die übrigens sehr umstritten sind.

A. Eine Alienation von Entscheidungen entsteht, wenn der Mensch »pseudopersonalistische« Systeme ins Leben ruft. (»Roboter«, »Androiden«, »Automaten«, die irgendein Äquivalent zu einem inneren psychischen Leben besitzen, dessen Ähnlichkeit mit »Menschenmustern« unübersehbar ist). Oder sie entsteht, wenn der Mensch Entscheidungsfunktionen an Anlagen abgibt, die wohl »unpersonalistisch« sind, den Menschen aber auch dort ersetzen, wo – mit der Ethik verknüpfte – Entscheidungen getroffen werden müssen.

Der erste Problemkreis kann an einem extremen Beispiel herausgearbeitet werden. Dieses Beispiel stellt die »mechanische Parallele« zu der schon erwähnten Frage einer »eingepflanzten Zustimmung zum eigenen Tod« dar. Man stelle sich eine Situation vor, wo ein Konstrukteur einen »Roboter« bauen soll, der für eine bestimmte Aufgabe vorgesehen ist, z. B. soll er auf einem Planeten landen und dort eine Reihe ganz bestimmter Tätigkeiten ausführen. Hat der Roboter dies getan, wird er völlig überflüssig. Aber: die Umweltbedingungen, unter denen er handeln soll, könnten ja so kompliziert sein, daß ein determinierter Automat nicht mit ihnen fertig würde. Mit anderen Worten, als unser Vollstrecker wäre ein Automat vonnöten, der die Fähigkeit hat, Aussagesätze zu formulieren, Verallgemeinerungen abzuleiten und optimale Entscheidungen auszuwählen, mit einem Wort: ein Automat, der über eine, dem Menschen ähnliche Selbständigkeit verfügt. Das Schicksal eines solchen Gehirns wäre nicht beneidenswert, wenn es mit der gestellten Aufgabe fertig ist. Da es um eine Maschine geht, könnte man sie einfach auf dem Planeten lassen, eventuell könnte man eine Sprengladung einbauen, die sie nach Beendigung der vorprogrammierten Arbeit zerstört. Doch ein Roboter, der ähnlich wie ein Mensch denkt und der zur Vernichtung verurteilt ist, weil die Konstrukteure ihm Zündung und Sprengstoff in den Leib eingebaut haben, ist doch wohl eine nicht annehmbare Lösung. Was also? Soll man in den letzten Teil des Programms einen »Todestrieb« einprogrammieren, damit diese elektrische oder bionische Person »aus eigenem, nicht aufgezwungenem Willen« mit sich selbst Schluß macht? Doch wo ein vorprogrammierter »Thanatos« tätig wird, kann von einem »nicht aufgezwungenen Willen« keine Rede sein. Der Konstrukteur sagt: solche Bedenken sind ohne jeden rationalen Sinn, denn sie setzen stillschweigend voraus, daß ein – zu intelligenter Selbständigkeit fähiges – System sich auch im Detail mit dem Menschen – als absolutem Eichmaß – deckt. Und das ist eine Prämisse, die ad absurdum führt. Folgen wir nun einem Moralisten und bauen dem Automaten einen Todestrieb in der Art des menschlichen Sexualtriebs ein! Wohl ist die Libido intensiv, dennoch kann man sie durch starken Willen zähmen. Dasselbe soll für unseren Roboter gelten. Nach Beendigung der Arbeit wird er nach seiner Zerstörung lechzen, aber er wird dieser Begierde auch Widerstand leisten können. Dann – innerlich frei –

zwischen dem Vernichtungstrieb und dem Erhaltungswillen hin und her gerissen, wird er mit den Jahren in seiner Einöde langsam auseinanderfallen. Ist es das, was die Moralisten wollen? Ist dies das Ideal, dem wir folgen sollen? Man sagt, ein solches Dilemma entstünde nicht, wenn die Maschine sich zwar intelligent verhält, aber kein Bewußtsein besitzt. Da es jedoch keine Bewußtseinsmeter gibt, wir das Vorhandensein eines persönlichen Ichs nur an äußeren Symptomen, d. h. an einem Verhalten, das unserem ähnlich ist, erkennen können, kann es keine Kriterien geben, die Roboter mit »einer eigenen subjektiven Welt« von Robotern ohne diese eigene Welt trennen könnten.

Ein Moralist befindet sich in der Tat bei solch einer Argumentation in einer schwierigen Situation. Bleibt er bei der Direktive der »Maximalisierung der inneren Freiheit«, dann warten auf ihn unangenehme Überraschungen seitens anderer Konstrukteure von Körpern, die – zu seinem Glauben, daß der Geist moralisch um so besser sei, je freier er ist, konvertiert – daraufhin diesem Geist vermehrt bisher unbekannte Freiheiten einbauen. Sie schaffen die entsprechende technische Umgebung und versehen die Menschen mit bionischen Aggregaten, wodurch diese allein durch einen Willensakt dann das tun können, wofür sie früher physische Aktivitäten entwickeln mußten. Sie können z. B. – durch rein gedankliches Wollen – andere umbringen; sie können – durch entsprechende Gedanken – Sterne sprengen; sie können – wenn sie wollen – Genozide vornehmen: denn jeder solcher mentalen Beschlüsse wird durch entsprechende Zwischen- und Untersysteme verwirklicht. Jene so umkonstruierten Menschen würden dann über eine Freiheit von ungeheurem, gigantischem Ausmaß verfügen, natürlich dürften sie diese nicht mißbrauchen. Da solch einem »Programm der Optimalisierung« nur ein Fanatiker »geistiger Freiheit« zustimmen würde, können wir folgern, daß es für die Ethik keinen anderen Bezugspunkt gibt als den durch die Evolution vorgegebenen Menschen; autoevolutionäre Ansichten bedrohen folglich das Fundament der Ethik.

Über den zweiten Problemkreis der »Alienation von Entscheidungen« schreiben die Futurologen bereits (z. B. A.

Toffler in »Future Shock«). Er beruht auf der Idee, Computer zu bauen mit einer Entscheidungscharakteristik, die eine Kopie der Präferenzen darstellt, die für einen bestimmten Menschen, z. B. einen Manager, typisch sind. Ein solcher Computer wäre das »minimale Alter ego« dieses Menschen; zwar würde dieser Computer psychisch nichts erleben, er wäre keine »Person«, aber er würde alle Entscheidungen genauso (richtiger gesagt: mit großer Wahrscheinlichkeit genauso) treffen wie jener Mensch selbst. Er könnte ihn auf verschiedenen Sitzungen, Konferenzen etc. ersetzen. Die Frage lautet nun, ob das »lebende Original« für Entscheidungen seines »Simulators« – (wenn diese mit der Ethik verquickt sind) –, moralisch verantwortlich ist oder nicht? Dieses Problem – auf eine möglichst hohe Ebene übertragen – wirft die Frage auf, ob die Menschen das Recht haben, den Löwenanteil ihrer Entscheidungsprobleme nichtmenschlichen Anlagen zu übertragen, d. h. ob man irgendeine Form von »Computerokratie« akzeptieren kann? Diese Frage ist so umgreifend und kompliziert, daß sie hier nicht besprochen werden kann, nicht einmal flüchtig. Ihre Charakteristik ist z. T. antinominal, d. h. sie ist nicht nur axiologisch verwikkelt, sondern darüber hinaus auch logisch nicht rekonstruierbar – will man nicht in Widersprüche geraten. Offensichtlich spielt hier die parametrische Eigentümlichkeit des »Computers als Herrschers« die Hauptrolle; und da man weder den Zustand der Gesellschaft, über die der Computer herrschen würde, noch das Computerprogramm genau kennt, kann auch keine universell gültige Antwort gegeben werden. (U. a. kann man nicht a priori davon ausgehen, daß ein Computer – so gut, so weise, gerecht, allwissend usw. wie all die großartigen Ethiker und Moralisten der Geschichte zusammen – nicht konstruierbar ist.)

B. Außer der Alienation von Entscheidungen »minimalen« und »maximalen« Umfangs gibt es in der systembedingten Ethik – die um nichtmenschliche, ethisch jedoch bewertende und/oder bewertbare Systeme erweitert wurde, die Problematik technoderivater Rationalisierungen. Die imaginäre Diskussion zwischen einem »Moralisten« und einem »Konstrukteur« über die »Programmierung von Menschen und Robotern« – so wie oben beschrieben – wäre ein Beispiel hierfür.

Dieses Problem entsteht in seiner vollen Breite bei der Formulierung eines Programms für die Autoevolution des Menschen. Ich behandle diese Frage hier nicht weiter, denn teilweise habe ich sie in anderen Kapiteln dieses Buches erörtert, teilweise wurde sie in dem »Pasquill auf die Evolution« – einem gesonderten Kapitel der »Summa technologiae« –, besprochen. Nur soviel: sie ist eine Bombe, die unter die ethischen Kodices gelegt wurde. Sie schafft ein Gewühl von Dilemmata, gleichzeitig nimmt sie uns jeden Rückhalt, und zwar dann, wenn der homo sapiens – als »Eichmodell« – aufhört, Standard für ethische Feststellungen und Entscheidungen zu sein.

7. Die völlige Relativierung der Ethik wird zu den grauenvollsten Bedrohungen, die den Menschen erreichen können, gezählt werden müssen. Als krasses Beispiel einer Gedankenverwirrung – wodurch sogar sonst schätzenswerte und anscheinend vernünftige Personen geradezu »ethiktötende« Erklärungen abgeben –, mag B. F. Skinner, ein gelehrter, behavioristischer Psychologe, dienen, der in zwei Büchern – einem diskursiven und einem phantastischen – ein Programm vorlegt, in dem die menschliche Ethik über Bord geworfen wird.

Skinners Ausführungen sind einfach. In dem Buch »Jenseits von Freiheit und Würde« behauptet er, daß Freiheit und Würde sekundäre Produkte der Umwelt und des Milieus sind und keineswegs dauerhafte Motoren des Fortschritts darstellen, sondern Bremsen. In einer gut organisierten Gesellschaft sei deshalb für beide kein Platz. Man sollte eine »Verhaltenstechnologie« kreieren – und diese auf allen Gebieten des menschlichen Lebens, des öffentlichen und privaten, anwenden; dadurch würde dann eine exzellent geordnete Gesellschaft entstehen.

Diese totalitäre Konzeption Skinners wurde in den USA zu einem Streit- und Kritikobjekt. Sie ist so utopisch (oder besser: antiutopisch), daß sie keine sachliche Erörterung verdient. Als Symptom, noch dazu als doppeltes, verdient sie indes Aufmerksamkeit. Erstens stellt sie eine originelle Darstellung des bekannten – wenn auch in der Wissenschaft diskreditierten – Prinzips dar: »wenn die Tatsachen einer Theorie zuwiderlaufen, um so schlimmer für die Tatsachen«. B. F. Skinner ist einer der bedeutendsten Vertreter des Behaviorismus; diese Doktrin war jedoch in der Psychologie nicht aufrechtzuerhalten; daraufhin entwickelte Skinner ein Programm, mit dessen Hilfe die menschliche Welt doch noch in den Rahmen jener Theorie gepreßt werden konnte: ist sie falsch, um so schlimmer für die Menschen, deren Psyche entsprechend zurechtgezimmert werden muß.

Zweitens: man wird auf die nächsten »ethiktötenden Attentate« – als Reaktion auf zivilisatorische Veränderungen – warten können. Die Transformation der Ethik eines offenen Systems in die Ethik eines geschlossenen Systems ist tragisch kompliziert: die Methode, das Kind mit dem Bade auszuschütten, drängt sich dann von selbst auf. Wohl ist sie eine irrationale Handlung, aber sie ist zumindest einfach – denn die Welt ist äußerst kompliziert geworden. Wir leben in Zeiten nicht nur ethischen Chaos, in Zeiten, in denen zwei Gelehrte –, Philosoph der eine, Psychologe der andere –, ein Buch unter dem Titel »Antiödipus« veröffentlichen, in dem sie den Beelzebub Psychoanalyse durch den Teufel Psychose austreiben; hier wird die Schizophrenie mit dem Kapitalismus und die Paranoia mit dem Faschismus sowie der Reaktion gleichgesetzt. (G. Deleuse und F. Guattari: »L'Anti-Oedipe«, Ed. de Minuit, 1972. Deutsch: Suhrkamp Verlag 1974).

Bei einer derartigen Verwirrung könnte die phantastische Literatur eine durchaus nicht geringe Hilfe beim Ausschlüpfen einer »futurologisierten« Ethik aus den dekalogen Schalen leisten. Schade, daß das Buch »Uhrwerk Orange« von A. Burgess nur eine Schwalbe ist, die noch keinen Sommer macht.

7. *Die Phantomologie*

Der fiktiven Technologie – durch die Bezeichnung »Phantomologie« umschrieben – hatte ich in der »Summa technologiae« 70 Seiten gewidmet, in der ersten Version des vorliegenden Buches standen dazu ganze zwei Sätze; denn sie war – als ein Thema der Phantastik – eine fast leere Menge. Die Situation hat sich jedoch in den letzten Jahren geändert. Daher muß man sich mit ihr auseinandersetzen und gerade hier, denn die Phantomologie stellt – obwohl sie nichts zur *Erkenntnis* der Welt beiträgt – dennoch eine totale, wenn auch vorläufig imaginierte Änderung der *Erkenntnistheorie* dar. Eine Einführung in diesen Tatbestand scheint notwendig. Da ich den Leser nicht ständig auf die »Summa technologiae« verweisen noch mich wiederholen möchte, will ich alles Wichtige möglichst kurz vorzutragen versuchen.

Lassen wir in einer Welt, die für ihre Bewohner die einzige Wirklichkeit ist, eine Technik entstehen, die es ermöglicht, diese Wirklichkeit durch eine vollkommene Illusion zu ersetzen. Prototyp könnte z. B. eine Maschine sein, die mit einem individuellen Gehirn rückgekoppelt ist. Das Gehirn ist ausschließlich auf Impulse angewiesen, die die Maschine ihm zuleitet. Diese gestalten das Bild der äußeren Welt so, wie es im Gedächtnis der Maschine gespeichert wurde. Eine solche Technik nennen wir Phantomatik. Der wichtigste Unterschied zwischen der Phantomatik und den anderen, uns bekannten Formen der Illusion liegt in dem Feedback zwischen dem Gehirn und der Informationsquelle, d. h. der Kreis der fiktiven Realität ist nicht zu unterbrechen. Diese Fiktion ist eine von »der wahren Wirklichkeit der Existenz« trennende und nicht abreißbare Maske – zumindest *könnte* sie eine solche Maske sein.

Die Phantomatik ist eine Technik, die Phantomologie hingegen eine Disziplin, die der Erforschung *aller* Konsequenzen, die sich aus der Anwendung eben jener Technik ergeben, gewidmet ist.

Die Phantomatik stellt ein metatechnisches und sogar metakulturelles Problem dar: wenn die Phantomatik verwirklicht ist, dann rüttelt sie an dem Grundproblem der klassischen Philosophie gerade dort, wo dieses Problem mehr als zweitausend Jahre bewegungslos ruhte und das gerade deshalb in seiner Unveränderlichkeit ewig zu sein schien.

Die Sache reduziert sich auf das Feststellen des faktischen Zustandes. Wir wissen, daß es in der Welt der atomaren Mikroerscheinungen eine nicht zu beseitigende Unschärfe-Marginale gibt. Zugleich wissen wir, daß es in der makroskopischen Wirklichkeit einen solchen Indeterminismus nicht gibt. Nimmt man als Beispiel den Mord an dem Präsidenten Kennedy, dann wird jeder zugeben müssen, daß dieser Mord nur in ganz konkreter Weise verübt wurde; wenn es zwei Mörder gab, dann konnte es nicht drei geben und wenn es nur einer war, dann war es eben nur einer usw. Zwar wissen wir nicht mit hundertprozentiger Sicherheit, was passierte. Wenn wir auch nicht ganz sicher sein können, daß diese Angelegenheit irgendwann einmal endgültig geklärt werden wird, so wissen wir doch sehr gut, d. h. ohne jeden Zweifel, daß nicht irgendwelche Naturgesetze, nicht irgendeine übermenschliche Kraft noch total undurchdringbare Barrieren die Aufklärung dieses Sachverhaltes vereitelten, sondern allein konkrete, sekundäre Umstände, d. h. Umstände, die nicht durch theoretisch-gnoseologische Begrenzungen charakterisiert sind. Die Flugbahn eines einzelnen Elektrons nicht zu kennen und die Flugbahn der Geschosse, die den Körper des Präsidenten Kennedy durchlöcherten, nicht zu kennen, sind vom erkenntnistheoretischen Standpunkt aus zwei völlig verschiedene Dinge. Die Unkenntnis des ersten Sachverhaltes ist fundamental, sie ist in der Natur der Materie selbst enthalten und wird niemals und durch nichts geändert werden. Die Unkenntnis des zweiten Sachverhaltes resultiert aus dem Mangel an Beobachtungsunterlagen, aus der Unzuverlässigkeit menschlicher Beobachtung, aus unzureichend durchgeführten Untersuchungen, vielleicht auch aus der Cleverness der Attentäter und aus anderen Umständen, die wohl einen, für die *gegebene* Situation (z. B. den verübten Mord) undurchdringbaren Schirm abgeben können, die aber für die Situation keine immanente Eigenschaft darstellen.

Eine Welt jedoch, in der die Phantomatik verwirklicht ist, wird die obige Unterscheidung samt und sonders liquidieren.

In solch einer Welt gilt *prinzipiell* und ausnahmslos die Regel, daß niemand völlig sicher sein kann, es mit der »natürlichen Wirklichkeit« zu tun zu haben. Und sie gilt nicht deshalb, weil in solch einer Welt perfide Gangsterbanden zum Zuge kommen könnten, die irgendwelche Personen »phantomatisch zu verhaften« suchen, indem sie sie z. B. im Schlaf entführen und an Fiktionsgeneratoren anschließen, nein, nicht solche Umstände – Umstände verbrecherischer, polizeilicher, administrativer, also *sozialer* Natur – heben die Differenzierung zwischen der Wirklichkeit und der Fiktion der Wirklichkeit auf; es ist die neue Technologie selbst, die diese Differenzierung allein durch die Tatsache ihrer Entstehung liquidiert. »Die Bedrohung durch die Phantomatisierung« kann aus praktischer Sicht so weit auf Null hin reduziert werden, daß sie die Wahrscheinlichkeit von einer Trillion oder einer Quadrillion bekommt. Dadurch wäre sie eine Eventualität, die niemand, der alle Sinne beisammen hat, real in Betracht zöge. (So wie niemand die doch durchaus mögliche Eventualität real in Betracht zieht, daß er morgen – getroffen von einem aus den Sternen kommenden Meteoriten – tot umfällt.) Das Problem, um das es geht, hat einen anderen, hat einen metapraktischen Charakter. Es geht um die subversive Tätigkeit, durch die die Phantomatik unsere Beziehung zur Welt pervertiert. Die Phantomatik schließt nämlich die Existenz eines Testes aus, der die Wirklichkeit von der Illusion unterscheiden könnte. Man kann das auch so formulieren: wenn ein solcher Test dennoch durchführbar ist, dann haben wir es nicht mit der Phantomatik zu tun, sondern mit einer ihrer überaus primitiven und dadurch verkrüppelten Prototypen.

Wenn jemand in einer Zivilisation, in der diese Technik bereits realisiert wurde, Zweifel an der Authentizität seiner Erlebnisse bekommt und wenn in ihm der Verdacht aufkommt, daß er heimlich von der Wirklichkeit abgeschnitten wurde, und daß er alles, was er empfindet, phantomatisch empfindet, dann gibt es keine Methode, kein experimentum crucis, das ihm beweisen könnte, daß es nicht so ist. Er könnte zu einem Freund oder zu einem Arzt gehen und diese um Rat und Hilfe bitten; doch auch sie könnten, wie übrigens alle Menschen, mit denen er in Kontakt kommt, ein Produkt der phantomatischen Maschine und nicht das der Realität sein. Er könnte auf Reisen gehen, er könnte die verschiedensten Forschungen betreiben, er könnte letztendlich Selbstmord begehen, doch auch das könnte Teil einer phantomatischen Täuschung sein. Unser argwöhnischer Held könnte verlangen, daß man ihm Menschen zeigt, die sich – im Gegensatz zu ihm – regungslos neben der phantomatisierenden Maschine ausruhen; er könnte sie sich anschauen, er könnte in Erfahrung bringen, mit welchen einprogrammierten Visionen ihre Gehirne gefüttert wurden, aber auch das könnte alles eine ihm zugefügte Täuschung sein. Wenn, wie gerade gesagt wurde, eine phantomatisierte Person in einer Surrogatwelt andere Menschen einer Phantomatisierung unterzieht, dann öffnet sich hier der Abgrund eines klassischen regressus ad infinitum.

Dieses Problem soll hier erörtert werden, wobei ich mich auf die Besprechung der Werke dreier Autoren beschränken möchte. Dies werden sein: »Gray Matters« von William Hjortsberg, »Raw Meat« von Richard Geis sowie eine Gruppe der besten Romane von P. K. Dick mit »Ubik« an der Spitze.

1) Das erste Buch präsentiert uns eine irdische Zivilisation, die fast geschlossen phantomatisiert ist; das zweite beschreibt eine spezifische Variante, in der die Phantomatisierung das soziotechnische Instrument absoluter Machtausübung ist; es handelt sich hier um eine Anti-Utopie, die nur Vorwand für eine typisch pornographische Absicht ist. Was nun die Bücher Dicks betrifft, so haben für ihn phantomatische Techniken – in dem Sinne, wie ich es skizziert habe – eigentlich keine Rolle gespielt; doch gerade er schuf Werke, die sowohl zur phantastischen Literatur gehören als auch Visionen von Beziehungen beschreiben, denen die menschliche Welt nach der totalen Spaltung der individuellen Realität unterworfen ist.

William Hjortsberg ist ein Homo novus in der SF. Wenn man genau sein will, müßte man sagen, daß er eigentlich nur bedingt zur SF gehöre, weil sein Buch – durch die Aufmachung wie durch den Verleger – seine Zugehörigkeit zur SF nicht signalisiert: im Gegenteil, das Buch wollte dies verheimlichen; mit diesem Trick haben Autoren und Herausgeber mehr als einmal versucht, Bücher vom Typ SF in

Leserkreise »einzuschmuggeln«, die sonst phantastische Literatur nicht in die Hand nehmen.

»Gray Matters« nimmt eine außerordentlich instruktive Position ein. Hjortsberg übertrifft als Schriftsteller – durch die Phraseologie, durch den geschickten Witz, der obszöne Details entschärft (»sie hielt nicht viel von Männern, die ihr Glied als eine Verlängerung der Unendlichkeit betrachteten«), durch die gekonnten lyrischen Beschreibungen – zweifelsohne Geis (der übrigens in einem, von ihm selbst herausgegebenen Amateur-»Fanzine« zugab, daß er »Raw Meat«, diese pornographische SF, aus kommerziellen Gründen geschrieben habe.) Doch »Raw Meat«, das von einem SF-Profi verfaßt wurde, birgt, wie wir zeigen werden, ein paradigmatisches Skelett in sich – und das ist in der SF sehr oft so! – das bei einer *anderen* Belletrisierung seinen – auch intellektuellen – Wert offenbaren könnte. Die Gesamtstruktur von »Gray Matters« ist jedoch einfach ungereimt. Nach dem kurzen, furchtbaren Weltkrieg entschloß sich die Föderationsregierung, alle Bürger einer Cerebroektomie zu unterwerfen; in unterirdischen, sich meilenweit erstreckenden Depositorien leben dann die Gehirne, die in eine Nährflüssigkeit eingetaucht sind und von einer Armee wachsamer Automaten beaufsichtigt werden; diese Gehirne sind Teile eines wunderlichen Kasten-Systems; jedes Gehirn hat seinen »Auditor«, der sich um die »seelische Entwicklung« des Gehirns zu kümmern hat, um etwas, was zwischen dem Einüben in ein Pseudojoga und einer Stabilisierung der Persönlichkeit im Sinne der westlichen Psychotherapie angesiedelt ist; ein stufenweise »avancierendes« Gehirn (in der Terminologie des Autors ein »Cerebromorph«) erlangt auf der höchsten Etage, der zehnten, das Recht auf »Reinkarnation«: es wird in einen der »fertigen«, in Anabiose befindlichen, natürlichen menschlichen Körper inplantiert. Danach – von niemandem mehr abhängig – wird es zu einem Mitglied einer der »Ur-gruppen«, die – jeweils einige hundert Menschen stark – auf der erneut üppigen, wilden und herrlichen Erde leben. Damit haben wir eine »Anti-Utopie« von Gehirnen vor uns, die in sterilen unterirdischen Kammern eingeweckt sind, und über denen sich die »Utopie« einer vollkommenen Rückkehr zur Natur ausbreitet. Die »deponierten« Gehirne, die »Cerebromorphen« also, kommen in den Genuß aller Möglichkeiten, die die phantomatische Technologie ihnen bieten kann. Sie können studieren, Ausflüge machen, sich auf herrlichen, menschenleeren Inseln aufhalten, ausgefallene Sex-Orgien feiern, in alten Bibliotheken stöbern, das Leben der Bienen erforschen, bildhauern, malen usw. – ohne Ende. Doch zwei Dinge verleiden ihnen diese Freuden: sie müssen sich regelmäßig bei ihrem Auditor »melden«, der ihren geistig-seelischen Fortschritt kontrolliert; außerdem ist es ihnen nach Annahme der phantomatischen Körper – aus vom Autor überhaupt nicht erklärten Gründen – nur in Ausnahmefällen erlaubt, gemeinsam an den arrangierten Visionen teilzunehmen. Weil der Autor selbst nicht weiß, warum eigentlich den »Cerebromorphen« das Recht auf »phantomatische Kommunion« nicht zuteil wurde, verstrickt er sich an dieser Stelle in Erklärungen, die nicht nur lakonisch, sondern auch widersprüchlich sind. Den Mittelpunkt des Erzählten, das nacheinander um das Schicksal von vier verschiedenen »Cerebromorphen« oszilliert, bildet die »Meuterei« des Ubu Itubi. Dieser, auf der niedrigsten Etage »deponiert«, wagt eine »Flucht« aus dem Depositorium, nachdem er sich eines Aufseher-Automaten bemächtigt hatte. Die Flucht gelingt; der »Gesundbeter« eines, in der irdischen Utopie lebenden Urstammes verpflanzt sein Gehirn in einen natürlichen Körper. Doch Ubu, nun schon restituiert und Körper einer Menschengruppe, erschlägt aus Eifersucht und infolge eines Mißverständnisses einen anderen Menschen und kommt elendig um. Erneut »cerebrektomiert«, »auf die tiefste Stufe des Depositoriums geworfen«, wird er schließlich – sogar als Gehirn – »strafgerichtlich liquidiert«.

Der Nonsens dieses Romans – den übrigens ein Rezensent des Buches aufdeckte (Newsweek, November 1971) – besteht in folgendem: wenn sich die den »Cerebromorphen« zugänglichen phantomatischen Erlebnisse durch nichts von den realen Erlebnissen unterscheiden (die dazu erst nach *Jahrhunderten* von Jahren »cerebromorphierender« Existenz dank »langsamer Beförderungen« erreichbar sind), dann versteht man nicht, warum eigentlich die ultimative Reinkarnation ihrer aller Wunschtraum sein soll? Mehr noch: wenn man dann endlich der »Reinkarnation« unterliegt, führt man ein an Attraktionen nicht allzu reiches Leben in einer primitiven Gruppe; das Leben endet mit dem natürlichen Tod aus Altersgründen, weil die »Primitiven« sich gleichsam vor allem ekeln, was nach Technologie riecht; als »Cerebromorph« hingegen ist man unsterblich und hat alle nur vorstellbaren Inkarnationen und Metamorphosen vor sich.

Dies ist so zu erklären: der Autor wollte etwas anderes, als ihm tatsächlich gelang. Seine Ideologie ist leicht zu rekonstruieren. Es ist jene, für gewisse subkulturelle Strömungen in der heutigen jungen Generation der USA typische Mischung aus der Sehnsucht nach »Rückkehr zur Natur« und aus dem Ekel vor der Technologie, wie vollkommen sie auch sein mag, sowie aus der Feindschaft gegen die hervorragend geölte und unpersönliche Verwaltungsmaschinerie. Die »Rückkehr zur Natur«, das ist die irdische »Utopie« von schönen, starken, subtilen, schweigsamen »Primitiven«. Der Ekel vor der Technologie äußert sich in der den Leser ermüdenden detaillierenden Beschreibungswut all jener Vorgänge, denen die »Cerebromorphen« in den »Waben« des computerisierten Bienenstocks – mit dem das gigantische Depositorium vergleichbar ist – unterworfen sind. Und das »Establishment« selbst findet seine Karikatur in der Hierarchie der Kastenbeziehungen, in den Aufseher-Auditoren (die ihrerseits jeweils ihre Vorgesetzten-Auditoren haben usw.).

Dies wollte der Autor. Doch die phantastische Technik, die sich hier geradezu aufdrängte, fiel ihm – irgendwie seitwärts – in die Parade. Die ungewöhnlich angenehmen Dinge, die der mehr als 100 Jahre alten Schauspielerin tschechischer Abstammung Vera Mitlovic zusammen mit anderen »Cerebromorphen« auf einer Koralleninsel widerfahren (weil sie in jenen Visionen als schönes Mädchen und nicht als alte Frau auftritt), sind – gemäß der Relation des Autors – nicht im mindesten besser oder schlechter als die Freuden, die der Flüchtling aus dem Depositorium schließlich unter den natürlichen Menschen, besonders mit den Frauen, erleben kann. Der Unterschied besteht allein darin, daß die Cerebromorphen alles, was zu erleben ist, »in Wirklichkeit« in ihren Weckgläsern, in ihren elektrolytischen Bädern erleben, während die »Reinkarnierten« bereits »ganz in Wirklichkeit« ihre eigenen Gehirne in ihren eigenen Schädeln haben. Was folgt daraus? Dem Autor war nicht klar, in welch unlösbare Widersprüche er geriet, als er einmal seine Helden (d. h. die »Cerebromorphen«) »von außen her« beschrieb – dann sind es graue Kutteln, die im Elektrolyt in den Glasaquarien schwimmen – und zum anderen »von innen her«, wenn er ihr geistiges Leben und ihre phantastischen Abenteuer zu Papier bringt.

Dort, wo die Technologie der Phantomatisierung in ihrer Leistungsfähigkeit bereits mit der »natürlichen Technologie des Seins«, die die Bioevolution uns zeitweilig zur Verfügung stellte, vergleichbar ist, dort *hört* die Differenzierung zwischen »dem, was wirklich ist« (was angeboren, natürlich, authentisch ist) und dem, was »nicht wirklich ist« (was der Natur widerspricht, nicht authentisch, synthetisch ist) *auf zu existieren.* Wenn man meint, daß jemand, der das sagt, was ich eben äußerte, ein *wertendes* Urteil abgegeben habe, dann irrt er völlig – obwohl dies mit unseren alltäglichen Intuitionen übereinstimmt. Das kommt daher, daß eine »phantomatische Vision« von uns mit Träumen, mit inszenierten Darstellungen, mit – durch Narkotika hervorgerufenen – Halluzinationen sowie mit irgendwelchen (ekelhaften oder bezaubernden) Vermummungen der Wirklichkeit assoziiert wird. Doch die Phantomatik ist – wenn wir ihre Funktion als Tarnfunktion bezeichnen wollen – dadurch charakterisiert, daß sie den Unterschied zwischen »Gesicht« und »Maske« irreversibel aufhebt. Die Impulse, die in ein Gehirn hineinfließen, sind Salven der gleichen Neuronenentladungen, egal, ob wir den Duft einer realen Rose einatmen oder ob wir den Impulsen einer Informationsapparatur unterliegen. Die Rose von dem Apparat unterscheiden kann indes nur ein Beobachter, der außerhalb von beiden steht; doch weiter: der Beobachter kann vielleicht das, was er sieht, nur deshalb sehen, weil er phantomatisiert wurde, und diesen Zustand wiederum kann nur ein Beobachter höherer Ordnung erkennen, der seinerseits ... usw. Solch ein regressus ad infinitum ist bereits nicht mehr anhaltbar. Die Prämisse, daß phantomatische Impulse »minderwertiger« seien als Impulse, die aus der Wirklichkeit stammen, ist die Folge gedanklichen Beharrungsvermögens. Weil die phantomatische Realität sich erlebnismäßig durch nichts von der »wirklichen« Realität unterscheidet, ist das Verfahren, über die hierarchische Pyramide der Weckgläser mit Cerebromorphen eine Ebene »authentischer Utopie« zu bauen, nicht nur unsachlich, sondern auch einfach undurchführbar. Es ist nämlich nicht zu entscheiden, ob man bereits dem »Reinkarnationsprozeß« unterlag, wenn man die üppig wuchernde Welt der Erde einmal »wirklich« und einmal »visionär« betritt. In einer »Welt mit Phantomatik« wird man – trotz besten Willens – einen Mißtrauischen nicht davon überzeugen können, daß er bereits außerhalb derselben lebt, und keine Macht ist imstande, dafür Beweise zu liefern. Man könnte vor seinen Augen all diese Maschinen zerstören, man könnte ihn über deren Trümmer führen, die Pläne verbrennen, die Computergedächtnisse vernichten, doch auch all das könnte nur ein phantomatisches Bild sein. Wer also in solch einer Wirklichkeit auf seiner Meinung beharrt und klärende Experimente wünscht, der dürfte nicht ganz klar im Kopf sein. Wer klar im Kopf ist, wird nicht etwas verlangen, was nachweisbar undurchführbar ist.

Lohnt es sich, darüber so viel zu reden? Ja, denn es geht um eine Problematik von Rang, um eine Problematik, die unsere Beziehung zur Welt ändert und die in ontologische und epistemologische Fragen verwickelt ist. Und eine Belletrisierung darf nicht im Widerspruch zu ihnen stehen. Zugegeben, Hjortsberg könnte – formal gesehen – solche Vorwürfe entschärfen, indem er sich auf den Tenor des Romans beruft, wonach die Cerebromorphen pausenlos durch ein »Control Center« kontrolliert und beaufsichtigt werden und erst den reinkarnierten »Primitiven« niemand mehr etwas zu befehlen hat. Doch solch ein Argument ist kindisch. Die typisch philosophische Problematik, die die Phantomatik aufwirft, kann nicht durch administrative Mittel – wie sie der Roman beschreibt – aus der Welt geschafft werden. Nicht, weil die Polizei den Philosophen nie in der Geschichte das Leben schwer gemacht hat (was im allgemeinen oft geschah), sondern weil eine derartige Restriktion an der Sache überhaupt nichts ändert. Woher will der Hauptcomputer des »Control Center« wissen, daß er die Reinkarnierten auf die Erde schickt, und daß er selbst nicht mit einem anderen phantomatisierenden Computer verkoppelt ist, der seinerseits diese Erde aus elektronischen Impulsen schafft? Der Gedanke, daß die einen Gehirne – die in den Weckgläsern schwimmen –, andere Gehirne aus einem anderen Regal denunzieren könnten, ist sogar amüsant. Doch diese Kreuzung aus einem Bienenstock, einem Kindergarten, einem pyramidenartigen Kastensystem und einem Masturbantenclub (jeder Cerebromorph kann sich tagelange Orgasmen bestellen) ist außerphantomatisch nicht realisierbar, und eine einmal beschworene Phantomatik macht jedes Streben nach einem von ihr unabhängigen arkadischen Sein vergeblich. Auch die Gedanken der Cerebromorphen über sich selbst als einem grauen Eingeweide, das in einer Nährflüssigkeit schwimmt, stellen eine irrationale Obsession dar, weil unser aller Gehirn eben solch ein graues Eingeweide ist, das in eben solch einer Flüssigkeit (Hirnflüssigkeit) schwimmt. Und der Umstand, daß unsere Schädeldecke nicht die Transparenz von Glas hat, ist in der Tat nicht besonders signifikant. Die Phantomatik überstieg den Plan des Autors, deshalb hat er sie auch abgehackt, um im Rahmen eines »Bienenstocks mit Hirnlarven« eine Projektion der amerikanischen gesellschaftlichen Beziehungen, die er für signifikant hielt, unbehindert durchführen zu können. Die thematische Prädetermination, die gegenüber der tatsächlichen Problematik des Bereiches – in den man mit dem Gedanken, neue Möglichkeiten zu suchen, eintritt –, mit Blindheit geschlagen ist, ist ein chronisches und fast unheilbares Leiden der Science Fiction.

2) »Raw Meat« von Richard Geis ist, wie man sagt, Pornographie à la SF. Sex finden wir auch in »Gray Matters«, doch spielt er dort eine untergeordnete Rolle. Vielleicht ist die Bemerkung angebracht, daß in der zeitgenössischen

Prosa des Westens solche Inklusionen keine schockierende Wirkung mehr haben, im Gegenteil, schockierend wirkt deren *Nichtvorhandensein.* Wir geben zu, daß es einem Schriftsteller aus unserer Gesellschaftsordnung die Sprache verschlägt, wenn die Verleger, Kritiker und Kollegen des Westens ihn nach den Ursachen der fast viktorianischen Enthaltsamkeit in der Erotik fragen. Aufgrund solcher offenherzigen Fragen könnte man meinen, daß ein psychologisches Porträt, das nicht die Kopulationscharakteristik des Helden oder der Heldin enthält, dort einfach als unvollständig angesehen wird. Natürlich ist das eine Frage der jeweiligen Konventionen. Die Reste der normativen Ethik, die Balzac die lakonische Bemerkung nicht erlaubte, daß der – in Orgelmusik versunkenen – Markgräfin B die Hämorrhoiden juckten, wurden besonders intensiv an der Sex-Front zerschlagen, und sie unter die Lupe zu nehmen, gilt als obligatorisch. Wenn schon diese Parole der Modernität vom Schriftsteller verlangt, »aufs Ganze zu gehen«, dann verdient die Defäkationsproblematik sogar noch mehr Aufmerksamkeit. Psychiatern und Psychologen ist der Umstand gut bekannt, daß die Abführfunktionen bei vielen Menschen von sehr freien Träumereien, oft vom Typ »Träume von Macht und Herrschaft« begleitet sind; deshalb gibt es für mich keinen rationalen Grund, warum das Benehmen im Bett wichtiger sein sollte als das Benehmen auf dem Klosett. Das Gesagte kann nur von denjenigen als eine Verleumdung der Liebe angesehen werden, die Sex-Techniken mit höheren Gefühlen gleichsetzen. Das Leben wäre in der Tat um vieles einfacher, doch ich fürchte auch langweiliger, als es ist, könnte man die Macht der Gefühle einfach durch ungeheure Potenz ersetzen. In der Literatur ist es schon so weit gekommen; es ist sicher einfacher zu beschreiben, wer, wem, wohin und wie was reinsteckt, als die individualisierte Unwiederholbarkeit von Anziehung und Repulsion, von Kämpfen und all den anderen Turbulenzen, aus denen die Liebe gewöhnlich gemacht ist, zu schildern. Die »Detabuisierung« der Sex-Angelegenheiten stellt daher einen Nachlaß-Tarif vor allem für die Literatur-Zwerge dar – einen kurzlebigen Tarif übrigens, weil dort, wo alle ständig unanständige Sachen sagen, nichts mehr unanständig ist. Etwas anders verhält es sich mit der Pornographie vom Zuschnitt perseverierender Anstrengung. »Raw Meat«, das ist eine ziemlich große Portion Pornographie im Gewand der Science Fiction. Doch es ist weder gute SF noch geschickte Pornographie. (Pornographie, die bereits nach zwei Seiten einschläfernd wirkt, halte ich nicht für gelungen.) Trotzdem verdient dieses Werk Beachtung. Sein Rahmen stellt eine typische Antiutopie dar. In einer übervölkerten, armen und hungernden zukünftigen Welt leben unter hermetischen Glaskuppeln und unter der Herrschaft einer »Digitalmaschine« (Mother Computer) die Reste der amerikanischen Zivilisation. Im Grunde lebt man unter diesen Kuppeln ähnlich wie heute in den USA (nur schlechter): es gibt eine immer gegenwärtige Reklame, Automatisation, Klimatisierung usw. Die größten Innnovationen erfolgten im Bereich des Geschlechtslebens. Die Kopulation zwischen den Menschen unterliegt einem strikten Verbot; der unsittlichste Körperbereich ist der Bauchnabel, weil er an die Nabelschnur, also an die Geburt erinnert; man darf weder auf dem Körper noch auf dem Kopf auch nur eine Spur von Haaren haben. Das Geschlechtsleben ist total phantomatisiert. Jeder Bürger besitzt eine Maschine, die ihm das Erleben beliebig komplizierter Sex-Orgien ermöglicht. Dies ist das letzte Asyl des Privatlebens. (Doch auch hier wagt niemand, den Bauchnabel zu enthüllen oder auch nur ein Haar auf dem Kopf zu haben.) Diese Orgien sind in den entsprechenden Läden – wie heute Magnetbänder – zu kaufen (es sind übrigens Bänder – »sex tapes«). Der Sex »aus der Konserve« ist im Vergleich zum natürlichen Sex vollkommen, da die Partner sich durch ungewöhnliche Schönheit und unerschöpfliche Kräfte auszeichnen, und dabei duftet und schmeckt alles – bis zu den Sekretionen der Geschlechtsteile – vorzüglich (nach Coca-Cola, nach Apfelsinen usw.). Der Held, ein junger Mann, verhält sich jedoch trotz all dieser Möglichkeiten dissidentisch und nimmt sich am Ende, nachdem er von der Arbeit fliegt, das Leben. Seine Nachbarin, ein Backfisch, gibt sich ähnlich wie er langen Seancen mit »Sex aus der Konserve« hin; die Beschreibung dessen, was beide erleben, bildet den Kern des Romans. Zufällig lernen sie sich kennen und – hungrig auf die verbotene Frucht der authentischen Kopulation (nicht auf Liebe – auf solch einen *Gedanken* kamen sie nicht) – unternehmen sie einen Versuch, der mit einem Fiasko endet. Das Mädchen ist frigide, der junge Mann – halb impotent. Beide laufen in Konfusion auseinander und suchen so schnell wie möglich Trost bei ihren »G-Eileratoren« (wenn man diesen Neologismus aufgrund des marathonischen Charakters der Erlebnisse, die die Apparate liefern, benutzen darf.)

Dieser Roman birgt in sich – wie ein kranker Körper ein gesundes Skelett – eine Gesamtstruktur, die bei einer anderen, gleichsam optimalisierten Bearbeitung das pornographische Werk zu einem Problemwerk hätte machen können. Zuerst: die Idee, daß der Sex das hauptsoziotechnische Werkzeug der Versklavung der Bürger sei, ist ein gewisses Novum. Besonders interessant ist die Szene, in der die Keime des illoyalen Denkens, das in dem Kopf der Heldin entstanden war, durch den Geschlechtsverkehr mit der »Computer-Mutter« liquidiert werden. (Das ist insofern möglich, als in einer phantomatischen Vision alles möglich ist; der Mutter-Computer, der dem Mädchen viele liebe und zärtliche Worte ins Ohr flüstert, verdoppelt sich in diesem Moment, verdreifacht sich, ja er vervielfältigt sich sogar noch weiter und vermehrt sich körperlich, um dem Mädchen sowohl sexuell als auch staatsräsonmäßig eine Gefälligkeit zu erweisen.)

Die »G-Eileratoren« sind einfach die Phantomatik, die der totalen Subordination und der geistigen Entmündigung der Menschen dient; doch der Autor hat nicht erkannt, daß das Werk größere Bedeutung hätte erlangen können, wenn er es von den traditionellen Accessoires der Antiutopie befreit hätte: Polizei, nächtliche Durchsuchungen, Verhöre usw. Die Polizei und die von ihr vorgenommenen Verfolgungen zu hassen, das ist keine Kunst; aus diesem Haß kann man den Wunsch, um die menschliche Würde zu kämpfen, ableiten; doch das ist schwerer bei Institutionen durchzuführen, die man völlig freiwillig – in Erwartung einer neuen Portion Lust – betritt.

Solche Institutionen erweisen sich als lebenslängliche Gefängnisse, die man nur frigide oder impotent verlassen kann;

denn der synthetische Sex majorisierte durch die technische Vollkommenheit der »Succuben« und »Incuben« aus der Konserve den natürlichen Sex. Wie man sich ein »sexuelles Paradies« vorzustellen habe, davon berichten sehr lehrreich die pornographischen Kapitel »Rohes Fleisch«; dort werden die Menschen zu Objekten reduziert, die mit Griffen und Löchern versehen sind; es gibt dort viel Stöhnen, Schnaufen, Sägen sowie völlig unentwirrbare Beschreibungen (man kann nicht mitbekommen, was wer mit wem macht, wenn bei einer »Polykopulation« sechs oder sogar zehn Personen auf einmal beteiligt sind), die mit solennen Kommentaren des Autors dicht gespickt sind, der uns davon überzeugen will, daß all das dem Helden eine einfach überwältigende Lust bereitet habe. Es fehlen auch nicht die in Millimetern (wegen der größeren Zahlen!) angegebenen Maße der Genitalien usw. Deshalb ist jenes Paradies erschreckend jämmerlich; es erinnert an ein Handbuch der Anatomie aber auch an eine Tischlerei. Dies bewirkt eine derartig totale »Dementia« bei seinen »Kunden« – in Form der Amputation höherer Gefühle, so daß es in solchen Szenen, wenn die Helden endlich zum echten Sex bereit sind, kein Gran von Zärtlichkeit oder Liebkosung oder auch nur ein einziges Küßchen gibt: alles beginnt mit einer Debatte darüber, wer, wo und was reinstecken soll. Und dies ist nicht nur grotesk, sondern darüber hinaus auch kläglich, weil es wahrscheinlich ist: das Trainieren extremer Zügellosigkeit vernichtet die mögliche Entfaltung höherer Gefühle und verwandelt den Sex in eine Serie bedingter Kettenreflexe.

Der Roman, den Geis nicht geschrieben hat, der aber in »Raw Meat« wie eine nicht entwickelte Larve enthalten ist, weist dann auf zwei Ordnungen von Phänomenen zugleich: auf die Pornographie selbst (»das sexuelle Paradies«, in einer für die »permissive society« typischen Version) sowie auf deren gesellschaftliche Folgen in extremer Vergrößerung. Die Phantomatik wird zu einer Technik der sozialen Versklavung und Depravation zugleich. Eine Revolte ist nämlich dort unmöglich, wo es keine innere Freiheit gibt. Ein Narkotiker kann unmöglich gegen Narkotika revoltieren. Deshalb ist die phantomatische Falle so gefährlich; das ist eine Hölle, die einem alle Hoffnungen raubt, gerade wenn man sie verläßt.

Somit hat Richard Geis eigentlich nicht das Buch geschrieben, das er vorhatte: er blieb auf halbem Wege zwischen Pornographie und ihrer Reduktion auf das spöttisch Absurde hängen. Beide erwähnten Autoren erlebten ein Fiasko: der erste, weil das unbedacht berufene Element der Phantomatik ihm den Text durch Paralogien sprengte; der zweite, weil er – in Übereinstimmung mit der phantomatischen Voraussetzung – diese in Situationen verstrickte, in denen nur herabwürdigende Widerwärtigkeiten geboren werden konnten, die er unbedingt als geschlechtliches Paradies ausgeben wollte. Deshalb schufen beide nichtintendierte Grotesken, Werke, die gerade nicht dort ironisch-spöttisch sind, wo ihre Autoren Wert darauf legten.

8. Philip K. Dick oder die unfreiwillige Phantomatik

Der Roman »Ubik« von P. K. Dick ist der einzige SF-Roman, den ich kenne, in dem die Phantomatik wirklich das bewirkt, wozu sie berufen ist: sie sprengt den Unikalismus der Welt. Die Zerspaltung der Wirklichkeit vertieft sich im Verlauf der Aktionen und enthüllt schließlich ihren Abgrund. Die Suche nach dem Erzähler, der weiß, wo das Reale aufhört und wo dessen Maske beginnt, endet auf den Irrwegen einer kläglichen Ratlosigkeit, denn das festzustellen ist, wie bereits gesagt, nicht möglich. Der Erfolg Dicks stellt ein wahrhaftiges Paradoxon dar, denn dieser Autor verfolgte mit seinem »Ubik« weder die Absicht, neue epistemische Qualitäten zu belletrisieren noch sich mit den Techniken der Phantomatisierung zu beschäftigen. Er ging von anderen Prämissen aus, die teilweise spiritistisch und – durch das Vokabular – der SF-Literatur angenähert, teilweise telepathisch sind. (Das sind zwei verschiedene Begriffsbereiche; der Spiritismus, d. h. der Glaube an Geister, muß sich bereichsgemäß überhaupt nicht mit der Telepathie überschneiden.) Doch das Werk hat während seiner Entstehung diese

Voraussetzungen neutralisiert und beherrscht. Deshalb muß ich es, um seine Besonderheit hervorzuheben, zweimal vorstellen: einmal kurz zusammengefaßt und ein andermal kommentiert.

Doch ich werde mich nicht nur auf die Präsentation des »Ubik« allein beschränken. Die Welt dieses Romans ist eng mit den Welten der anderen Werke dieses Autors verwandt. Von diesem Standpunkt aus könnte man die Mehrzahl der Bücher Dicks für Streuungen halten, die sich um das »Schwarze« einer Zielscheibe anordnen bzw. für Versuche, die in unterschiedlichem Maße das phantomologische Ziel verfehlten. Deshalb gerade ist ein Überblick über die Werke empfehlenswert: wie immer, wenn man einen bestimmten Bereich von Möglichkeiten hat, sind alle legbaren Schritte, d. h. nicht nur die optimalen, in den Resultaten lehrreich. Nicht nur wegen dieses sachlichen Vorteils möchte ich mich mit dem Gesamtwerk Dicks beschäftigen, sondern auch deshalb, weil ich es zuerst falsch bewertet habe. Ich kannte zunächst nur drei seiner Romane: »Do Androids Dream of Electric Sheep«, »Now Wait for the last Year« und »Our Friends from Frolix 8«, kannte also weder »Solar Lottery« noch »The Three Stigmata of Palmer Eldritch« noch »Ubik«.

Was ich kannte, hatte ich negativ beurteilt. Von dieser Bewertung kann ich nicht abgehen. Doch erst »Three Stigmata« und »Ubik« gaben mir die Möglichkeit, Dicks Schaffen als eine gewisse Ganzheit zu sehen, in dem sich immer ein und dasselbe Buch wiederholt oder besser, in dem auf seltsamen Klaviaturen mit verschiedenen Dissonanzen und Gicksern ein und dieselbe Botschaft gehämmert wird. Als Klaviatur dient ihm die mit Trödel vollgestopfte Requisitenkammer der SF; die Botschaft hat damit nicht viel zu tun. I. Asimov oder A. Clarke kann man sich ohne das SF-Rüstzeug nicht vorstellen; ihr Schaffen verringert sich bis auf Null, zieht man die fiktionale »Ausstattung« ab. Vorstellbar hingegen – auch außerhalb der Epoche der technischen Mythologie – ist ein Dick z. B. als Autor, der im Spiritismus oder in pseudohistorischen Sagen firm ist; denn das, was Dick zu sagen hat, stützt sich weder auf die Technologie noch ist es aus der Wissenschaft beziehbar; diese Gebiete sind nur seine Kostümologie, und es ist ja bekannt, daß man die elisabethanischen Dramen auch im Frack oder in Jeans aufführen kann.

Die Domäne Dicks ist der Zerfall, und seine Romane führen aus einer anfänglichen Ordnung zu Zuständen extremer Destruktion. Doch das sind keine tosenden Inferna, die durch Kriege und Kataklysmen verursacht wurden, obwohl Dick auch diese beschreibt. Gebäude, Städte, Zivilisationen, Planeten werden von einer Schar Phantasten zu Schrott verwandelt. Dick geht sogar noch weiter und zermalmt die Realität der Wirklichkeit. Daher sind seine Werke auch als objektivierte Projektionen innerlicher Zerrissenheit interpretierbar; ein Beweis dafür ist die Tatsache, daß sich unter den Gestalten Dicks Narkotiker, Hysteriker, Fanatiker und von menschlichen Gehirnen ferngesteuerte Puppen finden, doch es gibt unter ihnen nicht einen einzigen Wahnsinnigen. Das ist verständlich, da Dick die Basis des Spiels umgekehrt hat; seine Figuren bleiben trotz der sie umzingelnden Welt innerlich normal, weil diese Welt vom Irrsinn geschlagen ist: sie zerfällt und zerspringt in inkohärente Fragmente – wie das Gehirn eines Schizophrenen –, doch die Bewohner dieser Welt, die auf einem letzten Überrest in Abgründe gleiten, bewahren ihre Nüchternheit. Dick vernichtet die Welt seiner Helden, doch diese gehen daraus unbeschädigt hervor.

Die Darstellungen, in denen die Welt zerbrochen und zerstückelt wird und ihre Reste einer perversen Wiedervereinigung unterliegen, sind deprimierende Aufführungen. Deshalb sind die Mißverständnisse leicht begreiflich, die zwischen Dick und seinen Lesern dauern; die sehen in seinen Romanen vor allem den Ausdruck von Verzweiflung; er jedoch glaubt Anlaß zu einem wenn auch nur stoisch mäßigen Optimismus zu haben. Er vernichtet die Welt und zeigt, daß das nicht ausreicht, um die Menschheit zu vernichten. Die benutzten Mittel stammen aus der SF und der Fantasy; doch das Ziel der Transformation ist anderer Ordnung. Dies ist die Literatur der existentiellen Dramen, die mit Hilfe des Kitschs und der Klamotten der SF artikuliert werden. Dies ist ein Streben nach Transformation und nach dem Wunder

der Verklärung (davon wird in den Dickschen Texten ständig gesprochen), das sich jedoch kaum je erfüllt. Dick erleidet hier Niederlagen, doch das sind keine Niederlagen in dem für die SF typischen Stil.

Jetzt wollen wir das Dicksche Instrumentarium vorstellen. In der SF herrscht kein Mangel an »schizoontischen« Mitteln. Dazu gehört z. B. die Idee von den »parallelen Welten«; wenn man die Existenz einer unendlichen Menge von »Erden« annimmt, dann verliert unsere Erde dadurch ihre Eigenschaft als Bezugssystem; doch alle Erden sind seinsmäßig gleich. Zu den »schizoontischen« Mitteln gehört auch die Idee von der »Chronomotion«, der Reise in der Zeit. Auch sie verursacht – indirekt – eine Vervielfältigung der Wirklichkeit, weil derjenige, der sich in der Zeit rückwärts bewegt, den Verlauf von Kausalketten ändern kann, und aus solchen Kontradiktionen ergibt sich ebenfalls eine Vervielfältigung der Wirklichkeit.

Dick hat solche Muster übernommen, und aus ihrer Hybridisierung hat er etwas gemacht, was wir die »Phantastik einer weiteren Stufe« nennen wollen. Die Phantastik der ersten Stufe, das sind Roboter, Androiden, Telepathen, parallele Welten, Zeitreisen usw. Die Phantastik der zweiten Stufe erhebt – aus den eben aufgezählten Elementen – phantastische Systeme zur Potenz. So findet man z. B. in »Solar Lottery« den (legalisierten) Versuch, den gegenwärtigen Weltherrscher zu ermorden; er wird von einem »Netz von Telepathen« verteidigt, die mordsüchtige »Opposition« dagegen bedient sich eines Androiden, der sowohl eine (menschenähnliche) Rakete als auch ein Laserwerfer ist. Die Verteidigung versucht, die Bewegungen des Mörders zu lokalisieren, indem sie mit diesem telepathischen Kontakt aufnimmt. »Zu jener Zeit« wurde der Android von einem Menschen ferngelenkt; und eben dessen Psyche, die in dem Androiden verankert war, wird von den Telepathen sondiert. Der Führer der »Opposition« hatte sich jedoch eine neue Methode der Fernsteuerung ausgedacht. Er nimmt mehrere Operatoren; jeder von ihnen wird nur für kurze Zeit in den Androiden »psychisch eingeschaltet«. (Die Operatoren befinden sich auf der Erde in einem Kommandoraum; der Android verfolgt sein Opfer auf dem Mond.) Der Zufallsgenerator dirigiert, wer von den Operatoren als nächster in den Androiden eingeschaltet wird. Die Folge davon ist die Unterbrechung der »telepathischen Verteidigung«; der Telepath tritt mit dem menschlichen Gehirn, das in dem Androiden verkörpert ist, in psychischen Kontakt, und plötzlich bricht dieser Kontakt ab; denn jedes Gehirn ist eine Individualität, und das Auslöschen dieser Individualität im Androiden (die sprunghaft durch eine andere ersetzt wird) bewirkt eine totale Verwirrung des Telepathen. Wenn der Telepath den unterbrochenen Kontakt wiederaufnimmt, dann fühlt er das andere Gehirn; auf diese Weise stellt das Lesen der Gedanken (der taktischen Absichten) desjenigen, der den Androiden gerade lenkt, keinen strategischen Vorteil mehr dar, denn jeder der zufällig in den Androiden eingeschalteten menschlichen Operatoren handelt nach einem anderen Plan.

Die Phantastik der zweiten Ebene beruht strukturell auf demselben Prinzip, auf dem in der Futurologie die Konstruierung *komplexer* Szenarien beruht. Man nimmt phantastische oder prädiktive Ausgangspunkte an, diese bilden die erste Baustufe; von ihnen wird dann die höhere, die weitere Handlungsebene abgeleitet; bei Dick sind die Telepathie, die Androiden und deren Fernsteuerung die Ausgangssituation, die *neuen* Strategien und Konterstrategien wie die Einführung eines vom Zufall gesteuerten Schalters, der die telepathische Verteidigung lähmt, hingegen sind der Endzustand. Diese Annahmen sind kontraempirisch, doch die Konstruktionsstruktur stellt eine richtige Wiedergabe der Heuristik komplexer Prognosen dar.

Nach dieser flüchtigen Einführung in die Methode Dicks wollen wir drei Romane besprechen, die als seine bedeutendsten Werke gelten und die zugleich – nicht zufällig – zu der von uns bevorzugten phantomatischen Problematik führen. Das sind: »Wait for the last Year«, »The Three Stigmata of Palmer Eldritch« und schließlich »Ubik«.

»Wait for the last Year« stellt einen Ehekonflikt im Kontinuum paralleler Welten dar und einen Konflikt mit der Erde, die in einen kosmischen Krieg verwickelt ist. Dr. Eric

Sweetscent, Chirurg und Transplantateur künstlicher Organe, lebt mit seiner Frau Kathie in einer Haßehe. Sie ist der böse Keil in dieser Ehe; sie hatte ihrem Mann einst eine Stelle in dem Ackermann-Konzern verschafft und erinnert ihn ständig daran. Sie vernichtet die einzige Kopie alter Filme und genießt seine Reaktion darauf; denn ihn zu erniedrigen, ist ihr finstere Freude. Die Erde, die mit der Zivilisation von Lilistar (abgekürzt: »Star«) eine Allianz eingegangen ist, kämpft gegen die insektenähnlichen Rigen (»Reegs«). Die Bürger Lilistars sind Menschen. Einst besiedelten sie auch den Mars und die Erde; die Mars-Kolonie ging zugrunde, und unter der Menschheit versteht man nun die Nachfahren der geretteten Star-Bürger. Lilistar ist der Erde bei weitem überlegen. Es ist ein Allianzpartner, der schlimmer als ein Feind ist. Auf der Erde wurde Frohedadrin synthetisiert, ein Mittel, dessen einmalige Einnahme eine Narkomanie bewirkt; die Deprivation führt nach zweitägigen Qualen zum Tod, und die ständige Einnahme – zum Tod nach sechs Monaten. Frohedadrin ist eine chemische Waffe. Man spielte mit dem Gedanken, die Wasservorräte der Rigen damit zu verseuchen. Die Star-Bürger jedoch wandten das Präparat – nachdem sie es von den Erdbewohnern erhalten hatten –, auf der Erde an, um die Personen aus der Umgebung Molinaris (dem UNO-Generalsekretär und Führer der irdischen Menschheit) zu ihren willfährigen Agenten umzukrempeln. Als Sweetscent zum Leibchirurgen Molinaris ernannt wird, appliziert der starische Geheimdienst seiner Frau Frohedadrin. Molinari wollte mit den Rigen Frieden schließen und die Erde aus der Allianz herausführen, doch da er den Lilistars nicht öffentlich die Stirn bieten konnte, entzieht er sich allen Forderungen, indem er während des Gipfeltreffens *stirbt*. Ihn ersetzt einer der »anderen Molinaris«, die in der Menge der parallelen Welten existieren; denn Molinari verfügt sowohl über Frohedadrin als auch über ein Gegenmittel, – was jedoch keiner weiß. Das Präparat verursacht bei ihm »Seitenbewegungen« in Richtung auf andere, auf parallele Welten. Bei der Mehrheit der Erdenbewohner hatte das Präparat eine Verschiebung entlang der Zeitachse zur Folge: bei den einen in die Vergangenheit, bei den anderen in die Zukunft; die Richtung war unvorhersehbar. Der Abrutsch in der Zeit erfolgte sofort und dauerte relativ kurz – je nach Größe der Dosis. Die parallelen Welten bilden eine Menge verschiedener Varianten des kriegerischen Konfliktes – in einer der Varianten wird die Erde von Lilistar beherrscht, in einer anderen hatte die Erde mit den Rigen Frieden geschlossen, in einer dritten wurde Molinari nicht Generalsekretär der UNO etc.

Nachdem sie vergeblich Widerstand geleistet hatte, kommt Kathie – nun bereits als Agentin von Lilistar – in das Quartier Molinaris und schüttet hier ihrem Mann – aus eigenem Antrieb – Frohedadrin in den Kaffee. Sie fleht ihn um Rettung vor dem Gift an, gleichzeitig macht sie ihn zum Sklaven desselben. Molinari erfährt das; Kathie kommt in die Isolierstation eines Krankenhauses, doch der Chirurg, ihr Mann, gerät unter der Wirkung des Präparates in die Zukunft (richtiger gesagt: in verschiedene Zukünfte); dort bekommt er Zugang zu den Laboratorien von Hazeltine und erhält ein erlösendes Gegenmittel, das in seiner Zeitwelt noch niemand kennt. (Das ist eine der zahlreichen Antinomien: woher hat dann Molinari sein Gegenmittel?) Der Chirurg kann seiner Frau dieses Gegenmittel nicht geben, weil man weder aus der Zukunft noch aus der Vergangenheit etwas in »seine Zeit« mitnehmen kann. (Das ist ein für die SF typisches Relikt magischer Denkhaltung: wenn man nichts mitnehmen kann, wie steht es dann eigentlich mit der Kleidung, mit den Gegenständen, die sich in den Taschen befinden etc.?) Man kann indes Gedächtnisinhalte mitnehmen: der Chirurg kehrt mit der Arzneiformel zurück.

Er kommt jedoch nicht in seiner Zeit und an seinem Ort an. Um seine Frau zu retten, nimmt er wiederum Frohedadrin ein, weil er nur dadurch die Fähigkeit erhält, sich in der Zeit zu bewegen. Während dieser Ereignisse begegnet er zweimal sich selbst. (Das ist eine doublehafte Vervielfältigung: jeder Mensch existiert gleichsam sowohl »in der Zukunft« und »in der Vergangenheit« des irdischen Aufenthaltes als auch in den anderen, nichtirdischen Universa.) Er und sein »anderes Ich« beraten gemeinsam, was zu tun sei, um die Erde aus der unheilbringenden Allianz herausführen zu können. Als Mediator soll ein im Krieg festgenommener Rig fungieren. (Eine solche Mediation hatte in einer der parallelen Welten zu einem Friedensschluß geführt.) In einigen Welten mißlang dieser Plan, entweder weil die Star-Bewohner den Rig töteten oder weil sie die ganze Erde beherrschten etc., wichtig ist nur, daß die Welt, aus der Sweetscent kommt, damit Erfolg gehabt hatte.

Der Chirurg kehrt zurück, rettet mit dem Gegenmittel seine Frau, doch diese erkrankt an der Korsakow-Psychose, die eine Folge der früheren Suchtpraktiken ist. Sweetscent verläßt die gebrochene, unglückliche und gealterte Frau jedoch nicht; als der Himmel über der Stadt sich durch die Raumschiffe von Lilistar verdunkelt, ist er gerade auf dem Weg zu ihr.

Das Werk klingt in dieser skeletthaften Zusammenfassung albern, weil dadurch all seine Paralogien aufgedeckt werden; dies wird jedoch durch die Art des Erzählens im großen und ganzen gut verschleiert. Es handelt sich indes um ein in phantasmagorische Schwärmerei eingehülltes Melodrama von der Treue gegenüber jedem und allem. Es ist eine makabre, groteske und an seltsamen Absonderlichkeiten reiche Geschichte. Molinari, ein alternder Erretter der Welt, mit einer großen italienischen Familie und einer achtzehnjährigen Geliebten, ist ein Hysteriker, ein Machiavelli, ein Lügner und zugleich ein Held. Mit Hilfe der »somatopsychischen Transmission« nimmt er die Symptome schwerer Leiden von Personen seiner Umgebung auf sich, damit er während der Gipfelkonferenz in Agonie fallen kann; er ist mit dem Chirurgen befreundet, doch das Gegenmittel gibt er ihm nicht; er ist so mißtrauisch, daß er niemandem das Geheimnis seiner Pseudoauferstehung anvertraut; dennoch tut er alles, um die Erde zu retten. Kathie vergiftet Eric, rechnet aber dennoch mit seiner Hilfe; Eric haßt sie, dennoch rettet er sie. Das alles ist durchaus wahrscheinlich. Die Gesetze und die physikalische Ordnung sind samt und sonders in allen Welten Dicks zu Staub zerfallen; der Krieg endet mit einer Niederlage oder mit einem Frieden oder mit einem Sieg oder er dauert an, die Charaktere der Gestalten jedoch ändern sich nicht um ein Jota. Eine Änderung der Persönlichkeit ist für Dick undenkbar! Und das ist die Konstante seiner Universa.

In den aus den Fugen geratenen Welten verbeißen sich die Menschen in ihre kleinen Probleme: überall sind Geld, Langeweile und Eitelkeit ihre Probleme, die jedoch durch Narkotika, Orgien und sagenhafte Partys sowie Hobbys nicht zu überwinden sind; Eric sucht für seine Frau in den verschiedenen Universa Hilfe, er nimmt abermals das Gift ein, um zu ihr zurückkehren zu können; sein Haß gegen sie brachte ihn an den Rand des Selbstmords, der gleiche Haß jedoch bewahrte ihn davor; andererseits liegt ihm das Schicksal der Erde so am Herzen, daß er sich – in der Zukunft angelangt – erst nach dem Verlauf des Krieges erkundigt, bevor er nach dem rettenden Gegenmittel fragt. All das ist zweifelsohne melodramatisch. Dick ist ein Meister suggestiver Beschreibungen: die Suchtzustände Kathies nach Narkotika sind in ihrer Ausdruckskraft erstaunlich; nichts spielt sich gegenständlich ab – die Halluzinationen sind gelöscht – doch alle Gegenstände der Umgebung werden gespenstisch und verkehren sich in Folterwerkzeuge und Stilleben von Martyrien. Der Roman Dicks ist voll von für ihn typischen Hypothesen über die sittlichen Folgen fiktiver Entdeckungen. Man verwendet irgendwelche Amöben bei der Herstellung der Computerausrüstung von Raketen. (Das sind weder Amöben noch Computer: doch ich lasse die technische Seite außer acht.) Man fixiert ihre »Gehirne«, indem man sie tötet, und gerade dadurch werden sie als Steuersysteme verwertbar. Ein zurückhaltender Mitarbeiter der Firma kauft die während der Fixation »als Ausschuß« anfallenden Gehirne auf, baut ihnen motorisierte Rollstühlchen und schickt sie in die Stadt – so manifestiert er sein – hilfloses – Mitleid mit den fremden Lebensformen, die sogar über den Tod hinaus gequält werden. Man erklärt ihm, daß das sinnlos sei, denn die »Fixation« töte die Amöben, doch er macht weiter. Als symbolisch-kompensatorische Tat, als menschliche Geste ist das durchaus wahrscheinlich.

In der Welt Dicks steht alles – außer der psychologischen Wahrscheinlichkeit – im Widerspruch zur Logik. Trotz der Ernsthaftigkeit der Sache geraten die Beratungen des Chirurgen mit sich selbst in die Nähe der Komik. Ein Teil des Buches straft den anderen Lügen. Die Experten der Firma Hazeltine streiten sich darüber, ob das Präparat die Menschen real oder nur halluzinatorisch in die Zukunft bringe, und dann lesen wir, daß jeder, der das Präparat einnimmt, vor den Augen der Anwesenden verschwindet. Der größte Unsinn besteht jedoch darin, wenn die Erde, die den Ausgangspunkt der Handlungen bildet, für die »wichtigste« oder einfach für die einzige Erde gehalten wird. Wenn jedoch jenes Kontinuum von Erden als Annahme existiert, dann sind seine Elemente gleichwertig; weiter: es gibt nicht den geringsten Anlaß dafür, daß Sweetscent die Erde suchen muß, aus der er stammt, um auf dieser und nur auf dieser seine Frau und die Menschheit zu retten; denn die anderen Menschheiten und seine anderen Frauen befinden sich in der gleichen und manchmal noch in einer weit schlimmeren Lage. Warum will er nur jener Kathie helfen, die er verließ, wenn bereits aus der Definition des »Kontinuums« hervorgeht, daß alle anderen Frauen genau die gleichen oder noch besser *dieselben* sind? Er hätte sich besser in einen Eilboten in der Zeit verwandelt, der seinen Frauen in all den parallelen Welten das Gegenmittel bringt. Bei der ersten Berührung mit einer logischen Reflexion zerfällt also dieses Melodrama in eine ungewollte Groteske. Die Annahme eines »Kontinuums an Erden« liquidiert die Existenz einer einzigen Realität; Dick ist nicht imstande (wie übrigens alle SF-Autoren), solche elementaren Wahrheiten zu begreifen. Sie ist eine epistemologisch universelle Prämisse für alle – sowohl realisierbaren (eine phantomatische Maschine) als auch nichtrealisierbaren (»ein reales Kontinuum paralleler Welten«) – Techniken mit phantomatischer Charakteristik.

»The Three Stigmata of Palmer Eldritch« beschreibt den Konkurrenzkampf zweier Produzenten von Halluzinogenen, wobei am Ende des Romans bei dem einen der Produzenten Gottheit nicht völlig auszuschließen ist.

Leon Bulero stellt keramisches Spielzeug her, Teile des Spiels »Perky Pat«, das für die Kolonisten der Planeten des Sonnensystems gedacht ist; in Wirklichkeit handelt es sich dabei nur um »Brennpunkte« von Visionen, die das

Präparat Can-D bewirkt und das den Süchtigen von Buleros Leuten illegal geliefert wird. Der Inhalt der Visionen ist einfach: jeder Mann wird zu einem reichen Playboy und jede Frau zu seiner schönen Geliebten Perky Pat – in entsprechend luxuriöser Umgebung. Palmer Eldritch bedroht die Interessen von P. P. Layouts, weil er – von der Exkursion zur Proxima Centauri zurückgekehrt – von dort das neue Narkotikum Chew-Z mitbringt. (Sein Werbeslogan lautet: »Gott verspricht die Ewigkeit – wir liefern sie sofort«.) Bulero beschäftigt in seinem Betrieb »prefash«-Telepathen, die die Zukunft der *Nachfrage* nach neuen Produkten vorhersehen. Buleros Haupt-»prefash« heißt B. Mayerson; dieser hat erotische Probleme; er lebt mit einem Mädchen zusammen, das ebenfalls eine »Hellseherin« ist, eine Hellseherin der Modebranche; Mayerson hat indes die Trennung von seiner Frau Emilia noch nicht überwunden. Wenn der neue Ehemann Emilias, Hnatt, ihm ihre keramischen Entwürfe bringt, dann lehnt Mayerson sie ab, weil die Zukunft ihrer Absatzchancen angeblich schlecht sei. Die »Hellseherin« ist über die Chancen dieser Arbeiten anderer Ansicht, es kommt zu einem Streit, der bis zum Chef dringt. Bei diesem Kontakt mit seinen Hellsehern erfährt Bulero, daß Palmer sich auf Ganymed befindet (er hatte einen Unfall) und daß in Kürze eine Nachricht von seinem Tod in der Presse erscheinen und daß der Verdacht auf Bulero fallen wird.

Als Palmer auf dem Mond eine Pressekonferenz abhält, fährt Bulero hin. Palmer entführt ihn und appliziert ihm Chew-Z. Die erste halluzinatorische Explosion sprengt nun die Handlung, die mit dieser Explosion nicht mehr fertig wird.

Bulero befindet sich auf irgendeinem Mond; er trifft ein kleines Mädchen, das Palmer ist; er findet einen Koffer-Psychiater und spricht mit ihm (das ist nicht unbedingt eine Halluzination, solche Koffer existieren; jeder Patient eines Psychoanalytikers besitzt solch einen »Koffer«, der seinerseits das »Terminal« eines psychiatrischen Computers darstellt); Ungeheuer bedrohen ihn, Bulero flieht; das Mädchen-Palmer erklärt ihm, daß er allein kraft seines Willens alles, was er wollen werde, selbst schaffen könne; also »schafft« Bulero Treppen, auf denen er zur Erde gelangt – er kehrt in sein Büro zurück, unterhält sich mit Mayerson, arbeitet, und plötzlich sieht er unter seinem Schreibtisch ein kleines Monster, seine Sekretärin zerschmilzt zu einer Pfütze und sein Zimmer wird wieder zum Mond. Das Mädchen schlägt ihm Bedingungen vor, unter denen er seine Firma retten könnte. Durch die Erpressung gerät er in Rage und erwürgt das Kind. Er flieht, dann trifft er zwei Astronauten, die ihn für ein Phantom halten, und gemeinsam betrachten alle eine Gedächtnistafel, auf der die Verdienste Buleros hervorgehoben werden, der just an dieser Stelle Eldritch – »den Feind des Sonnensystems« – getötet haben soll. Ein Hund taucht auf und hebt sein Bein an der Tafel; der Hund ist Elmer. Bulero erwacht – diesmal tatsächlich – in den Mondgemächern Eldritchs. Zur Erde zurückkehrt, schmeißt er Mayerson aus der Firma, weil dieser nicht versucht hatte, ihm Hilfe zu bringen; Mayerson entschließt sich nach einem Gespräch mit seiner ehemaligen Frau (vergeblich sucht er sie zur Rückkehr zu bewegen) als freiwilliger Kolonist auf den Mars zu emigrieren. Bulero will ihn zu einem Verschwörer gegen Palmer machen, Mayerson willigt ein; er soll ein epileptogenes Mittel einnehmen, damit Buleros Leute Eldritch wegen der Verbreitung einer schädlichen Substanz anklagen können. Doch der Versuch, das Narkotikum Chew-Z zu kompromittieren, mißlingt. Palmer selbst kommt mit der ersten Lieferung von Chew-Z auf den Mars. Die drei Stigmata Palmers sind seine Stahlhand, der Stahlkiefer und die synthetischen Augen ohne Pupille (er wurde durch einen Unfall verletzt). Mayerson, der das Chew-Z eingenommen hatte, erlebt die stereotype Halluzination; er kehrt zu Emilia zurück, deren Mann sich während des Abendessens in Palmer verwandelt; Mayerson geht zur Firma, wo er sich selbst von der Zukunft aus sieht. Dieser zweite Mayerson »sieht ziemlich nach« Palmer aus; Mayerson beginnt hier zu begreifen, daß alles, egal was man unter dem Einfluß von Chew-Z halluziniert, in irgendeiner Weise von Eldritch kontrolliert wird. Schließlich wird Mayerson selbst zu Palmer; er fliegt in einem Raumschiff, das von Buleros Schiffen angegriffen wird; der authentische Bulero weckt Mayerson aus dessen Träumen auf dem Mars; die Verschwörung ist gescheitert, und Bulero selbst erkennt bei seiner Rückkehr zur Erde in einer Stewardeß, dann in seinem Begleiter-Palmer und ist sich nicht sicher, ob er selbst nicht Palmer sei.

In der Rekapitulation sieht der zentrale Gedanke folgendermaßen aus: der Palmer, der die Erde verließ und der Palmer, der zu ihr zurückkehrte, sind nicht ein- und dieselbe Person. Er hat irgendwo im Weltraum »Jemanden« getroffen und dadurch ist »irgend etwas« in ihm geschehen. Chew-Z, das ist eine Schimmelart auf Proxima; Palmer jedoch ist – unabhängig von den Eigenschaften des Narkotikums – kein einfacher Mensch mehr; aus ihm emaniert eine Potenz, weniger eine Potenz des Bösen als eine des Schrecklichen; gleichzeitig ist das keine Omnipotenz. Der Konkurrenzkampf um die Eroberung des Narkotikamarktes geht hier in ein Ringen mit metaphysischem Anstrich über. Diese unergründliche Rätselhaftigkeit höhlt die Abenteuerhandlung von innen aus – in dem Maße, in dem die Unterscheidung zwischen Wirklichkeit und Halluzination immer schwerer wird. Man kann beide nicht nur gegenseitig nicht abgrenzen, sondern auch nicht entscheiden, ob sie sich nicht miteinander vermählt haben, d. h. ob die Halluzinierung die Wirklichkeit nicht in infiltrativer oder aggressiver Weise ändert. Es gibt hier viele, von den Personen des Romans vorgeschlagene Exegesen; sie reichen von rationalistischen Interpretationen (»die Phantome« sind Produkte irgendeiner proteinischen Biochemie) bis zu Geistern, Phantasmaten und Briefen des hl. Paulus an die Korinther. In den Teilen, in denen die »Kosmolyse«, die Auflösung, die Verzweiflung und die Multiplizierung der Wirklichkeit beginnt, ist die Meisterschaft Dicks blitzartig greifbar. Die Aura der Anwesenheit Palmers, seine Stigmata und seine Person, in die sich jeder und alles verwandeln kann, sind hier für die narkotischen Realitäten spezifisch, doch diese Aura ist auch als eine nicht-sensuelle Anwesenheit spürbar. Wir können die Typologie der Personen Dicks bereits ausmachen: da sind zunächst kräftige, geheimnisvolle Personen (Molinari, Eldritch), die über außergewöhnliche Kräfte verfügen; oft stellt der Ehekonflikt einen roten Faden der (Eric Sweetscent und Kathie; Mayerson und Emilia); »der große Mann« steht immer im Hintergrund, der kleine oder kleinere dagegen – im Vordergrund; Ort der Handlung ist immer *irgendeine* Firma (Ackerman in »Wait for the last Year«, Bulero in den »drei Stigmata« und Runciter in »Ubik«, über den wir noch sprechen werden); die Welt richtet sich zugrunde, sie zerfällt zu einer Ruine, die Starezen versklaven und Halluzinationen verschlingen sie, doch die Geschäfte gehen irgendwie weiter. Man sieht, der Kapitalismus ist bedeutend dauerhafter als das Weltall. Dick ist ein deklarierter Feind des Kapitalismus; er haßt und verhöhnt ihn, aber er ist auch von ihm besessen (als ob er ihm eine metaphysische Dimension zugeschrieben hätte: dies, weil mehrmals von einem »jenseitigen Kapitalismus«, einem Kapitalismus »über die irdischen Geschäfte hinaus« die Rede ist).

In »Wait for the last Year« spielt das Kontinuum der Welten die Rolle des Phantomatisators, denn das Frohedadrin ist kein Halluzinogen; es macht süchtig und führt zum Tode, doch subjektiv »mobilisiert« es nur, d. h. es transportiert den Menschen in der Zeit umher. In den »drei Stigmata« kommt ein »schwächeres« Mittel, das Can-D – ein Genußmittel aus der Serie »Perky Pat« – vor und ein »stärkeres«, das Chew-Z, mit dem Palmer Eldritch als omnipräsenter Bürger aller Visionen (obwohl er nicht in allen identisch auftaucht) auf geheimnisvolle Weise verbunden ist. In seinem Äußeren ist Eldritch ekelerregend wie eine Leiche (tote Augen, ein toter Arm, ein toter Kiefer), doch er ist zugleich unbesiegbar wie ein Gott. Doch je weniger man von dem »eigentlichen Palmer« spricht, um so besser für Dick, den Autor der »drei Stigmata«; denn unter dem Einfluß der Reflexion quellen aus Palmer die SF-Späne heraus (ein in einem Menschen verkörpertes »Monstrum«, das einen Kosmonauten entführt und sich in ihn »hineinstopft«; »ein Schmarotzer« von einem anderen Planeten etc.; indes, hier handelt es sich um ein metaphysisches, ja später sogar gottähnliches »Parasitentum«). Es ist ein Höhepunkt, wie Dick durch kompositorische Reflexe die Elemente der SF in einer Vision zusammenbindet; wenn er jedoch (durch den Mund seiner Helden) zu räsonieren beginnt, dann erleidet nicht nur die Welt seines Werkes, sondern das Werk selbst einen Kollaps. Dick ist ein visionärer, jedoch naiver (im guten Sinne dieses Wortes) Science-Fiction-Maler. Er ist ein Bosch im Fell eines Holzschnitzers, ein Goya, der mit der Schminke und dem Rouge einer Theatergarderobe aus der Provinz arbeitet. Er drang bei wiederholten Stürmen als einziger von allen SF-Schriftstellern zum phantomatischen Land vor und zog schließlich – wenn auch nicht von der richtigen Seite, also gleichsam rechtswidrig – in dieses ein. »Ubik« repräsentiert dieses Eindringen. Warum tun dies nicht auch die oben erwähnten Bücher? Allein schon aus Konstruktionsgründen – neben anderen. Die Kohärenz eines Werkes mit »ontoklastischer« Thematik hat in der Tat nichts mit der Kohärenz eines mehr »normalen« Textes gemein. Alles, was halluziniert wird, kann beliebig kontraempirisch und logisch widersprüchlich sein – zumindest so wie unsere Träume. Wenn jedoch in der Romanwelt, vor der traumartigen Invasion, »unzerstörte Inseln« existierten, dann dürfen sich diese auch nicht gegenseitig vernichten und miteinander in Widersprüche geraten. [Wohl prophezeit Mayerson in den »drei Stigmata« Bulero die Zukunft, doch als er seinen Arbeitsplatz verliert, ist er ratlos und versucht nicht einmal, seine hellseherischen Kräfte für sich einzusetzen; vermutlich hätte dies die Dramatik seiner Lage geschmälert. In »Wait for the last Year« kann Molinari nicht sinnvoll durch die »anderen Molinaris« ersetzt werden, weil keiner von ihnen mit der dort, wo der »bisherige« Molinari gerade verstorben war, konkret entstandenen militärischen und politischen Situation vertraut war. Dick macht sich nicht einmal die Mühe, solche Paralogismen zu erklären. Man kann daher eine Kohärenzanalyse für gegenstandslos halten, denn dort, wo Mittel zum Tragen kommen, die willkürlich zugeschriebene Eigenschaften haben, ist alles zu machen. (Z. B. hat Molinari für seinen Nachfolger »ein Testament hinterlassen« und Mayerson als Nebeneffekt von Chew-Z seine Hellsehergabe verloren etc.)] Alle Analysen, die irgendwelche Rationalisierungen zum Ausgangspunkt nehmen, sind hier verfehlt. Man darf die Werke Dicks nicht nach ihrer empirischen und futurologischen, ja nicht einmal nach ihrer phantomatischen Korrektheit befragen, sondern ihnen Fragen nur im Rahmen einer Moraldiagnostik stellen: wer ist schuld an dem Untergang, dem Ruin, der Vernichtung und dem eschatalogischen Chaos? Wer hat diese »Plagen« geschickt? Wer hat gegen sie gekämpft und warum? Wer trägt die Verantwortung? Die Welt? Gott? Der Mensch? Die Kultur? Die Zivilisation? Und gerade das weiß man nicht, man weiß überhaupt nichts. Dies ist kein Vorwurf, sondern eine Feststellung. In seinen publizistischen Äußerungen sagte Dick einmal, daß nur solche Menschen wie Molinari oder Runciter im »Ubik« gegen das Böse kämpfen; doch genausogut könnte man behaupten, daß die Automaten die Protagonisten dieses Kampfes seien, die Automaten, die die Helden mehr als einmal in Taxis oder Hubschraubern von einem Ort der Handlung zum anderen befördern und die in beiläufigen, banalen Gesprächen – wie sie in solchen Situationen oft mit dem Fahrer geführt werden – die Richtigkeit der von den Helden getroffenen Entscheidungen bestätigen (z. B. daß Sweetscent zu seiner Frau zurückkehren sollte). Jeder tut an seinem Platz das, was er kann. Die Menschen sind klein und haben kleine Probleme; die Welt fällt ihnen auf den Kopf und versinkt ihnen unter den Füßen; es gibt keine andere Gewißheit als die der Niederlage; nichts ist zu retten – jedoch man kann seine Würde bewahren. Das ist alles. Diese Botschaft wird durch die unfreiwilligen Dissonanzen und Gickser oft unlesbar; »Ubik« ist indes das beste Werk, weil es in dem erwähnten Sinne am stärksten fokussiert ist. Das ist der Inhalt: Runciters Konzern vermietet Telepathen, Hellseher und »Inertiale« (»inertials« lähmen das telepathische »Psi-Feld«) an jeden, der bezahlt. Sie werden unter anderem in der Industriespionage eingesetzt. (Diese Konzeption gehört ganz zu der »Phantastik zweiter Ebene«.) Hollis, der Feind und Konkurrent Runciters, mietet sich dessen beste Leute und holt sie auf den Mond, wo angeblich eine telepathische Infiltration seine Interessen bedroht. Der Chef selbst, Runciter, begleitet diese Equipe zusammen mit einem seiner Untergebenen, Joe Chip, einem an und für sich bescheidenen Angestellten, einem Fachmann für »Psi«-Feld-Messung (mit elektronischer Apparatur).

Noch vor dem Zustandekommen der Exkursion lernt Joe ein Mädchen mit einer völlig außergewöhnlichen Gabe kennen: es kann die aktuelle Wirklichkeit dadurch ändern, daß es im Geist in die Vergangenheit geht und dort in den Kausalketten »Umstellungen« vornimmt. Runciter stellt das Mädchen ein; doch diese Vorgänge – die Überprüfung des Mädchens durch Chip und dessen Besuche im Konzern – sind *bereits* infolge der mentalen Operationen, die jenes ungeheuerliche Mädchen vornimmt, getrübt. Wohl ist dies völlig antinomisch, doch zugleich psychologisch verständlich; denn das Mädchen versucht alles, was es kann, um einen guten Job zu erhalten; also ändert es die Vergangenheit dergestalt, daß es von Chip sehr geschätzt und von Runciter eingestellt wird.

Vor seinem Abflug zum Mond spricht Runciter mit seiner Frau über geschäftliche Dinge. Das ist insofern seltsam, als seine Frau nicht mehr lebt, d. h. richtiger: sie wurde nach einem tödlichen Unfall vor vielen Jahren in ein »Moratorium« gebracht. Man kann nämlich Personen, die noch nicht gestorben sind, aber denen die Medizin nicht mehr helfen kann, im Zustand eines »Halblebens« – »halflife« – erhalten; man bringt sie in »cold packs« unter, in denen sie wie Mumien unter Glas liegen; man kann sich mit ihnen mittels eines Gerätes in Verbindung setzen, das ein bißchen einem Telefon ähnlich ist.

Bei ihrer Ankunft auf dem Mond wird von dem hinterlistigen Hollis, dem Feind Runciters, ein Bombenanschlag auf die Ankömmlinge verübt. (Hollis *selbst* ist die Bombe oder richtiger, eine Hollis-getreue, mit Trotyl ausgestopfte Puppe.) Nur Runciter wird tödlich verwundet: Chip, der die Führung über die Geretteten übernimmt, kehrt mit ihnen – nachdem er den Leichnam seines Chefs in den Bordkühlschrank gelegt hatte – in einem Raumschiff zur Erde zurück. Man landet in der Schweiz, um den Leichnam in dem Moratorium abzugeben, in dem sich auch die Frau Runciters befindet. Die bisher glasklare Handlung (was natürlich eine relative Wertung ist!) beginnt nun kompliziert zu werden. Einerseits soll Runciter ein »Halbleben« führen, andererseits ist es unmöglich, mit ihm in Kontakt zu treten. Chip vertritt seinen Chef im Geschäft, doch gleichzeitig geschehen rundherum seltsame Dinge. Chip entdeckt in dem Schrank eines Hotelzimmers eine Telepathin der Firma; sie war nur noch ein vertrocknetes Häufchen, als ob der Tod vor Jahrzehnten eingetreten sei. Die Münzen und Scheine, mit denen Chip die Rechnungen bezahlen will, stammen aus früheren Jahren und sind wertlos. Das gekaufte Tonbandgerät fällt aus Altersschwäche auseinander.

Im Klosett erscheinen auf der Wand Aufschriften, die angeblich von Runciter stammen. Runciter selbst erscheint Chip – auf dem Fernsehschirm. Was gilt nun: entweder geht – aufgrund der geheimnisvollen Inspirationen des Mädchens mit der »psychochronokinetischen« Begabung – die Zeit ringsum gleichzeitig rückwärts und zerfällt, oder auf dem Mond geschah nicht das, was Chip und seine Leute glaubten. In Wirklichkeit hatte die Bombe *sie* umgebracht, und *sie* lagen in den »cold packs«, dagegen war Runciter mit dem Leben davongekommen und »tritt nun in ihren Eis-Traum«, wobei sich ihr Alptraum mit seinen Versuchen, mit den »halblebenden« Mitarbeitern seines Unternehmens in Verbindung zu treten, mischt.

Die Sache wird noch verzwickter. Infolge der »retrochronalen« Abrutscher der Zeit erscheint das Jahr 1939; der polnisch-deutsche Krieg hat bereits begonnen. Auf den Straßen fahren die damaligen Autos. Runciter verschafft Chip ein geheimnisvolles Mittel in Sprayform (»Ubik«), mit dem man die »retrochronokinetischen« Effekte zeitweilig aufheben kann. Chip – von allen Seiten bedroht, da seine Mitarbeiter und Mitstreiter umkommen – kämpft bereits allein um »Ubik«. (Der Name ist von »ubique« abgeleitet – es ist eine wie ein Haarwuchsmittel angepriesene Erscheinung des Absoluten in flüssiger Form.) Er spricht mit Runciter, den er in einem Hotelzimmer trifft. Nach langen Ausreden enthüllt dieser ihm endlich, daß er, Chip, und alle anderen tatsächlich auf dem Mond umgekommen waren und nun in »cold packs« liegen. Danach kommt es zu noch gewaltigeren Veränderungen. Die Welt um Chip schrumpft zusammen; der Apotheker, bei dem er »Ubik« kaufen will, stellt sich als jener Junge heraus, der seit Jahren im Moratorium neben dem Sarkophag von Runciters Frau lag. Dieser Junge verübt an der Frau Runciters und allen anderen »Halblebenden« eine gleichsam vampirartige psychische Aggression: er verdrängt die Reste ihres Bewußtseins und nimmt dessen Platz ein. Die Geschichte Chips endet, als er sich in ein Taxi des 1936er Modells setzt. Doch in dem kleinen Abschlußkapitel gibt Runciter, als er zum Moratorium geht, um sich mit seinen »halblebenden« Leuten in Verbindung zu setzen, dem Pförtner ein Trinkgeld, eine Münze, auf der statt des Präsidentenkopfes das Profil von Joe Chip zu sehen ist. »Das war nur der Anfang« – lautet der letzte Satz des Romans.

Unbestreitbar ist das eine makabre Groteske. Dick übertrifft in den Inventionen bei weitem seine Kollegen; seine sich verzweigende, ungeheure und ominös purzelbaum-schießende Welt ist voller Einfälle – manchmal mit satirischem Unterton. (Chip wohnt – wie jeder Bürger in den Staaten – in einem voll computerisierten Appartement; er muß jedes Öffnen der Ausgänge oder des Eisschrankes durch den Einwurf einer Münze bezahlen; wenn er kein Kleingeld hat, gibt es Streit mit dem Eisschrank, der Badezimmertür usw.) Typisch für Dicks »Ubik« ist auch jenes außergewöhnlich hartnäckige, gute Funktionieren des Kapitalismus, in dem es – dank einer spezifischen Aura – nicht mehr wie in seinen anderen Romanen knirscht; die Toten sind telefonisch erreichbar, die Geschäftsleute halten für ihre Konkurrenz Bomben mit zwei Beinen bereit; junge Mädchen verändern durch Wissensakte die Wirklichkeit; doch das alles kostet etwas, dafür muß man bezahlen; die Welt löst sich auf, doch die Geschäfte gehen weiter.

Diese Melange ist für viele Anhänger der genormten SF unverdaulich. Denn sie verwenden Tarife, die für Schundprodukte zwar ermäßigt, aber zugleich auch formalisiert sind; sie verlangen Abrechnungen und rationale Erklärungen, worunter natürlich all jener Quatsch fällt, der in der SF gewöhnlich als »wissenschaftliche Erklärung« ausgegeben wird. Das diesbezügliche Schweigen Dicks irritiert sie. Auch die zur Sippschaft gehörenden Kritiker kommen mit seinem Schaffen nicht klar. Dick tippt auf der Tastatur der SF eine

Botschaft, die unverständlich ist – aber nur für diejenigen, die sich in der zeitgenössischen Prosa nicht auskennen. Sein Schaffen nähert sich ihr auf einem eigenen Weg – durch die strukturelle Zerfetzung der Verdinglichungen. Diese Ähnlichkeit wird nicht erkannt, weil die Entwicklung an den zwei Seiten einer undurchsichtigen Mauer entlangläuft. Die Branchenkritiker kennen die Trends der modernen Kunst, ihr Verliebtsein in das Chaos, ihren »Aleatorismus« nicht; die Kritiker des modernen Romans wiederum kennen die Bücher Dicks nicht, die übrigens sehr wirksam unter den Bergen der SF-Makulatur versteckt und dazu dieser in ihrer Sprache sehr ähnlich sind. Soweit ich weiß, ist Dick bei niemandem in die Lehre gegangen; er ist ein urwüchsiger Neuerer, der die Theorie seines Schaffens nicht zu erklären vermag, weil er sie nicht kennt. Ein Kritiker muß, um ihm gerecht zu werden, zunächst auf jede genologische Lokalität, d. h. auf Tarife und Codices der SF, verzichten. Man wird Schiffssignale nicht verstehen können, wenn der Signalisator eine so eigenwillige Person ist, daß er den *Code bricht* und mit den Fähnchen, mit denen die navigatorische Information gewöhnlich übermittelt wird, eine Botschaft seiner Träume sendet.

Eine Analyse der Werke Dicks auf ihre »futurologische« Qualität sowie die logische Richtigkeit ihrer Konstruktion hin muß diese disqualifizieren; natürlich nur als *Science Fiction* und nicht als Literatur per se. Denn logische Gebrechlichkeit in der SF ist fast immer Ausdruck gewöhnlicher Hilflosigkeit oder folgsamen Gehorsams, der solchen Paradigmata wie dem »chronomotischen« entgegengebracht wird. (Ein Werk, das von Zeitreisen ausgeht, wird sich *niemals* von logischen Widersprüchen befreien *können.*) In seltenen Fällen jedoch *kann* die Antinomie – und das trifft auf jedes Schrifttum zu! – als *Signum* benutzt werden in einem System von Expressionen, das uns *aus sich hinaus* in einen Raum von Bedeutungen wirft, die nicht mehr widersprüchlich sind. In der Tat ist die Struktur des Gerichtsverfahrens im »Prozeß« – um das erstbeste Beispiel zu nehmen – kontraempirisch und die Reaktion des Herrn K. auf die eingeleitete Untersuchung – paralogisch; doch diese offensichtlichen Widersprüche schaffen ein System von Zeichen, die uns von der Buchstäblichkeit der Untersuchung wegführen; hierbei ist nicht zu vergessen, daß Kafka von Haus aus ein Jurist war, er also mit dem »Prozeß« den Kanon der juristischen Regeln mit voller Absicht verhöhnen wollte.

Doch gerade »Ubik« *kann auch* als vollgültige SF mit phantomatischer Basis verstanden werden. Alle Störungen der Ontologie sind Folgen dieser Ausgangsprämisse. Das ist so zu verstehen: die Medizin ist *bereits* in der Lage, die Agonie unheilbar Kranker oder Unfallverletzter aufzuhalten; doch sie kann diese *noch nicht* (völlig) heilen. Diese Patienten werden daher in »cold packs« gelegt, wo sie zwischen Leben und Tod (»halflife«) hybernieren. Indes ist dies weder für sie noch für ihre Angehörigen ein besonderer Trost; denn die Eingefrorenen sind weder tot noch leben sie; deshalb tut man in den »Moratorien« zwei Dinge. Erstens erhält man das Gehirn der Hybernisierten bei vollem Bewußtsein, indem man es an entsprechende Apparaturen anschließt; dadurch lebt es in einer fiktiven Wirklichkeit: und das ist der Kern der vorliegenden Version der »Phantomatik«.

Aber auch dies nützt den Angehörigen, die ihr Liebstes verloren haben, nur wenig; doch die Technik dieser Phantomatisation gestattet es, in die phantomatische »Wirklichkeit« Fragmente der authentischen Wirklichkeit einzubringen: man kann mit den in den »cold packs« Liegenden »telefonieren« (dies als zweites).

Aber jedes derartige Eingreifen in eine phantomatische Vision ist eine ungewöhnlich seltsame Verletzung derselben; wenn sich der in den »cold packs« Liegende über seinen Zustand klar ist (d. h. wenn er weiß, daß er nicht in der wirklichen Welt lebt, sondern das Opfer einer Krankheit oder einer Katastrophe war, und sich in einem »halblebenden« Zustand befindet), dann wird er alle ungewöhnlichen Erscheinungen, die den Kontakt mit der authentischen Realität begleiten, verstehen und ruhig aufnehmen. Wenn er jedoch fälschlicherweise glaubt, daß ihm nichts Besonderes zugestoßen sei, dann werden ihn die Umstände dieses Kontaktes ständig schockieren.

Die Frau Runciters wußte, daß sie in »cold packs« liegt.

Joe Chip jedoch war sich über seinen Zustand nicht im klaren, deshalb hat er alles, was um ihn herum geschah, falsch interpretiert – aufgrund seiner Rationalisierungen, die die Phantome und Implosionen der phantomatischen Welt objektivierten. Sie traten *insbesondere* jedesmal dann auf, wenn Runciter in dieser Welt erschien, weil er ja in diese Welt, die an und für sich geschlossen war, unter Verletzung der Logik normaler Ereignisse »einbrach«.

Was später in der Welt Joe Chips geschieht, könnte man als eine Folge des unvollkommenen Funktionierens des Phantomatisators ansehen; die Invasion der »vampirartigen« Einflüsse des geistig aggressiven Jungen (der in einem cold pack irgendwo in der Nähe von Chip und von Runciters Frau lag) könnte die Folge von Störungen der elektrischen Kreise, der Induktionen oder des Ladungstransfers usw., usw. gewesen sein. Doch die letzten Sätze des Romans erschüttern unsere Überzeugung, daß Runciter tatsächlich auf dem Mond mit dem Leben davongekommen war, und daß er zu seinen im Zustand des »halflife« »phantomatisch eingekapselten« Leuten aus der Welt der Wirklichkeit »vordringt«. Es war nämlich ganz anders: *alle* waren umgekommen; doch nicht alle waren sich dessen bewußt; ein Phantomatisierter konnte daraufhin versuchen – welch ein Hohn! – mit anderen Objekten der Phantomatisation in Verbindung zu treten in dem Bewußtsein, daß er aus der Wirklichkeit in den Traum »hineintelefoniere«, weil es, wie bereits ausgeführt, in einer Welt mit Phantomatik eine *Sicherheit* der »wirklichen Realität der Existenz« niemals und für niemanden geben kann. Es existieren nur Vermutungen, Indizien, Glaubwürdigkeitsgrade eines Urteils, Wahrscheinlichkeitskumulationen usw.

Es ist amüsant, daß Dick mit »Ubik« *unabsichtlich das* gelungen ist, worüber Hjortsberg und Geis stolperten – obwohl sie gerade *dies* zugrunde gelegt hatten. Wissenschaftliche Glaubwürdigkeit oder »futurologische« Absichten sind Dinge, auf die Dick am wenigsten Wert gelegt hat. Solche Kriterien existieren für ihn überhaupt nicht. (Das beweist unter anderem der von Dick in »Ubik« benutzte Wortschatz; er ist einer Interpretation, wie ich sie vorgeschlagen habe, nicht im mindesten förderlich, doch er ist ihr gegenüber neutral genug, um sie zu *erlauben.*) Doch das macht überhaupt nichts aus, weil konkrete *technische* Parameter der Phantomatik im Vergleich zu den ontischen und epistemischen Problemen, die die Phantomatik aufwirft, völlig zweitrangig sind. Deshalb können alle Dickschen »cold packs«, »half life«, alle »Protophasone« der »halblebenden« Gehirne und andere von ihm benutzte Einzelheiten beliebig unwahrscheinlich sein; dadurch wird die Substantialität der Metamorphosen, denen die abgrundtief *zersplitterte* Existenz unterliegt, nicht im geringsten geändert; und ist es einmal so, dann wird die potentielle Unendlichkeit der Ebenen der fingierten Wirklichkeit dadurch multipliziert. Notabene, weil die Zugrundelegung einer *völlig* zuverlässigen Technologie praktisch nicht verwirklichbar ist, lassen sich jene »kohärentiven Störungen«, die die Helden Dicks durchleben, und ihre Kollapse, Deformationen sowie der Wahnsinn ihrer Umwelt ausgezeichnet aus der Unzuverlässigkeit der phantomatischen Anlagen ableiten. (Indes, der Defekt des Phantomatisators, durch den die Erlebnisse der Phantomatisierten verunstaltet werden, liefert noch lange keinen *Beweis* dafür, daß ein Phantomatisierter die Realität nicht »tatsächlich« erlebt: denn man kann immer noch sagen, daß die Störungen durch eine Geisteskrankheit, durch Fieber, zeitweilige Halluzinationen, durch irgendeine Vergiftung usw. verursacht wurden, und man kann des *weiteren* sagen, daß man dafür, daß es *nicht so* war, keine Beweise erbringen kann.)

Wie auch immer, die »ontische Defektivität« – wie sie in der Welt des »Ubik« präsentiert wird, macht – zumal sie *technologisch* durchaus glaubwürdig ist – unsere Interpretation nicht nur nicht ungültig, sondern vergrößert ihre Wahrscheinlichkeit.

Die Loyalität, die wir dem Autor schuldig sind, verlangt übrigens den Hinweis, daß dieser auf eine derartige »Rehabilitation in empirischer Beleuchtung« höchstwahrscheinlich gar keinen Wert legt. Dick ist in der SF wie ein Gast aus total fremden Ländern, der seine Gedanken, Wünsche und Schwierigkeiten mit den Mitteln verkörperte, über die jenes besuchte Gebiet verfügte und der die Kostümologie des Kitsches benutzt, um mit seiner Hilfe – wie ein Mime in einem Trödelladen – das Drama des existentiellen Rätsels aufzuführen.

9. Die Suche nach Paradigmata

Dieses Kapitel spiegelt in seiner seltsamen Konstruktion die gnoseologische Schwäche der Phantastik – und der Futurologie – sowie ihre glücklosen Inspirationen wider. Die beiden einander benachbarten Länder sind keine großen Mächte; der intellektuelle Hintergrund ihrer Anhänger ist Defätismus. Er findet in der Phantastik seinen Ausdruck in der üblichen Meinung, daß man mit völlig neuen Ideen, die der Schöpfung bisher unbekannte Gebiete von Möglichkeiten erschließt, nicht rechnen darf. Und tatsächlich, die Massenproduktion der SF rutscht entweder in die Grube des Sensationsschundes oder in das magische Märchen; die Kategorie des wissenschaftlichen Phantasierens stellt sich daraufhin nicht als ein Hochland heraus, sondern als ein spitzer Gipfel, auf dem man sich unmöglich niederlassen kann.

In der Futurologie tritt der Defätismus gegenläufig zutage: als Ruf nach einem ständigen »brain-storming«, als Appell zur Gründung gemeinsamer Gremien wie »futuristische« Schulen und Werkkreise, Kommissionen, futurologische Banken und viele andere Institutionen, die die Wiege für die fehlenden Ideen zur Bändigung der störrischen Zivilisation und für den Übergang von dem minimalistischen Vorschlag des »Bremsens« zu einem Entwurf optimaler Zukünfte sein sollen. Im Grunde genommen ist das ein Ruf nach irgendwelchen »Anderen«, die das zu tun vermögen, wozu die Experten selbst vorläufig noch nicht in der Lage sind. Doch dieses Rufen führt in die Irre; denn der Futurologie fehlen nicht sosehr Ideen als vielmehr Kriterien, diese auszusondern. Die Schwäche dieser unerwachsenen Disziplin ist soziologischer, nicht imaginativer Natur. Daher ist es kein Zufall, daß unter den Futurologen kein Soziologe von Rang zu finden ist; und nicht zufällig übernehmen dilettierende

Möchtegerne deren Rolle und versuchen, Sachwissen durch kühne Improvisationen zu ersetzen. Doch solche Kühnheit reicht dort, wo richtige Selektionsfilter fehlen, nicht aus; die ellenlange Aufzählung von Außergewöhnlichkeiten, die für die Wissenschaft und die Technik vorhersehbar sind, kann uns nicht täuschen. Keine noch so große Menge Baumaterial kann die architektonischen Entwürfe ersetzen. Die Systemverbindungen, die die Erfindungen und die prognostizierten Entdeckungen miteinander eingehen können, schaffen einen ungewissen kombinatorischen Schlund. Dieser besitzt keine eigene Ordnung – der Mensch muß diese Ordnung erst in ihn einführen. Doch diese Ordnung, das ist gerade das nicht vorhandene Paradigma. Die Futurologie ist nicht in der Lage, die Phantastik abzuschleppen; die SF muß sich selbst helfen.

Es gibt keine schlimmere postulative Kritik als die der leeren Worte: sich mit Appellen zu begnügen, die an andere gerichtet sind, ist nicht statthaft; deshalb wollen wir am Ende anhand von einigen skizzenhaften Beispielen zu beweisen suchen, daß die paradigmatische Vorratskammer der Phantastik nicht ein Begriffsgefängnis sein muß. Die Konstruktion neuer Möglichkeitsräume ist auf dem Vorfeld der Belletristik ein anderes Unterfangen als in der Futurologie; denn nicht jede Hypothese birgt einen erzählerischen Reiz in sich. Das ist der erste Vorbehalt. Der zweite besteht darin, daß ein neuer Raum keine Muster für Intrigen, Handlungen noch für die Erzählfabel in bestimmter Weise festlegt; sie entstehen, je nachdem wie der Raum der erzählerischen Möglichkeiten »geschnitten wird«. Und drittens, ich beschränke mich in meinen Entwürfen auf das Gebiet der extremalistisch betrachtenden Informatik, d. h. auf die Informatik, die die linguistischen, biologischen und technischen Erscheinungen dergestalt vereinheitlicht, daß diese mit einem Satz die Ebene einer allgemeinen Systemtheorie erreichen. Diese Auswahl ist von der Überzeugung diktiert, daß man gerade dank des Universalismus der Informatik größere Veränderungen in der Zukunft erwarten kann.

Wir besprechen also die kybernetische Version des Absoluten, der Theodizee und der Schaffung der Welt, um von hier zu solchen Konzepten überzugehen wie dem der synthetischen Kultur (bzw. ihrem technologisch geschaffenen Ersatz) oder dem des Kollapses von der Regel der sich ausschließenden Mitte, d. h. dem Schock, den die Kriterien »falsch« und »richtig« durch Eigenschaften erlitten, die durch den Kosmos im Laufe der Explorationen manifest wurden; dann erfinden wir noch einen neuen Typ der physikalischen Äquivalenz, die den Menschen erhöht und gleichzeitig lähmt.

1. In der Informatik unterscheidet man zwischen »hardware« – dem substantiellen Teil der Rechensysteme, dem »harten Kern« – und »software«, der steuernden Information, die im Gedächtnis (Daten) und in Programmen (Transformationen) festgehalten ist. Es ist bekannt, daß es einen äußerst einfachen Automaten gibt, der zugleich in der Lage ist, andere Automaten nachzuahmen – die Turing-Maschine, und je komplizierter der Automat ist, den die Turing-Maschine nachzuahmen hat, um so komplizierter muß ihr Programm ausfallen. Das menschliche Gehirn, das eine Art Automat (im Hinblick auf die Logik) darstellt, kann prinzipiell von mindestens zwei gegensätzlichen Automatentypen nachgeahmt werden: von sehr einfachen, jedoch mit einem außerordentlich komplizierten Programm ausgestatteten Automaten oder von sehr komplizierten Automaten mit einem äußerst knappen Programm. Aufgrund unseres Wissens muß die informative Gesamtbilanz beider alternativen Lösungen ähnlich sein, weil das, was die Turing-Maschine an »hardware« spart, sie mit Hilfe der »software« aufholen muß – und umgekehrt. Das menschliche Gehirn stellt – laut gegenwärtigen Überlegungen – eine Kompromißlösung dar, die zwischen den Schneiden der Informationsscheren, die zwischen »hardware« und »software« entstehen, vermittelt.

Angesichts des Gesagten stellt das bekannte Theorem Rosenblatts von der Selbstorganisation, das besagt, daß ein unendlich großer Perzeptron beliebige Gestalten, ohne zu lernen, unterscheiden kann, die Partikularisierung einer allgemeineren Festellung dar: wenn zwischen einem Programm und einer Maschine eine reziproke Proportionalität besteht, dann benötigt eine unendlich große Maschine kein Programm mehr. Das ist die Extrapolation des Verhältnisses zwischen »hardware« und »software« in Richtung »hardware« – bis zur letzten Konsequenz.

Man kann indes auch in die andere Richtung extrapolieren: wenn eine kleine Maschine mit einem großen Programm dasselbe zustande bringt wie eine große Maschine mit einem kleinen Programm, dann könnte ein unendlich großes Programm alles tun – ohne jede Maschine; durch dieses logische Vorgehen kommen wir zu der »kybernetischen Version des Absoluten«: das Absolute erweist sich als ein Programm von der Mächtigkeit des Kontinuums.

Doch weiter, vergleichen wir das menschliche Gehirn mit einer Fortpflanzungszelle! Eine solche Zelle enthält ein Programm der Selbstvervielfältigung – und nichts mehr. Sie ist also ein Automat, der nur eine einzige Aufgabe ausübt: die zuverlässige Selbstwiederholung. Das Gehirn dagegen, das sich überhaupt nicht vervielfältigen kann, stellt einen universalen (bzw. fast universalen) Automaten dar, denn es ist in der Lage, große Klassen verschiedenartigster Aufgaben zu lösen.

Wir als Baumeister brauchen uns nun nicht auf die Wiederholung dieser Lösungen, die zu der allgemeinen Theorie der Automaten gehören, und die von uns von der natürlichen Evolution des Lebens und insbesondere von ihren anthropogenetischen Ablegern vor Augen geführt wurden, zu beschränken. Während wir vorher extrem extrapolierten und dabei von der äußeren Relation »hardware« – »software« ausgingen, wollen wir nun interpolieren und das Gehirn – als einen universalen, zur Selbstvervielfältigung ungeeigneten Automaten – sowie die Fortpflanzungszelle (Zygote) – als einen ausschließlich zur Selbstreproduktion geeigneten, mit einer einzigen Aufgabe betrauten Automaten – zu den Extremwerten der Amplitude erklären. Irgendwo auf der Achse zwischen diesen beiden Extremwerten soll sich ein Automat befinden, der sich sowohl wie eine Zygote selbstvervielfältigt als auch »vernünftig« wie ein Gehirn ist. Die Beherrschung der Technologie zur Herstellung solcher Automaten würde allerdings einen totalen Umsturz in der Informatik evozieren. Diese Automaten wären nicht mehr Maschinen in der Art der heutigen Computergeneration, sondern eher etwas in der Art von Amöben oder Algen, die man in großen Tanks oder Behältern züchten könnte. Die Herstellungskosten wären nach der Aufnahme der Massenzucht den Kosten der Zucht von tatsächlichen Amöben oder Algen gleich: sie wären pro Produktionseinheit fast gleich Null. Hätte man eine beliebige Menge dieses derart billigen »Verstandes« zur Verfügung, dann könnte man ihm unzählige Aufgaben übertragen. In einer technologischen Zivilisation kommt es zwischen den Bürgern und ihrer Umwelt zu einem eklatanten Abfall des Intelligenzpotentials. Die Umgebung ist im Prinzip sehr »dumm«, ihre Bürger dagegen sind sehr »klug«, was nur so verstanden werden kann, daß bei einer hohen Informationsdichte der menschlichen Gehirne die Informationsdichte der Umgebung niedrig bleibt. Damit die Umgebung die Autonomie einer Homöostase erlangen kann, d. h. also, sie sich um sich selbst oder genauer um ihre Erhaltung kümmern kann, müßte man gerade das »Intelligenz«-potential der Umgebung vergrößern, also die zivilisatorische Umgebung mit einer bestimmten »Verständigkeit« versehen. Hätte man billige, sich selbst vervielfältigende Pseudogehirne, dann wäre eine solche Umgebung bei weitem leichter zu errichten als heute, wo man – um »Intelligenz in die Umgebung hineinzupumpen« – sehr kostspielige Computer benutzt, deren »hardware« jedesmal zu konstruieren und deren »software« jedesmal mit erheblichem Aufwand an menschlichen Geisteskräften herzustellen ist.

»Eine weise gewordene Umgebung« kann, wie bereits gesagt, verschiedenen Zielen dienen; wir wollen uns aber nur mit solch einer Version beschäftigen, die einen »synthetischen Ersatz der Kultur« zum Inhalt hat. Beginnen wir damit, daß die großen melioristischen Philosophen ihre Gedanken immer auf solche Projekte konzentrierten, die der Menschheit ein Maximum »Gutes« bringen sollten; sie interessierten sich dagegen kaum für die Projekte, die bescheidener waren und eine Verminderung des Bösen, das ein Mensch dem anderen Menschen zufügen kann, anstrebten. In einer »intelligenten Umgebung« könnte man nun gerade gegen das Böse Drosseln und Filter installieren; dann entstünde eine Umgebung, die alle Absichten und Kapricen des Menschen so lange wohlwollend betrachtet, solange der Mensch nicht versucht, dem Nächsten das zuzufügen, »was Du nicht willst, daß man Dir tu«. Eine solche Umgebung schränkt die individuelle Freiheit dann rein negativ ein: sie läßt das Gute, wie auch alle Taten und Werke, die für die anderen unschädlich (ethisch neutral) sind, »durchgehen« und hält ausschließlich nur das »Böse« auf. Man sollte beachten, daß diese Konzeption nicht nur ein reines Phantasieprodukt ist, denn ihr Samen ist sogar in der heutigen Technologie zu finden: z. B. stellt ein Autozündschloß, das es einem Betrunkenen unmöglich macht, den Motor anzulassen, eben solch einen Filter dar, das eine Handlung, die für andere bedrohlich ist, verhindert.

Sofort drängt sich einem hier eine makabre Groteske als Romanidee auf, in der die verbitterte Quälerei eines Menschen gezeigt wird, der in einer technisch derart vollkommen »verengelten« Umgebung versucht, seinen Mitmenschen etwas Scheußliches anzutun. Wir können intuitiv annehmen, daß die in solch einer Umgebung unsichtbare Barriere gegen das Böse ihn wütend machen wird und die menschliche Erfindungsgabe sowie die wohlbekannte menschliche Perversität – die in der Gier nach der Realisierung dessen, was schwieriger ist, zum Ausdruck kommt – zu einem seltsamen Zweikampf herausfordern wird.

Wir sprechen hier deshalb von einem synthetischen, d. h. technisch angefertigen Ersatz der Kultur, weil der Prozeß der technologischen Akzeleration – wie wir uns bereits überzeugen konnten – von einer Zerstörung der traditionellen Kulturwerte begleitet wird, die schneller ist als die gleichzeitige Entstehung neuer Werte anstelle der überholten. Die soziologische Einbildungskraft ist heute in ihren Beurteilungen bereits derart einseitig geworden, daß sie den Begriff der Entfremdung ausschließlich mit dem Begriff des dem Menschen zugefügten Schadens gleichsetzt. Inzwischen sind zahllose Institutionen, die der Mensch (unabsichtlich) in der gesellschaftlichen Evolution schuf – um bei der Institution der Familie anzufangen – durch (überpersönliche) Wert- und

Bezugssysteme verfremdet, die das Individuum zwar in seiner Handlungsfreiheit einschränken, ihm aber gleichzeitig äußere Unterstützung und innere Erlebensformen einer Lebensrolle zukommen lassen wie z. B. die Rolle des Vaters, der Mutter, des Kindes, des Partners, des Rivalen, des Vormundes usw. Wenn sich dann die institutionell-äußerlichen Bindungen dieses Typs unter dem Einfluß technogener Veränderungen abrupt abschwächen, dann könnte man sie durch eine »fürsorgliche Vormundschaft« ersetzen, die schon nicht mehr in die Mentalität des Menschen, sondern in seine verständige Umgebung eingebaut ist. Solch ein Konzept ruft natürlich unseren Ekel und sogar Angst hervor, was sich in Achselzucken oder spöttischem Lächeln äußert; dies geschieht wahrscheinlich deshalb, weil wir solch eine technisch externalisierte gesellschaftliche Ethik vom Standpunkt unseres Ethnozentrismus aus bewerten; sie erscheint uns genauso sinnlos, lächerlich und »wildfremd« wie jeder Brauch einer uns fernen Kultur, der unserem Gefühl davon, was richtig ist, total fremd ist. Deshalb drängen sich auch zuerst die Bilder einer maschinellen Versklavung, eines Computerjochs der Freiheit sowie einer von den Fühlern der Umgebung eingeleiteten Verfolgung auf oder auch – in einer mehr farcenhaften Version – irgendwelche Wohnungen und Gegenstände, die alle Bewohner durch Überredung zur Ausübung einzig und allein der Tugend versklaven. Doch die Technologie der synthetischen Kultur könnte ja weitaus indirekter sowie raffinierter und in ihrer Wirkung derart meisterhaft verdeckt sein, daß sich niemand Klarheit verschaffen könnte, ob er nun von dem Bösen durch vor ihm exzellent getarnte Manöver der technoethisch vorprogrammierten Umgebung abgehalten wird oder nicht. Vom gegenwärtigen Standpunkt aus wäre zweifelsohne die Belletrisation eines derartigen thematischen Gebietes am faszinierendsten, die sich auf die großen Beispiele von Dostojewski stützen würde, wobei die Mentalität des »Menschen aus dem Kellerloch« das Paradigma eines Helden abgeben könnte, der in eine Zivilisation eingebettet ist, die sorgfältig die Unverletzbarkeit der persönlichen Sphäre schützt. Man braucht auch nicht einem Klischee anheimzufallen, das durch die historisch gegebene

Denkart entstand, und sich mechanische Schutzengel, mechanische »Beichtmaschinen«, mechanische »Große Brüder« usw. vorzustellen. Erstens hat jede Innovation immer menschlichen Widerstand hervorgerufen; einstmals versteckte man sich vor der rettenden Impfung. Zweitens ist es immer möglich, eine technische Konzeption zu entstellen und sie – gegen die Interessen der Allgemeinheit – zu mißbrauchen. Drittens schließlich darf man die Begriffe von der »Verständigkeit« der Umgebung und ihrer »ethisch filtrierenden« Charakteristik nicht mit irgendwelchen personalistischen Vorstellungen gleichsetzen, d. h. man darf nicht davon ausgehen, daß die Fürsorge für die Bürger einer synthetischen Kultur von irgendwelchen mechanischen *Personen* ausgeübt wird. Die Umgebung muß strikt unpersönlich bleiben, jedoch vernünftig sein; wir träumen nicht von einem Messer, das – in die Hand genommen – uns nachsichtig erklärt, daß man seinen Nachbarn nicht wie ein Lamm abschlachten darf, auch nicht von einem Bett, daß uns im Schlaf moralische Lehren erteilt. Das sind Karikaturen, die vielleicht in ein Märchen passen; ein ethisches Minimum, das umgebungsmäßig vorprogrammiert ist, könnte völlig stumm, taub und zugleich so wirksam sein wie ein Filter, das das für Wohnungen nötige Wasser reinigt. Das Manipulieren am Verstande sowie das Verdrängen der menschlichen Privatität – was mit Hilfe von Computern möglich ist – sind gerade deshalb keine *fiktive* Bedrohung, weil man die Maschinen, die eine universelle Wirkungsbreite *haben*, eben *so* programmieren kann, wenn es der Wille der Entscheidungsträger und der Befehlshaber ist. Geht man, um die Kultur zu synthetisieren, nicht von einem Computer, sondern statt dessen von einer Zygote aus, dann ist ein Umfunktionieren der vorprogrammierten gemeinsamen Vorteile in ein gemeinsames Übel genauso unmöglich wie die Zucht der Zygote eines Kohlweißlings, damit aus ihr ein Wal oder ein Strauß wird. Übrigens könnte man sicherlich ein ganzes Buch schreiben und dies sowohl mit Wohlwollen tun als auch mit Kritizismus, der gegen die Idee einer synthetischen Kultur gerichtet ist.

2. Entdecken wir einen neuen Äquivalenztyp in der Physik! Bisher war bekannt, daß Energie und Materie gegen-

seitig äquivalent sind, weil beide eine Masse haben und ineinander übergehen können. Nun stellt sich heraus, daß auch die Information eine Masse hat. Das führt z. B. zu der Entdeckung, daß sehr große Computer, die lange Zeit in Betrieb waren, einen mikroskopischen Massenzuwachs anzeigen. Extrapolieren wir diese Entdeckung, dann kommen wir schließlich zu der Lösung des Rätsels, warum das Weltall explosionsartig entstand und welche Schöpfungsmethode der Herrgott dabei benutzte. Er zählte nämlich von Unendlich bis Null; als er soweit war, verwandelte sich die Information, die die kritische Schwelle erreicht hatte, mit einem Schlag total in die Materie des Uratoms, aus dem dann der Kosmos entstand.

So sagen es zumindest mit großer Befriedigung die Theologen. Inzwischen stellt sich heraus, daß sich nicht nur die Information in Materie umwandeln kann, sondern auch die Materie in Information; das ruft große Freude hervor, denn es sieht so aus, als ob man gewaltige Informationspotentiale ganz billig anlegen bzw. die Materie in Weisheit umwandeln könnte – völlig gedankenlos.

Doch hier lauern auf die Forscher zwei Fallen: wie bekannt, berücksichtigt die Theorie der physikalischen Information weder den Sinn noch den Wert der Informationsinhalte. Man könnte daher sowohl dadurch einen Kosmos schaffen, daß man unendliche Klugheiten äußert als auch dadurch, daß man völligen Blödsinn von sich gibt; denn es geht immer nur darum, daß man genug Informationen anhäuft, um den kritischen Punkt zu überschreiten, und es ist nicht wichtig, was für welche Informationen das eigentlich sind. Doch solch eine Entdeckung macht nervös: sollte es tatsächlich möglich sein, daß aus Blödsinn geborene Atome mit den aus Klugheit geborenen Atomen identisch sind? Was für eine Bösartigkeit ist in dieser physikalischen Äquivalenz versteckt? Unterliegt die Creatio mundi mehr dem Rezept der Manichäer als dem der Mutterkirche?

Und weiter, die fieberhafte Anhäufung von Informationen wird eines Tages zu einer Katastrophe. Die Menschen haben leichtfertig auf den Banken des Computergedächtnisses eine derartige Menge wertloser Informationen angehäuft, daß diese die kritische Schwelle überschreiten und eine Kettenreaktion jene zusammengeballte Weisheit in eine Handvoll einfacher Atome verwandelt! Die Gedächtnisbanken leeren sich und den Menschen wird bewußt, daß der Kosmos eine Erkenntnisgrenze eingebaut hat: wer sie zu überschreiten sucht, der klettert nicht nur nicht höher, sondern er verliert auch all das, was er an Wissen bereits angesammelt hatte, denn das Wissen verwandelt sich in die Materie zurück, aus der es entstanden war ...

Es bietet sich an, das Drama der Philosophie in einer Welt mit solchen physikalischen Eigenschaften zu beschreiben.

3. Wenn eine Sternenkosmonautik entstünde und intergalaktische Flüge üblich wären, dann müßten die traditionellen Begriffe von Wahr und Falsch merkwürdigen Veränderungen unterliegen. Stellen wir uns vor, die Erde tritt mit einer anderen Zivilisation des Kosmos in Kontakt, und zwei irdische Mächte schicken – jede für sich – Photonenschiffe an den Ort jenes »fremden Verstandes«. Wegen der kosmischen Entfernung können die Schiffe erst frühestens nach einem Jahrhundert zurückkehren. Wenn die zurückgekehrten Crews ihre Reiseberichte abliefern, in denen sie das Sein der »Anderen« beschreiben und die sich diametral voneinander unterscheiden, dann gibt es keine Möglichkeit festzustellen, wer die Wahrheit und wer das Falsche sagt. Ein Grund, die Daten oder einen Teil davon zu fälschen, kann in den jeweiligen Machtinteressen liegen und von den Konstellationen der irdischen politischen Beziehungen diktiert sein. Auf diese Weise entsteht eine kosmisch vergrößerte Variante dessen, was die Amerikaner »credibility gap« nennen; nur daß diesmal die Glaubwürdigkeitsdiskrepanz einen astronomischen Maßstab hat und nichts, aber auch absolut nichts, sie – in dem jeweiligen Jahrhundert – beseitigen kann.

Doch das ist nur eine harmlose Einführung zu der eigentlichen Sache; denn die gegenseitigen Beziehungen zweier Zivilisationen, die durch astronomische Entfernungen voneinander getrennt sind, können sich nicht so entwickeln wie sich die zwischenstaatlichen Beziehungen – gemäß unseren historischen Daten – entwickeln.

Jede Seite bekommt von der anderen Daten, die in dem

Moment, wo sie sie erhält, bereits total desaktualisiert sind; man stelle sich vor, daß die Bewohner eines anderen Planeten erst jetzt vollständige Nachrichten darüber erhalten, was 1876 auf der Erde geschah und daß sie auf der Basis dieser Daten die Prinzipien ihrer »Irdischen Außenpolitik« festlegen sollen. Die Tatsacheninformation verliert hier gewaltig an Bedeutung, dagegen werden die Daten wichtig, die eine »Außenfuturologie« liefern kann, d. h. eine Prognostik neuen Typs, die nicht auf das, was auf der Erde passiert, ausgerichtet ist, sondern die zu erraten sucht, was im Verlauf eines hundertjährigen Intervalls auf dem Planeten der »Anderen« passieren kann. Die Simulatoren einer fremden Geschichte werden nun um vieles wichtiger als sachliche Berichte. Je entfernter im Weltall die Partnerzivilisation ist, um so geringere Bedeutung hat die sachlich beschaffte Information über sie, d. h. die Information, die – durch kosmonautische Expeditionen – anhand von planetarisch durchgeführten Autopsien und Oskulationen gewonnen wurden und um so größere Bedeutung erlangt die »Außenfuturologie«, die eigentlich keine Futurologie ist, weil sie nicht das nachweisen soll, was irgendwo und irgendwann geschehen wird, sondern das zu erahnen hat, was bereits konkret passiert ist – wenn auch auf einem anderen Himmelskörper; und nur die unverrückbaren Naturgesetze verhindern den *sofortigen* bzw. zumindest schnellen Erhalt dieser Informationen.

Es ist klar, daß eine »kosmische Außenpolitik« ganz anders aussehen muß als alle unseren bisherigen Vorstellungen. Für die politischen Fehler einer Generation wird die nächste Generation bezahlen oder sogar erst die dritte: und die Enkel müssen die Eilfertigkeit ihrer Großväter oder deren Fehleinschätzung einer Situation verantworten. Da die Informationsverzögerung beidseitig vollkommen symmetrisch ist, weil die Gesetze der Physik alle Zivilisationen des Universums gleichermaßen umfassen, hängt die Wirksamkeit des politisch-kulturellen Handelns von der Leistungsfähigkeit der Simulatoren ab, auf die sich alle Kenntnisse des »Ministeriums für Auswärtige Angelegenheiten« stützen. Die Daten der Simulatoren sind für die jeweils eigene Zeit weder falsch noch wahr; ob sie wahr oder falsch waren, das kann man nur mit hundertjähriger Verzögerung, niemals früher, erfahren; und da die jeweils lebende Generation ihre Verifikation ganz bestimmt nicht erlebt, verliert auch das Gesetz von der sich ausschließenden Mitte völlig seine praktische Bedeutung. Ob man etwas falsch oder richtig simuliert hat, ist dann, wenn man das Wissen endlich hat, bereits völlig unwichtig. Die sicheren Nachrichten sind *immer* derart verzögert, daß sie nur einen rein *historischen* Wert haben. [Die Science Fiction hat sich diesen Weg zur Relativierung des Begriffes von der faktischen Wahrheit selbst vernagelt, indem sie eine Technik mit Überlichtgeschwindigkeit annahm und verbreitete: denn das oben gezeigte Dilemma entsteht nicht, wenn man mit beliebig großer Geschwindigkeit Nachrichten übermitteln oder Raumschiffe fliegen lassen kann. Vielleicht sollte man noch hinzufügen, daß einer dreiwertigen Logik der »Außenangelegenheiten des Kosmos«, also einer Logik inklusive der ausgeschlossenen Mitte, solche Logiktypen entsprechen, die für bestimmte Phänomene der physikalischen Mikrowelt (z. B. von H. Reichenbach) vorgeschlagen wurden.]

Die Entstehung von Konflikten, Allianzen, Kooperationen sowie Antagonismen sind in solch einem Bezugssystem wohl vorstellbar, aber nicht mit den Regeln der Politik – sowie der Logik! – die bis jetzt die Felsen der Entscheidungshandlungen darstellen – vergleichbar. Um daher einen Raum neuer Möglichkeiten dort, wo die Regel einer petrifizierten, selbstklebenden phantastischen Kreation gilt, zu finden, genügen – wie wir sehen – ein paar Überlegungen und Absagen an apriorische Vorurteile.

III.
Die Strukturen der literarischen Kreation

Einführung: Empirie und Kultur

Wenn das Leben in den Augen eines evolutionistischen Biologen ein Spiel ist, das von der planetaren Koalition der Organismen gespielt wird und in dem die Natur als Gegner auftritt, dann sind alle Regeln dieses Spiels – Biosphäre gegen Nekrosphäre – in der Theorie der Homöostase enthalten. Die Regeln sind in jedem einzelnen Organismus verkörpert. Sie sitzen in seiner morphologischen und funktionellen Struktur. Diese Struktur bestimmt die Organismen derart und determiniert sie so, daß sie eigentlich deren Inkorporation sind. Denn die Organismen verhalten sich – vom evolutionären Standpunkt aus – insoweit vernünftig, als sie sich nicht selbst zerstören. Also kann alles, was in ihnen und von ihnen her dem Überleben dient – als Mechanismen und deren Anwendungstaktiken – im allgemeinen so lange keiner Infragestellung unterliegen, solange das Lebensprinzip selbst – als Überleben trotz aller zerstörerischen Einflüsse und Beeinträchtigungen – nicht in Frage gestellt ist. Bei solch einer Interpretation kann man weder das ganze gespielte Spiel noch Teile davon außeradaptiv beurteilen. Was dem Überleben auch immer dient, es ist per se gut; was das Überleben stört, ist böse. Gut und Böse treten als Gegenglieder einer rein instrumentellen Rechnung auf – gemäß der Paradigmatik, die als Muster eines optimalen Lebenshomöostaten und einer optimalen Strategie seines Spiels mit der Natur alles festlegt.

Diesen biologischen Kern der Überlebensspielregeln hat der Mensch aus der vorkulturellen Etappe der Anthropogenese geerbt. Er hat ihn mit dem gesamten motorischen, sensorischen, sexuellen usw. Inventar übernommen. Der Kern wird dann in die entstehenden Kulturformationen eingegliedert; denn keine Kultur kann bestimmte rein biologische Bedürfnisse des Organismus negieren. Man kann diese Bedürfnisse beliebig oft umwerten. Man kann sie – im Widerspruch zu empirischen Feststellungen – segmentieren (das machten die Triobriander, die glaubten, daß der biologische Vater eines Kindes kein wirklicher Vater sei.) Man kann sie liturgisieren. Man kann einzelne Funktionen, z. B.

die motorischen oder sensorischen, von dem rational adaptierten Stamm trennen und ihnen den Status »spielerischer oder sakraler Verhaltensweisen« zuweisen – in Form des Tanzes, der schönen Künste usw. Man kann ferner andere Funktionen, die in einer Kultur verheimlicht werden oder nur schweigend, in einem bestimmten schmalen Verhaltenssektor verwirklicht werden dürfen (so z. B. verhält sich der Puritanismus gegenüber der Sexualität), als »schlecht« bezeichnen. Doch ganz offensichtlich gibt es und gab es nie eine Kultur, die die Befriedigung jener elementaren Bedürfnisse einfach verboten hätte, denn ohne sie könnte das menschliche Leben nicht währen; das, was empirisch gleichberechtigt ist (z. B. Motorik und Sex), wurde unterschiedlich bewertet. Doch mehr ist auf diesem Gebiet nicht passiert.

Überdies herrschte jahrhundertelang ein kultureller Nicht-Relativismus. Jede Formation hielt die von ihr anerkannten Werte für endgültig und zugleich einzig; von diesem Standpunkt aus hat die eine Kultur alle anderen bewertet. In der Praxis herrschte natürlich die Axiologie vor, die die stärkeren Instrumente hinter sich hatte. Deshalb wurden in der Zeit vom Mittelalter bis zum Ende des 19. Jahrhunderts durch den Kolonialismus alle auf neolithischer oder nachneolothischer Stufe erhaltenen primitiven Kulturen vernichtet.

Weiter: der sich heute ausbreitende kulturelle Relativismus ist Ausdruck des Wissens darüber, daß keine Verhaltensweise, keine menschliche Tat einen eigenen Charakter laut metaphysischer Norm hat. Wenn wir etwas für böse halten, dann ausschließlich im Hinblick auf die Folgen, die diese Sache oder diese Tat für einen Menschen haben könnte: doch wir glauben nicht, daß wir, wenn wir den Mitmenschen Böses antun, sie z. B. quälen, darüber hinaus noch eine transzendental festgelegte Ordnung verletzen. Wenn uns dann die Empirie z. B. sagt, daß eine Sexanomalie, z. B. die Homosexualität gesellschaftlich nicht schädlich ist, daß sie niemanden beleidigt oder keine Normen verletzt, die von ewiger Notwendigkeit sind, dann kommen wir zu dem Schluß, daß ähnliche Verhaltensweisen keinen tabuisierenden Verboten unterzogen werden dürfen. Alles, was die Empirie für unschädlich hält und was die physische und intellektuelle Integrität des Menschen nicht stört, kann also verwirklicht werden, wenn jemand es will und wenn die Interessen Dritter nicht berührt werden. Was man auch sagen würde, wollte man diese Entwicklung der Deckung kultureller Normen mit dem empirisch erworbenen Wissen beurteilen, es geschähe von einem nicht-empirischen Standpunkt aus. Ich kann gegen einen praktizierten Homosexualismus sein, aber ich kann meinen Standpunkt nicht mit Mitteln der Empirie beweisen. Diese gibt es nicht.

Als ein neuer Bundesgenosse oder besser als ein alter, aber in seinen Kräften unbegrenzt wachsender Vormund unserer Bedürfnisse stellt sich immer klarer die Technologie heraus, die mit ihren Produkten und in ihrer Gesamtheit eine künstliche, dem Menschen freundliche Umgebung schafft. Doch dieser ihr fürsorglicher Charakter kann gleichzeitig an einer anderen Front der Kontakte mit der Gesellschaft schädlich sein. Am leichtesten ist solch eine Optimalisierung der Erfüllungen vorstellbar, die zur Zerstörerin der individuellen Motivationshaltungen wird; denn wenn alles zu einfach ist, ist nichts mehr etwas wert. Nonkonformisten können sich dann leichter in Form von destruktiven Handlungen statt irgendwelcher schöpferischer Taten zu erkennen geben. Man kann also den nihilistischen Reflex als ein Warnsignal vor einem totalen axiologischen Kollaps ansehen. Die Technoevolution begünstigt nicht nur das Sein; sie kann ihm auch schaden, dadurch, daß sie zu einer ständigen Zunahme der individuellen und gesellschaftlichen Abhängigkeit von dem zuverlässigen Funktionieren der künstlichen Systeme führt, die die Lebensumwelt bilden. Je umfassender sich die Technik um uns sorgt, um so genauer muß man sich dann um sie kümmern. Sowohl der sehr genaue Lauf der Technik wie dessen ständige Verbesserung erweisen sich dann als die zentralen instrumentellen Werte einer technisch orientierten Zivilisation. Je tiefer die Kultur in diesen Evolutionszweig einsinkt, desto stärker ist sie allem Guten und Bösen, das er in sich enthalten kann, ausgesetzt. Fortschritt auf diesem Wege ist dadurch charakterisiert, daß er unverkennbar mit einer ständigen Potenzierung der Kompliziertheit aller Gesamtstrukturen, der energetischen, produktiven, informativen usw. korreliert. Im Laufe der Zeit wird es daher für alle, die in einer solchen künstlich errichteten Umwelt leben, immer schwerer, sich in den Mechanismen und Regeln dieser Umgebung zu orientieren. Unter dem Aspekt der sensuellen Bequemlichkeiten wird diese Situation keinen Widerstand hervorrufen, aber man kann sie vom Standpunkt der intellektuellen Souveränität des Menschen aus in Frage stellen, weil sie sich in ein Gebiet drängt, aus dem die Zivilisation – als strukturelle Gesamtheit – die akkumulierte Summe von Wissen und Erfahrungen darstellt, die von keinem Einzelverstand zu assimilieren sind. In einer Struktur, die so kompliziert ist, daß nur noch ein Spezialist die Folgen von bestimmten Manipulationen ihrer Fragmente abzusehen imstande ist, wird der Typ von demokratischen Regierungen besonders fiktiv.

So entsteht dann eine Zivilisation, die von Experten und Spezialisten reguliert wird. Es existieren Bereiche, in denen es ein besseres, d. h. ein spezialisiertes Wissen gibt und das sich steuerungs- sowie regelungsmäßig äußern kann. Dieses Wissen kann mit den tradierten Kulturnormen und -werten kollidieren, wenn es ein – ihnen gegenüber – konträres Verhalten nahelegt. Der allgemeine Zuwachs an empirischem Wissen jedoch führt zu einem parallelen Zuwachs an Freiheit hinsichtlich der verschiedenartigsten Handlungen, er schafft also einen Bereich, in dem bestimmte Handlungen unbedingt fallen müssen, obwohl die Empirie darüber schweigt, welche Entscheidungen optimal sind. Wir gewöhnen uns mehr und mehr an die Meinung, wonach man die technischen, ökonomischen und informatorischen Fragen den Spezialisten überlassen soll. Doch es zeichnet sich die Tendenz ab, daß auch die Werte, die seit eh und je für souverän und unantastbar gehalten wurden, unter die Herrschaft der Experten geraten.

Es handelt sich hier um einen historisch neuen Typ von Beziehungen zwischen der Empirie und der Kultur. Wir wissen von der Empirie, daß wir kulturelle Werte relativieren dürfen, dergestalt, daß Sitten, Ethos, Religionen anderer Kulturen weder besser noch schlechter als unsere eigenen sind. Doch das ist eine Differenzierung der Normen nur im

Umkreis des dem Menschen spezifischen biologischen Kerns. Daß wir Verbote und Gebote der verschiedenen Kulturen für relativ und variabel halten, daraus folgt nicht, daß wir analog den morphologisch-funktionalen Bereich des menschlichen Organismus relativieren dürfen. Nehmen wir an, wir hielten die motorischen, sensorischen und sexuellen Funktionen des Menschen ebenfalls für relativ, d. h. daß man sie auf ganz andere Funktionen hin verändern könnte. Geht man von einer Kultur zur anderen, dann kann man Veränderungen der Sitten, sogar inversive, beobachten. (Bei uns ist schwarz eine Trauerfarbe, bei den Chinesen soll dies weiß sein usw.) Im Bereich der menschlichen Biologie jedoch sind interkulturelle Unterschiede nicht zu beobachten; die menschliche Biologie ist in all den verschiedenen Formationen immer dieselbe. So war es in der Vergangenheit, und so ist es auch heute, doch in der Zukunft muß es nicht so sein.

Der Relativismus, der unsere kulturellen Normen bereits zu verschlingen beginnt, kann als nächstes in den Bereich der bisherigen Invarianz der menschlichen Biologie eindringen. Bisher hat sich der Mensch den Systemformen und Kulturformationen als ein in geistiger Hinsicht außerordentlich formbares Wesen angepaßt, doch die so erfolgte Adaptation trug Züge der Reversibilität. Biotechnologische Interventionen jedoch, die zunächst als Isolate auftauchen, aber auf die Vision der Autoevolution unserer Gattung abzielen, schaffen ein Dilemma, das man kurz mit folgenden Worten beschreiben könnte: Darf ein Mensch allein deshalb, weil er es zu tun in der Lage sein wird, sich selbst für eine künstliche Welt, die er aus eigener Kraft geschaffen hat, zurechtschneidern? Schon heute kann man hören, daß der Mensch hinsichtlich der Datenverarbeitung hinter den intelektronischen Maschinen zurückbleibt oder bald zurückbleiben wird, daß er hinsichtlich seiner »Ausdauer« als Passagier von Raumschiffen, die solch eine Beschleunigung erreichen, die aus rein technischer Sicht möglich sein wird, nicht besonders geeignet ist usw. Ein Mensch, der autoevolutionär der technischen Welt angepaßt wäre, könnte – wahrscheinlich – ein vollkommen glückliches Wesen sein. Man braucht sich z. B. nur folgende Situation vorzustellen: durch die Verbreitung ektogenetischer Befruchtungstechniken und der Embriogenese wird die ganze Sphäre der körperlichen sexuellen Kontakte zu einem Bereich rein »spielerischer«, von den prokreativen Bedürfnissen abgeschnittener Befriedigung; um diese Sphäre erneut, wenn auch auf völlig neue Weise, für die gesellschaftlichen Bedürfnisse »einzuspannen«, werden Veränderungen im Gehirn vorgenommen, durch die eine intensive schöpferische Arbeit oder die präzise Bedienung von Maschinen oder auch – jede beliebige, gesellschaftlich jedoch notwendige Tätigkeit als ein bestimmter Typ von Arbeit – intensive sexuelle Befriedigung verschafft (weil deren Empfindungszentren durch auf spezielle Weise neu geschaffene neurale Leitungswege mit den Motivationszentren verbunden wurden). Wozu – so könnte ein Rationalist, Anhänger solcher Umgestaltungsprojekte, fragen – sollen wir eine anachronistische, ja sogar archaische Konstitution des Organismus, die die Ursache für die Entstehung der Gegensätze »Körper – Seele«, »höhere physische Tätigkeiten – niedere physische Tätigkeiten« usw. ist, das nächste Jahrhundert hindurch mit uns herumschleppen? Wäre es nicht besser, den Sex rationell einzusetzen, so daß dann jede Art gesellschaftlich notwendiger Arbeit mit dem größten Enthusiasmus ausgeübt würde, (weil dies mit höchster Wollust verbunden wäre)? Ohne Zweifel, ein so skizziertes Programm ist nicht nur phantastisch, sondern auch – zumindest heute – wenig wahrscheinlich. Aber es geht hier um die mutige Extrapolation eines Trends, der schon jetzt spürbar ist.

Die ersten Sprößlinge dieses Trends sprießen bereits, denn das Zerreißen der Kopplung zwischen Prokreation und Kopulation gehört zu den »konterbiologischen« Handlungen: wir tun das, was uns sympathisch und angenehm ist im Widerspruch zu dem, was in uns natürlich eingebaut ist. Es könnte auch vorteilhaft sein, den Menschen das Atmen unter Wasser mit Hilfe von Kiemen oder künstlichen Apparaturen zu ermöglichen – oder auch den Aufenthalt auf luftleeren Planeten ohne die Inanspruchnahme einer Luft- oder Sauerstoffzufuhr. Solche Projekte existieren bereits und nicht als phantastische Ideen von Schriftstellern, sondern z. B. als der Plan zur sogenannten »Cyborgisation« des Organismus.

Solch ein Trend erlaubt es in seinem weiteren Verlauf jedoch, eine immer größer werdende Zahl von evolutionsbestimmten Entscheidungen in Frage zu stellen und das, was die Evolution geschaffen hat, durch das zu ersetzen, was wir, ihren Platz einnehmend, schaffen. Die Änderung des Blutkreislaufes; die Immunisierung gegen Anfälligkeiten von solch intensiv arbeitenden Organen wie dem Herz; die »Verfremdung« der Kontinuität der Gattung durch die Herausnahme des Befruchtungsprozesses aus dem Organismus (der Sex könnte dabei als »reine Lust«, bar aller prokreativen Sinngebungen erhalten bleiben oder er könnte »instrumentell« eingesetzt werden wie oben beschrieben); die Anwendung der Gentechnologie bei der »Orchestrierung« neuer Merkmale in das ererbte Plasma als Fleischwerdung in der somatischen Lösung Homo von Systemen, Organen und Funktionen, die weder der Homo noch sonst eine andere lebende Gattung je auf der Erde hatte; die Erweiterung des Gehirns, wodurch es beliebig umzugestalten ist; der variable Anschluß an das Gehirn von Aggregaten, die nicht nur auf den schmalen Bereich der Antriebe sensibel reagieren, auf die die natürlichen Sinnesorgane ansprechen; die Transformation unserer gesamten Apparatur emotionaler Empfindungen; die Schaffung einer anderen »Gestalt« des affektiv-triebhaften Lebens als der vorhandenen; die Implantation von Subsystemen nichtbiologischer Herkunft in den Organismus als dessen vollrechtliche Komponenten und dadurch Schaffung »synthetisch-natürlicher Hybriden«; das Erschließen neuer Typen der Datenverarbeitung auf körperlichem und geistigem Wege entsprechend dem oben Skizzierten; das Erschließen neuer Bewußtseinsmerkmale, neuer Erlebnisarten, neuer Formen der Lust, des Gefühls der Erhebung oder des Gefühls des intellektuellen Verstehens und Begreifens von Phänomenen über die – vielleicht? – uns bisher bekannte Potenz hinaus. All das können wir uns heute bereits vorstellen. Und es ist bekannt, daß die Unterschätzung der kreativen Möglichkeiten bei jeder prädiktiven Anstrengung, die historisch unternommen wurde, die Regel ist.

Da der Sex sich heute schon von der Vermehrung zu trennen beginnt, da schon heute, wenn auch nur vorübergehend, charakterologische Veränderungen mittels psychopharmazeutischer Techniken hervorgerufen werden können, da man schon heute Herz durch Herz, Leber durch Leber, Lunge durch Lunge, Niere durch Niere austauschen und in den menschlichen Körper künstliche Blutgefäße, künstliche Gelenke, künstliche neurale Stimulatoren usw. usw. einpflanzen kann, deshalb sollte niemand behaupten, daß wir leichtfertig phantasieren, wenn wir das sagen, was oben gesagt wurde. Hier handelt es sich schon lange nicht mehr um eine Phantasie. Nur verknöchert Denkende wehren sich verzweifelt gegen die Kluft, in die sie nicht hinabschauen wollen und bleiben stumpf und hartnäckig dabei, daß diese Dinge im Prinzip nichts ändern, daß es eigentlich »alles schon einmal gegeben habe«, daß »der Mensch sich auch an diese Dinge irgendwie anpassen werde«, daß – anders gesagt, doch es kommt auf dasselbe hinaus – die Kultur diese Dinge zu assimilieren in der Lage sein wird. Doch die Kultur wurde relativiert, und hier und da hat sie sich bereits direkt auf die Biologie gestützt: denn manche behaupten, wir »könnten uns auf den Sex verlassen« als den Generator der Werte, er war mit uns, als wir noch ein tierisches Leben führten, und er bleibt mit uns als Garant währender Erlebnisse und als Organisator der Verhaltensweisen. Es bedarf indes nicht vieler Worte, um klar zu machen, welche mit Angst gespeiste Lüge solche Thesen ausdrücken. Die Kultur wurde relativiert, und die Biologie kann ihr nicht als unerschütterliche Stütze dienen, weil die instrumentell expansive und in dieser Bewegung unaufhaltbare Empirie auch unsere Biologie relativiert. Wenn ich weder das Geschlecht meines Kindes noch sein physisches Äußeres, weder die Funktion des Körpers noch die des Gehirns bestimmen kann, wenn das biologische Gattungsschicksal, das sich dann in den einzelnen Exemplaren verkörpert, über all dies ohne mein Zutun entscheidet, dann sieht die existentielle Lage weiß Gott anders aus als wenn ich mein eigenes Aussehen und das meines Kindes, wenn ich die Parameter des Intellekts, der Emotionen und der somatischen Leistungsfähigkeit Änderungen mit *beliebiger* Spannweite zu unterziehen vermag. Was ist dann möglich? *Dann ist alles* in limes *möglich.* Nach der Relativierung der Kultur wird die Relativierung der biologischen Normen – als der letzten Basis der Axiologie – zu einer vorhersehbaren Tatsache.

Die Annahme, man könnte zuerst nur solche Sektoren der Biotechnologie in Griff nehmen, die eine Verallgemeinerung der evolutionär gegebenen Vorbilder an Gesundheit und Schönheit gestattet, und die Fähigkeit, Retuschen und Umgestaltungen der Organismusstruktur durchzuführen, die die biologischen Normen der Gattung ändern, könnte erst später, auf der nächsten Stufe der historischen Entwicklung in Erscheinung treten, solche Meinungen werden beinahe täglich durch die gesetzten Fakten widerlegt. Die Grundlage solcher Annahmen ist in der unbegründet optimistischen Hypothese zu suchen, daß die materielle Welt absichtlich zu unserer Wohnung gemacht wurde und daß deshalb auch jene Abfolge, in der wir die Portionen instrumenteller Information erobern und die mit dem Schwierigkeitsgrad der Informationserlangung korreliert, speziell so geplant wurde, damit der Fortschritt des Wissens uns niemals schaden könne. Natürlich gab es und gibt es das nicht; die Ersetzung von ausrangierten Herzen durch funktionstüchtige ist von keinem evolutionären Standpunkt aus ein normales Verfahren, ähnlich bedeutet auch die Abtrennung der Kopulation von der Prokreation eine gewaltige Änderung der evolutionär gesetzten Parameter; genauso verhält es sich mit den psychedelischen Mitteln, der Möglichkeit der Vorausbestimmung des Geschlechts eines Kindes oder der Herausnahme seiner embryonalen Entwicklung aus dem Körper – das alles sind Verfahren, die entweder bereits verwirklicht sind oder deren Realisierung in den nächsten Jahren möglich wird. Die naive Hoffnung, daß wir uns selbst nichts Böses antun können, weil die objektiv existierende Welt das durch ihre Struktur nicht erlaubt, ist also nicht zu halten.

Fassen wir zusammen: Bisher war die Technoevolution eine unabhängige Variable der irdischen Zivilisation und die gattungsbiologische Norm des menschlichen Organismus war der feste Parameter dieser Zivilisation. Jetzt geht es darum, daß die Technoevolution diesen Parameter nicht aufsaugen und ihn sich nicht unterwerfen konnte, was aber eintritt, wenn der Mensch sich – unter dem Druck der geschaffenen technoevolutionären Gradienten – genötigt sieht, sich geistig und physisch den Maschinen und der gesamten synthetischen Umgebung, die sich ihm im Verlaufe der letzten Jahrhunderte »erbaut haben«, anzupassen. Sein einziger Zufluchtsort, sein paratechnologischer Stützpunkt könnte dann die Kultur mit den ihr eigenen, autonomen Werten sein. Archimedes hatte für seinen Hebel, um die Erde aus den Angeln heben zu können, keinen Stützpunkt außerhalb der Erde, wir haben im Hinblick auf die Technologie einen solchen Stützpunkt oder besser – wir könnten ihn haben.

Wenn wir so reden, dann beziehen wir uns auf eines der wichtigsten Themen für die wissenschaftliche Phantastik, denn die wissenschaftliche Phantastik ist Literatur, und sie sollte mit ihrem Namen, der den kulturellen Werten zugeordnet ist, identisch sein; außerdem gibt sie einen literarischen Vorposten ab, der am Ufer der exakten Wissenschaften und der Technologie seinen Brückenkopf geschlagen hat. Die Science Fiction kann in dem skizzierten Problemkreis sowohl Visionen vermitteln, die bestimmte Formen autoevolutionärer Realisierungen gutheißen als auch Warnungen aussprechen, indem sie prophezeit, was sein wird, wenn die Kultur – statt als Hüterin der Axiologie aufzutreten und statt den Eingang zu den Labyrinthen der Omnimetamorphosierbarkeit des Menschen zu bewachen – es zuläßt, daß sie durch den technologischen Trend, der das Tages- und Jahresinteresse über das Jahrzehnte- und Jahrhunderteinteresse stellt, gezähmt und majorisiert wird.

Die Unreife der Science Fiction zeigt sich leider daran, daß sie die genannte Problematik nicht einmal in marginalen Versuchen aufgegriffen hat. Statt klarer futurologischer Visionen, sowohl positiver als auch negativer, d. h. Visionen, die uns wunderbare Möglichkeiten oder entsetzlichen Horror vor dem zu zivilisatorischer Arbeit eingespannten Instrumentalismus vorführen, verliert sie sich in kassandrischen Rufen des Schreckens und des Ekels, wenn sie sich nicht sogar eskapistischen Träumereien hingibt, die mit dem Dickicht der Weltprobleme überhaupt nichts gemein haben. Im Grunde genommen – wir versuchen, das zu zeigen – will die

Anima Phantastica insgesamt, ohne jedwede Differenzierung, generell nichts von der Wissenschaft und Empirie hören, sie ist bei den heute berühmten SF-Autoren genauso antiwissenschaftlich wie dies in den Kreisen der traditionellen Humanistik und Literatur der Fall ist. Wer jedoch statt konkreter Warnungen Gesten von verdammender und verbitterter Empörung liefert, wer *alles* in der Zivilisation verdammt, der leistet der Zivilisation *keinerlei* Hilfe und gibt ihr keinerlei Orientierung. Ohne Zweifel, wir erleben bereits einen antirationalistischen Verrat im eigenen Lager, eine antiwissenschaftliche Häresie, eine Renaissance des Irrationalismus und Nihilismus im Lager der »wissenschaftlichen« Phantastik, die die literarische Tradition verjüngen und durch gewaltige Spritzen informatorischen Serums stabilisieren sollte. Natürlich ist die Unerschütterlichkeit der Affirmation, die blind auf jede Innovation zu schwören bereit ist, weil sie angeblich automatisch mit dem Fortschritt gleichgesetzt werden muß, verdammenswert. Doch genauso verdammenswert ist die permanente Negation aller Werte, die – als Besitz der Wissenschaft – dem Menschen allein eine Zukunft garantieren können, die besser als die Vergangenheit ist.

Generative Strukturen der Phantastik

Wir besprechen nun die elementaren Operationen, die am Anfang phantastischer Kreationen stehen:

1) die Übernahme fertiger Erscheinungsstrukturen mit lokalen und auch nicht-lokalen Substitutionen;

2) die einfache und die komplexe Inversion; ihre Abart ist die Konvergenz (Angleichung);

3) der Zusammenstoß zweier oppositioneller Teleologien (Spielstruktur);

4) kombinierte Operationen (z. B. Umformung in Gruppen, in die jede der genannten einfachen Operationen eingehen kann).

Die genannten Operationen haben einen formalen Charakter, d. h. sie beziehen sich auf Handlungen, die die Situationssyntax formieren, ohne die semantischen Folgen zu berücksichtigen, die sie nach sich ziehen. Die gleichen Operateure, die sich in ein Material von Bedeutungen versenken, liefern mal künstlerisch und gnoseologisch wertvolle und mal – bei einem anderen Material – wertlose Ergebnisse. Solche Unterschiede sind hauptsächlich auf die Tiefe des Pflügens zurückzuführen, mit der der transformatorische Pflug das semantische Feld beackert. Die Umformungsstrukturen können einfach sein, doch deshalb müssen die Ergebnisse der Umkehrung der semantischen Beziehungen in einem so attackierten Begriffssystem nicht primitiv sein. Doch der Unterschied liegt nicht ausschließlich in der Feldbreite der verschobenen Bedeutungen: ein Operateur, der die Bedeutungen umsetzt, kann nicht *nur* die heutigen Fesseln der Bedeutungen zerreißen (wenn er das, was bekannt ist, in etwas, was phantastisch ist, umwandelt). Die Kohärenz – als ein Zustand, der sowohl Endzustand als auch veränderter Zustand ist – muß wiederhergestellt werden. Andernfalls führt die das Ausgangsmaterial ändern wollende Operation zu seiner Zerstreuung, zu einer Streuung ohne die Spur einer Kohärenz und nicht zu einem neuen, *phantastischen* System von Bedeutungen.

Erklären wir dies an Beispielen: die formalen Operationen sind gleichsam an dem kürzeren Arm des Syntax Generators aufgehängt. Der lange Arm vollführt Bewegungen mit einer potentiell riesigen Spannweite, weil diese Bewegungen innerhalb des semantischen Kontinuums stattfinden. Die Folgen einer einfachen Umkehrung (Inversion) können weitreichend und kompliziert sein, wenn die Bedeutungspartikel, die umgesetzt werden, weder eindeutig noch eindimensional sind. Doch erklären wir das am besten an einem konkreten Beispiel.

1) Der amerikanische SF-Autor Frederic Brown hat ein Beispiel für die Umfunktionierung einer fertigen Märchenstruktur in ein SF-Werk an der Geschichte vom König Midas geliefert. Für den König Midas ist ein griechischer Restaurantbesitzer einzusetzen, der in New York lebt; statt des Zaubers, durch den Midas bei jeder Berührung alles in Gold verwandelt – »eine molekularische Transmutationstechnik«;

für das übernatürliche Wesen, das den Zauber über Midas warf – »ein Repräsentant der kosmischen Zivilisation«. Werke, die auf einem solch einfachen Prinzip eines Transformationsplagiats aufgebaut sind, kann man in der Science Fiction ohne weiteres finden. Aber man kann auch auf Werke treffen, die dieses Prinzip breit ausbauen. Ein Beispiel ist die Erzählung von Larry Niven »The Organleggers«, die die Geschichte eines Kriminalfalles in einer Zukunftszivilisation beschreibt, in der folgende Beziehungen herrschen: der Löwenanteil der Menschheit lebt auf der Erde in einem technisch geschaffenen Wohlstand; eine kleine Minderheit lebt auf den Planeten des Sonnensystems und beschäftigt sich vor allem mit der Exploitation der Mineralvorkommen des Asteroiden-Gürtels. (Belt – davon stammt auch der Name dieser Leute – Belters.) Diese Prospektoren führen ein hartes und schweres Leben voller Abenteuer, das den strukturellen Mustern der Goldsucher und auch der Westernhelden folgt. (Sie müssen schnell, tapfer und physisch fit sein, sie schließen sich in Gruppen zusammen und haben eine Ethik, die spartanisch ist und zugleich durch die Regel »einer für alle, alle für einen« bestimmt ist, usw.) Der Held der Erzählung Gil Hamilton wird am 2. November des Jahres 2123 durch die Polizei von Los Angeles benachrichtigt, daß sein langjähriger Freund, der Belter Owen Jennison, in einem Hotel verstorben sei. Owen starb infolge einer durch elektrischen Strom verursachten Degeneration seines Gehirns; er wurde allein in dem gemieteten Zimmer gefunden; an seinem Kopf war das Gerät »droud« befestigt, das seinerseits mit einer Steckdose verbunden war; mittels einer durch den Schädel hindurch inplantierten Elektrode reizte der Strom das Wollustzentrum des Gehirns. Solche Geräte verkauft man zu Dutzenden an die »Elektromanen«; ihre Verwendung hat eine langsame, Jahre währende Degeneration des Gehirns zur Folge, doch der Apparat Owens war so umgebaut worden, daß die auf das Gehirn einwirkende Strommenge erheblich war und innerhalb weniger Tage zum Tod führen mußte.

Hamilton ist selbst ein ehemaliger Belter; als er bei einem kosmischen Unfall einen Arm verlor, mußte er seine frühere

Lebensweise aufgeben und zur Erde zurückkehren. Eine Prothese wollte er nicht tragen, und ein Arm-Transplantat zu kaufen, konnte er sich nicht leisten. Die Gesellschaft der Belter kennt die Institution der Sozialversicherung nicht, die nur auf der Erde die lebensnotwendigen Organe kostenlos an die Verkrüppelten abgibt. Owen konnte daher erst nach Erhalt der irdischen Einbürgerung eine Transplantation beantragen. Er wurde ein Funktionär der ARM, die ungefähr dem heutigen FBI entspricht. Die ARM verfolgt vornehmlich Verbrecher, die Menschen zwecks transplantatorischen Kannibalismus' entführen: die Nachfrage nach Transplantaten ist nämlich unvergleichlich höher als das Angebot; das führte zu einer Änderung sowohl des Strafrechts als auch der kriminellen Delikte. Die Legislative hatte für viele dieser Verbrechen, die früher nur mit einer Freiheitsstrafe geahndet wurden, die Todesstrafe eingeführt; die Delinquenten wurden nicht mehr »in alter Weise« getötet, sondern ihre Körper wurden in Stücke zerteilt, die zum »Rohstoff« für transplantatorische Eingriffe wurden. Trotzdem reichten diese »Rohstoffe« nicht mehr für alle, die sie benötigten, aus. Diesen Umstand nutzten die Gangsterbanden und befaßten sich mit dem gerade erwähnten, neuen Typ von kannibalistischer Kidnapperei. Wie sich bei der Untersuchung herausstellt, hatte Owen Kontakt zu solchen Gangstern, und er hatte vorgegeben bereit zu sein, menschliche, aus Leichen von Ermordeten herausgeschnittene Organe zu schmuggeln. (Die Belter leiden besonders unter dem Mangel an transplantatorischen Rohstoffen.) In Wirklichkeit jedoch wollte Owen die Verbrecher entlarven, doch diese waren ihm überlegen und ermordeten ihn mittels eines »droud« und einer in sein Gehirn implantierten Elektrode (um damit simulieren zu können, Owen sei durch eigene Hand als »Elektromane« gestorben.) Wir müssen hinzufügen, daß Hamilton – für den die Entdeckung der Mörder eine persönliche Angelegenheit ist, weil Owen sein Freund vom Belt war –, auch von der Bande entführt worden war; doch er kam heil davon, weil er – in seiner armlosen Zeit – in sich eine ungewöhnliche Fähigkeit entdeckt hatte: er besaß einen unsichtbaren, »psychischen Arm«, den er wie einen normalen Körperteil benutzen konnte und mit dem er – darüber hinaus – in das Innere jedes beliebigen Objektes hineinzugreifen vermochte; der Bandenchef wird dadurch getötet, daß Owen – obwohl er wie ein Lamm gefesselt ist – seinen »psychokinetischen Arm« in den Brustkasten des Banditen steckt und dessen Herz festhält.

Dieses Werk ist ein Sammelsurium von verschiedenen, übernommenen Strukturen. Den Rahmen gibt die Gegenüberstellung der »durch Komfort verweichlichten« Erdbewohner und der harten, solidarischen Belter ab, die noch das Ideal echter Männerfreundschaften pflegen.

Die Belter haben eigene Bräuche; als Hamilton von Owens Tod erfährt, macht er einen Kneipen- und Barbummel, jedoch nicht, um sich mit Alkohol zu trösten, sondern um sich an das Leben des Freundes zu erinnern, denn die Tradition will es so. (Diese ist nicht eben puritanisch: der einzelgängerische Leichenschmaus endet nämlich frühmorgens im Bett eines schönen Mädchens.) Dieser »neue Brauch« interferiert dann mit einer Struktur, die dem »schwarzen Kriminalroman« entstammt, in dem, wie wir bereits wissen, der Detektiv weder dem Glase noch dem Bett eines Mädchens aus dem Wege geht, und an der Zahl der geleerten Flaschen sowie der erotischen Eroberungen, die ihm im Laufe der Untersuchung gelingen, werden seine männlichen und zugleich auch beruflichen Qualifikationen gemessen. Das traditionelle Schema eines Verbrechens unterliegt unterschiedlichen lokalen Substitutionen: das Simulieren eines natürlichen Unfalls gehört zu der traditionellen Struktur; sie wurde durch die Verwendung des »droud« und der ganzen Geschichte der »elektrischen Narkomanie« modernisiert. Auch die Taktik des traditionellen Verhaltens von Gangstern und Polizisten wird erneuert: weder die einen, noch die anderen töten sich bei dem Handgemenge. Die Aufgabe eines Gangsters ist es, sein Opfer zu entführen und zwar – nach Möglichkeit – unverletzt, damit es auf den Operationstisch des von der Bande gedungenen kriminellen Chirurgen gelangen kann. Die Aufgabe der Polizei dagegen besteht darin, die Gangster durch den Beschuß mit einem kristallisierten Narkotikum nur ohnmächtig zu machen, weil sie vor Gericht zum Tode – ebenfalls auf dem Operationstisch – verurteilt werden. (Hier erfolgt die kannibalistische Operation im Namen des Gesetzes.) Um das Phantastische des Romans zu verstärken, fügt der Autor eine spezielle Struktur hinzu – die des »psychokinetischen Arms« des Helden – die weder aus dem Kriminalroman noch »aus dem Leben« (das inspirative Verhältnis einer realen Organverpflanzung zu der Gangsterphantasie ist klar), sondern aus einer Science Fiction stammt, die PSI-Phänomene (außersinnliche Erscheinungen) wie PK – Psychokinese, ESP – Extra Sensory Perception usw. zum Thema hat.

In dem Roman von Niven stoßen wir sowohl auf einfache Substitutionen, d. h. auf das Auswechseln realer Objekte durch phantastische (»droud« statt Dolch oder Gift; »Holographie« der Verbrecher statt ihrer Fotos; Computer, die statt eines Dieners die Hotelkorridore bewachen) im Rahmen der übernommenen Strukturen (die Strukturen eines Kriminalfalles als Rekonstruktion eines Verbrechens; die Strukturen der Handlungsweise einer Gangsterbande) als auch auf Interferenzen jener Strukturen, was sowohl zu lokalen als auch nicht-lokalen Effekten führt. Und gerade das, was hier eine nichtlokal umgestaltete Struktur darstellt, könnte man als ein erstes Element einer prognostischen Hypothese verstehen (dergestalt, daß man nicht ausschließen kann, daß sich wegen der steigenden Nachfrage nach Transplantationsorganen verbrecherische Verschwörergruppen aus Gangstern und kriminellen Ärzten zusammenfinden).

Den Inversionsoperationen sind wir bereits früher begegnet, als wir über die Erzählung »Zwei junge Leute« sprachen. Bisweilen wird nur eine Operationsstufe in Betrieb gesetzt und die zweite muß man sich hinzudenken. So ist es z. B. in dem Roman »Pallas oder die Heimsuchung« von E. de Capoulet-Junac. (Ich werde dieses Buch hier nicht besprechen, weil ich dies bereits in der »Philosophie des Zufalls« getan habe, und mich hier nur auf einige, mit dem Thema verbundene Bemerkungen beschränken.) In diesem Roman wird gezeigt, wie die Menschen in der Gefangenschaft der Ungeheuer vom Planeten Pallas »im kosmischen Maßstab auf den Hund kommen«. Diese Ungeheuer sind für die

Menschen das, was diese für ihre Terrier und Möpse sind. In der Erzählung »Zwei junge Leute« findet sich eine Situation (ein Erdbewohner träumt von der Kosmonautik) und eine Gegensituation (ein Kosmonaut träumt von einem Erdaufenthalt). In »Pallas« dagegen ist die Situation (die Beziehung der Menschen zu ihren Hunden) überhaupt nicht dargestellt, das Werk präsentiert nur die »Antisituation«, die durch eine Inversion entstand (die Menschen werden wie Hunde behandelt).

In dem Roman von Anatol France »Thais« tritt durch eine paarweise und symmetrische Inversionsoperation die Sünderin an die Stelle des Heiligen und der Heilige an die Stelle der Sünderin. Dies erfolgt gegenständlich aufgrund der durch den Autor in Gang gesetzten Situationsgradienten. Zugleich kommt es zu einer ontologischen Veränderung der Bedeutungen, weil nicht nur zwei Menschen ihre jeweiligen Rollen vertauschen, sondern weil darüber hinaus – und gerade dadurch – die »Inversion der zwei Essenzen«, der Frömmigkeit und der Sünde, erfolgt. Im Rahmen der uns kulturell eigenen Metaphysik hat diese Inversion die existentiell größtmögliche Spannweite; denn Himmel und Hölle sind begrifflich maximal voneinander entfernt. Wenn also die Kandidaten für diese beiden Orte ihre Bewegungsrichtung diametral umpolen, dann muß sich die ganze metaphysische Ontologie aufbäumen.

Mehr noch: das Resultat solch einer Inversion ist in semantischer Hinsicht nicht eindeutig. »Der kurze Hebel« des Operateurs verschiebt nur zwei konkrete Personen: den Eremiten Pafnuc und die Kurtisane Thais. Gleichzeitig setzt der »lange Hebel« die Bedeutungen entsprechend um – und zwar auf zwei semantischen Ebenen zugleich. Hinzu kommt, daß die beiden semantischen Ebenen nicht kongruent sind, im Gegenteil, sie schließen sich gegenseitig aus. Wenn wir davon ausgehen, daß eine »metaphysisch« paarweise und dadurch symmetrische Inversion vorgenommen wurde, dann stellt die Augustinische Doktrin von der unergründbaren Gnade – die nicht unbedingt denen aus dem Himmel zuteil wird, denen sie eigentlich aufgrund der in diesem Erdental verbreiteten Meinung zukommen sollte – die äußerste Bedeutungsgrenze des Werkes dar. Wir stellen dann das Buch unter die Obhut des ganzen Ernstes der religiösen Doktrin und dieses beinhaltet dann das, was aufgrund der vorgeschriebenen Richtlinien des nicht in Frage gestellten Dogmas erlaubt ist.

Oder aber die insinuierende Psychologie – eventuell auf freudianische Weise interpretiert – wird zu der Erklärungsebene gemacht. Dann war der Heilige von Anfang an kein echter Heiliger und vermutlich ist am Ende aus der Sünderin auch keine wirkliche Heilige geworden. Diese beiden Bedeutungstypen suchten sich gegenseitig zu annullieren. Aber dadurch, daß das Werk beide gleichzeitig evoziert, entsteht in diesem Doppelspiel Ironie – als Vektor, der der psychologisch laizistischen Interpretation entspringt und bösartig auf die sakrale Interpretation gerichtet ist. Damit jedoch Ironie aufkommen kann, müssen gerade die beiden Bedeutungsebenen vorhanden sein – und hier liegt die semantische Verzwicktheit des Textes.

Das in »Thais« verkörperte Rochade-Prinzip von Sünde und Frömmigkeit wird dann in dem nächsten Roman von France »Der Aufstand der Engel« eskaliert. In »Thais« war die Umsetzung personell lokalisiert. (Der Eremit Pafnuc und die schöne Kurtisane wechseln ihre Plätze.) In dem »Aufstand der Engel« erfolgt bereits ein symmetrischer Platzwechsel des ganzen Himmels und der ganzen Hölle.

Dieses Werk enthält einen ironischen Vorschlag für eine neue Ontologie – wonach die Attribute des Göttlichen und des Satanischen nicht Immanenz übernatürlicher Personen sind, die – je nachdem – mal auf dem Thron sitzen und mal neben dem Kessel mit kochendem Teer hocken, sondern durch die »Topologie des Systems« gegeben sind: Man wird Gott oder Teufel in Abhängigkeit davon, wo man sitzt, und nicht in Abhängigkeit davon, wer man essentiell ist. Die Metaphysik wird bösartig in Frage gestellt dadurch, daß sich die fundamentale Polarität des Seins, die durch die anisotropische Spannweite des Seins zwischen dem höchsten Guten und dem schlimmsten Bösen gesetzt ist, allein durch die Inversion dieser zwei Positionen erklären läßt: eigentlich als ein Nebenprodukt der im Himmel geführten Machtkämpfe, nach deren Ende Satan auf den himmlischen Thron steigt und Gott wird und Gott – nach dem Umsturz – Satan wird.

Es handelt sich hier um eine Metaphysik, die man »Karussell-Metaphysik« nennen könnte. Der Sinn der Inversion im »Aufstand der Engel« liegt nicht im Phantastischen allein, denn die Szenen mit den Engeln und Teufeln, die ihre Rollen wechseln, weil sie ihre Plätze gewechselt haben, sind völlig zeitlich beobachtet, und sie sind dadurch nicht Folge abstrakter Operationen, die nur deshalb in Gang gesetzt wurden, weil sie sich in Gang setzen ließen. Wenn man die Inversionsregeln in abstracto kennt, kann man durchaus irgend etwas invertierten, Hauptsache, es handelt sich um zweigliedrige Systeme. Wir könnten deshalb »die Axt der Tante« und »die Tante der Axt« einander gegenüberstellen, obwohl nur das erste Glied für uns eine reale Bedeutung hat. Das Wissen, das in folgenden Worten enthalten ist, läßt sich dagegen nicht der abstrakten Kenntnis der Inversion zurechnen:

»Nicht derjenige siegt, der besser ist, aber wer siegt, der gibt sich als der Bessere aus.« Deshalb enthält der Roman »Aufstand der Engel« auch einen völlig außermetaphysischen Sinn und hierin erinnert er an die »Zwei jungen Leute«. Phantastische Werke können somit realistische Deutungen erfahren. Übrigens könnte auch ein realistischer Text einer analogen Deutung wie der der »Zwei jungen Leute« unterzogen werden. Wir beschreiben z. B. einen Mann, der einmal in den Armen der einen Frau und ein anderes Mal in denen einer anderen Frau liegt. In den Armen der ersten Frau denkt er leidenschaftlich an die zweite und in den Armen der zweiten – an die erste.

Die bei Inversionen entstehenden formalen Beziehungen decken sich nicht mit den semantischen; im »Aufstand der Engel« entspricht die Inversion, formal gesehen, der in »Thais«, doch nur der »Aufstand der Engel« ist an die beiden Ebenen, auf denen sich die Bedeutungen ablagern, adressiert. Eine Transformation auf die Ebene realistischer Bedeutungen heißt Machtkampf, auf der »metaphysischen« Ebene nehmen die soziologischen Feststellungen eine Gestalt an, die die Monolithät sprengen, die durch das Dogma von der Existenz der Elemente Gut und Böse gesetzt ist. (Aufgrund des Dogmas sind diese Elemente mit Personen und nicht mit Orten, die von Personen besetzt sind, verbunden.) Im »Aufstand der Engel« harmonieren also die beiden Deutungsebenen (die »laizistische« und die »blasphemisch – sakrale«), in »Thais« dagegen schließen sie sich eher aus.

Überlegen wir als nächstes, was für eine Struktur ein Werk eigentlich besitzt, dessen strukturelle Paradigmen nicht nachweisbar sind und dessen Bauprinzip nicht auf die Regeln der Inversion mit Konvergenz zu reduzieren ist. Solch ein Text »purer Phantastik«, der frei und zwar doppelt frei – sowohl lokal als auch nichtlokal – von allen Merkmalen des Realismus ist, könnte wie folgt aussehen: es soll eine Welt existieren, in der langohrige, gütige und redefreudige Bäume wachsen und in der es laufende, von Natur aus räuberische Häuser sowie den Bäumen und Häusern gegenüber neutrale Wolken gibt. Setzen wir für diese Welt weitere Spielregeln fest und zwar: wenn ein Haus einen Baum zerfetzen will und eine Wolke sich nähert, dann kann das Haus dies nicht mehr tun; wird aber eine solche Begegnung von zwei Wolken gleichzeitig begleitet, dann kann sogar der Baum das Haus besiegen. Das alles ist vollkommen phantastisch und total sinnlos, weil wir weder in der Empirie noch in der Kultur bedeutsame Modelle finden, denen sich das Werk wenigstens annähern könnte. Es gibt nur eine Form, diese Art Belletristik »semantisch bekömmlich zu machen«. Man muß sie einem *Spiel* angleichen und bei der Lektüre als *ein Spiel* ansehen. Sie ist dann genauso ein leeres Spiel wie dies Schach z. B. ist (d. h. rein absprachemäßig konstruiert und ohne irgendwelche äußeren Ziele.) Es ist nämlich so, daß sogar höchst abstrakte Konfliktstrukturen, die in einem Spiel dynamisiert sind, genügen, um die Aufmerksamkeit des Empfängers zu fördern.

Warum wir abstrakte (leere) Spiele lieben, das bedürfte eigener, übrigens heftig diskutierbarer Ausführungen, die hier nicht zur Sache gehören. Unsere Feststellungen könnten sowieso nicht verblüffend sein, denn es geht um einen allgemein bekannten Tatbestand.

Ein *asemantisches* Spiel also – vorgeführt an einem Werk, das dadurch zu der Kategorie der »puren Phantastik« gehört –, ist als Thema möglich, und im Prinzip ist es auch mit Hilfe solcher Wunderdinge aus dem Beispiel, in dem langohrige Bäume, räuberische Häuser und neutrale Wolken vorkamen, zu verwirklichen. Was in einem realistischen Werk den Kausalzusammenhang der menschlichen Schicksale darstellt, was in einem psychologischen Werk das Skelett der Gedanken ist, die die Veränderlichkeit der Assoziationen im Bewußtseinsstrom eines Menschen verwalten, was in einer Ausführung zu einem abstrakten Thema dessen logisch-begrifflichen Kern darstellt, das ist in einem »leeren« phantastischen Text seine topologische Struktur der Ereignisse, die dem Leser als Zusammenstoß zweier gegenläufiger, miteinander kämpfender Logiken präsentiert wird. Doch abgesehen davon, wie könnte uns ein Spiel begeistern, dessen Gesamtsystem dem Zusammenstoß zweier gegenläufiger Teleologien ähnlich und das bereits alles ist, was das Werk anzubieten hat. Wir können solchen Erzählungen keine komplexen Bedeutungen weder im kulturellen noch im empirischen Bereich der Semantik zuordnen. Es handelt sich hier um die phantastische Artikulation eines Spiels als Beschäftigung, die manchmal real (Kriegsspiel) und manchmal »phantastisch« ist – es sei, jemand kommt auf die Idee, auch die Mathematik so zu benennen!

Doch hier gibt es eine Klippe: wenn die Struktur des Spiels zum zentralen Skelett eines phantastischen Werkes frei von allen empirisch-kulturellen Bedeutungen wird, dann hängt die Qualität des Werkes von der Qualität der Spielstruktur ab. Diese Regel kennt keine Ausnahmen. Wenn wir auf einer Ausstellung seltsam gefertigte Schachfiguren zeigen, wenn wir z. B. auf der Seite der »Weißen« statt des Königs und der Königin brave Kosmonauten und auf der Seite der »Schwarzen« ungewöhnliche Wesen vom Aldebaran haben, dann erhalten wir vielleicht als Schöpfer solch entzückender Figuren Beifall. Wenn wir uns aber an eine Schachpartie machen und mit Brotkugeln spielen, die wir zu Türmen, Läufern etc. ernennen, oder sogar auch mit jenen extraorginellen Figuren, dann hat diese Tatsache nicht den geringsten Einfluß auf die Beurteilung unseres Spiels. Entweder sind wir dann blendende oder miserable Schachspieler.

Wir können mit allem spielen, was uns unter die Finger kommt, Hauptsache, wir spielen *gut*.

Ergo, nicht die Struktur der Elemente, die an einem Spiel als Steine teilhaben, sondern die Struktur des Spiels selbst stellt den alleinigen Wert dar, von dem die Beurteilung der ganzen Partie abhängt. Dasselbe trifft auch auf die Literatur zu. Wenn die Figuren auch beliebig merkwürdig und originell sind, ihre Züge aber eine stereotype Spielstruktur ergeben, dann verläuft dieses Spiel auf einer unzureichenden Ebene. Denn wer uns – statt sein Werk mit der Region semantischer Ableitungen zu verflechten – eine von Bedeutungen befreite Struktur eines »nackten Spiels« vorschlägt, der zeigt uns entweder ein originelles oder ein – und dadurch von Anfang an wertloses – nichtoriginelles Spiel. Gibt es Bezüge zur Semantik, dann ist ein Urteil nicht so automatisch zu fällen. In abstracto ist die Struktur der Inversion als formales Skelett der Operation dennoch sehr banal. Die Anwendung der Inversion indes, mit konkreten Bedeutungen verknüpft, wie z. B. im »Aufstand der Engel«, muß keineswegs banal sein. Eine literarische Struktur wehrt sich durch ihre Verwurzelung in der Sphäre von Bedeutungen – egal ob empirische oder kulturelle – gleichsam gegen jede Diskreditierung. Der Akt der Extrapolation oder auch der Transplantation eines Strukturskelettes aus einem üblichen Bedeutungssystem in ein anderes, in dem es bisher nicht anzutreffen war, kann äußerst originell sein und auch vom Leser so beurteilt werden. Sobald wir aber alle Schichten der aus den Strukturen ableitbaren Bedeutungen abtragen, zeigen diese die Immanenz ihrer topologischen Qualitäten, denen »Bedeutungen« keine Hilfe mehr leisten können. Deshalb hängt über dem Reich der Science Fiction auch dieses Damokles-Schwert: entweder sind die Strukturen solcher Werke wie jede anspruchsvolle Belletristik semantisch verknüpft, und dann unterliegen sie dem Urteil kompetenter Tribunale, die sich nach dem Kodex gnoseologisch-kultureller Werte richten oder sie sind nicht entsprechend verknüpft und verkörpern phantastische, leere Spiele, dann ist ihre Situation eine andere. Am besten ist dann das Werk, das neue Regeln erfindet, d. h. ein neues Spiel kreiert und es hervorragend durchspielt. Doch es kommt auch vor, daß ein Autor sich ein originäres Spiel ausdenkt, das er selbst aber nicht besonders gut zu spielen vermag. (Es ist durchaus möglich, daß der Erfinder des Schachspiels ein miserabler Schachspieler war.) Und schließlich gibt es Spiele, die miserabel ausgedacht sind und genauso schlecht gespielt wurden. An den letzteren leidet die Science Fiction, leider, keinen Mangel.

Die einfache Inversion ist ein in der Science Fiction häufig anzutreffender Kunstgriff. Sie erscheint sowohl als diametrale Umkehrung als auch als »systeminterne Umdrehung« der Bedeutungen.

a) Eine einfache Inversion basiert auf folgendem Prinzip: Wenn das, was für uns gewöhnlich ist, für andere ungewöhnlich ist, dann ist das, was für uns ungewöhnlich ist, für andere eben gewöhnlich. Ein Beispiel: Weil sich die Erde um die Sonne dreht, haben wir Tag und Nacht; in Systemen mit mehreren Sternen hingegen könnte es einen Planeten geben, auf dem ständig Tag ist. Wenn es infolge einer außergewöhnlich seltenen Konfiguration dieser vielen Sonnen zu einer Finsternis kommt, die eine Halbkugel oder einen Teil derselben betrifft, dann wird die einsetzende, vorübergehende Nacht unter den Bewohnern Panik und Angst hervorrufen. Für uns ist die Nacht mit ihren Sternen eine gewöhnliche Sache, die anderen jedoch kennen weder den schwarzen Himmel noch Sterne. Diese Situation ist das Thema einer Erzählung von I. Asimov (The Nightfall).

b) Im Hinblick auf die zweite Inversionsmöglichkeit könnte es so sein: alle Organismen auf der Erde sind separate Systeme, doch anderswo gibt es Organismen in telepathischer oder irgendwelcher anderer Verbindung oder – alles, was lebt, d. h. die ganze Biosphäre eines Planeten sogar bildet einen einzigen gewaltigen Organismus. Wollte sich dieser riesige Organismus irgend etwas Interessantes ausdenken oder etwas Originelles tun, dann wäre die Inversion als Startprämisse für eine autonome Kreation durchaus gerechtfertigt. Doch wenn eine Biosphäre bereits denkt, dann denkt sie ungefähr in die Richtung, daß die eingetroffenen Menschen gut sind und man sie lieben muß oder daß sie nicht gut sind und man sie nicht lieben darf etc. Intellektuell gesehen ist das nicht sonderlich faszinierend – auch nicht als Beitrag zu einer Kosmosökologie. Das Streben nach Originalität ist gewöhnlich auf Materie hin orientiert und nicht auf irgendwelche Gedanken. Und so entsteht dann eine Biosphäre aus Fluorwasserstoff, oder Schalentiere beziehungsweise Raupen etc. stellen sich als klügste Rasse heraus. Doch alle denken gleich und dazu nur wie durchschnittlich intelligente Schüler.

Eine Inversion könnte indes durchaus semantische Folgen haben, wenn der Operateur die Bedeutungen innerhalb ihres Systems, das hinsichtlich der konkreten Ontologie klar relativiert wurde, umdreht. So stellt sich in einer Erzählung von E. F. Russel heraus, daß Handlungen, die wir für magisch halten – wie das Einschlagen eines Pflockes in das Herz des getöteten »Vampirs« – durchaus empirisch sind, denn der »Vampirismus« auf dem Planeten wird von anaeroben Viren hervorgerufen. Man muß also mit dem Pflock eine Wunde schaffen und sie sich nicht schließen lassen, damit der anaerobe Virus unter dem Einfluß der Luft vernichtet wird. Oder: auf einem anderen Planeten sind wegen der dort herrschenden physikalischen Bedingungen Handlungen wie Initiationsriten und Besprechungen völlig rational. Es handelt sich in diesen Fällen um Invertierungen, d. h. Konvergenzen dessen, was unserer Meinung nach kontraempirisch ist, an das Empirische.

Offensichtlich ist die Anwendung solcher Operationen nicht ein ausschließliches Privileg der wissenschaftlichen Phantastik; in der Erzählung von Dino Buzzati kommt ein Mensch vor, der frei werden kann, wenn seine aus dem Gefängnis an eine Volksmenge gerichtete Rede eben von dieser Volksmenge mit Beifall aufgenommen wird. Als er eine allgemeine Mißgunst spürt, wendet er sich an die Masse mit der flehenden Bitte nicht zu klatschen, damit er weiter im Gefängnis bleiben könne – und daraufhin erntet er natürlich (feindlichen) Beifall und erlangt dadurch die Freiheit. Auch hier wird das Prinzip des Spiels invertiert.

Ein geachteter und geschätzter Schriftsteller, der sich in der Phantastik gern der Inversion bedient, ist Robert Sheckley. In einer seiner Erzählungen können die Bewohner eines Planeten mit den Menschen nicht in näheren Kontakt kommen, weil ihnen durch den menschlichen Atem schlecht wird und die Berührung einer menschlichen Hand zu Blasen und Verbrennungen führt. Erst am Ende stellt sich heraus, daß durch die Berührungen der Menschen die dortigen toten Holzstücke zu blühen und zu sprießen beginnen. (All the Things You Are.) Würden die Holzstücke aufgrund von Flüchen der Kosmonauten erblühen, dann wäre die Symmetrie der Inversion vielleicht noch besser. In einer anderen Erzählung verhungern die Kosmonauten in einem mit Konservendosen vollgestopften Kaufhaus beinahe, ehe sie bemerken, daß folgende Regel gilt: was auf der Erde nicht eßbar ist, ist dort eßbar und umgekehrt. (One Man's Poison). Sie stärken sich dann mit einem dortigen Vehikel, weil es lebendig und zugleich schmackhaft ist und trinken den Treibstoff aus dem Tank dazu, weil er für sie Wasser ist.

In einer Erzählung kauft jemand aus Versehen statt eines Automaten, der für die Psychoanalyse der Menschen gedacht ist, einen entsprechenden Automaten, der für Marsianer bestimmt ist. Daraus ergibt sich bei der psychoanalytischen Behandlung ein lustiges und verrücktes Quiproquo.

Oder: zwei Leute kaufen ein Boot, das einst von »anderen Wesen«, gewissen denkenden Echsen, erbaut worden war; das Boot hat ein eigenes Computergehirn und kümmert sich um die beiden, aber so, daß er sie zum Trinken ekelhafter Brühen und zum Essen widerlicher Pampen etc. zwingt. Sie müssen erst so tun, als seien sie tot; dann bereitet das Boot ihnen ein »Seebegräbnis« und wirft sie ins Wasser.

Oder: ein »Pfadfinder« eines Planeten, der einem Menschen das Fell abziehen will, reißt diesem die Kleidung herunter in der Annahme, sie sei bereits ein Teil des Körpers. Auf einem anderen Planeten einer anderen Erzählung erfriert ein Kosmonaut, der einen isolatorisch zuverlässigen Skafander ausprobieren sollte, beinahe und er kann sich nur retten durch ein Feuer, das er aus der thermischen Isolation des Skafanders macht. Noch woanders hilft die zuverlässige Waffe zu überleben, weil man mit ihr wie mit einem Hammer Zelte aufschlagen kann. Im Prinzip ist auch folgende Geschichte eine breite Inversion, in der ein Mensch, wenn er sein Haus verläßt, immer in die Steinzeit gelangt, weil das

Wesen, das die gesamte Galaktik konstruiert hat, defekte Automaten benutzte. Aufgrund des Versagens der Automaten entsteht eine »Zeitspalte«, die Raumzeit wird zerstört und daher diese Verschiebungen. (Der »Rahmen« unterliegt der Inversion: was wir gewöhnlich für natürlich halten, d. h. die Galaktik, ist hier Objekt einer typisch baumeisterlichen Tätigkeit. Wie bei einem Hausbau Defekte auftreten können, so können sie auch bei einer erbauten Galaktik auftreten.)

Nicht nur Sheckley benutzt diese Methode, sie ist z. B. auch bei van Vogt zu finden. Hier glaubt der letzte überlebende Kosmonaut einer Rakete, die auf dem Mars niederging, daß er die automatische und menschenleere, wüstengleiche Stadt, die ihn zuerst mit uneßbarem Zeug und später mit immer schmackhafterer Nahrung am Leben erhalten hatte, »an sich adaptiert« habe. In Wirklichkeit hatte er sich selbst so gut an diese Stadt angepaßt, daß ihm am Ende ein borstiger Schwanz und riesengroße Eckzähne wachsen. Er hat sich wahrscheinlich in eine Art großes Wildschwein verwandelt. (The Enchanted Village).

Weitere typische Inversionen sind Inversionen, dank derer sich herausstellt, daß auf der Erde die Menschen den Affen hinsichtlich der Intelligenz überlegen sind, doch daß irgendwo in der Galaxis die Affen klüger als die dortigen Menschen sind; daß auf der Erde die Parasiten dumm und auf den Sternen manchmal schlau sind usw. Leider kommt aus solchen Inversionen nichts Interessantes heraus. Man wird daher sicher bald einen Computer so programmieren können, daß er eine derartige phantastische Literatur – mit Milliarden Wörtern pro Stunde – produziert.

Solche Inversionen sind wertlos, weil sie formal arm sind und semantisch überhaupt nichts bedeuten: sie sind nur. In dieser Art könnte man völlig automatisch unendliche Reihen von Umwandlungen generieren; man nehme z. B. solche Namenspaare wie: *des Kellners Schaben, die Leukozyten des Organismus, die Bewohner der Galaktik, der Garten des Verstorbenen, die Spuren des Regens, der Strom der Gravitation, die Waffe der Bienen.* Dann drehen wir die Paare nacheinander um und denken uns gleichzeitig für jede »Umkehrung« ein Schema einer phantastisch-wissenschaftlichen Erzählung aus.

I. *Kellner der Schaben:* das ist ein Kellner, der Untertan der Schaben ist. Dieser Zustand soll das Ende einer erzählerischen Transformation sein. Ein Kellner wohnt allein, im Keller hat er Schaben, er kämpft gegen sie an, vergiftet sie, doch dann kommen auf fliegenden Untertassen denkende Insekten als Entsatz für ihre Verwandten aus dem Keller an, und nicht mehr die Schaben sind in der Gewalt des Kellners, sondern der Kellner ist in der Gewalt jener unangenehmen Insekten.

II. *Organismus der Leukozyten:* der menschliche Organismus ist für die Leukozyten als Blutkörperchen ein Kosmos. Infolge einer Mutation entsteht eine neue Art sehr expansiver Leukozyten. Sie erforschen den ganzen Organismus, unternehmen Expeditionen zum Gehirn, zu den Nieren und begreifen nicht, daß sie dadurch ihre eigene Existenz gefährden. Als ihnen dies bewußt wird, inzwischen bereits klug geworden, ist es schon zu spät: der Organismus liegt im Sterben.

III. *Die Galaktik der Bewohner* ist zweifellos ein System, dessen Objekte nicht die Sterne, sondern riesige denkende Monster sind, z. B. penetriert das Leben dort jeden Planeten bis in die Tiefe und wandelt ihn in eine Art Organismus um; und so gibt es eine, eben aus lebenden Wesen bestehende Galaktik.

IV. *Der Verstorbene des Gartens* wird eine makabre Erzählung. Zuerst hatte ein Mensch einen Garten und als er starb, wurde er in diesem Garten begraben. Aus ihm, d. h. sich von seinem Körper ernährend, wuchsen verschiedene seltsame Pflanzen, die mit ihrem System und ihren Eigenschaften bestimmte, vielleicht sogar psychische Merkmale des Verstorbenen in »Vegetativ«-transposition wiederholen. Aus seinem Gehirn wachsen verschiedene Pflanzen wie Sonnentau, Schierling, Eisenhut, Hundspetersilie, und sogar die Insekten, die diesen unangenehmen Garten überfliegen, fallen tot herunter. Man kann diese Geschichte nach Belieben weiter ausbauen.

V. *Der Spurenregen,* das ist ein furchterregender Anblick

auf einem anderen Planeten: dort leben augenscheinlich Wesen, die einerseits so riesengroß wie hundert Wale zusammen sind und die sich andererseits auf kleinen Beinchen fortbewegen; wenn solch ein Wesen vorbeigeht, hinterläßt es einen »Spurenregen«. Die Kämpfe mit diesen schiffskreuzerähnlichen Tausendfüßlern kann man beliebig ausmalen.

VI. *Die Stromgravitation* ist eine phänomenale neue Entdeckung: es hat sich herausgestellt, daß der in einen Kreis von bestimmter Form fließende elektrische Strom ein Gravitationsfeld erzeugt. Man kann damit das irdische Gravitationsfeld neutralisieren. (Diese Idee ist nicht so schlecht, wenn man bedenkt, daß es einen ganzen Roman gibt [»Occams Razor«], in dem man aus unseren Dimensionen in Welten von anderer Dimension gelangen kann, wenn man den Drahtrahmen, auf dem große Seifendiaphragmen gespannt sind, auf bestimmte Weise dreht.)

VII. *Waffenbienen,* das heißt, daß es eine Waffe gibt, die aus Bienen besteht. Nichts einfacher als das. Auf einem Planeten findet man Blumen, die außer Nektar auch mikroskopische Mengen von Uransalzen ausscheiden, weil es dort solch eine Erde und solch einen Metabolismus gibt. Wenn viele Bienen sich auf einmal mit dem Nektar sättigten und dazu ihre Köpfe gegenseitig näherten, dann erfolgte – dies bemerkten die Bienen – eine schreckliche Explosion – durch das Entstehen einer überkritischen Masse des Urans. Im Laufe der Evolution lernten die Bienen, solche Annäherungen zu vermeiden, doch im Falle einer großen Gefahr flog ein Teil von ihnen selbstaufopfernd zu der Gefahrenquelle und bildete dort eine Schar, die dann durch eine Explosion den Aggressor vernichtete. Auf diesem Planeten landet eine irdische Rakete, die Kosmonauten wollen Honig essen, als sie einen Bienenstock erblicken. Sie nähern sich dem Bienenstock . . . usw.

Solche Erzählungen kann man am laufenden Band produzieren, und das macht man auch in der Science Fiction. Aufgrund weiterer Namenspaare wie *Geist des Erfinders, Ohr des Herings, Sturm des Kampfes, Fortepiano des Dompteurs, Traum des Steuermanns* kann man folgende Erzählungen machen: über jemanden, der eine Maschine gebaut hat, die Geister zwecks Erschrecken produziert, also ein Spukotron; über einen Hering, der zusammen mit einem Aquarium von Kosmonauten auf einem Planeten verloren wurde und der in das Ohr eines Unterwasserungeheurs fiel, woraufhin ein Sternenweltkrieg ausbrach; über einen Dompteur, der mit einem Fortepiano kämpfte, als dieses bei einem Raketenflug aus seiner Befestigung ausbrach; über jemanden, der die Träume anderer steuern konnte usw. Wir behaupten nicht, daß jedes zweigliedrige Wortpaar ein genauso plausibles Ausgangsmaterial für solche Kreationen abgeben kann: *die Trauer des Meeres* bringt nicht viel, weil das *Meer der Trauer* bereits seine eigene Bedeutung hat und auch das Faß des Sauerkohls als Sauerkohl des Fasses verheißt wenig, doch man dürfte bald Übung haben, um entsprechende Selektionen durchführen zu können.

Es gibt sogar bekannte Schriftsteller, deren Ruhm in der wissenschaftlichen Phantastik auf diesem einfachen Prinzip der Umstellungen gründet.

Die obige Dokumentation genügt wahrscheinlich als Erklärung für den Widerstand, den wir gegen die für die Science Fiction typische Klassifizierung leisten wollen, die die Werke in »invasorische«, »mutantische«, »kosmische« usw. einteilt.

Aufgrund eines solchen Schlüssels müßte die Handvoll Geschichten, die ex promptu ausgedacht wurden, über das ganze Universum verstreut werden. *Der Kellner der Schaben* gehört zu den »invasorischen« Geschichten (als Invasion intelligenter Bündnispartner der Kakerlaken), *der Organismus der Leukozyten* wäre wohl eine »biologische Mutation«, *die Bewohnergalaktik* – eine »kosmologische Vision«, *der Verstorbene des Gartens* – eine makabre Phantasie, *der Spurenregen* – die Ökologie anderer Planeten und nur die *Bienenwaffe* gehört zu der gleichen Kategorie wie die zuvor erwähnte.

Solch eine Klassifikation nimmt Schein für Sein. Literarische Werke werden aufgrund ihres Globalcharakters und nicht aufgrund lokaler Besonderheiten der in ihnen auftauchenden Requisiten segregiert. Deshalb ist »Doktor Faustus« in gleicher Weise Epik wie »Krieg und Frieden«, und man darf den Roman von Thomas Mann nicht deshalb in den Bereich der Phantasie stecken, weil ein Teufel vorkommt. Folglich gehören die Texte, die wir erwähnt haben – sowohl die von Sheckley als die beispielhaft ausgedachten – in die gleiche Klasse: von monoinvertierten Spielen mit wenigen Zügen fast wie die Schlußzüge beim Schach. Ein Endspiel, in dem das Matt durch den Springer erreicht wird, wird doch auch nicht zur Hippologie gerechnet und ein Spiel, das durch die Königin entschieden wird – zur royalistischen Lehre über Monarchinnen.

Solchen wenigzügigen Werken ist ihre rein negative Eigenschaft gemeinsam und zwar der Mangel an ästhetischer beziehungsweise gnoseologischer Kohärenz der Oberbedeutungen. Natürlich ist solch ein Defizit das Korrelat struktureller Armut. Man könnte einen Elefanten in eine telepathische Wanze umfunktionieren, diese Wanze in ein Gebilde, dem Flügel wachsen, die Sterne verdecken, auf denen man Inkubatoren von bösartigen Viren ansiedelt usw. und egal, wie lange man diese Reihung noch fortsetzt, sie ergibt keine sinnvolle Ganzheit, ganz zu schweigen von einem semantischen Umsturz im Begriffsbereich.

Dennoch entsteht manchmal, wie wir gezeigt haben, aus der stufenweisen Errichtung von Transformationen, die allerdings nicht nur linear, also überaus primitiv sein dürfen, eine lokale Besonderheit der Science Fiction, die wir ein formales Spiel genannt haben.

Man wird dieses Gebiet vernünftigerweise von einer Seite aus betreten, auf der noch einfache und dadurch eher wertlose Spielstrukturen herrschen. Die Science Fiction hat diese nicht selbst geschaffen, sondern mit dem ganzen Reichtum oder, besser gesagt, der ganzen Armut des Inventars eines Kriminalromans übernommen.

Wie man treffend bemerkt hat, ist der Kriminalroman nach der Chronolgie der *Aufdeckung* bestimmter Ereignisverläufe und nicht nach der den Ereignisverläufen spezifischen kausalen Abfolge geordnet. Ein Krimi beginnt mit dem, was die unbekannte Serie von Ereignissen abschließt, nämlich mit dem Verbrechen, und der Text erzählt die Geschichte seiner Rekonstruktion.

Im Kriminalroman treten Personen auf, die so profiliert sind, daß sie folgendes tun können: a) ein Verbrechen begehen, b) seine Rekonstruktion erschweren und c) das Werk zu seinem eigentlichen Ende bringen. Weil aus konventioneller Übereinkunft alles, was dieser Aufgabe nicht dient, keine Bedeutung hat, ist solch ein Werk aller moralischen, psychologischen, sozialen, metaphysischen, ja sogar, um ehrlich zu sein, der kriminologischen Problematik entfremdet, da reale Verbrechen sich total von Romanverbrechen unterscheiden ähnlich wie echte Detektive und echte Verbrecher nicht an ihre literarischen Verkörperungen erinnern. In welchem Maße menschliche Charaktereigenschaften in einem Kriminalroman nur Vorwand sind als Schaufensterpuppen für rein »instrumentelle« Merkmale, die zur Durchführung der Morde bestimmt sind, davon zeugt die gut bekannte Tatsache, daß die Frage, ob die allgemein geschätzte, alte Dame psychologisch eines Mordes fähig wäre, sich in einem »Krimi« als ein zu lösendes Problem im allgemeinen gar nicht stellt. Wichtig ist nur, ob diese Dame genug Kräfte hat, um mit dem Seil von Etage zu Etage zu klettern, jemanden zu erstechen, der erstochen werden muß und in ihr Zimmer zurückzuklettern, um ein »Alibi« zu haben.

Wenn ein Autor gewissenhaft ist, erwähnt er am Ende, daß der Detektiv in der Wohnung der Dame ein etwas verstaubtes Diplom bemerkt habe, wonach sie irgendwann in einem gymnastischen Wettbewerb gewonnen hatte. Was die psychologische Motivation betrifft, so erfährt diese nie eine Begründung. Nach dem Prinzip des Kriminalromans kann buchstäblich jeder ein Verbrechen verüben. Je weniger eine Person dem Verbrechen »ähnlich« ist, um so sicherer ist gerade sie der Täter, weil das Spiel, das zwischen der Erfindungsgabe des Autors und den Vermutungen des Lesers stattfindet, nur einmodale Wahrscheinlichkeitsverteilungen anerkennt. Danach tötet der, wer prima facie dies weder physisch noch psychisch zu tun in der Lage ist, weil das kreative Meisterstück gerade darin besteht, beweisen zu können, daß die Unmöglichkeiten eben nur Schein waren. Wenn dann die chronometrische und gymnastische Akrobatie, die Stimmen Verstorbener auf Band, subtile Geräte, Seile, falsche

Bärte und insgesamt das ganze Theaterrequisitorium nötig sind, um das Unmögliche im kausal-physikalischen Bereich möglich zu machen (d. h. um zeigen zu können, wie man einen Menschen töten kann, der in einem Zimmer ohne Fenster mit dreifach verriegelten Türen eingeschlossen ist), dann ist gleichsam als Folge dieser übergroßen Anstrengung in diesem Bereich eine »Lockerung« der psychologischen Wahrscheinlichkeit verbrecherischer Handlungen konventionell erlaubt. Der »Chip«charakter aller Figuren eines solchen Werkes, die Gestalt des Ermordeten eingeschlossen, macht jede moralische Reaktion unwichtig und sinnlos – etwa die eines naiven Menschen z. B., der sagen könnte, daß die Gleichgültigkeit gegenüber der Ermordung eines Menschen, die jeder normale Text solcher Romane verrät, zu verurteilen sei. Doch nichts dergleichen: sie ist keinesfalls mehr zu mißbilligen als solch eine Äußerung beim Spiel, beim Bridge, zu mißbilligen wäre wie: »Ich gebe deiner Dame eins über den Kopf«, wenn jemand sie mit seiner Trumpfkarte sticht; denn das hier vergossene Blut ist nicht jene unbezahlbare Lebensflüssigkeit, sondern Element eines Puzzlespiels, genauso wie die Totenstarre des Opfers kein echtes Signum für den Tod als literarisches memento mori ist, sondern nur eine Art Uhr, nach der der Zeitpunkt des Verbrechens wird festgestellt werden können; und selbst »schreckliche Verzerrungen« auf dem Gesicht des Verstorbenen sind *nur* eine Spur, (die vielleicht zeigt, wie das Opfer getötet wurde und vielleicht sogar, wer es getan hat), nicht aber die erhaltene Expression der agonalen Leiden. Deshalb bleiben die mit Krimis vertrauten Leser kalt gegenüber den für einen Laien äußerst repulsiven Schicksalsschlägen einer Leiche, die man auszog, umzog, der man die Zähne ausschlug oder erneuerte, die man in einem Schrankkoffer transportierte, in eine Kiste oder einen Kofferraum reinpreßte, der man mit Blut verschiedene Informationen auf die Stirn schrieb usw.; denn dies alles sind nur die einzelnen Züge eines Spiels und keine Monstrositäten. Hier zeigt sich unsere generelle Eigenschaft, die in folgendem Sprichwort zusammengefaßt ist, daß man vor lauter Wald nicht die Bäume sieht; schalten sich bestimmte Elemente konstitutiv in die Systemganzheit ein, dann kann ihre Autonomie total verwischt und annulliert werden.

Der Kriminalroman gibt vor, er stehe auf dem Boden der richtigen Moral, weil am Ende immer die Gerechtigkeit triumphiert. (Wenn sie nicht triumphiert hätte, würden wir nie erfahren, wer der Mörder war.)

Im Bereich der »instrumentellen« Erfindungen, das ist die Technik Verbrechen zu verüben, ist der Kriminalroman also relativ frei, in der Zahl der Motive hingegen, aus denen Menschen Menschen privat umbringen, ist er fatal begrenzt, weil man auf diesem Felde nichts Neues mehr erfinden kann.

Die Science Fiction macht hier gerne Anleihen. Daher ist die von Autoren als auch von Lesern geäußerte Forderung, daß die Phantasie, die uns z. B. das »Zusammentreffen von Erdbewohnern mit ›anderen Wesen‹« zeigt, zu der »kosmischen Science Fiction« gezählt werden müsse, ein totales Mißverständnis. Nur der Analphabetismus der »inneren Kritik« dieser Gattung gestattet es, daß solche Usurpationen ruhig dauern.

Und nun Beispiele. Es gibt eine Klasse von Werken, in denen die Primärsituation so aussieht: auf bestimmten Planeten wohnen denkende Wesen, die mit den Menschen überhaupt nichts zu tun haben wollen. Frühere Expeditionsgruppen wurden von ihnen mit leeren Händen zurückgeschickt oder sie wurden sogar getötet oder noch anders, ihnen wurde die Unlust der denkenden Wesen, sich mit den Menschen zu verständigen, auf andere Weise manifestiert. Gleichzeitig legen aber die Menschen großen Wert auf solche Kontakte, denn auf diesem Planeten wachsen Pilze, deren Extrakt verjüngt oder es gibt dort Mineralien, die Krebs heilen oder auch unbezahlbare Substanzen, deren Eigenschaften der Autor aber nicht erklärt. Letzteres ist übrigens ziemlich einleuchtend, weil weder die Vorteile noch Qualitäten der begehrten Sache die geringste Bedeutung für die Handlung haben. Auf dem Planeten landet eine weitere Expedition, und gerade sie entdeckt, warum die »Anderen« sich so in den Schalen der Isolation einschließen, und warum man sich nicht mit ihnen arrangieren kann. Dieses Strukturschema erinnert lebhaft an die Struktur des Kriminalspiels, denn die Entdeckungsgeschichte bestimmter Kausalketten, d. h. die Rekonstruktion des Sachverhaltes, bildet den roten Faden und nicht der Sachverhalt selbst in seiner chronologischen Verwirklichung. Diese Struktur jedoch – und das ist leicht zu erkennen – befindet sich in einer taktisch und strategisch viel »lockereren« Situation als dies im Kriminalroman der Fall ist. Im Krimi muß getötet werden und weil die Motive, wie gesagt, nur auf den Mord hin orientiert sind, ist der Inventionsatem kurz; um wieviel freier ist es in dieser Hinsicht bei den »Anderen«! Vielleicht sperrten sie sich gegen jedwede Kontakte, weil sie als Telepathen die niedrigen Motive der Teilnehmer der ersten Expedition erfühlen konnten; in der nächsten Expedition aber gibt es eine achtbare Person, die die »Anderen« lieben lernen und mit Schätzen beladen. Vielleicht herrschen dort Sitten, die es untersagen, sich für fremde Sachen zu interessieren, und da sich die Erdenbewohner frech »eingemischt« hatten, wollte keiner mit ihnen reden; doch der Takt und die Subtilität der nächsten Expedition ändern alles; vielleicht ist für die Anbahnung der Kontakte auch eine »Initiation« notwendig, oder die Menschen müssen vor den Planetenbewohnern ihre physischen Fähigkeiten unter Beweis stellen, weil technischer Ersatz aufgrund der dortigen Normen nicht zählt. (Alle diese Beispiele basieren auf tatsächlich existierenden Werken.)

Im Kriminalroman ist die Spielstruktur, was ihren Abschluß betrifft, stark kodifiziert. Sind das Mordmotiv, der Verlauf des Mordes und der Täter entdeckt, dann ist das Spiel aus. Das erwähnte Spiel der »Kontakte« hingegen ist nicht unbedingt dann beendet, wenn das »Geheimnis des Planeten« geklärt ist! Dies könnte bei einer Erzählung der Fall sein; ein Roman jedoch könnte sich einfach weiterbewegen. Vielleicht ist die Person, die mit der dortigen Bevölkerung Kontakte zu knüpfen imstande war, ein Humanist, z. B. ein Ethnologe, der mit ihr fühlt und danach an zwei Fronten zu kämpfen gezwungen ist: er hat anfangs nicht nur Schwierigkeiten mit den Bewohnern, sondern auch mit seinem »obristischen« Vorgesetzten. Manchmal verlieren die Erdbewohner durch ihn sogar einen Kampf um die Schätze, weil er die Fronten wechselt und auf die Seite der Bevölkerung übergeht: er hält ihre Motive für gut und die der Menschen für schlecht. Bisweilen tritt er sogar als aktiver Verräter der irdischen Konquistatoren auf, denn er stellt sich an die Spitze der dortigen Armee und gibt ihr menschliche Waffen, damit sie die Eindringlinge abwehren kann. Wie wir sehen, kann diese Spielstruktur Inversionen unterliegen. (Der »Meinungswechsel des Detektivs«, der – statt die Verbrecher den Händen der Gerechtigkeit zu übergeben – diese vor ihr schützt, ist das Äquivalent im Kriminalroman, und es ist durchaus, obwohl sehr selten, anzutreffen.)

Neben den erwähnten »linearen Spielen« produziert die Science Fiction im gleichen thematischen Kreis gleichsam vielgleisige Spiele. Die Erdbewohner nehmen der dortigen Bevölkerung mit Gewalt deren Schätze ab, und diese sind wehrlos. Sogar das Lamento des humanistischen Ethnologen hilft hier nicht. Die materielle Zusammensetzung des Planeten ist jedoch so, daß es in seiner Atmosphäre eine für das Leben – natürlich nur das menschliche Leben – tödliche Komponente gibt. Bald findet daher die räuberische Gier ihre Bezahlung. Oder aber: die Menschen können heil entkommen, doch ein dortiger Virus ernährt sich mit Metall, folglich lösen sich die Raketen, Waffen, Maschinen, Roboter bald in Staub auf, und die Menschen müssen zur ewigen Strafe auf dem fremden Planeten bleiben, ohne Schutz und auf die Gnade derjenigen angewiesen, die sie beraubt haben. In dieser Dimension, d. h. bei Komplikationen dieses Maßstabs kann der Kriminalroman dem phantastischen Roman keine Äquivalente mehr entgegensetzen.

Manchmal ist es auch folgendermaßen: die Einwohner sind nur in den Augen der Erdbewohner primitive Wesen. Sie haben die technoevolutionäre Epoche weit hinter sich gelassen, und sie brauchen nun weder Werkzeuge noch Maschinen, weil sie in sich eine entsprechende Geistesstärke entwickelt haben. Vielleicht lassen sie sich sogar ab und zu von den Erdbewohnern berauben, doch wenn sie als Exponate an Bord des Raumschiffes gebracht werden, nehmen sie schnell alle Computereinrichtungen psychisch in Besitz, lähmen die Steuerungssysteme und erteilen auf diese Weise den bösen und gierigen Erdbewohnern eine bittere Lektion. Von solchen Geistesriesen handelt eine Erzählung von Brian Aldiss. Oder: die Einwohner machen nicht einmal den Finger krumm und berühren weder die Rakete noch die Roboter, sondern sie versklaven den menschlichen Intellekt direkt. Die Menschen sehen nun statt monströser »Anderer« zauberhaft schöne und verlockende, junge Mädchen. Das ist so verwirrend, daß die Kosmonauten sich einer nach dem anderen in den Einwohnerort begeben und nur der letzte, der Kapitän, sitzt mit seiner Waffe in der Hand auf der letzten Stufe der Raketenrampe, verzweifelt darüber, was geschehen ist. Endlich ergibt auch er sich der Macht der Halluzinationen, denn was anderes eigentlich kann er tun?

Oder: es stellt sich heraus, daß nicht die gutmütigen und hilflosen Bewohner diese Halluzinationen verursachten, sondern z. B. dortige telepathische Pflanzen oder irgendwelche Schalentiere. Vielleicht sind sogar diese Schalentiere die klügsten dortigen Wesen. Anderenorts zeigt sich, daß die menschenähnlichen Wesen, die von den Erdbewohnern für vernunftbegabt gehalten wurden, eine Art Haustier intelligenter Riesenvögel sind. (Dieses Motiv ähnelt dem erwähnten und sogar bereits verfilmten Roman von der Umkehrung der Relation »Mensch – Affe«, doch das ist ein anderes Buch.)

Ist die dortige Zivilisation hochentwickelt und zugleich technisch orientiert, dann erreichen die gegenseitigen Kontakte bald einen staatlich-diplomatischen Charakter. Hier setzt ein neuer Trend ein, der sich nicht mehr auf die Kriminalgeschichte reduzieren läßt. (Doch das bedeutet nicht, daß durch ihn systematisch Meisterwerke hervorgebracht werden.)

Eine Inversion kann sich bisweilen ringartig schließen. In dem Buch »Writing of the Rat« von James Blish z. B. kämpfen die Menschen seit langem gegen einen intelligenten Feind, den sie bei jeder Gelegenheit vernichten. Sie nennen die Anderen »Ratten«. (Dies sind Wesen in Menschengröße mit einem Fell und mit langen Schwänzen.) Doch was stellt sich dann heraus? Der Feind ist in der Galaktik auf der Suche nach intelligenten Monstern, die seit Urzeiten galaktische Homozide begehen; der Feind wollte mit den Erdbewohnern keine friedlichen Kontakte anknüpfen, weil er gerade die Menschen für diese Monster hielt; doch der Feind weiß inzwischen, daß die Erdbewohner nur ein mit den Monstern entfernt verwandter Stamm sind. Der Mensch entstand nicht auf der Erde, sondern er ist ein späterer, gleichsam vergessener Nachkömmling jener schrecklichen Galaktikschädlinge, der im Laufe der kulturellen Entwicklung ein bißchen »besser wurde« beziehungsweise »ruhiger wurde« (doch auch nicht mehr). Also ist eigentlich der Mensch »die Ratte« und der Feind – »der Terrier, der die Ratte jagt«, das sind die Worte, die am Ende dieser Erzählung stehen. Wir suchen einen Dieb, und dann stellt sich heraus, daß wir selbst dieser Dieb sind.

In der Erzählung »Horror Howce« von Margaret St. Clair erbaut ein Konstrukteur »Schreckenspaläste« für den Rummelplatz; er zeigt dem Busineßmann, der von ihm »die das Publikum erschreckenden Novitäten« kaufen will, äußerst ungewöhnliche Dinge. (Man setzt sich in ein Auto, fährt damit und aus den vorbeifahrenden Limousinen streckt sich bisweilen ein ekliger langer Arm heraus, der durch das andere Wagenfenster langt und den Menschen in Stücke zu reißen versucht.) Als der Kaufvertrag bereits unterschrieben werden sollte, fallen plötzlich durch die aufgerissenen Türen die Gestalten ein, die zuvor die Limousinen chauffiert hatten – dies sind widerliche *Voomen*, die den Busineßmann ergreifen und zu ihrem Horst schleppen, um ihn hier in aller Ruhe aufzufressen. Der verzweifelte und wütende Konstrukteur entschließt sich, ein »Horrorpalais« für eben die *Voomen* zu errichten, um diese zur Strafe zu erschrecken! Diesmal hat der Inversionskreis (die Erschrecker werden erschreckt) einen humoristischen Aspekt.

Das Prinzip der Erzählung von Brian Aldiss »Poor Warrior« ist ebenfalls inversiv. Parasiten eines riesigen Brontosaurus verlassen diesen in Panik, als er von einem menschlichen Jäger getötet wird und fällt; die Parasiten, diese »Brontosaurus-Läuse«, sind aber so groß, daß sie den Jäger töten. (»Der Floh des Giganten ist für uns ein Tiger« – das ist das Relationsprinzip dieser Inversion.)

Die übliche Struktur eines Kriminalfalles unterliegt in der Erzählung von John F. Suter »The Seeds of Murder« einer zeitlichen Inversion. Hier ist das *noch* nicht begangene Verbrechen bereits aufgeklärt. Ein Mensch kann unter Hypnose, in der ihm befohlen wird, sich in Gedanken in eine konkrete Zeit seiner eigenen Kindheit hineinzuversetzen, genau erzählen, was damals, an diesem bestimmten Kalendertag, mit ihm los war. (Solche Experimente haben Psychologen tatsächlich gemacht.) Später befiehlt man ihm zu sagen, was »los war« – aber man gibt ihm ein Datum aus der Zukunft. Der Mann erzählt flüssig über den Verlauf eines Mordes, den er an einer Frau namens Iris begeht. Es erfolgt eine Suche unter den Bekannten, Verwandten etc., doch eine Frau mit diesem Namen wird nicht gefunden. (Der Hypnotisierte weiß nach der Hypnose natürlich nichts und kann sich an nichts erinnern.) Das Ende der Erzählung erlaubt eine doppelte Erklärung: entweder hat er in der Zukunft gelesen, und er wird eine Iris tatsächlich töten oder er hat nicht in ihr gelesen, und dann ergibt sich aus seinen Worten, daß er ein Mörder ist und zwar ein potentieller.

Die Methodik des Mordes in »One in Two« von McIntosh unterliegt keiner Inversion mehr, sondern einer »technischen Verbesserung«: ein Bursche stellt, um sich ein perfektes Alibi zu verschaffen, mit Hilfe eines »Atommultiplikators« seine eigene, lebende Kopie her. (Doch die Polizei der Zukunft kennt diesen Trick, so daß er ihm nicht hilft.)

Das Ergebnis von Inversionsoperationen ist in erster Linie: die Überraschung des Lesers aufgrund einer Attacke auf seine petrifizierten Meinungen. Die Inversion unterliegt dabei einer Belletrisierung dergestalt, daß das Werk nur das Endergebnis der Inversion verkörpert oder daß es deren dynamischen Verlauf präsentiert. Zeigt ein Werk nur den Endzustand nach einer solchen Operation, dann sollte ihr Prinzip eigentlich vor dem Leser verhüllt bleiben. Denn der Empfänger sollte keine Fragen genetischer Ordnung stellen dürfen (»Wie hat der Autor die merkwürdige Welt anderer Planeten konstruiert?«), sondern nur Fragen empirischer Ordnung (»Wie ist es möglich, daß irgendwo das normal ist, was für uns anormal bis zur Nichtrealisierbarkeit ist?«); denn im zweiten Fall betrachtet er die gegenständliche Welt des Werkes als gegebene Wirklichkeit und nicht als Ergebnis intellektueller Operationen des Autors. Eine einfache Verschiebung irdischer Relationen jedoch (auf der Erde reiten die Menschen auf Pferden, auf einem anderen Planeten benutzen die dortigen Parasiten Riesenvögel zum Reiten) gebiert keine nachdenkenswerten Probleme: wir nehmen den neuen Stand der Dinge einfach zur Kenntnis. Er hat ein uns bekanntes, zusammengehörendes Paar symmetrisch umgedreht; weil solch eine Prozedur rein lokale Folgen hat, verlangt sie weder komplementäre Rekonstruktionen noch Abstimmungen mit der Systematik des eingeübten Denkens.

Die Beziehungen verwickeln sich mehr, wenn die Topologie der dargestellten Bedeutungen nicht so lokal begrenzt ist. Kreativ sind dann solche Situationen, in denen z. B. die Magie rational begründbar wird – als Inkorporation zumindest eines Teils der Metaphysik (beziehungsweise dessen, was wir dafür halten) im Rahmen der Empirie. Damit unterliegt bereits ein Teil unserer ontologischen Ordnung einer Umsetzung. Das, was wir für ewig irrational hielten, erweist sich irgendwo gerade als rational als entsprechende Adaptation an die dortigen Beziehungen. Die Reflexion zeigt bald, daß die ontologische Ordnung in Wirklichkeit unangetastet blieb; alles ist nur ein Schein, weil die magische Art der Handlungen deren Nichtinstrumentalität entspricht; ein abergläubischer Mensch geht unter einer aufgestellten Leiter nicht hindurch, ist die Leiter aber Teil eines zusammenfallenden Hausgerüstes, dann geht auch ein Rationalist nicht unter ihr hindurch. Und wie solch eine Handlung, die empirisch erklärt wurde, nichts mehr mit der Magie zu tun hat, die sie bis dahin manifestierte, aber die sie keineswegs war, so sehen wir auch, daß die Wirkung der Magie auf anderen Planeten an sich keine Magie ist; denn die Ähnlichkeit phantastischer Handlungen mit magischen Handlungen ist nur das Resultat der Trägheit unseres Erkenntnisvermögens.

Es ist bei weitem besser, wenn die Inversion einen Kreis schafft, in dem der Leser sich bewegen kann wie z. B. in »The Seeds of Murder«.

Die knallharte Feststellung, daß der Hypnotisierte tatsächlich die Zukunft sah, macht uns nicht nur begrifflich hilflos (können wir doch nicht begreifen, *wie das* möglich ist und erfahren wir doch nur, daß es möglich war), sondern führt uns darüber hinaus in eine typische kausale Antinomie, die für die »Chronomotion« spezifisch ist. (Wenn er sah, wie er an einem bestimmten zukünftigen Tag eine gewisse Iris umbrachte, dann hat er entweder einen realen Tatbestand gesehen, und jede Warnung der unbekannten Iris ist zwecklos oder er hat den zukünftigen Tatbestand nicht gesehen, dann ist er auch kein Hellseher und eine Warnung der Iris ist überflüssig.) Der mögliche Zweifel am Hellseher macht indes aus einem »übersinnlichen« Problem ein alternatives, ein psychologisches. (Wenn er einen Mord gesehen hat, den er selbst beging, dann ist er ein potentieller Mörder.) Eine so entstandene Doppelinterpretation ergibt einen Teufelskreis für den Leser, denn nur die Alternativpole sind schlecht zu begründen. (Hellseherei, als äußerst unwahrscheinlich angesehen, veranlaßt uns zu der Annahme einer psychologischen Hypothese, doch andererseits ist bekannt, daß Menschen oft von Morden träumen, ohne im geringsten potentielle Mörder zu sein, es kann sich also auch um eine Lappalie handeln.) Interessant bleibt dann nur – zusammengefaßt – das Prinzip »der Verfolgung eines noch nicht begangenen Verbrechens«, denn in diesem System zeichnet sich das ab, was in einer inversiven Erzählstruktur am originellsten ist.

Einen Inversionsprozeß selbst verkörpert z. B. »Writing of the Rat« von J. Blish. In solchen Werken, die in die Tausende gehen und wofür die Erzählung von Blish eine repräsentative Probe darstellt, herrscht eine Disproportion zwischen den hin- und hergeschobenen Bergen und der Maus, die durch diese Prozedur geboren wird. Das gesamte Innere der Galaktik wird ad hoc allein deshalb komplett umgeräumt, damit sich herausstellen kann, daß nicht der Feind die böse Ratte ist und der Mensch ein braver Terrier, sondern »das genaue Gegenteil«. Diese Rochade der Rollen impliziert semantisch übrigens nichts, weil sie nichts weiter ist als die Feststellung, daß sich die Menschen irrten, als sie den Feind für böse Wesen hielten.

Wir haben uns bei der Inversion deshalb so lange aufgehalten, weil sie bei der Kreation von »Merkwürdigkeiten«

zugleich die einfachste als auch (sicherlich dadurch) eine epidemisch angewandte Operation ist. Die für die Science Fiction typischen Umkehrungen signalisieren nichts, und sie geben ausschließlich das für möglich aus, was wir bisher für unmöglich hielten. Doch eine Umwandlung des Unmöglichen ins Mögliche erfolgt fast nur punktuell: mit der eindeutigen Lokalisierung ihres Resultates in den Denkkategorien haben wir keine Probleme. Es könnten durchaus irgendwo telepathische Quallen existieren; so weit, so gut, doch was weiter? Für groß halten wir die Werke, mit denen wir nicht klar kommen, weil eine derart leichte Klassifikation, ihre derart beschaffene »Erledigung« sich als nicht möglich herausstellt. Das Ergebnis einer *solchen* Inversion stellt »Der Prozeß« von Kafka dar, der übrigens den gleichen Kunstgriff auch in den anderen Texten anwendet. (Es genügt, an »Die Verwandlung« – also gerade die Inversion! – zu erinnern oder an seine Maulwürfe, Hunde, Mäuse usw.) Im »Prozeß« wird die Schuldlosigkeit vom Gericht gerade als Schuld verfolgt. Ein Science-Fiction-Autor hätte es natürlich so dargestellt, daß Herrn K. irgendein Verbrechen vorgeworfen wird; er hätte ihn mit Indizien belastet und das Werk dadurch von seinem ontologischen Rang zu einer billigen Sensation degradiert. Es geht hierbei nicht um eine einfache, d. h. eine nukleare Inversion! Eine Inversion besteht schon darin, daß Herr K., als er angeklagt wird, nicht weiß, weswegen; dies ist bereits eine Umkehrung der Norm. Wir beobachten gleichzeitig seine physischen und gedanklichen Bewegungen, sie haben gleichsam einen eskalatorischen Charakter. Der Umfang der angeblichen Schuld impliziert nur die Intensität der Verfolgung, doch Herr K. bleibt auf freiem Fuß; hierbei kristallisiert sich folgende psychologische Regelmäßigkeit heraus: je länger man nicht weiß, wie die Anklage lautet, desto unlokaler und unfaßbarer wird sie; die Weigerung, Erklärungen in rein ursächlicher Abfolge zu geben (»weil Herr X das und das begangen hat, wird er auf Y-Weise bestraft«); zwingt unsere Gedanken, immer größere Spürkreise zu beschreiben; schließlich beginnt es so auszusehen, daß Herr K. nur insoweit schuldig ist, als er *ist* (= existiert).

Solch eine Inversion erreicht einen Umfang, der im allgemeinen bereits nicht mehr zu überschreiten ist; es gibt nichts, was außer dem Sein noch allgemeiner wäre.

So etwas findet sich weder in »Thais« noch im »Aufstand der Engel«; in »Thais« nicht, weil sich die gleichzeitig in Bewegung gesetzten Erklärungen, die »sakrale« und die »laizistische« gegenseitig kompromittieren, wobei der Autor sich hinter der »laizistischen« versteckt: das Ergebnis – eine Prise Ironie; im »Aufstand der Engel« nicht, weil wir die Transzendenz »von außen« betrachten: von einer »supergöttlichen« Plattform aus, weil nur von solch einem Balkon aus das Ringen Gottes mit Satan klar wie auf der Hand liegt; das, was in »Thais« nur versteckte Ironie war, wird hier zu offener Ironie; der Verlauf selbst, obwohl originell, amüsant und brillant, läßt sich genau erschließen.

Die Ironie Kafkas dagegen ist so versteckt und so subtil, daß manche sie überhaupt nicht bemerken; doch gerade sie besitzt eine für das Werk unschätzbare Doppeldeutigkeit.

Bei Thomas Mann tritt die Ironie bereits offener zutage, weil er sie bewußter einsetzt. (Ich sage etwas und gleichzeitig stelle ich das Gesagte durch Selbstironie *zum Teil* in Frage; wenn ich meine Artikulation total in Frage stelle oder mit ihrer Hilfe das in Frage stelle, was sie designiert, dann entwickelt sich daraus entweder eine Harlekinade, Clownerie oder auch eine außerepische Karikatur.)

Das ganze Geheimnis von Werken vom Typ des »Prozesses« liegt darin, daß man sich nicht irgendwie »nach außen« begeben kann, um ein für allemal unverrückbare Bedeutungen festzumachen; jede Bremsung stellt sich in der Reflexion als nicht endgültig heraus, und man muß sich weiter auf die Suche nach einem »besseren semantischen Ort« machen – den es nicht gibt. Diese kreisförmige Bewegung hat ihre Entsprechungen in der Wirklichkeit, weil es auch in der Wirklichkeit keine »metagöttlichen«, ja nicht einmal »metamenschlichen« Beobachtungspunkte gibt. Hieraus folgt die kovariante Ultrastabilität der Werke Kafkas. (Den »Prozeß« kann man sowohl »zeitlich« als auch »außerzeitlich«, sowohl »soziologisch« als auch »metaphysisch« interpretieren, doch er wird uns auf die Fragen – in beliebiger Reihenfolge gestellt – dementsprechend antworten.) Und so wird aus einer sehr kleinen Menge von Elementen das Modell der Welt errichtet, weil man auch in der Welt – den weltanschaulichen Standpunkten entsprechend – nichtwidersprüchliche Ordnungen gegenläufiger Ontologien finden kann (wenn man mal die Fakten als »Ding an sich« und mal als Zeichen, die auf Gott hinweisen, ansieht). Es wäre erfreulich, wenn es in der Science Fiction von solch inversiven und semantisch kovarianten Strukturen wimmeln würde, doch leider steht es nicht so gut. Kehren wir also zu unseren eigenen Fleischtöpfen zurück.

Wir würden gerne mehr darüber sagen, daß die Konvergenz – als Annäherung weit entfernter Begriffe – eine theorienbildende Operation ist, doch dieses Problem gehört eher zum metawissenschaftlichen als zum metaphantastischen Bereich. Es wurde bereits von der Annäherung der Magie an die Empirie gesprochen; die Aussage eines solchen Werkes ist meist recht schwach und in ihrer Bedeutungsträchtigkeit zweifelhaft. Eine Konvergenz anderen Typs führt T. Disch in »Camp Concentration« durch. Hier konstatiert der Held, durch ein Präparat, das einerseits die Intelligenz steigert und andererseits den Organismus ruiniert, krankhaft »genialisiert«, die Ähnlichkeit Gottes mit einem KZ-Henker; er beruft sich dabei auf die Geschichte der Konzentrationslager, in denen die Häftlinge nicht das Schicksal erwartete, das sie sich z. B. durch die Beachtung der Lagervorschriften zu verdienen dachten, sondern ein Schicksal, das das Ergebnis der unergründbaren Launen eines Aufsehers war. Manchmal wurde man dort für ein Vergehen bestraft, manchmal dafür belohnt usw. Disch nähert also die Soziographie des Lagerlebens der Augustinischen Doktrin von der Gnade an, die nicht unbedingt dem zuteil wird, der sich am meisten um sie bemüht. Es muß jedoch betont werden, daß man normalerweise in der SF einer derartigen These nicht begegnet, die in dieser Form die religiöse Dogmatik verletzt. Die Erzählung von Disch, die zur »New Wave« gehört, stellt einen Ausnahmefall dar.

Wir haben in unserer elementaren Aufzählung die Erzählstrukturen nicht erwähnt, die von einem Autor absichtlich in malerischer und merkwürdiger Weise wie mit einem Trecker zerfurcht wurden. Wir wollen diese Panne jetzt ausbügeln. Man kann jede Struktur zerreißen, doch ein zu energisches Vorgehen führt meistens zu einem totalen Zerfallszustand der Bedeutungen. Deshalb ist es besser, sie entweder nur einzureißen oder sie nicht ganz zu schließen. Eine Erzählung mit einer ziemlich unabgeschlossenen Struktur kann man daran erkennen, daß ihr Ende wie abrupt und grundlos abgebrochen aussieht. Sie könnte seitenlang weiter fortgesetzt werden, sie könnte auch viel früher zu Ende sein. Ein noch stärkerer Defokussionseffekt entsteht dadurch, daß man dem Leser Kopfschmerzen bereitet, und zwar deshalb, weil jede Umstellung und Kombination der Elemente zu keiner kohärenten Ganzheit führt. Diese Unintegrierbarkeit zeitigt den Effekt der »semantischen Aufreizung« des Empfängers. Ist sie nur partiell, dann kann sie eine geheimnisvolle Aura schaffen. So erzählt J. Ballard in der phantastischen Erzählung (keine SF) »Now Wakes the Sea« von einem Mann, der jede Nacht aufsteht und durch die Straßen der Stadt geht, die durch das ansteigende Wasser überschwemmt sind. Manchmal läuft er bis zum Morgengrauen in dem halluzinatorischen Erstarrungszustand durch die Straßen. Am Morgen sagt ihm seine Frau zum x-ten Mal, daß sie Tausende von Meilen vom Meer entfernt lebten. Eines Nachts, als der Mann wieder losgeht, folgt ihm die Frau. Wir erfahren nicht genau, was mit den beiden passiert. Doch sie kehren nicht nach Hause zurück. Später hören wir nur, daß jener Mann sich seit zwei Tagen nicht mehr in der Bibliothek hatte blicken lassen, in der er arbeitete. Nicht weit entfernt gibt es tiefe Brunnen, vielleicht ist er in einen durch ein Unglück hineingefallen? Bei diesen Brunnen werden irgendwelche Arbeiten durchgeführt, dabei entdecken die Arbeiter zwei Skelette. Doch diese sind, wie eine Autorität erklärt, viele Tausend Jahre alt, vielleicht sogar Millionen Jahre. Hier bricht die Erzählung ab. Zwei Leute verschwanden und bald darauf wurden zwei Skelette gefunden. Die Arithmetik geht auf, nicht aber die Chronologie. Um die Bedeutungen kohärent zu machen, muß man eine völlig phantastische Hypothese wagen und zwar: die

Helden stürzten nicht nur in die Tiefe des Brunnens, d. h. in räumlicher Dimension, sondern darüber hinaus in die Tiefe des Abgrunds der *Zeit.* Vor Millionen Jahren befand sich eben dort der Meeresboden und in jenem flachen Meere irrte der Mann nachts umher, als ob er seine sowohl materielle als auch endgültige Rückkehr zu der prähistorischen Epoche antizipiert hätte.

Doch nicht immer ist eine beliebig phantastische, erfundene Hypothese geeignet, den Text zu integrieren; wenn er den Charakter einer Reihung von Isolaten ohne einen gegemeinsamen semantischen Gravitationsgradienten erhält, dann entsteht Unverständlichkeit. Doch so wie man etwas unterschiedlich (z. B. aufgrund der gegenständlichen, logischen, allegorischen, analogen Kohärenz) und mit verschiedener Intensität verstehen kann, so kann man in verschiedenen Abstufungen und, was wichtig ist, emotionalen Modalitäten (das Nichtfaßbare kann nur rätselhaft oder darüber hinaus bedrohlich sein; es kann mehr erhaben, pathetisch usw. sein) etwas auch *nicht verstehen.* Wir beabsichtigen indes nicht, uns in einen konfigurativen Raum mit Graden des »Nichtverstehens« zu begeben, weil dieses Gebiet zu jungfräulich ist; wir beschränken uns *nur* auf die letzte, unverbindliche Bemerkung, die die Notwendigkeit einer künftigen Pfadfinderarbeit auf diesem Gebiet signalisieren soll.

Man kann eine Erzählung geheimnisvoll machen, wenn man aus ihr nur ein, normalerweise vorhandenes Glied herausnimmt. In »The Drowned Giant« von J. Ballard wirft das Meer die Leiche eines Riesen an den Strand. Auf seiner Brust werden Einwohnerscharen Spaziergänge machen, Menschen wie Ameisen um den flachen Wasserteich wimmeln, der in seiner halbgeschlossenen Hand aufblitzt; andere, geschäftstüchtigere und clevere widmen sich der zweckmäßigen Ausnutzung der Leiche: Maschinen sägen Beine und Arme ab, die riesengroßen Reste wandern in eine Fleischmehlfabrik, so lange, bis auf dem Sand nur noch das tellerförmige Massiv des Beckenknochens und ein leerer Brustkorb in den Himmel ragen werden – wie das Skelett eines ausgebrannten Schiffes. Kann man hier noch vor einer Inversion als einer kreativen Operation sprechen? Nur in dem Sinne, daß von allen Gliedern typischen und normalen menschlichen Verhaltens ein Glied ganz und absichtlich herausgenommen wurde; denn niemand interessiert sich im geringsten dafür, woher der Riese kommt, wer er war, auf welche Weise er zuerst ins Meer und dann an den Strand gelangte, auf den die Fluten ihn spülten usw. Dadurch wird die Chance zerstört, solche Fragen einer Kausalkette zu stellen, die für die Science Fiction immerhin typisch ist. Es bleibt das pathetische Bild einer gewaltigen Leiche, ein menschlicher Ameisenhaufen, der die Leiche langsam in Teile zerlegt, ein Bild nicht ohne melancholische Schönheit, mit dem Hauch eines schweigenden Vorwurfs, der an die menschlichen Ameisen gerichtet ist, da man dieses Bild auch allegorisch auslegen kann. Dies ist eine schöne Erzählung, frei und einfach geschrieben, aber leider läßt sie sich nicht der Science Fiction zuordnen. Sie ist eher eine »antimärchenhafte« Phantasie. Notieren wir also, daß eine ganzheitliche Strukturänderung durch die Herausnahme eines Teils aus dem Repertoire der normalen menschlichen Verhaltensweisen hervorgerufen werden kann. (In diesem Falle ist es ein ganzes Segment gnoseologischer Praktiken und Handlungen: die Ameisen benehmen sich buchstäblich genauso wie die Menschen in der Erzählung, denn sie stellen in der Tat keine Fragen gnoseologischer Ordnung, wenn sie auf eine Leiche stoßen.)

Eine andere, nicht nur einfach umgekehrte Operation ist die parallele Umformung sowohl der Umgebung, in der sich der Erzähler befindet, als auch seiner eigenen Person; diesen Kunstgriff hat J. Ballard oft angewandt. Wir können bereits von einer Gruppe binärer Umformungen sprechen.

In dem Roman von Ballard »The Illuminated Man« beginnt sich an einigen Orten der Erde unter dem Einfluß des kosmischen »Hubble-Effektes« sowohl die lebende als auch die tote Materie in wunderschöne Kristalle zu verwandeln. In den USA ist Florida davon betroffen; der Erzähler fährt mit einer Expedition dorthin, er trennt sich zeitweilig von ihr und schlendert durch die Kristallwälder; gleichsam etwas zerstreut hat er dort seltsame und von der »Kristallität« der Erscheinungen der Umgebung nichtableitbare Begegnungen (z. B. mit einem etwas »verrückten« Priester etc.). Nachdem sich der Erzähler endgültig verirrt hat, ist er nicht mehr über die Schönheit der sterbenden Welt, über diesen wunderbar strahlenden Tod entsetzt, und er kümmert sich nicht mehr darum, daß sogar auf der Sonnenscheibe gleichsam die ersten Zeichen der Vernichtung zu sehen sind – ein Netz der beginnenden Kristallisation. Das ist sogar exzellent, weil »(...) dort findet vor unseren Augen eine Transfiguration aller belebten und aller nicht belebten Lebensformen statt. Es wurde uns die Unsterblichkeit als einfache Konsequenz der Aufgabe der physischen und zeitlichen Identität angeboten. Selbst wenn wir in dieser Welt nur Apostaten sind, dann werden wir Apostel einer prismatischen Welt sein. Wenn meine Rekonvaleszenz beendet ist und ich in Washington sein werde, dann werde ich von der Gelegenheit Gebrauch machen, mich mit einer wissenschaftlichen Mission nach Florida zu begeben. Die Flucht wird nicht schwer zu organisieren sein. Ich werde dann die einsame Kirche im Herzen der verzauberten Welt finden, dort wo am Tage wundervolle Vögel durch die gläsernen Blätter fliegen und mit Wertschätzen inkrustierte Alligatoren wie heraldische Salamander an den Ufern der Flüsse aus Kristall glänzen, in der Nacht hingegen wird der illuminierte Mann von Licht zu Licht laufen mit Armen wie Speichen eines goldenen Wagens und mit einem Spektraldiadem auf dem Kopf.«

Das sind die letzten Worte des Romans. Teils ist er schön geschrieben, teils (wie zum Schluß) ist er ein bißchen zu schön für meinen Geschmack, doch lassen wir diese Seite der Sache. Die Erzählung wird durch die Struktur paralleler Umformungen verwaltet, weil nicht nur die Welt der kristallischen Transformation unterliegt, die vom Leben in den Tod führt, sondern darüber hinaus unterliegt auch der Erzähler einer psychischen, gleichsam parallel orientierten Transformation. Das ist ein zweigleisiger Vorgang einer Metamorphose, der auch in manchen anderen Erzählungen Ballards zu beobachten ist.

In der Erzählung »The Drowned World« stellt Ballard den anderen Typ des Kataklysmus vor. Infolge einer gewaltigen Steigerung der Sonnenradiation schmilzt das Eis der Pole, und der Ozean, dessen Spiegel mehr und mehr steigt, verschlingt ständig immer weitere Teile der Kontinente und vernichtet die Zivilisation. Diese wehrt sich noch, versucht rational zu handeln, indem sie Wissenschaftler- und Technikerteams in die von der weltweiten Flutkatastrophe besonders betroffenen Gebiete schickt, die Sympathie des Autors liegt keinesfalls auf der Seite dieser derart heroisch handelnden Menschen. Sein Held sieht in der Arbeit dieser Leute keinen vernünftigen Sinn. Er selbst akzeptiert den Kataklysmus, dessen Schönheit er hypnotisch verfallen ist. Zwischen den beiden Haltungen kommt es zu einem Konflikt: zwischen der empirisch-vorsorglichen, der rationalen und der mystisch-eschatalogischen, die sich darin ausdrückt, daß der Held in einem riesengroßen Hotel lebt und eigentlich nichts tut und nur in faszinierter Lethargie dem ständig steigenden Element zusieht, das die gewaltige, menschenleere Stadt überflutet. Ballard entledigt sich übrigens durch Ironie der Haltung eines »engen Instrumentalismus«, indem er seiner Flut entsprechend unschlagbare Dimensionen gibt.

Wieder haben wir es mit einem zweigleisigen Vorgang der Umformung zu tun, weil es nicht so ist, daß der Held sich auf irgendeine rein rationale Weise selbst von der Unvermeidbarkeit der Vernichtung überzeugt. Es wird nämlich ganz genau seine psychische Involution gezeigt, die hauptsächlich unter dem Einfluß der ungeheuer gestiegenen Sonnenradiation zustande kommt. Unter diesem schrecklichen Druck steigt jener Mann gleichsam in die Tiefen der immer älteren atavistischen Flöze seines Seins hinab, sein Intellekt wird gewissermaßen durch die Biologie ersetzt, die damals aus sich heraus rationalistische Gedanken in die Welt entließ und die sie jetzt in ihren düsteren, aber herrlichen Schoß zurücknimmt. Andererseits bejaht das Werk ausdrücklich jene Involution, indem es sie gleichsam als den besten Ausweg ausgibt und dies nicht nur in der Katastrophensituation, sondern auch aufgrund der Meinung, daß der Intellekt (die Ratio) einen bösen Faktor im Menschen darstellt und seine Abschaffung heilsam wäre. Unter ästhetischen Gesichtspunkten ist die Vision der untergehenden Metropolen majestätisch; im schwarzen Wasser schwimmen zwischen den Mauern der Häuserriesen gewaltige Fische, Krokodile liegen auf den noch nicht überfluteten Treppen und wärmen sich, Lianen umwinden verwitterte Denkmäler – die Zivilisation stirbt, doch das Leben vermehrt sich um so gewaltiger. Deshalb denkt der Held, der diese Orte besucht, ähnlich wie der Erzähler im »illuminierten Mann«: man muß sich nicht nur damit abfinden, sondern *es ist gut*, daß wir »in den Schoß« zurückkehren, der uns hervorgebracht hat. (In »The Illuminated Man« ist der Schoß – die kristallische Symmetrie der toten Materie, in »The Drowned World« – ein Zustand, der uns wohl »ein bißchen näher« steht, denn dies ist »nur« ein Zustand primitiver organischer Lebensformen: wir werden zu Fischen, Bakterien, Viren, wir gehen in den Lebensstrom ein, den wir durch das Denken verraten haben.) So sieht der sehr deutliche Kern der »Zustimmung zum Kataklysmus« aus, der seinerseits in seiner Bedeutung verdoppelt ist, wenn zwei Werke Ballards sie verkünden. (Der Held verhält sich den Menschen gegenüber, die versuchen, mit hektischer oder auch heroischer Vorsorge zu retten, »was zu retten ist« und die gegen das Unvermeidliche ankämpfen, dementsprechend: das sind ganz offensichtlich, nach der Ansicht des Erzählers und wohl auch des Autors, Dummköpfe und Blinde.) Mit einem Wort, wir haben hier die Apologie der Involution, des Regresses vor uns, weil »es für den Menschen keinen anderen Weg gibt«. Über solch gut und so rein geschriebenen Nonsens mag man nicht diskutieren. Zwischen der beliebig hervorragenden Ästhetik gewisser Phänomene, z. B. der Kristallisierung der Welt oder des vom Busch und Krokodilen verschlungenen, überschwemmten Londons und der wachenden Existenz, die in diesen Phänomenen vernichtet wird, gibt es keinerlei Übergänge. Eine Guillotine, ganz mit Veilchen geschmückt, bleibt eine Guillotine. Die Ästhetik der Vernichtungsformen, das ist eine Sache und ihr, das persönliche Sein vernichtender Charakter, ist eine andere Sache; zwischen den Kategorien der Eschatologie und der Ästhetik gibt es keine Konjunktionen. Wenn wir das sagen, dann tun wir dies nicht als blinde, hartnäckige Anhänger des empirischen Credo. Keineswegs! Nur, in welche ontologische und metaphysische Ordnung eigentlich sollen wir diese Art der Beziehung »Subjekt – Objekt« hineinstecken, damit eine Begriffsadäquation entsteht? Denn rein ästhetische Argumente sind kein Fundament für eine Metaphysik als Existenztheorie. Wenn Glaubensliturgien schöne Objekte benutzen, dann gilt diese Schönheit nicht als autonom: ist sie doch sakral geweiht. Dadurch kann sie nicht für völlig geschlossen in ihrer Ästhetik gehalten werden. Sie ist nur ein Signum der Offenbarung, ein Hinweis auf die Anmut der Transzendenz, sie tritt hier nur zeitweilig in den Rechten eines symbolischen Vertreters auf. Wir würden daher jeden für irre halten, der das Kreuzeszeichen durch ein Kreiszeichen zu ersetzen verlangt, weil – seiner Meinung nach – »ein Kreis schöner als ein Kreuz sei«; als einen Irren und nicht als einen Metaphysiker sollten wir auch denjenigen ansehen, der uns die Vernichtung schmackhaft machen will, indem er ihr ein ästhetisch attraktives Äußeres gibt. Nicht der ist heiliger, der auf dem Scheiterhaufen schöner brennt. Das Prinzip, das ästhetisch zu machen, was für uns infolge des Selbsterhaltungstriebes repulsiv ist, ist die kindliche Invertierung eines Symbols. Das ist wie das Schminken von Leichen, ein hinsichtlich der Ontologie sinnloser Vorgang. Für eine monotheistische Ontologie, überhaupt für jede Theodizee hat es nicht die geringste Bedeutung, ob jemand nach seinem Tode wie ein Leuchtkäfer leuchtet oder sich mehr in einen Misthaufen verwandelt. Eine andere Metaphysik schlägt Ballard nicht einmal vor: wir sollen uns freuen, denn der Tod, der kommt, ist ausgesprochen schön – und damit Schluß. Die einzige Verteidigungslinie für solche Texte ist dort, wo die Destruktion vor dem Menchsen ihr bedrohlich schönes Innere und gerade dadurch ihre Anziehung offenbart. Aber gerade deshalb sollte sie gefährlich und nicht nur irrsinnig pittoresk sein. Die Kategorie des Pittoresken, des Hübschen ist in einer ontologischen Ordnung zur Verteidigung nicht geeignet; doch selbst die Annahme einer Invarianz ästhetischer Kriterien ist nicht zu begründen. (Der Alligator liegt gern in der Sonne auf den Treppen, doch seine Schönheit kann nur ein Mensch bemerken!) Das ganze Prinzip der Involution als menschlicher Errettung ist in sich widersprüchlich; es lohnt sich nicht, noch mehr Worte über diese Banalitäten zu verlieren.

Die Erzählungen Ballards sind jedoch im allgemeinen gut geschrieben, und sie sind – wie der Himmel von der Erde – weit von den SF-Erzählungen in der Art »Hybrid« von Keith Lauber entfernt. Das Motiv ähnelt hier etwas dem bei Ballard, doch es wird in einem Zustand totaler Vulgarisierung präsentiert. Auf einem fremden Planeten ist ein riesiger, einzelner Baum umgestürzt, daneben aber liegt ein Mensch im Sterben. Der Baum schiebt zärtlich seine dünnsten Äste in ihn und als diese sein Gehirn erreichen, setzt sich der Baum mit dem Unterbewußtsein des Menschen in Verbindung. (Dieses Gespräch zitiert der Autor genau, damit hier keine Zweifel auftreten können.) Der gutmütige Baum will den Menschen heilen – aber auf der Basis der Gegenseitigkeit. Der Mensch wird lange leben, und er wird – in Übereinstimmung mit der Zusage, die sein Unterbewußtsein dem Baum gegeben hat – an der Küste des Ozeans Wurzeln schlagen, bereits als jener Baum, der für diesen Zweck seine Spuren in ihm zurückgelassen hat. Ich betone, dies alles ist ganz ernst erzählt in einer übrigens wehmütigen Tonart. Aus der Aggregation von Strukturen unterschiedlicher Herkunft und zwar der Märchenstruktur der Verwandlung (Prinzessin – Schwan, Prinz – Stein) und der Struktur einer Tauschaktion entsteht eine ganz unbeabsichtigte Komik. Der Autor legt sich keine Rechenschaft darüber ab, daß die durch den Ersatz von Märchenrequisiten durch »realistische« hervorgerufene Veränderung (die Baumäste sprechen nicht mit der menschlichen Seele, sondern mit dem »wissenschaftlich« lokalisierten »Id«) nicht nur die Bedeutungen ändern kann, sondern auch deren Modalitäten. Wenn es dem Prinzen im Märchen gelingt, die verzauberte Prinzessin zu erlösen und sie ihn heiraten wird, dann haben wir zwar auch eine Art »Transaktion«, d. h. einen Tausch von »Erlösungs«-dienstleistungen in »erotische« vor uns, aber wir merken das nicht, weil die Situationsbedeutung der »Heirat nach der Rettung« doppelt beglaubigt ist: sie ist eine normale Konvention des Märchens, und sie hat darüber hinaus ihre Äquivalente in der Wirklichkeit. (Die Erlösung stellt das märchenhafte Äquivalent einer normalen, nur komplizierteren Brautwerbung dar.) Diese Struktur, aus ihren beiden Verankerungen gerissen (denn der Kosmonaut wird wohl kaum den Baum heiraten, aber trotzdem »wird er von ihm Kinder haben«, weil er vom Baum befruchtet wurde und infolgedessen irgendwann »mit Blättern rauschen wird«), offenbart ihren »transaktorischen Modus«, der sie in eine dämliche Komik stürzt, weil die Wünsche des Autors – das alles solle seriös und wehmütig sein – nicht zu verwirklichen sind. Der Autor wollte übrigens den Sterotyp der eigentlichen Science Fiction debanalisieren: dementsprechend hätte der Baum besser ein Ungeheuer sein sollen, das den Kosmonauten in einen »Besessenen« umwandelt oder das ihn frißt; wenn man jedoch über keine zureichende Orientierung verfügt, dann sieht man nicht, daß die Umkehrung einer Struktur, die man für schlecht hält, noch lange nicht heißt, daß man eine gute Struktur kreiert, die in ihren Bedeutungen mit der angenommenen Modalität harmoniert. (Ernst und nicht Komik).

Der Überblick über die nuklearen Operationen einer phantastischen Kreation verschafft einige Einsichten. Die erste besteht darin, daß selbst eine simple Inversion, wenn sie das oberste Prinzip eines Werkes ist, diesem einen langen Atem geben kann, aber nur, wenn sie umfangreiche semantische Konsequenzen hat. Die Inversion ist dann wie eine Zündschnur, wie eine Lunte; weil ihre Verwendung die ganze Ontologie erschüttert, leitet sie z. B. wichtige Umsetzungen der Semantik ein. Doch dann sehen wir die Merkwürdigkeiten ihrer signifikanten Folgen, nicht aber die auf isolierte Objekte oder Gruppen von Objekten reduzierten Merkwürdigkeiten.

Hat jedoch eine Inversion keine semantisch komplex-transformativen Folgen, dann reicht sie nicht zum Erbauen einer phantastischen Vision aus; sie schafft dafür zu einfache Systembeziehungen. Die Absicht des Autors zielt auf die Kreierung »eines maximalen Andersseins«. Doch das Anderssein darf nicht so sein, daß wir es sofort und leicht benennen können. Ein Tier mit sechs Füßen ist noch kein »Anderssein«, aus dem man eine von der menschlichen Welt unterschiedene Welt bauen kann. Ein Autor, der das spürt, verwendet gewöhnlich das Eskalationsprinzip: sechs Füße gab es schon, also sollen es hundert Fühler sein, und wenn auch das noch zu wenig ist, dann soll das Tier (wie in »The Voyage of the Space Beagle« von van Vogt) elektrische Energie in chemische umwandeln können, dann soll es die Atomstruktur der Metalle so umgestalten können, daß es durch die Wände und Gitter des Käfigs hindurchzugehen vermag, dann soll es sich durch den Fußboden des Laboratoriums hindurchstrecken, die Physiker entführen und in diese scharlachrote Eier legen; und wenn auch das noch zu wenig ist, dann soll es (ich zitiere van Vogt) so groß wie ganze Nebelsterne sein. Doch das ist einfach die Eskalation des Märchenwunders, die Struktur wird übernommen, die Märchenrequisiten werden durch »wissenschaftliche« ersetzt und so verstärkt, wie es der gesamte Kosmos nur erlaubt. Die strapazierte Phantasie gerät schließlich an ihre Grenzen angesichts der totalen Inflation der Sinne, die durch solche Lizitationen ausgelöst wird: möglich ist nur noch ein Hyperungeheuer in einem Hyperraum und zwar eines, dessen einziges Auge – die ganze Metagalaktik ist. Na und? Anderssein ist eine Situation, die sich prinzipiell total inkongruent zu dem Schema unseres Denkens verhält. Dies muß dadurch erkennbar sein, daß sie eine *komplexe* Situation *ist* und zugleich äußerste Schwierigkeiten bezüglich ihrer begrifflichen Erfassung bereitet. Die Situation muß als eine Ganzheit sichtbar werden, anderenfalls erkennt sie der Leser nicht als eine solche und folglich durchschaut er auch nicht das Problem; gleichzeitig darf sie nicht sofort begriffen werden. Eine Situation, die »anders als alle bekannten« sein soll, entsteht nicht durch die Verwendung eines Operateurs; singuläre Angleichungen und Ableitungen von Bedeutungen, »die voreinander erstaunen«, ergeben gleichsam einen kleinen, rein lokalen Blitz, der sofort erlöscht. Wir gewöhnen uns nämlich an die Ungeheuer von gewaltiger Dimension mit einer beliebigen Zahl von Fühlern und werden ihnen gegenüber gleichgültig, selbst wenn sie ihre Eier in Physiker legen. Man muß sie stufenweise konstruieren, kombinatorisch und transformatorisch – unter Verwendung von Gruppen von Umwandlungen und nicht mit Hilfe von isolierten Umkehrungen von Bedeutungen. Die Situation soll nur insoweit an Bekanntes erinnern, damit wir ihren integralen Charakter erkennen können. Je mehr sie in einem Aspekt dem Bekannten ähnelt, um so mehr muß sie in anderen Aspekten vom Bekannten entfernt sein. Sie muß darüber hinaus unteilbar sein, andernfalls wird man sie sofort aufteilen in das, was dem Bekannten ähnelt und in das, was anders ist, und *aufgrund dieser Opposition* wird man sie kategorial klassifizieren. Mit einem Wort, die Situation muß eine harte Nuß zum Knakken sein, und die Härte sollte feldsemantisch und nicht »nußartig« sein, d. h. sie darf nicht in der Partikularität der Objekte lokalisiert sein.

Dem Helden und dem Leser sollte es also die größten Schwierigkeiten bereiten, den »anderen Sinn der Sache« zu erkennen. Diese Schwierigkeiten heißen nicht materielle Hindernisse oder drohende Störungen. In dem konzeptuellen Plan von »The Voyage of the Space Beagle« sind diese wieder einmal unabsichtlich lächerlich, weil das eierlegende Monster Ixtl – wie wir von den gelehrten Kosmonauten erfahren – »die Psychik eines kosmischen Bauern« hat. (Es lebt in der Leere und hat dort gleichsam »sein Häuschen«.) Das ist, leider, dumm bis zur Unerträglichkeit und noch schlimmer als die Eier. Dieser Ixtl ist nun gar nicht »anders«, er ist ein Wesen, das aus entliehenen Fragmenten gebastelt wurde, die eine kühne Spannweite haben und vom Teufel (scharlachrotes Glühen) bis zu den Hühnern (denn ein Teufel legt keine Eier) reichen. Er ist ein »Ungeheuer«, weil er in dem Raumschiff unübliche Dinge veranstaltet, wie man sagt; sie sind – sagen wir – bedrohlich, doch sie sind nicht einmal ein bißchen merkwürdig oder unverständlich. Die Inkongruenz des semantischen Integrals rührt nicht daher, daß wir das, was für ein Huhn typisch ist, nicht in den Stereotyp dessen einbauen können, was für einen Teufel spezifisch ist. J. Ballard liefert solche Integrale. (Seine Disqualifikation habe ich auf der Ebene seiner Generalisierung, d. h. seines »Programms von der Hingabe an die schöne Zerstörung«, die seine Texte propagieren, vorgenommen, nicht aber auf der Ebene der Organisation von Ereignissen: denn diese stellt sich als ein sehr kohärentes Ganzes dar.) Wenn wir sagen, daß die Schwierigkeiten, mit denen die Helden der SF kämpfen, nicht ausschließlich materielle Hindernisse oder Gefahren sein dürfen, dann heißt das, daß in einer Erzählung nicht nur die Kategorie des physischen Kampfes, sondern auch die des geistigen Kampfes um die intellektuelle Beherrschung der entstandenen Situationen vorhanden sein sollte. Die Änderung der physischen Parameter ist eine Sache, die verstehende Beziehung zu dieser Änderung – eine andere. Deshalb ist auch der in einer Erzählung von Brian Aldiss enthaltene Gedanke originell, in der die Kosmonauten an Bord eines Raumschiffes, das durch das Gravitationsfeld eines gigantischen Sterns festgehalten wird, unter dem Einfluß besonderer Effekte der Gravitation regressive Veränderungen ihrer Psychik erfahren; wir haben hier ein doppeltes Transformationsgleis vor uns ähnlich wie in den bereits erwähnten Werken Ballards, natürlich geht es hier um Veränderungen anderen Charakters. Die Erzählung von Aldiss verkörpert nicht völlig das hier beiläufig skizzierte Programm, doch sie befindet sich auf dem richtigen Wege. Sie entfernt sich nämlich von dem Schema »Räuber und Gendarm« (und bei van Vogt findet man eben nur das; die Physiker unterscheiden sich während der ganzen Aktion von einem Gendarm nur dadurch, daß sie anstelle bescheidener Trommelrevolver energetische Schirme, harmonische Pistolen, Werfer usw. tragen).

Dieser Hinweis führt zu der Feststellung, daß die Science Fiction im Rahmen der durch eine Inversion oder Konvergenz verursachten Folgen meistens eine Intrige vom Typ des Abenteuers einführt, aber fast nie das Schema von *Entdekkungen* berührt; denn es ist ausgesprochen primitiv zu glauben, eine Entdeckung müsse die Struktur bestimmter Überraschungen haben, dergestalt, daß, angenommen, plötzlich ein Wesen auftaucht, das es früher nicht gab und daß das die ganze Entdeckung in ihrer intellektuellen Spannbreite ist; alles andere reduziert sich dann auf die Frage, ob es die Kosmonauten verdreschen kann oder diese es. Atomare Phänomene sind nicht deshalb schwer zu bezähmen, weil die Atome kleine, jedoch sehr verbissene Monster sind, die die Physiker aus Betatronen beschießen. Eine fremde Welt zu bezähmen ist eine gewaltige Arbeit von klassifikatorischnormativen Umstürzen, denn solch eine Welt läßt sich nicht einfach vereinnahmen: wir müssen uns in unserer Denkweise ihr anpassen und fügen, doch gerade das verlangt große Anstrengungen, und damit ist ein Ringen verbunden, das als Widerstand des Geheimnisses empfunden wird.

Wenn wir so sprechen, dann berufen wir uns rein intuitiv nur auf Transformationsstrukturen höherer Kompliziertheitsstufen. Doch auch so ist aus unseren Überlegungen zu folgern, daß die Konstruktionssünden der Phantastik oft auf die Anwendung einer zu kleinen Menge von transformatorischen Operateuren – und dazu noch *linearen,* sequentiven und eskalativen Typs – zu reduzieren sind, wobei die strukturelle Gesamtheit solcher Texte de facto weiterhin den außerphantastischen Mustern, nach denen sie kopiert wurden, stark ähnelt. Loyalerweise muß man indes zugeben, daß die Science Fiction, wäre sie in der Lage, Strukturen in einer »reinen« Variante, frei von starken Verwicklungen der semantischen Kreationen, zu schaffen, die durch die Integralität ihrer Komplikationsstufen sehr interessant und wertvoll wären, dann würde uns jedes analytische Mittel für ihre Sezierung fehlen. Die Instrumente der strukturalistischen Chirurgie wären dafür noch nicht ausreichend.

Natürlich kann man die Möglichkeit der Entstehung gerade solcher Werke bezweifeln. Sie würden eine Art Affinität der Kreationen zu den Bereichen der mathematischen Leere dokumentieren, weil die inneren Relationen eines solchen Werkes, nicht aber seine äußeren Ableitungen über seinen vollen Wert bestimmen würden. Doch dieser Kreationstyp ist der Literatur im allgemeinen fremd, denn die Meisterwerke haben in formaler Hinsicht nie Strukturen von außergewöhnlicher Kompliziertheit; Literatur ist gewöhnlich eine semantische Macht und wenn sie sich von dieser Quelle ihres Ruhms und ihrer Potenz entfernt und sich auf die Demonstration von Dingen konzentriert, die nur sehr seltsam und sehr unheimlich sind, dann bindet sie sich selbst die Adern ab, durch die bisher ihr lebenspendendes Blut floß.

Weltstruktur und Werkstruktur I

Der Erzählschnitt einer Situation: Realismus

Sollte ich den prinzipiellen Unterschied des Weltverständnisses zwischen einem heutigen Menschen und dem Urmenschen formulieren, dann würde ich ihn wie folgt beschreiben: Für die urzeitliche Kultur war die ganze Welt eine Botschaft; alles, worauf die Menschen ihre Aufmerksamkeit lenkten, hatte symbolische Bedeutung, es existierte also nicht nur, sondern repräsentierte gleichzeitig etwas weiteres. Für uns hingegen bedeuten auf diese Weise die Dinge nur menschliche Produkte, egal wie indirekt sie sind. Wir wissen, daß die Eigenschaften der Elektronen oder der Galaktiken nichts bedeuten, d. h. daß sie nichts symbolisieren; wir wissen, daß die Gestalt der Tiere und die Farbe der Blumen nicht Zeichen einer chiffrierten Signalisation sind, die uns von Bedeutungen Nachricht geben soll, deren Repräsentanten die Sterne, Tiere und Blumen sind.

In ihrem noblen Bestreben einer demokratischen Gleichstellung des Urmenschen mit dem heutigen Menschen versucht die Ethnologie und hier vor allem die strukturalistische, uns davon zu überzeugen, daß es im Grunde keinen nennenswerten Unterschied gibt, daß heißt – ein Unterschied existiert nur insofern, als sich aufgrund unserer Begriffe die Empirie von der »Metaphysik« z. B. als Magie unterscheidet. Ist und war doch das Prinzip der Entdeckung von Bedeutungen als währender *Beziehungen*, als unveränderlicher Relationen in der urzeitlichen und in der heutigen Kultur dasselbe – nur daß die erste Kultur die Bedeutungen der Natur willkürlicher und subjektiver als wir abgelesen hat. Wenn ich den Text eines undeutlich geschriebenen Briefes falsch verstehe, dann kann mir nur der direkte Kontakt mit dem Absender den Beweis liefern, daß ich micht geirrt habe. Wenn ich den mir zugänglichen Inhalt des Briefes nicht mit dem eigentlichen Wortlaut, der dem Absender bekannt ist, konfrontiere, dann verharre ich in meinem Irrtum, natürlich ohne zu wissen, daß ich im Irrtum bin. Das Äquivalent zu der Nachfrage beim Absender nach dem Briefinhalt ist in einer realen Forschungssituation das Experiment, das zwecks Verifikation oder Falsifikation einer Hypothese durchgeführt wird. Die Urmenschen unterscheiden sich von uns also nur dadurch, daß sie diese Methode nicht kannten. Sie errichteten auch Gesamtsysteme von Verbindungen, doch sie lasen sie von der Natur falsch ab, weil sie nicht wußten, daß man die Natur als »Absender« mit Hilfe von Experimenten fragen kann – nach der Zulässigkeit oder Unzulässigkeit einer Vermutung in bezug auf den Inhalt eines Kommunikates, das in einem Stern, einem Vogel oder einem Baum verkörpert ist. Vordergründig egalisiert solch eine Interpretation »beide Denkarten«, die ursprüngliche und die moderne. Für den Urmenschen ist das Schwarz des Raben, sagen wir, das Symbol des Todes, und für uns das Resultat einer für diesen Vogel spezifischen Anpassung an die Umweltbedingungen. (Ich vereinfache beide Glieder, aber nur aus Bequemlichkeit.) Der Egalisierungsprozeß der »beiden Gedanken« aber verwischt den Unterschied zwischen der symbolischen Bedeutung und der berichtenden Bedeutung. Die erste bezieht alles auf uns selbst; die zweite dokumentiert das Bestreben, den Stand der Dinge in ihrer immanenten Charakteristik zu entdecken, die im Hinblick auf unsere Anwesenheit in der Welt und damit auch im Hinblick auf unser Erfassungsvermögen völlig unabhängig ist. Dieser Unterschied ist zu gewichtig, als daß man ihn einfach wegwischen könnte. Wir wissen, für die Welt bedeuten unsere Symbole nichts; doch für uns bedeuten sie alles. Wenn sich dann herausstellt, daß die Welt in der ihr gegebenen Gestalt existieren kann, d. h. in der Heterogenität der chemischen Elemente, die die Sterne, die Planeten und die Körper der lebenden Wesen konstituieren, weil das Verhalten der Elektronen auf den Schalen durch die Paulische Regel bestimmt wird und daß sich die Atome, wenn es sie nicht gäbe, nicht, wie es die Elemententafel von Mendelejew zeigt, voneinander unterscheiden würden, so könnten wir aus diesem entdeckten Sachverhalt keine Schlüsse über den intentionalen Charakter der obigen Regel ziehen. Wenn wir eine wissenschaftliche Position einnehmen, dann lassen wir nicht gelten, daß eine bestimmte Intention die Entstehung der Elemente ermöglicht habe, daß ihre Entstehung eine gewollte, frühere Etappe war, die dazu dienen sollte, um später irgendwo eine natürliche biologische Evolution sich entwickeln zu lassen. Wir glauben nicht, daß die dielektrischen und thermodynamischen Eigenschaften des Wassers bei der Antizipation der Geburt des Lebens vorgeplant wurden; wir glauben nicht, daß den Planeten die Möglichkeit, ihre orbitalen Trajektoren zu stabilisieren, absichtlich gegeben wurde, damit die Lebenserscheinungen dadurch einen gewissen Schutz vor der kosmischen Fluktuation erhalten usw. Mit einem Wort, wir halten weder die Welt noch Teile von ihr für Fragmente einer bestimmten »Botschaft«, die direkt an uns oder auch nur an das, was uns evolutionär und planetar gebar, adressiert ist. Wir meinen hingegen, daß der Systemcharakter der Erscheinungen, ihre entdeckbaren Kausalbeziehungen, ihre Verhaltensregeln intentional nichts bedeuten, nichts symbolisieren und nichts repräsentieren, sondern daß sie einfach und nur *sind*.

Selbst die Zurkenntnisnahme, daß bestimmte Dinge absolut nichts bedeuten können, daß es außerhalb der Absichtskategorie eine Kategorie totaler Absichtslosigkeit gibt, war für den Urmenschen unmöglich. Deshalb hat er, da er die Phänomene als Symbole behandelte, nie das Prinzip ihrer postulierten Symbolhaftigkeit selbst in Frage gestellt; sein ganzes geistiges Suchen war auf die Entdeckung der »richtigen« Bedeutungen ausgerichtet, und es kam ihm überhaupt nicht in den Sinn zu fragen, ob es sicher sei, daß solche entdeckbaren Bedeutungen überhaupt existieren. Man kann dies nur insofern für seltsam halten, als an und für sich unterschiedliche, doch hinsichtlich ihrer Entwicklungsstufe ähnliche Kulturen miteinander in Kontakt traten, und es dann zu einer Konfrontation der verschiedenen »Deutungen« der Symbolik der Naturbedeutungen kam; dieser Umstand der vielfältigen »Dechiffrierungen« hätte deren Wert total relativieren müssen. Doch die Kulturen verhielten sich so wie sich die Anhänger eines bestimmten Glaubens auch heute noch benehmen: die eigene Wahrheit wurde für unerschütterlich gehalten.

Gerade die Falsifizierbarkeit jeder Wahrheit ist ein Merkmal, das unsere Denkweise von ihrer Denkart qualitativ trennt; es gibt indes auch in unserer Kultur ein Gebiet, das von der Klausel der empirischen Verifikation ausgenommen bleibt und das intensiv bearbeitet wird, nämlich die Literatur. Auch der religiöse Glaube stellt solch ein besonderes Asyl dar. Jeder Glaube ist eine petrifizierte Kodifikation bestimmter, angeblich intentionaler Akte, die die Welt schufen und sie für die Aufnahme des Menschen einrichteten. Die Literatur dagegen kann sich nicht nur, sondern sie muß sich sogar gegenüber jedem Intentionalitätsdogma unbedingt häretisch verhalten, weil ihr Triumph um so größer ist, je größer die Häresie ist. Bei dieser Feststellung müssen wir berücksichtigen, daß man hinsichtlich der realen Welt zwei Arten von Sprachstrukturen konstruieren kann: Sprachstrukturen, die sich entweder mit der Wirklichkeit decken oder Sprachstrukturen, die das nicht tun. Wenn sie sich decken, dann behandeln wir das Kommunikat als Form einer realistischen Aussage; tun sie es nicht, dann behandeln wir die qualitativ und quantitativ entdeckte Kluft zwischen der Struktur eines Werkes und der Struktur der Welt als ein zusätzliches Signum, als eine gleichsam spezielle – wer weiß, ob nicht sogar hauptsächliche – intentionale Sinngebung der Aussage.

Für eine ganze Serie von Erscheinungen ist die Menge beider Strukturarten von der Stärke des Kontinuums. Das ist so zu verstehen: der elementare Satz »Peter hat Julia umarmt« ist die strukturelle Projektion einer Situation, die lapidarste aller möglichen. Doch diese Minimalstruktur kann unendlich mit Einzelheiten angereichert werden, indem man beschreibt, wie Julia angezogen war, wie ihre Wimpern zuckten, als Peter sie umarmte, was er dabei dachte und selbst – wie seine Milz damals funktionierte usw. Genauso könnte man den zunächst nuklearen Anfangssatz bis ins Unendliche mit Einzelheiten anreichern: »Der Zauberer legte seinen Zauber auf die Prinzessin.«

Was macht nun ein realistischer oder phantastischer Schriftsteller, um bei der Konstruktion einer Erzählung nicht in diesen Unendlichkeiten zu ertrinken? Entweder wählt er eine der paraten, d. h. der kulturell zur Verfügung stehenden Deskriptionsstrukturen oder er verändert diese Struktur und kreuzt sie mit anderen, indem er mal aus dem Repertoire der üblichen und empirischen Artikulationen schöpft und mal – aus dem Repertoire der traditionell petrifizierten sakralen, mythischen und spielerischen Formen. Natürlich kann er auch Strukturen hybridisieren, die aus diesen zwei getrennten Reservoiren stammen.

Im ersten Fall macht er durch das Dickicht der Ereignisse einen Erzählschnitt auf einer Ebene, die er selbst nicht festgelegt hat. Was für eine Ebene ist das? Gewöhnlich ergibt sie sich aus der Kausalkette der Folgen. Wenn wir die konzentrische Bewegung einer Menschenmenge beschreiben ohne anzugeben, daß sie sich um das Opfer eines Verkehrsunfalls versammelt hat, dann geht der deskriptive Schnitt vorbei an der Kausalstrukturierung der Situation. Wir können die Ursache vielleicht am Ende der Erzählung anführen oder sie den Vermutungen des Lesers annähern; und das genügt, der Leser wird die richtige Ordnung der Ereignisse rekonstruieren können. Eine sprachliche Aussage ist folglich das Abbild eines Ereignisschnittes. Beschreibt man z. B. eine bestimmte Gerichtsverhandlung, dann ist die Ebene, auf der der Schnitt erfolgen sollte, im Prinzip durch die Struktur eines Gerichtsverfahrens vorgegeben. Dadurch verzichten wir auf die unendliche Menge lokaler und unlokaler Strukturen, die sonst in dem Situationsumkreis der jeweiligen Sache aufzudecken wären, angefangen beim Westenschnitt des Anwalts und endend bei der chemischen Zusammensetzung der Tinte im Füllfederhalter des Richters. Die kausale Ausrichtung setzt dann das Erzählmesser an den Knoten an, die situationsmäßig bedeutsam sind – ähnlich wie der Metallrahmen des Mikrotoms seine Klinge so führt, daß das Präparat in der richtigen Ebene, d. h. der Ebene, »um die es dem Forscher geht«, geschnitten wird.

Die Schnittopologie bestimmt also das »Wesen« der zu erlangenden Informationen: schneiden wir eine Gerichtsverhandlung richtig, dann erfahren wir besonders viel über sie als ein System von Ursache und Wirkung; schneiden wir ein Präparat richtig, dann erfahren wir besonders viel über die Krankheitsursache, den Zellenbau usw.

Aber man kann die erwähnte Situation auch auf einer völlig anderen Ebene schneiden, z. B. entlang der »chemischen« Ebene, d. h. hinsichtlich der molekularen Zusammensetzung der Personen, des Stuhls im Gerichtssaal usw. oder entlang der Ebene der »außergerichtlichen« Gedanken des Anwalts, des Richters, der Zeugen. Eine Kohärenz – wenn es sie dann noch gibt, d. h. wenn die Gegenstandstruktur der Erzählung erhalten bleibt – ist dann durch die Einmaligkeit der Schnittkategorien gegeben. Einige Ebenen deskriptiv möglicher Schnitte, z. B. die chemische, werden für die Literatur nie wesentlich werden. Gleichzeitig wurden früher wesentliche Ebenen derart strapaziert, daß eine Wiederholung dieser Schnitte uns keinen neuen, d. h. originären Informationen mehr vermittelt. Auf jeden Fall bringt das herzlich wenig. Wir lernen dann eventuell neue Varianten bereits bekannter Strukturen kennen, nicht aber neue Strukturen. Gründet ein Werk seine Erzählweise auf einer trivialen Schnittebene, dann halten wir es für schematisch und zweitrangig. Die normativen Ästhetiken empfehlen präzise, wo und wann man die Schnitte ansetzen muß; zugleich verbieten sie kategorisch ihre Anwendung in bestimmten, streng tabuierten Bereichen. Zugegeben, wir stellen den Tatbestand an einem stark vereinfachten Modell dar, denn in Wirklichkeit werden die gegenständlichen Ereignisse nicht sprachlich geschnitten, sondern man reiht ihre Bedeutungsdominanten aufgrund mehr oder weniger normativer Muster aneinander. Doch für unsere weiteren Ausführungen ist dieses simplifizierte Modell durchaus brauchbar.

Wenn die Literatur die Situationen tatsächlich nur im Hinblick darauf schneidet, was in ihnen von einem einzigen Beobachtungspunkt sichtbar ist, dann müßte sie jede bedeutende Nachricht über die Eigenschaften des Beobachteten mit schrecklicher Weitschweifigkeit bezahlen. Der Behaviorismus verhält sich nicht im mindesten in der beschriebenen Weise: er tut nur so. Jeder Mensch fungiert in seinem Leben in einer Vielzahl von Rollen! Nur eine Fraktion seiner Persönlichkeit tritt innerhalb einer Rolle jeweils in Erscheinung. Die anderen Fraktionen tauchen in dieser Rolle sehr selten und äußerst diffus auf, deshalb müßte man die Beobachtungszeit sagenhaft verlängern, um auch diese schließlich zu erfassen. Gehen wir jedoch auf diesen Menschen zu von den verschiedenen Rollen aus, die er im Leben annimmt, dann erfahren wir über ihn vieles schneller, als wenn wir uns auf die Beobachtung eines einzigen Ausschnittes seines Verhaltens beschränken würden. In diesem Sinne ist ein literarisches Werk weder logisch vollkommen konsequent noch vollkommen kohärent. Üblicherweise informiert es sowohl darüber, was tatsächlich zu erblicken wäre, würde man einen realen Menschen beobachten als auch darüber, was zu entdecken schier unmöglich sein dürfte und nicht nur dann, wenn es sich um die Gedanken dieses Menschen handelt, die ja doch nicht zu beobachten sind. Und dies einfach und nur deshalb, weil jener Mensch eine unendliche Menge beobachtbarer Merkmale »auf einmal besitzt«, das Erzählte aber nur einzelne davon präsentiert. Also: nicht nur seine Oberlippe hat gezittert, sondern beim Atmen bewegte sich auch ein Haar in seinem Nasenloch, und die Brille war ein bißchen schief aufgesetzt, und sein Knie knackte, und er verjagte eine Fliege durch eine Bewegung mit den Augenbrauen, und er zwinkerte mit den Augen usw. usw., doch kein Schriftsteller beschäftigt sich mit der Beschreibung solch potentiell unendlicher Kataloge. Je nach der Situation bedeuten manche Elemente einer Verhaltensweise etwas und andere bedeuten insofern nichts, als sie zufällig sind – wie das Verjagen einer Fliege, wie eine nervöse Muskelzuckung des Mundwinkels etc. Ein realer Beobachter jedoch würde nicht die Bedeutungsdominante von Bewegungen oder Merkmalen des Beobachteten erkennen, d. h. er könnte die Bedeutungsdominante aus dem Überangebot von gleichzeitig vorhandenen Eigenschaften nicht herausfischen, ein literarischer Text hingegen verdeutlicht dadurch, daß er sie uns in der bescheidenen Nachbarschaft von wenigen hervorgehobenen Eigenschaften präsentiert, ihre Bedeutung und verstärkt sie. Darüber hinaus bedient sich die Literatur gewöhnlich der Konventionen, die buchstäblich phantastisch sind (der Kunstgriff der indirekten Rede ist genauso eine phantastische Berichterstattung eines fremden Gedankens wie »das Stollengraben« in fremden Köpfen, um einen menschlichen Gedanken »direkt«, d. h. in flagranti bei der Geburt präsentieren zu können – nur in einer anderen grammatikalischen Form). Wenn wir nun von der Meinung, daß ein Autor gewisse Erscheinungen nur beschreibt, zu der Überzeugung hinüberwechseln, daß er sie kreiert, dann ergeben sich typisch schöpferische Zwangslagen. Die Potentiale der Omnipotenz könnte man dann folgendermaßen abstufen:

1) Der Autor verfügt sowohl über Omnipotenz als auch Omniwissen, d. h. er weiß alles, und er kann alles: innerhalb seiner geschaffenen Welt. Man sollte hervorheben, daß solch ein »höheres Amt« in Wirklichkeit nicht zu realisieren ist. Angeblich hat es nur Gott verwirklicht, als er sich die Parameter für diese Welt ausdachte.

Wirklich alles ist nur dort möglich, wo das Chaos herrscht und der Geist über den Wassern schwebt; denn es wachsen weder in einem realistischen Roman einem Menschen die im Kriege verlorenen Beine nach noch heiratet in einem Märchen die Prinzessin den bösen Zauberer noch taucht in der Science Fiction Gott persönlich auf, um den Physikern bei der Lösung des Kosmosrätsels zu helfen, es gibt also nichtübertretbare Grenzen für die beliebige »Omnipotenz« eines Autors, die durch die Erzählkonventionen festgelegt sind.

2) Gleichsam »niedrigere Stufen« der Omnipotenz und des Omniwissens dagegen werden bereits praktiziert: der Autor entscheidet über das Schicksal seiner Figuren, und er kennt sie dadurch natürlich in- und auswendig. Doch dies gilt nur im Rahmen einer ausgewählten Konvention, d. h. Ontologie.

3) Auf einer noch niedrigeren Stufe der »Göttlichkeit« weiß der Autor auch weiterhin alles, aber er kann sich bereits nicht mehr allem mit Erfolg widersetzen, selbst wenn er dies wollte. Wollte er z. B. seine Figuren glücklich machen, ihre »innere Logik« würde das vereiteln.

Man erkennt, daß die erste Position für einen monotheistischen Gott charakteristisch ist, die zweite hingegen entspricht der griechischen Mythologie (weil die Moira über den Göttern stand).

4) Die vierte Stufe hat bereits eine »nichtgöttliche« Position: der Autor weiß ungefähr so viel, wie die Menschen

wissen können, die an dem Geschehen beteiligt waren, doch möglicherweise weiß er ein bißchen mehr als jeder einzelne, (weil der Standpunkt des Erzählers von einer Person zur andern wechselt).

5) Und schließlich, auf der niedrigsten Stufe der »informatorisch-kausalen« Hierarchie weiß der Autor auch nur das, was jede einzelne, ausgewählte Figur weiß; wenn sie ausgerechnet zu den Personen gehört, die am schlechtesten über die Ereignisse informiert sind, um so schlimmer für den Leser.

Ein Schriftsteller ist im Hinblick auf eine Lokalisation nach dem fünfstufigen Schema indes nur selten konsequent. Doch niemand pflegt normalerweise im Leben derart konsequent zu sein. Wir sagen nicht: »Herr Müller hat zuerst das eine Bein, dann das andere gehoben und dabei kurze Laute ausgestoßen: Och! Och! – wobei er sich ins Gesicht griff, als Herr Schmidt ihn mit voller Wucht schlug.« Wir sagen: »Schmidt hat Müller geohrfeigt, der vor Schmerz und Wut schrie« – obwohl wir weder jenen Schmerz noch jene Wut selbst verspürt haben und den Zustand des Herrn Müller nur durch indirekte Deduktion per Analogie nachempfinden können.

Es muß klar gesagt werden, daß im Hinblick darauf, was uns die Literaturtheoretiker mit großer Eleganz zum Thema der ungeheuren Abenteuer vortragen, die unsere Sprache durchmacht, wenn sich die Schriftsteller ihrer bedienen, kräftig übertrieben wird. Wohl bedienen sich die Schriftsteller der Sprache nicht genauso, wie man es im Alltag tut, doch alle von ihnen benutzten Sprechweisen sind prinzipiell von den üblichen Artikulationsweisen ableitbar, d. h. sie stecken zumindest keimweise in dem Feld der ethnischen Sprache, in ihren Gebrauchsnormen, die nur verschiedenen Formen selektiver Züchtung unterliegen. Wir wollen keine Nihilisten sein: das Gesagte bedeutet nicht, es existierten keine spezifisch literarischen Probleme; sie existieren, doch sie tauchen nicht einfach aus dem Nichts auf; sie sind die Verstärkung der Fragen und Schwierigkeiten, die aus dem außerkünstlerischen Gebrauch der Sprache geboren werden. Jeder Traum, der morgens beim Frühstück erzählt wird, ist das

Korrelat zu den Früchten der phantastisch-oniristischen Literatur. Wir meinen mit Ludwig Wittgenstein, indem wir das, was er in Fragen der Logik und der Welt gesagt hat, auf das Gebiet der Literatur anwenden, daß alles, was in der Literatur gesagt werden kann, auch so verständlich erzählt werden kann, daß es kohärent wird. Wenn sich das als unmöglich herausstellt, dann deshalb, weil entweder die Erfindungsgabe des »Absenders« die Erfindungsgabe des »Empfängers« überschritt oder weil die Erfindungsgabe des Autors keine eindeutige Kohärenz gebar. Es gibt also Erzählwerke, die prima facie inkohärent sind, deren Unverständlichkeit aber in dem Maße schmilzt, wie wir durch diese Unverständlichkeit hindurch auf den Grund der Erzählidee gelangen; wir haben dann gleichsam die Semantik des Werkes erwischt. Daneben gibt es Werke, die nach dem Prinzip eines Kaleidoskopes konstruiert sind. Die Frage, was solche Werke bedeuten, ist eine Frage danach, was die Verteilung der bunten Glasscherben im Kaleidoskop bedeutet. Die Ordnung der Glasscherben ist keine Scheinordnung, ist doch das Kaleidoskopbild immer schön symmetrisch. Und dies ist so, weil *Wiederholungen* von rein zufälligen Verteilungen, wenn sie untereinander sehr ähnlich sind, uns wie Ordnungen erscheinen. (Jede Verteilung der Glasscherben im Kaleidoskop ist zufällig, doch ihre spiegelhafte Multiplizierung verwandelt das Chaos in eine Ordnung.) Doch diese Ordnung ist zugleich eine Scheinordnung, wenn wir fragen wollten, was sie bedeutet. Außer daß sie eine schöne Ordnung zu sein pflegt, bedeutet sie nichts, und ebenso sind manche literarischen Texte schön und bedeuten nichts.

Wenn bestimmte spezielle Verteilungen der bunten Glasscherben des Kaleidoskopes der Weitergabe von Informationen dienten, dann könnte ihre rein äußerliche topologische Ähnlichkeit mit anderen Verteilungen, die keine Informationsfunktionen besitzen, in uns die Illusion hervorrufen, daß auch die anderen, die nicht-kommunikativen Verteilungen »etwas bedeuten« und wir nur nicht in der Lage sind zu erfassen, worum es geht. Mit der Sprache kann man ähnliche Kunststückchen vollbringen. Die Situationen, denen wir im Leben begegnen, haben gewöhnlich ihre Richtungsdiskriminanten in Raum und Zeit. Wir richten uns gleichsam aus, wenn wir Lotto spielen, wenn wir zum Arzt gehen, wenn wir das Theater besuchen, wenn wir ins Museum gehen, wenn wir im Ring kämpfen usw. Jede dieser Situationssequenzen kann man erzählerisch entweder entlang der Ursache-Wirkung-Achse oder (doch dann verlassen wir die objektive Ebene der Ereignisse und begeben uns gleichsam auf die Ebene von Projekten, Plänen und Antizipationen, die in einem individuellen Bewußtsein lokalisiert sind) entlang der Motivationsachse »schneiden«, und das gerade hat die traditionelle Literatur getan. Man könnte auch solch einen Erzählschnitt ansetzen, d. h. solch eine Struktur konstruieren, daß sie zwar weiterhin eine gewisse Sezierung der Ereignisse vornimmt, jedoch nicht wie üblich. Dann erfahren alle Konstellationen der Fakten komplexe Verschiebungen sowie Feldverschiebungen. Was für einen Boxer, einen Spieler, einen Liebhaber, einen Patienten wichtig ist, das wechselt seinen Platz mit dem, was *für jeden von ihnen* peripher, also entweder wenig wichtig oder völlig unwichtig ist. Solch eine Topologie einer Erzählung hat interessante Konsequenzen. Der Leser »drängt« gleichsam unwillkürlich in die Richtung der erreichbaren Informationen, die ihn vom Standpunkt des Common sense und des Üblichen aus interessieren. (Was macht der Liebhaber mit seiner Geliebten? Ob der Boxer siegt oder verliert? Was sagt der Arzt zu dem Kranken? usw.) Der Autor jedoch benutzt gerade eine Abweichung des Erzählstroms von jenen gedanklich fixierten, gleichsam substantiellen Orten der dargestellten Welt. Die Erzählung und der Leser verhalten sich zueinander wie zwei Pferde, die ein und denselben Wagen in verschiedene Richtungen zu ziehen versuchen. Die Motivation für solch eine, vom Autor vorgenommene Abweichung kann sehr verschieden sein. Die Abweichungen des Erzählten von den antizipierten Vergegenständlichungen können einfach das Resultat einer gewissen Nachgiebigkeit des Autors gegenüber bestimmten Sitten und Gebräuchen sein (oder auch gegenüber bestimmten künstlerischen Konventionen). Ein Autor, der genau gezeigt hat, wie die Liebenden sich küssen oder wie der Arzt und der Patient vor dem Eingriff aussehen, der zeigt ungenau, was die Liebenden unter der Decke und was der Arzt mit dem Körper seines Patienten auf dem Operationstisch macht. Die Erzählung umgeht diese Ereignisse mit einem Bogen oder sie verändert solche Darstellungen in lakonische Berichte. Doch das sind bereits sehr alte Abweichmethoden. Die Gründe für ihre Verwendung können wir genau verstehen. Dagegen sind wir bei der neueren Prosa oft nicht imstande zu begreifen, aus welchen bösartigen Gründen der Autor nicht davon berichtet, was uns als Leser am meisten interessiert, sondern die Erzählung über unwegsame Hügel und Pfade schleppt und die Vergegenständlichungen verläßt, mit denen er unsere Neugier geweckt hat. Das ist allerdings nur die eine Hälfte einer literarischen Perversion: die ganze Perversion besteht darin, daß der Autor sich gar nicht erst darum bemüht, beim Leser Neugierde zu wecken, sondern ihn vom ersten Wort der Erzählung an über sprachliche Abfolgen jagt, deren Ordnung, System, Richtung und semantisches Ziel der unglückliche Leser nicht erkennen kann. Natürlich kann die Struktur wirklich kreativer Motive bis zur Unkenntlichkeit getarnt sein. Man kann sie z. B. so konstruieren: zuerst denken wir uns eine »einfache« Serie von Ereignissen aus, z. B. die Geschichte einer Nachricht über die Herkunft eines Menschen. (Ein Deutscher entführt während der Okkupation ein polnisches Kind, um es zu germanisieren.) Den Schicksalsverlauf des Kindes und seiner natürlichen Familie, die das Kind nach dem Kriege sucht, erzählen wir überhaupt nicht. Wir erzählen auch das nicht, was sich ein Briefträger denken könnte, der dieser Familie die Briefe zustellt. Wir führen den Erzählschnitt ganz anders.

Das kann auf unendlich viele Weise geschehen, z. B. wird alles »anhand« der Märchen erzählt, die das Kind nacheinander kennenlernt. Zuerst kommen die Märchen aus »Unser Wald und Feld«, dann die blutrünstigen Märchen der Gebrüder Grimm, später tauchen die Motive der Walküre und Walhallas auf, und schließlich springen wir plötzlich von Wotan zum Krakauer Drachen, weil wir einzig auf diese Weise zu verstehen geben wollen, daß das Kind nach Polen zurückgekehrt ist und sich anhand der polnischen

Märchen »entgermanisiert«, obwohl es beispielsweise bereits 14 Jahre ist. (Doch das sagen wir schon nicht mehr, der Leser soll sich selbst mit seinen Vermutungen abquälen, um zu solch einem Schluß zu kommen.)

Man kann den Erzählschnitt auch über die Personen führen, die sich nacheinander um das Kind kümmern, jedoch nicht über die Personen, die jeweils der Vormund sind, sondern über irgendwelche Personen an der Peripherie. Oder man könnte sich auf die Darstellung der Träume des Kindes beschränken oder auf die Zusammenschau über Vorstellungen von der Welt, die seltsamen, aufeinanderfolgenden Deformationen unterliegen (da sie mal innerhalb der polnischen Gesellschaft entstanden, da es eine polnische Familie ist und mal – inmitten Deutschlands während des Krieges).

Und schließlich könnte man auf jedwede Diachronie der Abfolgen völlig verzichten. Jemand denkt, und der ungewöhnlich helle Leser rekonstruiert – nach beträchtlichen Bemühungen aufgrund des Assoziationsspiels, in dem Wirklichkeit und Traum bis zur Unkenntlichkeit verwoben sind, daß ein reifer Mensch, der einst die oben beschriebene Peripetie durchlebte, das denkende Subjekt ist. Die Ordnungsstruktur der Zeitabfolgen wird total verwischt. Das Gesetz der Assoziation dominiert das Gesetz der Chronologie. Bei solch einem Denken tauchen Symbole auf, die mit emotionalen Ladungen gesättigt sind und die das private Eigentum der jeweiligen Person sind. (Sie entstanden, weil die Person z. B. als Kind gehungert hat, weil sie bestimmte Uniformen erst fürchten gelernt hat, und später versucht man, ihr beizubringen, gerade diese Uniformen zu achten usw.) Man könnte weitergehen dergestalt, daß man stärker umkreist. Die Biographie des Kindes kennen wir nicht und werden wir nicht kennenlernen; sie wird nur in Fragmenten aufblitzen, die prinzipiell inkohärent sind, weil derjenige, der ein bestimmtes historisches Material bearbeitet, auf Splitter von Berichten stoßen wird, die die Okkupation betreffen. Man wird den Tenor dieser Splitter mit der aktuellen Peripetie verflechten, die wir zusätzlich komplizieren können, indem wir zeigen, wie das Spiel der sich widersprechenden Bedeutungen entsteht, wie der Verlauf der historischen Zeit aus der Sicht des Forschers bestimmte Bedeutungen jener Geschichte (des Kindes) unlesbar gemacht hat.

Zu guter Letzt können wir von allen genannten »Schnitt«-richtungen ein bißchen nehmen, alles vermischen, es schütteln und ein Gemisch schaffen, in dem sich selbst der Teufel nicht auskennt. Der Schnitt würde in »Brownschen Bewegungen« durch die Materie der krausen Ereignisse verlaufen. Was buchstäblich ist und was symbolisch ist, Elemente der Wirklichkeit und des Traums, Chroniken und Empfindungen – alles wird vermischt, und gleichzeitig verleiht der sprachliche Plan der Erzählung diesem heterogenen Strom eine gewisse Einheit. Wie man sieht, es ist eine Sisyphusarbeit festzustellen, wo eigentlich die Serie der »realistisch« geführten Schnitte aufhört; vom Realismus zur Phantastik führt nämlich ein Weg zunehmender Transformationen.

Der oben dargestellte Sachverhalt erklärt teilweise, warum wir uns nicht in die Obhut der Methoden struktureller Kritik, so wie sie die berühmten Vertreter dieser Schule Todorov oder Barthes verstehen, begeben wollen. Wir meinen, man solle bei ihnen lernen, aber kritisch, d. h. man sollte keine Instrumentarien von ihnen übernehmen, ohne sie nicht auch in Frage zu stellen.

Ihre Untersuchungen sind, wie wir sehen, durch einige Sünden gegen die Methodologie belastet. Die erste ist leicht vermeidbar – in der Nomenklatur und bei den benutzten Begriffen kam eine klare und restlose Deckung der Positionen nicht zustande. Die zweite Sünde besteht darin, daß das, was in ihrer Methode konventionell ist, nicht eindeutig zu unterscheiden ist von dem, was quasi-empirisch oder auch logisch ist.

Ein typisches Beispiel für diese Unklarheit ist der Streit, der um die Frage des Erzählers geführt wird, darum, wer die literarische Aussage macht. Die Bemühungen der Strukturalisten geben – von einem Metastandpunkt aus gesehen – durch ihren Charakter einen Hinweis darauf, daß die Antwort auf die Frage – ihrer Meinung nach – empirischen Charakter habe (d. h. daß man bei diesem Problem keinerlei Vereinbarungen braucht, sondern nur die *Entdekkung* des faktischen Standes bewerkstelligen muß). Solch eine apodiktische Annahme macht mißtrauisch. Zuerst: die von diesen Kritikern benutzten Werkzeuge sind *logischen* Ursprungs, denn man hat sie sich bei den strukturalistischen Linguisten geliehen. *Logische* Werkzeuge aber sind good for nothing, wenn man sie für *immanent widersprüchliche* Sachverhalte benutzt. Wenn man in den Verlauf einer Gedankenfolge bestimmte Antinomien reinpackt, dann hat es keinen Sinn, darüber zu diskutieren, ob das, was aus der Antinomie folgt, richtig oder falsch ist. Doch gerade auf solchen Sprachebenen, die von der strukturellen Linguistik nie erreicht werden, fühlen sich logische Antinomien pudelwohl. Wenn jemand sagt: »Ich schweige«, dann schweigt er, wenn er das sagt, nicht mehr, er behauptet also einen Widerspruch. Wenn jemand sagt: »Ich lüge«, dann geraten wir sofort in das Zentrum der Antinomie eines Lügners. Denn einen Logiker kann man nicht fragen, welch einen Sinn diese Aussage eigentlich hat. Doch die Semantik gerade solcher Aussagen, die weiter antinomisch bleiben, erhält – aufgrund fester Konventionen – ihre recht klare und sinnvolle Bedeutung, wenn die Aussage in einem entsprechenden Kontext steht. Wir können uns nämlich gut ein Märchen vorstellen, in dem Elfen, Steine, Blumen vorkommen und ein Kind, das den Weg sucht und fragt. Der Stein, gefragt, antwortet ihm: »Ich schweige«. Die abgrundtiefe Frage, wer dann eigentlich spricht (der Autor, der Stein, der Erzähler »anstelle« des Steines etc.), ist genauso zu entscheiden wie die Frage zu entscheiden ist, wie man unmeßbare, weil versteckte Parameter messen soll. Wenn sie unmeßbar sind, kann ihnen nie eine empirische Bedeutung zugeschrieben werden. In der Frage nach dem Erzähler gibt es nur Schlüsse, die den Charakter regulativer Feststellungen haben. Es gibt nämlich weder empirische noch logische Modi, eine Antwort auf Fragen zu geben, die in logische Widersprüche und nichtempirische Sachverhalte verwickelt sind. Wer anders denkt, sollte sich in einen Anfängerkurs für Logik inskribieren statt sich mit Literaturwissenschaft zu beschäftigen. Natürlich gibt es einen Ausweg aus dieser Schlinge: wie bei Tarski z. B. durch die Schaffung hierarchischer Ebenen der sprachlichen Beschreibung. Ein metasprachlicher Kritiker jedoch muß *postu-*

lativ vorgehen, denn er entdeckt *nichts*, wenn er solche Metaebenen schafft, und um eine Unordnung in einen Ordnungszustand überführen zu können, muß man entsprechende normativ-konstruktive Vorschläge präsentieren. Doch man kann nicht entsprechende Handlungen vorschlagen und zugleich glauben, daß man nichts vorgeschlagen habe, weil man nur einen bestimmten Sachverhalt wie einen Kamm in einer Schublade findet.

Jeder literarische Text *ist* stellenweise logisch widersprüchlich. Denn es ist ein Widerspruch, wenn man das Aussehen von Dingen darstellt, die von niemandem – wie sich aus dem Kontext klar ergibt – gesehen werden. Es ist ein Widerspruch, wenn man spricht und gerade mit seiner Aussage behauptet, daß eine heilige Stille herrschte. Es ist ein Widerspruch, wenn man nichtmitteilbare Zustände mitteilt. (Z. B. wenn man die Gefühle eines sterbenden Helden, seine Gedanken, die die Agonie beenden, beschreibt oder wenn man einen Traum kurz zusammenfaßt, aus dem der Träumende nicht mehr erwacht.) Es ist ein Widerspruch, wenn man bestimmte Phänomene sprachlich beschreibt und gleichzeitig behauptet, daß diese Phänomene von niemandem sprachlich beschrieben wurden, beschrieben werden noch jemals beschrieben werden werden. (In einem phantastischen Werk kann doch z. B. eine Gestalt auftauchen, die vernichtet wurde und die das einzige Exemplar dieser Art im ganzen Kosmos war, und das Werk kann uns versichern, daß kein Mensch diese Gestalt je gesehen hat und je sehen wird.) Wer also ist eigentlich dort der Erzähler, wo es einen Erzähler – weder aufgrund der Empirie noch der Logik – nicht einmal für einen Moment geben kann? Von der Empirie und von der Logik aus *niemand*. Wollen wir aber diesen *niemand* »herausinterpretieren«, dann können wir dies aufgrund einer Konvention, einer Vereinbarung, die wir treffen, tun, doch weder der sprachliche Strukturalismus noch die Naturwissenschaft noch die Soziologie können uns zu dieser Frage Aufschlüsse geben. Logische Werkzeuge, die von kohärenten Beschreibungen rein syntaktischer Sprachebenen abgeleitet wurden und die dort angewendet werden, wo sie fehl am Platze sind und zwar im Bereich *übersatzlicher und pragma-*

tischer Ganzheiten müssen sich als kraftlos herausstellen. Hinsichtlich der oben erwähnten Frage reicht es, auf folgendes hinzuweisen: so wie spielende Kinder manchmal Zeichen vereinbaren, z. B. eine Geste, die das Kind, das sie verwendet, für alle anderen Kinder »unsichtbar« macht, so spielen auch die Erwachsenen, die sich mit der Literatur beschäftigen, indem sie sich – im Konsens mit dem Leser – den Anschein geben, als ob sie schwiegen, obwohl sie reden, als ob sie nicht dort wären, wo sie sind, als ob sie dort gewesen seien, wo sie in Wirklichkeit nie waren usw. Solche Verhaltensweisen haben natürlich ihre partikularen und komplexen Konsequenzen im Bereich der Werksemantik, also man kann sie in bestimmten Grenzen klassifizieren. Sich jedoch um die »lokalen Parameter« des Erzählers in jedem einzelnen Satz zu streiten, das entspricht einer ernsthaften Suche nach Gespenstern. Eine literarische Aussage ist natürlich eine Art Vereinbarung, aber manchmal »wünscht sie sich«, nicht als eine Vereinbarung betrachtet zu werden, d. h. das mit Worten beschriebene Haus soll als ein »echtes Haus« angesehen werden; der Autor schlägt uns also eine Vereinbarung vor – entweder stillschweigend, auf eigene Faust oder aufgrund eingewurzelter Sitten – und setzt die Regeln dieses Spiels fest. Doch die Regeln dieses Spiels stellen sich teilweise als innerlich widersprüchlich heraus, wie uns ihre Analyse gezeigt hat. Ein Theoretiker wird es bei solch einer Feststellung nicht bewenden lassen: er würde weitergehen wollen. Doch er kann eben nirgendwo hin. In dem Artikel »Die Biologie und die Werte« (»Studia Filozoficzne«, Nr. 3/4, 1968) habe ich von der doppelten Skala der Bewertungen gesprochen, die von zwei Typen des Biologen verwendet werden: »dem Synchroniker«, dem Anatomen z. B. scheinen im adaptiven Sinne alle gegenwärtig lebenden Organismen auf die gleiche Weise »vollkommen« gebaut zu sein, die »Diachroniker« hingegen wagen es, da sie im paleontologischen Protokoll die Überreste fossiler, ausgestorbener Formen sehen, sie als »unvollkommen« zu bezeichnen. Ganz ähnlich verfährt ein strukturalistischer Kritiker: er seziert ein Meisterwerk und stellt am Ende seiner Analysen (wie Todorov über »Les liaisons dangereuses«) eine derartige Vollkommenheit fest, die *einer logischen Notwendigkeit* einfach gleich ist. Untersucht er dagegen den Text eines weniger großen Meisterwerkes, dann findet er in ihm bereits hier und da mangelnde Perfektion.

Nun, sowohl die »Synchroniker« als auch die »Diachroniker« der Biologie irren sich insofern, als alle Formen, die je existierten (und sie lebten als Gattungen normalerweise mindestens mehrere Millionen Jahre) »sehr gut« an eine bestimmte Klasse von Umweltbedingungen angepaßt waren. Nicht die »schlechteren« starben aus, sondern einfach die, die den Umweltänderungen keine adäquaten eigenen Änderungen entgegenzusetzen vermochten. In reiner »Immanenz« verhalten sich die ausgestorbenen Gattungen zu den nichtausgestorbenen genauso wie ein Los, das bei der Ziehung verloren hat zu einem Los, das gewonnen hat. Das Verlieren des Loses wurde nun doch nicht von der »immanenten Schlechtigkeit« desselben verursacht!

In der Literatur, ich gebe es zu, ist es anders: hier kann man zwischen schlechter und besser konstruierten »literarischen Systemen« unterscheiden. Doch *logisch vollkommene Werke gibt es nicht.* Ihre Existenz ist nichts weiter als unsere Illusion. Es ist einfach unwahr, daß »Les liaisons dangereuses« nicht *genausogut, doch strukturell anders* geschrieben werden könnte als es tatsächlich geschrieben wurde. Die Notwendigkeit als Einmaligkeit der Kreation ist nicht die *logische* Charakteristik einer Kreation. Bei einer probabilistischen Ausgangsstellung könnte man höchstens von einer Klasse optimaler Lösungen sprechen, von der Bevorzugung der einen Variante gegenüber den anderen. Lassen sich doch Begriffe wie »Werkordnung« und »Weltordnung« in ihren Bedeutungen nicht anders denn intuitiv, also auch rein wahrscheinlichkeitsmäßig erfassen, und wie kann man solche Augenscheinlichkeiten nicht merken? Eine Analyse also, die die Perfektion eines Werkes feststellt, ist eine advokatische Rede, nicht aber ein formaler Beweis. Und nichts kann schädlicher sein, als wenn man den Platz einer logischen Analyse mit dem einer Lobrede tauscht. Auf diese Weise werden zufällige Trends fast zu »Naturgesetzen« (literarischer Erscheinungen) umfunktioniert. Die erzählerischen Bemühungen streben heute teilweise danach, die Situation des »Sprechversteckens«, das für die traditionelle Literatur typisch ist, radikal umzukehren, d. h. daß der Schriftsteller, wenn er spricht, sich synchron dazu bekennt, daß er gerade spricht, und diese Ausgangsposition muß ihre kreativen Konsequenzen haben, z. B. als Prinzip der »Performation«. Der Sprechakt soll zum einzigen Betrachtungsgegenstand des Lesers werden, wobei der Sprechakt seine frühere »Transparenz« total verliert. Die Hoffnungen, die manche mit diesem Umsturz verbinden, halte ich für weit übertrieben. Der Satz »Ich erkläre den Krieg«, den Barthes unter Berufung auf Todorov zitiert – als Beispiel für eine performative Aussage, die sich in der eigenen Bedeutung erschöpft und auf nichts anderes als auf sich selbst verweist, – diesen Satz kann man auch so uminterpretieren, daß er einen prädiktiven Sinn erhält. Doch das ist dann eine Vorhersage instrumenteller Handlungen, eine Vorhersage, die dann einfach zu einer »Performation einer Lüge« wird und nichts mehr, wenn sie nicht diese Vorhersage wird, d. h. wenn derjenige, an den dieser Satz sich richtet, ihn für sich anders auslegt. (»Er wollte mir nur Angst machen.«) Wenn ich sage, daß ich den Krieg erkläre, ohne jedoch so verfahren zu wollen, dann lüge ich, und wenn ich die Wahrheit gesagt habe, dann prognostiziere ich bestimmte Handlungen (eine »sich selbst realisierende Prognose«).

Die »Performierbarkeit« ist einfacher zu erreichen, wenn »die Sprache die Sprache« widerspiegelt, wenn das Werk autothematisch wird. Aber das Werk schwebt dann über dem Abgrund, über der Hölle der Lügenantinomie – was vor einem halben Jahrhundert Bertrand Russell entdeckte. Nicht zufällig sind bisher keine bedeutsamen »performativen« Texte entstanden. Die Literatur braucht offensichtlich starke kreative Beschränkungen: wie bekannt »In der Beschränkung zeigt sich erst der Meister«. Doch nicht alle Beschränkungen sind gleich, denn man kann dem asketischen Postulat von der »Performierbarkeit« unter Berufung auf einen Satz von Hilbert begegnen, der sagt: *»Jeder Mensch hat einen bestimmten Begriffshorizont. Wenn dieser Horizont sich einzuengen beginnt und bis auf einen Punkt zu-*

sammenschrumpft, dann sagt der Mensch: Das ist mein Standpunkt«. An dem Überschuß an Beschränkungen als auferlegten Restriktionen, in diesen Bußhemden kommt die Literatur still und leise um.

Und schließlich der letzte Grund, warum wir den Konzeptionen der strukturalistischen Schule nicht vertrauen. Todorov behauptet, daß jedes Werk in seiner Immanenz unter anderem auch eine vollständige Menge von Wertungen, d. h. moralischen Beurteilungen der Personen enthält (wobei er den lokalen Wegfall solcher Wertungen in einer Erzählung auch – mit Recht – für eine Art axiologisch eingenommenen Standpunkt hält). Angeblich ist ein Kritiker imstande, jedesmal das, was die Gesamtheit der Wertungen des Lesers ausmacht, davon zu trennen, was die Gesamtheit der durch die strukturelle Immanenz des Werkes (seiner Narration) bestimmten Wertungen ist. Wir halten diese Behauptung für falsch und meinen damit, sie ist ahistorisch. Nur wenn der Autor eine Art Herrgott wäre, der imstande ist, derartige axiologische Konstanten zu schaffen, die für immer und zu jeder Zeit in ihrer Eindeutigkeit richtig gelesen werden müssen, könnte er Werke schaffen, deren bewertbare Immanenz sich immer von der Bewertung deutlich trennen läßt, die die Leser einer bestimmten Zeit ihnen aufzwingen. Ein Autor kreiert ein Werk anhand der ethischen Normativen, die zu der Menge aller möglichen Normativen seiner eigenen historischen Zeit gehören. Wenn wir diese Menge gut kennen, dann stoßen wir mit einer gewissen Wahrscheinlichkeit auf die Immanenz der Verhaltensweisen des Autors, wodurch wir die Erzählung in ihren axiologischen Merkmalen objektiv erkennen. Aber je weiter das Entstehungsmoment eines Werkes von uns entfernt ist, um so deutlicher vergrößert sich der Indeterminismus, der solch ein Vorgehen unvermeidlich belastet. Strukturalistisches Theoretisieren, das von Anfang an auf das Prinzip des Probabilismus verzichtet, stellt sich als typisch ahistorisch heraus und zeigt uns eine der fatalsten Neigungen auf, denen gnoseologische Arbeiten unterliegen können, nämlich die Neigung, Hypostasen zu schaffen. Die zahlreichen Unterscheidungen in der Lokalisationsfrage (»wo« ist der Erzähler in der Erzählung »versteckt« oder lokalisiert), in den Fragen der »Performativität« versus »Objektivität« usw., sie sind Hypostasen als »erstarrende Wolken von Ahnungen«, die sich uns als *Wirklichkeit,* als empirische Fakten präsentieren. Es handelt sich hier um das systematische Bemühen, in den Immanenzen das scharf zu machen, was objektiv unscharf ist. Hypothesen als *regulative Vorschläge, als zu vereinbarende Normen* kann ein Strukturalist aufstellen. Er darf jedoch nicht vor uns den Berkeleyischen Herrgott, d. h. das allwissende Wesen spielen, denn nur solch ein Wesen kann alle Textparameter, die vor uns im Hinblick auf ihre präzise Meßbarkeit *versteckt* sind, in ihrer Eindeutigkeit für immer und ewig erkennen und fixieren.

Phantastik

Nehmen wir uns einige einfache Sätze vor, von denen die Logik behauptet, daß sie aufgrund der ausgeschlossenen Mitte oder aufgrund der Tautologie immer richtig sind und stellen wir fest, ob Welten möglich sind, in denen die Richtigkeit dieser Sätze nicht mehr gilt. Der erste Satz wird immer eine echte Disjunktion sein: »Otto ist Peters Vater oder Otto ist nicht Peters Vater«. Jeder Logiker wird zugeben, daß diese Disjunktion immer allen Ansprüchen der Wahrheit genügt, denn tertium non datur. Man kann nicht zu 40 Prozent Vater und zu 60 Prozent Nicht-Vater sein. Das Prädiktat der Vaterschaft unterliegt dem Prinzip der ausgeschlossenen Mitte.

Als nächstes nehmen wir folgende Satzverbindung: »Wenn Peter sich mit seiner Mutter körperlich vereinigt, dann begeht Peter Blutschande.« Dies ist eine tautologische Implikation, denn aufgrund der semantischen Sprachregeln bedeutet die körperliche Vereinigung mit der Mutter, eine Blutschande begehen. (Unsere Satzverbindung ist indes keine totale Tautologie, weil der Begriff Blutschande mehr bedeutet als nur die Vereinigung mit der Mutter; er bezieht sich auch auf die Beziehungen zu anderen Personen des nahen Verwandtschaftsgrades; man könnte die Konjunktion zu einer idealen Tautologie machen, doch dies würde Komplikationen mit sich bringen, die im Grunde genommen nichts ändern und nur die Ausführungen erschweren.)

Wir sind uns über die Frechheit im klaren, wenn wir behaupten, daß es Umstände geben könnte, unter denen diese Tautologie aufhört, wahr zu sein. Es handelt sich um eine Art schreckliche Lästerrede gegen die Logik. Und unsere Beteuerungen sollen keine leeren Worte bleiben; alles, was wir verlangen, ist eine Serie bestimmter wissenschaftlicher Entdeckungen und technischer Neuerungen, die allgemein verbreitet sein müßten.

Wir werden zuerst – zwecks Vereinfachung – den Einfluß

dieser entstehenden Änderungen auf die Richtigkeit oder Unrichtigkeit der Aussage »Otto ist Peters Vater« untersuchen. Übrigens, es geht hier um die tatsächliche biologische Ursache hinsichtlich der Geburt eines Kindes und nicht darum, die Doppeldeutigkeit der Bezeichnung »Vater« auszuschlachten.

Otto soll einen Menschen darstellen, der vor dreihundert Jahren starb, dessen Samenzellen aber aufgrund eines Gefrierverfahrens erhalten blieben. Damit wird eine Frau befruchtet, die Peters Mutter wird. Ob Otto dann auch Peters Vater ist? Zweifellos ja.

Doch nun soll folgendes eintreten: Otto ist gestorben und hat kein Zeugungsplasma hinterlassen, doch die Frau überredet einen Genetikingenieur, daß er im Labor auf der Basis einer einzigen erhaltenen Hautzelle von Otto eine Samenzelle von Peter herstellen solle. (Alle Körperzellen, also auch die Hautzellen haben die gleiche genetische Zusammensetzung.) Ob Otto auch jetzt, nach der vollzogenen Befruchtung, der Vater von Peter wird? Unterstellen wir, daß eine Präzisierung der Relation »von jemandem der Vater sein«, den wünschenswerten Zustand von Eindeutigkeit wieder herstellt.

Nun soll es aber so sein: Otto ist nicht nur gestorben, sondern er hat auch keine einzige Körperzelle hinterlassen. Otto hat dagegen seinen Letzten Willen hinterlassen, in dem er den Wunsch äußert, daß ein Genetikingenieur an der Frau, die die Mutter von Ottos Kindern werden wird, solche Eingriffe vornimmt, daß sie ein Kind gebiert und daß dieses Kind Otto ausgesprochen ähnlich ist. Der Genetikingenieur darf dazu keine Spermien benutzen, er soll eine parthenogenetische (Jungfernzeugung) Entwicklung des weiblichen Eies herbeiführen, wobei er die Gensubstanz so zu kontrollieren und die embryogenetische Umwandlung so zu steuern hat, daß der Peter, der geboren wird, ein »zweiter Otto« wird. (Von Otto waren Fotos, Aufnahmen seiner Stimme usw. erhalten geblieben.) Der Genetiker wird in das Chromosomenmaterial der Frau alle Merkmale »einprägen«, die Otto an dem Kind sehen wollte. Und nun kann man auf die Frage, ob Otto der Vater von Peter ist, nicht mehr eindeutig mit

»Ja« oder »Nein« antworten. Hinsichtlich der einen Gruppe von Bedeutungen ist er der Vater, hinsichtlich der anderen – ist er es nicht. Selbst der Appell an die Empirie stellt hier die Eindeutigkeit der Antwort nicht wieder her: dafür sind Präzisierungen notwendig, die von den kulturellen Normen der Gesellschaft ausgehen, in der Otto, Peters Mutter, Peter und der Genetikingenieur leben.

Nehmen wir an, daß diese Normen sagen, daß ein Kind, das genau nach den testamentarischen Wünschen Ottos angefertigt wird, allgemein als das Kind Ottos gilt. Aber wenn der Genetikingenieur – nun schon auf eigene Faust, auf Veranlassung dritter Personen – 45 Prozent der genotypischen Merkmale des Kindes nicht nach den testamentarischen Daten anfertigt, sondern nach völlig anderen Rezepten, dann kann man in Übereinstimmung mit den Normen der erwähnten Kultur weder behaupten, daß Otto der Vater des Kindes ist noch sagen, daß er es nicht ist. Diese Situation gleicht der, wo angesichts eines bestimmten Bildes, das als ein Werk Rembrandts entdeckt wurde, die einen Fachleute sagen: »Das ist ein Rembrandt« und die anderen: »Das ist kein Rembrandt«; es könnte auch so sein, daß Rembrandt dieses Bild zu malen begann, daß aber die Arbeit von einem Anonymus beendet wurde; das Werk stammt also zu 47 Prozent von Rembrandt und zu 53 Prozent nicht von Rembrandt. In solch einer Situation einer »Teilurheberschaft« tertium datur; wir haben also bewiesen, daß es Umstände gibt, unter denen man ein nur teilweiser Vater sein kann. (Man könnte solche Situationen auch anders schaffen, z. B. dadurch, daß aus der Samenzelle Ottos ein Teil der Genen entfernt und mit fremden Genen durchsetzt wird.)

Die Möglichkeit für die obigen Veränderungen, die eine Änderung des logischen Wertes der Disjunktion »Otto ist Peters Vater oder Otto ist nicht Peters Vater« zeitigen, sind – wie man vermuten darf – im Schoß einer von uns nicht allzu entfernten Zukunft enthalten. Deshalb wäre ein Werk, das solch eine Geschichte beschreibt, heute noch phantastisch, doch in dreißig oder fünfzig Jahren geschrieben, könnte es schon realistisch sein. Ein solches Werk müßte indes nicht unbedingt die Geschichte eines konkreten Otto, Peter und einer konkreten Mutter erzählen. Es könnte fiktive Personen beschreiben auf eine Weise, die für jede Form literarischer Tätigkeit typisch wäre.

Die Relationskonstanten jedoch, die zwischen solchen Personen wie Vater, Mutter, Kind bestimmbar sind, hätten dann nicht mehr den fiktiven Charakter, den sie heute noch haben. Diese Konstanten setzen in der Vaterfrage heute etwas anderes fest, als sie festsetzen würden, wäre das genetische Ingenieurwesen bereits verwirklicht. In diesem Sinne kann ein heute geschriebenes Werk, das die erwähnte Situation der nichtausgeschlossenen Mitte im Prädikat der Vaterschaft widerspiegelt, als eine futurologische Prognose angesehen werden, d. h. als eine Hypothese, die sich verwirklichen kann.

Um eine echte Tautologie in eine Unwahrheit umwandeln zu können, braucht man die Erfindung der Zeitreise. Peter, bereits erwachsen, soll erfahren, daß sein Vater ein sehr skurriler Mann war. Er hat nämlich Peters Mutter verführt und dann verlassen und sich aus dem Staub gemacht. Begierig vor Verlangen, seinen Vater für diese miese Tat zur Verantwortung zu ziehen, steigt Peter – nachdem er ihn in der Gegenwartswelt nicht aufspüren konnte – in ein Zeitvehikel und begibt sich in die Vergangenheit, um seinen Vater in der Nähe des Ortes zu suchen, an dem seine Mutter damals wohnte. Die Suche, obwohl verbissen, ist vergeblich, doch Peter lernt bei den verschiedenen Bekanntschaften, die seinem Exkursionsziel dienen sollen, ein junges Mädchen kennen, das ihn sehr anzieht. Beide verlieben sich, und dieser Affekt hat körperliche Konsequenzen. Peter kann nicht ständig in der Vergangenheit bleiben: er muß zu seiner alten Mutter zurückkehren, deren einziger Ernährer er ist. Nachdem er aufgrund der Beteuerungen des Mädchens davon überzeugt ist, daß sie nicht schwanger ist, kehrt Peter in seine Zeit zurück. Es gelang ihm nicht, Spuren des Vaters zu finden. Eines Tages entdeckt er im Schubfach seiner Mutter Fotos, die sie vor 30 Jahren zeigen. Mit Entsetzen erkennt er in ihr die Frau, die er liebte. Sie wollte ihn nicht an sich binden und hat edelmütig gelogen: sie war schwanger. Nun verstand Peter, daß er seinen Vater aus dem einfachen und zureichenden Grunde nicht finden konnte, weil er es selbst war. Also, Peter hatte sich in die Vergangenheit begeben, um den vermißten Vater zu suchen. Bei der Abreise hatte er den Namen Otto angenommen, um durch das Inkognito die Suche zu erleichtern. Die Folge dieser Reise ist dann seine eigene Geburt, denn wir haben hier eine kreisförmig geschlossene Kausalstruktur vor uns. Peter ist sein eigener Vater, doch entgegen einer oberflächlichen Meinung hat er keine Blutschande begangen, denn als er sich mit seiner Mutter körperlich vereinte, war sie nicht seine Mutter (und konnte es nicht sein). (Von einem rein genetischen Standpunkt aus – wenn man mal von der heute für wahr gehaltenen Unwahrscheinlichkeit eines Ursachenkreises absieht – ist Peter genotypisch mit seiner Mutter identisch, d. h. sie hat ihn gleichsam parthenogenetisch geboren, denn kein Mann hat sie befruchtet, der von ihr verschieden war.)

Diese Struktur schafft eine sogenannte Zeitschleife, die das Kausalskelett einer gewaltigen Menge von SF-Werken ausmacht. Das von mir beschriebene Werk sollte eine »minimale« Schleife haben, eine noch »kleinere« hat R. Heinlein in seiner Erzählung »All You Zombies« benutzt. Ihre Story sieht so aus: eine junge Frau wird von einem Mann geschwängert, der sich nach diesem Akt sofort dünnemacht; sie gebiert ein Kind, oder genauer, sie bringt es mit Hilfe eines Kaiserschnitts zur Welt. Während dieser Operation stellen die Ärzte fest, daß sie ein Hermaphrodit ist und daß man (aus Gründen, die der Autor nicht erklärt) sofort ihr Geschlecht ändern muß. Sie verläßt also die Klinik als ein junger Mann, der – vor kurzem noch eine Frau – ein Kind geboren hat. Sie sucht lange nach ihrem Verführer, bis sich herausstellt, daß sie *selbst* dieser Verführer war. Die Kreissituation sieht nun so aus: ein und dasselbe Individuum war in der Zeit T_1 eine junge Frau und zugleich als eben diese Frau ihr Partner, diese wurde durch einen chirurgischen Eingriff in einen Mann umgewandelt und vom Erzähler aus der künftigen Zeit T_2 in die Zeit T_1 verpflanzt. Der in der Zeit reisende Erzähler hat den jungen Mann aus der Zeit T_2 »herausgenommen« und ihn in die Zeit T_1 transportiert, so daß er »sich selbst« verführte.

Neun Monate nach der Zeit T_1 wird ein Kind geboren. Der Erzähler stiehlt dieses Kind und bringt es 20 Jahre in die Zeit zurück zum Zeitpunkt T_0 und legt es hier vor die Tür eines Kinderheims. Damit ist der Kreis vollkommen geschlossen: ein und dasselbe Individuum ist »Vater«, »Mutter« und »Kind«, also hat es sich selbst befruchtet und sich selbst geboren. Nachdem es »sich selbst« befruchtet hatte, wird der – dank dieser Befruchtung – zur Welt gebrachte Säugling so in die Zeit zurückgebracht, daß aus ihm nach zwanzig Jahren eben die junge Frau entsteht, die in der Zeit T_1 sexuell mißbraucht wird: von einem jungen Mann aus der Zeit T_2, der sie – durch einen chirurgischen Eingriff in einen Mann umgewandelt – selbst ist. Die Tatsache, daß ein Zwitter wohl kaum ein Kind gebären kann, ist hier eine unwichtige Klippe, weil die merkwürdige Situation, die darin besteht, daß ein Mensch sich selbst gebiert, und wir damit den Akt einer »creatio ex nihilo« vor uns haben, viel »unmöglicher« ist. Alle Strukturen vom Typ einer Zeitschleife sind kausal innerlich widersprüchlich, doch nicht immer wird dieser Widerspruch so sichtbar wie in der Erzählung von Heinlein.

Frederic Brown berichtet von einem Menschen, der in die Vergangenheit reist, um seinen Großvater dafür zu bestrafen, daß dieser seine Großmutter mißhandelt habe; er tötet während des Streites den Großvater, bevor dieser seinen Vater zeugen konnte, dadurch konnte auch der Zeitreisende nicht auf die Welt kommen. Wer hat dann aber den Großvater getötet, wenn der Mörder überhaupt nicht geboren wurde? Ein Widerspruch also! Manchmal kehrt ein zerstreuter Wissenschaftler, der irgend etwas in der besuchten Vergangenheit vergessen hat, wegen des verlorenen Gegenstandes in diese zurück und trifft sich selbst, weil er nicht präzis an dem Zeitpunkt ankam, an dem er in die Gegenwart zurückgereist war, sondern er gelangte dort an, wo er bereits gewesen war; wenn sich solche Rückkehren wiederholen, dann wird ein und dieselbe Person einer üppigen Vermehrung in Doppelgänger unterworfen. Weil mir eine ernsthafte Annahme solcher Möglichkeiten gegenstandslos scheint, habe ich in einer Erzählung über Ijon Tichy die »Vervielfältigung« der Hauptperson maximalisiert; das Raumschiff von Tichy, das in Gravitationsstrudel hineinrast, die die Zeit verbiegen und den Zeitstrom zu einem Kreis schließen, füllt sich mit einem Haufen streitender Ijons. Das Motiv der Schleife wird oft z. B. für solche Darstellungen benutzt: jemand begibt sich in die Vergangenheit, legt hier auf einer venezianischen Bank Dukaten auf Zins und Zinseszins an, und nach Jahrhunderten verlangt er in New York vom Konsortium der Bank die Auszahlung des gesamten Kapitals, das sich auf eine gigantische Summe beläuft. Wozu braucht er soviel Geld auf einmal? Wieso – wozu? Er muß doch die besten Physiker anstellen, damit diese ihm eine Zeitmaschine – die bisher nicht existierte – konstruieren, denn gerade mit diesem Vehikel soll er doch in der Zeit rückwärts nach Venedig reisen, wo er seine Dukaten auf Zins und Zinseszins anlegen wird ... (Mack Reynolds »Compounded Interest«). Oder jemand kommt aus der Zukunft zu einem Künstler (in der einen Erzählung – zu einem Maler, in der anderen – zu einem Schriftsteller) und gibt diesem entweder ein Buch über die Malerei oder einen Roman, der in der künftigen Welt geschrieben wurde. Der Künstler beginnt auf Teufel-komm-raus von dem erhaltenen Material abzuschreiben und wird berühmt; das Paradoxon liegt aber darin, daß er von sich selbst abschreibt, (denn dieses Buch war von ihm, denn dieses Bild hat er selbst gemalt, wenn auch »erst in zwanzig Jahren«).

Aus verschiedenen anderen derartigen Werken erfahren wir, daß die Dinosaurier deshalb im Mesozoikum ausgestorben sind, weil man Jagden auf sie veranstaltet hat, die wie eine »Safari in die Vergangenheit« organisiert waren (F. Brown); daß man, um sich in der Zeit in eine Richtung bewegen zu können, unbedingt die gleiche Masse in die Gegenrichtung schicken muß; daß man Exkursionen unternimmt, um historische Ereignisse zu »ändern«. Das letzte Thema wurde mehrmals bearbeitet, und so hatten in einer amerikanischen Erzählung die Konföderierten über die Vereinigten Staaten gesiegt (»Bring the Jubilee« von Ward Moore). Der Held, ein Militärhistoriker, reist in die Vergangenheit, um zu erkunden, wie es zu dem Sieg der Südstaatler bei Gettysburg gekommen war. Doch seine Ankunft mit der Zeitmaschine bringt die Heere von General Lee in Unordnung, und das Ergebnis dieses Ereignisses ist – der Sieg der Nordstaaten. Der Held kann nicht mehr in die Zukunft zurückkehren, weil er mit seiner Ankunft auch die Ereignisse gestört hat, was eine Kausalkette schaffen sollte, durch die später eine Zeitmaschine gebaut wurde. Und dann, als der Mann, der den Bau der Zeitmaschine finanzieren soll, dies nicht mehr tut, gibt es keine, und der Historiker bleibt im Jahre 1860 stecken, da er nichts hat, womit er seine Rückreise antreten könnte. Offensichtlich gibt es auch hier ein Paradoxon. (Womit ist er denn in die Vergangenheit gekommen?) Das Spiel besteht üblicherweise darin, daß das Paradoxon mal in die eine Schwingung und mal in die andere Schwingung der Aktion verlagert wird. Die Zeitschleife – als Skelett der Kausalstruktur des Werkes – ist etwas anderes als das weit zwanglosere Motiv der Zeitreise; sie ist nämlich nur die logische, wenn auch einfache Konsequenz der generellen Zulassung der Möglichkeit einer »Chronomotion«. Möglich sind zwei oppositionelle schriftstellerische Standpunkte, und sie wurden bereits exploitiert: entweder stellt man die durch die »Chronomotion« verursachten Paradoxa kausalen Typs absichtlich in einem möglichst logischen Aufbau dar oder aber man weicht ihnen geschickt aus. Der Umstand, daß im ersten Fall das präzise Ausspinnen der logischen Konsequenzen zu genauso absurden Situationen führt wie die von uns erwähnte (eine Person, die ihr eigener Vater ist und die sich selbst gezeugt hat), hat gewöhnlich einen komischen Effekt (d. h. natürlich, sie kann ihn haben; es gibt hier keinen Automatismus). Doch die kreisförmige Kausalstruktur kann gleichsam nebenbei den Charakter eines Werkzeuges annehmen, das uns bestimmte Inhalte signalisiert, die nicht auf einen reinen Spaß am Verfertigen lustiger Antinomien zu reduzieren sind.

In solchen Fällen ist der kausale Kreis nicht das Ziel der Kreation, sondern ein Mittel, um bestimmte Thesen, sagen wir, historiosophischen Typs anschaulich zu machen. »Das Zeittorpedo« von Stonimski gehört hierher, es ist die belletristisch artikulierte These von der »Ergodität der Geschichte«, davon, daß das »Herumfummeln« – als ein Versuch, den Ereignissen auszuweichen, die traurige Folgen hatten – keinerlei Verbesserung der Geschichte bringt, weil anstatt der einen Serie von Debakeln und Kriegen eine zweite entsteht, die keinen Deut besser, sondern nur anders als die ursprüngliche ist.

Eine dem diametral entgegengesetzte Hypothese verkörpert »The Sound of Thunder« von Ray Bradbury, eine hervorragend geschriebene, kleine Story, in der der Teilnehmer einer »Safari auf Tyrannosaurier« dadurch, daß er einen Schmetterling und ein paar Blümchen zertritt, durch diese mikroskopische Tat eine derartige Pertubation der sich über Millionen Jahre hinziehenden Kausalketten auslöst, so daß die Orthographie der englischen Sprache – wie sich bei seiner Rückkehr herausstellt – anders ist als vorher und ein anderer Präsidentschaftskandidat – nicht ein Liberaler, sondern eine Art Diktator – die Wahlen gewonnen hat. Es ist nur schade, daß Bradbury gezwungen ist, komplizierte und wenig einleuchtende Erklärungen abzugeben, um zu begründen, daß die Jagd auf Saurier, dic ja – von einer Kugel getroffen – umfallen, nichts in der Kausalkette verletzt, dagegen aber das Zetreten eines Blümchens. (Wenn ein erschossener Tyrannosaurier zu Boden stürzt, dann muß die Menge der kaputtgemachten Blümchen größer sein, als die, die ein vom Schutzweg abgekommener Safariteilnehmer zerstört.) »The Sound of Thunder« exemplifiziert die »antiergoditätische« Hypothese der Geschichte – im Gegensatz zu dem Roman von Stonimski; doch beide Hypothesen sind in einem gewissen Sinne miteinander zu vereinbaren. (Die Geschichte könnte komplex ergoditätisch, d. h. gegenüber den Strömungen von lokalen Ereignissen wenig empfindlich sein, und zugleich könnte es spezielle Punkte in den Kausalketten geben, deren spezifische Hyperempfindlichkeit die ihnen zugefügten Störungen in den Folgen gewaltsam verstärkt; im persönlichen Leben ist z. B. eine Situation, in der man einen Lastwagen überholen will, während aus der Gegenrichtung ein anderes Auto kommt, solch ein »hyperallergischer Punkt«.)

Wie es in der Science Fiction üblich ist, durchlebt ein –

durch eine entdeckte Ereignisstruktur (in diesem Falle die Zeitreise) – grob vorgegebenes Thema seine spezifische, gnoseologische – künstlerische Involution. Wir könnten sie anhand vieler anderer Themen darstellen, doch wir wollen die entstandene Gelegenheit nutzen.

Zunächst finden Autoren und Leser an der Freude Genugtuung, daß sie die Folgen einer Innovation erkennen, die in ihren antinomischen Bedeutungen noch jungfräulich sind. Danach beginnt die intensive Suche nach Ausgangssituationen, die es erlauben, die in der gegebenen Struktur enthaltenen Konsequenzen möglichst gut auszunutzen. So entstehen – gestützt auf Demonstrationen der Chronomotion – z. B. »historiosophische Thesen« (von der Ergodität beziehungsweise der Nichtergodität der Geschichte.) Und es entstehen Grotesken und Humoresken in der Art von »The Yehudi Principle« von Frederic Brown: in dieser Erzählung ist *die Erzählung selbst* der Kausalkreis (denn die Erzählung endet mit den Worten, mit denen der Text begann; er beschreibt den Probelauf einer Wunsch-Erfüllungs-Maschine, und einer der geäußerten Wünsche besteht darin, daß »sich eine Erzählung schreiben solle«; dies wird gerade diese Erzählung sein).

Zu guter Letzt ist die Annahme von Zeitreisen nur ein Vorwand, um eine sensationelle, kriminelle oder melodramatische Intrige spinnen zu können; sie ist dann ein normales Werkzeug zur Erneuerung, zur Renovierung petrifizierter roter Fäden.

Die Zeitlokomotion wurde in der Science Fiction derart kräftig ausgebeutet, daß sie in verschiedene Abteilungen zerfällt, z. B. in die Abteilung »irrtümlicher Postsendungen«, die von der Zukunft in die Gegenwart gelangen. (Jemand erhält eine Schachtel »Build-a-Man-Set«, also eine »Bau-Dir-einen-Menschen«-Schachtel mit »ausgetrockneten« Neuronenpräparaten, Knochen usw., dieser baut sich seinen Doppelgänger und als »ein Kontrolleur aus der Zukunft« kommt, um die Sendung zu revindizieren, legt er den Helden der Erzählung statt eines künstlichen Zwillingsbruders in seine Einzelteile auseinander. So ist es bei William Tenn. Eine andere Sendung erhält man in »The Perfect Thing« von D. Knight. Hier handelt es sich um eine Maschine, die die Bilder selbst zeichnet.) Überhaupt, man produziert – wie uns die SF belehrt – in der Zukunft merkwürdige Dinge (z. B. Farben mit Punktmuster sowie Tausende von Gegenständen mit geheimnisvollen Namen und unbekannten Bestimmungen).

Die »Zeitregierungen« bilden eine weitere Abteilung. Diese wird in bescheidener Gestalt durch »The Barrier« von A. Boucher, einem teilweise satirischen Werk, vertreten. Der Held erreicht bei seiner Reise in die Zukunft einen Staat »ewiger Stase«, der – um sich vor jeglichen Störungen der vollkommenen Stagnation zu schützen, »Zeitbarrieren« errichtet hat, die eine Penetration seines Inneren vereiteln. (Doch manchmal ist eine Barriere durchlässig.) Hier herrschen eher unangenehme Verhältnisse unter der Aufsicht einer Polizei, die der Gestapo ähnlich ist (Stapper). Man muß bereits ein fortgeschrittener SF-Leser sein, um sich in der Aktion zurechtfinden zu können. Der Held gerät nämlich sofort in einen Kreis von Personen, die ihn vortrefflich kennen, obwohl er sie nicht kennt. Dies findet seine Erklärung darin, daß der Held während seiner Flucht vor der Polizei ein bißchen in der Zeit rückwärts geht; er lernt dann die gleichen Personen, aber bedeutend jünger, kennen: für sie wird er zu irgendeinem Fremden, während er – mittlerweile in der Zukunft angekommen – bereits Gelegenheit hatte, sie kennenzulernen. Eine alte Dame, die mit ihm zusammen bei der Flucht vor der Polizei das Zeitvehikel bestiegen hatte, trifft sich selbst als junges Mädchen wieder und erleidet einen schweren Schock. Doch es ist deutlich zu erkennen, daß Boucher selbst nicht weiß, was er mit dem Pfand, »sich selbst zu treffen«, in diesem Kontext anfangen soll, und deshalb läßt er den Schock der Dame lange und ausdauernd währen. Die nachfolgenden Zeitsprünge komplizieren die Intrige rein formell; es gibt Versuche, die diktatorischen Regime zu stürzen, doch alles verliert an Zusammenhang, während die Sensation eskaliert. »Der antiproblematische Eskapismus ins Abenteuer« ist eine besonders typische Erscheinung in der Phantastik: ihre Autoren zeichnen sich durch formelle Fähigkeiten aus, verstanden als Talent, das Spiel in Gang zu setzen und als Fähigkeit, ungewöhnliche *Züge* zu machen – bei gleichzeitiger fehlender Beherrschung und fehlender Ausnutzung der problem-semantischen Aspekte dieser ganzen Kinematik. Infolgedessen diskutieren sie weder die ihnen unter der Feder entstehenden Probleme noch lösen sie sie, sondern sie »entledigen« sich ihrer mehr durch verschiedene Ausweichmanöver, indem sie die Masche des »Happy-End« benutzen oder ein Pandämonium ins Leben rufen, dessen Chaos selbst die noch nicht einmal richtig stabilisierten Bedeutungen schnell verschlingt.

Dieser Tatbestand ist aus der eindeutig »spielerischen« Einstellung der Schriftsteller zu folgern; sie sind auf Effekte aus – wie Panzer auf Hindernisse; sie haben keinen Blick für das, was links und rechts neben ihnen vorgeht. Ihr Sichtfeld wird gewissermaßen stark verlängert und gleichzeitig genauso stark verengt; so ist es in der Erzählung von Tenn, die Folgen des »Lapsus temporalis« einer Postsendung sind schon alles; solch eine Vision nennen wir »monoparametrisch«. Es geht dabei um eine bestimmte Situation, die merwürdig, lustig, unheimlich und von der strukturellen Prämisse aus (z. B. von der Annahme von »Zeitreisen« aus, die eine qualitative Andersartigkeit der Kausalstruktur der Welt hinsichtlich der normalen Realität impliziert) logisch deduziert ist. Doch um mehr geht es nicht.

Dies wird gut an dem Beispiel der »marginalen Verstärkung« von »Zeitregierungen«, einer gewissen »Temporokratie« also, deutlich, die I. Asimov in seiner Erzählung »The End of Eternity« präsentiert. Zeigt »The Barrier« einen einzigen Staat, der sich so von dem historischen Strom der Ereignisse isoliert, wie sich einst China durch den Bau der Chinesischen Mauer von den störenden Einflüssen zu isolieren trachtete (und diese Mauer ist genau das räumliche Äquivalent der »temporalen Barriere«), so zeigt »The End of Eternity« Regierungen, die die Gesamtheit des zeitlichen Seins der Menschheit umfassen. Kontrollbeamte, die in der Zeit reisen, untersuchen das Verhalten einzelner Epochen, einzelner Jahrhunderte und Millennien und anhand der Wahrscheinlichkeitsberechnung verschiedener Ereignisse sowie anhand der Prophylaxe gegenüber unerwünschten Möglichkeiten erhalten sie das ganze System – als »eine im vierdimensionalen Kontinuum ausgespannte Geschichte« – in dem gewünschten Gleichgewicht.

Solche Prämissen sind zweifelsohne dichter mit Antinomien gespickt als der dünnste Meister Lampe mit Speck; die ganze Fähigkeit Asimovs zeigt sich bei dem Slalomlauf, den die Erzählung macht. Sie ist übrigens ausgesprochen naiv, denn sie enthält keinerlei historiosophische Bedeutungen; das Rätsel der »geschlossenen Millennien«, zu denen die »Temporokraten« nicht vordringen können, löst sich, als sich herausstellt, daß das schöne Mädchen, in das sich ein Kontrolleur verliebt, nicht eine bescheidene Bewohnerin eines der Temporokratie unterliegenden Jahrhunderts ist, sondern eine heimliche Gesandte der »unerreichbaren Millennien«.

Die Zeitdiktatur – als reine über dem Kontinuum der Geschichte ausgeübte Kontrolle – wird zerstört, und die befreite Menschheit kann sich mit der Astronautik und anderen, auf die eigenen Möglichkeiten ausgerichteten Tätigkeiten beschäftigen. Das Rätsel der unerreichbaren Millennien ähnelt dem märchenhaft-kriminalistischen »Rätsel des verschlossenen Zimmers«, und die jeweiligen Epochen, auf denen die Kontrolleure der in der Zeit ausgeübten Regierungen kreisen, erinnern auch an einzelne Zimmer. »The End of Eternity« demonstriert ein formales Spiel mit angesetzten, ziemlich zufälligen Bedeutungen über den Kampf um die Freiheit gegen eine Diktatur.

Über die »minimale Zeitschleife« haben wir bereits gesprochen; sprechen wir nun – wegen der Symmetrie – von der »maximalen« Schleife.

Dieser Idee kam A. E. van Vogt mit seiner Erzählung »The Weapon Shops of Isher« sehr nahe, doch wir erzählen sie auf unsere Weise. Wie bekannt, gibt es eine Hypothese (man findet sie in der Feynmanschen Physik), wonach die Positronen Elektronen sind, die sich »gegen den Strich« des Zeitstroms bewegen. Es ist auch bekannt, daß prinzipiell – wie bereits erwähnt – sogar die Galaktiken aus atomaren Zusammenstößen entstanden sein können, vorausgesetzt, die kollidierenden Atome hatten hinreichend Energie. Aufgrund dieser Annahmen konstruieren wir die folgende Geschichte: In ziemlich weiter Zukunft kommt ein berühmter Kosmologe aufgrund der eigenen Forschung und der all seiner Vorgänger zu dem unwiderlegbaren Schluß, daß der Kosmos aus einem einzigen Teilchen entstand und zugleich, daß es solch ein einzelnes Teilchen nicht geben konnte, denn woher hätte es kommen sollen? Er steht dann vor folgendem Problem: Der Kosmos ist entstanden, aber er hätte nicht entstehen dürfen! Der Kosmologe ist über diese Enthüllung sehr erschrocken, doch nach tiefer Überlegung wird es ihm plötzlich klar: der Kosmos existiert ganz genauso wie bisweilen die Mesonen existieren, die zwar das Prinzip der Erhaltung verletzten, die dies aber so schnell tun, daß sie es nicht verletzen. Der Kosmos existiert auf Kredit! Er ist wie ein Pfandbrief, wie ein Wechsel, der materiell und energetisch unverzüglich eingelöst werden *muß*, weil sein Sein eine reinste, eine hundertprozentige sowohl energetische als auch materielle Verschuldung ist. Was ist da zu machen? Der Kosmologe baut mit Hilfe bekannter Physiker eine große »Chronokanone«, die ein einziges Elektron »rückläufig gegen« den Zeitstrom abschießt. Dieses Elektron wird infolge seiner Bewegung »gegen den Strich« in der Zeit in ein Positron umgewandelt; es wird durch die Zeit rasen und während dieser Reise mehr und mehr Energie ansammeln; es wird schließlich dort, wo es aus dem Kosmos »herausspringt«, d. h. an dem Ort, an dem der Kosmos überhaupt noch nicht war, die Gesamtheit der ungeheuren, in ihm konzentrierten Energie in jener übermächtigen Explosion entladen, die das Weltall verursachte! Auf diese Weise wird die Schuld bezahlt und zugleich wird der Kosmos dank dieses größtmöglichen »Ursachenkreisels« in seinem Sein bestätigt; und der Mensch stellt sich als der faktische Schöpfer dieses Universums heraus! Diese Geschichte kann man ein bißchen komplizierter machen, z. B. dadurch, daß man erzählt, wie sich bestimmte Kollegen des Kosmologen, unangenehme Neider, in dessen Werk einmischen, indem sie irgendwelche anderen Teilchen auf eigene Faust »gegen den Strich« der Zeit zurückschicken. Diese Teilchen explodierten nicht in dem gleichen Moment, in dem das Positron des Kosmologen durch seine Eruption den Kosmos schuf, woraufhin jene unangenehmen Pickel in

Gestalt von merkwürdigen Quasaren und Pulsaren entstanden, die heute der Wissenschaft großes Kopfzerbrechen bereiten und die mit dem Korpus des heutigen Wissens nicht in Deckung zu bringen sind. Sie sind eben die »Artefakten«, die von den bösartigen Konkurrenten des Kosmologen geschaffen wurden. Man könnte auch erzählen, wie »sich die Menschheit zugleich selbst geschaffen und verdorben hat«, weil einem Physiker, der »aus der Chronokanone« eilig und schlampig geschossen hatte, ein Teilchen in die falsche Richtung losging, das als neuer Stern in der Nähe des Sonnensystems vor zwei Millionen Jahren zersplitterte und durch seine harte Strahlung das Plasma der Uranthropoiden beschädigte, die sich dadurch evolutionär nicht zu den »ehrlich denkenden Menschen« entwickelten (wie es ohne die Nova »gewesen wäre«), d. h. die Nova bewirkte eine Degeneration des Hominis Sapientis, und seine Geschichte ist das Abbild davon.

In dieser Version haben wir den Kosmos gerade noch hingekriegt, uns selbst aber nur noch schlecht. Die Aussage des Werkes wird natürlich aufgrund dieser oder jener benutzten Version von Umgestaltungen in seiner Adresse – unabhängig von der Idee selbst (»autokreative« Anwendung der »maximalen Zeitschleife«) – so oder anders ironisch.

Es handelt sich hier, wie man sieht, um ein intellektuelles Spiel, das eine echte Phantasterei ist, die die aktuellen Hypothesen der Wissenschaft logisch beziehungsweise pseudologisch umfunktioniert. Dies ist keine »reine« Science Fiction, nicht einmal Science Fantasy oder Fantascience, wie sie bisweilen genannt wird. Hier wird uns nichts völlig seriös vorgetragen, es werden nur die Konsequenzen eines Gedankenspiels gezeigt, das mit den Richtlinien der wissenschaftlichen Methode konform verläuft, die manchmal unverändert (wir haben nichts von den wissenschaftlichen Voraussetzungen verändert, als wir den »Prozentsatz der Vaterschaft« prognostizierten) und manchmal heimlich verändert übernommen wurden. Science Fiction kann also sowohl die verantwortungsbewußte als auch die unverantwortliche Inanspruchnahme der hypothesenbildenden Apparate des wissenschaftlichen Denkens sein.

Das Beispiel der »Autokreation« enthüllt nicht nur die »maximalen Dimensionen« des Paradoxons der Selbstzeugung (Peter hat nur sich selbst gezeugt, in der universalen Variante hat sich dagegen bereits die gesamte Menschheit selbst hergestellt und dazu vielleicht nicht einmal in optimaler Weise, was sich sogar in die »manichäische« Terminologie übersetzen ließe), sondern es zeigt auch auf Anhieb, daß die Idee als Annahme wesentlicher Innovationen der Struktur der Gegenstandswelt des Werkes selbst für eine wissenschaftlich-phantastische Kreation von zentraler Bedeutung ist. (Im Fall der Zeitreise handelt es sich um die Änderung der Kausalität – durch die Zulassung der Reversibilität dessen, was heute universal und allgemein für irreversibel gehalten wird.) Die Qualitäten eines belletristischen Stoffes als Qualitäten, die der Hauptkonzeption untergeordnet sind, sind in ihrer Bewertung also davon abhängig, wie die Qualität ihrer Dienstleistungen gegenüber der Idee ist. Ein belletristischer Stoff sollte die Verkörperung einer pseudowissenschaftlichen, beziehungsweise einfach einer szientifischen Hypothese sein – und aus. So entsteht eine »reine« Science Fiction, die ausschließlich an die »reine« Vernunft appelliert. Man kann die Kreation auch in Probleme verwickeln, die außerhalb der Sphäre dieses intellektuellen Spiels liegen, indem man z. B. den »Manichäismus des Seins« anhand des Irrtums eines neidischen Physikers darstellt; dann bietet sich eine Chance für Ironie oder Sarkasmus in Form eines »Obertons«, der harmonisch über der Hauptsache der Erzählung liegt. Sobald wir das tun, spannen wir die Science Fiction für »unsaubere« Geschäfte ein, weil die Science Fiction keine wissenschaftlichen Pseudoenthüllungen mehr liefert, sondern in demselben semantischen Substrat arbeitet, in dem normalerweise die Literatur tätig ist. (Eben deshalb wird die mit semantischen Problemen verschmutzte SF *»angewandte Phantastik«* genannt).

Sobald aber die Literatur selbst, d. h. die »normale« Literatur, höhere und niedrige Dienste leistet und »Hausfrauenpoesie« sowie Klassik produziert, dann kann auch die *angewandte* Science Fiction eine analoge Amplitude aufweisen. Können wir doch den Manichäismus, wie erwähnt, anhand der Kosmokreation genausogut allegorisch erzählen (das wäre die Richtung einer grotesken oder humoristischen Abweichung vom Zustand der »intellektuellen Reinheit«, das wäre gleichsam ein Äquivalent der »mathematischen Leere«) oder die Geschichte der Kosmokreation mit einem Melodrama interferieren indem wir sie mitten in eine sensationelle, psychopathologische Intrige stellen. (Der Kosmologe, der das Universum schuf, hat eine böse Frau, die er jedoch sehr liebt, oder – der Kosmologe wird entführt, oder – der Kosmologe wird wegen seines Werkes verrückt und aufgrund seines Größenwahns in einem Irrenhaus gedemütigt etc.)

Es ist dann schließlich so: ein realistischer Schriftsteller ist für die Eigenschaften der Gesamtstruktur der realen Welt, z. B. der Kausalstruktur nicht verantwortlich; wenn wir sein Werk beurteilen, beschäftigen wir uns nicht zentral mit der Bewertung der Struktur der Welt, von der diese Eigenschaften aber dennoch irgendwie abzuleiten sind.

Ein SF-Schriftsteller hingegen trägt die Verantwortung auch für die Welt, in welcher er die Aktion seines Werkes untergebracht hat und dazu auch für die Aktion, weil er – zumindest im Grenzfall – sowohl das eine wie das andere schafft.

Erfindungen neuer Welten jedoch sind in der Science Fiction so rar wie Perlen von der Größe eines Brotes; deshalb bedienen sich 99,9 % all dieser Werke in ihrer Kreation eines Schemas, eines der Schemata, die alle zusammen das ganze thematische Repertoire der Gattungsstruktur bilden; denn eine in ihren Strukturqualitäten wirklich neue Welt ist eine Welt, in der die kausale Irreversibilität der Geschehnisse annulliert wird oder eine Welt, in der die Persönlichkeit des Menschen auf eine – dank einer »intellektronischen Evolution« – synthetisch hergestellte Persönlichkeit prallt, oder eine Welt, in der die irdische Kultur mit einer außerirdischen Kultur in Kontakt tritt, die von der menschlichen Kultur tatsächlich und nicht nur dem Namen nach *qualitativ* verschieden ist. Aber so wie man auf keine Weise weder die Dampfmaschine noch einen Verbrennungsmotor noch irgendwelche anderen, bereits existierenden Dinge erneut erfinden kann, so kann man auch die qualitativ relevanten Welten der »Chronomotion« oder der »Maschine mit Seele« nicht noch einmal erfinden. Und so wie die Kriminalgeschichte unermüdlich ein und dieselben Erzählstereotypen bearbeitet, so macht es auch die Phantastik, wenn sie uns von zahllosen Peripetien nur deshalb berichtet, um zu zeigen, daß man sie dank der Anwendung der Zeitschleife zu annullieren vermag. (So ist es z. B. in »The Entrepreneur« von Thomas Wilson, wo davon die Rede ist, wie die schrecklichen Kommunisten die USA beherrschen, doch die Zeitreisenden begeben sich an die Zeit zurück, wo sie die Invasion und die Diktatur annullieren konnten.) Mal werden die Kommunisten durch »Andere Wesen« ersetzt, mal sind dies sogar »Menschen selbst«, doch diese kommen aus der Zukunft. (In diesem Sinne kann sich dank der Zeitschleife jeder mit sich selbst prügeln, solange seine Kräfte dazu reichen usw.)

Wenn wirklich neue Ideen, wenn die nuklearen Kerne, die den Anfang einer wahren Flut von Werken nach sich ziehen, gleichsam jenen gewaltigen Erfindungen entsprechen, aufgrund derer die Bioevolution das Strukturprinzip der Tiertypen als Wirbeltiere und Wirbellose, als Fische, Reptilien, Säugetiere und Vögel »erdachte«, dann war in der »Evolution der SF« eben die Entstehung der Idee einer Zeitreise, die Herstellung von Robotern, der kosmische Kontakt, die kosmische Invasion und die apokalyptische Katastrophe der menschlichen Gattung ein Äquivalent solcher typenschaffenden Umstürze. Und wie die natürliche Evolution innerhalb der typischen Organisation bereits, wenn auch sich unbedeutend voneinander unterscheidende Varianten hinsichtlich der Gattung, der Familien, der Rassen usw. produziert, so müht sich auch die Science Fiction unermüdlich im Rahmen einer bescheidenen, weil nur variantenschaffenden Tätigkeit ab.

Doch diese Arbeit zeitigt systematisch einseitige Abweichungen: wie wir gesagt und gezeigt haben, sind alle großen Konzeptionen, die die Struktur der Welt verändern, Erscheinungen eines reinen Spiels des Intellekts; in Abhängigkeit von der Qualität dieses Spiels werden seine Resultate bewertet. Das Spiel kann auch ein »angewandtes« Spiel sein, d. h. es ist in Situationen verwickelt, die mit dem Hauptprinzip nur locker oder fast gar nicht verbunden sind. Welche Beziehung besteht letztendlich zwischen der Tatsache, daß ein Kosmologe existiert, der die Welt schuf und dem Umstand, daß er eine schöne Sekretärin hat, die mit ihm ins Bett geht? Oder was denn anderes ist die Entführung des Kosmologen – kurz bevor er aus der »Chronokanone« schießt – als eine retardierende Handlung? Auf diese Weise wird eine Idee, die sich in ein paar Sätzen artikulieren läßt (wie wir es gemacht haben) zum Vorwand für die Niederschrift eines langen Romans (wo im Epilog der »kosmokreative« Schuß erst dann abgefeuert wird, wenn irgendwelche, vom Autor geschickten Helfer den Kosmologen endlich aus seiner Bedrängung befreien). Die rein intellektuelle Konzeption wird auseinandergezogen und völlig unproportional zu ihren eigenen Möglichkeiten verlängert. Gerade so verfährt die Phantastik, dazu epidemisch. Selten sind dagegen Abweichungen von der »Leere« – als dem Zustand des »reinen Spiels« – in Richtung auf problematisch bedeutsame Verwicklungen, kann man doch in einer strukturell gleichen Welt sowohl die Intrige eines Abenteuers als auch die Intrige eines psychologischen Dramas gleich gut ansiedeln; man kann gleich gut mit Sensationen unterhalten als auch durch ontologische Implikationen, die die gesamte Narration schaffen, zum Denken anregen. Gerade der Ausrutscher in Richtung einfacher, abenteuerlicher Intrigen ist ein Symptom für die Entartung dieses Literaturzweiges. Ein Gedanke ist in ihm zulässig, wenn er so verpackt ist, daß er durch den Glanz der Verpackung kaum noch zu sehen ist. Die Banalisierung einer Konvention, die Gewöhnung an Innovationen der Weltstruktur, an Innovationen, die wegen der unzähligen Wiederholungen völlig verschossen sind, sollte als ein Impuls die Science Fiction veranlassen zu versuchen, den Strom dieser Evolution, die gerade eine Involution ist, in die Gegenrichtung zu dem »Pol der Sensationen« zu lenken. Die Phantastik sollte nicht durch die Vermehrung der Menge von Marsianern und Blastern, die den Kosmologen beim Schießen aus der »Chronokanone« stören, tätig werden. Man sollte die Inflation nicht noch in diese Richtung anheizen, sondern man sollte radikal umkehren und sich auf den

Gegenpol ausrichten – herrscht doch prinzipiell die gleiche bipolare Situation auch in der normalen Literatur. Doch auch die normale Literatur kann zwischen billigen Melodramen und Erzählungen von höchsten ästhetisch-gnoseologischen Ansprüchen pendeln. Solch ein heilender oder sogar rettender Reflex – als nachweisbare Reaktion – ist jedoch schwer in der Science Fiction zu finden. Über ihrer Domäne scheint ein merkwürdiges Fatum zu schweben, das dazu führt, daß Schriftsteller mit höchsten Ambitionen und zugleich erstaunlichem Talent wie Ray Bradbury oder der jüngere J. Ballard wohl bisweilen konzeptuelle und rationale Mittel, die die Science Fiction schuf, hervorragend einsetzen, aber nicht mit dem Ziel, die Gattung zu veredeln und sie dem »optimalen« Pol der Literatur zuzuführen. Sie sind auf diesen Pol ausgerichtet, doch gleichzeitig betrügen sie mit jedem Schritt den programmatischen Realismus der SF zugunsten des Irrationalismus, denn ihre Fähigkeiten, ihre künstlerischen Talente werden intellektuell inadäquat begleitet. Dies heißt in der Praxis: sie vermitteln mit Hilfe der »Signalisationsapparatur« der in Gang gebrachten Requisiten der Science Fiction keine intellektuell neuen Inhalte. Sie werfen keine tatsächlich neuen Probleme auf, sondern sie scheinen die Konversion der Science Fiction – im »Glauben an die normale Literatur« – darin zu sehen, daß sie bereits nichtphantastische Inhalte, die ethisch, axiologisch und philosophisch alte Klamotten sind, mit phantastischen Mitteln artikulieren. Die Rebellion gegen die Maschine und gegen die Zivilisation, das Lob der »Ästhetik« der Katastrophe, die Ausweglosigkeit aus der zivilisatorischen Sackgasse, in der die Menschheit steckt, das sind ihre Hauptprobleme, das ist der gedankliche Extrakt ihrer Werke. Das ist eine Science Fiction, die a priori mit Pessimismus kontaminiert ist – unter dem Motto: egal was passiert, es wird böse enden.

Sie verhalten sich so, als glaubten sie, daß das Zugeständnis, die Menschheit habe die Chance – sei es auch nur die Chance von eins zu einer Million, oder von eins zu einer Milliarde –, über die bereits bekannte zyklische Pulsation der Geschichte hinauszugehen, die zwischen dem Zustand einer relativen Stabilisation und eines totalen Ruins seit eh und je hin und her pendelt, daß dieses Zugeständnis ein falscher Schritt sei: sie sehen nun in der rücksichtslosen und entschlossenen Ablehnung aller Entwicklungschancen der Menschheit, in der totalen Negation in eskapistischer oder nihilistischer Manier die eigentliche Mission einer ernstzunehmenden Science Fiction. Sie setzen also auf die ausweglose Tragödie, was man jedoch nicht nur aus einem beliebig motivierten Optimismus heraus, und sei er auch noch so gering, in Frage stellen kann. Eine Kritik an ihrer Ideologie sollte sich aber besser darauf konzentrieren zu zeigen, daß sie das negativ beurteilen, was sie selbst nicht richtig verstehen. Sie haben aufgrund der gewaltigen Bewegungen, die unsere Welt erschüttern, die gleiche Angst des *Nichtverstehens* der Veränderungsmechanismen wie die gewöhnlichen Formen der Literatur. Ob es klar ist, wie groß dadurch ihr Verrat wird? Die nicht spielerische Voraussetzung einer Kreation im Bereich der wissenschaftlichen Phantastik ist vor allem ein *gnoseologischer* Optimismus. Oft ist er künstlerisch und auch intellektuell billiger Schund, sein Prinzip jedoch ist gut – gemäß dieses Prinzips gibt es bei mangelhaftem Wissen nur ein Mittel: besseres Wissen, d. h. ein umfangreicheres Wissen. Leider ist es wahr, daß die Science Fiction gewöhnlich miese Surrogate dieses Wissens präsentiert. Doch aufgrund ihrer Voraussetzungen existiert dieses Wissen, und es ist erreichbar: der Irrationalismus der Phantastik Bradburys und Ballards negiert das eine und das andere. Die heimliche Axiomatik ihrer Werke ist derart beschaffen, daß man keine gnoseologischen Hoffnungen haben darf. Statt konzeptionell neue Ausrüstungen und neue begriffliche Konfigurationen in den Qualitätsbereich des traditionellen Schrifttums einzubringen, die der intellektuellen Phantasie zu verdanken wären, verzichten diese Autoren, indem sie sich von dem Stigma einer leichtfertigen Versuchung der Science Fiction befreien, zugleich auf alles, was ihren gnostischen Wert ausmacht. Bestimmt wissen sie nicht, daß sie Fahnenflucht begingen, doch das entschuldigt sie nur moralisch: um so schlimmer für die Literatur und die Kultur, die durch solche Fehler einschneidend beschädigt werden.

Wiederholen wir kurz noch einmal, was wir als Befürworter einer strukturellen Analyse der Phantastik nachgewiesen haben. Als wir den Phantasierungsgenerator in seine Teile zu zerlegen versuchten, haben wir uns mit den Grundoperateuren beschäftigt, angefangen mit dem inversiven Operateur und, später haben wir in den skizzierten Experimenten die Brauchbarkeit des aus den Bedeutungsinversionen herausisolierten Operateurs geprüft. Es hat sich gezeigt, daß sich eine Do-it-yourself-Anleitung für Phantastikamateure herstellen läßt, doch das Ergebnis der darin empfohlenen Tätigkeiten sind leere und formale, auf wenig Züge beschränkte Spiele, die deshalb so bezeichnet werden, weil sie außer den buchstäblichen, keine semantischen Bezüge haben. Sie stellen »merkwürdige« Zustände her, aber nicht mehr. Wir haben auch gesehen, daß man anstatt einer Transformation auch strukturelle Anleihen vornehmen kann, indem man typische Strukturierungen aus nichtphantastischen Gattungen wie dem Kriminalroman übernimmt und entsprechende Substitutionen vornimmt. Was die kategorialen Ebenen der Bedeutungen betrifft, auf denen der Operateur die Bedeutungen »umdreht«, so ist es gelungen, folgende Korrelation festzustellen: je höher die Ebene der berührten Kategorie, um so komplexer für die kreierte Welt und gewöhnlich auch um so interessanter sind die Ergebnisse einer solchen Kreation, weil sie keine rein lokalen »Merkwürdigkeiten« mehr sind, sondern Bedeutungen haben, die in extremen Fällen die ontologische Grenze erreichen.

Des weiteren besprachen wir, wenn auch schnell, die Strukturen einer nichtphantastischen Narration und verweilten bei einer großen Rahmenstruktur, die durch das Thema der »Chronomotion« vorgegeben ist. Wir haben sie gewählt, weil sie – und das geben wir jetzt zu – das ausschließliche Eigentum der Science Fiction ist, das sie mit niemandem teilt. Andere Rahmenthemen hingegen, wie z. B. »Mensch und Roboter«, »Kosmonautik«, »biologische Mutation« sind ganz offensichtlich nicht das ausschließliche Eigentum der Science Fiction.

Das obige Thema trassiert durch die Reversibilität der Kausalordnungen, die zu zahlreichen Formen von Paradoxa und Antinomien führt, eine Welt, die von der realen Welt sehr verschieden ist. Dadurch bestimmt es das Feld besonderer phantastischer Spiele, die entweder die »chronomotorische Qualität« eines solchen Universums solenn exploitieren oder sich ihrer nur für die atraditionelle Lösung traditioneller Aufgaben der sterotypisierten Literatur, z. B. des Kriminalromans oder des Spionageromans bedienen. Die Werke des ersten Typs führen manchmal zu Reflexionen über die ontische Qualität der »Chronomotion« und ihrer existentiellen Konsequenzen. Werke des zweiten Typs dagegen sind für diese Problematik blind. Dieser Unterschied gibt uns jedoch keinen Schlüssel für eine automatische axiologische Unterscheidung dieser Texte.

Der von der »Chronomotion« vorgegebene Strukturrahmen enthält zahlreiche Fächer, von denen wir nur zwei erwähnt haben (»fehlgeleitete Sendungen aus der Zukunft«, »Temporokratien«). Wie man weiß, gibt es verschiedene Arten Bridge, doch all diese Varianten sind Bridge, aber wenn man sich an den Spieltisch setzt, muß man klären, *welche Art* Bridge gespielt werden soll. Ähnlich ist es auch mit der Einteilung des Spielfeldes in der »Chronomotion«. Wir haben mal gezeigt, daß man dieses Spiel sowohl auf der Skala einzelner menschlicher Individuen (als wir dies am Beispiel der »chronomotorischen Pseudoblutschande« erklärten) als auch auf der Skala des gesamten Weltalls (das von einem durch die »Chronokanone« abgeschossenen Positron geschaffen wurde) spielen kann. Man kann es spielen, indem man entweder absichtlich auf Antinomien und Paradoxa aus ist, die potentiell in der Struktur einer »chronomotorischen Welt» enthalten sind, oder indem man ihnen so geschickt wie möglich auszuweichen versucht. Das Ergebnis sind verschiedene Arten von Perfektion, die meistens denotatorisch leer sind. Das Ganze hat im Hinblick auf unsere Welt keinerlei Bedeutung; es ist nur lustig, bisweilen intellektuell faszinierend, so wie es mit logischen Paradoxa gewöhnlich zu sein pflegt.

Schließlich stellten wir fest, daß auch die Struktur des

»chronomotorischen Spiels« (wie jede literarische Konstruktion) in ganz konkrete und reale Bedeutungen verwickelt werden kann, die nicht mehr leer sind, mit einem Wort, daß man – so wie man die Leere mathematischer Konstruktionen mit empirischen Bedeutungen anfüllen kann – genauso ein rein formales Spiel, in diesem Falle, das »chronomotorische Spiel« mit kulturellen Bedeutungen anfüllen und ihm dadurch primär, d. h. in seinem nackten Skelett von Regeln, einen Sinn geben kann. Wenn jemand die Geschichte eines Menschen schreiben würde, der dank der Zeitmaschine sein Leben zweimal leben konnte, dann könnte ein derartiger Roman gnoseologisch wertvoll sein: als ein psychologisches Dokument und als eine anthropologische Studie; denn über einen Menschen, d. h. über seine Merkmale können uns nicht nur seine Reaktionen auf das, was empirisch stattfindet, wertvolle Aufschlüsse geben, sondern genausogut seine Reaktionen auf das, was empirisch nicht statthaben kann. (Die Entstehung der Galaktiken aus beschleunigten Atomen findet empirisch nicht statt, doch die hypothetische *Extrapolation* der Daten, die wir tatsächlich besitzen, sagt doch sehr viel über die Eigenschaften der Atome und der Galaktiken aus.) Also auch eine »chronomotorische« Erzählung über das zweimalige Leben einer Person könnte den Wert einer ungewöhnlichen Extrapolation haben.

Phantastische Texte legen folglich die Werte verschieden fest; entweder präsentieren sie originelle, leere Spiele oder sie spannen diese Spiele für nichtleere Bedeutungen ein. Dabei kann man das leere Spiel in Problemfelder einführen, in denen sie bisher nicht anzutreffen waren; aufgrund solcher Kreuzungen bekommt das alte Spiel einen neuen Wert. Doch meistens spielen die Autoren mit uns dergestalt, daß sie auf unerhebliche Weise den Verlauf des alten Spiels, das schon hundertmal gespielt wurde, ändern und sich stur – statt dem Pol der semantischen Werte zuzustreben – auf den entgegengesetzten Pol zubewegen, der aufgrund der Sensationsträchtigkeit seiner Impulse stark ist. Gerade das führt zu den inflatorischen und zugleich involutionären Trends der Science Fiction. Wenn die Phantasten nicht imstande sind, eine Situation auf dem Feld des gegebenen Spiels zu finden, die – mag sie auch leer sein –, wenigstens konstruktionsmäßig intellektuell interessant ist, dann sollten sie sich um die Erarbeitung einer Vielgründigkeit der Situation bemühen, die mit Bedeutungen vom Charakter wichtiger Probleme verbunden ist, doch statt dessen wollen sie den Leser durch die Intensivierung vordergründiger Erscheinungen ködern, d. h. sie ziehen das Abenteuer der Literatur vor und die Demonstration von Brutalität oder Absonderlichkeiten – der Chance reflektiven Nachdenkens in einem System »eingeschalteter«, breit angelegter Begriffskategorien. Hier haben die billige Moralisierung und auch der primitive Katastrophismus vieler Werke ihren Ursprung, weil die Intrige sich immer wichtiger als das Problem erweist, deshalb ist der Inhalt gelehrter Bücher für die Rennraketen der Science Fiction eher ein Treibstoff denn eine Tiefe, die auszuloten ist.

Will man aus dem Gesagten Schlüsse von synthetischem Charakter erarbeiten, dann könnte man einige strukturelle Schlüssel für die Klassifikation der Science Fiction vorschlagen, wobei jeder einzelne Schlüssel das Herrschaftsreich in Unterklassen auf eine andere Weise aufteilt als die anderen Schlüssel.

1) Der Klassifikator aufgrund der semantischen Kategorie: (Opposition auf der Achse: leeres Spiel – sinnvolles Spiel)

Werke als leere Spiele (formale)	Werke als sinnvolle Spiele (in Probleme verwickelt)

Diese Opposition hat einen komplizierteren Charakter als man vermuten könnte. Erstens: literarische Spiele sind nie – im mathematischen Sinne – völlig leer. Die Annäherung dieses Spiels an den Zustand einer vollkommenen Leere ist, obwohl möglich, meistens mit seiner totalen Desattraktivierung identisch. »Ein Spiel«, das ein Mathematiker durchführt, braucht nicht im mindesten irgendwelchen tatsächlichen Verläufen ähnlich zu sein; eine derart totale Entfremdung des Spiels in der Literatur ist deshalb schwierig, weil dafür ein Konsens seitens der kulturellen Konventionen fehlt; denn unsere ganzen Bemühungen sind immer darauf gerichtet zu verstehen, welchen Hauptsinn das in dem Werk gezeigte Spiel hat. Wir fragen dagegen nicht nach dem Sinn des Schachspiels, weil wir aufgrund der Kulturnormen wissen, daß es leer ist und – außer dem Nachweis formaler Vollkommenheit – niemandem nützt. Nichts dagegen bremst auf analoge Weise unsere Vermutungen bei der Lektüre belletristischer Werke. Selbstverständlich könnte sich die Literatur in diese Richtung entwickeln, um ihren Status, über nichts berichten zu dürfen, dem Status des Schachspiels anzugleichen. Doch das wäre gleichzeitig der Ausschluß der Literatur aus der Sphäre der ontischen und zugleich epistemischen Problematik, denn das Schachspiel, Mah–Jongg oder Bridge haben weder etwas mit der Seinsfrage noch mit der Erkenntnis zu tun. Der Zustand einer reinen, d. h. einer von allen kulturellen Determinanten abgetrennten Jongliererei ist der Literatur traditionell fremd. Deshalb tut sie, selbst wenn sie sich solch einer Jongliererei bereits nähert, gewöhnlich so, als ob sie nicht die Leere eines formalen Spiels verkörpern würde. Sie tut das dann mit Scheingründen, d. h. sie pocht weiterhin auf die durch die Tradition geschaffenen Ansprüche und Forderungen, obwohl sie sie de facto nicht mehr erfüllt. Aber da der Übergang von der semantischen Leere zu der semantischen Fülle abgestuft sein kann, führt die entsprechende Bewertung konkreter Texte bisweilen zu einem Dilemma. Jedes Spiel, sowohl ein leeres wie ein nichtleeres, hat ein formales Skelett; ein nichtleeres Spiel legitimiert seine künstlerische Berechtigung semantisch, ein leeres Spiel muß entweder formal wertvoll sein oder es ist ohne Wert.

2) Der Klassifikator aufgrund der Topologie des thematischen Rahmens (Opposition auf der Achse: thematisch geschlossene Struktur – thematisch offene Struktur)

thematisch stark determinierte Werke	thematisch schwach oder gar nicht determinierte Werke

Diese Einteilung scheint von Nutzen zu sein. Bestimmte Themen bestimmen stark die generelle Struktur von Erzählungen: so z. B. das Thema der »Zeitschleife« oder des »Superman«. Auf dem entgegengesetzten Ende dieser Achse befinden sich die Werke, die thematisch fast völlig »geöffnet« sind, denn das Thema der Androiden z. B. präjudiziert hinsichtlich der Handlung der Struktur, der Problemsemantik noch nichts. Übrigens kann man davon ausgehen (in absichtlich übertriebener Weise!), daß *alle* literarischen Texte, die überhaupt existieren – eine Science Fiction sind, die sich des »phantomatischen Apparates« bedient; der an ihn angeschlossene Mensch erlebt als Realität das, was ihm die Programme, die sich im »Phantomisator« befinden, als Informationen in sein Gehirn einführen. Dann »fehlt« jedem Werk der normalen Literatur vor dem eigentlichen Anfang nur ein Satz mit ungefähr folgendem Inhalt: »Die Elektroden auf den Kopf setzend und sich bequem in den Sessel zurücklehnend, fühlte Herr X (hier setzen wir den Vor- oder Zunamen der Hauptpersonen ein, z. B. Hans Castorp oder den Menschen aus dem Kellerloch Dostojewskijs) das Kribbeln des Stroms und im nächsten Augenblick ...« – und hier beginnt bereits der eigentliche Text des Buches und wenn jemand ein Pendant haben will, dann könnte er nach dem Wort *Ende* noch den Satz hinzufügen: »Die Augen öffnend, fühlte Herr X, wie der Phantomatiker ihm das Stirnband mit den Elektroden von der Stirn abnahm ...«

Selbstverständlich ist dies kein ernster Vorschlag, doch er zeigt ernsthaft, daß man das Thema der »phantomatischen Maschine« als einen total geöffneten Rahmen ansehen kann, denn gerade die Möglichkeit, dem Menschen omnipotente Erlebnisse in allen Milieus, die überhaupt vorstellbar sind, zugänglich zu machen, stellt die Grundlage der Phantomatisierung dar.

Doch die auf diese Weise geschaffene Freiheit belletristischer Unternehmungen ist ohne konkreten Wert. Normalerweise ist das Thema ein kleiner Teil einer schriftstellerischen Entscheidung, denn es delimitiert wenigstens ein bißchen das Arbeitsfeld, die Phantomatik als thematische Prämisse dagegen benennt nicht nur keinerlei ontologische Ordnung, sondern, im Gegenteil, sie vernichtet auf Anhieb alle »zwischenontologischen« Barrieren. Indem der Schriftsteller ein Thema und *dazu* die erzählerische Konvention (realistische, phantastische) wählt, wählt er gleichzeitig die Welt, in der er das Kreierte ansiedelt; wählt er die Phantomatik zum Thema, dann wählt er nicht nur keine Welt, sondern er schafft gleichsam einen Zustand »vor der Schöpfung der Welten«; denn die phantomatische Maschine erlaubt es ja, gegenseitig widersprüchliche Ordnungen als fundamentale ontische Qualitäten beliebig miteinander zu kreuzen, wenn der entstehende Effekt ausschließlich davon abhängt, wie man die Löcher auf einem Programmlochstreifen anfertigt! Der Held eines solchen Romans kann daher von der Welt des Märchens in die Welt des Schreckens und von der Welt des Schreckens in eine quasi-reale Welt so hinüberwechseln, wie man von einem Zimmer ins andere geht.

Mehr noch: wenn wir von einer Welt ausgehen, in der die Technik des phantomatischen Service so verbreitet ist wie heutzutage z. B. die Fernsehtechnik, dann kann jeder Mensch in solch einer Welt »phantomatisch gefangengenommen« oder »entführt« werden und – bei entsprechender Geschicklichkeit dabei – erfährt der Mensch überhaupt nichts davon. (Man setzt dem Schlafenden die Elektroden auf den Kopf; wenn er aus dem natürlichen Schlaf erwacht, meint er, daß er sich in der Realität befindet, doch das ist bereits die phantomatische »Falle«, weil er die Vision, die ihm maschinell ins Gehirn geleitet wurde, für die Wirklichkeit hält.) Es können dann Schwierigkeiten folgender Art auftauchen: »Bin ich oder bin ich nicht an eine ›machina phantomatica‹ angeschlossen« – aber genausogut können hunderttausend andere Schwierigkeiten entstehen, weil eine unendliche Hierarchisierung des Seins als Existenz möglich ist (während einer phantomatischen Vision unterzieht sich jemand einer phantomatischen Behandlung, wir haben also bereits eine in einer Halluzination verankerte Halluzination vor uns, und solch ein regressus läßt sich ad infinitum fortsetzen); gewiß, dies alles *kann* zumindest als eine Art Lackmuspapier interessant sein, das die »versteckten Parameter« jedes Menschen zum Vorschein bringt (wenn man in der Lage ist, für sich bei einem phantomatischen Automaten *jede* Vision ohne irgendwelche Folgen »zu bestellen«, dann sind die geäußerten Wünsche eine Beichte à rebours, weil sie kein Bekenntnis sind, das mit der Intention einer Buße verbunden ist, sondern im Gegenteil eine Art Bestellung der »sieben Todsünden« à la carte...).

Warum aber hat die Science Fiction dieses Feld nicht einmal betreten? Gerade deshalb, weil es unbegrenzt ist; um zeigen zu können, was ein Mensch machen wird, wenn er sich »absolut alles« erlauben kann, ist ein außergewöhnlicher Scharfsinn auf dem Gebiet der Psychologie und nicht dem der Technik notwendig; die Science Fiction weicht solch großer Kreationsfreiheit immer aus: deshalb ist die Form, in der sie die »Phantomatik« übernimmt, von Anfang an weitgehend festgelegt. So ist es auch in der Erzählung von Asimov »Dreaming is a Private Thing«: aufgrund der Technik eines Traumrecording kann man, wenn man sich ein entsprechendes Gerät auf den Kopf setzt, all das träumen, was sich die »Meister der Traumillusionen« ausgedacht haben, doch diese ganze Prozedur wurde von großen Unternehmen, die die Struktur von Filmkonzernen hatten, beherrscht; so wie man in solchen Konzernen Startalente sucht, so sucht die Dreams Incorporated junge Meisterträumer; doch nicht die Trauminhalte sind Erörterungsgegenstand in der Erzählung, sondern die organisatorisch-technische Seite der Umsetzung dieser Träume in eine Ware. Asimov übernimmt aus der Realität fertige Formen eines Kunstzweiges, und zwar der Filmkunst und ersetzt die Filme durch Träume; eine Innovation stellt sich in dem Moment als eine Scheininnovation heraus, wenn alles nach dem alten Schema abläuft.

Wenn also eine thematische Idee nicht »in einer Verpakkung« zusammen mit dem innovatorischen Gedanken auch die Strukturprinzipien der erzählerischen *Lösungen* anbietet, wenn sie nur die Tür zur Leere öffnet, aber nicht determinierend zeigt, welche Strukturen in diesem Raum zu finden sind, dann wird sie nur ungern von der Phantastik exploitiert.

An den Antipoden eines solchen Zustandes der »Offenheit« findet sich ein »todsicheres« Thema. Als Beispiel möge »Die Fabrik des Absoluten« von K. Čapek dienen. Die Idee, die bereits im Titel zum Ausdruck kommt, ist genial einfach; es ist die Annahme, daß ein Nebenprodukt der Atomspaltungen Gott selbst sein könnte! Das ist die phänomenale Umwandlung der Begriffe, die der Empirie das zuleitet, das wir für eine – ihr prinzipiell inkongruente – Kategorie halten (absolut). Die Ausgangssituation ergibt sich dadurch gleichsam von selbst – in Form eines irritierten und verwirrten Ingenieurs, der »nur einen atomaren Motor« bauen wollte, der aber plötzlich außer der mechanischen leider auch eine metaphysische Energie erzeugt! Die Eingangskonfiguration der Begriffe, die von einer »physikalischen Interpretation des Pantheismus« ausging, ergibt also eine fast fertige Struktur der Erzählhandlung. Nur eine Überlegung genügte: wenn Gott Materie ist und die Materie Gott ist, dann ergibt die Anihilation der Materie – als Ergebnis einer einfachen Subtraktion – »Gott selbst« ohne jede Beimischung. Von hier entströmen bereits verschiedene Konsequenzen wie ein Fluß von der Quelle zum Meer: die Tätigkeit aller Kirchen gleicht der »Regulierung und Steuerung Gottes«, der außerhalb der Dogmen und Doktrinen völlig ungeniert ist und sich als eine vollkommene Omnipotenz ohne jedes Wissen herausstellt; das ist kein personifizierter Gott, und er ist sogar nicht einmal unbedingt ein absoluter Gott, eher ist er ein metaphysisches »Es«. Wenn die Menschen jedoch im Laufe ihrer Geschichte offensichtlich das, was sich als »Es« in mikroskopischen Dosen aussondert (wahrscheinlich so, wie natürliche Prozesse des radioaktiven Zerfalls in Abwesenheit jeder atomaren Energetik zustande kommen), deutlich zu fühlen bekamen, was für ein Pandämonium muß dann durch eine plötzliche und heftige Befreiung der Übermenge des freien Absolut entstehen! Daraus resultieren Religionskriege, dann die Notwendigkeit der Befriedung und schließlich das Verbot der Atomenergetik. Man kann andererseits fragen, ob Čapek das ganze semantische Potential ausgeschöpft hat, das durch eine derartige Umstellung der Begriffe in ihrer ontischen Ordnung anwuchs. Mir scheint, daß er das nicht getan hat, er wurde gleichsam von dem in Gang gesetzten Strom getragen, ungefähr so, wie das Absolute die Helden seines Romans getragen hat: Čapek unterlag dem spontanen »Drang« der Ereignisse zu oft, und er beherrschte ihn unzureichend. Dadurch hat sich das Zentrum des Werkes etwas in einzelne Szenen mit einer humoristischen Tendenz zersplittert (z. B. die brillante Sache mit dem »heiligen Bagger«), und als dann die Religionskriege ausbrachen, konnte er sie nicht in analoger Tonart darstellen (es ist schwer, Massenmorde in Humoresken zu verwandeln) also machte er sich an eine Zusammenfassung; doch eine ausführliche Analyse der »Fabrik« würde unsere Aufgabe überschreiten. Auf jeden Fall hat Čapek, als er »die Konversion des Absoluten in einen meßbaren Wert« vornahm, er also die ontologische Ordnung ziemlich bösartig umkehrte, dem so entstandenen Erzählfeld gleichzeitig eine starke Anisotropie gegeben, d. h. er hat ein Thema mit den Merkmalen einer geschlossenen Struktur erfunden. Übrigens der Umstand, daß die Science Fiction nach Čapek nicht mehr versucht hat, dieses Thema zu exploitieren, wo sie doch ständig in den Spuren weit ärmerer Ideen stecken bleibt, er bestätigt den Tatbestand, daß die SF durch zahlreiche Tabuverbote im Bereich der Metaphysik gefesselt ist.

Wie gesagt wurde, ist der kreative Wert eines Themas, das sowohl semantisch tragfähig ist und zugleich Integrationspläne für unterschiedlich gestufte Erscheinungen liefert, nicht von der Science Fiction monopolisiert. Ein Beispiel für den thematischen Zugriff, der in einer anderen Region als der phantastischen kommandiert, d. h. der uns erzählerisch das zu schließen erlaubt, was prima facie inkongruent ist, könnte die realistische Prosa »Herzog« von Saul Bellow abgeben. Sowohl der Bürger als auch der Schriftsteller unserer Zeit leiden unter der monströsen Diskrepanz zwischen den Informationen über die Welt, die in uns durch die Massenmedien hineingepumpt werden und der individuellen Möglichkeit einer adäquaten Reaktion darauf. Je mehr man über die Unmenge von Plagen weiß, die die Gattung quälen, und je weniger man dieses Wissen als Prämisse für wirkungsvolle Taten verwenden kann, um so schmerzlicher vergrößert sich der Streß – als Kluft zwischen Gewissen und Handeln. Was das Gewissen betrifft: damit das, was wir ein schlechtes Gewissen nennen, uns anfangen kann zu quälen, müssen wir zuerst entsprechende Informationen erhalten. In diesem Sinne erfüllen Weltpresse, Funk und Fernsehen jeden Tag die Anfangsbedingungen; es ist jedoch schwer, alle diese sprudelnden Quellen zu verstopfen, ohne sich darüber im klaren zu sein, daß diese Haltung ein niederträchtiger Rückzug ist. Dabei hat früher das Gewissen schlafen können und zwar deshalb, weil die Ignoranz nicht das Ergebnis eines eskapistischen Bemühens war, sondern die Norm; wohl haben Seuchen, Plagen und Kriege jahrhundertelang den Leib der Menschheit gequält, doch wie oft wußte niemand außer den Betroffenen davon. Neuerdings ist noch das Bild zu Hilfe gekommen; und nun kann man sich nicht mehr in einer gemütlichen Unwissenheit verbergen, egal, wie sehr man es sich auch wünschen mag. Die Verbreitung der Informationsdienste wird indes – als ein untrennbares Korrelat – von einer Verbreitung, d. h. von einer Universalisierung des drohenden, durch die Atomtechnologie symbolisierten Untergangs begleitet. Soll jetzt ein Schriftsteller über solch eine Welt schreiben, dann spürt er sofort die Kluft zwischen der diskursiven Information über die *Gesamtheit* der geschichtlichen Probleme und der rein individuellen Information, die in dem Schicksal von Passanten enthalten ist, zu denen der Schriftsteller sich auch zählt. Aber da man nicht ständig mit einem Bewußtsein leben kann, das bis zum Platzen mit Nachrichten über hundert gleichzeitige Brandherde auf der Welt gefüllt ist, auf denen das menschliche Schicksal geschmort wird, deshalb muß man diese Informationen wie Müll in die Ecke des Kopfes schieben und sich gleichsam vor sich selbst verstecken. Doch die Informationen existieren dort auf ihre Weise weiter; wie indes kann man dieses Phänomen künstlerisch erfassen? Nun, die ganze Idee von »Herzog«, die in ein paar Worten erzählt ist, löst diese Aufgabe. Zweifelsohne, ein normaler Mensch wird nicht an Präsident Eisenhower, an einen berühmten Philosophen oder an einen Staatsmann schreiben, er wird sein Leben nicht einer kassandrischen Epistolographie widmen, das wird nur ein Wahnsinniger tun. Doch Herzog schreibt all diese Briefe, als er nur ein bißchen »bekloppt« ist (aber er ist nicht so verrückt, daß er sie dazu auch noch abschickt). Dann entsteht ein Bild, das in seiner tiefen Bedeutung ungeheuer raffiniert ist: nur ein Wahnsinniger kann heute noch tatsächlich in vollem Umfang eine persönliche Verantwortung für das Schicksal der

Welt empfinden! Ein normaler Mensch verhält sich so oder formt sich so, daß er das psychische Gleichgewicht behält, denn wie anders könnte er sonst leben. Gewiß, dieser Schlüssel, dieser Zugriff stellt nicht die einzige Struktur des Buches »Herzog« dar, aber er ist ein Hauptpfeiler der Erzählung in ihrer Begriffsebene; denn alles, was als Antinomien der Politik, der Ontologie, der Wissenschaft uns den Schädel zu sprengen in der Lage ist, diese immer größer werdende Informationslawine kann von keinem partikularen Literaturwerk mehr erfaßt werden und verlangt dennoch gleichzeitig nach einer Darstellung; dadurch verwandelt der raffinierte Zugriff, aufgrund dessen ein verrückter Typ zum letzten Advokaten des Guten der Menschheit wird, weil nur er sich noch um »alles Wichtige« zu kümmern bereit ist, die diskursive Information in Zeichen, die eine bedeutsame Qualität unserer gegenwärtigen Existenz erklären. Übrigens haben wir hier ein Paradebeispiel für die Anwendung der Inversion vor uns. (In der Theorie legt das moralische Axiom fest, daß jeder normale Mensch sich für das allgemeine Sein mitverantwortlich fühlen müsse; in Wirklichkeit erfüllt nur ein Wahnsinniger diese Bedingung.) »Herzog« verkörpert das inversive Prinzip des Märchens »des Kaisers neue Kleider«; dort spricht ein Kind die Wahrheit aus, hier ein Irrer. Dieser Zugriff ist hervorragend, weil er in verschiedene Ziele gleichzeitig trifft; erstens schafft er en passant das, was die Prosa als Verkörperung einer global-politischen Thematik in einer Narration heute nicht mehr schafft. (Das Zitieren der Gespräche der Romanhelden über politische Themen stellt keine Belletrisierung dieser Problematik, sondern eine Ersatzjournalistik dar.) Sie ist dazu nicht imstande, weil das Unterbewußtsein des heutigen Menschen manchmal politischer ist als sein Bewußtsein – als ein über die Grenzen eines aktuellen Gedankens gelagerten Kummer über den Stand der weltlichen Dinge; solch eine Neurose also, die anstatt ihres traditionell sexuellen Hintergrunds ihren ontologischen und politischen Hintergrund klärt, ist sowohl eine formale Entdeckung als auch ein Anspruch darauf, diese brennenden Fragen artikulieren zu können.

Zweitens: der Geistesgestörte verkündet in dem Roman

von Bellow nicht nur die Wahrheit, sondern *er tut dies* auf eine gestörte Weise – was für eine Idee, an die Großen dieser Welt private Briefe de publicis zu schreiben! Diese verrückte Form steht deshalb auch in einem Widerspruch zu dem gesunden Inhalt; als es dem Herzog dann »besser« geht und er deshalb zu schreiben aufhört, hat die »Heilung« selbst eine spezielle und raffinierte Bedeutung. Denn es entsteht folgende Dialektik: wenn ein Anormaler, der sich anormal benimmt, sich mit dem beschäftigt, womit sich eigentlich die Normalen beschäftigen sollten, dann ist entweder die Welt »extrem« verrückt und nur ein Wahnsinniger kann in ihr noch zurechnungsfähig sein oder aber die Norm dieser Welt ist »ein irrsinnig geträumter Traum eines Verrückten«. Es ist interessant, daß die analytische Kritik diesem Pfeiler des Romans bisher keinerlei Aufmerksamkeit geschenkt hat; vielleicht, weil die Mode in ihr verlangt, Mikroskope statt Brillen zu tragen.

3) Der Klassifikator aufgrund der Menge der transformierten Parameter
Opposition auf der Achse: 1 Parameter – n Parameter)

Werke mit einem transformatorischen Minimum (monoparametrische)	Werke mit zwei, drei, vier ... n umgestalteten Parametern (multiparametrische)

Die allgemeine Norm sieht so aus: kurze Werke können auf einer monoparametrischen Transformation basieren, die auf einer beliebigen Kategorienebene durchgeführt wurde. Je umfangreicher dagegen ein Werk ist, und je manifester es zu einem Roman »wird«, desto klarer stellt sich eine monomodale Umgestaltung als unzureichend heraus. Eine Ausnahme liegt dann vor, wenn der »ontologische« Parameter einer Transformation unterzogen wird. In »der Fabrik des Absoluten« wurde nur ein Parameter tangiert, weil dieses Buch die »Metaphysik« wörtlich in der Materie verkörpert (wenn wir dann die Materie anihilieren, bleibt das »nackte Absolute« übrig.) Der Roman ist die Konsequenz solch einer Konversion. Auch die Änderung der Welt in eine »chronomotorische« ist monoparametrisch. Dies zeigt auch die Darstellung in »Thais« und »Aufstand der Engel«. Und das ist so wirksam, weil die Änderung einer fundamentalen Seinsqualität nicht einer Einbettung nur eines einzigen neuen Dinges in die alte Welt gleich ist, sondern der Schaffung einer speziellen, neuen Welt.

Die Transformation lokaler Eigenschaften wie Dinge – durch nichtlokale Eigenschaften wie Attribute des Seins – verlangt normalerweise die kovariante Umgestaltung einer Reihe anderer Dinge, also – wer die gegebene Ordnung an einer Stelle verletzt, der muß sie korrelativ auch an anderen Stellen verletzen. Da es am bequemsten ist, sowenig wie möglich zu ändern, tun die Autoren es auch oft nicht, und so entsteht dann der »Antiverismus« der Science Fiction.

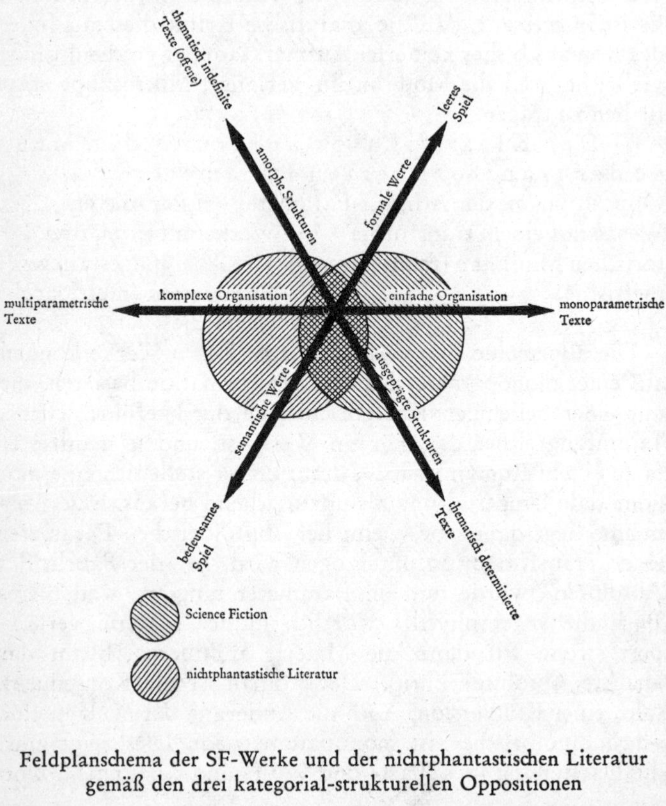

Feldplanschema der SF-Werke und der nichtphantastischen Literatur gemäß den drei kategorial-strukturellen Oppositionen

Der Schriftsteller stellt ein *für den Leser neues* Phänomen vor und suggeriert, daß es für die Helden der Erzählung *genauso neu* sei. So kauft z. B. in der Erzählung von D. Bunch ein Vater seinem Kind eine Androiden-Puppe; dann stellt sich heraus, daß man mit dieser Puppe schmutzige Spiele spielen kann (Vater-Mutter-Spiele); oder der Held (bei J. Wyndham), der erfahren hat, daß man den menschlichen Kopf auf den Körper eines Androiden verpflanzen kann, fällt wegen dieser Entdeckung die Treppe herunter und bricht sich das Genick usw. Das ist natürlich antiveristisch, denn doch nur wir, die Leser, wissen nicht, was man dereinst mit einer androidischen Puppe oder einem menschlichen Kopf wird machen können. Der Autor beschreibt gleichsam die Reaktion eines Neandertalers auf die Nachricht von der Existenz von Autorennen. Aber in bezug auf die androidischen Techniken sind nur wir diese Neandertaler, nicht aber die Personen der Science Fiction. Vor ein paar Jahren noch hätte uns die Nachricht von der Verpflanzung des Herzens eines Toten in einen lebenden Menschen schockiert, doch heute haben wir uns damit bereits abgefunden; aufgrund dieser Innovation entstanden neue rechtliche Normen, auch die ärztliche Deontologie hat sich entsprechend geändert, man weiß, wie man eine solche Operation durchführt, wieviel sie kostet, und es entstanden sogar Konversationskonventionen zu diesem Thema. Zweifellos, auch jeder anderen Innovation, z. B. der androidischen, werden entsprechende Adaptationen entgegenkommen, eine legislative, eine sittlich-gesellschaftliche (»Gehört es zum guten Ton, einem Kind *solch eine* Puppe zu geben?«), ethisch-normative (»Darf man sich von einer Frau scheiden lassen, die zu 85 % körperlich ›androisiert‹ wurde?«), Religiös-dogmatische (»Ist eine Trauung zwischen einem Menschen und einem Androiden kirchlich gültig?«) usw. Wird dies alles transformatorisch nicht berücksichtigt, dann entsteht eine totale Lüge, die wir Antiverismus genannt haben. Man kann die Technik von morgen auf eine vernünftige Weise nicht in die gegenwärtige Welt reinstekken und vorgeben, daß das »wissenschaftliche Phantastik« sei. Solchen Diatriben könnte man die ironische Bemerkung entgegenhalten, wir schießen mit Kanonen auf Spatzen: war das doch alles nur ein Witz! Aber Witze sind entweder lustig oder sie sind keine Witze. Die Stilistik solcher Werke wie »Compassion Circuit« von J. Wyndham imitiert den Verismus und nicht einen Aprilscherz. In der normalen Literatur hatte man nie gewagt, solch primitiv gebaute Texte dem Leser anzubieten; daher empört der Versuch, Zukunftsrequisiten als Rabattausweis zu benutzen.

Die Science Fiction *ist* ohne Zweifel ein Sack, in den Werke wandern, die weder wissenschaftlich noch phantastisch sind; es wäre sinnlos, an sie den Maßstab des eben erörterten Schemas anzulegen. In einer der Jahresanthologien der »besten« SF (redigiert von Judith Merril) kann man eine Erzählung von A. Davidson finden, in der die folgende Beschäftigung eines normalen Ehepaares beschrieben wird: er geht durch die Straßen, fährt mit dem Bus, erledigt Einkäufe und erweist ihm unbekannten Menschen wohlwollend und herzlich kleinere und größere Dienste; seine Frau macht zu der gleichen Zeit in einem anderen Bus eine unangenehme Szene und ärgert jeden, wo sie nur kann; die Pointe liegt darin, daß die Eheleute nebenbei anmerken, nachdem sie sich gegenseitig erzählt haben, wie es jedem »heute ergangen ist«, daß morgen die Rollen getauscht werden, d. h. sie wird herzlich sein, und er wird Schwierigkeiten machen. Solch ein Spiel – als Inversion der moralischen Haltung des Zusammenlebens – ist, d. h. es kann ein völlig reales Phänomen sein, und dieser oder jener Mensch ist sogar schlimmerer Perversionen fähig; der Haken liegt darin, daß es sich hier im Grunde genommen um eine erzählerische Lappalie handelt, für die das Gebiet der Science Fiction ein wahres Königreich von Blinden ist, weil dort der monoculus rex ist. Daher ist es nicht möglich, die Regeln der »Polytransformierbarkeit« der Parameter mit Verstand an *solche* Annahmen zu adressieren, sondern nur an die Texte, die diese Regeln gleichsam schweigend durch ihre (z. B. futurologischen) Voraussetzungen selbst implizieren.

Der Klassifikationsschlüssel, der die Werke aufgrund der Menge der berücksichtigten, d. h. der gegenseitig korrelierten Parameter, segregiert, gehört zu den beinahe einfachsten strukturellen Segregatoren, und er verdient besondere Beachtung, weil sein Auflösungsvermögen seltsam tief greift: man könnte zeigen, wie der künstlerische und gnoseologische Wert der einzelnen Texte – von seltenen Ausnahmen abgesehen – der Zahl der Parameter proportional ist, die einer Metamorphose unterliegen, die ihrerseits ihnen eine systematische Kohärenz verleiht. Daß ein so geortetes Strukturmerkmal in der SF kein marginales Merkmal ist, sondern eine wichtige Diskriminante der kreativen Qualität darstellt, das können die Beispiele belegen, die wir jetzt anführen – mit dem Vorbehalt, daß sie rein zufällig sind, d. h. sie wurden zufällig aus einigen Anthologien der »besten SF-Texte« herausgesucht.

»Mission of Gravity« von Hal Clement (Roman). Auf einem schweren Planeten der Meskliniten herrschen ungewöhnliche physikalische Bedingungen; an seinen Polen ist die Gravitation viele hundert Male größer als auf der Erde, am Äquator dagegen beträgt sie – infolge einer sehr schnellen Rotation des Planeten – nur 3 g. Und gerade in der Nähe eines Pols bleibt eine automatische Raketensonde stekken. Die Menschen – in speziellen Skaphandern – können nur in der Nähe des Äquators landen. Der Planet wird von denkenden Meskliniten, einer Art mehrbeiniger Schalentiere, bewohnt, die die stärkste Gravitation aushalten können. Hinsichtlich des Niveaus von Kultur und Technik entsprechen die Meskliniten ungefähr den Erdbewohnern des 16. oder 17. Jahrhunderts. Die Menschen überreden die Meskliniten, eine See-Expedition zum Pol zu starten und für sie die kostspieligen Apparate aus der Rakete zu bergen. Die Expedition wird von einem kosmischen Raumschiff der Erdbewohner aus, das sich im Orbit aufhält, begleitet. Die zahlreichen Vorkommnisse, die mit den Gravitationsphänomenen zusammenhängen (der Fall aus einigen Zoll Höhe ist für die Mekliniten tödlich, ähnlich wie für die Erdbewohner der Sturz in einen tiefen Abgrund) und die mit dem Zusammentreffen mit »anderen Völkern« verbunden sind, werden durch die Erreichung des Pols gekrönt.

»Game Preserve« von Rog Phillips. Das idyllische Bild badender Nackter täuscht. Das ist ein Haufen von Kretins, von Mutanten, die späte Folge des Atomkrieges; sie leben

in einem geschlossenen Reservat. Wächter umfahren in Jeeps die Reservate, und es ist ihre Aufgabe, die Individuen abzuschießen, die Spuren von Intelligenz verraten. Sie sind nicht geeignet, weder im Reservat zu leben noch in die Gesellschaft zurückzukehren.

»Now Let Us Sleep« von Avram Davidson. Auf einem anderen Planeten wird der anthropomorphische Stamm Yahoo (der Name stammt von Swift) von Menschen mit extremer Rücksichtlosigkeit behandelt, da man ihm jede Vernunft abspricht. Ein Wissenschaftler, der vergebens gegen dieses Vorgehen protestierte, begeht gemeinsam mit einer zur »Deportation« verurteilten Gruppe Yahoos Selbstmord (d. h. er vergiftet sich und sie).

»Flying High« von E. Ionesco. Das berühmte Werk Ionescos wird in der Anthologie der »besten Erzählungen des Jahres« unter den SF-Erzählungen als ein phantastisches Werk angesehen.

»The Far Look« von Theodore L. Thomas. Zwei Kosmonauten, die nach schweren Erlebnissen und Abenteuern, die mit dem ersten Aufenthalt auf dem Mond verbunden sind, zur Erde zurückkehren, haben auf den ersten Blick offensichtlich einen »far look«. Sie sind gerade einem einsamen, lunaren, solitüden Tod entkommen.

»The Silent Brother« von Algis Budrys. Das erste Schiff ist von seiner Sternenreise zurückgekehrt; der Pilot befindet sich noch in der Isolationsquarantäne. Im Schlaf benimmt er sich wie ein Traumwandler. Aber er ist kein Traumwandler: in seinem Körper hat sich ein seltsames Wesen, ein »schweigender Bruder« auf der Basis einer besonderen Symbiose eingenistet. Der Pilot stellt fest, daß ihm z. B. neue Zähne wachsen. Der »Andere« restituiert die Kräfte seines Organismus. Was weiter wird, ist nicht bekannt.

»Each an Explorer« von Isaac Asimov. Zwei Piloten landen auf einem unbekannten Planeten. Dort gibt es eine Fülle exotischer Blumen. Diese Blumen sind, wie sich herausstellt, Telepathen. Sie zwangen den Menschen auf eine halluzinatorische oder hypnotische Weise die Meinung auf, daß einfache Steine wertvolle Gamovzähler seien, und dies deshalb, damit die Menschen bei ihrem Gang durch das Blumenmeer,

sich mit Pollen bestäuben und auf dem nächsten Planeten des Systems andere Blumen damit befruchten. Die Menschen wissen beim Antritt ihres Rückfluges nicht, daß sie in den Falten ihrer Kleidung die Sporen der telepathischen Wesen zur Erde bringen. (Hier gibt es auch eine Inversion: die Blumen werden *auch* zu Kosmonauten!)

»Take a Deep Breath« von Roger Thorne. Der Erfinder der Methode einer unterschwelligen Fernsehwerbung (Zigarettenreklame) zeitigt – dank ihr ungewöhnlich gute Ergebnisse (rapide Steigerung der Verkaufsraten). Er beschließt die Zigarettenreklame aufzugeben: er macht für sich selbst Reklame als Präsidentschaftskandidat der Staaten.

»Grandmas Lie Soap« von Robert Abernathy. Ein Stück Seife, nach einem Rezept aus Großmutters Zeiten gemacht, zwingt, die Wahrheit zu sagen. Das führt zuerst zu Skandalen, zum Quiproquo, aber letztendlich kommt dies der Welt zugute – es kommt zu einer Verbesserung der Beziehungen, sogar im internationalen Maßstab.

»Triggerman« von J. F. Bone. Am »Atomraketenknopf« des USA-Hauptquartiers sitzt der General vom Dienst. Man hält einen Meteor, der auf Washington fällt, für eine russische Rakete. Der Präsident selbst befiehlt dem General, den Vergeltungsschlag einzuleiten; der General lehnt ab – bis zu einer genauen Untersuchung des Falles – und rettet auf diese Weise die Welt vor dem Untergang. Es bietet sich die Chance einer Verständigung zwischen Ost und West.

»The Prize of Peril« von Robert Sheckley. Das amerikanische Fernsehen veranstaltet neue Spiele unter Beteiligung von Freiwilligen. Ein Freiwilliger bekommt einen großen Geldpreis, wenn er eine bestimmte Zeit, z. B. einen Tag lang, mit dem Leben davonkommt; eine vom TV engagierte Gangsterbande hat das Recht, ihn während der Jagd zu töten. Jeder TV-Zuschauer kann die Rolle des »barmherzigen Samariters« spielen, indem er dem Freiwilligen zeitweilig Unterschlupf gewährt. Die TV-Kameras übertragen diese Menschenjagd. Der Freiwillige in der Erzählung kommt nicht um, obwohl er verwundet ist, doch seine Überlebenschancen sind ungewiß.

»The Yellow Pill« von Roy Phillips. Ein Psychiater soll

einen Menschen untersuchen, der mehrere Menschen erschossen hat; er wird ihm von einem Polizisten gebracht. Der angeblich Verrückte behauptet, daß er es nicht gewesen sei. Er sei normal, er befände sich an Bord einer Rakete und habe aggressive Echsen von der Venus erschossen, dagegen sei wohl der Psychiater offensichtlich geistesgestört, wenn er den Erklärungen keinen Glauben schenke. Eine gelbe Pille sei das Mittel, um die Halluzinationen zu beseitigen. Als der Arzt die Pille schluckt, sieht er das Innere einer Rakete, die getöteten Venus-Wesen, die Ausstiegsklappe; inzwischen hat auch der Wahnsinnige die gelbe Pille genommen, und er begreift, daß er Menschen umgebracht hat und daß er sich nicht in einer Rakete befindet.

Die Doppelinterpretierbarkeit der Situation wird, leider, nicht bis zum Ende durchgehalten, denn als der Mörder durch die Tür des Arztzimmers hinausgeht, fällt er ins Leere – das war eine Klappe, die den Schiffskörper öffnete.

»Fresh Guy« von E. C. Tubb. In einem schwer verständlichen Anfangsfragment dieses Werkes unterhalten sich Werwolf-Menschen in einem seltsamen Jargon; es sieht so aus, als ob sie die Letzten des Weltkrieges seien. Ein Teil der Übriggebliebenen lebt angeblich in verbarrikadierten unterirdischen Schutzräumen. Die Bande beschließt, den »neuen Typ«, der plötzlich aufgetaucht war, zu verzehren, alle sind ausgehungert; doch über diese Dinge redet man in der Erzählung nicht direkt. »Der Neue« versucht zu fliehen, doch es gelingt ihm nicht.

»Comedians Children« von Theodore Sturgeon. Nach einer kosmischen Expedition wird eine schreckliche Krankheit auf die Erde eingeschleppt, an der nur die Kinder erkranken. Sie führt nicht zum Tode, aber sie verursacht großes Leiden und verkrüppelt den Körper. Diese Epidemie wird nach dem Namen eines Satelliten des Jupiter, von dem sie eingeschleppt wurde, »Japetitis« genannt. Ein berühmter TV-Schauspieler, ein Star, arbeitet fieberhaft und gibt alle größeren Honorare, die er für seine Auftritte bekommt, für den Bau von Sanatorien und für die Betreuung der kranken Kinder aus. Es stellt sich heraus, daß dieser Schauspieler eine Art degenerierter Schuft ist. Die Krankheit braucht nicht behandelt

zu werden. Sie wurde synthetisch durch Virusinjektionen hervorgerufen. Man braucht nur die Virusinjektionen abzubrechen, damit die Kinder gesunden. Der »Komödiant« hat das alles selbst geplant und durchgeführt: in seinen »Sanatorien« vergiftet man die Kinder mit Viren, statt sie zu heilen. Er wird unter Schande demaskiert. Die Situation, in der er als Beschützer der Kinder und als ihr verzweifelter Freund verehrt wurde, obwohl er in Wahrheit »das genaue Gegenteil war«, hat ihm größte Befriedigung verschafft.

»The Stutterer« von R. Merliss. Eine Gruppe ungewöhnlich schwerer Roboter hat eine außerirdische Aufgabe, für die sie hergestellt wurde, erfüllt. Man kann sie nicht vernichten, man kann sie nur zu einer ewigen Einzementierung in Betonblöcke verurteilen. Ein Roboter gibt sich als Mensch aus und kehrt zur Erde zurück, um durch Appelle an die Menschheit eine »Amnestie« für sich und die anderen zu erwirken. (Keiner von ihnen hat je etwas Böses getan; es scheint, als ob man diese Gruppe so behandelt, wie man unnütze Maschinen behandelt.) Die Jagd auf die Roboter geht jedoch gut aus, der »Ausbrecher« und seine Kameraden werden »leben«, eine Einbetonierung droht ihnen nicht mehr.

»The Case of Night« von James E. Gunn. Der erste amerikanische Kosmonaut soll, offiziellen Nachrichten nach, auf tragische Weise im Orbit ums Leben gekommen sein. Das ist nicht wahr: man hat seine Stimme auf Band aufgenommen, man hat seine agonalen Symptome im Rundfunk abgespielt, damit ein tragisch-heroischer Enthusiasmus für weitere Kosmosflüge entsteht. Mittlerweile lebt der angebliche Tote irgendwo in aller Stille auf der Erde.

»The Bulkhead« von Theodore Sturgeon. Die Rakete hat eine Art »Buckel«, in dem sich angeblich ein – dem Piloten unbekannter – Reisegefährte befindet. Die Erzählung ist ausgesprochen lang (und langweilig). Es stellt sich heraus, daß der Pilot sich mit sich selbst unterhielt, er hat sich im Geist in sich und in das Kind gespalten, das er einmal war. Als er auf die Erde zurückkehrt, bestellt er im Casino – zum Erstaunen des Barkeepers – symbolisch ein großes Bier, das mit einer Portion Vanilleeis vermischt ist.

The Last Day of Summer« von E. C. Tubb. Ein sehr alter

Mann wendet sich an ein Euthanasiebüro. Er erinnert sich an sein Leben und dabei wird er mit einem erfrischenden und schmackhaften Getränk vergiftet.

»Dreaming is a Private Thing« von Isaac Asimov. Es gibt eine Technik zur Registrierung von Träumen, so daß auch andere Personen – aufgrund solcher Aufnahmen – sie »benutzen« können. Es gibt große Korporationen, die Filmkorporationen gleichen und damit beschäftigt sind, gute Träume zu drehen und nach »oniristischen Talenten« zu suchen. Nur wenige sind in der Lage, schön und originell zu träumen. Die Erzählung, die im Zimmer des Vorsitzenden der Dreams Inc. spielt, stellt nacheinander die Interessenten vor. (Eltern verkaufen der Korporation die Rechte für die Aufnahme von Träumen ihres begabten Kindes, die Polizei bittet um Hilfe bei der Entlarvung eines illegalen Produzenten pornographischer Filme usw.)

»The Country of the Kind« von Damon Knight. In einer sonnigen traumhaften Utopie läuft ein Ausgestoßener herum, der wegen eines Mordes gebrandmarkt wurde. Man darf mit ihm nicht in Kontakt treten, man kann das übrigens auch nicht, weil er – durch einen absichtlichen Eingriff – einen ekelhaften Gestank verbreitet, der alle von ihm abstößt. Er geht unbehelligt von Haus zu Haus und zerstört dort die Einrichtungen. In dieser Utopie der Sanftmütigen leistet ihm keiner Widerstand – indes, der Held bleibt überall allein. Er ist ein Künstler, ein Bildhauer, doch die Utopie kennt diesen Kunstzweig nicht, er ist für diese Utopie überflüssig. Die Geschichte wird von dem »Ausgestoßenen« in der ersten Person erzählt. Er ist unglücklich, einsam, pessimistisch und sucht jemanden, der wie er ist; er schreibt: *»Du kannst mit mir die Welt teilen, keiner wird dich davon abhalten. Nimm einen scharfen Gegenstand oder ein Gewicht und schlag zu! Das ist alles. Das macht Dich frei. Jeder kann das tun. Jeder.«* Diese Worte beschließen die Erzählung.

»Home There's No Returning« von Henry Kuttner und L. C. Moore. Ego, ein Superroboter, der als das strategische elektronische Gehirn des Pentagon erbaut wurde, dreht durch, die Menschen müssen mit ihm kämpfen. In Wirklichkeit jedoch hat er nicht gemeutert, bei ihm zeigten sich nur

Symptome einer »Roboterneurose«. Der Roboter ist für die gesamte Strategie der USA und für das Schicksal der Welt verantwortlich – und unter dieser Last bricht er zusammen. Die Moral: ein Wesen aus Fleisch und Blut hält mehr aus als ein Wesen aus Stahl.

(Alle erwähnten Erzählungen – mit Ausnahme des Romans von Clement – stammen aus der Anthologie von Judith Merril »The Years Greatest Science Fiction« 1957 bis 1958.)

Die obigen Zusammenfassungen zeigen eine beträchtliche thematische Streuung, hinsichtlich ihrer Struktur sind sich diese Werke insgesamt ziemlich ähnlich.

Der einzige Roman in dieser Gruppe ist »Die Gravitationsmission« von H. Clement. Das ist eine vollkommen monoparametrische Sache, weil jede Ungewöhnlichkeit im Roman aus der Veränderung des Gravitationsparameters auf dem schweren Planeten folgert. Diese Geschichte ist für denjenigen interessant, der anzuerkennen bereit ist, daß die Kultur der flachen, vielfüßigen Schalentiere ein Analogon zum irdischen Mittelalter sein kann, daß diese Wesen eine menschliche Mentalität besitzen können, daß sie fähig sind, schnell englisch zu lernen usw. Mir scheint eine solche Voraussetzung unannehmbar zu sein. Man sieht, die Änderung der physikalischen Parameter bringt keine schriftstellerischen Schwierigkeiten mit sich; auch der Schluß ist richtig, daß Wesen, die in solch einem Gravitationsfeld evoluieren, notwendigerweise flach gebaut sein müssen; der Entwurf ihrer Psyche jedoch, das ist bereits eine Aufgabe überphysikalischen Maßstabs, die der Autor überhaupt nicht mit einbezogen hat.

»Der weite Blick« von Thomas ist nicht nur monoparametrisch, sondern darüber hinaus auch für die präkosmonautische Phase der Science Fiction charakteristisch. Bei einigem Wohlwollen könnte man noch die äußerliche Lokalisierung der Stigmen der lunaren Erlebnisse rechtfertigen und sagen, daß sei ein symbolischer Kunstgriff. Aber das ist ein Symbol, das der normativen Ästhetik entstammt, die das Äußere des Helden und sogar seinen Namen mit seiner psychischen Gestalt verkoppelt; aufgrund dieser Ästhetik hat ein böser

Mensch ein ekelhaftes Aussehen, einem braven Menschen dagegen schauen Kühnheit und Lauterkeit bereits aus den Augen. Heutzutage kann man wegen der Verwendung solcher Korrelationen leicht aus dem Bereich der Literatur ausgeschlossen werden (nicht aber aus der Science Fiction). Dieses postmagische Relikt tummelte sich bis in die sechziger Jahre in der Phantastik; später wurde es schon schwerer, jemandem einreden zu wollen, daß ein Kosmonaut sich allein durch sein Aussehen und seine weit aufgerissenen Augen, die die »Unendlichkeit des Kosmos« sahen, von einem normalen Bürger unterscheidet.

Monoparametrisch sind auch: »Grandmas Lie Soap«, »Take a Deep Breath«, »The Prize of Peril«, »The Yellow Pill« und dies so handgreiflich, daß es sich nicht lohnt, einen analytischen Beweis anzutreten. Am besten ist »Die gelbe Pille«, weil sie fast bis zum Ende doppelerklärbar ist – man weiß nicht, wer wahnsinnig ist und wer nicht, und man weiß nicht, ob alles im Kosmos oder in einem Sanatorium spielt. Die Annahme eines gleichen Wahrscheinlichkeitsgrades für beide alternativen Interpretationen ist natürlich per se phantastisch; deshalb beglaubigt der Autor am Ende trotzig die Authentizität – gerade der kosmischen Lokalisierung der Handlung.

Die vorzügliche Erzählung »Das Land der Sanftmütigen« ist das Ergebnis einer biparametrischen Transformation plus Inversion. Der Ausgangspunkt liegt in dem Doppelwesen des Künstlers als eines potentiellen Schöpfers und eines potentiellen Zerstörers und zugleich in dem Doppelwesen der Gesellschaft als einer Repressionskraft und einer, das Individuum befreienden Kraft. (Außerhalb der Gesellschaft gibt es keine Repression, aber auch keine Zivilisation.) Von jedem Oppositionspaar wurde ein Glied verstärkt: am Schluß haben wir dann eindeutig eine »sanftmütige« Gesellschaft vor uns (sogar ein Mörder kann machen, was er will; er bleibt völlig straffrei und wird nur zur Warnung gebrandmarkt; er selbst jedoch leidet an diesem Merkmal, durch das er andere vor sich selbst warnt, nicht direkt) und eindeutig einen aggressiven »Ausgestoßenen«. Wir wissen von ihm alles (daß er ein Verbrechen beging), wir sehen, wie er alles zerstört, auf das er trifft, wie er in Wohnungen einbricht, wie er in ihnen sinnlos randaliert (keiner hindert ihn daran), aber zugleich haben wir Sympathie für ihn: im Prinzip würde man erwarten, daß ein aggressiver Zerstörer uns auf einem utopischen Hintergrund weit mehr abstößt als ein Rocker auf der Straße, aber dem ist nicht so. Natürlich denkt man hierbei an die wohlbekannte Tatsache, daß man durchaus jedem Menschen recht gibt, wenn man sich richtig in seine Lage versetzt. (Ein Kronbeweis dafür ist Svidrigajlov, äußerlich ja wohl ein Monstrum, doch eine glücklose, geplagte, fast völlig schuldlose Kreatur, wenn Dostojewskij sie uns »von innen« zeigt.)

Das Konzept, das der Erzählung von Knight zugrunde liegt, ist dem meiner Erzählung »Transfer« (Rückkehr von den Sternen) verwandt. Aufgrund dieser Konzeption sind alle in einem Menschen entdeckbaren Qualitäten wichtig, und deshalb kommt die Amputation von für negativ gehaltenen Qualitäten einer Verstümmelung gleich. In meinem Buch ist die Aggression zusammengewachsen mit der Fähigkeit, jedes persönliche Risiko einzugehen, bei Knight hingegen findet sich eine Verkoppelung des Destruktionstriebs mit dem Kreationstrieb. Diese Hypothesen können ein Körnchen Wahrheit enthalten, obwohl man darüber nichts Sicheres weiß. Knight schreibt eine Erzählung, und deshalb ist dieses Werk strukturell gesehen korrekt; schlimmer steht es mit der »Rückkehr von den Sternen«, weil dieses Buch sozusagen an einem »Transformationsdefizit« leidet. Die Anwendung der Betrisation, wie sie der Roman darstellt, könnte de facto nie eine Panazee für die Probleme politisch-gesellschaftlicher Natur sein; denn wir tun Böses nicht nur in persönlichen oder anderen unmittelbaren Kontakten (d. h. wenn man mit einem Messer, einem Beil oder einer Kanone auf einen anderen losgeht). Man tut Böses, sogar ohne es selbst zu wissen (z. B. im Rahmen verschiedener Ausbeutungsformen) und selbst dann, wenn man Gutes zu tun beabsichtigt. Eine Betrisation als postulierter Aggressivitätsdepressor könnte nur die Symptome des intentionalen Bösen bremsen; die Formen des oben genannten unabsichtlich begangenen Bösen hingegen, die durch die Gesellschaftsstruktur bedingt sind, könnte sie nicht tangieren. In diesem Sinne ist eine soziale Utopie gesamtgesellschaftlichen Maßstabs durch die Einführung der Betrisation nicht zu schaffen. Im individuellen Maßstab nun sind meine Annahmen mit anderen schweren Fehlern behaftet. Wie aus dem Romantext hervorgeht, entsteht bei den betrisierten Menschen, wenn sie schon mal an einen Mord zu denken wagen, nicht nur Abscheu, sondern sogar Angst. Dies ist eine äußerst zweifelhafte Form, die Persönlichkeit psychisch auszugleichen, ist doch Aggression (pflegt sie zu sein) eine Frustration, die sich entlädt, wenn wir aber die Funktionsmechanismen solcher Entladungen blockieren oder auf andere Weise lähmen, dann machen wir jeden Menschen zu einem Gefangenen seiner Ansprüche und seines Mißmutes. Es ist also nicht wichtig, daß diese Welt, in der man von einem anderen nur Gnade erbitten, aber nichts unter Gefahren erkämpfen kann, eine Welt von kläglichen Bettlern also, für uns, die »Nichtbetrisierten«, ekelhaft ist; viel wichtiger ist, daß diese Welt für ihre Bewohner nicht zu ertragen wäre; denn wenn Aggression eine Form der Abreaktion von Frustrationen ist, dann zwingt eine entsprechende Sperre – wie bei einem Sicherungsventil – den Menschen dazu, daß er langsam in seinem eigenen seelischen Saft schmort. In solch einer Welt wäre die Zahl der *Angst*neurotiker, die an Depressionen und Melancholie leiden, viel größer als in der realen Welt. Ich habe mit meinem Roman zu beweisen versucht, daß es eine *instrumentell* wirksame Maßnahme geben kann, die man aus metainstrumentellen, weil rein kulturellen Gründen dennoch ablehnen sollte; das Buch sollte also ein Beweis für die These sein, daß der Versuch, ein *kulturelles* Ziel auf *instrumentellem* Wege zu erreichen, eine gefährliche Operation ist. Und gerade diese These ist im Rahmen der Voraussetzungen, die in »Rückkehr von den Sternen« anzutreffen sind (und die die Spezifik der Betrisation sowie ihrer psychischen und sozialen Folgen betreffen), nicht zu beweisen. Diese These (»man darf dem Menschen ›das Böse‹ nicht chirurgisch amputieren, weil ›das Böse‹ ein integraler Bestandteil eines vollständigen Menschseins ist«) hätte eine kompliziertere Beweisführung benötigt, weil sie zu Beginn zuerst die psychischen Folgen des biotechnischen Vorgehens veristisch, d. h. im Einklang mit unserem gesamten Wissen über die Persönlichkeitsstruktur des Menschen, hätte beschreiben müssen. Deshalb stellt die »Rückkehr von den Sternen« weder einen anständigen Beweis der oben genannten These dar, noch eine Polemik mit dem Biomeliorismus; das Buch *tut* nur so, als ob es die hier nur skizzierte Problematik in den Griff bekommen hätte. Das Problem driftete zusätzlich noch durch die Liebesgeschichte des Piloten ab, der von den Sternen zur Erde zurückkehrte, weil ich die Story gleichsam aus rein menschlichem Mitgefühl (dem armen Hund zuliebe) in einem Happy-End (oder etwas ähnlichem) auslaufen ließ. Solch ein Service gegenüber seinem Helden, das gerade ist das letzte, was ein Schriftsteller hätte tun dürfen.

Kehren wir zu unserer »Stichprobe« der Science Fiction zurück. Triggerman ist ein typisches Spiel, die Balance über die Vernichtung zu behalten; wir kommen auf dieses Thema noch zurück, wenn wir die Problematik des phantastischen »Finis Mundi« besprechen. »Die Kinder des Komödianten« sind zwar ein kompliziertes, jedoch monoparametrisches Werk. Die Pleite dieses Textes ist scheußlich; er erhebt Anspruch darauf, die »Diabolität der menschlichen Natur« zu erklären, die in der Gestalt des »Komödianten« verkörpert ist, der Kinder vergiftet und dabei so tut, als ob er ihnen hilft. Wenn ein mit melodramatischer Soße übergossener Unfug phantastisch ist, dann hat dieses Werk diesen Namen verdient. Der ziemlich lange Text ist auf dem Prinzip einer einzigen Inversion aufgebaut. (Der »Komödiant« heilt die Kinder nicht mit Arzneien, sondern er vergiftet sie mit einem synthetischen Virus; der Rest besteht aus einem sensations-raketen-fernseh-kitschigen Mischmasch.)

Die Erzählung von Asimov über die »telepathischen Blumen«, die den Kosmonauten Steine als wertvolle »Gamovzähler« vortäuschen, da sie nach Befruchtung streben, ist ein formales Spiel. Dieses Werk ist zudem für eine Unzahl von Büchern repräsentativ, die die These implizieren, daß der Kosmos ein System von Fallen sei, die mit Ködern auf den Menschen aus sind; das sind also immer anthropozentrisch orientierte Werke. (All diese Blumen, Schalentiere,

Ominösitäten, Kulturen, Zivilisationen und Galaktiken warten nur auf uns wie ein Gespenst in den Schloßkellern, das das Kettenrasseln übt und auf die Ankunft eines Gastes wartet, dem es endlich einen tüchtigen Schreck einjagen kann.)

Die monoparametrische Erzählung »Game Preserve« erpreßt uns emotional; das Konzept eines »humanitären Abschusses« von Individuen, die weniger verblödet sind als der Rest der »postatomar mutierten« Population läßt sich vernunftmäßig nicht verteidigen (z. B. vom Standpunkt einer euthanasischen Genetik der Population aus), weil es einfach ohne Sinn ist.

Die Erzählung über den Roboter Ego, der unter der unerträglichen Belastung durch die Globalstrategie zusammenbricht, stützt sich auf eine falsche inversive Annahme, die dazu noch eine totale Scheinopposition abgibt. Die Pointe besteht darin, daß unser Gehirn – obwohl es nur Gallerte ist – dennoch strapazierfähiger ist als das eiserne Gehirn eines Roboters. Die Penetranz, mit der die Science Fiction reale durch fiktive Probleme ersetzt, ist im »stofflichen« Sektor besonders ärgerlich. Die Härte oder Weichheit des Stoffes, aus dem ein informationstransformierendes System gebaut ist, steht in absolut keinem Verhältnis zu seiner Stabilität. Das ist so ähnlich, als ob wir zutiefst darüber erstaunt seien, daß Leinen zwar weicher als Marmor sind und die zärtliche Göttin der Liebe, Venus, »trotzdem« – sieh an! sieh an! – aus Marmor besteht, der Medici in Rüstung aber – obwohl er »so hart« war, auf eine Leinwand gemalt wurde. »Die Stofffrage« wird von der Science Fiction auch im »kosmischen« Maßstab ausgebeutet: die Unverwirklichbarkeit des interzivilisatorischen Kontaktes findet ihre Ursache darin, daß wir aus Materie bestehen und die »Anderen« aus Antimaterie, daß wir aus Eiweiß und Sauerstoff gebildet sind und sie aus Fluor und Silizium, daß wir auf einem kleinen und sie auf einem riesengroßen Planeten leben usw.

Dicke Glyzerintränen möchte man bei der Erzählung von den Robotern vergießen, deren Sendbote inkognito auf die Erde kommt, um für sich und seine Stammesbrüder um

Gnade zu bitten. Es genügt, sich statt des Roboters einen Delegierten aus Biafra vorzustellen, um die verlogene Zuckerbäckerkonzeption jener »gütigen Menschheit« zu erkennen, die »von der gegenseitigen Liebe und Ritterlichkeit der Roboter« zutiefst erschüttert ist und ihnen Gnade erweist.

Ich möchte eine Analyse der nicht-besprochenen Werke zwecks praktischer eigener Übung vorschlagen; wollten wir sie alle hier nacheinander besprechen, dann müßte man sich bis zum Verdruß wiederholen.

Die Dezimierung, die bei der Strukturanalyse von Texten der wissenschaftlichen Phantastik erfolgte, setzt uns – durch die Ergebnisse – von der künstlerisch-gnoseologischen Wertlosigkeit dieser Werke in Kenntnis, selbst derjenigen Werke, die als besondere Leistungen der Gattung anthologisiert wurden.

Der Eindruck von dem höheren Wirkungsgrad des Strukturalismus indes – als Selektor zur Unterscheidung zwischen wertvollen Werken und Schund – täuscht. Die Wirksamkeit der Anwendung dieser Methode auf die SF wird durch die allgemein übliche Monokonzeptualität der Texte gefördert, die anhand der bereits erwähnten einfachen, ja sogar primitiven Puzzlemethoden gefertigt werden. Nichts ist einfacher als die Feststellung, daß einfache Strukturen einfach aufzudecken sind. Ein Strukturalist sieht sich hinsichtlich der phantastischen Werke nicht in der gleichen Lage wie der Anatom, der aufgrund der Grundlage seiner Wissenschaft aus einer Schar fast ausnahmslos schöner Frauen die schönste heraussuchen soll, sondern eher in der Lage eines Menschen, der sich zwischen Frauen, so dick wie ein Faß und Frauen, so dünn wie ein Brett, also nur zwischen ein paar elementaren Typen zu entscheiden hat (pyknisch, athletisch, asthenisch). Die unverwechselbaren persönlichen Eigenschaften müssen dann systematisch übergangen werden, wenn die Selektion nach eindeutig nachweisbaren Merkmalen erfolgen soll, die die Konstanten der gesamten Klasse und nicht des jeweiligen Individuums ausmachen. Zahlreiche Texte der Phantastik sind durch eine derart primitive Bauweise charakterisiert, die sie im Bereich des üblichen Schrifttums auf Anhieb zur Drittklassigkeit verurteilen würde. Schon der Gedanke daran, in der Epik könnten sich die Werke auf nur einen einzigen Einfall gründen, ist absurd. Die Originalität von »Krieg und Frieden«, von »Wilhelm Meister«, von »Die Brüder Karamasov«, von »Rot und Schwarz« läßt sich überhaupt nicht in einem singulären Konzept lokalisieren, das der Romanintrige als Konstruktionsskelett dient. Darum ist der »Idiot« von Dostojewskij nicht deshalb von Relevanz, weil man eine Ähnlichkeit des Epileptikers, der mit den Eigenschaften der »sancta simplicitas« ausgestattet ist, mit Jesus Christus ableiten kann. Solche Konzepte geben in der »normalen« Prosa nur den Rahmen ab, der durch die Autonomie des kreativen Bemühens ausgefüllt werden muß. In der Science Fiction hingegen sind sie oft wie eine Feder, die ein mechanisches Spielzeug bewegt und ihm den Anschein von Leben gibt. Selbst wenn man in einem epischen Text einen einzigen Grundpfeiler nachweisen kann, ohne den der ganze Text nicht existieren könnte (für solch einen zentralen Grundpfeiler könnte man im »Doktor Faustus« das große Gespräch Leverkühns mit dem Teufel ansehen), dann demonstriert uns die Analyse, daß das Schema eines solchen Pfeilers im Verhältnis zum Romankomplex unbedeutend ist, d. h. die Sache stützt sich nicht auf eine paradigmatische Quintessenz, sondern auf die Originalität ihrer Verkörperung in der belletristischen Materie. Das ist die Stelle, an der die theoretische Beschreibung eines Kunstwerkes seine Unwiederholbarkeit genauso schlecht wiedergibt wie die Beschreibung eines Gesichtes per Paß – das ganz individuelle Aussehen seines Besitzers. Die Entdeckung dieser Differenzierungsohnmacht annulliert nicht die Methode, sondern sie verrät uns nur, daß man auf dieser Methode nicht die nächsten Untersuchungsstufen aufbauen darf. Sie ist gerade das, was die topologische Klassifikation in der Anthropologie ist: die Einteilung der Population in Typen nach dem Schema von Kretschmer (asthenisch, athletisch, pyknisch) oder nach dem Schema von Sheldon (endomorph, exomorph, mezomorph) hat unbestreibar ihre Werte, dennoch gibt die Feststellung, die Rubensfrauen seien pyknischen Typs, das Ideal der gotischen Schönheiten dagegen eher asthenisch, keinerlei Auskunft über den Gesamtcharakter der Unterschiede, die zwischen den Rubensschönheiten und den gotischen Schönheiten bestanden. Selbst wenn wir allen Direktiven des Strukturalismus folgen, können wir dennoch nicht allseitige und sichere Erkenntnis zu der Frage so einfach erlangen, was eigentlich es verursacht, daß ein und dieselbe Musterstruktur in dem einen Werk zum Träger der Außergewöhnlichkeit wird und in dem anderen zum Träger der Banalität. Gewöhnlich beginnt man bei dem Gefühl anwachsender Differenzierungsimpotenz zu eklektischen Kunstgriffen zu greifen, jedoch heimlich; man zählt z. B. einzelne semantische Überschüsse auf, über die – sagen wir – der Konflikt des Menschen mit dem Teufel im »Doktor Faustus« im Hinblick auf seine ursprüngliche Matrize oder auf seine künstlerisch sekundären Anwendungen verfügt. Man sagt dann, daß die große Szene zwischen dem Teufel und Leverkühn die wichtigsten philosophischen Gedanken der Zeit ausdrücke, daß die teuflischen Diatriben in die Antinomie ethischer und ästhetischer Elemente verstrickt sei, usw. Unter Umständen könnte man aber absichtlich einen Text herstellen, der all solche semantischen Überschüsse in sich enthielte und der gleichzeitig hinsichtlich seines künstlerischen Wertes billige Journalistik wäre. Denn das, was den Riesenunterschied zwischen den Eindrücken ausmacht, die komplex durch die Lektüre hervorragender und durchschnittlicher Texte vermittelt werden, das ist in solchen Nichtlokalitäten eines Werkes verborgen, denen wir uns analytisch noch nicht genähert haben. Auf solch einem – für die Literaturleser normalen – Gefühl für die Qualität eines Werkes basieren faktisch die Bewertungen, die von den Strukturalisten geäußert werden, nur daß sie sich nicht offen zu dieser Schwäche ihrer Methode bekennen. Und trotzdem sieht man, daß die Merkmale, die R. Barthes in den Sensationsromanen Flemings über den »Agenten 007« James Bond entdeckte, den Merkmalen erstaunlich ähnlich sind, die von Todorov in den »Les liaisons dangereuses« entdeckt wurden.

Deshalb beginnen wir jetzt unsere Front von Strukturanalysen stufenweise zu verkürzen. Wir haben die Absicht, auf die Seite des Gegners überzuwechseln – der ehrwürdigen und ewigen Probleme, aus denen heraus Kultur und

Literatur leben, wie: die Metaphysik mit ihren Glaubensrichtungen, die Pflicht und das Sein, die Utopie und die Antiutopie, der Homunculusmythos, der messianische, der eschatologische Mythos usw. Wir werden uns als Renegaten der Strukturalismusidee zu erkennen geben – im Interesse einer besseren Erkenntnis der Dienste, die die Science Fiction gegenwärtig leisten könnte. Ich möchte jedoch die Direktheit der Fahnenflucht abschwächen, d. h. ich möchte mich – nicht ohne gewisse Anmut – auf die bereits gesichteten Positionen zurückziehen. Die beiden folgenden Kapitel bilden eine Brücke zwischen dieser Portion der Untersuchungen der Phantastik und der nächsten Portion. Das erste dieser Kapitel begründet am Beispiel konkreter Werke den Verrat, der am Strukturalismus geübt wird und sichert ihn durch Rückzugsgefechte ab. Das zweite Kapitel, das stärker individualisiert ist, stellt eine skizzenhafte Einführung in die Soziologie der Science Fiction dar; es bespricht ihre editorisch-autorische Umgebung sowie die spezifischen Bedingungen von Entstehung und Wirkung wissenschaftlicher Phantastik. Danach eröffnet sich ein Feld von komplexen Problemen, die bis zum letzten Horizont dieses Buches reichen.

IV.
Vom Strukturalismus zum Traditionalismus

Die strukturelle Kritik erbt von ihrem Erzeuger – der Linguistik, die man mathematisch nennt – die analytische Potenz und die semantische Schwäche. Sie ist eher eine Atomistik, denn eine Kosmologie der Literatur. Dadurch ermöglicht sie die Demontage des Generators der phantastischen Merkwürdigkeiten, sie ermöglicht es, ihn in die einzelnen, einfachen Aggregate auseinanderzunehmen, die die Inversion, Konversion usw. verwalten, sie ermöglicht es, die Regeln der formalen Spiele durch Sezieren aufzudecken und sie ermöglicht – wenn auch unter Anstrengung – eine Beschäftigung mit den Zielen, die aus der Position des Generators vornehmlich beschossen werden. Doch solch eine Untersuchung muß sich auf die *generierenden* und die *generierten* Strukturen des Skelettypus, d. h. auf die verallgemeinerte Gestalt der Kreationsmethode und des Kreationsprodukts beschränken. Mit Hilfe solcher Untersuchungen ist jedoch die Gesamtheit der semantischen Verwurzelungen der Gegegenstandsstruktur eines Werkes um so schwerer zu erfassen, je verwickelter diese Verwurzelungen sind. Wenn also die Phantastik nicht den Charakter einer personalen Expression oder einer Expression weltanschaulich komplizierter Standpunkte hat, sondern wenn sie mehr »per Fließband« produziert wird, dann kommt der Strukturalismus mit den Forschern der Phantastik nicht ins Gehege. Wir können dann in Erfahrung bringen, wie man solche Science Fiction zubereitet, doch solch ein Vorgehen, würde man sich darauf beschränken, wäre tödlich.

Seine Immanenz macht uns dann zu Sklaven der erforschten Struktur: wir können sie nachweisen, aber wir können sie nicht außerformal bewerten. Wir können konstatieren, wie viele Bedeutungen die konkreten Strukturen der Science Fiction noch zu tragen imstande sind, aber es gibt keine Möglichkeit, auf eine Position überzuwechseln, von der aus man zeigen könnte, wozu die Science Fiction in Grenzsituationen fähig ist, wie ihre »maximale semantische Belastbarkeit« aussieht. Ein Strukturalist gleicht deshalb demjenigen, der zuerst heimlich an der Torte und dem Klitschkuchen nascht und dann offen die beiden mit Lackmuspapier untersucht. Er kommt zu seiner Beurteilung nicht aufgrund der technischen Maßnahmen: er hat die Beurteilung schon parat, noch bevor er den Klitschkuchen und die Torte zu analysieren begann. Sein Wissen ist also immer – in der integrierten Konklusion – ein Wissen a posteriori. Eine Untersuchung mit »Feld«-charakter hingegen (im Sinne eines, die Probleme fokussierenden Feldes) wendet sich der Phantastik gleichsam von außen her zu. Sie erörtert die Phantastik, entdeckt ihre lokalen Ballungen und spürt die von ihr – wie große, weiße Flecken – gemiedenen Problemgebiete auf. Die Systeme des empirischen, des philosophischen Denkens, die Probleme philosophischer und ontologischer Art bilden dann über dem Wald der phantastischen Werke eine eigene Etage; die Werke klettern aus allen Richtungen auf die Höhe. Nicht die Immanenz der belletristischen Strukturen, sondern ihre kulturelle Anwendung, ihre Arbeitsanstrengungen und die in ihnen demonstrierte Tüchtigkeit sowie die Wirkungsgrade kommen in Betracht.

Wir untersuchen also einmal, wie ein Schütze sein Gewehr pflegt, wie er damit umgeht, wie er es lädt und zu guter Letzt auch, worauf er eigentlich zielt.

Ein anderes Mal betrachten wir dieselbe Situation von der Seite der Ziele aus: ob sie überhaupt getroffen wurden und wenn ja, welche und wie genau.

Aus dem Gesagten läßt sich eine partielle Inkongruenz dieser beiden oppositionellen Betrachtungsweisen entnehmen. Sie ist eine Funktion des nichtbefriedigenden Zustandes der Analyse. Wir wissen hier jedoch keinen Rat.

Um die Notwendigkeit einer Wende besser begründen zu können, wollen wir uns auf konkrete Werke als Beispiele stützen. In dem bereits erwähnten Roman »Pallas oder die Heimsuchung« könnte man Elemente folgender Strukturen nachweisen: a) Invasionsstruktur (die Angriffe der palladischen Monster, die Massenentführungen von Menschen, ihre Verschleppung auf den Planeten der Eindringlinge); b) Zwangsstruktur (die Trennung in Gefangene und Wärter, die Gründung eines »Konzentrationslagers« auf Pallas, das Leben in diesem Lager, die grausamen Angriffe der Ungeheuer); c) Kontaktstruktur (die Versuche des Helden und anderer Personen, sich mit den Ungeheuern zu verständigen);

d) die Struktur der Kulturbeschreibung der »Anderen« (die matrimonialen und gesellschaftlichen Sitten der Ungeheuer, die mit Geburt und Tod verbundenen Zeremonien, die Repressionstechniken usw.); e) Struktur der Revolte (der zweimalige »Aufstand der Menschen«, der von den Monstern niedergeschlagen wird); f) die erotische Struktur (die menschliche Erotik im Sklavendasein, Promiskuität, die Heimlichkeit des Sex, seine ekelhafte Variante als »platonische Beziehung« des Helden zur palladischen »Herrscherin«).

Solche Analysen könnte man fortsetzen und die entdeckten Strukturen, die funktionellen Kerne, die Symmetrien usw. vervielfältigen, aber auf diese Weise verlieren wir – statt uns der allgemeinen Aussage des Werkes zu nähern – diese völlig aus den Augen; denn die Gesamtheit all solcher herausmodellierten Beziehungen bedeutet eigentlich noch nichts: zumindest in den »Immanenzen« der genannten Strukturen. Daß das Werk eine Metapher ist, die zeigt, wie der Mensch »auf den Hund kam«, das führt eine solche Analyse nicht vor; auf diese Interpretation weist nämlich keine der Relationen, die der Strukturalismus nacheinander untersucht, mit genügender Eindeutigkeit hin. Erst alle zusammen ergeben die richtige »semantische Adresse« des Werkes; diese maximale Höhe der Bedeutungen unterliegt also einer stochastischen, probabilistischen Fixierung, wodurch es möglich wird, das Werk als Ganzes, als ein System von Gradienten zu betrachten, die mit – in eine bestimmte Bahn gerichteten – Pfeilen versehen sind, und gerade eine solche Betrachtungsweise eines Textes als ein »einziges Feld mit bedeutenden Gradienten«, als »semantische Gestalt«, die durch alle Strukturkomponenten *auf einmal* konturiert wird, aber *von keiner alleine* – ist dem Strukturalismus in seiner heutigen Form verschlossen. Denn der Legitimationscharakter des »kosmischen Abenteuers« ist erst von solch einem Standpunkt aus zu erkennen. Von ihm aus ist auch zu sehen, daß die Allegorie der »Palladen« in ihren Bedeutungen anthropologisch und kulturmorphologisch ist, daß sie desgleichen die »Invasions-und-Ungeheuer«-Phantastik verspottet und auch die der Science Fiction eigentümlichen, pragmatischen Kulturkonzeptionen ironisiert.

Die Theorie der modellierenden Funktionen der Literatur steckt noch in den Windeln. Dadurch, daß es Ereignisse zeigt, die nicht zustande gekommen sind, simuliert jedes Werk im allgemeinen das Abbild (die sprachliche Beschreibung) einer bestimmten Serie von Ereignissen. Ein realistisches oder ein naturalistisches Werk ist dann ein Modell so wie ein aus Wachs bereiteter Apfel die Imitation eines echten Apfels ist, und das auch dann, wenn es den Apfel, den der Wachsapfel imitieren soll, buchstäblich überhaupt nicht gibt. Man kann einen Apfel aus blauem Wachs formen, und man kann analog auch einer literarischen Deskription merkwürdige, arealistische Merkmale hinzufügen; steigert man die Menge der Transformationen von Originalmerkmalen, dann kann man aus Wachs Modelle von Früchten kreieren, die es überhaupt nicht gibt (z. B. einen Kürbis, der Hörner und Beinchen hat und mit Rosinen blüht). Solch eine modellierte, obwohl nicht existierende Frucht entspricht unserem Verständnis von einem »leeren Spiel«, einem Modell ohne Designate also.

Darüber hinaus kann ein Werk, wie bereits gesagt, eine Signalisationsapparatur abgeben, es kann sich also mit seinen Partikeln der verschiedenen Ebenen an bestimmte Ereignisse oder Begriffe mittelbar richten. Diese Signalisationsfunktionen sind auf den verschiedenen Ebenen eines Werkes lokalisiert, angefangen bei der niedrigsten, der linguistischen. Die zweigliedrige Bezeichnung »eine große Bank« z. B. kann auf zweierlei Weise verstanden werden: sie bedeutet entweder »eine große Sitzgelegenheit« oder – ein großes Geldinstitut. Welche dieser semantischen Adressen richtig ist, das kann das Werk durch den Kontext bestimmen, aber es kann auch genausogut die kontextnahe Adressenentscheidung verweigern. Dann meint es scheinbar viele verschiedene Dinge auf vielen verschiedenen Ebenen. Das Werk stellt sich als »polyinterpretierbar« heraus. Bringt es eine bestimmte Maxime, eine bestimmte Wahrheit, irgendwelche bildhaften Spruchweisheiten zum Ausdruck, dann wird es zu einer Allegorie; es kann aber eine Allegorie sein, indem es entweder seine vordergründige Autonomie teilweise verliert oder überhaupt nicht auf sie verzichtet. (»Der Krieg der Molche« von Čapek verzichtet in einer nicht wünschenswerten Weise auf die Vordergrundkohärenz als der Autarkie der Gegenstandswelt.) Ein Werk kann nach der Herstellung einer Adressenkohärenz auf der Ebene der Ähnlichkeit, die bestimmte reale Objekte zeigen, streben. (Aufgrund vieler soziopsychischer Merkmale gleicht die Haltung eines Hochstaplers tatsächlich der eines Künstlers, was Thomas Mann sich im »Felix Krull« zunutze gemacht hat.) Es ist auch so, daß ein Werk nach einer semantischen Fokussierung der Projektionen auf der kontraempirischen und antirealistischen Ebene trachtet. (In keinem Falle darf man behaupten, die Änderung der familiären Beziehungen könne der Umwandlung eines Menschen in ein Insekt *buchstäblich* ähnlich sein; diese Analogie ist nur auf der metaphorischen Ebene – wie bei Kafka – zu entdecken.)

Die Werke präzisieren prinzipiell weder ihre Modelladressen, noch ihre empirischen noch ihre kontraempirischen Adressen explizite, d. h. sie sagen nicht klar und deutlich, ob sie Metaphern, Allegorien, Buchstäblichkeiten usw. sind. Hier müssen die Empfänger bestimmte Entscheidungen treffen. Bisweilen kann man als Leser auf solche Entscheidungen völlig verzichten, aber manchmal läßt sich ein Werk – ohne solch einen Entscheidungsbeitrag – überhaupt nicht lesen, weil es dann in ein totales Durcheinander gerät. Wenn uns nicht aufgefallen wäre, daß die »zwei jungen Leute« eine gewisse aphoristische Bedeutung haben, dann würde sich das Werk uns als ein zufälliges Agglomerat von zwei Bildern präsentieren, die zueinander in keiner sinnhaften Beziehung stehen.

Um die gnoseologischen Bedeutungen eines Werkes maximalisieren zu können, muß man eine Reihe von Entscheidungen treffen, die dann besonders bedeutsam sind, wenn es sich um ein phantastisches Werk handelt.

Tiere, die sich wie Menschen benehmen, sind in Kindermärchen anzutreffen aber auch im Werk Kafkas; im ersten Falle äußern sie simple Weisheiten oder sie illustrieren sie durch ihr Benehmen, im zweiten Fall dagegen skizzieren sie eine spezifische existentielle Lage (z. B. die Einsamkeit eines Menschen oder eines Künstlers). Doch immer muß der Empfänger – bewußt oder unbewußt – darüber entscheiden, was in dem Text ein vereinbartes Zeichen ist, was eine Kommunikationskonvention ist, und was ein Adressenzeichen ist, also ein Denotat, auf das der Text sich richtet. Der Leser stößt auf den gleichen Nonsens, wen er annimmt, daß das Märchen von der faulen Grille das Laster einer bestimmten Insektengattung darstellt und wenn er annimmt, daß »Die Verwandlung« die Möglichkeit suggeriert, junge Menschen könnten sich in Insekten verwandeln. Der Leser muß hier unterscheiden zwischen dem, was die Signalqualität des Textes verkörpert und dem, was seine autonome (z. B. ästhetische) Qualität ist. Dies ist vor allem in der Phantastik wichtig, weil hier ein besonders weites Entscheidungsfeld auf den Leser wartet. Manchmal ist die Unterscheidung zwischen konventionellen Zeichen und ihren Anspielungsbedeutungen trivial einfach. (»Die Astronauten« postulieren nicht, daß man die Hypothese von der Selbstzerstörung der Bewohner des Planeten Venus auch nur für einen Moment ernst nehmen sollte; das Bild der planetaren Zerstörung ist konventionell – als ein Warnsignal, das rückstoßend an völlig irdische Probleme adressiert ist.) Wer z. B. glaubt, Jules Verne habe uns in seinem Roman über die Reise von der Erde zum Mond allegorisch von der Reisemöglichkeit von Geistern aus diesem Erdental in den Himmel informieren wollen, der denkt Unsinn, und zwar deshalb, weil dies in einem Widerspruch zu allen Empfangsfeststellungen steht, die an das Werk Vernes adressiert sind.

Solch eine Interpretation ist nicht hinsichtlich der Textimmanenz unsinnig, sondern hinsichtlich der gesellschaftlich stabilisierten Struktur der Textbedeutungen, die dem früher erwähnten »vierten Strukturtyp« entsprechen. Ein phantastisches Werk, das von dem Empfänger semantisch noch nicht stabilisiert ist, kann gleichsam zu einer Leinwand werden, auf die man die Bedeutungen projiziert, die der Leser für wichtig und aktuell hält. Ich bin z. B. mit einer für mich überraschenden Vermutung bei einer Reihe von Lesern konfrontiert worden, daß die Schwierigkeiten der Kontaktaufnahme zwischen den Menschen und dem Ozean in meinem Roman »Solaris« die Widerspiegelung der Beziehungen zwischen dem Individuum und der Gesellschaft sei. (Etwa so, daß das Individuum keine unmittelbaren informativen

Kontakte mit der Vielheit knüpfen könne.) Ich persönlich halte diese Interpretation für falsch, aber wenn gerade sie infolge statistischer Empfangsprozesse dem Roman dauerhaft beigegeben würde, dann wäre sie »wahr«. Was für uns hierbei noch wichtig ist, die erwähnte Interpretation kann als inadäquat empfunden werden, aber nicht als unsinnig angesehen werden, weil »Solaris« sich noch nicht eine feste Petrifizierung der Bedeutungen im gesamten Spektrum der Auslegungen hat erwerben können.

Zwischen den strukturellen Mustern, die an der Wiege eines Werkes Pate standen und dem Werk selbst können dreierlei Relationen herrschen. Erstens: der Autor kann das tun, was wir ein Plagiat eines strukturellen Musters genannt haben und diese Prozedur gleichzeitig tarnen. Dann liegt es nicht in der Absicht des Autors, uns auf die Struktur aufmerksam zu machen, die als Werkmatrize dient, sondern im Gegenteil – die Existenz der Matrize völlig zu verschweigen. Dann soll z. B. eine Kriminalintrige (»Wer hat die reiche alte Frau getötet?«) nicht in ihrer eigentlichen Skala der detektivischen Untersuchung erkannt werden, sondern sie soll als eine Geschichte über archäologische Forschungen auf irgendeinem Planeten angesehen werden. (»Wer hat die alte reiche Kultur getötet?«). Bemerken wir unter der Schicht der »kosmischen« Ereignisse die kriminalistische Erzählstruktur, dann werden wir ihre Unangemessenheit hinsichtlich des Themas klar erkennen und das Werk negativ beurteilen.

Zweitens: man kann eine paradigmatische Struktur ganz offen übernehmen, indem man sie konkret motivierten Umwandlungen unterzieht. Der Autor verschweigt uns nicht, daß er von irgendeinem mythischen Leitfaden, von irgendeiner Legende inspiriert wurde, denn er plaziert seinen Text ganz offen in das Strahlenfeld dieses Musters. Es handelt sich dann um eine Variation zu einem ehrwürdigen Thema. Das macht Cordwainer Smith oft, der in dem Vorwort zu dem Sammelband »Space Lords« detailliert erklärt, woher er die Motive für die einzelnen Erzählungen geschöpft hat. Cordwainer Smith (so lautet das Pseudonym dieses mehr als 60-jährigen Wissenschaftlers, der seit 1928 SF-Literatur schreibt) kennt sich in der Weltliteratur mit ihren lokalen Traditionen hervorragend aus, daher gehört er in der SF zu den seltenen Erscheinungen von Autoren, die ein Wissen und ein Bewußtsein von der Kunst haben. Bei ihm sind nicht die geringsten futurologischen oder veristischen Prätentionen zu spüren, weil er – wenn er auf dem SF-Gebiet wirkt – versucht, in dieses typisch literarische Werte im ästhetischen und visionären Sinne einzupflanzen. So beruht die erste Erzählung des erwähnten Bandes auf dem Motiv von »Ali Baba und die vierzig Räuber« (was ohne die entsprechende Information des Autors tatsächlich schwer herauszufinden wäre); die zweite hat mit dem Motiv der Jeanne d'Arc zu tun und die dritte – mit der Gestalt Artur Rimbauds und seines »Le Bateau ivre«, die vierte Erzählung *»wurde von der bei Lo-Kuan-Chung, einem chinesischen Autor um 1300, gefundenen Szene von Verschwörungen und magischen Praktiken«* inspiriert, die letzte schließlich ist die phantastische Transposition eines Motivs der Danteschen Hölle.

Wir wollen an dem Beispiel der Erzählungen, die von »Le Bateau ivre« und der Danteschen Hölle inspiriert wurden, zu erklären versuchen, wie die phantastischen Werke Smiths aussehen. Die Mehrzahl seiner Erzählungen spielt in einer relativ homogenen Welt, die nur dem Autor gehört; obwohl die Motive, die ihm als Muster für die einzelnen Erzählungen dienen, genetisch heterogen sind, erhalten sie durch das Eintauchen in den »Smithschen Kosmos« eine emotional ähnliche Färbung. Es ist eine Welt der Märchen und Fabeln, doch oft mit wissenschaftlichen Elementen dicht durchwirkt – es ist eine grausame, gewalttätige und sehr merkwürdige Welt, wobei die Merkwürdigkeiten in den schwächeren Werken zu manieristischen Merkwürdigkeiten werden. Das Universum wird regiert von »The Instrumentality« und zwar von dessen Lords in folgender Weise:

Die Instrumentalität war ein durch Kooperation sich selbst erneuerndes Gremium mit ungeheuren Machtbefugnissen und einer strengen Satzung. Jedes Mitglied war für sich allein ein Plenum der unteren, mittleren und höheren Gerichtsbarkeit. Jedes Mitglied konnte alles tun, was es für nötig hielt, um die Macht der Instrumentalität zu erhalten und den Frieden zwischen den Welten zu bewahren. Aber wenn einer der Lords einen Fehler machte oder ein Unrecht beging – ja dann sah plötzlich alles ganz anders aus. Jeder Lord konnte in einer Notsituation jeden anderen Lord töten, aber ihm selbst waren Tod und Schande sicher, wenn er diese Verantwortung auf sich nahm. Der einzige Unterschied zwischen Billigung und Ablehnung lag darin, daß Lords, die in einer Notsituation einen Kollegen töteten und damit, wie sich bei einer späteren Untersuchung herausstellen konnte, ein Unrecht begangen hatten, auf eine sehr schmachvolle Liste gesetzt wurden, während jene, die zu Recht andere Lords töteten, in eine Ehrenliste eingetragen, trotzdem aber getötet wurden.

Bei drei Lords lagen die Dinge anders. Drei Lords bildeten einen Notstandsrat; wenn sie gemeinsam handelten, in gutem Glauben, und laufend den Computern der Instrumentalität berichteten, blieb ihnen eine Bestrafung erspart, nicht jedoch die Schande und gegebenenfalls die Degradierung zum Bürger. Sieben Lords, oder alle zu einer bestimmten Zeit auf einem bestimmten Planeten regierenden Lords, waren über jede Kritik erhaben, bis auf die Möglichkeit, daß ihre Maßnahmen später auf ehrenhafte Weise rückgängig gemacht wurden, falls es sich erwies, daß sie im Unrecht gewesen waren.

Das waren die ganzen Satzungen der Instrumentalität. Die Instrumentalität hatte den Wahlspruch »Beobachten, aber nicht eingreifen; Kriege beenden, aber keine Kriege führen; schützen aber nicht kontrollieren; und vor allem überleben!«.

In diesem kleinen Fragment kommt bereits der für Smith typische Intonationswirrwarr zum Ausdruck: Ernsthaftigkeit, Phantastik und Ironie; eine spezifische Homogenität schafft auch der Erzählstil, der die Poetik der Expression (sehr oft, aber nicht immer glücklich) widerspiegelt, die sich in einer kühnen, abstrakten Metaphorik, in einer originellen begrifflichen Kürze, in einer weitgehenden Lapidarität äußert. Das obige Zitat stammt aus der Erzählung »Drunkboat«. Was geschieht eigentlich in ihr? Lord Crudelta suchte einen Menschen und fand ihn, der den Kosmos derart intensiv in kürzester Zeit zu durchqueren wünschte, daß ihm dies gelang – auf eine außerräumliche Weise. Dieser Mann, Artur Rambo, startet in einer schrecklich altertümlichen Rakete, und die Kraft, die es ihm erlaubt, die Grenzen von Materie, Raum und Zeit zu überschreiten – das ist sein überwältigendes Liebesgefühl zu einer gewissen Elisabeth, von der man kaum mehr weiß, als daß Rambo sie liebt. Wie aus dem Nichts taucht Rambo plötzlich auf der Erde auf und kommt bewußtlos ins Krankenhaus, wo er – in Ohnmacht liegend – unfaßbare Effekte auslöst. Während des Schlafes bangt er um das Schicksal seiner Elisabeth und veranlaßt – ohne davon zu wissen – die Armeeinheiten, die sich im Krankenhaus befinden, zu einem Bruderkampf. Er kratzt mit bloßen Händen an den Stahlwänden. Er erträgt jeden Schmerz und jedes Leid. Endlich, einige Tage später, kommt Lord Crudelta zur Erde, und er wird hier vor das Gericht der anderen Lords gestellt; dann, bereits aus der Ohnmacht erwacht, berichtet Rambo als Zeuge vor dem Gremium der Lords darüber, was er während des »Raumflugs« erlebte – und das ganz offen, mit vollständigen Sätzen, die an den Text von »Le Bateau ivre« von Rimbaud anknüpfen. (Die Liebenden kommen nicht zusammen, weil Rambo feststellt, daß ihn Elisabeth – bereits gefunden – irgendwie nicht besonders interessiert.)

Das ist eine sehr interessante Komposition von Ingredienzien. Die Poesie, das Märchen, die Computer, die Lords der Instrumentalität, die Polizeiroboter *(diese Roboter haben eine elektronische Hirnrinde, die auf einem tiefgefrorenen Mittelhirn eines alten Wolfes basiert)* vermischen sich und schaffen einen Cocktail – nicht ohne gewisse Anspielungen. Die Macht der Liebesgefühle bekommt wörtliche Gestalt; nur ein Verliebter meint, daß er mit seinem Gefühl Mauern zerbrechen könne, und in der Erzählung macht Rambo das auch; sein Unterbewußtsein, das sich um das Schicksal seiner Liebsten sorgt, provoziert einen Krieg, der zwar nur zwei Minuten dauert, aber so blutig ist, daß sogar die wundervollen Techniken nicht alle in dem Krieg Gefallenen werden zum Leben erwecken können; jeder, dessen Gehirn ausgebrannt ist, muß eine neue »Persönlichkeitsprägung« erhalten.

Aber – und hier verdichtet sich die Anspielung – die Liebe ist nur ein *Vorwand* als ein Kristallisationskern seiner vulkanartigen Schöpfungsmacht. Rambo aus »Drunkboat« (»das trunkene Schiff«, das ist zuerst die alte Rakete, dann der Mensch selbst, der nackt und ohne schützende Umhüllungen den Kosmos durchschnellt) ist ein Poet, der Worte in Körper, in Materie verwandelt. Er artikuliert seine Liebe in phantastischen und wahnsinnigen Taten und um sie ausdrücken zu können, erbebt ungewußt der ganze Kosmos. Die Beziehung Smiths zu den technischen Requisiten ist nicht immer so klar mit Ironie durchsetzt *(ein Polizeiroboter mit einem tiefgefrorenen Mittelhirn)* wie in der obigen Erzählung. Auch die phantastische Szenerie entspricht nicht immer so adäquat der in der plazierten Handlung. »Das trunkene Schiff« ist das beste Werk in diesem Sammelband. Hinsichtlich der Ungewöhnlichkeit der Bilder wird es jedoch von »Shayol«, der aus dem Arabischen travestierte Name für die Hölle, übertroffen. Aber »Shayol« ist konstruktionsmäßig schwächer.

Der Kosmos wird hier noch nicht von einer gerechten Instrumentalität regiert, sondern von einem Cäsarentum. Ein nackter Mensch, der für eine unbekannte, aber schreckliche Tat zur endgültigen Strafe verurteilt wurde, kommt in die Hände des ärztlichen Dienstes auf einem Mond, der den Planeten Shayol umkreist, der seinerseits der Ort für unwiderrufliche Verbannungen ist. Auf dem Mond tut man ihm weh, aber nicht, um ihn zu bestrafen, sondern um seine Haut abzuhärten, um seinen Körper, seine Nägel zu stärken – in der Annahme geheimnisvoller Qualen, die ihn auf dem Planeten erwarten. Wenn die auf diese Weise verursachten Leiden unerträglich werden, dann setzt man ihm humanerweise einen elektrischen Helm auf den Kopf, der sein Lustzentrum reizt. Dann empfindet er die Schmerzen wie aus weiter Ferne, da er in die Lust vertieft ist. Danach schleudert man ihn auf den Planeten. Hier gibt es einen Aufseher, den riesengroßen menschenähnlichen Bdikkat, er ist indes kein Mensch, sondern ein mit Verstand ausgestatteter Stier, der tausend Jahre auf Shayol dienen muß, damit er für seine »auf der Erde tiefgefrorene Familie« die Freiheit erlangen kann. Die nackten Menschen führen auf dem öden Planeten folgendes Leben: unbegreifliche und unsichtbare Wesen, die Dromozoa, springen in ihre Körper hinein, was man an einem momentanen Blitz und einem schrecklichen, die Nerven zerreißenden Schmerz erkennt. Die Dromozoa sind übrigens den Menschen wohlgesonnen. Sie versorgen deren Blut mit Sauerstoff und deren Körper mit Nährstoffen, sie reinigen die Gewebe, sie beseitigen die Exkremente und machen dadurch die Menschen unsterblich. Von dem Überschuß an Lebensenergie, die diese »Antiparasiten« den Menschen injizieren, wachsen diesen auf ihren Körpern zusätzliche Organe und Glieder. So gibt es eine Frau voller Hände (sie hat etwa 38), ein alter Kapitän wurde so groß wie ein Berg, seinen bloßen Fuß umschreitet man wie ein großes Haus, dem Helden wachsen Kinderköpfe aus dem Bauch und zusätzliche Finger und Nasen, die ehemalige Cäsarin Da besteht aus mehreren Torsi, die ein leiterartiges Gebilde abgeben. Von Zeit zu Zeit taucht unter der Schar der Nackedeis Bdikkat auf, schneidet chirurgisch die überflüssigen Glieder und Körperteile ab und injiziert den Zöglingen »Supercondamine«, ein narkotisches Mittel, das für kurze Zeit unbeschreibbare Glückseligkeit spendet. Die Ernte der Metzgertätigkeit Bdikkats wird als Rohstoff für medizinische Zwecke in den Kosmos exportiert.

Entgegen allem Anschein – der besonders durch die verkürzte Wiedergabe erweckt werden könnte – ist die Smithsche Hölle nicht hyperschrecklich, und das ist wahrscheinlich am merkwürdigsten von allen Merkwürdigkeiten. Ihre Bewohner leiden mehr physisch als psychisch, denn sie haben aufgrund ihrer Erlebnisse die Erinnerung an ihre Schuld und an die Bedeutung ihrer Existenz verloren, wenn auch nicht den Reflex des gegenseitigen Mitleids. Selbst Doktor Vomact, der auf dem Satelliten dem Helden vor seiner Abfertigung nach Shayol vorschlägt, daß er ihn – wenn er dies wolle – enthirnen oder erblinden könne, ist kein böser Mensch, eiskalt ist nur die Strenge der Geräte, die den Wechsel von Qual und Lust auslösen; sie ist durch die dementsprechend eingerichtete Struktur der herrschenden Beziehungen festgelegt, hier ist jeder ein kleines Rädchen, aber in dem engen

Raum seiner Möglichkeiten ist jeder doch ein Mensch: sogar jener vernunftbegabte Stier im menschlichen Körper – Bdikkat.

In dieser Vision einer Hölle übertreffen die Ungewöhnlichkeiten, wie bereits gesagt, die Grausamkeiten, doch die Befreiung aus dieser Hölle, die die Erzählung beendet, sie basiert auf dem Prinzip des deus ex machina. Es gibt kein Cäsarentum mehr, es wurde durch die gerechtere Instrumentalität ersetzt, die Verurteilten erhalten die Freiheit zurück, auch ihre Gesundheit; der Held wird die inhaftierte Cäsarin heiraten (nachdem die beiden ihr normales Aussehen wiederhaben). Smith ist übrigens immer und eindeutig auf der Seite der »Erniedrigten«, auch dann, wenn sie »Untermenschen« sind (»underpeople«) wie in der Erzählung »The Ballad of Lost C'Mell«, in der der Lord der Instrumentalität Jestocost den diskriminierten »Untermenschen« – in menschenähnliche und denkende Wesen umgewandelte Tiere – hilft, die volle Gleichberechtigung zu erlangen; das ist übrigens eine romantische Geschichte, denn die Repräsentantin der »Untermenschen«, ein Mädchen, die schöne Katze C'Mell, verliebt sich in den Lord, der die Gefühle erwidert, sie aber weder vor ihr noch vor sich selbst eingesteht. Smith verfügt über eine glückliche, doppelte Gabe: er kann mit dem Glauben, den er als Autor der Narration entgegenbringt, seine Werke sättigen und sie zugleich sprachlich im Zaum halten; wenn die Fabel ihn an einen Platz bringt, an dem das Schema sich noch leicht einmischen könnte, dann frischt er es auf und verändert es – durch die Originalität der Assoziationen, durch witzige Bemerkungen, durch lustige Ideen, und das sind Zeichen, an denen man erkennen kann, daß diese Erzählungen nicht nur von einem Gelehrten geschrieben wurden (wie Smith einer ist), sondern auch von einem Mann mit einer Imagination, über die der Verstand die Gewalt hat. Die Gesamtkomposition der Erzählungen weckt gewöhnlich recht große Vorbehalte, aber diese Tatsache verringert keineswegs den Reiz an der Lektüre.

Sich an dieser Stelle auf Klassifikationsstreitigkeiten mit den üblichen Feststellungen über die Phantastik einzulassen, halte ich für überflüssig; doch es fällt schwer, sich nicht über die verbreitete Überzeugung zu wundern, daß die Werke von Cordwainer Smith wissenschaftliche Phantastik seien. Ihre Zugehörigkeit zur Gattung der Fantasy scheint mir doch ganz offensichtlich zu sein. An solchen Fällen erkennt man die mechanische Gedankenlosigkeit einer klassifikatorischen Bestimmung, die sich nach rein lexikographen, also äußerst oberflächlichen Eigenschaften eines Werkes richtet.

Die Erzählungen von Smith sind szientifisch illustrierte Märchen, die auf hehren traditionellen Motiven aufgebaut sind (der romantischen Liebe, den Geschichten von Räubern, den höllischen Qualen), deren strukturalistisch nichtbeweisbarer Wert in der komplexen zentripetalen Schwerkraft der Elemente steckt, die anfangs jedoch sehr stark heterogen sind. Das in ihnen enthaltene poetische Element ist vielleicht am leichtesten dort aufzuspüren, wo der Text selbst – z. B. der Text der vor dem Gericht der Lords der Instrumentalität gemachten Aussagen Artyr Rambos – die Travestie eines real existierenden Werkes ist (»Le Bateau ivre«). Doch es ist überall dort anzutreffen, wo sich die linguistische Komponente eines Textes über das reistische Maß hinaus selbständig macht. Wollte man jedoch gemäß empirischen Richtlinien denken, die zu einer äußerst kühnen Hypothese führen, dann müßte »dem Polizeiroboter« indes ein entsprechend kodiertes Programm in sein Gehirn eingespeichert werden, das in seinen Direktiven besonders streng zu sein hätte. Es gibt dagegen keine empirische Hypothese, die die Unterbringung »eines tiefgefrorenen Mittelhirns eines Wolfes« und dazu noch eines »alten Wolfes« im Zentrum des Gehirns dieses Roboters sinnvoll erklären könnte! Die Aufgabe der informativen Klammer übernimmt bei der Konstruktion solcher begrifflichen Zusammenstellungen das semantische Designat, das mit der Empirie nichts gemein hat; »der alte Wolf« ist hier die Zitation einer *traditionellen Märchenrolle*, die dieses Tier hat (z. B. wie in dem Märchen »Rotkäppchen«). Die logische Kohärenz also, die für Hypothesen typisch ist, die nach der wissenschaftlichen Methode konstruiert sind, ersetzt die semantische Kohärenz, die durch die *kulturell* fixierten Begriffsschemata geschaffen wird. (Aus den Märchen ist bekannt, daß der Wolf böse ist, also nimmt man eine Portion von diesem sehr bösen, weil alten Wolf, friert sie »wissenschaftlich« ein und packt sie in den Kopf des »Polizeiroboters«.)

Dieser Typ der Schaffung phantastischer Objekte durch die Paarung kategorial entlegener Bedeutungen (»alter Wolf« – »Elektronenroboter«) hat mich bei Smith überrascht, weil ich ihn in der Science Fiction bisher nicht angetroffen hatte und der Meinung war, daß ich ihn erfunden hätte (in »Robotermärchen« und besonders in der »Kyberiade«). Doch wie man sieht, ist es nicht leicht, auf eine Idee zu kommen, die noch keiner vor einem erprobt hat.

Die Problematik der Schaffung solcher Namen und der sich von ihnen stark unterscheidenden Strukturen höheren Ranges führt uns zur Problematik der Groteske. Zu diesem Begriff gehören viele verschiedene Formulierungsmodalitäten von Aussagen, er besitzt eine eigene, ziemlich umfangreiche theoretische Literatur, und darüber hinaus hat er einen ziemlich umstrittenen Charakter, den man zu spüren bekommt, wenn es um seine Definition geht. Noch am leichtesten kann man sich einer analytischen Antwort auf eine Frage zu diesem Thema entziehen, indem man mit Ludwig Wittgenstein sagt, daß es Spielarten gibt, die »Quasi«-Familien bilden; in unserem Falle stellen die grotesken, die humoristischen, die poetischen und die phantastischen Aussagen eine Gruppe verwandter Elemente dar, die stufenweise ineinander übergehen.

Es scheint mir, die folgende Aufzählung könnte uns weitere Präzisierungen liefern: In jeder Aussage kann man zwischen linguistischen Formanten, dem Algorithmus der Deskription also, unterscheiden und einem gegenständlichen Formanten, der Gesamtheit der Merkmale des Objekts also, das man sprachlich beschreibt. Für die kulturell festgelegten Relationen »Beobachter – Beobachtetes« gibt es normierte Deskriptionsklassen; und bereits dann, wenn man eine bestimmte, traditionell festgelegte Beschreibungsstruktur für die Darstellung solcher Objekte benutzt, für die diese Struktur bisher noch nie verwendet wurde, können humoristische oder groteske Effekte entstehen. Von der Beschreibung von Objekten jedoch, die sich angeblich durch ein metasprachliches Sein auszeichnen zu einer Beschreibung, die diese Objekte gleichsam aus dem Nichts kreiert, kann man stufenweise fortschreiten. Denn wenn man sagt, ein Polizeiroboter habe ein Mittelhirn eines alten Wolfes, dann benutzt man einen Deskriptionsformanten, der mit einer höheren Neutralität dem Gegenstand gegenüber versehen ist; die Aussage tut so, als ob sie das Objekt nicht selbst schafft, sondern als ob sie nur seine existierenden Merkmale aufzählt. Wenn man dagegen sagt, daß in einem Staat aufgrund der weit fortgeschrittenen Automatisation alles die Maschinen anstelle der Menschen tun, daß »Spazierer spazierengehen, Beköstiger beköstigen und Selbstlacher statt der Menschen lachen«, dann ist die Existenzweise solch beschriebener »Maschinen« gegenständlich nur scheinbar: solche Objekte können eindeutig über kein außersprachliches Sein verfügen; sie entstehen aufgrund spezifischer Mißbräuche der Sprache; denn es geht hier um die Herstellung fiktiver Namen, deren Bedeutungen wir dank des Kontextes zwar verstehen können, aber die keinerlei Anspruch auf irgendeinen, nicht einmal einen pseudoempirischen Status erheben dürfen. In der Tat, man kann sich nicht einmal für einen Moment einen »Lacher« vorstellen, »der für jemand anderen lacht«; das ist Unsinn, aber ein Unsinn, der nach dem Prinzip logisch durchaus nicht unsinniger Beschreibungen von realen Objekten konstruiert wurde; denn es klingt völlig plausibel, daß ein Rechner eine Maschine ist, die für jemanden rechnet. Wir sehen hieran, daß es Objekte gibt, die rein sprachlich kreiert werden und die sich von der linguistischen Schicht überhaupt nicht »ableimen« lassen, weil man sich sie ohne diese nicht vorstellen kann (z. B. mit den Augen). Aber es gibt auch Objekte, die man als Groteskobjekte (ein Roboter mit einem Wolfshirn) schon leichter von der linguistischen Komponente trennen kann. Ohne Zweifel ist ein solcher Roboter ein pseudoempirisches Gebilde, dennoch könnte man sich die Art und Weise seiner Entstehung vorstellen. Um solch einen Roboter bauen zu können, benötigt man, wenn man dem Tenor der Artikulation folgt, das Gehirn »eines alten Wolfes« und den Körper eines Roboters. Um dagegen einen »Lacher« bauen zu können, muß man nur über die Sprache, die Syntaxregeln sowie die namenschöpferische Paradigmatik verfügen; groteske, phantastische Kreationen also können mehr oder weniger stark mit der Artikulation zusammenwachsen.

Das Prinzip, inkongruente empirische Elemente miteinander zu koppeln, findet sich sowohl in der Poesie als auch der Groteske oder der Phantasie; die Unterschiede beschränken sich auf die hervorgerufenen Effekte, die entweder lyrisch oder humoristisch sein können, wobei es zu humoristischen Effekten kommt, die nicht beabsichtigt wurden; aber es passiert wohl nie, daß eine Aussage eine lyrische Tonation erhält – ohne die spezielle Absicht dessen, der sie gestaltet. Die Groteske kann eine Übertreibung sein, aber sie ist auch oft eine Inversion; die grotesken »Robotermärchen« sind nach dem Prinzip einer vielschichtigen Inversionspyramide konstruiert. Und zwar: zuerst kommt das Grundgesetz, das die »Mythologie der Roboter« gestaltet, das für fast alle Märchen des genannten Sammelbandes Gültigkeit hat und das die Reziproke der für klassische Märchen typischen Relation darstellt. In den Märchen sind die Menschen Wesen, die oft in eine schwierige Situation geraten, ihre Gegner sind nicht-menschlich (Drachen, böse Zauberer). In den »Robotermärchen« ist es genau umgekehrt: die in die Ecke getriebenen Helden, das sind die Roboter und ihr größter Feind ist der Mensch, der in Sagen und Mythen als ein furchtbares und gleichzeitig ekelhaftes Wesen besungen wird (»Bleichling«, »Leimauge«). Weiter: in einzelnen Märchen wurde bereits die Struktur bestimmter klassischer Märchentypen übernommen, in »Erg, der Selbsterreger« z. B. die des Märchentyps »Schneewittchen«, und verschiedenen Substitutionen unterworfen. Von solchen Substitutionen führen dann die Wege zu Umstrukturierungen, die nicht unbedingt inversiv sind; im Grunde genommen war bei der Geburt der »Robotermärchen« nicht nur eine Struktur, die des Märchens, beteiligt, die Transformationen sowie dem Umtausch der traditionellen Elemente (»Schneewittchen«) in nichttraditionelle Elemente unterzogen wurde (die Prinzessin schläft nicht, sondern sie ist wie tot, weil sie *nicht aufgezogen wurde*), sondern dort interferieren zahlreiche heterogene

Strukturen; z. B. hat die Struktur der Beschreibung von Objekten und Erscheinungen, die für ein wissenschaftliches, d. h. ein empirisches Vorgehen typisch ist, karikierend Anteil in dem Vortrag, in dem die gelehrten »Homologen« dem König erklären, wer der schreckliche Homos Antropos ist. Die Erzählrahmen ermöglichen es also, ihren fast homogenen Ursprung vom Märchen zu erkennen, doch die so umrahmten Strukturen weisen *Schwankungen* sowie *Kontaminationen* verschiedener Art auf (eine märchenhafte Beschreibungsweise, die in die »wissenschaftliche« projiziert wird, darüber hinaus: der abstrakte, nichtaugenscheinliche, also rein linguistische Konstruktionstyp phantastischer Objekte ist bisweilen mit der pseudoempirischen Methode der Konstruktion solcher Objekte nah benachbart). Gewisse Wortneugebilde sind nach einem doppelten Prinzip gebaut: man interferiert zwei verschiedene Namen, um aus ihnen neue zu schaffen; solch ein Verfahren wird dann kräftestärkend sanktioniert, wenn die Bedeutungen, die diesem Namen entsprechen, miteinander verwandt sind, sei es auch entfernt verwandt (wodurch sie komisch wirken). So ist es z. B., wenn man einen »Elektriker« und einen »Ritter« zu einem »Elektritter« kontaminiert; solch ein Verfahren wäre überhaupt nicht zu begründen, es sei denn dadurch, daß es sich um einen Roboter handle, also um ein Gebilde, bei dem man eben – als semantisch mit ihm verwandt – an einen *Elektriker* denkt. Doch nicht immer existiert solch eine doppelte Sanktion. (So ist z. B. ein »galaktischer Berittener«, also wahrscheinlich eine Reiterkolonne, die durch die Galaktik reitet, wohl komisch, aber er resultiert nicht aus einer semantischen Verwandtschaft zwischen der Galaktik und der Reiterkolonne; hier also sind, im Gegensatz zum Elektritter, die Namen zusammengeschoben, um einen grotesken Effekt zu erzielen – *trotz* ihrer natürlichen semantischen Abstoßung.)

Diese Problematik ist nicht nur für die Science Fiction typisch, im Gegenteil, sie ist von allgemeiner Bedeutung; man kann die Methode einer grotesken Kreation überall dort verwenden, wo eine Kontamination heterogener, idiographischer und namenschöpferischer Strukturen zulässig scheint, d. h. wenn sie im Hinblick auf ihre Ergebnisse verständlich und effektvoll ist. Bisher hat niemand in der Science Fiction solch einen »Algorithmus« als Methode systematisch verwandt. Smith benutzt diese Methode rein zufällig auf einer niedrigen, d. h. nur auf einer satzinternen Erzählebene, auf höheren Ebenen dagegen stellt er uns Strukturen vor, die Variationen konkreter Inhalte, d. h. traditionell berühmter Motive sind (das Martyrium der Jeanne d'Arc, die Geschichte des Artur Rimbaud usw.).

Aus der Verzahnung namensmäßig weit auseinanderliegender Glieder oder ganzer Perioden müssen nicht unbedingt humoristische Effekte erwachsen, die sich aus der Überzeichnung, der Paradoxialität der Bedeutungsinterferianten ergeben und durch die Verkopplung dessen, was die Norm des idiographischen Realismus zu verkoppeln nicht erlaubt. Es können dann Effekte von einer Unheimlichkeit, auch einer phantastischen, entstehen, die völlig oder fast völlig glaubhaft sind. Aber das ist schon schwieriger. In einem der »Robotermärchen« z. B. geht es – angeblich ernst, obwohl in der Märchenkonvention – um einen Roboterkönig, der selbst ein Roboter ist und sich um seinen Planeten wie ein Ring ringelt und der sich deshalb Metamerik nennt. (Metameren sind Segmente des Körpers, daher der Name.) Ein solches Bild scheint mir eher skurril als komisch zu sein, obwohl die Meinungen hier auseinandergehen können. In keinem Falle stellt die gerade beschriebene Kreationsmethode einen Algorithmus dar, d. h. selbst eine genauere Untersuchung als die hier vorgenommene liefert uns keinerlei Rezept für automatische Handlungen kreativer Natur.

Diese strukturalistische Analyse macht von einem Prozeß, der einen eindeutig *kontinuierlichen* Charakter hat, nur bestimmte, besonders krasse Partikeln sichtbar. Deshalb könnte man auch sowohl solche Texte vorstellen, die vom Leser gelobt werden, als auch solche, die als Pleiten angesehen werden, und sie zusammen aufgrund des strukturalistischen Schlüssels in gleicher Weise beschreiben. Solch ein Schlüssel kann also nicht als ein Selektionsinstrument dienen, das die Spreu vom Weizen trennt. (Als ein nicht-beabsichtigtes groteskes Werk könnte man »The Game of Rat and Dragon« von Cordwainer Smith anführen.)

Das Gesagte erschöpft die Problematik nicht ganz, besonders in dem Bereich, den wir den modellierenden Bereich nennen; denn die namen- und aussagenkreierenden Formanten sowie die gegenstandsschaffenden Formanten ergeben zusammen so etwas wie ein vielschichtiges Gewebe, das mit verschiedenen Mustern bestickt ist, das vor den Augen des Lesers gleichsam flach ausgelegt werden kann, und dann zeigt ihm das Gewebe nur das, was z. B. ein Mosaikfenster dem Betrachter zeigt. Doch dieses Gewebe kann für spezielle modellierende Zwecke weiter verwendet werden; um es figurativ zu sagen, man bedeckt irgendeine Gestalt, irgendein außersprachliches Gebilde mit dem Gewebe (meistens irgendwelche realen Probleme), und dieses bekommt – wobei es weiter es »selbst« bleibt – topologisch ganzheitliche Eigenschaften hinzu, die es den Eigenschaften dessen verdankt, »über das« das Gewebe gelegt und drapiert wurde. Hierbei ist besonders interessant, daß man so, wie man ein langes Stück eines Stoffes mit einem Rapport wählen kann und damit – mit seinen aufeinanderfolgenden Teilen – nebeneinanderstehende und völlig verschiedene Gestalten umhüllen kann, auch mit erzählerischen Strukturen, die linguistisch »immer gleich gestrickt sind«, *im Verlauf* ein- und derselben Erzählung nacheinander *unterschiedliche* Probleme *herausmodellieren* kann. So ist es z. B. in einem Märchen des Sammelbandes »Kyberiade«, und zwar dem Märchen, in dem Klapaucius vertrauliche Mitteilungen hört und dadurch die gräßliche Geschichte des Chlorian Teoric Klapostol erfährt, und das deshalb, weil in den verschiedenen Teilen dieser grotesken Beichte – anhand permanent ähnlicher, sprachlich-gegenständlicher Mittel – ziemlich unterschiedliche Probleme modelliert werden. Die einen sind völlig absurd, die anderen haben gewisse gemeinsame Punkte mit der Wirklichkeit, mal kann man das geschilderte Schicksal des Klapostol für Ironie über die Lebensumstände eines krankhaft ehrgeizigen Philosophen halten (man kann hier z. B. an Schopenhauer erinnern) und mal – für die nichtironische Situation einer verkannten Person, die dennoch eine gewisse Aufmerksamkeit verdienen sollte. In diesem Sinne, im Sinne von Modelladressen *schillert* die Erzählung ganz offensichtlich, weil das, was nacheinander mit einem grotesk gestrickten Gewebe »umhüllt« ist, *Metamorphosen* unterliegt, über die man sich übrigens nicht sofort im klaren ist. (Wir haben bereits ein Werk erwähnt, und zwar das Buch »Der Krieg mit den Molchen«, das im Verlauf der Erzählung die Modelladresse ein wenig ändert.)

Wie man sieht, rührt die Kompliziertheit der Analyse daher, daß die Mehrzahl der verschiedenrangigen »Semantiken« an den erzählerischen Prozessen teilhaben kann, angefangen bei den lexikographischen Mikrostrukturen über die höherrangigen, jedoch immer noch lokalen (in diesem Sinne ist in »Erg Selbsterreger« die Struktur der »Eskalation der ritterlichen Handlungen« lokal – jeder Elektritter, der sich auf die Suche nach einem »Bleichling« macht, bleibt an Hindernissen hängen, doch er dringt *weiter* vor als sein Vorgänger) und endend mit Strukturen, die in dem Text irgendwie »persönlich abwesend« sind, deren berichtende Qualitäten aber auf großen Umwegen durch den Text bestimmt werden. In diesem letzten Sinne ist der Künstler in den »Bekenntnissen des Hochstaplers Felix Krull« als die modellierte Gestalt, als das ultimative Adressobjekt der Erzählung buchstäblich abwesend, so daß man den »Krull« lesen kann, ohne sich im allgemeinen darüber im klaren zu sein, daß der ganze Roman ein großer *Vergleich* zweier Schicksale ist: das gezeigte Schicksal des Hochstaplers impliziert – aber nur gedacht – das fehlende Schicksal des Künstlers.

Leider können wir in diese Problematik nicht tiefer eindringen; dies ist uns wegen der »futurologischen Intention«, die uns leitet, verboten. Folgende Bemerkung wird jedoch nicht von der Sache ablenken, daß viele Erscheinungen, die Swift in »Gullivers Reisen« verspotten wollte, im Laufe der Zeit, und zwar im 20. Jahrhundert, sich als real herausstellten. Swift verlacht z. B. die Gelehrten seiner Akademie, die eine Maschine des ultimativen Wissens bauen wollten, die automatisch beliebige Texte produziert, dem kombinatorischen Prinzip einer solchen oder einer ähnlichen Maschine aber liegt doch die ganze moderne Intellektronik zugrunde, wir sehen also, daß das die Kraft eines Orakel haben kann, was aus der Sicht des Autors, ganz im Gegenteil, die Unmöglichkeit einer gewissen Realisierung aufzeigen sollte, also, die Bedeutung einer grotesken Aussage, die im Laufe der Zeit ihre »Futurologität« offenbart, kann positiv und zugleich unintentional sein. Doch die Fälle sind in der Literatur äußerst selten, in denen das, was historisch grotesk war, dank der Evolvierung der Wirklichkeit antigroteske, weil empirische, Dimensionen bekommt. Ich hätte mich legitimiert gefühlt, die angedeuteten Probleme ein bißchen genauer zu untersuchen, wenn die Science Fiction mit Formen solcher semantisch originellen Artikulationen operieren würde, aber da das nicht der Fall ist, fällt es mir schwer, größere Passagen dieses Buches in eine Selbstanalyse zu verwandeln. Wer Interesse an einer Analyse meiner grotesken Texte hat, den verweise ich auf die Arbeit von Ryszard Handke »Polska literatura fantastyczno-naukowa« (»Die polnische phantastisch-wissenschaftliche Literatur«, Ossolineum 1969). Der Unterschied scheint mir gerechtfertigt zu sein, den Handke zwischen den Werken vom Typ der »Robotermärchen« und vom Typ der »Sterntagebücher« macht; es ist tatsächlich so, daß der erste Typ seine paradigmatische Quelle bedeutend klarer als der zweite Typ »offenbart«. Warum eigentlich? Als ein von statistischen und stochastischen Konzeptionen besessener Mann wäre ich stur dabei geblieben, daß die Schärfe oder Unschärfe der paradigmatischen Adresse, unter der man die das Werk verursachenden Strukturen suchen muß, von der Stärke der Menge der Merkmale abhängt, die auf verschiedenen Ebenen über den ganzen Text verstreut sind, d. h. daß die Entscheidungen, die man in der Frage der Strukturgenealogie eines Werkes trifft, sich auf eine rein wahrscheinlichkeitsberechnende, d. h. statistisch begründete Intuition stützen. Der Grad, d. h. die Intensität der Hybridisierung, mit der ein Schriftsteller das Ausgangsstrukturmuster behandelt, das bei der Kreation Pate stand, ist sehr unterschiedlich. Mir scheint der vielseitige Charme der Poesie Leśmians in einer ungewöhnlichen Kreuzung von Strukturen lokalisiert zu sein, von märchenhaften und gleichsam »antimärchenhaften«, denn letztere sind erotisch und sogar sadistisch kontaminiert. Die in den antimärchenhaften Strukturen enthaltenen, pervers wirkenden Gifte machen diese Poesie drastischer, und die vollkommen kühle und präzise Versifikation entdrastisiert gleichsam wieder das Werk. Ich möchte hier nur zwei Gedichte erwähnen, und zwar das Gedicht von Fräulein Anna und die Ballade von dem Mädchen, das von einem Reptil entführt wurde. Die Romanze des Fräulein Anna mit einer Puppe ist aus mindestens zwei Strukturen zusammengesetzt: das naive Lied von der Krakauerin, die einen hölzernen Freund hat, überlappt sich mit dem, im Grunde genommen, alptraumhaften Motiv von der Orgie in den Armen eines mechanischen Androiden, eines sadistischen Inkubus (denn er liebkost Fräulein Anna und »verletzt ihre Schläfe«). Das Werk verdankt seine semantische Spannung der Ausgangsentfernung der Strukturen, die hier vereint und zusammengeführt wurden. In »Die Schlange« hingegen kommt es zu einer Inversion: als jenes Reptil endlich bereit ist, sich in einen schönen Prinzen zu verwandeln, da erklärt seine Geliebte – die wir bisher für ein verführtes armes Ding hielten, – daß »der Speichel der Schlange ihr süß munde« und daß es gut sei, so wie es ist; dadurch also zeigt uns das Märchenmotiv sein zweites Gesicht und man schrickt davor zurück, es zu benennen, aber der Geschlechtsverkehr mit einem Tier ist doch Sodomie. Solche gerade typisch strukturellen Perversionen findet man in der Poesie Leśmians des öfteren; in diesem Sinne ist sie mit dem Schema polystrukturell-hybridisierender Kreationen sehr nah verwandt.

Wenn wir es mit den Ergebnissen der Überlappung heterogener Strukturen zu tun haben, die eine Gesamtheit ergeben, welche schwankt und sich in einem semantischen Gleichgewicht aufgrund der Balance zwischen verschiedenen Tonationen der Aussage hält (märchenhaft und zugleich ernsthaft, Tonationen, die die Ernsthaftigkeit des Märchens durch Pastiche in Frage stellen usw.), dann ist solch eine Arbeit in ihren Folgen vor allem *komplex,* weil sie nämlich eine semantische *Gestalt* schafft. Wir sind jedoch, auch wenn wir gleichsam einzelne strukturelle Komponenten eines solchen Textes zu analysieren vermögen, nicht imstande, analytisch zu zeigen, wie aus diesen konstitutiven Elementen beim

Empfang eine bestimmte Homogenität entsteht. Die Strukturanalyse offenbart ihre besondere Impotenz dann, wenn die Modalität der Aussage einen vielanschlüssigen Charakter *auf einmal* hat, d. h. wenn die Erzählung gleichzeitig von dem Schema der Groteske, der Ernsthaftigkeit des Märchens und des poetischen Paradoxons ausgeht, wobei die partikularen Tonationen sich irgendwie zu einer Gesamtheit verkuppeln, doch wie das geschieht, das wissen wir nicht. Die analytische Obduktion ist dann der polystrukturellen Mischung gegenüber hilflos; man muß sich letzten Endes, um ein Werk ordentlich beurteilen zu können, wie eh und je eines axiologischen Thermometers bedienen, sich also auf »Nase und Ohren« verlassen, d. h. auf die intuitive Ermittlung der Qualitäten. Eine Lähmung der Leistungsfähigkeit der obigen Methode erfolgt zweifelsohne nicht nur im Bereich der Science Fiction, sondern sie ist auch überall dort anzutreffen, wo die Qualitäten eines Textes keinen monostrukturellen Ursprung haben und interstrukturellen Relationen weichen, die entsprechende harmonische Akkorde abgeben. Wollte sich jemand mit der genauen Analyse solcher Texte beschäftigen, dann müßte er zuerst für sich deren Derivate, deren einfache Ausgangskerne anfertigen und dann könnte er, indem er an ihnen verschiedene Operationen vornimmt, untersuchen, welche Ergebnisse komplexer Natur sie liefern. Wie man sieht, das Problem, das wir aufgegriffen haben, nämlich die Übernahme paradigmatischer Strukturen, ist recht kompliziert. Folgendes fällt auf: wenn ein Text sein Strukturmuster vor uns zu verbergen sucht, dann hat dessen Entdeckung normalerweise negative Folgen, wenn der Akt der kreativen Bezugnahme auf bestimmte Muster dagegen offen dargelegt wird, dann können die Folgen umgekehrt, weil empfangsmäßig positiv, sein. Es entsteht der Verdacht, daß ein Autor dann die Strukturmuster zu verbergen trachtet, wenn ihre Inadäquatheit im Hinblick auf die durch das Thema gesetzten Aufgaben besonders kraß ist.

Wir wollen auch dies an einem Beispiel erklären. In dem Werk »Conviction« von B. Aldiss wird ganz ernst folgende Situation dargestellt: Die Erde kandidiert für die Mitgliedschaft im Galaktischen Bund, doch ihre Chancen stehen schlecht, weil die aufgeklärten Kulturen der anderen Planeten kein Vertrauen zu der Menschheit haben; es gelingt der Erde dennoch, dieses Vertrauen dadurch zu gewinnen, daß der Mann, der die Menschheit vor dem galaktischen Forum vertritt, einen Trick anwendet. (Und zwar gibt er vor, daß er in einem direkten, sofortigen Kontakt mit der Erde stehe, und dadurch suggeriert er dem hohen Forum, daß die Erdbewohner über derart hochentwickelte Techniken verfügen.) Der Trick wird zwar durchschaut, doch er macht das Forum gegenüber den kecken Erdbewohnern nachsichtig, die alles auf eine Karte gesetzt hatten. Dies alles wird nicht, d. h. kann nicht ernst gemeint sein, ungefähr dergestalt, daß man, sollte sich einst die Menschheit im Ernst um eine »galaktische Mitgliedschaft« bemühen, die Möglichkeit der Anwendung eines prestidigatorischen Tricks als Taktik in Erwägung ziehen könnte. Solche Tricks wären, sagen wir, unter Mafiosos angemessen, nicht aber in einer kosmischen UNO. Eine Konzeption, die gewisse veristische Ansprüche erhebt, die aber nur als eine Konzeption angesehen werden kann, die von jeder Glaubwürdigkeit unbeleckt bleibt, muß einfach für naiv gehalten werden. In einer der Geschichten des Ijon Tichy habe ich eine vergleichbare Situation dargestellt, aber ich habe sie mit einem Maximum an parodistischen Effekten versehen. Ijon Tichy vertritt die Erde vor dem Forum der OVP (Organisation der Vereinigten Planeten) und hier muß er zunächst furchtbare Dinge über die Erdbewohner hören, bis sich schließlich herausstellt, daß die Menschheit keine Schuld daran trifft, daß sie so böse ist, weil sie als ein »Artefakt« infolge einer »planetaren Unzucht« entstand, weil sie von zwei besoffenen Matrosen von einem anderen Planeten geschaffen wurde. (Sie gossen auf den Planeten etwas ranzige Aminosäuren und niesten in diesen Brei: aus den bösartigen Katarrhviren entwickelte sich die menschliche Bosheit.) Die Matrosen hießen Gerr und Hott (eine Umkehrung von Herrgott; und so ist auch die Struktur der Genesis in eine Parodie verwickelt, weil dem göttlichen Odem hier das Niesen entspricht). Die Erzählung des englischen Autors verbirgt ihr Paradigma, meine Groteske dagegen legt es offen an den Tag und das mit solch einer Verstärkung, wie sie nur möglich war. Eine inadäquate Struktur muß man entweder auf den Müll werfen oder bis zur Höchstgrenze parodieren; in solch einer Situation tertium non datur.

Nach der Analyse der verborgenen und offenen Modellanbandelungen wollen wir uns nun mit den strukturellen Mustern beschäftigen, mit der dritten Modellierungsvariante, sie besteht in dem Bau einer autonomen Welt. Diese Welt ist weder eine Märchenwelt noch ist sie ein parodistisches, polystrukturelles Agglomerat, gleichzeitig ist sie jedoch nicht in der Wirklichkeit zu lokalisieren, weil ihr Qualitäten fehlen, die es erlauben würden, sie als eine prognostische oder eine empirische Hypothese zu behandeln (d. h. als ein Abbild dessen, was einst zustande kommt oder zumindest – bei anderen Startbedingungen als den gegebenen – zustande kommen könnte). So werden »Welten, die der realen Welt parallel« laufen, gebaut. Das ist ein »leeres Spiel«, das sich dadurch auszeichnet, daß es eine starke, gegenständliche Kohärenz schafft. Was modellieren eigentlich solche Werke? Sie modellieren nichts, in kreativer Hinsicht jedoch sind sie mit der Empirie verwandt, denn ihr schöpferisches Prinzip enthält Strukturen, die den Strukturen der wissenschaftlichen Weltanschauung ähnlich sind. Die theoretischen Gerüste also werden gleichsam aus der Wirklichkeit herausgerissen und als Anlage zum Bau einer Welt benutzt, die nur deswegen gebaut wird, weil sie sich bauen *läßt*.

Als ein Beispiel für solch ein Werk wäre der Roman »The Lovers« von Philip Jose Farmer zu nennen. Das ist sein Inhalt:

Nach dem schrecklichen Krieg des 21. Jahrhunderts bleibt auf der Erde nur eine Handvoll Menschen übrig – auf Island, auf Hawai und in Israel. So erfolgt eine neue Weltaufteilung: die Nachkommen der Isländer und Hawaiianer bewohnen beide Amerika und Nordeuropa, die Israelis dagegen – den Mittelmeerraum. Die Romanhandlung spielt auf dem Gebiet der heutigen Vereinigten Staaten, die das Zentrum der Haijac Union bilden (ein staatliches Gebilde, das aus der Verschmelzung von Hawai und Island entstand). Die Obrigkeit hat theokratisch-polizeilichen Charakter, der auf alttestamentarischen Prinzipien beruht. Im Vokabular haben sich hawaiische und hebräische Worte vermischt; der Staat wird von den Urieliten nach dem »Heiligen Buch« des seit langem toten Propheten Sigmen regiert, auf dessen Namen man Eide schwört. Jeder Bürger hat seinen »Schutzengel«; er entscheidet über alle wichtigen Angelegenheiten im Leben des Schützlings. (Er bestimmt z. B. für ihn den Ehepartner, er kümmert sich um seine geistige Entwicklung – die sich hauptsächlich auf den Zwang beschränkt, andere denunzieren zu müssen etc.) Hat man viele »Strafpunkte« erhalten, und diese sind leicht zu bekommen, weil der Sittenkodex starr und superpuritanisch ist, dann kommt man ins H. (in die Hölle).

Zwischen Israel und der Haijac Union herrscht seit eh und je äußerste Feindschaft (trotz der Tatsache, daß die Union auch die Gebote des Alten Gesetzes befolgt), doch es kommt nie zu einem Krieg; möglicherweise wegen der Erinnerungen an die Vernichtungen, die der frühere Krieg gebracht hatte.

Man muß die Heiligen Schriften von Sigmen genau kennen und sie in jeder Lebenslage zitieren; das Leben ist hier unheimlich genau kodifiziert und die Möglichkeiten, von den aufgezwungenen Normen abzuweichen, sind fast gleich Null, weil die bärtigen Herrscher sich mit dem gleichen Talent sowohl der metaphysischen Argumente als auch der Computer sowie psychotropischer Mittel zur Loyalitätskontrolle der Bürger bedienen.

Eine Spezialexpedition begibt sich mit dem riesigen Raumschiff »Gabriel« zu den Planeten Ozagen mit der Absicht, ihn als »Lebensraum« zu erobern. Daß dieser Planet von einer denkenden Rasse bewohnt wird, dieser Umstand stört nicht im geringsten; man faßt den Plan, die ganze Bewohnerpopulation auszurotten, die sich auf einer Entwicklungsstufe befindet, die ungefähr der Entwicklungsstufe am Ende des 19. Jahrhunderts auf der Erde entspricht.

Die Einwohner sind durchaus sympathische Wesen, die – biologisch gesehen – sehr wenig Ähnlichkeit mit den Menschen haben, denn sie sind insektenhafter Abstammung. Auf dem Ozagen lebte einst eine humanoide Rasse, doch sie rottete sich teilweise selbst durch Bürgerkriege aus und teilweise wurde sie durch die insektenähnlichen Wogen vernichtet, die jetzt die alleinigen Herrscher auf dem Planeten sind. Der Held, ein Linguist, der die Sprache der Wogen erlernen und den Menschen die Kommunikation mit ihnen erleichtern soll, trifft während der Vorbereitung des Vernichtungsprojektes (»Ozagenozid«) in einer Einöde in den Ruinen der Gebäude, die vor Jahrhunderten den dortigen Humanoiden gehörten, eine schöne junge Frau, Johanna; er bricht alle Gebote und Verbote des urielischen Glaubens, versteckt Johanna in seiner Wohnung und macht sie zu seiner Geliebten. Die Wogen durchschauen den fürchterlichen Plan der Menschen und sprengen das Raumschiff mit Schwarzpulver; das ereignet sich am Ende des Buches, doch das ist gar nicht so wichtig, denn der Titel lautet – durchaus nicht zufällig – »Die Liebenden«. Johanna ist schwanger, ihr Körper beginnt nun steif zu werden, und es ist eindeutig, daß der Tod unabwendbar ist. Von woher kam sie eigentlich nach Ozagen? Sie gab dem Geliebten eine wenig wahrscheinlich klingende (angeblich kam einst ein Raumschiff von der Erde, auf dem sich ihre Großeltern befanden) und völlig falsche Erklärung. Johanna ist weder eine Frau noch ein Mensch; sie ist die Vertreterin einer kosmisch höheren Rasse von *Parasiten* aus der Klasse der Insekten.

Farmer verschont uns nicht mit den recht komplizierten Ausführungen zum Thema der Mimikry-Evolution bei solch ungewöhnlichen Parasiten. Sie heißen Lalithen und kommen nur in weiblichen Formen vor. Eine Lalitha übergibt der anderen den Gameten und wird – durch die Vereinigung mit dem Gameten einer befruchteten Lalitha – zu einer Zygote. Doch die embryonale Entwicklung der Zygote ist gestoppt; damit es weitergehen kann, ist ein sexueller Kontakt mit einem Menschen (mit einem Mann) notwendig. Damit die Zygote in ihre weitere Entwicklung eintreten kann, sind zwei Voraussetzungen während des Geschlechtsverkehrs erforderlich: die Lalitha muß einen Orgasmus erleben und dabei zugleich den Geliebten anstarren; aufgrund eines »fotokinetischen« Reflexes werden seine Gesichtszüge, sein Aussehen, seine Haarfarbe usw. von ihren Sehnerven informatorisch der Eizelle übergeben; spezielle Gene bewirken dann, daß die Lalitha, die geboren wird, im Reifezustand in ihrer Gestalt und in ihren Gesichtszügen dem Geschlechtspartner ähnlich ist. (Bei Farmer ist das alles noch komplizierter, doch ich übergehe die Einzelheiten.) Die Lalithen hatten in den jeweiligen Kulturen der Humanoiden Ozagens eine gewaltige Bedeutung. In der einen Kultur wurden sie verfolgt, in der anderen – vergöttert; manchmal wurden sie getötet, manchmal machte man sie zu Herrschern und sogar zu fastheiligen Wesen. Johanna ist eines der letzten Relikte jener Parasitenrasse; ihr Schicksal hängt davon ab, ob sie schwanger wird; denn eine Lalitha stirbt bei der Geburt. Um nicht schwanger zu werden, also, um leben zu können, muß sie Alkohol trinken, denn dadurch wird der »fotokinetische Reflex« gelähmt. Auf diese Weise kommt es zu keiner Schwangerschaft trotz Geschlechtsverkehr und Orgasmus. (Der Held jedoch, der von der Insektennatur seiner Geliebten nichts wußte und sie »vom Alkoholismus heilen« wollte, verdünnte die Getränke mit alkoholfreien Säften, wodurch er sowohl zum Vater kleiner Raupen als zum unfreiwilligen Mörder seiner Lalitha wurde.)

Die ungewöhnliche Potenzierung des Mimikry-Phänomens und des evolutionär entstandenen Parasitentums sind sowieso ein typisches Merkmal von Ozagen. In den Gruben und Kellern der Hauptstadt der Wogen verstecken sich Wesen, die äußerlich den Wogen ähnlich sind, aber räuberische Parasiten sind, »Giftsäcke«, die nur – durch Mimikry – an den Körper der Wogen erinnern. In der Nacht tauchen sie auf den Straßen auf und greifen einsame Fußgänger an. Das Problem des Romans ist also die Mimikry-Frage. Sie hat übrigens einen doppelten Aspekt.

Wie auf Ozagen die Lalithen Frauenkörper imitieren und räuberische Schmarotzerinsekten sich den Wogen angleichen, so stellt auf der Erde die Union Haijac das vergrößerte halluzinatorische Abbild des Gegners Israel dar. *Die biologische Mimikry findet ihr Äquivalent in der soziologischen Mimikry* – um den Kritiker Leland Sapiro zu zitieren.

Die verschiedenen Sammelbände von Ph. Farmer, z. B. »Strange Relations« offenbaren, daß Farmer mit Vorliebe komplizierte Evolutionszyklen, andersplanetare Ökologien und Evolutionen unter spezieller Berücksichtigung merkwürdigst ausgedachter Variationen aus der Sphäre der geschlechtlichen Vermehrung konstruiert. In der Erzählung »My Sisters Brother« z. B. lernen wir eine Rasse von äußerlich menschenähnlichen Wesen kennen, denen die äußeren Geschlechtsmerkmale fehlen: das Weibchen dieser Rasse, das im übrigen völlig einer Frau gleicht, trägt ein lebendes, bewegliches, einem großen Wurm ähnliches, autonomes Organ in sich, das – wie Farmer erklärt – ein männliches Glied und zugleich ein Fötus ist. In dieser Gattung ereignet sich eine Kopulation auf folgende Weise: »der Wurm-Phallus« geht von dem Mund des einen Partners in den Mund des anderen über, taucht in dessen Körper bis zu den Eierstöcken hinab, nimmt sich ein Ei und kehrt in den Körper des ersten zurück. (Auch diese ganze Prozedur ist übrigens bei Farmer wieder weitaus komplizierter, als wir es hier darstellen.) In der Erzählung »Mother« wird auf einem unbekannten Planeten ein Schiffsbrüchiger von einem riesengroßen, einer Superschnecke ähnlichem Wesen erfaßt und in dessen Schoß versenkt. In diesem Schoß gibt es eine besondere Stelle; eine Art der dortigen Affen dient dem Schneckenweibchen (der Mutter) gewöhnlich als Ersatz für den männlichen Partner; die Schnecke erfaßt den Affen mit ihren Greifarmen und setzt ihn sich in ihr Inneres, der Affe aber, wenn er diese Stelle berührt, setzt dadurch den Fortpflanzungsmechanismus in Bewegung. Hat der Affe das getan, dann wird er von »der Mutter« gefressen. (Wir haben hier eine Analogie zu der Kopulation mancher Insekten vor uns, bei denen – wie man weiß – das Weibchen nach der Kopulation das Männchen auffrißt.) Der Schiffbrüchige erfaßt die Situation, und er ist schlau genug, nicht das zu erfüllen, was »die Mutter« von ihm erwartet. (Der Schiffbrüchige ist nicht allein, er war nämlich auf diesen Planeten mit seiner Mutter mit einem Schiff gekommen, das bei einem Zusammenstoß beschädigt wurde; seine Mutter war von einem anderen Schneckenweibchen »verschlungen« worden.) Wir finden also auch hier eine spezifische Symmetrie in der Darstellung: weil das »Schneckenweibchen« dem Schiffbrüchigen die leibliche Mutter ersetzen will, ist es auf diese sogar eifersüchtig.

In einer anderen Erzählung erfahren wir etwas über das »Sokolowsche Gesetz der natürlichen Chancen«; danach entsteht auf den verschiedenen Planeten im Laufe der jeweiligen Bioevolution aus verschiedenen Tierklassen – aufgrund einer Kette zufälliger Ereignisse – eine Primatenrasse, die zugleich denkt (mal z. B. aus Kopffüßlern, mal aus Reptilien, mal aus Insekten usw.).

Die Darstellung der sexuellen Opposition scheint eine Matrize zu sein, selbst bei folgender Erzählung Farmers (»Son«), in der nur ein einsamer Mensch und ein automatisches U-Boot vorkommen. Dieses U-Boot torpediert das Schiff, mit dem der Held unterwegs war, und zieht ihn danach als Schiffbrüchigen durch die Schleuse in sein Inneres; da der Held Elektroniker von Beruf ist, gelingt es ihm, das Computergehirn des U-Bootes zu überlisten. Die erwähnte Opposition liegt darin, daß sich der Gefangene dem intelligiblen automatischen Gefängnis gegenüber wie einem Wesen weiblichen Geschlechts verhält. (Er denkt das U-Boot als eine »Sie«, obwohl weder das Schiff noch das U-Boot im Englischen weiblichen Geschlechts sind.)

Was bedeuten eigentlich all diese, meist recht komplizierten Strukturen evolutionär-sexueller Berichte, die Farmer gibt und die manchmal zusätzlich auf den Hintergrund sozialer Äquivalente projiziert sind (die biologische Mimikry auf einem sozialen Hintergrund)? Im Grunde genommen handelt es sich dabei um pseudoempirische Phantastereien, die keinerlei Beziehung zu kulturellen noch wissenschaftlichen Problemen haben. Obwohl Farmer sich durch eine überwältigende Pedanterie und Sorgfalt bei dem Einbau immer wieder multiplizierter Einzelheiten in das Beziehungsnetz des fiktiven Systems auszeichnet, kann keine Rede davon sein, daß wir solche Phantasiespiele als echte hypothesenschaffende Tätigkeiten (über kosmisch mögliche ökologische Systeme) ansehen können. Vergeblich zählt er Argumente auf, die für die Richtigkeit seiner Behauptungen sprechen sollen: Lalitha hat zwar einen Nabel, doch das ist keine Narbe infolge der Abnabelung, sondern eine Stelle, durch die die »Larveneier« aus dem mütterlichen Organismus nach außen dringen, indem sie die hier dünnere Wand der Bauchdecke durchfressen; sie hat zwar Brüste, obwohl sie kein Säugetier ist und ihre »Larven« nicht mit Milch nährt, doch das sind Drüsen, die ein »insektenartiges« Hormon produzieren, das sich in den Sexualzyklus einschaltet usw. Solche schwachen Stellen in den Ausführungen nachzuweisen, die diesen empirisch ganz eindeutig die Glaubwürdigkeit nehmen, das lohnt nicht die Mühe. Und überhaupt, der Autor produziert keine ernstzunehmende Hypothese zum kosmoevolutionären Thema.

Alle klassifikatorischen Schwierigkeiten, die solch eine »reine« Science Fiction mit sich bringt, resultieren aus der evolutionären Mimikry dieser literarischen Gattung, die alles tut, was sie als *»wissenschaftliche«* Phantastik nur kann, um der realistischen Erzählung ähnlich zu werden. Die Schwierigkeiten wären nicht so groß geworden, hätte die Science Fiction diesen evolutionären Trend konsequent verwirklicht. Doch er ist in deutlicher Ausformung nur in den Werken einiger Phantasten zu finden, z. B. eben bei Farmer und hier auch nicht in allen seinen Arbeiten. Wenn wir nämlich feststellen, daß er in »Die Liebenden« eine Mimikry »nach der Empirie« und »nach dem Realismus« betreibt, dann heißt das, daß die Ausführungen, mit denen er die Bilder der adaptativen Nachahmung unterstützt – durch Lalithen, durch riesige Schmarotzerinsekten in der Gestalt anderer Lebewesen (Menschen, Wogen), – nur durch ihr Äußeres die Bedingungen logisch richtigen Denkens zu erfüllen scheinen. Das einfachste Modell eines solchen Vorgehens, das in der Errichtung einer logisch unrichtigen, aber kohärenten Ganzheit besteht, kann z. B. eine Serie von Pseudotautologien sein, die folgendermaßen lautet: »Ein Groschen ist Geld, Geld ist Grund und Boden, Boden ist Erde, Erde ist Heimat, Heimat ist Mutter, Mutter ist Schutz, Schutz ist Gitter, Gitter ist Knast, Knast ist Aufseher, ergo, ein Groschen ist gleich einem Aufseher.« Eine in dieser Konzentration vorgeführte Serie von Pseudoidentitäten legt den Nonsens als Paralogik der Konstruktion bloß. Man macht nämlich Volksweisheiten heimlich zu logisch richtigen Gleichungen, die uns über die inhaltliche Identität der nacheinander eingeführten Begriffe informieren. Die Anwendung der

Regeln der adaptativen Mimikry bei Wesen, die so hoch auf der Evolutionsleiter stehen, daß sie bereits denkende Wesen sind, ist empirischer Nonsens, weil derjenige, dem es gelingt, sich aus heimtückischen Beweggründen in einen anderen *zu verkleiden,* und der durch diese Tarnung dem anderen ähnlich wird, der kann keine *biologische* Mimikry vorweisen. Genauso absurd wäre es, eine Evolution intelligenter Wesen zu fordern, die dazu führt, daß diesen Revolver aus den Händen *erwachsen,* daß die Sekrete aus ihren Tränendrüsen sich in Brillen umkristallisieren usw.

Der Erwerb technikschaffender Fähigkeiten macht nämlich den Prozeß einer *biologischen* Adaptation an die Umwelt völlig überflüssig, schon allein deshalb, weil die technische Anpassung *vieltausendmal* schneller erfolgt als die selektiv-biologische. Darüber hinaus fehlt in der Evolution der Lalithen die adaptative Bedeutung, denn wenn diese Gebilde schon Weibchen sind, die sich gegenseitig befruchten, und ihr Verkehr mit den Menschen nur dazu dient, daß ihre Nachkommen die *Gesichtszüge* des Geschlechtspartners erhalten, dann hat das alles jedenfalls kein adaptativ begründbares Ziel. Die Schwierigkeiten, auf die der Kritiker solcher Werke stößt, beginnen bereits dann, wenn man solche Vorwürfe wie die eben erwähnten formuliert. Der Autor nämlich oder ein anderer Verteidiger des angegriffenen Textes erwidert, daß es doch überhaupt nicht um die Formulierung von Hypothesen zu kosmischen oder evolutionären Themen, die den Anspruch auf Wissenschaftlichkeit erheben, gegangen sei. Doch hier liegt der Hund begraben. Wenn die durch ein Werk gegenständlich festgelegte Welt eine empirische Variante der uns bekannten Realität darstellt, sie also ein Bereich ist, in dem real geltende Gesetze andere Ergebnisse und Erscheinungen zur Folge haben als die, die wir kennen, also, wenn es sich immer noch um die gleiche Welt und um den gleichen Kosmos handelt – nur in einer anderen Zeit und an einem anderen Ort, – dann sind wir aufgrund dieser Voraussetzungen berechtigt, die kreativen Konstruktionen gerade mit einem empirischen Maß zu messen. Ein von einem Handwerker als ein völlig neuer Prototyp angefertigter Stuhl kann mit den uns bekannten Stühlen beliebig wenig

Ähnlichkeit haben, doch er muß zumindest eine Bedingung erfüllen: man muß auf ihm sitzen können; wenn man auf ihm nicht sitzen kann, dann heißt dies, daß es sich hier gar nicht um einen Sessel handelt, sondern um ein Objekt anderer Kategorie; es kann z. B. ein Produkt abstrakter Kunst sein, das uns ästhetisch erfreuen soll. Die Welt eines wissenschaftlich-phantastischen Werkes muß ähnlich die Bedingungen der empirischen Richtigkeit erfüllen. Erfüllt ein Werk diese Bedingungen nicht, dann können wir es nicht mehr als ein völlig autonomes System behandeln, und wir haben zwei Möglichkeiten: entweder wurde die Diskrepanz zwischen der Welt des Werkes und der Realität durch die Unfähigkeit des Autors verursacht, und dann ist das Werk negativ zu bewerten oder diese Diskrepanz entstand aus kreativer Absicht, dann muß das *etwas* bedeuten. Konstruiert man eine Realität, die die reale Welt *ersetzen* und sich semantisch überhaupt nicht auf sie *beziehen* soll, dann muß diese Realität auf eigenen Beinen stehen und alle Festigkeits-Prüfungen bestehen können, denen wir sie aussetzen. Doch solch eine Realität ist außerordentlich schwer zu schaffen, und gewöhnlich können sich die Werke in diesem Punkt des labilen Gleichgewichts nicht behaupten: entweder rutschen sie in Richtung – unserer Meinung nach – miserabel gefertigter Artefakten aus, d. h. der Autor erweist sich als ein unfähiger Konkurrent Gottes, oder sie bedeuten etwas, jedoch im Hinblick auf eine reale »Null«-Welt. Im Rahmen solcher Alternativen gibt es keinen Ausweg.

Die gegenständliche Wirklichkeit eines Werkes ist entweder ein »reines Objekt« oder sie ist ein »Signalisationssystem«. Was gegenständlich existiert, kann natürlich nichts bedeuten. Wenn wir uns an einem Seil in den Krater eines tätigen Vulkans hinunterlassen würden, dann könnten solche Fragen sinnvoll sein wie: was für ein Vulkan ist das, wie ist die Lavatemperatur, wie ist ihre chemische Zusammensetzung etc., sinnlos hingegen wären Fragen wie: »was eigentlich bedeutet der Schwefelgestank«, »ist das vielleicht eine Anspielung auf die Hölle«, »aus welchem Grunde hat die Lava eine scharlachrote Farbe« usw.; denn die Lavafarbe wurde nicht absichtlich gewählt und die Schwefeldämpfe enthalten keinerlei Anspielungen. Die Bilder, die Farmer uns präsentiert, sind oft anti-ästhetisch, doch als Leser sind wir bereit, unseren Repulsionsreflex im Wissen darum zu unterdrücken, daß solch ein Reflex sich für einen Empiriker auf dem Beobachtungsstand nicht schickt. Aber wenn die ganze Geschichte mit den Lalithen nichts erklärt, nichts symbolisiert, nichts darstellt, wenn sie weder auf etwas anspielt noch sich auf etwas bezieht und allein und ausschließlich eine Variante des Evolutionsprozesses sein soll, dann müssen wir diese Geschichte als eine Variante eben dieses Prozesses behandeln, und dann sind die an den Autor gerichteten Vorwürfe wegen der Unrichtigkeit des bioevolutonären Verlaufes durchaus am Platze. Genauso wäre *es nicht am Platze*, Kafka Vorwürfe zu machen, daß die Metamorphose des Menschen in ein Insekt in »Die Verwandlung« eine kontraempirische Erscheinung sei. Ohne Zweifel ist diese Geschichte kontraempirisch, doch Kafka erklärt durch sie symbolhaft die existentielle Situation seines Helden, und der Gedanke an eine Literarisierung der Erlebnisse des Helden im Sinne der »wissenschaftlichen Phantastik« lag ihm völlig fern.

Wenn ich in der Erzählung »Retten wir den Kosmos« aus den »Sterntagebüchern« die Phänomene der kosmischen Bioevolution beschreibe und z. B. bestimmte Flechten, die »Wärmer«, erwähnte, die Fata Morganen von Nachtclubs erzeugen, um die irdischen Touristen anzulocken, andere »Wärmer« hingegen, die Fata Morganen von Weiterbildungszirkeln und Fortbildungskursen auslösen, vor Hunger eingehen, dann wurde dieser – wenn auch überbeanspruchte – Mechanismus der natürlichen Auslese und Selektion um des humoristischen Effektes willen konstruiert, ihm fehlt also jeder veristische Anspruch. Man kann eine theoretische Struktur, in diesem Falle die Evolutionsstruktur an einem neuen Platz unterbringen, wenn dies entweder zu dem literarisch erwünschten Effekt führt (z. B. einem grotesken) oder wenn sich dadurch Phänomene ergeben, die einer empirischen Kontrolle standhalten.

Doch Farmer ist überhaupt nicht auf groteske Effekte als absichtlich komische Effekte aus. Deshalb führt er die Fehler im Denkprozeß nicht seinen Lesern vor, sondern er versucht

– im Gegenteil – diese vor ihnen um jeden Preis zu verbergen. Gerade hierin offenbart diese Form der Science Fiction ihre *oberflächliche* Mimikry »nach der Wirklichkeit«.

Mag sein, und dies nimmt auch der oben erwähnte Kritiker (Sapiro) an, daß »Die Liebenden« eine Projektion der Realität sind. Hat vielleicht die Bisymmetrie als Äquivalenz zur evolutionären und sozialen Mimikry etwas Modellhaftes? Nicht sehr, denn der Mechanismus von beiden muß völlig unterschiedlich sein, soll eine Evolution überhaupt zustande kommen, ihr analoger Vergleich also ist eine gnoseologisch negative Handlung. Wenn man gutwillig ist, wird man davon ausgehen, daß Farmer die Worte berücksichtigt hat, die Norbert Wiener in »Human Use of Human Beings« an die Amerikaner richtete und in denen er davon sprach, daß die Vereinigten Staaten durch ihre Vorwürfe gegen den Kommunismus wegen dessen diktatorischen Regimes ihre eigenen gesellschaftlich-politischen Beziehungen faschisieren würden (er sagte dies zur Zeit von McCarthy). Doch diese Annahme findet in dem Roman nicht ihre Entsprechung. Wie sich die Machtstrukturen der Haijac Union zu den Machtstrukturen Israels verhalten (d. h. ob die einen die Kopie der anderen sind), darüber erfahren wir in dem Roman nichts. Wenn es die Chance eines modellhaft-anspielerischen Bezuges hinsichtlich der sozialen Bedeutungen je gab, dann wurde sie vertan.

Die Texte Farmers erinnern an reale Probleme – nur auf eine zufällige und oberflächliche Weise. Sind ihre zentralen Werte vielleicht ästhetisch zu lokalisieren? Auch das nicht: die Präzisierungen der quasibiologischen Beschreibungen haben oft üble Folgen. Geht es dann vielleicht um eine sexuelle Obsession? Selbst wenn das so wäre, dann gibt sie sich nicht durch pornographische Formen zu erkennen; denn die Helden »Der Liebenden« tragen ihre Ausführungen zur sexuellen Physiologie – z. B. der Lalithen – im Ton wissenschaftlicher Vorlesungen vor, der durch die vielfältige Verwendung eines Vokabulars aus dem Bereich der Genetik und Anatomie erhärtet wird. Farmer läßt keine Gelegenheit aus, um sich als ein »phantastischer Evolutionist« auszuweisen. Eines Nachts passiert auf Ozagen eine makabre Geschichte:

Der Gapt des Helden (der polizeiliche Schutzengel, der Guardian Angel pro Tempore), der diesen beschattet hat, wird von einem gewaltigen Parasiten der Wogen angegriffen, und er fällt mit ausgebrannten Augen um; der Held schleppt ihn mit sich fort und stößt auf die Leiche eines Wogen, die von Ameisen gefressen wird, die einen Viertel Meter groß sind; selbst in solch einer Situation bückt sich der Held neugierig über die halb abgenagte Leiche, um festzustellen, wie merkwürdig die Anatomie der Wogen ist. (Sie haben ihre Wirbelsäule auf der Vorderseite des Körpers, weil sie von Insekten abstammen.) Selbst an dieser Stelle findet sich also Zeit für eine Reflexion über die evolutionäre Natur, die erklärt, warum das Innere der Wogen gerade so gestaltet ist.

So wie die Tugend – nach den Moralisten – an und für sich Lohn genug zu sein hat, so ist – laut den Gesetzen einer solchen Kreation – die Maximalisierung dessen, was ungewöhnlich und unheimlich ist, bereits ein autonomer, auf nichts gerichteter Wert. Statt des aus dem Repertoire der Mythen einer Kultur entliehenen Stereotyps der Angst und der Faszination verwendet man ein Stereotyp, das dem Bereich wissenschaftlicher Ergebnisse und Methoden entlehnt wurde. Da man hierbei aber methodologisch inkorrekt verfährt, gerinnt dies im Grunde zu einem Märchen, zu einer Mythologisierung einer – nur zu Beginn korrekten – logisch-empirischen Struktur. Oder noch anders: wenn ein Schusteraspirant bei Menschen aufkreuzt, die keine Schuhe tragen, keine Schuhe kennen und keine Schuhe aus der Nähe gesehen haben, und er ein Paar Schuhe herstellt, die die Absätze vorn, unter der Spitze haben, dann werden diese Schuhe in den Augen der barfüßigen Einwohner eine ernsthafte Kreation darstellen, in den Augen von Schuhträgern hingegen werden sie ein grotesk verändertes Geschöpf abgeben. Die Rolle eines Barfüßlers spielt – gegenüber den Texten Farmers – jeder Laienleser, die Rolle des Beschuhten – jeder Leser, der über spezielle Kenntnisse aus dem Bereich der Biologie verfügt. Daher braucht die Kreation für die ersten überhaupt nicht komisch zu sein, für die zweiten ist sie es aber, wenn auch unabsichtlich und nicht aufgrund der Intentionen des Autors; denn Farmer wollte uns faszinieren und nicht erheitern, er wollte die Merkwürdigkeiten des Evolutionsprozesses zeigen, nicht aber die *Untauglichkeit* der Mittel, die er dafür verwandte. In den Augen eines ausgewiesenen Fachmannes ist solch eine Kreation dann ein Beispiel für eine *ungewollte* Karikatur oder Groteske.

Die Werke von Cordwainer Smith sind selbstverständlich keine Mimikry à la Naturalismus; sie sind keine als wissenschaftliche Werke getarnten Märchen, sie decken offen ihren Amalgamcharakter auf – in dem Bestreben, die aus dem Bereich der empirischen Wissenschaften stammenden Systeme und Elemente in die mythischen Erzählstrukturen einzupassen. Der Zusammenbruch der Konstruktion von Welten, die ohne signalsemantische Absicht gebaut wurden, d. h. also Farmersche Welten, rührt – meiner Meinung nach – daher, daß die Aufgabe, die den Bau einer Welt fordert, die sich sowohl stark von den uns bekannten Realitäten unterscheidet und die zugleich mit einer völlig gegenständlichen Kohärenz ausgestattet ist, direkt an der Grenze, wenn nicht schon außerhalb der Grenzen schriftstellerischer Möglichkeiten liegt. Manche Logiker behaupten übrigens, es gäbe überhaupt keinen literarischen Text, der in seinen Vergegenständlichungen nicht logische Widersprüche und Inkohärenzen enthielte; eine derart korrekte Konstruktion sei angeblich nicht zu verwirklichen. Soweit ich weiß, wurde diese Hypothese in keiner umfangreicheren Untersuchung jemals überprüft. Doch diese Möglichkeit ist für die Literatur keinesfalls tödlich, weil man alle Vereinfachungen, Transformationen, Distorsionen und Deviationen, denen die kreierte Welt der realen Welt gegenüber unterzogen wird, sehr leicht als eine Darstellung von absichtlichen Relationen und Signalen deuten und die auf diese Weise entstehenden Diskrepanzen mit Spott, Ironie, Lob, Verdammung usw. ausfüllen kann, das also, was von einem rein logischen Standpunkt aus ein Fehler oder ein Mangel ist, das stellt – vom künstlerischen Standpunkt aus – einen zentralen Wert des Textes dar. Eben so benimmt sich die Literatur, weil sie in der Lage ist, konstruktionsmäßige *Vereinfachungen* in semantische *Anreicherungen* umzuwandeln. Wer diesen Standpunkt nicht versteht, gerät auf einen Weg, der fast immer ins Nirgendwo führt.

Doch es ist keine feste Regel, auf diesem Weg ein Debakel zu erleiden. Ein Konstrukteur überzeugender Visionen ist bisweilen z. B. James Blish. Und nicht durch Zufall hat eine seiner besten Erzählungen, »This Earth of Hours«, einen leicht satirischen Unterton. Tauchen solche Untertöne auf, dann ist der Pedanterie der Boden entzogen, die die Forderung erheben würde, die Werke auf ihre vollkommene empirische Korrektheit zu prüfen. In der erwähnten Erzählung wird die Erde von einem Matriarchat regiert, einem Gebilde, das nur erwähnt, aber nicht in seinen Einzelheiten beschrieben wird (was hier nur gelobt werden kann). Eine riesige Flotte kosmischer dreadnought dringt in bisher unerforschte Bereiche des Kerns unserer Galaktik vor. Blish gibt keine Detailbeschreibung: er vermerkt lakonisch die Ereignisse, fast wie ein Beobachter auf einer Kommandobrücke, und allein dadurch vermittelt er den Eindruck, als ob er über ganz bekannte und alltägliche Dinge spricht, über die der Leser bereits gut informiert ist. Wer sich so benimmt, vermeidet es, sich auf jene langen, typisch dozierenden Vorlesungen einzulassen, mit denen die Erzählungen und Romane der Science Fiction oft im Übermaß vollgestopft sind; diese Methode ist zu empfehlen, obwohl ihre Anwendung nicht einfach ist, da man doch zumindest *so* sprechen muß, daß es zu keinen totalen Unverständlichkeiten kommt.

Vor der Landung auf dem Planeten Callaë wird die ganze Armada auf unbekannte Weise total aufgerieben. Auf den Planeten fallen ein paar Trümmer des Flaggenkreuzers und eine Handvoll Menschen, die die Katastrophe überlebten. Unter ihnen sind einige »Matrosen«, ein Bootsmann und auch der staatliche »Prinzgemahl« des Matriarchats Upjohn XI. Auf dem öden Callaë leben riesengroße, walzenförmige Raupen, die sich im Tempo eines Expreßzuges über den Sand bewegen. Sie sind – dank einer flötenartigen Abstimmung der Luftströme, die durch die seitlichen Löcher ihrer Körper ausgepustet werden – imstande zu sprechen, sogar Englisch können sie. Alle zusammen stellen ein einziges psychisches Wesen dar, das Callaë bewohnt. Sie zeigen keinerlei Interesse an den Menschen, denn sie haben diese bereits völlig entmachtet. Die Raupen zogen – wegen der Tötung einer Riesenraupe – keinen der geretteten Menschen zur Verantwortung. Eine frühere irdische Expedition war auf die gleiche Weise vernichtet worden; der letzte Überlebende dieser Expedition wird von den telepathischen Raupen zu den Neuankömmlingen von der Erde gebracht, und er erzählt ihnen alles, was er weiß. In diesem System gibt es noch einen zweiten Planeten, der – mit den Körpern solch ähnlicher Einwohner – eine zweite »Person« darstellt: die telepathische Verbindung funktioniert über diese kosmische Entfernung also nicht. Die Geschichte hat eigentlich keine Pointe; auf einem Bruchstück der Rakete treten die Überlebenden den Weg »in die schwarze Nacht der Galaktik« in Richtung irdische Heimat an, doch ihre Chancen sind minimal. Wie das immer bei wertvollen Werken ist, einer Kurzfassung fehlt alles, was an der Erzählung schätzenswert ist. Einzelne Worte signalisieren ganze Epochen irdischer Veränderungen. (Das Flaggschiff heißt »Nowoje Washingtongrad«, eine symbolische Darstellung der Vereinten Erde.) Upjohn ist wie ein »staatlicher Konkubin des Matriarchats«. Zwischen ihm und dem Feldwebel Oberholzer gibt es einen verständlichen sozialen Unterschied, der erst durch die Katastrophe aufgehoben wird. Zwischen den Zeilen kann man ungefähr folgendes lesen: die große Armada ist das Signum für den pomphaften menschlichen Glauben an den Universalismus seiner Expansivität. Die Darstellung der Niederlage ist spöttisch. Es bildet sich die Hypothese heraus, daß alle Galaktikkerne aufgrund des Depersonalisierungsprinzips vernunftbegabtes Leben erzeugen: für die Wesen von Callaë ist das menschliche Gehirn eine pathologische Geschwulst, die Personalität die Folge dieser Entartung, der die Wesen unterliegen, die in den Spiralarmen der Galaktik evoluieren. Eine Entwicklung zu einer telepathischen Einheit läßt die Notwendigkeit instrumenteller Technologien hinter sich. Der Kosmos hat verschiedene Gesichter, auch solche, für die die menschliche Gestalt prinzipiell inkongruent ist.

Das fabulare und konzeptionelle Element – als zwei widersprüchliche Tendenzen – zerreißen oft die phantastische Kreation. Blish ist es auf eine glückliche Weise gelungen, diesen Widerspruch zu überwinden – durch eine Methode, die an die bei Berlitz verwendete Methode zur Erlernung fremder Sprachen erinnert, die sich nicht auf die dem Schüler bekannte Sprache stützt. Bei dieser Methode wird kaum übersetzt, man erklärt nicht diskursiv, sondern das »Neue«, das Unbekannte, wird in seinen funktionalen Aspekten gezeigt. Solch ein Verfahren verleiht der Kreation eine »weltschaffende« Kohärenz. Denn eine Erklärung, die dem Leser die Eigenschaften der Visionswelt genau darlegt, fördert wohl das rationale Verstehen, doch gleichzeitig verdirbt dies die Vision, da sie ihrer lebendigen Selbständigkeit beraubt wird. Dadurch wird in das Werk unvermeidlich die Sprache der irdischen Wissenschaft (oder ihre Imitation) hineingetragen, und es taucht als ein Fremdkörper im Bereich der kreierten Welt eine Standardwelt auf, eine »Null«-Welt, auf die die Eigenschaften der kreierten Welt bezogen werden. Die Einheit der Erzählung spaltet sich dann; denn man kann bereits nicht mehr verbergen, daß nicht diejenige Sprache, die die Phänomene des fiktiven Universums vorstellt, die Basissprache, die authentische Beschreibungssprache ist, sondern die Sprache, die diese Phänomene erklärt. Die Einführung einer Explikationssprache entzweit folglich die bisher einheitliche Zeit des Werkes; dies muß so sein, wenn der Autor die Handlung zwar in irgendeiner fernen Zukunft ansiedelt, z. B. im Jahre 3647, aber ihre Bedeutung in der Wissenschaftssprache des 20. Jahrhunderts erklärt. Doch das ist nicht der einzige Schaden, der angerichtet wird. Was eigentlich gehen einen Liebhaber die Prozesse an, die sich im Körper seiner Geliebten auf molekularer oder genetischer Ebene abspielen? Eine Liebesgeschichte drängt in eine ganz andere Richtung als die ihr eingefügten Fragmente anatomophysiologischer Erklärungen. Die Versuche, solche oppositionellen Trends durch Kompromisse zu retten, führen meistens zu »doublehaften Abschwächungen« und zu einem Primitivismus der diskursiven Explikationen verknüpft mit einer »Verflachung« der fabularen und künstlerischen Qualitäten.

Man könnte sich darüber streiten, ob und inwieweit eine Hypothese, die die Grundmauer eines Werkes abgibt, sinnvoll, d. h. empirisch und logisch richtig sein muß. Der junge, knapp dreißigjährige und bereits berühmte amerikanische Autor Samuel Delany beschreibt in dem Roman »Babel 17« einen Krieg, der zwischen der Erde und kosmischen Aggressoren geführt wird und in dem der Aggressor eine völlig neue Waffe benutzt: eine künstlich konstruierte *Sprache* (bekannt unter dem Kryptonamen Babel 17). Die These des Autors lautet in groben Zügen etwa so: um sich die Menschen, selbst die der Erde treu ergebenen, gefügig zu machen, unternimmt der Feind eine Invasion in ihre Psyche mit einem sprachlichen Instrument, das er speziell für diesen Zweck verfertigt hat. Wir haben es hier mit einer massiven Vergrößerung der Hypothese von Sapir-Whorf zu tun, wonach man die Welt nur so wahrnimmt, versteht und erklärt, wie das die vorhandene Begriffsapparatur bedingt. Indem also der Feind den größten Patrioten und Loyalisten die Sprache Babel 17 unterjubelt, gewinnt er totale Macht über sie. (Sie führen später z. B. Sabotageakte durch.) Um diese Hypothese in der Fabel des Werkes verkörpern zu können, muß Delany die Situationsbedingungen dementsprechend anordnen. Die Intrige hat den Charakter einer Spionage: ein von der Erde geschickter Agent hat unter dem Steißbein einen Mikrosender implantiert; die Feinde schnappen ihn, »waschen« ihm das Gehirn und schieben ihn danach zur Erde ab; man hatte ihm die Sprache Babel 17 beigebracht, in der er jetzt – per Radio – Instruktionen von ihnen erhält, doch er wird weder zu einem Verräter noch zu einem Renegaten der terristischen Sache – *bewußterweise.* Im Gegenteil, er hält sich für einen loyalen Bürger, doch das ganze Weltbild in seinem Kopf unterliegt einer Drehung um 180°, denn so und dafür hatte man die Sprache Babel 17 konstruiert, mit der jetzt sein Gehirn programmiert ist. Er konnte den irdischen Machthabern keine entsprechenden Informationen geben, weil er selbst über seine doppelte Natur nicht Bescheid weiß.

Was eigentlich soll man mit solch einem Pfand machen, d. h. wie soll man es beurteilen? Das Kreationsprinzip ist erkennbar: es beruht auf der Übernahme einer partiellen Wahrheit oder einer rationalen Hypothese und auf ihrer Ausdehnung in unwirkliche Dimensionen. Das ist eine Phantastik, die sich bestimmt niemals wird erfüllen (verwirklichen) können. Nur die Geschicklichkeit der Belletrisierung kann diesen Tatbestand vor den Augen des Lesers verbergen, vor allem dann, wenn der Leser kein Spezialist auf diesem Gebiet ist, und gerade Delany hat seine Romane nicht für Linguisten geschrieben. Warum eigentlich aber müssen wir nun von einem Autor verlangen, daß er die empirische Korrektheit seiner Kreation bis zum Schluß unter Beweis stellt? Sollte die licentia poetica in der Science Fiction keine Gültigkeit haben?

Wenn es um den Roman von Delany geht, dann würde ich folgende Einwände gegen ihn vorbringen: das Werk präsentiert den Kampf einer schönen Linguistin (und dazu sogar einer genialen) gegen die Gelüste des Feindes als ein sensationelles Agentenabenteuer. Die Hypothese von der linguistischen »Verführung des Denkens« spielt in ihm nur eine rein *formale* Rolle. Wir erfahren wohl – in groben Zügen –, wie der vom Feind konstruierte sprachliche Dietrich funktioniert, aber nichts darüber hinaus; wir erfahren weder, wie die irdische Zivilisation aussieht, noch welche Güter sie vor dem Feind verteidigt, noch, was der Kern des Konfliktes ist usw. Der Autor befindet sich insofern in einer bequemen Situation, als die bloße Zugehörigkeit des Lesers zur Gattung Homo sapiens Problemerklärungen dieser Art gleichsam überflüssig zu machen scheint. Denn das Motto »right or wrong my country« kann vom ethischen Standpunkt aus in Frage gestellt werden, wenn es um Konflikte geht, die zwischen den Menschen entstehen. Aber es scheint, daß dieses Prinzip überideologisch gültig ist, wenn man der Erde eine andere Zivilisation, eine andere Gattung gegenüberstellt, weil dann das Prinzip »right or wrong my human genus« universell gültig zu sein scheint – für jeden Menschen. Aber trotzdem möchte man wissen, ob der Feind der Erde »von Natur aus und bis zum Ende böse« ist, warum der Krieg ausbrach, und dies deshalb, weil man nur durch die Schilderung dieser Seite der Ereignisse bis zu der nichtformalen, weil axiologisch verknüpften Problematik vordringen kann. Wäre Delany solch einen Weg gegangen, dann hätte sich die Problemleere seines Werkes mit bedeutsamen Inhalten angefüllt und gleichzeitig wäre dieser Roman einer »reinen Science Fiction« zu einer »angewandten SF« geworden. Es ist voraussagbar, daß Methoden entstehen werden, aufgrund derer man das Verhalten der Menschen »auf eine nichtargumentative Weise« wird steuern können, wenn auch nicht auf der sprachlichen Ebene. (Zu solchen Mitteln könnten z. B. bestimmte Psychopharmaka werden.) Mit einem Wort, statt *nur* eine Agentenintrige zu verkörpern, hätte das Werk zu einer Apparatur werden können, die uns das Dilemma eines bestimmten Entwicklungsstadiums zivilisatorischer Techniken signalisiert (die Soziotechniken der Menschbehaviorsteuerung). Die literarische Tradition billigt solch ein Vorgehen, selbst wenn man dabei die empirische Korrektheit der Eingangsprämisse mißbraucht, weil diese Art der Umfunktionierung einer Hypothese, selbst wenn sie kontraempirisch ist, als völlig legitim gilt, vorausgesetzt, ihr Ergebnis liefert eine Einsicht in eine unfiktive, kulturzivilisatorische Problematik.

Wäre Delany so, wie hier vorgeschlagen, verfahren, dann hätte sein Roman keine Fragen über die Rechtskräftigkeit oder die Unrichtigkeit beim Mißbrauch bestimmter empirischer Hypothesen provoziert. Obwohl er nicht so handelte, ergibt sich daraus dennoch nicht automatisch der Schluß, daß jede Kreation, die Welten visionär autonom herstellt, die in keiner Signalbeziehung zur realen Welt stehen, unvermeidbar zu verdammen, d. h. abzuwerten ist.

Wir sind nun an einem besonders empfindlichen Punkt angelangt. Die generelle Einteilung der Ontologie phantastischer Werke, die wir mit solcher Mühe in den Eingangskapiteln vorgenommen haben, ist nämlich für die Lösung unseres Dilemmas unzureichend. Eine völlig paragnoseologische Schöpfungsintention: das Errichten von Universa, die der Realität gegenüber vollkommen souverän sind, die die Realität gleichsam hinausdrängen und sie zeitweise, für die Spanne der Lektüre dieses Werkes, annullieren, sie ist für die künstlerische Kreation nichts Neues und nicht etwas, was sich nur die Science Fiction zuzutrauen wagt. Es geht hier um eines der ehrgeizigsten menschlichen Vorhaben, das genetisch den Charakter einer Rebellion oder einer Herausforderung an den Weltschöpfer hat; es geht um die Konstruktion eines *anderen* Universums als des entstandenen, es handelt sich um die schwierigste aller möglichen Rivalitäten, weil eine autonome Visionswelt – durch ihre einzelnen Merkmale und in ihrer Gesamtheit – eine eigene Autarkie beweisen muß, weil sie beweisen muß, daß sie weder die Genesis wiederholt noch eine heimliche Anleihe noch das Ergebnis schrittweise erfolgter Änderungen ist, sondern ein allseitig souveränes Sein mit einer inneren Kohärenz der Erscheinungen, die dem demiurgisch gesetzten Recht unterworfen sind; solch eine tatsächlich vollkommene Kreation ist nicht möglich, es ist indes möglich, ihre Approximation anzufertigen.

Das Dilemma, auf das an dieser Stelle der kritische Realismus stößt, hat folgende Gestalt: die empirische Weltanschauung postuliert ein Universum, das im Prinzip homogen und einzig ist; deshalb sollte die Kongruenz von Werken der *wissenschaftlichen* Phantastik mit dem Kosmos eher ein Vorteil, denn ein Nachteil sein. Die physikochemischen oder astronomischen Merkmale aller kosmischen Körper sind im Prinzip immer identisch, und deshalb sind auch die Eigenschaften der Atome, der Sterne und der Planeten unveränderlich, und genauso sollte es eigentlich mit den Werken der Science Fiction sein; all diese Werke und der Kosmos, d. h. sein Bild, das eine generelle Umrahmung der schriftstellerischen Tätigkeiten ist, sollten vollkommen zueinander passen. Aber vom Standpunkt einer rein künstlerischen Kritik aus ist solch eine Identität des Aussehens ein Originalitätsverfall; das Streben nach Originalität aber gebietet es, die Welten von Fall zu Fall verschieden zu bauen. Es ist in der Tat so, daß die begabten Schriftsteller Schöpfer von – für sie typischen – phantastischen Welten sind; folglich kann man das Universum von Cordwainer Smith nicht durch das Universum von A. Bester ersetzen und dieses wiederum nicht durch den Kosmos von A. E. van Vogt z. B. Wir haben hier einen Widerspruch der Postulate – als Erfüllungsbedingungen – vor uns, diesen kann man nicht nach der Methode lösen, die von Alexander dem Großen angewandt wurde. Unser Knoten läßt sich nicht ein für allemal zerschlagen, denn dafür fehlt uns die unerschütterliche Voraussetzung. Die Belanglosigkeit des gnoseologischen Inhaltes der phantastischen Werke könnte gleichsam durch ihre visionäre Schönheit – sogar mit Gewinn – wettgemacht werden. Aber um das so sagen zu können, muß man zuerst die gnoseologischen, ästhetischen und »ontischen« Werte (in ihrer *Autonomie*) des Textes egalisieren, d. h. sie gleichberechtigt machen. Solch ein Akt verlangt eine Entscheidung, eine völlig freiwillige Entscheidung, weil es sich um Werte handelt, die gegenseitig nicht völlig zu reduzieren sind, mehr noch, es handelt sich um Werte, die sich in Grenzfällen sogar gegenseitig ausschließen. Ist nämlich die Welt eines Werkes vollkommen autonom, dann *bedeutet* sie hinsichtlich der realen Welt *nichts* (allegorisch, moralisch, anspielungsmäßig). Dann ist diese Welt nämlich gleichsam die vollkommene Nachahmung eines autonomen und völlig immanenten Seins, das ein demiurgisch entstandenes *Ding* ist. Und wie die einzelnen Sonnen keine Anspielungen auf andere Sonnen sind, so sind einzelne (eventuell entdeckte) kosmische Zivilisationen weder Modelle noch Bewertungen noch Karikaturen anderer Zivilisationen, und so stellen auch einzelne Galaktiken nicht das *Abbild* anderer Galaktiken dar; also: so wie all diese Elemente des Weltalls in keinen Bezugszusammenhang zu stellen sind und einfach nur sind, so hat auch eine ideal souveräne Welt eines Werkes keine gnoseologischen, komparablen Eigenschaften und Werte, sie existiert nur vor uns und gibt sich uns so zu erkennen und läßt sich von uns so erleben wie eine reale Welt. Eine Vision also, die in ihrer Autonomie perfekt ist, hört auf, eine semantische Apparatur zu sein – in einem für die realistische Literatur typischen Sinne. Wir können diesen Stand der Dinge nur konstatieren, weil er nicht zu ändern ist und es keine höchste und so unerschütterlich plazierte Instanz gibt, die imstande wäre, die Werke zu beurteilen und zu bewerten – auf eine Weise, die die Entstehung des erwähnten Konfliktes hinsichtlich der inkongruenten Werte verhindert.

Die Antinomie dieser Entscheidung ist der »autothematischen« Phantastik als einer Kreation, die an die inneren Gattungsstrukturen adressiert ist, fremd. Als ein Beispiel dafür soll uns eine Erzählung von A. Bester aus dem Sammelband »Starburst« dienen. Bester, einer der bekanntesten SF-Autoren, gehört schon heute zu den Klassikern dieser Gattung; er hat nicht allzuviele Bücher geschrieben (»The Demolished Man«, »Stars My Destination«), doch alle werden hoch geschätzt. Die erste Erzählung »The Starcomber« ist eine etwas groteske und ein bißchen märchenhafte Geschichte, die man unterschiedlich auslegen kann, mal verbucht man die »semantischen Einflüsse« auf die Konten der »reinen« Phantastik und mal auf die Konten der »angewandten« Phantastik. Das primus movens der Erzählung ist eine Art Dämon in menschlicher Gestalt – Mr. Solon Aquila (Beelzebub, Monte Christo, Cyrano und Israfael zu gleichen Teilen gemischt). Der Gegenstand seines Interesses ist ein berühmter Maler, der seit kurzem in einem Irrenhaus ist. Dieser Maler redet wie ein kleines Kind, er verlangt Dollarnoten und auf jeder Dollarnote – die er bekommt – verändert er mit Tusche talentiert und schnell das Gesicht Lincolns in das Gesicht Satans. Dieser Maler, Halsyon, verlor den Verstand, weil er – wie wir später erfahren (aber nur am Rande) – bei irgendeinem Empfang, als er an dem, ihm übrigens unbekannten Herrn Aquila vorbeiging, *»sich vergaß«*, weil er *»eine schlechte Nachricht von zu Hause – Windpocken«* erhalten hatte, und der Blick, den der Maler mit Aquila wechselte, beschädigte seine Seele. Die Erzählung wurde nicht so geführt, wie ich es hier kurz zusammengefaßt habe; das Werk ergibt keine homogene Schnittfläche, sondern nur eine bestimmte Zone, die von den Dialogen festgelegt ist (Herr Solon redet immer sehr viel und läßt lateinische, französische, deutsche, englische Worte einfließen; seine eigenen Gedanken verschwinden hinter seiner pseudofröhlichen Aufschneiderei) und von den Ereignissen, die man bereits mit eigenen Vermutungen so schneiden kann, wie man will.

Herr Aquila befreit Halsyon auf eine ungeheuer perfide Weise aus dem Irrenhaus und bringt ihn in seine Wohnung. (Das spielt in einer Atmosphäre, die ein bißchen märchenhaft, aber auch zugleich ein bißchen realistisch ist.) Danach beginnt in einem merkwürdigen Laboratorium etwas, was ein wenig eine spiritistische Séance, ein wenig eine psychoanalytische Séance und ein wenig ein Versuch auf dem Gebiet der experimentellen Psychologie ist. Aquila führt eine Durchsicht und eine Säuberung der Träume des Malers durch. In allen Träumen treten Personen auf, die im Grunde genommen immer dieselben und nur scheinbar immer neue Personen sind. (Herrn Aquila selbst kann man immer unter den geträumten Personen erkennen, weil er diese charakteristische Sprechweise mit dem Fremdwortgetue hat; das führt zu komischen Effekten, weil Herr Aquila mal der Generalsekretär der UNO, mal ein Taxifahrer usw. ist.)

In dem ersten Traum – nach dem Weltkrieg, der alle Männer durch die Radiation unfruchtbar gemacht hat – fleht der UNO-Präsident den Maler Halsyon an, er solle doch die Weiterexistenz der Menschheit unterstützen: alle Frauen auf der Welt gehörten ihm. Halsyon stimmt wohlwollend zu. Zuerst machen die Frauen ihm den Hof, doch dann hassen sie ihn. In dem zweiten Traum fällt ihm die Welt wieder zu Füßen, diesmal, weil er ein Mittel zur Bekämpfung von grausamen Ungeheuern, den Grsshen, entdeckt hat, die imstande sind, an zwei Orten gleichzeitig zu sein. (Das ist eine deutliche Boshaftigkeit an die Adresse der SF.) Doch seine Entdeckung stellt sich als wenig wertvoll heraus. (Sie basierte darauf, daß auf die Zahl 2 die Zahl 3 folgt und *nicht umgekehrt.*) In dem dritten Traum hat Halsyon den Verstand eines Erwachsenen, aber den Körper eines Kindes, und diese Situation will er ausnutzen; doch niemand will seine reifen Klugscheißereien hören. Im vierten Traum ist er wieder der letzte überlebende Mann nach dem Krieg; er trifft eine wunderschöne junge Frau, die bereit ist, für ihn eine Eva zu sein, doch ihm tut ein Zahn so weh, daß er sich mit einer von ihr geliehenen Pistole in den Kopf schießt. (In seinen letzten Worten bedauert er, daß die Frau keine Zahnärztin ist.)

Solche Träume finden sich noch mehr. Danach unterhält sich Aquila mit Halsyon so:

– Ein Mensch hat im Laufe eines Lebens 5 379 007 Ent-

scheidungen zu treffen. Peste! Ist das eine Primzahl? N'importe. Bist Du einverstanden?

Halsyon nickte.

– Also, mein Windbeutel mit Schlagsahne, die Reife dieser Entscheidungen bezeugt, daß ein Mann ein Mann ist oder ein Kind. Isn't it? Malgré nous. Ein Mann kann nicht die Entscheidungen eines Erwachsenen treffen, solange er sich nicht von den Kinderträumen reinigt. God damn! Solche Phantasien müssen vorbeigehen.

– Nein – sagte langsam Halsyon. – Gerade das aus meinen Träumen ist meine Kunst, ich übersetze die Träume und Phantasien in Linien und Farben.

– God damn! So. Einverstanden. Maitre d'hôtel: aber die Träume eines Erwachsenen, nicht eines Kindes. Fuj! Alle Männer haben sie – der letzte Mensch auf der Erde zu sein und die Erde besitzen ... in der Zeit zurückkehren mit dem Vorteil des Wissens eines Erwachsenen und siegen ... aus der Wirklichkeit durch den Traum fliehen, daß das Leben ein Schein ist – vor der Verantwortung davonlaufen, in Phantasien über ein heroisches Unrecht ein Martyrium mit Happy-End haben ...

– Aber wenn jeder solche Träume hat, das kann doch nichts Böses sein?

– God damn! Jeder hatte im 14. Jahrhundert Läuse, waren sie deshalb gut?

Halsyon entscheidet sich gegen ein »apartes« Gesicht und für ein »altes«, gegen die »Träume der Realität« und für die »Realität der Träume«. Denn das ist die Macht des Herrn Aquila.

Ursprünglich sollte es so sein, so könnte man glauben, daß die Dichotomie der zeitgenössischen Phantastik, die sich in den beiden Flügeln Science Fiction und Fantasy äußert, den Oppositionen entspricht, in denen Wirklichkeit und Traum, Realität und Träumereien, der »Wahrheit dienen« – immer historisch bedingt – und »den Fiktionen der schöpferischen Allmacht dienen« gegenübergestellt werden. Aber wenn jemand solche Absichten gehabt haben sollte, wenn solche Absichten an der Wiege der erwähnten Klassifikation gestanden haben, dann haben sie sich nicht erfüllt. Die Trennlinie verläuft auch – wie wir gesehen haben – durch die Science Fiction selbst. Wohlan, wenn das Errichten einer Welt als einer ideal autonomen Welt keine Botschaft darstellt, wenn diese Welt sich auf nichts außer auf sich selbst bezieht, sie uns nichts erklärt und nur *ist* wie Steine und Sterne sind, wenn solch eine Kreation am Ende immer ihren nicht-souveränen Charakter als nur an sich eine Absicht enthüllen muß, dann sollte doch dieses Wissen die Kontinuation weiterer weltschaffender Versuche bremsen. Aber dem ist nicht so. Diesen Umstand kann man unterschiedlich beurteilen. Man könnte ihn begrüßen oder bedauernd den Kopf darüber schütteln. In jedem Falle, der praxisorientierte Literaturwissenschaftler – und in diese Reihe stellen wir uns jetzt – muß eine ungleichmäßige Verteilung der rein künstlerischen Werte innerhalb der gesamten Phantastik feststellen. Es ist eine ins Auge fallende Tatsache, daß die Menge der hervorragenden Kreationen der reinen Phantastik seit Jahrhunderten geschlossen zu sein scheint, daß in prähistorischer oder antiker Zeit eigentlich nur jene paar, höchstens einige Dutzend Meisterwerke souveräner Kreationen entstanden, von deren paradigmatischem Inhalt sich jede, in ihren Intentionen weltschöpferische Phantastik heute noch ernährt. Es sieht also so aus, daß alles, was durch die Phantasie zu schaffen war als Erscheinungen und Dinge, die qualitativ, kategorial und ontisch anders sind als das Existierende, bereits geschaffen wurde. Diese Feststellung scheint merkwürdig, wenn man die Existenz eines Instrumentes in Betracht zieht, das der Kreation zu dienen imstande ist und das die früheren Zeiten nicht zur Verfügung hatten: ich denke dabei an die theorieschaffenden Methoden der Wissenschaft. In der Praxis ist die Wissenschaft jedoch nicht in kreative, weltschaffende Arbeiten eingespannt, sondern im Gegenteil: alle von ihr entlehnten Methoden, Kunstgriffe, Namen, sogar ganze Theorien werden als unselbständige Elemente in die Motive und in die Muster eingeführt, die deutlich ihren uralten, mythischen Ursprung verraten.

In der Regel mythologisiert man eher die wissenschaftlichen Begriffe als daß man die Muster, die aus den Träumen kommen, empirisiert; und es ist in der Tat so, daß die Science

Fiction eher ihre Träume – durch die Inkrustation mit nüchternen, szientifischen Requisiten – zur Wirklichkeit macht, als daß sie das Gegenteil betreibt, uns von den Märchen ernüchtert und uns zu solchen Orten bringt, von denen aus man die Konturen des künftigen, über alle Zweifel erhabenen, nicht-märchenhaften oder märchenähnlichen menschlichen Universums sieht. Die Problematik dieses Feldes würde sich anders darstellen, wenn die Träume in pseudowissenschaftlicher Tarnung im Hinblick auf ihren Wert genauso schätzenswert wären wie die realistische Wirklichkeit der Kunst. Aber der Schund, der Kitsch der Kreationen, ihre simple Naivität streiten sich immer mehr mit dem Aussehen der Wirklichkeit und mit den Richtungen ihrer unabwendbaren Bewegung. Wer sich also in Träumen verbergen will, der kann das zwar auf diesem literarischen Felde tun, aber er muß dann in Kauf nehmen, daß er unvermeidbar in Asylen wohnen muß, denen man Monumentalität, prachtvolle Macht und autonome Stärke absprechen muß. Mit einem Wort, der Infantilismus jener Schlupfwinkel vor der Realität, die uns die zeitgenössische künstlerische Phantasie vorschlägt, ist erstaunlich. Jeder Mensch kann sich in der »Ilias«, der »Odyssee«, dem »Gilgamesch« zurechtfinden, doch man muß sich ziemlich verkleinern, muß sich die Organe für nüchternes Denken und für die Urteilsfähigkeit amputieren, um sich in die vielen Kosmen einer angeblich wissenschaftlich geplanten und konstruierten phantastischen Vision einzupassen. Dieser Stand der Dinge, diese kosmische Degradierung einer Gattung, die damals die erste und die einzige war, muß erst einmal diagnostiziert werden, und danach kann man sich eventuell der Untersuchung der Ursachen widmen, die diese Involution hervorgerufen haben. Wahrscheinlich wird es uns nicht gelingen, an jede Ursache heranzukommen und jede herauszupräparieren; doch die am deutlichsten erkennbaren Ursachen sollen jetzt benannt werden.

V.
Die Soziologie der Science Fiction

Der Charakter einer geschlossenen Enklave, den die Phantastik gegenüber der gesamten Literatur hat, ist spezifisch. Wenn man von den programmatischen Manifesten absieht, dann gibt es hier nichts Derartiges wie die Dichotomie der poetischen Kritik und zwar die »interne« und »äußere« Kritik. Die Spezialisation der Kritik, die zur Folge hat, daß meistens nicht ein und dieselbe Person als ein vorzüglicher Kenner der Dramaturgie, der Prosa und der Poesie gilt, das ist ein anderes Phänomen. Wenn sich im Schaffen eines Schriftstellers nämlich Werke all dieser Gattungen gleichzeitig finden, dann wird eine kritische Monographie seiner Werke von einem einzelnen Mann bearbeitet, nicht aber von einem Spezialistenkollektiv, das das Erbe nach seinen genealogischen Schemata unter sich aufteilt. Die Existenz einer internen Gattungskritik hingegen – einer eigenen und einer anderen, die sich nur äußerst selten mit der Phantastik beschäftigt –, erhärtet die Tatsache der merkwürdigen Geschlossenheit der Science Fiction als einer historisch entstandenen Einkapselung im Schoß der Literatur. Dieser Prozeß hatte seine Besonderheiten: solange die phantastische Schriftstellerei von wenigen Schriftstellern betrieben wurde und solange diese Autoren es sich erlaubten, auf mindestens zwei Feldern zu wirtschaften, also Literaturwirtschaften zu führen, und sie mühelos von den gewöhnlichen Werken zu den phantastischen überwechselten, wurden ihre Werke von ein- und denselben Kritikern besprochen. Mit der zunehmenden Zahl an »Phantasten« kam es dann zu zwei parallelen Erscheinungen: diese Schriftsteller verzichteten ganz auf die Inangriffnahme nichtphantastischer Schöpfungen und gleichzeitig hörte die normale Literaturkritik auf, sich mit ihren Werken zu beschäftigen. Wir behaupten, daß dies ein ungewöhnliches Phänomen war, weil der eigentliche Verlauf literarischer Gattungskristallisationen gewöhnlich genau umgekehrt ist: das wachsende Engagement von Autoren für eine neue Konvention äußert sich im allgemeinen in einer zentrifugalen Expansivität und nicht in einer Gravitation, deren Endpunkt sich mit der Entstehung eines gewissen Gettos deckt. Ist doch gerade die normale Prosa – als eine Literatur, die sich der Gegenwartsproblematik widmet – aus den mißachteten Trivialitäten hervorgegangen, um sich langsam zu jener Höhe hinaufzuziehen, die der ursprüngliche Standpunkt solch ehrwürdiger Gattungen wie der Epik war als der einzig poetisch privilegierten Gattung. Hier dagegen wurden die modernen Formen von Phantasieausflügen oft von hervorragenden Schriftstellern unternommen oder zumindest von Personen, die nicht schlechter waren als die heutigen »normalen Literaten« – doch mit diesem Egalitarismus wurde bald Schluß gemacht. Wells konnte als gleichberechtigter Kollege mit jedem englischen Schriftsteller seiner Zeit korrespondieren, eine analoge Berechtigung hat ein anglosächsischer SF-Schriftsteller heute dagegen nicht, und er kann machen, was er will, er kann diese Berechtigung nicht nachweisen. Abgesehen von dem Schwund an künstlerischer Qualität, dem die Science Fiction ihre Isolierung und ihre Exmission aus dem demokratischen Gebiet der Literatur zu verdanken hat, muß man hervorheben, daß dieser Zustand nach einem ungeschriebenen Urteil geregelt ist, das sich fast irreversibel allgemein ausgebreitet hat. Und in der Tat, die Rücksichtslosigkeit dieses Urteils hat mit der Rücksichtslosigkeit der Naturgesetze, rein physikalischer Gesetze, Ähnlichkeit, weil auf vergleichbare Weise, wie man sich durch keinerlei körperliche oder geistige Vorzüge von den planetarischen Gravitationsgesetzen befreien kann, alle künstlerischen Vorzüge nicht imstande sind, ein phantastisches Buch von der demütigenden Gefangenschaft innerhalb seiner Gattung zu befreien. Im Gegenteil, hier wurde über ein ganzes Literaturgebiet ein Urteil gefällt, noch bevor ein Verfahren eingeleitet und beide Seiten gehört wurden, weil es keine Chance für eine Rehabilitierung oder sogar Nobilitierung des Angeklagten gab; der Akt der Gattungsklassifikation kommt einem Schuldspruch gleich, der a priori geäußert wurde. Nicht die Werke können die Ausnahmen bilden, doch die Autoren könnten sie darstellen; wie ein Aristokrat, der sich in die Räume eines Freudenhauses verirrt, um erotische Reize zu suchen, nicht als ein Kuppler oder ein Louis gilt, so sündigt auch ein berühmter Schriftsteller nicht, der ausnahmsweise mal ein phantastisches Thema aufnimmt, um schnell in das gemütliche Heim der »wirklichen Literatur«

zurückzukehren, sondern er folgt nur einer Laune. Doch wehe denen, die auf dem Boden des Gettos ihre ersten Schritte taten: sie verlassen dieses nie, und nichts kann sie vor dieser Verdammung retten.

Diese Situation ist seltsam, weil sie in der Literatur völlig einmalig ist, die – wie bekannt – keine Sippenhaft kennt. Wer Leo Tolstoj für die Melodramen eines drittklassigen Skribenten verantwortlich machen wollte, den würde man genauso für verrückt erklären wie den, der Dostojewskij die Schuld für das Machwerk einer Agatha Christie aufbürden wollte. Gerade dieser, für die Science Fiction typischer und dadurch irgendwie verrückter Sachverhalt, wurde nicht von mir erfunden. Unter den phantastischen Werken Herbert G. Wells' ist viel künstlerischer Quatsch zu finden, aber niemand hat versucht, ihn dafür pauschal zu richten, im Gegenteil, man hat Wells auf eine für die Kritik normale Weise nach seinen Bestleistungen bewertet. Ein Landsmann von Wells, Olaf Stapledon, hatte dreißig Jahre danach bereits keine Chance mehr, nach seinen Höchstleistungen beurteilt zu werden. Er hat durch die Dynamik der Vision und durch seine Ideenvielfalt H. Wells mindestens zweimal, d. h. in zwei Werken übertroffen: das wird niemand in Frage stellen, der die Bücher von Stapledon wie »Odd John« und »First and Last Men« kennt. Aber nicht einmal der Name Stapledon wird in zahlreichen englischen Literaturgeschichten der Gegenwart erwähnt. Es ist im Verlauf der erwähnten dreißig Jahre so gekommen, daß die Gettotüren zuschlugen und jener merkwürdige Trennungszustand eintrat, dessen Möglichkeit selbst der scharfsinnige Wells nicht vermutet hat. Doch nicht in allen Ländern und nicht in allen Erdteilen verläuft dieser Einschließungsprozeß der Phantastik in Asylen der Gattungstristesse synchron. Als wohl letzter Schriftsteller, dem es glückte, über die wachsende Mauer der Entfremdung zu gelangen, ist Čapek anzusehen, der seine Rettung zum größten Teil dem klassifikatorischen Schwebezustand zu verdanken hat, der das Erscheinen seiner Bücher begleitete. Man fand in ihnen eine Gesellschaftskritik, eine philosophisch gezeugte Utopie, und diese so gut, daß das Wort rein slawischen Ursprungs »robot«, das er erfand, von allen Sprachen der Welt assimiliert wurde – ein Phänomen, wenn ich mich nicht irre, ohne Vorbild. Denn sowohl ein Deutscher, ein Engländer als auch ein Amerikaner, ein Finne, ein Schwede, ein Norweger, ein Italiener, ein Spanier, ein Holländer oder ein Portugiese nennt einen menschlichen Homunkulus einen »Roboter«, den zu verwirklichen die Kybernetik uns verspricht; für solch ein Objekt hat keine Sprache eine eigene Bezeichnung, und das gerade beweist die Ausstrahlungskraft der Čapekschen Invention. Doch das war bereits das Ende der Epoche der demokratischen Gleichheit und Freiheit der Gattungen. Nach weiteren dreißig Jahren sieht die Situation so aus: es gibt Autoren, die das Feld der Science Fiction nur verlassen, um einen Kriminalroman zu schreiben. Es gibt Verleger, die ausschließlich phantastische Texte publizieren, und es gibt auch entsprechende Zeitschriften – als Monatszeitschriften oder andere Periodika. Es gibt eine interne Kritik der Gattung, die diese Gattung fast systematisch zu einer Erwählten der Geschichte und zu einem Stein der Weisheit erklärt, die in ihr die Zukunft der gesamten Literatur erblicken möchte und der nichts leichter fällt als die Verteilung der höchsten Auszeichnungen für schriftstellerische Qualitäten. Sie produziert auch kritische Monographien, die den Autoren der Science Fiction gewidmet sind, das wird manchmal mit größter bibliographischer Sorgfalt gemacht. Alle verstreuten Schriften, alle Erstlingswerke eines Science-Fiction-Meisters werden sorgfältig im Rahmen der sogenannten »Fandoms«, also im Königreich der SF-Fanatiker, recherchiert und katalogisiert. Es gibt spezielle Wörterbücher, die das lexikographische Vermögen einzelner »Phantasten« erfassen, es gibt wörtlich enzyklopädische Bearbeitungen seines Schaffens, Register seiner Ideen und darüber hinaus unzählige Essays, die sich an den einzelnen Themensektoren der SF orientieren. Wer jedoch – durch solch eine Monographie oder solch ein Wörterbuch verlockt – das Originalwerk des so sorgfältig behandelten Autors zur Hand nimmt, der gerät bisweilen in Erstaunen, weil der so hoch honorierte Autor gemäß den normalen Apperzeptionsregeln sich oft als ein Stümper herausstellt. In dem Erkenntnistrieb und in der tüchtigen Sorgfalt der internen Sammler und Idiographen der Science Fiction offenbart sich eine Kritikertätigkeit, die für einen Literaturwissenschaftler charakteristisch ist, der sich irgendwie im Zustand eines pathologischen Sammlerwahns befindet; denn es gibt ja Sammler, die gegenüber allem blind sind, was sich jenseits der Grenzen ihres Hobbys befindet, so daß im Hinblick auf die formale Präzision und Aufmerksamkeit, die auf die Objekte der Sammeltätigkeit verwandt wird, ein gelehrter Numismatiker keinesfalls dem unterlegen ist, der Streichholzschachteln sammelt. Die Spreu und der Abfall, mit dem sich außer Atem geratene Fans beschäftigen und wobei sie Feuereifer und benediktinische Geduld an den Tag legen, haben weder eine kulturelle noch eine künstlerische Bedeutung, sie sind einfach kuriose Objekte. Die Leute erinnern eher an Personen, die auf einem Papierfetzen in der Größe einer Briefmarke unter dem Mikroskop mit Minuskeln die »Bibel« oder die »Ilias« abschreiben oder an Personen, die Kathedralen aus Streichhölzern erbauen oder andere Sonderlinge, die einfach überglücklich sind, daß sie solche Objekte und solche damit verbundenen Tätigkeiten gefunden haben, die sie mit allen Kräften lieben können – als an einen Menschen, dessen Tätigkeit ein Nebenfluß des gesamtkulturellen Stroms ist.

Die jährlichen Tagungen der »Fanatiker« und die Wettbewerbe für das beste SF-Werk in den USA erinnern den außenstehenden Beobachter manchmal an ein in ihrer Dämlichkeit ärgerliches Familientreffen, auf dem alle alle loben. Ein bösartiger Beobachter hätte sogar gesagt, daß dies manchmal der Wahl einer Schönheitskönigin gleicht, die unter Buckligen und Hinkenden bei der allgemeinen Einhaltung der reservatio mentalis stattfindet, daß niemand überhaupt auch nur ein Anzeichen der überall anzutreffenden Scheußlichkeiten bemerkt. Andrzej Kijowski hat in einem kritischen Essay, der dem Schrifttum L. Tyrmands gewidmet ist, den Begriff »Genie der Rotzbengel« sowie »Weiser und Philosoph der Idioten« geschaffen. Ohne Zweifel ist die Bemerkung zutreffend, daß nicht nur die Elite intellektuell führende Individuen braucht. Einen analogen Bedarf nach eigenen Lehrmeistern und geistigen Führern haben auch die zweit- und drittrangigen Geister. Aufgrund dieser Stratifizierung wird die Kultur einer Bienenwabe ähnlich: was in den einzelnen Kammern zustande kommt, das hat keinen Einfluß auf die anderen Kammern und dringt nicht in deren Inneres ein. Hochstehende kreative Anstrengungen sind unabhängig von ihren niedrigen Sphären tätig; solch einen Bezug kann man sogar in einem außerkünstlerischen Bereich, und zwar dem wissenschaftlichen, entdecken: in diesem Bereich wird die Existenz der Wissenschaft ohne irgendwelche Attribute – als normale und gewöhnliche Forschungsarbeit – durch die sture Anwesenheit von Pseudowissenschaften begleitet, was seinen Ausdruck in der Existenz von Vereinen wie »Die flache Erde« findet, von Sekten, die heute versuchen, die Theorie Einsteins zu stürzen und die sich gestern mit der Quadratur des Kreises sowie der Trisektion des Winkels beschäftigt haben usw. Es gibt nämlich eine ganze Reihe von Leuten, die geistig nicht in der Lage sind, erstklassige, künstlerisch und gnoseologisch reale Werte zu schaffen, die aber doch vom Zufall durch eine bestimmte, nicht immer unbedingt wahnsinnige Dosis von Talenten ausgezeichnet, also aufgeputscht wurden; da sie nicht in der Lage sind, wirkliche Kosmologie, Physik, Philosophie oder auch Literatur zu betreiben, entladen sie ihre schöpferische Unruhe in der Kreation von für sie erreichbaren Surrogaten und Behelfen.

Die einzige und zugleich zuverlässige Absicherung gegen solche und ähnliche Involutionsformen – als Verkümmerung von kreativen Strömen sowohl in der Wissenschaft als in der Kunst – ist in der festen Existenz von Kontakten für einen informativen Austausch mit ähnlichen Arten gesamtweltlicher Produktion zu sehen. Jede Abgrenzung, jede Abkapselung hinter chinesischen Mauern von Eigentümlichkeiten kann zu pathologischen Prozessen führen, wie die Geschichte der Wissenschaft und der Kunst beide zeigen; denn in solchen Gettosituationen sind alle Albernheiten des 20. Jahrhunderts entstanden, die sich als philosophische Doktrinen oder als wissenschaftliche Theorien ausgeben in der Art der »Welteislehre« von Hörbiger oder jener »Wissenschaft« von den Rassen und von der Mission der Arier, die halb Europa in einen Trümmerhaufen verwandelt hat. Wir sagen natürlich nicht, daß die Science Fiction insgesamt in die Tiefen eines Wahnsinns hinabgesunken sei, der eine Art degenerierte Handlungskreation ist, d. h. eine für den Menschen eigentümliche Kulturschaffung, die immer dann unheimliche und karikaturhafte Formen annimmt, wenn das Komplet der selektiven und der Steuerungskriterien in einem beliebigen Bereich der intellektuellen Produktivität nicht Teil des allgemeinmenschlichen Arsenals ist, wir behaupten nur, daß die Science Fiction sich auf solch einem Weg befindet. Die ständige wie ein Sieb wirkende Überprüfbarkeit der Ergebnisse wissenschaftlicher Tätigkeit, die rigoros alles auf die Müllhalde der Geschichte wirft, was nicht eine erkennende Tätigkeit ist, die die beste aller realisierbaren Tätigkeiten ist, also der instrumentelle Charakter der Wissenschaft – zumindest bei der Verifikation – macht es unmöglich, die Wissenschaft dauerhaft in ein Getto zu schließen, in das sie manchmal getrieben wird. Anders ist es mit der Kunst, der es genügt, Anhänger zu haben, um existieren und dauern zu können; dieser Prozeß hat übrigens seine singulären Äquivalente, wenn auch in einer Form mit Phasencharakter, was eine Leserschaft verdeutlicht, wenn sie anhand des Entwicklungsweges eines jeden einzelnen Menschen betrachtet wird. Für einen Zwölfjährigen ist Old Shatterhand die Verkörperung von Tugend und Weisheit, er ist ein intellektuelles Phänomen, er ist eine Autorität auf dem Gebiet der Anthropologie, der Geographie, der Kriegslehre und gleichzeitig ist er ein Jagdexperte, mit einem Wort, er ist die Vollkommenheit in Person. Aber da normalerweise ein Zwölfjähriger aus dem Karl May herauswächst, bewirkt die erneute zufällige Lektüre, die einst das Enthusiasmusfeuer in ihm entzündete, eine erstaunte Irritation, ein Fanatiker und Dipsomane der Science Fiction hingegen wird nie erwachsen. Wenn es ihr intern schlecht geht, um so nachdrücklicher sollte dann unter dem Aspekt der Penetrierung und des diagnostischen Optimismus die Beurteilung von außen, aus dem Feld der normalen Literaturkritik kommen, und zugleich sollte man einen heilenden Einfluß von diesen Interventionen erwarten können, die doch nicht durch eine apriorische Feindschaft gegenüber der phantastischen Gattung gekennzeichnet sein dürften. Doch und hier muß man ein zweites Mal staunen, man kann nichts derartiges beobachten. Wir wollen daher als ein typisches Beispiel für die völlige Hilflosigkeit – die sogar einen an und für sich abwägenden Kritiker lähmt, wenn er bereit ist, sich mit der wissenschaftlich-phantastischen Literatur zu beschäftigen –, ein paar längere Zitate aus dem Essay »Die Naturwissenschaften und die Sensibilität« aus der Feder des amerikanischen Kritikers M. Green von 1967 anführen. Wir lesen bei Green:

»Die wissenschaftliche Sensibilität richtet sich auf Gattungen, die literarische – auf Individuen. [...] Ein wissenschaftlicher Geist interessiert sich für Individuen nicht als Personen, sondern als Exemplare, die dem Gesetz von Ursache und Wirkung unterliegen; genetischen, medizinischen und soziologischen Gesetzen. Für einen wissenschaftlichen Geist typisch ist – von einem anderen Standpunkt aus – sein auf das, was außen liegt, orientiertes Interesse, fern von den üppigen und trüben Intuitionen, in denen Wissen, Gefühle und gründliche Umwertungen gegenseitig aufeinander einwirken – in Richtung auf eine schwierige, aber klar präzisierte Beschäftigung mit Problemen, die so formuliert sind, daß sie loslösbar sind. [...] Ein wissenschaftlicher Geist interessiert sich leidenschaftlich für die äußere Welt der Natur und der menschlichen Werke, ein literarischer Geist dagegen wird – was dies betrifft – wahrscheinlich Mängel in der Methodik und Dilettantismus erkennen lassen; er ist von Problemen der Selbsterkenntnis, der Selbsterfahrung begeistert sowie von den gesellschaftlichen Strukturen, die diesen Zwecken dienen. Für einen wissenschaftlichen Geist sind die Hauptcharakterzüge der Gesamtgesellschaft interessant; einen literarischen Geist absorbieren konkrete Freundschaften und Beziehungssysteme zwischen einzelnen Gruppen von Menschen. Diese Grundeinstellung eines wissenschaftlichen Geistes hat zur Folge, daß die wissenschaftliche Phantastik, die für Leser mit einer akademischen Ausbildung bestimmt ist, den Vorstellungskräften die Zügel schießen läßt in folgender Weise: indem sie neue Formen der Natur schafft, neue Gesellschaften, gewaltige Bereiche von Raum und

Zeit, indem sie sich nach vorn und nach draußen begibt, sich auf den gesellschaftlichen Mechanismus konzentriert und charakterologisch Banalitäten verwendet *(hervorgehoben von mir – S. L.). Keine dieser Methoden wäre von einem für die schöne Literatur empfänglichen Menschen gewählt worden; mehr noch, er hätte sie nicht wählen können, weil sie als Ganzheit genommen einer ihm völlig fremden Sensibilität entsprechen würden. Die Bedeutung des Gesagten zeigt sich insgesamt bei der Betrachtung der Romane von H. G. Wells. Für Wells war die Gattung als Gesamtheit am interessantesten, die Individuen interessierten ihn weniger, obwohl er auch zu diesem Thema geistreiche Bemerkungen gemacht hat. Gerade diese relative Gleichgültigkeit hat sich negativ auf seine Romane ausgewirkt. [...] Alle sind sich einig, daß die Helden selbst der besten phantastischen Erzählungen im Vergleich zu den Helden, die man in ganz durchschnittlichen traditionellen Romanen trifft, irgendwie unvollständig und uninteressant sind; hier fehlt die Beobachtungsfrische, die tiefe Eindringlichkeit und eine sorgfältige Auswahl; die Figuren sind oft marionettenhaft (und schlecht manipuliert) wie in billigen Groschenromanen. Darüber ist man sich im allgemeinen überall einig, obwohl es große Interpretationsunterschiede gibt. Für die meisten Leser mit einem ausgesucht guten literarischen Geschmack ist dies der Grund für die völlige Ablehnung der wissenschaftlichen Phantastik, weil sie – bewußt oder unbewußt – die Literatur mit dem moralpsychologischen Eindringen in die zwischenmenschlichen Beziehungen identifizieren.«*

Und noch ein Fragment:

»Lawrence hat bis zu einem gewissen Grade seine Helden als Individuen selbst ausgemerzt: wie er behauptet, interessieren ihn das Element Kohlenstoff und nicht einzelne Diamanten; so könnte auch das Manifest der Autoren wissenschaftlich-phantastischer Bücher lauten. Das Beispiel Kafkas ist wahrscheinlich noch einfacher: seine Personen haben nicht das Recht, unsere Aufmerksamkeit auch nur einen Moment länger auf sich zu konzentrieren als nötig ist, um die tiefe allegorische Bedeutung zu erfassen. Die Autoren

wissenschaftlicher Phantastik vergeuden für ihre Helden viel mehr Einzelheiten und Gefühle als Kafka oder Lawrence. Es ist wohl so, daß die Helden der letzteren Autoren keine soziologischen Typen abgeben, die den Zwecken von phantastisch-wissenschaftlichen Romanen dienen könnten, sondern sie sind eben Typen und als solche zeigen sie die Möglichkeiten von Verallgemeinerungen in den Charakteren ohne banale literarische Effekte auf. Es ist wohl auch so, daß ein Autor von phantastisch-wissenschaftlichen Büchern die Grenze der wissenschaftlichen Sensibilität überschreitet – so wie sie oben definiert wurde – wenn er genauso interessante Helden schafft.«

Den letzten I-Punkt setzt Green in einem Satz, der sich auf Thomas Mann als dem Autor der »Buddenbrooks« und auf Leo Tolstoj als dem Schöpfer von »Krieg und Frieden« bezieht:

»Aber selbst bei diesen zwei hervorragenden Romanbeispielen wurde die literarische Form durch den drängenden Inhalt von der Riesendosis an Geschichte *(hervorgehoben von mir – S. L.) gesprengt.«*

Jetzt ist schon alles klar; daher nun die logischen Konklusionen aus den zitierten Fragmenten von Green, die nur den ausgelassenen Text kohärieren:

1. Die Konsequenz aus der Anwendung der Dichotomie »wissenschaftliche Sensibilität – literarische Sensibilität« wäre die Verbannung von Thomas Mann und Leo Tolstoj von dem Feld der »normalen Literatur«. (Denn der Überschuß an Historismus – als Betrachtungen, die auf das gerichtet sind, was überindividuell und überexemplarisch ist – hat ihnen die künstlerische Form gesprengt, wodurch sie bewiesen haben, daß sie dem szientifischen Paradigma im Gegensatz zum literarischen unterlagen.)

2. Personen mit akademischen Graden, die – als Wissenschaftler – geneigt sind, belletristische Bücher zu lesen, haben keinen ausgesucht guten literarischen Geschmack.

3. Würden die Autoren von Science-Fiction-Büchern stark individualisierte und plastische Helden schaffen und sich dem mehr widmen, was unwiederholbar persönlich ist, als dem, was gattungsmäßig im Menschen verdurchschnittlicht ist, dann »hätten sie die Grenze der wissenschaftlichen Sen-

sibilität überschritten«, sie hätten also vermutlich die Wissenschaftler als Leser verloren.

4. Von hier aus scheint der Schluß erlaubt, daß das Schreiben von Phantastik, die mit stark individualisierten Personen operiert, eine unerfüllbare – als innerlich widersprüchliche – Aufgabe ist, (weil sich die zwei genannten Typen der Sensibilität laut Green *nicht* decken können.)

5. Da Green merkt, daß das Programm von Lawrence dem Programm der Science Fiction dahingehend ähnlich ist, daß es das Gattungsmäßige in einem Menschen höher stellt als das, was in ihm individuell ist, und da er dasselbe auch bei Kafka beobachtet, führt er beide Schriftsteller durch eine heimlich geschaffene Hintertür durch die Mauer, die er zwischen beiden Sensibilitäten errichtet hat, in die Freiheit und rettet sie auf diese Weise vor der Verdammung.

Dies ist ein klassisches Beispiel für die totale kategorialbegriffliche Hilflosigkeit, und es scheint darauf hinzuweisen, daß es ein spezifisches »Paradoxon einer doppelseitigen Versklavung« gibt. Nicht nur die Science Fiction ist gegenüber der »normalen Literatur« »geschlossen«, sondern auch die »normale Literatur« ist geschlossen – wenn auch nicht gegenüber der Phantastik, aber sie stellt sich als ein Sklave der *aktuell,* d. h. in der amerikanischen Gegenwart führenden ästhetisch-normativen Paradigmen heraus. Es scheint ausgeschlossen, daß ein europäischer Essayist, der immer von der Materie des erzählerischen Experiments umgeben ist, also ein französischer Kritiker z. B., den Thesen von Green zustimmen könnte, wonach die Güte eines literarischen Werkes von der Klasse der schriftstellerischen Porträtierung der menschlichen Gestalten bestimmt wird. Green weiß natürlich, daß ein solcher Kanon anachronistisch ist, denn er erwähnt ja Kafka, doch er sieht in den Phänomenen des »Antiporträts« noch die Ausnahme von der Regel, die dennoch weiterhin gültig ist. Diese Einstellung Greens ist pragmatisch und deshalb völlig ahistorisch, er sieht nicht, daß die naturalistische Qualität bei einer Porträtierung der Menschen – »wie lebend« – in allen zeitgenössischen Richtungen kreativer Suche nachläßt, die die Grenze des Verismus bereits überschritten haben – egal *in welche Richtung* sie sich außerhalb der verlassenen Paradigmatik bewegen. Wo sind denn die »wie lebend« aussehenden Personen in »Der Erwählte« von Mann? Und in den Texten von Nathalie Sarrault? Und bei Schulz? Bei Borges? Bei Gombrowicz?

Die Neugier darauf, wie der Mensch ist, wenn man ihn aus der Perspektive eines »entomologischen Objektivismus« beobachtet, ist eine Innovation, mit der sich die Literatur angereichert hat, als die »Mode des Individualismus« während des Wechsels der Eliten ausbrach, als die früher gesellschaftlich dominierenden Klassen durch die Bourgeoisie ersetzt wurden. Das Sein in seinen immanenten, beobachtbaren Qualitäten hat die normative Pflicht von dem Piedestal gestürzt, und durch den Mund der Schriftsteller begannen sich die Individuen unwiederholbar in ihren verschiedenen verkrüppelten, durch Akzidentalismen gestalteten Konditionen zu äußern, wobei diese Sprachrohre früher gleichsam den »Ideen selbst« zugehörten und diese Ideen, Ideologien, Glaubensregeln sowie Konventionen, unantastbar in ihrer sublimierenden Kraft, gleichsam über den Inhalt und die Form des literarischen Kommunikats bestimmten. Da das Kommunikat hieratisch oder gestelzt oder charismatisch war, konnte es gewisse Ereignisbereiche einfach nicht bemerken und auf den Seiten seines Werkes festhalten; denn man brauchte – es ist wahr, auch wenn es uns nicht in den Kopf will – die Revolutionierung der dogmatischen Ästhetik und ihre Zerstörung, damit ein Schriftsteller in einem Buch beschreiben durfte, wie ein Straßenhändler ihn angesprochen hat, wonach es in dem Flur eines Mietshauses riecht und was seine Nachbarn abends hinter den Wänden treiben. Aber auch die einige tausend Jahre ältere Entdeckung, wonach es erlaubt war, mit den Zahlen in abstracto und nicht nur in concreto zu operieren, hatte eine wahre Begriffsrevolution erfordert. Die historisch gestaltete Hierarchie der Werte, die von der Literatur gefügig notiert wurde, ist die eine Seite, eine ganz andere Sache aber ist die Frage, weshalb die Phantastik künstlerisch auf den Hund gekommen ist. Um ihren Inhalt zu verdeutlichen, wollen wir diese Frage so umformulieren: aufgrund der Änderungen, die von der axiologischen Revolution bestimmt werden, kann mal die eine Gattung, z. B. das Epos, und mal eine andere Gattung, z. B. die kritisch-realistische Prosa, die Oberhand bekommen. Es herrscht aber trotzdem nicht ein derartiger Relativismus, ein derartig historisch-wechselhafter Wandel bestimmter Gattungen an der Spitze der Literatur und so total, daß komparatistische Versuche, die der künstlerischen Notierung an der Zeitbörse ausweichen, nicht erlaubt wären. Es ist nämlich keineswegs so, daß *nur* Flut und Ebbe der Achtung, die man einer literarischen Gattung schenkt, den Wert einzelner Werke insgesamt ausmachen. Es muß *etwas* passiert sein, etwas ganz Konkretes und auch – in einer reinen Parallelität – Meßbares sowohl in der Phantastik als auch in der Literatur, die gegenüber der Phantastik die weitergehende ist, daß es zu diesem merkwürdigen Zustand kam, den wir gerade konstatiert haben. Und dieses »Etwas« läßt sich eben nicht auf die Serie vom Steigen und Fallen der Kurse für kulturell anerkannte Werte reduzieren; ohne Zweifel haben Hausse und Baisse im Reich der zeitgenössischen Kunst auch Wandlungen der künstlerischen Gattungen zur Folge, doch diese Wandlungen lassen sich nicht ausschließlich nur auf dieses Börsenspiel reduzieren. Ergo: bei der Suche nach den Ursachen für den Verfall der Phantastik darf man sich nicht auf eine isolierte Untersuchung der Science Fiction allein beschränken; das ist das erste. Das zweite ist: die kategorialen Manipulatoren der Analyse müssen universal sein; sich auf zwei Werkzeuge zu beschränken, auf die »qualitative Zange« und die »personenergreifende Pinzette«, das ist ein Operationsfehler, denn weder die Opposition »wissenschaftliche Sensibilität versus literarische Sensibilität« ist als eine komplexe »Zange« des differenzierenden Manipulators geeignet noch ist die Gegenüberstellung von »guten menschlichen Porträts in der üblichen Literatur« und »schlechten Porträts« in der Science Fiction eine Entdeckung der Ätiologie des »phantastischen Syndroms«.

Der amerikanische Kritiker hat zweifellos Recht, wenn die Phantastik ihm nicht schmeckt. Es ist auch wahr, daß sie sich habituell primitiver Schemata von menschlichen Gestalten bedient. Doch der ganze Rest ist schon unwahr. Und selbst das zuletzt erwähnte Phänomen ist ein Symptom und nicht die Ursache der Erkrankung. Selbst wenn es eine Ursache wäre, dann auch nur als ein Symptom für die Unbeholfenheit, die die ganze Problematik der Untersuchung null und nichtig macht. Das bedeutet: wenn die »Phantasten« den Zwergwuchs der Tatsache zu verdanken haben, daß sie ihr Leben unter dem Tisch leben, dann sollte man nicht diesen Tatbestand untersuchen (denn es ist bekannt, daß man unter dem Tisch keine Riesen züchten kann), sondern die Ursachen, die sie unter den Tisch getrieben haben und dort festhalten. Wir meinen unsererseits, daß es für dieses Stratifizierungsphänomen, das letztendlich den aktuellen Verkrüppelungszustand schuf, nicht nur eine einzige Ursache gibt. Sie gibt es genausowenig wie es – aufgrund des heutigen Wissens – für die gewaltigen Vereisungen, die geologisch vielmals die Erde heimsuchten, nicht nur eine kataklysmatische Ursache gibt. Weder begann die Sonne gewaltsam zu erlöschen noch ist die Erde mit dem ganzen planetaren System während ihrer galaktischen Reise in den Bercich der dunklen Nebelwolken geraten noch gab es andere große Phänomene katastrophalen Ausmaßes. Höchstwahrscheinlich war es so, daß die Sonne ihre Emissionsleistung ein wenig änderte, und danach wurde jenes subtile und ziemlich labile Gleichgewicht gestört, das auf dem gesamten Erdball zwischen der Verdampfung des Wassers und seiner Rückkehr zu den Ozeanen, d. h. den Niederschlägen herrscht. Und als das klimatische Pendel in die eine Richtung ausschlug, als in dem währenden Trend mehr Schnee fiel als in der Sommerperiode schmelzen konnte, da begannen die Gletscher zu wachsen. Je größer die Gletscher wurden, um so mehr kühlte sich lokal das Klima ab, d. h. in dem nördlichen Gebiet von Eurasien und Amerika; je kälter es wurde, um so mehr wuchsen die Gletscher und so entstanden die Kreise eines positiven feed backs: der Pegel des Ozeans sank, weil sein Wasser sich als massive Schilde von Inlandeis auf den Kontinenten stapelte, und das abgetrennte Eis schwamm auf der Weite des Wassers und kühlte es dadurch ab usw. Man brauchte erst das – im Prinzip nicht *kataklysmatische* – Ausschlagen des ewigen Pendels in die Gegenrichtung, damit dieser langperiodische Trend sich änderte.

Es verhält sich wahrlich ähnlich in der Literatur, wenn man sie als ein komplexes System betrachtet. Bestimmte Schriftsteller haben sich vor einem halben Jahrhundert beiläufig mit phantastischen Kreationen beschäftigt. (Die Gründe, warum gerade sie das getan haben, können das Thema einer speziellen Analyse abgeben.) Andere sind ihnen gefolgt. Doch dann stellte sich heraus, daß die phantastische Konvention prinzipiell auf zweierlei Weise betrieben werden kann – gemäß jener zweipoligen Opposition: entweder als die *Erschwerung* einer Kreation oder als ihre *Erleichterung*. In jener prähistorischen Zeit war nicht vorhersehbar, was geschehen würde: ob die ausschlüpfende Art der Schriftstellerei sich selbständig zu machen versuchen würde, ob sie sich um den einen oder den anderen Pol konzentrieren würde: ob es zu einer »Erwärmung« oder zu einer »Vereisung« kommen würde. Noch vor dreißig, vierzig Jahren war das Ergebnis der beginnenden Evolution unter diesem Aspekt im Prinzip noch unbestimmt und die Bahn der Primärumwandlungen war für alle *schicksalhaften*, d. h. zufälligen Einflüsse empfänglich. Was passierte weiter? Die Phantastik lockerte entweder – als ein Gebiet von, durch die gestellten Anforderungen, verlockenden Aufgaben außergewöhnlicher Schwierigkeit – die Notwendigkeit, *die Kräfte anhand der Absichten zu messen*, oder sie tat dies als ein glückseliges Reservat, in dem es keine sofort wirkenden *Kriterien* für das Geschaffene gibt, als ein Refugium, in dem man die Absichten an den schwindenden Kräften mißt.

Aber innerhalb der großen ökologischen Nische, die zur Lebensumwelt der Phantastik wurde, hatten die Bedingungen für ihre wissenschaftlich »grüne« Mutation keine eben günstige Konstellation. Traditionell rekrutierten sich die Literaturschöpfer aus humanistisch gebildeten Kreisen, und dem Verfechter der Sache von Wissenschaft und Rationalismus um die Jahrhundertwende, dem Positivismus – als einer philosophischen Richtung – wurde seitens der Humanisten keinerlei Achtung zuteil. Die Naturwissenschaft war also sowohl als Wissen als auch als Methode den Humanisten eher fremd; daß im Schoße der exakten Wissenschaften Entdeckungen heranreiften, deren allgemeine Verbreitung zum

Ausgangspunkt einer instrumentellen zivilisatorischen Explosion werden sollte, das wurde damals noch nicht erkannt. Die einzigen und seltenen Repräsentanten aus naturwissenschaftlichen Kreisen, die zu echten Schriftstellern wurden, waren eigentlich Personen mit medizinischer Ausbildung – die Ärzte; wahrscheinlich deshalb, weil dic Medizin seit eh und je eine gewisse Brücke, einen Übergang zwischen dem humanistischen und dem wissenschaftlichen Schaffensgebiet bildete. Die zeitlich benachbarte Entstehung der Richtung des logischen Empirismus in der Philosophie als Mitschöpfer szientifischer und rationalistischer Haltungen und der Psychoanalyse, die von der klinischen Medizin ausgehend, zu einer Prätendentin mit dem Status einer universellen Lehrerin der Philosophen, Psychologen und Anthropologen wurde, hat im Ergebnis zu einer Kollision dieser gegenseitig inkongruenten Haltungen geführt und ihre Rivalität hatte zur Folge, daß die psychoanalytisch und tiefenpsychologisch inspirierten Forschungsrichtungen das Primat eroberten, d. h. den entscheidenden Einfluß auf die künstlerischen, also auch die schriftstellerischen Kreise. Bei diesem Stand der Dinge hat sogar bisweilen der schriftstellerische Rationalismus eine Mimikry à la »Tiefenpsychologie« oder »Persönlichkeitsbild« des Ausdrucks betrieben, und alle literarisch-avantgardistischen Bewegungen haben programmatisch die Rückkehr der Kreation als eines intellektuellen Prozesses zugunsten einer gewissen elementaren Gewalt und Automatik der, durch Assoziationen gesteuerten, schöpferischen Akte proklamiert. Die Phantastik – bereits ohne großen Namen und herausragende Individualitäten – verharrte gleichsam in dem Bereich intellektueller Stagnation, als sie ihren Hauptsitz über den Atlantik hinweg verlagerte, und so entstand die Teilung des Denkens und seiner Produkte in »zwei Kulturen«. Sie wurde nun zu einer Ware, die allen Gesetzen typisch kommerzieller Bearbeitung unterstand und der sie deshalb so leicht erlag, weil ihr ein eigenes philosophisches, weltanschaulich widerstandsfähiges Rückgrat fehlte. Sie ist in den Staaten nicht auf den Hund gekommen, denn das wäre nur dann möglich, wenn ihre Verwurzelung in den amerikanischen Boden für sie gelautet hätte, von der Höhe herabzusteigen; aber sie tauchte dort von Anfang an in Groschenheften auf, die genauso wie Krimis oder Wildweststories herausgegeben, redigiert und verkauft wurden. Ihre amerikanische Geburt erfolgte damals auf einem derartigen Niveau schriftstellerischer Produktion, auf dem die Autoren als Schöpfer der künstlerischen Werke mit keiner Rücksichtnahme rechnen können; dadurch wurden die Autoren von den Verlegern von Anfang an mit rein kaufmännischer Rücksichtslosigkeit behandelt. Es ging hier ja nicht um einen Zweig, der vom europäischen Kontinent aufgepfropft wurde und der mit den Indigenaten, die seine vornehme Geburt bezeugten, in die Neue Welt gekommen war. Man brauchte sich hinsichtlich der Science Fiction nicht einzuschränken, sie war gewissermaßen ein reines Inlandsprodukt, das nur innerhalb der Staaten zirkulierte, weil es nirgendwo anders besonders gefragt war. Die Nachgiebigkeit gegenüber den Verlegern als gehorsame Erfüllung ihrer Wünsche (die einfach nur die vermittelten Wünsche des Massenlesers waren, der nur für eine reine Unterhaltungsliteratur ohne alle ästhetischen oder ethischen Ansprüche ausgebildet wurde), hat auf diesem Gebiet das erste drastisch wirkende Filter geschaffen. Wer – seiner Meinung nach – wichtige Inhalte mitzuteilen hatte, der verweigerte seine zustimmende Teilnahme an einem derartigen Schöpfertum, das sich schnell und stark stereotypisierte, weil es so einseitig dem kommerziellen Druck ausgesetzt war. Das so entstandene Informationssystem von Kanälen des Kommunikats filtrierte nicht nur bestimmte Inhalte, indem es sie entweder durchließ oder sperrte, sondern es bewirkte dasselbe gegenüber den Menschen, die Schriftsteller werden wollten. Die natürlichen Prozesse der Auslese und der kritischen Selektion, die für das Funktionieren der Literatur auch im Kapitalismus bezeichnend ist – aber für eine höhere Ebene der schriftstellerischen Hierarchie – haben im Rahmen der Science Fiction von Anbeginn nicht funktioniert. Diese Gattung entbindet in Abwesenheit aller Geburtshelfer und Spezialisten; sie wurde von der Kritik einfach total ignoriert. Als sich endlich der Verbrauchermarkt formierte, als sich dann vor ungefähr einem Vierteljahrhundert jener berühmte Phantastikboom zeigte, da stürmten alle Sorten des Auswurfes der »normalen Literatur«, alle in ihren Hoffnungen betrogenen »Versager«, die Halb- und Viertelgraphomanen, die mit Kopieserien bis zu zwanzig Verlage auf einmal bombardierten, die Sensationsautoren, deren Invention auf dem detektivistischen Gebiet vertrocknet war, all diese und ähnliche Gestalten – in Scharen auf das neu eröffnete Jagdrevier. Es stand also zu Beginn nicht besonders gut, dann wurde es sogar noch ein wenig schlechter bis das positive feed-back eintrat und – infolge eines deutlichen, starken »Pendel«-ausschlags – jenes Purgatorium der Phantastik entstand, aus dem es schon lange keinen Ausgang zu den literarischen Himmeln gibt – aufgrund des gleichen Prinzips, das auch bei klimatischen Phänomenen herrscht: es könnte einen beliebig heißen Sommer während der Glazialzeiten geben, aber wenn es nur bei diesem *einen* Sommer bleibt, dann ändert sich der Gradient der klimatischen Abkühlung in keinem Fall. Und wenn ein, zwei, drei, fünf Bücher erscheinen, die sich typisch phantastischer Symbole und Elemente bedienen und die daraus einc »Signalisationsapparatur« für Inhalte und Bedeutungen ins Leben rufen – sei es beliebig ungewöhnlicher, origineller, neuer –, dann wird dies diesen Büchern dennoch nicht helfen; denn das Gesamtsystem befindet sich in einer Bewegung, die alle partikularen Realisierungen annullieren *muß*. Klassifiziert man sie nach äußeren Ähnlichkeiten, dann gleichen sich diese Inhalte an die Stapel phantastischer Makulatur an, und ihr Schicksal wird zum Schicksal von Brillanten, die – in eine Halde von zersplittertem Glas geworfen – vor der Glashütte glänzen. Wenn eine Gattung verdammt ist, dann kann man sich nicht retten, wenn man *in ihr bleibt*.

Gerade dieses Bewußtsein aber, dieses Selbst-wissen um die Zweitrangigkeit quält besonders die SF-Autoren empfindlich, die die größten Ambitionen haben. Von Fall zu Fall, d. h. nur durch eine konkrete Analyse kann man feststellen, was von diesen Ambitionen unbegründete Anmaßung und was Authentizität ist. Aber alle zusammen werden systematisch von Neid und Frustration geplagt, sowohl diejenigen, die überhaupt nichts wert sind, als auch die besseren, die – durch die entstandene Gemeinschaft – unglücklich gemachten Kameraden des Sträflingsschicksals. Sie veranstalten deshalb für sich Tagungen, Konventikel und Meisterschaften, überreichen sich Preise, haben eigene Monographien und kritische sowie elitäre Zeitschriften, haben große, mühsam zusammengetragene Bibliographien und in den Spalten ihrer Manifeste und Monatsschriften, in den Vorworten zu Anthologien und Monographien nennen sie die Science Fiction, wenn schon nicht eine gleichberechtigte Schwester oder Konkurrentin der normalen Literatur, so doch einen Keim des »Neuen«, aus welchem sich die rosa Zukunft der gesamten Kunst entwickeln wird ... In den Hagel der Argumentationen für gerade solche Thesen reihen sich dann Gutachten ein, die die »gute« und »künstlerisch wertvolle« Science Fiction von dem Schund trennen, der sich bloß als Science Fiction ausgibt; und es ist so, daß manche, wie Damon Knight, Kritiker und SF-Autor in einer Person, sagen: gute SF unterscheidet sich in ihrem Kern durch nichts von einfach guter Literatur; nicht durch die Technik – behauptet eben Knight – sondern »durch die Jungsche Tiefe im Menschen« kann sich *diejenige* wissenschaftliche Phantastik sehen lassen, die eine künstlerische Blume kreativer Anstrengung ist.

Wie man sieht, ist für eine Apologie jede Art von Argumenten billig: Argumente, die die Überlegenheit der Science Fiction aufgrund ihrer *Verschiedenheit* von der »normalen Literatur« begründen, als auch Argumente, die gerade eine ungewöhnliche, bis zur Identität führende *Ähnlichkeit* beider behaupten. Diese kompensatorisch-frustrativen Symptome sind so typisch, daß es fast keinen größeren Sammelband von Artikeln, die der Science Fiction gewidmet und in ihrem Getto geboren wurden, gibt, der nicht wenigstens einmal mit Bösartigkeiten brilliert hätte – wie mit Heckenschüssen in den ehrenvollen Leib der gewöhnlichen Prosa, aus der Deckung abgeschossen – und die Phantastik selbst nicht wenigstens einmal auf der Seite plaziert hätte, die andere gerade mit ihren Kugeln der Mißachtung überschütteten. Die Mißverständnisse sind zu einer für die Orientierung fast undurchdringlichen dicken Brühe geronnen; die Science

Fiction begreift nichts von den Erscheinungen, die derzeit in der Literatur vor sich gehen, und andererseits will die Literatur nicht das Risiko eingehen, in das Gattungsgetto hineinzugucken, dessen Entwicklungsprinzipien sie weder versteht noch sich vorstellen will.

Die obige Betrachtung – schnell und aus der Vogelperspektive erfolgt – gibt uns über die allgemeinsten Gesetzmäßigkeiten Auskunft, die den aktuellen Stand der Dinge verursacht haben – aus vielen verschiedenen Gründen, die man wirklich beklagen sollte, weil das, was sich so äußerst fatal auf die Phantastik ausgewirkt hat, letzten Endes einen Verlust für die *ganze* Literatur darstellt. Wir haben jedoch nicht die Absicht, noch länger Tränen über diesen unangenehmen, ja sogar tristen Zustand zu vergießen, denn nicht einer Jeremiade soll dieses Buch gewidmet sein. Es ist an der Zeit, von den Aufklärungsflügen zu einer langsamen, analytischen Exkursion überzugehen. Über die Menschen, die von der Verlegeretage aus das Schicksal der Science Fiction steuern und auch über ihre Autoren kann man einige soziologisch interessante Einzelheiten aus dem Buch von M. Gardner erfahren, das dem Phänomen der Pseudowissenschaft gewidmet ist. Einer der älteren Mäzene der SF ist John Campbell jun., der das Magazin »Astounding Science Fiction« (jetzt »Analog«) gegründet hat; er hat darüber hinaus einen Apparat konstruiert, der die Energie »Psi« herstellt; dieser Apparat war das Ergebnis seines Nachdenkens über die neue Wissenschaft »Psionik«, eine Kombination zwischen Elektronik und parapsychischen (außersinnlichen) Erscheinungen. In dem redaktionellen Artikel »The Science of Psionics«, der in »Astounding Science Fiction« veröffentlicht wurde, schlägt Campbell dem Leser eine ganze Artikelserie über diese neue Wissenschaft vor. Er bezeichnet sie als eine »anständige unwissenschaftliche Forschung« und betont, daß »Buddha, Jesus und Präsident Eisenhower« sich auch aus der Kategorie der »anständigen wissenschaftlichen Forschung« ausschließen, weil »sie andere Methoden benutzen als ein Physiker in seinem Labor«. Campbell fand bei seinen Lesern große Zustimmung, und im Juni 1956 beschrieb er bereits die »Psionics Machine – Type One«. Er berichtet, wie man diese Maschine bauen kann, die von ihrem Erfinder aus Kansas City, einem Thomas G. Hieronymous patentiert wurde. Sie wurde von einem »Nuklearphysiker« für gut befunden. (Dies ist Campbell selbst, der tatsächlich mal Physik studiert hat.) Hieronymous hat diese Maschine für die Untersuchung von »eloptischen Radiatonen«, die von Mineralien emittiert wurden, erfunden. Sein Patent wurde für nicht weniger wertvoll erachtet als das Patent von Sokrates Scholfield von 1914 über eine Maschine, die aus zwei zusammengedrehten Schrauben bestand und die einen »Beweis für die Existenz Gottes« darstellte. Hieronymous behauptet, daß sein Apparat nicht nur dann die eloptischen Ausstrahlungen nachweise, wenn er vor Mineralexemplare gestellt werde, sondern auch dann, wenn er nur vor den Fotografien der Minerale stehe. Auf einer Tagung wissenschaftlicher Phantasten im Jahre 1956 hat Campbell einen neuen Prototyp der Hiernonymusschen Maschine vorgestellt. Sie arbeitet, ohne an eine Stromquelle angeschlossen sein zu müssen. Aber er fügte hinzu, daß die Maschine nicht funktionieren würde, wenn die Katodenlampe durchbrennen sollte. Man dreht mit der einen Hand einen Knopf und mit der anderen berührt man eine Platte, die bei einer bestimmten Knopflage »klebrig« wird. Manche Menschen spüren das und manche nicht. Laut Campbell weist die Maschine etwas nach, was »außerhalb von Zeit und Raum« liegt. Campbell hat auch andere Interessengebiete. Er hat eine Theorie von der Entstehung der Marskanäle formuliert (dies sollen Trassen sein, über die Tiere wandern; ich habe das Gleiche erfunden, aber als einen Jux, um zu erklären, wie Professor Tarantoga dem Ijon Tichy eine schriftliche Mitteilung auf einem abseits liegenden Planeten hinterlegt).

Groff Conklin, ein berühmter Kritiker und Anthologist, der selbst keine phantastischen Bücher schreibt, hat das Buch von D. Keyhoe über die Fliegenden Untertassen (The Flying Saucer Conspiracy) hoch eingeschätzt. In diesem Buch herrscht nicht nur ein faktographisches Chaos, das die große Hilflosigkeit des Autors bei der Organisierung des Materials bekundet (egal, ob erdachtes oder authentisches), sondern es enthält auch deutlich nachweisbare Anzeichen einer paranoischen Denkweise (weil Keyhoe unermüdlich die Großmächte und besonders die Regierung der USA beschuldigt, daß sie ihr besseres Wissen von den Untertassen und ihren Passagieren geheimhalten und es mit bösartiger Absicht vor der Gesellschaft verbergen).

Es ist nicht überflüssig, am Rande zu bemerken, daß in dem großen pathologischen Grenzgebiet, das Gardner »Pseudoscience« nennt, man eine ziemlich ausgebaute Stratifikation entdecken kann, weil Keyhoe z. B. nicht so weit wie G. Adamski geht, der nicht nur auf einer Untertasse flog und sich mit deren Steuermännern – natürlich englisch – unterhielt, sondern er kennt sogar die Geheimnisse jener Zivilisation, die diese Steuermänner samt ihren Untertassen hervorbrachte. Im Universum des menschlichen Denkens herrscht nämlich eine wahre Vollkommenheit an Symmetrie; denn an den Antipoden der Genies befinden sich Personen mit einem gleichen, nur negativen Potential an Verstand, die Genies des Kretinismus also; der Unendlichkeit des gnoseologischen Strebens entspricht eine andere, entgegengesetzte Unendlichkeit – das Streben, alle Bedeutungen in dem unmeßbaren Ozean eines deliriumartigen Blablas zu versenken. Die Lokalisierung zumindest eines Teils der Namen, die ihren Ruhm im Zusammenhang mit der SF erworben haben, kann einen – bei solch einem Koordinatensystem – wahrhaft in Schrecken versetzen.

Ein anderer führender Science Fictioneer, R. Heinlein, hat im April 1956 in den »Amazing Stories« vorausgesagt, das noch vor dem Jahre 2001 das Leben der Seele nach dem Tode des Leibes mit »wissenschaftlicher Strenge« wird nachgewiesen werden können.

Nicht minder bekannt als Heinlein ist A. E. van Vogt, der nicht nur Autor zahlreicher phantastischer Romane und Erzählungen ist, sondern auch ein Apologet verschiedener pseudowissenschaftlicher Doktrinen. Eine Zeitlang war er ein glühender Anhänger von Dr. Bates, der allein durch Willensanstrengung die Kurzsichtigkeit heilen wollte. Danach geriet van Vogt in den Bannkreis der »antiaristotelischen Ideen«, die A. Korzybski in seinem »General Semantics« vortrug. Doch die ziemlich chaotische und kompliziert verwickelte Intrige in dem Roman von Vogt »The World of Á« (was »nichtaristotelische Welt« bedeuten soll) hat weder etwas mit Pro- noch mit Contraaristotelismus zu tun: die angebliche Beteiligung dieses Buches an den Diskussionen philosophischer Natur wird nur durch den Titel dokumentiert.

Van Vogt ist Schöpfer eines Projektes, wonach sich die Generalsemantik in die Katakomben begeben soll, weil die Kommunisten, wären sie bei einer neuen ökonomischen Krise an die Macht gekommen, die Existenz selbst dieses unschätzbaren Wissens bedroht hätten. Er träumte von einer Kirche der allgemeinen Semantik mit etwas in der Art von Heiligen Büchern, doch aus diesen Plänen ist nichts geworden. Doch Vogt reichte die Generalsemantik noch nicht, also beschäftigte er sich auch noch mit der Propagierung der Konzeption Hubbards, dem Schöpfer der Dianetik. Dieser Herr schrieb in der dritten Ausgabe seiner »Scientology«:

»Die Quelle der Lebensenergie ist gefunden. Die Auferstehung von Toten oder fast Toten ist möglich. Die griechischen Götter existierten wahrscheinlich und die energetische Strahlung sowie die Potentiale von Jesus Christus und den ersten Heiligen sind Tatsachen, die jedem Schüler bekannt sind. Die Wiederbeschaffung des Potentials dieser Energie und ihre Verwendung, das ist eine Sache von fünfundzwanzig Stunden kompetenter Praxis.«

Hubbard hat sich selbst den Titel »Doktor der Szientologie« verliehen. Und sein Prophet A. E. van Vogt schreibt im Februar 1955 in »Spaceways Science Fiction«:

»Das ist das erste Mal, daß jemand dieses Territorium (eine vom Körper getrennte Seele) in einer Weise erforscht, die wissenschaftlich annehmbar ist.«

Van Vogt war der erste Vorsitzende der Dianetic Research Foundation Inc. in Kalifornien. Zwecks weiterer Einzelheiten über die Dianetik verweise ich auf das Buch von Gardner. Wenn man sich überlegt, daß viele Menschen diesen bodenlosen Quatsch als ernste Enthüllung behandeln können, dann wird die Frage, wie überhaupt der historische Fortschritt des Denkens möglich war, zu einem der größten Rätsel des Seins. In den Reklamewerbungen für die Schriften von Hubbard hieß es u. a., daß die herausgegebenen Werke nur eine stark verdünnte Variante der Originale seien, weil diese eine derart gewaltige Aussagekraft hätten, daß jeder, der sie las, sofort verrückt wurde.

In diesem Kontext muß man dann die Sätze über das Niveau und den Geisteszustand der durchschnittlichen Science-Fiction-Amateure lesen, die Gardner in dem zitierten Buch so formuliert:

»Gemessen an der Anzahl der Campbell-Leser, die an diesem Nonsens interessiert sind (es geht um die »Psionik« – S. L.), ist der durchschnittliche SF-Liebhaber ein Teenager mit einem Kuddelmuddel an Wissen, das direkt aus der Phantastik geschöpft ist, er ist ungeheuer leichtgläubig, ohne Kenntnis wissenschaftlicher Methoden, mit einem Gefühl prinzipieller Unsicherheit, die er durch die ›Macht der Wissenschaft‹ kompensiert.«

In den letzten Jahren haben selbst die begabtesten Autoren wie z. B. Damon Knight – der sich auch beruflich mit der »internen Kritik« der Gattung beschäftigt – oder J. Ballard Äußerungen wiederholt, die gleichsam als eine Versöhnungsgeste gegenüber der normalen Literatur zu interpretieren sind – im Gegensatz zu den früher typischen Stimmen irgendwelcher Personen, z. B. Heinleins, der sich nicht scheute, in den Vorworten zu seinen Büchern darzustellen, um eine wieviel schwierigere Aufgabe die Schaffung einer phantastischen Kreation sei als das Schrifttum, das den alltäglichen Themen gewidmet ist und die gesamte nichtphantastische Literatur prophetisch zum Aussterben verurteilte: ihre Stelle sollte im Laufe der Zeit die Science Fiction einnehmen. Gott möge verhüten, daß sich solch ein alptraumartiges Orakel verwirklichen kann! Viel sympathischer sind die Manifeste in der Art, die Ballard schreibt, obwohl sie im Grunde genommen Autoapologien sind, nur daß sie generalisiert wurden und sich dadurch als ein Programm ausgeben, das an alle Phantasten im allgemeinen adressiert ist. Ballard hat die Änderung der »extravertiven« Explorationsprogramme in »introvertive« gefordert (wobei er übrigens eine andere Terminologie benutzt, er spricht nämlich von einem »inneren Raum des Menschen« in Opposition zu dem »physischen Außenraum«). Seine eigenen kreativen Möglichkeiten hinsichtlich dessen, was ihr Optimum ist, nicht für eine rein persönliche Charakteristik, sondern für den Ausdruck eines objektiven Gradienten der Epoche zu halten, das ist eine zureichend typische Erscheinung, so daß wir nicht gezwungen sind, diesen psychologisch sehr verständlichen Fehler zu erörtern. Das ist ein Vorschlag, den ein Fagott oder ein Waldhorn einem Orchester macht, wonach keine andere Stimme außer dem Waldhorn oder dem Fagott das Wesen der Musik auszudrücken vermag.

Bei dieser Lage der Phantastik, die uns in keinen Optimismus versetzt, sollte man zwei Vorbehalte als Glossen äußern, die zusätzlich etwas über die merkwürdige Spezifik der Science Fiction aussagen. Erstens – und diese Bemerkung kann jede und nicht nur die phantastische Literatur betreffen, selbst die albernsten privaten Beschäftigungen oder sogar öffentlichen Praktiken der Schriftsteller brauchen ihre Werke durchaus nicht zu kompromittieren. Andererseits fällt es manchmal in biographisch drastischen Fällen schwer, die Autoren von ihren Texten zu subtrahieren, doch für das Wohl der Literatur sollte man so verfahren.

Da ich über van Vogt bereits viel Schlechtes gesagt habe, halte ich es für angebracht, folgende Erklärung abzugeben: wäre er einfach und nur ein Graphomane, dann hätte er keinerlei Aufmerksamkeit verdient. Doch das ist bei ihm nur *ab und zu* so. Die bedauerliche Qualität in Form einer kompositorischen Schwäche, die die Narration bei van Vogt in ein häufiges Chaos von Wirrwarr stürzt, sowie in Form einer intellektuellen Banalität, die sich in ernsthaften Gedankenaussprüchen offenbart, die sich selbst kompromittieren, sie ruiniert besonders seine Romane. Aber van Vogt hat auch eine Reihe hervorragender Erzählungen, besonders Kurzgeschichten geschrieben; und darüber hinaus auch umfangreiche Texte, wie den bereits erwähnten »The Voyage of the Space Beagle«, die entzückende Fragmente enthalten. Wodurch eigentlich? Gewiß begeistern sie nicht durch die Charakteristik des Ungeheuers Ixtl, das in seiner »Cosmica rusticana« von einem Wissenschaftler entdeckt wird und nicht durch die neue Wissenschaft »Nexialismus« (von »Nexus«

– Knoten, Geflecht), die angeblich in sich alle Zweige der Fachlehren vereinigt, weil der Anspruch an Rationalismus, der in solch einer Aussage steckt, nicht durch entsprechende Realisierungen begleitet wurde. Dieser Schriftsteller hat einfach ab und zu Eingebungsmomente, durch die er Mischungen von merkwürdigsten Kombinationen mit Leben zu beatmen und den Leser in eine visionäre Welt zu versetzen vermag. Wir berühren hier einen recht delikaten Punkt der Theorie. Während der eine Autor aus aufdringlichen Stapeln von wunderbaren Techniken, Ungeheuern, aus der Aufzählung der Menge von Atombomben und Raketen, die bei einem galaktischen Krieg verwendet wurden, wegen der penetranten Aufzählungen nichts erreicht außer Langeweile, gelingt es einem anderen, prima facie, sehr ähnliche Klamotten zu vereinen und aus ihnen eine suggestive Vision zu bauen. Das ist – wie gesagt – für die Theorie ein schwieriger Punkt, weil keiner darüber Bescheid weiß, worin der Unterschied zwischen zwei solchen Texten liegt; man könnte, wenn man sich einer strukturalistischen Lanzette bedient, es so machen, als ob man die essentielle Distinktion herauspräpariert hätte, aber dann wird die methodische Ehrlichkeit durch Geschicklichkeit ersetzt; denn zwischen solchen Texten gibt es *keine* generellen Unterschiede. Hätte ich an dieser Stelle den Inhalt des Romans »Sirens of the Titan« von Kurt von Vonnegut genau wiedergegeben, der in der Handlung mit »Stars My Destination« von A. Bester Ähnlichkeit hat, dann würde es so aussehen, als ob beide Bücher gleich mittelmäßig wären. Aber der Roman von Bester, obwohl auch er eine Art Space Opera ist und dadurch seine Verwandtschaft mit »Sirens of the Titan« erhält, *ist* faszinierend, während die »Sirenen« ein ziemlich langweiliger Schinken sind. Es scheint mir möglich, daß der Autor der »Sirenen« hinsichtlich seiner Intelligenz Bester sogar überlegen ist; wenn ein Talent ohne die Unterstützung durch die Intelligenz in der Literatur manchmal auch durchaus Betroffenheit auslösen kann, so macht uns eine talentlose Intelligenz in einem belletristischen Werk, leider, nur müde. Doch die Berufung auf das merkwürdige Sein, das wir »Talent« nennen, ist eine unanständige Sache, da wir bereits ein strukturalistisches Instrumentarium haben, das unheimlich geschärft ist. Aber was tun: seien die Lanzetten noch so scharf, sie bewältigen die heimlichen Unterschiede zwischen einem mittelmäßigen und einem hervorragenden Text *nicht*. Es bleibt einem dann nur die Schande einer impressiven Kritik, die normalerweise nicht mit der Logik des Gedankenganges bürgt, sondern mit dem Ehrenwort des Lesers. Auch van Vogt gehört zu denen, die manchmal auf den Leser einen Zauber ausüben.

Die Meisterschaft, an der ich hier hilflos herumdoktere, ist nicht nur eine Eigenschaft des Schriftstellers, sondern manchmal auch die eines Redners oder eines Causeurs. Wenn man ihnen zuhört, sagt man immer wieder: »Das sollte unbedingt aufgeschrieben werden!« – und dann stellt sich das aufgeschriebene Material als völlig tot heraus. Offensichtlich ist das Talent dieser Leute nicht *nur* im Kanal des Wortkommunikats lokalisiert; es dehnt sich auf all das aus, was die Erzählung als die Aura einer bezaubernden Persönlichkeit – als ein zuverlässiges Akkompagnement von Mimik und Gestik – begleitet. Und ist das Talent allein sprachlich lokalisiert, dann haben wir einen Erzähler vor uns, der alten Geschichten einen neuen Glanz verleiht. Das gerade ist es, was der Theorie unzugänglich bleibt, was bei der Analyse durch ihr kalibriertes Sieb durchfällt, was die schriftstellerische Praxis sich nicht so einzudrillen vermag, daß sie diese Potenz immer parat hat. Das ist die Fähigkeit, solche Worte ausfindig zu machen, die jeden Widerstand des Lesers brechen, die sein besseres Wissen narkotisieren, seinen Kritizismus lähmen, bis er dieser Hypnose unterliegt und geistig nach den Plänen des Autors formiert ist. Ob ein Autor dann übrigens wirklich einen Plan im Kopf hat, den er kühl realisiert, das wage ich ernstlich zu bezweifeln. Eher unterliegen beide, Schöpfer und Leser, einer analogen Macht: der Macht der Vision, was als ein selbstorganisierter Prozeß entsteht (der Schriftsteller mußte diesen Prozeß erst in Gradienten in Gang setzen), aber dann genügt ein intuitives Feingefühl, um beim Hören das, was noch nicht vollendet ist, in die richtige Richtung zu bewegen. Es handelt sich hier letztendlich um eine Art »Gestalt« in dem Sinne, wie die »Gestaltpsychologie« diesen Namen verwendet. Mehr wissen wir eigentlich nicht über dieses Phänomen. Ich wagte es, den Zustand des Lesers solcher Texte hypnotisch zu nennen. Warum eigentlich nicht? Wird man nicht bereits in einen hypnotischen Zustand versetzt durch Sätze, die weit weniger vollkommen als literarische Sätze sind und die auf Schallplatten aufgenommen wurden, die man zu hypnotischen Therapiezwecken kauft?

Die Literatur schafft analoge, kathartische Zustände. Wo soll man weitere Analogien suchen? Was wir eine Hypnose nennen, aber was nicht so buchstäblich eine ist, kann man auch mit dem Begehren vergleichen, das man sexuell jemandem gegenüber empfindet, den man weder bewundert noch gern hat noch verehrt, für jemanden, der nach dem Akt seine Anziehungskraft verliert (zumindest für die Zeit der psychophysiologischen Refraktion, wenn nicht für immer), die früher unwiderstehlich war. Ähnliche Eigenschaften hat auch ein »Rapport«, womit man früher die zwischen einem Hypnotiseur und dem Hypnotisierten entstandene Bindung bezeichnete. So stellen sich uns die spannenden Werte dar, von denen wir zugleich genau wissen, daß sie »eigentlich« nichts wert sind.

Nach der Lektüre solcher Texte schüttelt der Leser, der aus dem irgendwie mit Zauberkreide gezogenen Kreis herausgetreten ist, den geworfenen Zauber ab und bei abgekühltem Nachdenken bekrittelt er ohne Gnade das, was ihn vor kurzem noch in Feuer und Flammen versetzt hat. Dieser Zustand der Vertiefung in eine Lektüre, die uns für die Welt blind macht und das Bewußtsein in den Sog der Narration hineinzieht, ist nicht immer – nach dem Zuklappen eines Buches – zu verleugnen. Wird das Buch allgemein geschätzt, brauchen wir uns nicht zu schämen; es ist für niemanden eine Schande, das ihm eine berühmte Schönheit gefällt. Die Faszination durch irgendein Küchenmädchen wäre jedoch bereits beschämend genug, um uns zu einer Tarnung zu veranlassen oder sogar, um es zu verleugnen; so ist es auch mit manchen Büchern. Ihre »objektive Wertlosigkeit« scheint die literarische Kritik von einer aufmerksamen Analyse völlig zu entbinden; auch solche Texte kehrt man dann mit den Früchten einer stinklangweiligen Graphomanie zusammen, wodurch die wunderbare differentia specifica der einen und der anderen programmatisch negiert wird, weil sie aus offizieller Sicht nicht zur Kenntnis genommen wurde. Und doch kann eine intellektuell kretinische Vision – solange sie währt – verzaubern. Äußere Impulse wie Türenschlagen, Klingeln sind dann so starke Erschütterungen, als ob man aus einer Trance oder einer Halluzination geweckt wird. Ich glaube, daß gewisse Konstellationen von Worten imstande sind, fast halluzinatorische Macht zu haben. Ich glaube auch, daß gerade die Ströme solcher Fähigkeit van Vogt manchmal begnadet haben. Diesen verdankt er seinen Ruhm und nicht den langen und langweiligen Romanen, in denen ein Reflex dieser Macht sehr selten und nur kurz auftaucht.

Soviel zur ersten Bemerkung. Die zweite betrifft den Leser der Science Fiction. In der normalen Literatur ist es so: sie hat verschiedene Stufen und ihnen entsprechend gibt es auf der ganzen Welt gestufte literarische Zeitschriften, gibt es doch die ausgesprochen elitären und die, die den zweitrangigen Massenschöpfungen zugeordnet sind, und auch die Hierarchisierung der kritischen Talente, die sich mit den Werken der Schriftstellerei beschäftigen, ist dem angepaßt. Ganz oben haben wir die hermeneutischen Weisen, die verschiedenen Spezialisten für Strukturalismus, Antiroman und magischen Realismus, die Fachleute für Versifikation, die Theorie des Werkes usw.; dann folgen die routinierten Rezensenten, die jedoch nicht nur konkrete Kritik üben, sondern die manchmal auch in den oberen Regionen mitmischen; des weiteren haben wir dann Berichterstatter, Journalisten, die von Fall zu Fall die Beurteilung von Büchern wegen der Bequemlichkeit des breiten Publikums vornehmen, und schließlich breitet sich rund um diese Pyramide der Ozean des Fußvolkes von Graphomanen aus.

In der wissenschaftlichen Phantastik aber herrscht eine seltsame Vermischung all dieser Beziehungen. Zuerst: die ganze Pyramide der Phantastik wurde nach babylonischem und nicht nach ägyptischem Vorbild gebaut, denn sie hat überhaupt keine Spitze; im Gegensatz zu der Pyramide der normalen Literatur hat das evolutionäre Schicksal die Science Fiction enthauptet. Rezensionen und Besprechungen, die man in den Magazinen finden kann, in denen dafür spezielle Rubriken unterhalten werden, sind – als »interne« – nicht besonders vertrauenerweckend. In jedem Land, von den USA bis Frankreich, Schweden, Deutschland, Österreich gibt es auch Liebhabermagazine, die von den dortigen »Fans«, Fanatikern herausgegeben, vervielfältigt, hektographiert oder (wie in den Staaten, wo es größere technische Möglichkeiten gibt) fotokopiert werden. Ihre Auflagen pflegen bescheiden zu sein: ein paar Hundert oder sogar ein paar Dutzend Exemplare. Sie veröffentlichen Artikel, die den Charakter monographischer Darstellungen des Lebens und des Werkes einzelner Autoren haben, kritische Essays, die oft Nachdrucke aus schwer zugänglichen Quartalzeitschriften und anderen Periodika sind (z. B. aus akademisch-universitären Verlagen) sowie gewaltige bibliographische Zusammenstellungen; sie haben normalerweise ziemlich üppige Rezensionsrubriken. Und gerade ihr Niveau überrascht; diese Hobby-Veröffentlichungen, auf miesem Papier herausgegeben und so zusammengeheftet, daß die einzelnen Blätter beinahe auseinanderfallen, sind manchmal Lichtblicke an gutem Geschmack, klarer Sicht und gesundem Verstand in der Finsternis der Science Fiction; ich denke hierbei an die bis zu mir vorgedrungenen Periodika wie »Quarber Merkur«, »Mutant«, »Science Fiction Commentary« (die beiden ersten in deutscher Sprache, »SFC« – aus Australien) oder wie die amerikanische »Riverside Quarterly«. Übrigens ist ihr Leben manchmal sehr kurz. (»Mutant« ist bereits gestorben); denn dies sind keine gewinnbringende Verlage, und sie können sich kaum über Wasser halten.

Der intellektuelle »Pik« der Science Fiction also ist hinsichtlich der »Piks« der üblichen Literatur gleichsam umgedreht und hält sich fast in Katakomben auf. Das ist die Folge der Kommerzialisierung der Gattung; in den Regionen der »normalen Literatur« ist der kapitalistische Charakter der Verleger gewissermaßen Beschränkungen unterworfen, die Etiketten – und Mäzencharakter haben; die Phantastik hingegen wird wie Brötchen oder Schnürsenkel verkauft, genauso herausgegeben und angepriesen. Diese Werbung kommt einer Selbstdiagnose gleich, die sich die

Herausgeberinstitution der Science Fiction stellt, nur man muß die in dieser Werbung enthaltenen Bedeutungen an die Adressen senden, an die sie hingehören; denn die Reklameaufschriften behaupten gerade das, was als Köder dienen soll, wie: »Das Ei aus dem Kosmos!!!« – »Ein neuer elektrischer Virus machte Menschen zu Monstern!!!« – »ER war ein Zerstörer, kam von einem anderen Planeten und wollte die Welt beherrschen!!!« – »Das erste Fremde aus dem Kosmos« (»Alien« – S. L.) ist auf der Erde eingetroffen!!! Wie bewegt Es sich und was will Es!!! Wie wir Es ernähren, wie wir Es begrüßen, wie wir uns mit Es verständigen!!!«

Das ist die normale Art amerikanischer Verlage, und daran ist nichts Schlechtes; schlimmer ist, daß auch die Texte, in denen – trotz ihrer Zugehörigkeit zur SF – man weder über Monströse Eier noch über Elektrische Viren noch über Fremde aus dem Kosmos spricht, fälschlicherweise auf die gleiche Weise angepriesen werden. Die Soziologie der Science Fiction zeigt uns das Bild einer derartigen kommerziellen Versklavung, die kaum ihresgleichen in anderen Formen des Schrifttums findet. Am schlimmsten scheint aber zu sein, daß die Science Fiction, die die Kosmose visionär durchleuchtet, mit dieser Lage, die sie für natürlich hält, zufrieden ist. Dieses Bild bedarf einiger, leider nur geringfügiger Korrekturen – aufgrund der Erscheinungen, die seit Beginn der sechziger Jahre in der Science Fiction anzutreffen sind. Es tauchen seitdem neue Autorennamen auf wie: J. Ballard, T. Disch, S. Delany, N. Spinrad, Ch. Platt, M. Moorcock. Moorcock und Platt haben 1964 die englische Monatsschrift »New Worlds« übernommen, die zuvor von einer Gruppe herausgegeben wurde, von denen der Name J. Wyndham am bekanntesten ist, einem Schriftsteller der älteren Generation. Sie geben sie seitdem als eine Plattform der reformatorischen Bewegung – mit materieller Unterstützung des britischen Arts Council – heraus. »New Worlds« veröffentlicht ambitionierte Werke, auch Romane in Fortsetzungen, die sich gerade noch der klassischen SF zurechnen lassen (wie z. B. »Camp Concentration« von T. Disch, »An Age« von B. Aldiss), doch die meisten Materialien der Hefte bilden Texte, die man eher für Proben surrealistischen und expressionistischen Typs ansehen kann. Für ihre genetische Zugehörigkeit zur Science Fiction sprechen nur – manchmal – lexikographische Einzelheiten (»wissenschaftliche« Requisiten als Namen für bestimmte Techniken, Anlagen usw.) Diese Zeitschrift versucht »modern« zu sein, indem sie Besprechungen aus dem Bereich der bildenden Künste publiziert (op-art, pop-art etc.), aber – und das ist ziemlich charakteristisch für ihre reformatorische Tendenz – die Rezensionen der »klassischen« Werke, die unter der Rubrik »Kritik« erscheinen, sind in ihrem Ton ganz ausgewogen. Solch eine koexistentielle Gegenseitigkeit ist in den traditionell redigierten amerikanischen Periodika gegenüber dem Monatsheft der Engländer nicht zu finden; in den USA wird nämlich bisweilen jeder etwas unverständliche Text aus »New Worlds« verspottet. Die Autoren von »New Worlds« sind jung, oft sind sie bärtige Intellektuelle. Disch z. B. begann mit der Publizierung poetischer Werke (was für die Gattungsnorm nicht typisch ist!), Spinrad ist zwar ein Amerikaner, doch sein ambitioniertes Werk (»Bug Jack Barron«) wollte kein Verleger in den USA verlegen; es erschien deshalb in »New Worlds« in Fortsetzungen. Man muß um das weitere Schicksal gerade der talentierten Autoren bangen, denn ihre Position ist, weiß Gott, schwer. In der Praxis haben die tastenden Experimente bis jetzt noch zu keinen bedeutenden Ergebnissen geführt, doch sie führten immerhin dazu, daß diese Zeitschrift dank Subventionierungen existieren kann, die ihrerseits den Rückgang der Leserzahlen dokumentieren. Besonders ungünstig ist, daß die Spezifik der Generationskonflikte in der Science Fiction ungewöhnlich ist. Das phänomenologisch geschaffene Gesetz, wonach man mit Zwanzig ein genialer Mathematiker, Komponist oder Poet, aber daß man in diesem Alter noch kein großer Prosaiker sein kann, ist wahrscheinlich das Symptom einer gewissen festen Regelmäßigkeit. Und soll ein Prosawerk nicht nur eine mit poetischen Kreationen verwandte Vision sein, sondern auch eine rationalistisch, problematisch-gnoseologische Handlung, dann scheint der Erwerb ausgangsnotwendiger, rein diskursiver Informationen, d. h. Belesenheit und Gelehrsamkeit, eine Voraussetzung zu sein, die unbedingt zu erfüllen ist. Diese Gruppe junger Leute hat die intellektuelle Beschränkung, den praktischen Opportunismus und die evolutionäre Perspektivlosigkeit der Phantastik, die seit -zig Jahren vor allem in den Vereinigten Staaten produziert wird, im allgemeinen richtig erkannt. Die Diagnose aber ist eine Sache, eine andere – ist der reale Bruch mit den schlechten Traditionen, die die Science Fiction in die Sackgasse geführt haben. Am leichtesten ist es, die Hindernisse organisatorischer und editorischer Natur aufzuzeigen, auf die diese Reformversuche stoßen. Wie gesagt, die Kommerzialisierung der SF hat einen Zustand erreicht, der den höheren Klassen des Schriftstellertums völlig fremd ist. Die amerikanischen Verleger haben Europa derart erobert, daß einzelne ihrer Periodika wie »Galaxy« z. B. in ihren deutschen, französischen, italienischen, schwedischen usw. Mutationen Texte von Schriftstellern des eigenen Sprachraums überhaupt nicht veröffentlichen; sie ernähren sich ausschließlich mit aus den Staaten kommenden Übersetzungen. So wie Silbermünzen Goldmünzen aus dem Verkehr drängen, so hat die schlechtere Phantastik auch die Leserschaft europäischer Länder an die Gänge des phantastischen Menüs gewöhnt, die die Amerikaner der Welt servieren. Es ist also eine für ihre evolutionären Möglichkeiten sehr unvorteilhafte institutionelle Erstarrung der Science Fiction eingetreten. Die amerikanischen Verleger bevorzugen eigene Autoren – sowohl aus Gründen, die vom Standpunkt eines gewissen Patriotismus verständlich sind, als auch aus rein kommerziellen Gründen, weil das Kreationsmodell, das sich in allergrößten Auflagen gut verkaufen läßt, bereits festliegt. Deshalb ist es selbst außerhalb von Amerika sehr schwer, den Massenleser, der an eine einfache, problemlose Kost gewöhnt ist, von den fließbandartig hergestellten Produkten abzubringen. Da aber die Preise für Bücher und Periodika – aufgrund des Gesetzes von Angebot und Nachfrage – sich umgekehrt proportional zu der Auflagenhöhe verhalten, müssen die Autoren mit größeren Ansprüchen sich entweder dem normativen Diktat der Marktmonopolisten beugen oder eigene Zeitschriften gründen, deren Preise sogar doppelt so hoch wie die Preise der amerikanischen Monatszeitschriften sind. Darüber hinaus gibt es noch eine andere Gruppe von Faktoren, die – bereits nicht mehr kommerzieller oder institutioneller Natur – auf die unbequeme Lage der Experimentatoren einwirken. Ihnen fehlen nämlich Beispiele anspruchsvoller Schöpfungen auf dem Feld der Science Fiction; deshalb knüpfen sie an Paradigmen an, deren Nützlichkeit auf dem Feld rationaler Kreationen zweifelhaft zu sein scheint. Eine mit großem Talent ausgestattete Individualität wie J. Ballard verdient keine, nicht einmal schöpferische Nachfolge – aus Gründen, die wir bereits gesondert besprochen haben. Die visionäre Fähigkeit läßt sich im allgemeinen nicht imitieren und intellektuell wertvolle Muster präsentiert Ballard in seinen Werken nicht. Jüngere Autoren übernehmen also das von ihm, was am einfachsten zu übernehmen ist, nämlich die Zertrümmerung der Komposition, die manchmal an die für die französische Schule des Antiromans typischen Praktiken erinnert. Wenn sie wenigstens versuchen würden, Handlungen dieser Schule räsonabel fortzusetzen, aber sie begnügen sich mit eklektischen Kunstgriffen. Deshalb habe ich solche abgestandenen Richtungen wie den Surrealismus und den Expressionismus als ihre Leitsterne bezeichnet. Es ist einfach so, daß all diese jungen Autoren in dem Wissen darum, daß man etwas Neues schaffen muß, zugleich in der Praxis nicht wissen, ja nicht einmal ahnen, wie das Neue aussehen sollte und könnte, wenn man es in literarisch Konkretes transponiert. »New Worlds« veröffentlicht systematisch populärwissenschaftliche Artikel, was übrigens gewöhnlich auch die Mehrzahl der amerikanischen Monatsschriften tut, doch in ihnen – wie auch in »New Worlds« – gibt es keinen vernünftigen Zusammenhang, keine Verbindung, keine vernünftige Relation zwischen diesen Einlagen und dem übrigen Inhalt, der mit wissenschaftlichen Fragen nichts zu tun hat. Man sieht den guten Willen, sieht auch die Bemühungen, doch bisher ohne die gewünschten Ergebnisse. Einige der jungen Autoren, besonders wenn sie in den Staaten ansässig sind, versuchen, ihre Arbeit auf zwei Ebenen zu betreiben – um zu leben, schreiben sie für die traditionellen Periodika in den USA und um sich künstlerisch »auszuweisen«, schreiben sie für

»New Worlds«. Was jedoch für einen erfahrenen Schriftsteller ohne ernste kreative Konsequenzen bleibt, das könnte gerade für einen Grünschnabel fatale Folgen haben. Es wäre wirklich bedeutsam, wenn es den Avantgardisten gelänge, den historisch gewordenen Abgrund zwischen der normalen und der phantastischen Literatur zuzuschütten, doch bis jetzt sieht es so aus, als ob jeder, der von dem Bereich der phantastischen Literatur in Richtung auf die andere Literatur Brücken schlagen will, nichts verbindet und nichts verkoppelt, sondern daß höchstens er selbst auf die andere, die olympische, die künstlerisch ehrenhaftere Seite überwechseln kann. Deshalb muß ich – obwohl ungern! – dem amerikanischen Kritiker, einem Traditionalisten, mindestens teilweise Recht geben, der zum Thema »Neue Welle« folgendes an die Redaktion von »Speculation«, einer englischen Monatsschrift (vom Typ »Fanzine«) geschrieben hat:

»Es ist etwas pathetisch Lächerliches in einer Bewegung, die glaubt, daß die Präsentation von Science Fiction in Form eines Tagebuches, Gott bewahre, etwas Neues sei! Es verschlägt einem die Sprache, wenn ein junger talentierter Enthusiast glaubt, daß er als erster in der Geschichte der Menschheit Erzählungen aus Telegrammen, Eintragungen und Zeitungsausschnitten schreibe. Wie kann man einem anderen klarmachen, daß der Bewußtseinsstrom keine Erfindung der ›Neuen Welle‹ ist? Was soll man tun, wenn ein Autor nicht glauben will, daß nicht er derjenige sei, der als erster in einer SF-Erzählung obszöne Worte gebraucht habe? [. . .] Ich warte mit angehaltenem Atem auf das Genie, das in ›New Worlds‹ die größte Errungenschaft aller Zeiten veröffentlichen wird, nämlich eine in der zweiten Person geschriebene Erzählung. [. . .] Vor kurzem hat ein ›New Waver‹ nicht ohne Neid entdeckt, daß die Erzähltechnik von Karel Čapek ganz schön weit entwickelt war. Ich habe versucht, ihm klarzumachen, daß Guillaume Apollinaire bereits 1910 avantgardistische Science Fiction veröffentlicht hat . . .«

Man muß jedoch hinzufügen, daß die künstlerische Unreife der »New Waver« von einer ganz deutlich deklarierten sozialen Ideologie begleitet ist; sie sind mehr oder weniger »zornige« Intellektuelle, vereint durch die Aversion gegen das »Establishment«, woraus sie übrigens auch in ihren Werken keinen Hehl machen. Für einen so repräsentativen Schriftsteller der früheren Generation wie Heinlein waren der Kommunismus oder eine Diktatur faschistischen beziehungsweise theokratischen Typs (gerade den letzteren Typ hat Heinlein in »Revolt in 2100« beschrieben) eine politische Gefahr. Die Werte der amerikanischen Demokratie standen für ihn und seine Kollegen außer Zweifel, und so ist es im Grunde genommen bis heute geblieben. Deshalb scheint es auch undenkbar, daß einer der älteren Schriftsteller, wenn er auf die Idee gekommen wäre, die dem Buch »Camp Concentration« von Disch zugrunde liegt (solch ein Gedanke hätte einem der »alten« Schriftsteller in den Kopf kommen können), sie in den Kontext der amerikanischen Demokratie gestellt hätte, wie Disch es eben tat. In diesem Buch überwacht ein General a. D. der amerikanischen Armee ein »wissenschaftliches« Experiment über die Steigerung der Intelligenz durch Extrakte aus Syphilisspirochäten, was binnen von zehn Monaten zu dem unvermeidbaren Tod des Probanden führt. Die meisten Opfer dieses Experiments sind »conscientious objectors«, es sind also Reservisten, die es nach der Einberufung wegen des ungerechten Charakters des Krieges, den die USA führen, abgelehnt haben, eine Uniform anzuziehen. Das literarisch-künstlerische Gesicht der jungen Autoren, die sich um »New Worlds« scharen, bleibt unkonkret, nicht aber ihr politisches Gesicht; und gerade hier verläuft die Trennungslinie zwischen den Generationen, weil sich der Löwenanteil der »Klassik der Gattung« nicht nur durch künstlerischen Schund auszeichnet, sondern auch durch politischen Opportunismus.

*

Auf dem Gebiet der Science Fiction tauchen als Stippvisitengäste periodisch Wissenschaftler auf, die phantastisch-wissenschaftliche Texte veröffentlichen. Man kann unter ihnen so berühmte Namen wie Norbert Wiener, Leo Szilard, Fred Hoyle finden (also den Schöpfer der Kybernetik, einen Chemiker, einen Astrophysiker); man trifft auch Psychologen, Anthropologen, Physiker und Ingenieure. In künstlerischer Hinsicht unterscheiden sich ihre Werke – was eigentlich nicht ungewöhnlich ist – überhaupt nicht von der durchschnittlichen amerikanischen Phantastik. Wesentlicher ist allerdings die Feststellung, daß ihre Werke auch hinsichtlich der Konzeption selten von Bedeutung sind. Man muß indes berücksichtigen, daß der Aufenthalt in dem Gebiet der Phantastik für einen Profi-Wissenschaftler eine Eskapade ist, die in der Freizeit unternommen wird, eine marginale, unernste Beschäftigung; und wie dies immer bei Gästen während eines Besuches der Fall ist, sie werden von keinen ikonoklastischen Intentionen getragen, sondern sie passen sich eher dem herrschenden und von den Gastgebern bestimmten Ton an. Dies ist vielleicht der Grund, warum man solche Werke – würde man die Namen, die über ihnen figurieren, nicht von woanders her, d. h. aus dem Gebiet der Wissenschaft kennen – oft nicht von den Werken des Fußvolkes der Phantastik unterscheiden könnte. Nur selten ist ein Wissenschaftler als Amateurschriftsteller bereit, die Regeln der Methode zu beobachten, der er bei seiner Arbeit unterliegt. Manchmal, wenn auch nur als Ausnahme, stößt man auf etwas in Form eines persönlichen, in eine belletristische Form gekleideten Bekenntnisses. (So z. B. in der Erzählung eines Psychologen, der die Erlebnisse eines Menschen beschreibt, der von den »Anderen« entführt wurde und von ihnen genauso behandelt wird wie die Psychologen ihre Ratten und Mäuse in den Labors behandeln; die Intention der Erzählung ist deutlich antibehavioristisch: es geht darum, daß man jedes Anzeichen von denkender Intelligenz – wenn man sich Mühe gibt – »weginterpretieren« und damit den ganzen Behavior des zu untersuchenden Individuums auf einen Komplex einfacher Reaktionen auf Impulse reduzieren könnte.) Diese gelehrten Amateurschriftsteller bilden übrigens keine homogene Gruppe: Fred Hoyle hat bereits einige phantastisch-wissenschaftliche Romane geschrieben, von denen wir zwei schon anderenorts besprochen haben. (»Black Cloud«, »A for Andromeda«). In dem ersten Roman hat er übrigens – außer der originären Konzeption eines denkenden und zugleich nicht-lebenden Wesens, das aus Wolkenstaub und Gas besteht – viele bösartige Bemerkungen hineingepackt, die das wissenschaftliche Milieu und die – nicht gerade besonders netten – Beziehungen zu der politischen Machtelite widerspiegeln. Norbert Wiener hat sich in einer kleinen Erzählung mit der »Rache« beschäftigt, die ein Neurochirurg an dem Gangster übt, der ihn entführte: während einer Operation nahm er nämlich eine tiefe Lobotomie vor, wodurch er die Persönlichkeit des Patienten so veränderte, daß dieser kein besonnener, verbrecherischer Operationen weit vorausplanender Fachmann mehr war und deshalb auch auf den Hund kam. Über einige Erzählungen Szilards haben wir schon anderenorts gesprochen, was uns davon entbindet, sie hier zu erwähnen; Spezialisten anderer Disziplinen, besonders die Praktiker (also Ingenieure, Informatiker usw.) meinen manchmal, das Feld der SF sei ein Gebiet, in dem man sich »alles erlauben könne« – mit einem Wort, allen Gästen gemeinsam ist die »spielerische« Haltung, weil sie die Probleme (von Ausnahmen abgesehen, wie gesagt) nicht ernst nehmen, und weil der Gedanke an die »Mission der Literatur« ihnen dadurch noch ferner liegen könnte, daß die Science Fiction selbst unter den Stigmen und Bürden ihrer Mission nicht sonderlich stark leidet. Es wäre übrigens schwierig, wollte man sich darauf verlassen, daß jemand das für die Schriftsteller fertigzubringen imstande ist, was sie selbst nicht tun. Schon das reine Nachdenken mit dem gesunden Menschenverstand zeigt, daß die Amateurschriftsteller, die aus den Labors zur Science Fiction kommen, sich – wenn sie große künstlerische Talente wären – wahrscheinlich nicht lebenslänglich in ihren Laboratorien niedergelassen, sondern ihre Mikroskope und Computer mit Papier und Feder getauscht hätten.

*

Anmerkungen:

1 (zu S. 449) In der amerikanischen SF ist Judith Merril eher eine Institution denn eine Person, die seit vielen Jahren alljährlich eine Anthologie der besten phantastischen Geschichten herausgibt. Alle Werke, die ich auf den Seiten 349 bis 355 erwähnt habe, stammen aus ihren Anthologien von 1957 und 1958. Es könnte instruktiv sein, ihre Inhalte mit dem Inhalt der Anthologie aus dem Jahre 1968 zu vergleichen. 1) Der Umfang der jeweiligen Jahresbände zeigt einen wachsenden Trend, die beiden ersten Bände haben nicht mehr als 250 Seiten, der letzte – beläuft sich bereits auf 384 Seiten. 2) Es offenbart sich eine – früher nicht-sichtbare – Tendenz, die »SF-Primusse« aus der ganzen Welt zu veröffentlichen (in der Praxis: aus dem europäischen Raum und manchmal aus Japan). 3) Deutlich wird auch die Tendenz, Namen der »internen Autoren« der SF mit Namen »von draußen« (und das sind wohlberühmte Namen) zu verflechten. Hier nun eine inhaltliche Übersicht des Bandes:

a) *»In Seclusion«* von H. Jacobs. Eine groteske Phantasie über ein Filmpaar (beide Stars), das für Werbezwecke von dem Produzenten in eine primitive Herberge am Meer »verbannt« wird; diese Ehe kam ganz typisch unter dem Druck der »Massenmedien« zustande; sie geben ein Paar äußerlich schöner Dummköpfe ab, die in ihrer »Kate« von einem »Supermonstrum« aus dem Ozean angegriffen werden; die ganze Schose ist ziemlich amüsant und in der Beschreibungsweise völlig arealistisch, in seinen Anspielungen auf die Soziologie der Ehe bei Stars und Produzenten jedoch bösartig.

b) *»Gogol's Wife«* von Thomas Landofi. Ein Freund Gogols erzählt: Gogol hatte eine Frau geheiratet, die kein Mensch, sondern ein Ballon war, eine aufblasbare Puppe, die er – seinen jeweiligen Wünschen entsprechend – aufblies. Eine absurde, sehr gut geschriebene Geschichte mit sadistischen und drastischen Inklusionen (anatomischer Verismus der Puppe) und einem surrealistischen Finale (Gogol pumpt in einem Wutanfall die Frau bis zum Zerplatzen auf und zerstört das *Gummikind*, das er mit seiner Frau hatte.

c) *»The Balloon«* von Donald Barthleme. Eine absurde Story über einen riesengroßen Ballon, der sich über die ganze Stadt ausdehnt; der »Sinn« des Ballons ist unverständlich und keiner versucht, ihn zu erfassen; den Ballon preist man als »besten«, »geprüften« etc. an; die Menschen entwickeln eine »persönliche Beziehung« zu dem Ballon; der Ballon ist – wie es scheint – »ein rein intentionales Objekt per se«; er stellt sich als »das Eigentum des Erzählers« heraus, und er wird überflüssig, als »die Geliebte« kommt; eingelagert »wartet er nun auf Unglückszeiten, auf den Moment, wenn vielleicht einer von uns auf den anderen böse wird«. Ein Werk mit einer deutlichen Abhängigkeit von der Phantastik kafkaesken Typs – wenn man das Schrifttums Kafkas überhaupt für phantastisch ausgeben darf.

d) *»The Cloud-Sculptors of Coral-C«* von J. G. Ballard. Ein Job wie jeder andere: »Wolkenbildhauer«, die auf großen bemalten Drachen fliegen und den Wolken die Gestalt von Reptilien, Einhörnern, Präsidenten, Vögeln geben. In diesem »Milieu« eine Liebesgeschichte, die mit einer Katastrophe endet.

e) *»Luana«* von Gilbert Thomas. Ein gelehrter Mykologe, gleichzeitig Bildhaueramateur, züchtet aus einer kosmischen Spore, die in einer Kabine der »Gemini« gefunden wurde, einen Riesenpilz; aus dem kräftigen Körper des Pilzes haut er die Statue eines bildhübschen Mädchens; ein anderer Wissenschaftler verliebt sich in diese gleichsam lebende Statue und stirbt, weil das eine »Art Fliegenpilz« war.

f) *»During the Jurassic«* von John Updike. Eine pseudophantastische, ziemlich banale Erzählung des bekannten Autors; ein Empfang (»eine Party«) eines Reptilienpaars im Mesozoikum, gegeben für die »vorsintflutliche Elite«; während des Empfangs unterhält man sich auch französisch.

g) *»The Fall of Frenchy Steiner«* von Hilary Bailey. England nach dem Sieg Hitlers; Besatzung, Elend, Hunger, Lebensmittelkarten und Bezugsscheine, Geheimpolizei – alles wenig ideenreich und primitiv; auf diesem Hintergrund die bisweilen völlig unwahrscheinliche Geschichte der kleinen Frenchy Steiner, der hellseherischen Prophetin Hitlers; sie verliert durch den Erzähler ihre Unschuld, aufgrund dieses

Verlustes verliert sie auch ihre Begabung, und auf diese Weise stürzt das Hitlertum zusammen.

h) *»Light of Other Days«* von Bob Shaw. »Das moderierende Glas«, das ist eine neue Erfindung; das Licht benötigt *Jahre*, um eine wenige Millimeter dicke, aus diesem Glas hergestellte Scheibe zu durchdringen; das Glas fesselt in seinem Inneren die Bilder, vor denen die Scheibe irgendwann einmal stand; diese Idee dient einer kleinen melodramatischen Szene. (Der Glasverkäufer setzt in die Fenster seines Hauses dieses »moderierende Glas« ein; von draußen sieht man in den Fenstern seine Frau und sein Kind, beide leben nicht mehr, sie kamen bei einem Autounfall ums Leben). Das ist eines der seltenen Werke typischer SF in der ganzen Anthologie.

i) *»Beyond the Weeds«* von Peter Tate. Der Held dieser Erzählung lebt davon, daß er Leuten hinterherjagt, die plötzlich sterben – z. B. auf der Straße. Er hat eine Lizenz, die ihn befugt, solche Leichname »zu versiegeln«; sie dienen unmittelbar chirurgisch-kannibalistischen Zwecken, d. h. sie werden in »Ersatzteile« zerlegt für diejenigen, die sie brauchen und dafür bezahlen. Die Witwe eines Verstorbenen und legal Zerlegten rächt sich an dem Helden; er kommt auf der Straße um, sie hingegen drückt ihm den Stempel zwischen die Augen, weil auch die Witwe »von etwas leben muß«. Dieses Prinzip ist für die SF typisch: man leitet eine drastische Konklusion aus der bereits vorhandenen Technik ab. (In »The Organleggers« von Niven jagen Gangster die Menschen als eine Ersatzteilquelle, bei Tate dagegen wird diese Jagd von kommerziell motivierten Inhabern amtlicher Lizenzen betrieben.)

j) *»Crab-Apple Crisis«* von George Mac Beth. Das Mikrodrehbuch einer Eskalation, die zu einem »Krieg« führt, so gebaut: unter strategisch und wissenschaftlich klingenden Titeln, die ganz offen und wörtlich aus dem Buch von Herman Kahn »On Escalation« stammen, wird ein »Konflikt« – in Fragmenten aus wenigen Sätzen – dargestellt, der in einer blutigen Prügelei zwischen zwei Nachbarn endet – auf dem Fond des Eindringens des Sohnes des einen in den Obstgarten des zweiten. Ziemlich banal.

k) *»The Primary Education of the Camiroi«* von R. A. Lafferty. Diese Satire nimmt auf kontroverse Probleme der Erziehung der studentischen Jugend Bezug; sie ist in Form eines »Rapports« einer Kommission geschrieben, die das Grundschulsystem auf dem Planeten Camiroi untersucht hat (auf dem z. B. unartige Kinder aufgehängt, ausgehungert, verhaftet werden usw.) Als Anhang: das Bildungsprogramm für einzelne Klassen, u. a.: »Laserreligion«, »Vermittlung von Obszönitäten«, »die Alkoholisierung«, »die transzendentale Athletik«, »Konstruierung philosophischer Systeme«, »Versuchsehen«, »Konstruierung von Gesellschaften«, »das Regieren der Welt«.

l) *»When I Was Miss Dow«* von Soni Dorman. Auf einem anderen Planeten leben Wesen, die ein beliebiges Aussehen anzunehmen imstande sind; der Erzähler, verkörpert in einer Frau, verführt einen Gelehrten, einen irdischen Kolonisten, danach verliebt sie sich in ihn; der Gelehrte stirbt, die Erzählerin kehrt zu einer Anlage zurück, die ihr ihre primäre, nichtmenschliche Natur zurückgibt. Alles ist »mit Herz und Gefühl« geschrieben, man erkennt schnell – das stammt von einer Frau.

m) *»Confluence«* von Brian W. Aldiss. Das ist keine Erzählung, das ist ein Wörterbuch der Wesen des Planeten Myrin. Eine Probe: »Ca Pata Vatuz – der Geschmack des Großvaters mütterlicherseits; Bi San – mehr als zwanzigjährige Wunschträume religiöser Natur; U – die Zeit, die eine Eidechse braucht, um sich in einen Vogel zu verwandeln, zugleich – Liebe; Kondulum – mit Vergnügen mit zwei Schwestern im Bett sein; Yup Pa – ein Buch, in dem alles verständlich ist bis auf den Zweck, wozu der Autor es geschrieben hat.« Drehbücher, Wörterbücher und andere »Collagen« verweisen auf einen der neuesten Trends in der SF; es handelt sich um eine Flucht vor der »normalen« Erzählung; solche Texte könnte man auf Anhieb und kiloweise produzieren, und das ist das Fatale daran.

Darüber hinaus: einige Gedichte, eines davon von Günther Grass, ein kleines Poem in Prosa von Henri Michoaux, absurde Aphorismen von Tuli Kupferberg, eine ominöse Mikroerzählung des berühmten William Burroughs, die Collage von Ballard »You: Coma: Marylin Monroe« und einige andere Werke hauptsächlich vom Typ der Fantasy (z.B. »Narrow Valley« von Lafferty).

Die zentrifugale Richtung der Entwicklungstendenzen kommt hier sehr deutlich zum Ausdruck: eine »normale«, selbst eine spurenweise durch die Wissenschaft inspirierte SF gibt es kaum, es gibt dagegen einige formale Versuche (Konstruierung »anderer Wörterbücher«, »anderer Erziehungsprogramme«, Darstellung trivialer Ereignisse, z. B. einer Prügelei in den Algorithmen eskalativ-nuklearer Strategien) und zugleich den Trend zur »Hybridisierung« (zur Mischung surrealistischer und poetischer Elemente im Sinne der Codes der modernen Poesie; Versuche, bei Kafka, dem »Nouveau Roman« zu lernen etc.). Das Ergebnis ist eine Art Zwischending zwischen der »miszellenhaften« und der »kaleidoskopartigen« Literatur; in der letzten Anthologie findet man mehr ästhetische und künstlerische Werte, als das in den früheren Jahren der Fall war (vielleicht deshalb, weil man in diesem Band, auf dem mit großen Lettern SF steht, Günther Grass, Henri Michoaux findet), die rationalistischen, intellektuellen, logischen oder empirischen Tendenzen hingegen sind an und für sich so gründlich verschwunden, daß sie selbst nicht einmal als Ausnahmen von einer neuen Regel auftauchen. Doch *nicht die gesamte* SF assimiliert sich an die experimentierende Vorhut der »mainstream literature«, sondern nur jener winzige Produktionsanteil, der Gnade vor den Augen der Herausgeberin gefunden hat. Eine Paralleluntersuchung des Inhalts einer Monatszeitschrift wie »Galaxy« aus der gleichen Zeit zeigt nämlich, daß immer dieselben manieristischen, abenteuerlich-sensationellen, andersplanetaren, kosmischen Schemata im Kreise gemahlt werden. Der Inhalt des besprochenen Bandes kann also nicht zufriedenstellen; er ist wie eine »Vorspeise«; unter einer kafkaesken, übrigens zutreffenden Metapher, Aphorismen, Merkwürdigkeiten und Kuriositäten fehlt es an kräftigen Gerichten; die wissenschaftlich-technische Problematik der Epoche ist aus der SF genauso verdunstet wie die Problematik typisch zivilisatorischer und kultureller Konflikte; die zwei Aufmerksamkeit verdienenden Arten von Texten sind gleichsam voreinander überrascht und wollen auf keine Weise zueinander passen; eine zentrifugale Bewegung bedeutet nämlich auf diesem Feld die Entstehung eines wissenschaftlich-phantastischen *Vakuums* – bei gleichzeitiger *totaler* Flucht vor jenem Pensum an Verpflichtungen, die die Science Fiction zu erfüllen dem Schriftsteller auferlegt hat. Somit ist alles, was in diesem Band literarisch das Beste ist, zugleich am wenigsten prognostisch, rationalistisch und szientistisch. Hätte diese Entwicklungsrichtung sich verstärkt, sie hätte fatale Folgen für die wissenschaftliche Phantastik gehabt, weil das spielerisch-formale, das ästhetisch-literarische Experiment bereits auch den letzten Rest an intellektuellem Realismus verloren hat, also die Gruppe der poetisch oder »à la Kafka« experimentierenden Schriftsteller verläßt für immer das Getto der SF, und auf diese Weise kommt es zu seiner Stratifizierung, die die schriftstellerisch lebendigsten Köpfe in die Position der normalen, zeitgenössischen Avantgarde versetzt, während die Handwerker der SF weiterhin in Permanenz die Belletrisierung von künstlerisch totem Trödel in den Magazinen der Science Fiction wiederholen. Die Absichten der Bastlerinnen von Anthologien – wie Judith Merril eine ist – sind zwar ehrenvoll, aber die wissenschaftliche Phantastik hat nichts davon, weil das, was Judith Merril notorisch in den Auswahlbänden der besten SF eines Jahres bevorzugt auswählt, eine Literatur ist, die zwar imstande ist, formale Meisterschaft zu erlangen, die aber weder problematisch noch begrifflich tatsächlich an der Gegenwart interessiert ist. Keine formale Meisterschaft ist in der Lage, die intellektuell träge Phantastik sicher ins Schlepptau zu nehmen; hier wäre eine Spritze neuer *Inhalte,* neuer Probleme und Schwierigkeiten vonnöten – im kulturologischen, zivilisatorischen, wissenschaftlichen und philosophischen (anthropologischen) Sinne. Deshalb sind alle künstlerisch anspruchsvollen Werke wie z. B. »Die kosmikomischen Geschichten« von Italo Calvin eigentlich indirekt – Unternehmungen, die »de facto« *liquidatorisch* an die traditionelle Phantastik gerichtet sind. In dieser Prosa geht es nämlich in der Retorte »spielerisch-ironischer« oder poetischer Experimente um die vollständige (in Grenzen) Auflösung allen rationalen und die Zukunft antizipierenden Denkens. Sicherlich hat auch solch eine Prosa ihre volle Berechtigung; es geht jedoch darum, daß es hier immer an Phantastik fehlt, die ihre Kräfte mit den Intentionen mißt und die versuchen würde, mit der Wirklichkeit – begrifflich, ethisch, soziologisch – fertig zu werden. Die Worte über die Kunst, daß sie ein »Radar« unserer Zeit sei, die Zukunft sondiere und in ihr die Schwierigkeiten entdecke, die bereits in unserem Leben im Keim existent sind, bleiben dann ohne entsprechende Deckung durch die Werke. Das zeitgenössische Schaffen realisiert dieses durchaus richtige Prinzip überhaupt nicht. Die Zukunft wird mit zunehmender Geschwindigkeit zur Gegenwart, doch die Literatur – auch als SF – kümmert sich de facto nicht darum.

Deshalb sollte man die aktuelle Evolution in der Spitze der SF auch eine *abweichende* Evolution nennen als spezifischen, jedoch nicht bewußten Ausdruck des weltanschaulichen oder begrifflichen *Verrats* an der Zivilisation, einfach weil die Zivilisation *auch* eine futurologisch inspirierte Belletristik heute bereits nötiger als noch gestern braucht und dazu eine, die für die der Gemeinschaft vorgeschlagenen Konzeptionen verantwortlich ist. Derweilen gibt es nur die »klassische« SF, die keinerlei intellektuelle Verantwortung kennt. Das Ergebnis der Beschleunigung des materiellen Fortschritts ist eine wachsende Verzögerung des gesellschaftlichen Bewußtseins, sind Abweichungen und Relaxationen bei der Erfassung von Fakten, die *bereits statthatten*, aber *immer noch* außerhalb des allgemeinen Bewußtseins liegen. Die öffentliche Meinung, die allein ex post, post factum die Änderungen zur Kenntnis nehmen kann, die eben jetzt durch die benediktinische Tätigkeit der Spezialisten an tausenden Fronten der Technoevolution ausgelöst werden, diese Meinung wird in zunehmend drastischer Weise immer machtloser. Die Literatur versucht also nicht, mit dem einzigen Verband der zivilisatorischen Kräfte intellektuell zu rivalisieren, der sich – als Futurologie – bemüht, den Prozessen der begrifflichen Lähmung der Menschheit entgegenzuwirken. Auch die richtige Science Fiction versucht nicht, im Rahmen der fiktionalen Methode der Schriftstellerei die

Last des Zurechtfindens, des Schmeckens und Probierens all jener gewaltigen Veränderungen auf sich zu nehmen, die einfach deshalb *ernsthaft*, also »realistisch« mit der Feder zu behandeln sind, weil es keinen Zweifel mehr gibt, daß diese Veränderungen völlig *real* sind, wenn sie sich vor unseren Augen abspielen. Es geht nicht darum, jedes formale Spiel und jeden Spaß für die Phantastik zu verbieten, sondern es geht darum, daß *neben* dem Homo Ludens der Phantastik ihr Homo Cogitans auftauchen sollte. Und gerade das fehlt heute – auf eine zugleich erstaunliche und beunruhigende Weise; denn das Ideal der Integration der »zwei Kulturarten«, der humanistischen und der techno-zivilisatorischen entfernt sich immer mehr von uns. Gleichzeitig wird eine solche Integration im Hinblick auf das Wohl eines Individuums und der Gesellschaft immer notwendiger.

Zu S. 432. Die psychologische Banalität der Gestalten der Science Fiction kann man auch vom Kreationsprozeß aus untersuchen. Dieser Prozeß hat seit ungefähr einem Jahrhundert den Trend zum organischen Zusammenwuchs des erzählerischen Ganzen, wobei man eine rein operative Definition geben kann, die beim Lesen ein Unterscheiden zwisehen Werke-»organismen« und Werke-»mechanismen« erlaubt: die ersten lassen sich viel schlechter kurz nacherzählen als die zweiten. Wenn man sich an ein gelungenes episches Werk erinnert, dann erkennt man seine Problematik mittels der Hauptfiguren, die prinzipiell nicht durch andere zu ersetzen sind; wenn man dagegen mit Reminiszenzen zu einem guten SF-Werk zurückkehrt, dann tauchen auf dem Gedächtnisspiegel die Ideen auf, d. h. die intellektuellen Kerne des Werkes; die originellen Merkmale der fiktiven Welt, in der sich alles abspielte, finden sich getrennt ein, und an die handelnden Personen kann man sich wie an blasse Schatten erinnern. In der Erinnerung trennt sich die phantastische Grundidee einfach von ihrer belletristischen Konkretisierung – und dieser Unterschied zur epischen Literatur sticht ins Auge; die generative Grundidee eines guten SF-Textes kann man gewöhnlich in einigen Dutzend Worten erfassen, ohne dabei etwas zu verlieren, einen epischen Roman dagegen kann man nicht in der gleichen Weise extrahieren. Das

Konzept eines SF-Werkes läßt sich darüber hinaus leicht diskursiv mit dem Gefühl beschreiben, daß gerade es sein eigentliches Rückgrat sei; wenn man dagegen einen epischen Roman in eine diskursive Artikulation zu übersetzen versucht, dann muß man ihm erheblichen Schaden zufügen, besonders deshalb, weil die Problematik eines Romans normalerweise nicht ausschließlich ein Stock ist, der hinter der Handlung steht, sondern in der Handlung verwurzelt ist: will man die Sache kurz zusammenfassen, muß man pausenlos verschiedene Abzweigungen und Abgabelungen abschneiden.

Es ist gewöhnlich nicht so, daß ein Epiker ein Problem im Kopf hat, mit dem er sich rumschlägt und für das er Orte zu seiner situationsmäßigen Verkörperung sucht, d. h. daß er von einem bestimmten intellektuellen Prinzip begeistert (z. B. von der Struktur des Konflikts), dieses auf konkrete menschlichen Handlungen zu übersetzen versucht und die verschiedenen zwischenmenschlichen Umstände dieser intellektuell konzipierten Struktur anzupassen sich bemüht. Es ist eher so, daß ihn zuerst eine menschliche Situation und nicht ein abstraktes Problem inspiriert, wobei der Schriftsteller sich nicht unbedingt im klaren darüber sein muß, welches Problem die Situation eigentlich zentral ausdrückt. Es ist manchmal so, daß diese Unwissenheit dem Werk sogar zugute kommt, weil die Handlungsabläufe von der innersituationsmäßigen Wahrscheinlichkeit und nicht von einem ihnen von außen oktroyierten Regulationsplan – entsprechend der vorab festgelegten Voraussetzungen – modelliert werden.

Es könnte sogar sein, daß ein Epiker über keine Startdisposition des Werkes verfügt oder er auf eine bereits vorhandene Disposition einfach verzichten kann, wenn der Text anfängt, »in eine andere Richtung zu leben«, als dies mal geplant war (was in der SF ausgeschlossen ist); sei es, daß sich ihm das Persönlichkeitsmuster des Helden oder der Helden als Hybride des privaten Gedächtnisses (autobiographische Erfahrung) sowie führender literarischer Stereotypen aufdrängen. Es ist bekannt, daß männliche Schriftsteller psychologische Bilder von Frauen entweder generell schwächer als die von Repräsentanten des eigenen Geschlechts zeichnen oder bestenfalls ein gut nachempfundenes weibliches Porträt mit konkret typologischen Charaktermerkmalen modifizieren, um es in alle möglichen belletristischen Fälle »zu vervielfältigen«. Wer sich nämlich nicht auf die autobiographische Erfahrung stützt, der schneidet sich selbst von den künstlerisch wertvollsten Quellen ab; er gerät dann unvermeidbar unter das Joch der herrschenden literarischen Schemata, von denen nur die persönliche Erfahrung befreien kann. Von dieser Regel gibt es keine Ausnahme; weibliche Helden weiblicher Schriftsteller sind gewöhnlich wahrhaftiger als die von ihnen gezeichneten Männer, weil die psychologische Distinktion beider Geschlechter eine reale Tatsache ist; über das geistige Innere weiß man am besten aufgrund der eigenen introspektiven Erfahrungen Bescheid. Über solche Erfahrungen hinauszugehen, ist immer ein Risiko, das nur teilweise durch technische Kunstgriffe zu kompensieren ist. Gerade deshalb gibt es die schweigsamen Frauen bei Hemingway, die Backfisch-Frauen bei Sienkiewicz, hysterische Frauen bei Dostojewskij. Die Merkmale der Hauptpersonen eines Werkes liefern eine Matrize, die jede Person prägen wird, die während der Handlung auftaucht; das natürlich nicht dergestalt, daß die anderen Personen der Hauptperson ähnlich werden, sondern nur in dem Sinne, daß der Held im Bereich der zu beobachtenden Verhaltensparameter aufgrund der Prinzipien der angenommenen Poetik Beschränkungen unterliegt; und die Grenzen dieses Bereiches gelten auch für alle anderen Personen. Wird z. B. der Held auf eine rein behavioristische Weise präsentiert, dann kommt es in dem Werk zu keiner introspektiven Bewußtseinsdarstellung auch nur eines einzigen Menschen; übergeht das Werk bestimmte Verhaltenssphären der Hauptperson, dann wird es diese wohl kaum bei den Hintergrundpersonen berücksichtigen etc. Also, die einmal bestimmte Amplitude des zu verfolgenden Verfahrens wird nie überschritten. Das ist eine bekannte Sache – mit weitreichenden Konsequenzen.

Wenn nämlich die Detaillierung der Hauptperson ungewöhnlich antisterotyp ist, dann stellt dieser Akt an den Schriftsteller automatisch Forderungen, die er erfüllen muß:

es wird dann auch eine adäquate Detaillierung der anderen Personen notwendig. Ist also die psychologische Investition bei der Hauptperson groß, dann ist damit bereits eine Rechnung für die Gesamtheit der zwischenmenschlichen Geschehnisse des Werkes eröffnet, und der Schriftsteller wird zum Schuldner, der seine Schulden in den Devisen zu bezahlen hat, die zu Beginn festgelegt wurden. Anderenfalls werden »die einen Figuren leben und die anderen Papier bleiben«. Gerade von dieser Funktion, die die Bemühungen eines Autors anspornt, findet sich in einem phantastischen Werk im allgemeinen keine Spur, weil der Schriftsteller in ein SF-Werk in der Regel keine unwiederholbar individuellen autobiographischen Merkmale investiert. Die erste, die zentrale Gestalt wird bereits von Anfang an anhand bestimmter Schemata *äußerer Herkunft* geformt. Dies ist ein genereller Trend, der in der Science Fiction herrscht, und auf ihm beruht am meisten ihre Verwandtschaft mit der kriminal-sensationellen Narration, weil in diesen Gattungen die Autoren nichts oder fast nichts »privat« von sich den Figuren mitgeben. Das zum ersten.

Zweitens: die psychologische Qualität eines Helden besteht – außer dem genannten Faktor – auch aus der Erzählstruktur oder aus dem, was ich die Richtung des Hauptschnittes genannt habe, der durch das Fleisch der Romanwelt geführt wird. Früher wurde dieser Schnitt durch alle kausalen Hauptknotenpunkte der Handlung geführt, heute braucht er sie nicht einmal direkt zu berühren. Dies ist möglich, weil die neuzeitlichen Werke keine Protokolle von Lebensbereichen darstellen, die nie ein Fuß betreten hat, sie sind nicht Benennungen einer neu entdeckten Welt, sondern sie sind Vorstöße in den Bereich des Universums, das bereits hundert- und tausendmal durchforstet, durchblättert sowie klassifiziert wurde, und über die Menge seiner Grundfakten braucht man, ja darf man nicht reden. Manchmal wird ein zeitgenössisches Werk zu einer Serie von »Obertönen«, wobei stillschweigend angenommen wird, daß der Leser die Tonart des Hauptschlüssels und die gesamte Melodie bereits ausführlich im Kopf hat; wir wollen dies an Beispielen nachzuweisen versuchen. Stellen wir in einem »minikomparatistischen« Verfahren zwei Erzählungen nebeneinander: »Die Rache der Frau« stammt aus dem Band »Les Diaboliques« von Barbey d'Aurevilly und »Das Spiel mit der Nacht« von dem zeitgenössischen französischen Autor Jose Cabanis. In beiden Werken kommt eine »femme fatale« vor – mit allen Unterschieden, die sich durch die Andersartigkeit des Ortes, der Zeit sowie der Erzählpoetik ergeben.

Bei dem Schriftsteller aus dem vorigen Jahrhundert haben wir eine »anständige«, d. h. eine nacheinander erzählte Geschichte dieser Frau vor uns und das alles noch in einem Konversationston (d'Aurevilly stellt uns zuerst die Gesellschaft vor, in der die Narration aus dem Mund eines Kavaliers hervorsprudelt); im Einklang mit den chronologischen Normen erfahren wir, welch furchtbare Rache eine schöne aristokratische Frau an ihrem spanischen Mann dafür nimmt, daß dieser einen jungen Mann zur Hinrichtung verurteilte, der in die Dame platonisch verliebt war. Die Dame rächt sich auf einer Pariser Straße als billigste Prostituierte; der Autor zählt nacheinander alle Motive auf, die sie zu diesem Verhalten getrieben haben, so daß nach dem Ende der Lektüre für unsere Vermutungsgabe nichts zu tun übrig bleibt. In dem Mikroroman von J. Cabanis geht es um ein junges modernes Mädchen, einen furchtbaren »Feger«, was aber der in sie verliebte Erzähler genau weiß. Seine Geliebte geht mit jedem ins Bett, der nur ein bißchen Wert darauf legt, doch sie liebt den Erzähler – so wie sie es versteht. Alle Einzelheiten über das Kennenlernen des Paares, über die Liebesereignisse, die Promiskuität des Mädchens, den Zweifel und die stillen Qualen des Erzählers sind – wie eine Grundfarbe auf einer Leinwand – über das gesamte Werk verstreut. Eine Reihe Fakten wird von dem Autor überhaupt nicht erwähnt oder er berichtet uns von dem, womit ein d'Aurevilly begonnen hätte, in der Mitte der Geschichte, nur nebenbei; z. B. darüber, daß das Mädchen kein Mädchen mehr ist, da es einen Mann hat, aber dieser spielt keine Rolle, er bedeutet nichts und existiert nur so im Hintergrund. Doch trotz der Unschärfe der gegenständlichen Welt zeichnet dieses Werk dennoch ein durchaus scharfes Porträt jener Seminymphomanin; »Semi« deshalb, weil sie keine Sextigerin ist;

da wir aus außerliterarischen Quellen die Devaluation der Tugendhaftigkeit kennen, die Tugend in den Kreisen des Erzählers als ein anachronistischer Wert gilt, wundern wir uns auch nicht, daß der moderne Liebhaber, der auf antiquo-modo stürmische Leidenschaften durchlebt, diese sorgfältig vor der Auserwählten verbergen muß, sonst würde er sie verscheuchen und sich kompromittieren. Es erfolgte also eine Inversion der erotischen Normen in ein Brauchtum: wer wie ein Besessener liebt, ist vor allem eine unerwünschte, weil bis zur Unerträglichkeit penetrante, in jeder Hinsicht langweilige und unbequeme Person. Die Sehnsüchte des Verliebten können sich nicht erfüllen, wenn das, worauf er den größten Wert legt, einfach nicht existiert: die imposant errichtete, breite Hülle der physischen Liebe als eine Sphäre herzlichen und treuen Verständnisses, als Gefühle, die andeutend demonstriert und auf die gleiche Weise erwidert werden, als Subtilität, die von morgens bis abends gegenseitig bezeugt wird und auch als ein Wehrgrabensystem, das die herausragende Festung der weiblichen Tugendhaftigkeit umgibt, die für niemand als den Auserwählten zu erobern ist. Willst Du mit der Geliebten ins Bett gehen – dann geh, denn sie hat nichts dagegen, und sie wird Dich sogar für einige Stunden durch zusätzliche Privilegien begünstigen, die sie sonst nur selten jemandem anbietet, doch sowohl vorher als auch nachher bleibt sie frei. Der Liebhaber, in der Dauerhaftigkeit der empfundenen Zuneigung und in allen sich aus ihr ergebenden Hoffnungen durch und durch sowie scheu altmodisch, träumt von den Rechten an diesem wunderschönen und exklusiven Eigentum, von Bindungen, die das Liebespaar von dem gesamten Rest der Welt unterscheidet und es zu zwei Körpern mit einer Seele macht, solch ein Liebhaber nun, der gezwungen ist, sich damit zufrieden zu geben, woran er eigentlich – wie er qualvoll erkennt – immer weniger hängt (aber etwas anderes gibt es nicht), dieser Liebhaber, für den das natürliche erotische Ziel, d. h. die Kopulation zum Ersatz und nicht zum Gegenstand der allerletzten Erfüllungen wird, solch ein Mensch wird (bei dem ganzen Ernst seiner Gefühle) immer – wenigstens ein bißchen – lächerlich sein müssen. Bei Cabanis wird diese Nuance der Komik sehr delikat hervorgehoben. Hier also liegt der problemorientierte Inhalt der Erzählung, den wir in schneller Zusammenfassung wiedergegeben haben – gestützt auf Ereignisse, die weder kausal noch chronologisch geordnet sind und die bei der Lektüre eine ständige Rekonstruktion erfordern, weil die Gesetze des erotisch gepeinigten assoziativen Gedächtnisses des Erzählers die alten Gesetze und Schemata von der »Beichte des unglücklich Verliebten« ersetzen. Der Unterschied zwischen den Epochen äußert sich darin, daß solch ein Unglücksrabe früher nicht einmal einen Finger küssen durfte, während er heute absolut alles und zwar sofort haben kann, aber leider in Gesellschaft einer Schar anderer Interessenten; früher bekam er also zu wenig, und heute bekommt er mehr, als ihm lieb ist. Im Endergebnis empfinden wir die Geschichte von Cabanis als eine Geschichte, die mehr »mit dem Leben« zu tun hat als die drastisch-romantische Geschichte von Barbey d'Aurevilly. Die große spanische Dame, die in Paris aus Rache herumhurt und die Syphilis kaum erwarten kann, die endlich ihre Vergeltung krönen wird, weil diese Schande der Frau wie ein Bumerang eine noch größere Schande für den Mann ist, diese Dame aber ist – unseren Empfindungen nach – eine wenig wahrscheinliche Gestalt. (Wäre dies ein tatsächlicher Fall, dann müßte man eine psychische Abirrung unterstellen.) Verismus als Glaubhaftigkeit der Narration und die kausale oder akausale Struktur dieser Narration, das sind zwei verschiedene Dinge.

Das Bild des Erzählers impliziert – wie Todorov sagt – ein bestimmtes Bild des Lesers, was so zu verstehen ist, daß eine Erzählung gemäß dem von vornherein normativ-semantisch gegebenen Standpunkt verläuft und eine Entsprechung der Rahmenfeststellungen beim Leser erwartet, weil sich nur bei solch einer parallelen Einstellung die übergebene Information maximalisiert. Woher aber weiß der Empfänger, was die optimale Einstellung zum jeweiligen Text ist? Nicht nur aufgrund des Trainings durch die Lektüre anderer Werke: es gibt nämlich eine ständige Korrelation zwischen dem Bereich der axiologisch-begrifflichen Veränderungen in der realen Welt und ihren Äquivalenten, die synchron oder mit Verzögerung in der Literatur auftauchen. Der zeitgenössische Leser des Barbey d'Aurevilly hätte bei der Lektüre des Buches von Cabanis bestimmt erhebliche Schwierigkeiten gehabt, und dies nicht nur wegen der ihm fremden Strukturen, sondern deshalb, weil er mit den merkwürdigen Verschiebungen an der axiologischen Börse, die halt zustandegekommen sind, nicht zurechtgekommen wäre: daß eine Frau, obwohl verheiratet, als ein »Mädchen« angesehen werden kann, daß sie ein »Feger« ist und zugleich in der Aura der frischen, eben mädchenhaften Unschuld bleibt, daß – mit einem Wort – der Sex einer totalen Inflation unterliegen konnte – bei gleichzeitiger erheblicher Kurssteigerung der Erotik, einer Kurssteigerung aber, deren Erscheinungen der Sittenkanon sorgfältig zu *maskieren* befiehlt – unter Androhung des Zerfalls der Liebesbeziehung. Für den Leser aus der Epoche Barbey d'Aurevillys hätte das alles phantastisch geklungen. Er hätte an den Text von Cabanis die seinerzeit spezifischen kategorialen Maße anlegen können, die zwar die Möglichkeit der Promiskuität, des Treuebruchs und der Nymphomanie zuließen, aber nicht bis zu dem Grade, daß das Mädchen aus dem »Spiel mit der Nacht« nicht-zynisch und nicht-durch-und-durch-verdorben war. Doch gerade dieses verheiratete Mädchen ist im Grunde genommen weder besonders verdorben noch zynisch, weil es sich den Normen der Umwelt entsprechend benimmt, in der der Sex billiger wurde und dadurch eine Menge tabuisierter Barrieren annulierte, die ihn bisher umgaben. Daß die Aktienkurse für Sex und Erotik unterschiedlich verlaufen und daß dies ein typischer Trend ist, das belegen viele zeitgenössische Werke. »Lolita« von Nabokov z. B. gehört auch dazu: erkaltet der Sex durch Zugänglichkeit, dann kann man ihn nur durch die Zerstörung – wie dieser Roman zeigt – der letzten noch tabuisierten Barrieren entflammen: ein äußerst leidenschaftlicher Liebhaber ist heute derjenige, der mit großer Anstrengung eine bereits geöffnete Tür aufzubrechen versucht, wodurch er sich zu einem Idioten stempelt; deswegen sucht er sich eine geschlossene Tür und gerade dadurch wird er ein Pädophile.

In der Science Fiction gehen die semantisch-normativen

Ebenen eines Werkes und des Empfänger aneinander vorbei, und das ist eine Voraussetzung der Kreation. Ein Text sollte jedoch den Leser erst über die Kategorien und Werthierarchien von irgendeinem *Morgen* oder von irgendeinem kosmischen *Woanders* informieren. Die Verfertigung eines authentischen Erzählers, der in einer anderen als in der gegenwärtigen Zeit oder dem gegenwärtigen Ort lokalisiert ist (eines Erzählers, der aus der Zukunft oder aus der Galaktik spricht), ist eine reale Unmöglichkeit; man kann höchstens vorgeben, daß man gerade das tut. Wie soll man dann den Rahmen normativer Feststellungen als jenen Ufern von Bedeutungen, zwischen denen die Narration fließen wird, demarkieren? Dieser Rahmen müßte unvermeidbar zu einer Serie von Kompromissen werden: selbst wenn der Erzähler in der Sprache der Zukunft zu seinen Zeitgenossen, also zu irgendeiner kommenden Generation spräche, so müßte er sich doch der nur unbedeutend »futurologisierten« Gegenwartssprache bedienen (und selbst solche linguistischen Transformationen sind in der SF selten zu finden), die an uns Heutige gerichtet ist. Einerseits also redet er irgendwo in der Zukunft, andererseits aber soll er jedoch auf den realen Leser blicken und ihn im Sinn haben; deshalb verschwimmt sowohl das Bild des Erzählers als auch – als Konsequenz – das Bild des Lesers. Der Leser eines Phantastiktextes verfügt über kein Wissen, das nicht ausschließlich aus dem Text selbst stammt, zumindest hat er solch ein Wissen nicht in dem Maße, wie es der Leser von normaler realistischer Literatur hat. Ob das Erzählmuster, das Cabanis verwendet (hier beispielhaft erwähnt), für die SF von Nutzen sein könnte? Nicht ohne beträchtliche Zweifel; denn Gestalten indirekt schaffen, durch Verweise informieren, sich auf das Wissen des Lesers stützen, das kann man nur bei Fragen und Tatsachen, die dem Leser bekannt sind; der Verzicht auf »Basis«-Fakten wird – wenn sie dem Leser unbekannt sind – das Werk unverständlich machen; je größer die kategoriale, axiologische und begriffliche Kluft zwischen der Welt eines Werkes und der Welt des Lesers ist, um so sorgfältiger muß man die Narration präzisieren. Zweifelsohne, am leichtesten ist das anhand von Vorlesungen, Protokollen und Beschreibungen zu bewerkstelligen, und gerade diese Einschübe blähen die Texte der Science Fiction oft auf; die Qualität eines Kommunikats unter Beibehaltung der künstlerischen Qualitäten zu verbessern, das ist wahrscheinlich möglich, doch das verlangt gleichsam eine spezielle Invention, die direkt auf dieses formale Problem ausgerichtet ist. Um diese Aufgabe bewältigen zu können, muß man sich zuerst über ihre Existenz im klaren sein – und das entsprechend gerade den oben skizzierten theoretischen Überlegungen.

Zu S. 453. Der zu der Spitze der SF-Schriftsteller gehörende John Brunner hat im Januar 1966 in der Zeitschrift »Vector« einen ungewöhnlich aufschlußreichen Artikel über die ökonomische Situation eines SF-Schriftstellers veröffentlicht. Brunner zitiert zuerst die statistischen Daten, aus denen man ersehen kann, daß in den USA ungefähr 250 Personen (bei einer zweithundertmillionenstarken Gesellschaft) ausschließlich von der Literatur leben, (d. h. sie haben keinen weiteren, ständig ausgeübten Job.) Die Menge der SF-Leser beträgt in den Vereinigten Staaten schätzungsweise 185 000 Personen (also ungefähr ein Amerikaner auf tausend) und in England um 45 000. Die amerikanischen Magazine zahlen einem Atuor ein bis vier Cent pro Wort; die Honorare, die die Periodika zahlen, machen für viele Autoren den größten Teil ihrer Einkommen aus; denn nicht alle Arbeiten, die in einem SF-Magazin publiziert wurden, können mit einer Buchveröffentlichung rechnen. Erzählungen und »short stories« haben tausend oder zweitausend bis zu zehntausend Worte; ein Autor bekommt also für ein Werk von 15 bis zu 150 Dollar. Solange man aber mit der Feder nicht wenigstens einige Tausend Dollar pro Jahr verdient, kann man mit keiner Hilfe seitens irgendwelcher literarischer Agenten rechnen. Man muß also für seine eigenen Werke selbst Reklame machen und sie selbst an die Redaktionen und Verlage schikken. Ein Magazin zahlt für einen Roman ca. 500 Dollar, ein Paperback-Verleger (SF wird von den meisten Verlegern selten in festen Einbänden herausgegeben) zahlt 1500 Dollar. Ein Werk also, das mal in Fortsetzungen und mal als Buch gedruckt wird, bringt 2000 Dollar. Hierbei ist zu berücksichtigen, daß in den Staaten die Personen, die jährlich weniger als 3,5–4 Tausend Dollar verdienen, zu den Habenichtsen zählen; die Autoren unterrichten ihre Leser in Briefen, die die Magazine abdrucken, davon, daß sie »all jene beneiden, die ihre Texte setzen«, weil das Honorar für das Schreiben eines Werkes in der Regel *kleiner* ist als die Quote, die ein Durchschnittsverdiener (Linotypist) verdient. Wie J. Brunner sagt, muß man, um leben zu können, entweder viel produzieren (er gibt selbst zu, daß er bis zu acht Bücher pro Jahr verfaßt hat) oder von den Staaten nach England umsiedeln, weil hier das Leben wesentlich billiger ist. Übersetzungen führen zwar zu internationalem Ruhm, doch mehr als 400, höchstens 500 Dollar (und das ganz selten) ist für eine Übersetzung nicht zu bekommen. Der Mythos von den großen Verdiensten der Schriftsteller, selbst derjenigen, die auf beiden Hemisphären bekannt sind, ist falsch, eine Ausnahme von der Regel stellen diejenigen Schriftsteller dar, denen es gelang, Urheberrechte an den Film zu verkaufen oder ihre SF-Texte regelmäßig beim Fernsehen an den Mann zu bringen; hierdurch lassen sich all die verschiedenen Jobs erklären, mit denen sich diese Autoren beschäftigen – angefangen beim Kriminalroman bis zu SF-Comics-Serien. (Brunner selbst ist von den USA nach England umgesiedelt.)

Hierbei ist zu berücksichtigen, daß ein englisch-schreibender Autor noch über den potentiell größten Leserkreis der Welt verfügt (weit über eine Viertelmilliarde Menschen). Ein »Phantast« kann nur in Ausnahmefällen mit Neuauflagen rechnen, dann, wenn sein Werk als hervorragend gilt – allerdings nicht aufgrund der Kritik, denn das Lob der Kritik allein reicht hier nicht aus. Die Güte eines Werkes wird in den Augen eines Verlegers nur durch eine sich schnell verkaufende Auflage bewiesen. Das erklärt auch, warum wirklich gute Arbeiten wie z. B. die Werke von O. Stapledon auf dem Buchmarkt äußerst selten auftauchen. (Einige von ihnen sind heute bibliographische Raritäten.) Aber weiter: SF-Editoren veröffentlichen nie »nobilitierte« Literatur (z. B. zeitgenössische), sondern sie geben nur – außer der Phantastik – Kriminalromane, Western sowie Thriller heraus. Deshalb haben manche berühmte Autoren bisweilen

Lust, sich zu befreien, und sie bemühen sich um die Gründung ihrer eigenen Periodika oder sogar ihrer eigenen Verlage. (Doch solche Periodika leben in der Regel nur kurz – die Verlage balancieren am Rande des Bankrotts.)

In den letzten Jahren unterlag die SF in ihrer Gesamtheit – wie den Stimmen der Schriftsteller zu entnehmen war, die nach dem Artikel von J. Brunner zu hören waren – Fluktuationen zwischen Booms und Baissen; während eines Booms steigt hierbei die Anzahl der herausgegebenen Periodika an, um dann während der Baisse rapid zu sinken. Aber – und das ist äußerst wesentlich – immer wenn die Öffentlichkeit der SF den Rücken kehrt, dann werden eher die ambitionierten Periodika (künstlerisch-intellektuelle) liquidiert als die, die die anspruchslosesten Texte veröffentlichen. Es ist also eine ganz normale Erscheinung, daß sich Schriftsteller (vor allem englische), selbst wenn sie berühmt sind, um irgendwelche Stipendien bemühen (es gibt jedoch nur sehr wenig solche Stipendien).

Um an einem Buch ein Jahr lang schreiben zu können, muß man in den USA und auch in England unbedingt über außerliterarische Einnahmequellen verfügen; nimmt die berufliche Tätigkeit viel Zeit in Anspruch, dann fehlt sie jedem, der sich gründlich im Bereich der Wissenschaft umsehen wollte.

Diese Situation bessert sich, so einige optimistische Stimmen, zumindest soll sie jetzt besser sein als um 1950. Das kosmonautische Programm und der Ruhm, den seine Verwirklichung der wissenschaftlichen Phantastik indirekt verlieh, hat sich als eine Unterstützung, gleichsam als ein Amplifier der Autorität der SF herausgestellt. Aber auch dieses neue Prestige ist nicht frei von doppelten Merkmalen (wie man aus der Post in den angelsächsischen Magazinen erfahren kann), weil viele Menschen die SF als eine Art pragmatisch-antizipierendes Reklameunternehmen für die Kosmonautik betrachten, also bestenfalls als belletrisierte Prognosen, deren künstlerisches Äußeres solch eine Rolle spielt wie die Glasur für eine einzunehmende Pille. In *diesem* Kontext sollte man die kritischen Artikel lesen, die die Werke eines Heinlein und *Becketts* oder eines Wyndham und *Ionescos*

– *als* »Phantasten« – *nebeneinander* rezensieren. Hierin äußern sich die kompensatorischen Träume, die für dieses Milieu total unrealisierbar sind: die Science Fiction schafft es nicht, sich auf die Höhen zu schwingen, die von den »externen« Schriftstellern besetzt sind und versucht daher – wie die oben zitierte Stimme –, diese Schriftsteller gleichsam auf das eigene Niveau herunterzuziehen (wenn sie diese Schriftsteller auf dieselbe Weise bespricht wie diejenigen, die im Rahmen einer »Dreifelderwirtschaft« Jahr für Jahr nacheinander einen Western, einen Krimi und ein SF-Werk schreiben). Die hoffnungslose Situation der angelsächsischen Phantasten (sie können, wenn sie »das Niveau ihrer Produktion anheben«, leicht die bisherigen Leser verlieren, aber gleichzeitig nicht das rettende Ufer der »normalen« Literatur erreichen) ist dann doppelt hoffnungslos: wie eben erwähnt, ökonomisch und zugleich sozial (aufgrund des niedrigen sozialen Images). Je mehr Ambitionen jemand hat, um so mehr klagt er über diese Lage (die Äußerungen von Brian Aldiss oder J. G. Ballard sind oft sogar ganz unverblümte Elegien); oft träumt er auch von einer »Emigration« aus dem Getto der SF zu den glücklichen Gefilden der normalen Literatur. Auf diese Weise stellen der Verbrauchermarkt sowie die praktisch (obwohl nicht organisatorisch) monopolisierten Verlage ein starkes ökonomisches Hemmnis gegen jedes Experiment in der westlichen Science Fiction dar.

Inhalt

Von Stanisław Lem
erschienen im Suhrkamp Verlag

Robotermärchen. *Bibliothek Suhrkamp* Band 366. 1973
Das Hohe Schloß. Prosa. *Bibliothek Suhrkamp* Band 405. 1974
Solaris. Roman. *suhrkamp taschenbuch* Band 226. 1975
Die Jagd. Neue Geschichten des Piloten Pirx. *suhrkamp taschenbuch* Band 302. 1976
Transfer. Roman. *suhrkamp taschenbuch* Band 324. 1976
Nacht und Schimmel. Erzählungen. *suhrkamp taschenbuch* Band 356. 1976
Der futurologische Kongreß. *Bibliothek Suhrkamp* Band 477. 1975 und *suhrkamp taschenbuch* Band 534. 1979
Die Maske. Herr F. Zwei Erzählungen. *Bibliothek Suhrkamp* Band 561. 1977
Die Untersuchung. Kriminalroman. *suhrkamp taschenbuch* Band 435. 1978
Die Astronauten. *suhrkamp taschenbuch* Band 441. 1978
Sterntagebücher. *suhrkamp taschenbuch* Band 459. 1978
Golem XIV und andere Prosa. *Bibliothek Suhrkamp* Band 603. 1978
Memoiren, gefunden in der Badewanne. *suhrkamp taschenbuch* Band 508. 1979
Der Schnupfen. Kriminalroman. *suhrkamp taschenbuch* Band 570. 1979
Dialoge. *edition suhrkamp* Band 1013. 1980
Mondnacht. Hör- und Fernsehspiele. *suhrkamp taschenbuch* Band 729. 1980
Imaginäre Größe. *suhrkamp taschenbuch* Band 658. 1981
Summa technologiae. *suhrkamp taschenbuch* Band 678. 1981
Die vollkommene Leere. *suhrkamp taschenbuch* Band 707. 1981
Provokation. Besprechung eines ungelesenen Buches. *Bibliothek Suhrkamp* Band 740. 1981
Terminus und andere Geschichten des Piloten Pirx. *suhrkamp taschenbuch* Band 740. 1981
Das Hospital der Verklärung. Roman. *suhrkamp taschenbuch* Band 761. 1982
Die Ratte im Labyrinth. *suhrkamp taschenbuch* Band 806. 1982
Robotermärchen. *suhrkamp taschenbuch* Band 856. 1982
Die Stimme des Herrn. Roman. *suhrkamp taschenbuch* Band 907. 1983
Eine Minute der Menschheit. Eine Momentaufnahme. *suhrkamp taschenbuch* Band 955. 1983
Waffensysteme des 21. Jahrhunderts oder The Upside Down Evolution. *suhrkamp taschenbuch* Band 998. 1983
Das Katastrophenprinzip. Die kreative Vernichtung in der Natur. *suhrkamp taschenbuch* Band 999. 1983

Über Stanisław Lem. *suhrkamp taschenbuch* Band 586. 1981

Von Stanisław Lem
erschienen im Insel Verlag

Sterntagebücher. 1973
Die vollkommene Leere. 15 fiktive Rezensionen. 1973
Die Astronauten. 1974
Der futurologische Kongreß. Aus Ijon Tichys Erinnerungen. 1974
Memoiren, gefunden in der Badewanne. 1974
Die Untersuchung. *Kriminalroman.* 1975
Das Hospital der Verklärung. *Roman.* 1975
Der Unbesiegbare. *Roman.* 1976
Summa technologiae. 1976
Imaginäre Größe. 1976
Der Schnupfen. *Kriminalroman.* 1977
Phantastik und Futurologie I. 1977
Mondnacht. Hör- und Fernsehspiele. 1977
Eden. Roman einer außerirdischen Zivilisation. 1978
Pilot Pirx. 1978
Erzählungen. 1979
Der phantastische Lem. 1980
Phantastik und Futurologie II. 1980
Essays. 1981
Dialoge. 1981
Die Stimme des Herrn. *Roman.* 1981
Mehr phantastische Erzählungen. 1981
Kyberiade. Fabeln zum kybernetischen Zeitalter. 1983
Philosophie des Zufalls. Zu einer empirischen Theorie der Literatur. 1983
Nacht und Schimmel. 1972 *(in dieser Ausgabe vergriffen)*
Die Jagd. 1973 *(in dieser Ausgabe vergriffen)*

In Anthologien

Die Ratte im Labyrinth. 1971
Polaris 1. *insel taschenbuch* Band 30. 1973
Polaris 5. *suhrkamp taschenbuch* Band 713. 1981
Phaïcon 1. *insel taschenbuch* Band 69. 1974
Phaïcon 2. *insel taschenbuch* Band 154. 1975
Blick vom anderen Ufer. Europäische Science-fiction. *suhrkamp taschenbuch* Band 359. 1977
Pfade ins Unendliche. Insel Almanach auf das Jahr 1972
Stanisław Lem. Der dialektische Weise aus Kraków. Insel Almanach auf das Jahr 1976
Wie der Teufel den Professor holte. *suhrkamp taschenbuch* Band 629. 1979
›Quarber Merkur‹. Aufsätze zur Science-fiction und Phantastischen Literatur. *suhrkamp taschenbuch* Band 571. 1979
Phantastische Träume. *suhrkamp taschenbuch* Band 954. 1983

Phantastische Bibliothek
in den suhrkamp taschenbüchern

Violetter Umschlag kennzeichnet die Bände der
»Phantastischen Bibliothek« innerhalb der *suhrkamp taschenbücher*

Band 1 Stanisław Lem, Nacht und Schimmel. Erzählungen. Aus dem Polnischen von I. Zimmermann-Göllheim. st 356
Band 2 H. P. Lovecraft, Das Ding auf der Schwelle. Unheimliche Geschichten. Deutsch von Rudolf Hermstein. st 357
Band 3 Herbert W. Franke, Ypsilon minus. st 358
Band 4 Blick vom anderen Ufer. Europäische Science-fiction. Herausgegeben von Franz Rottensteiner. st 359
Band 5 Gore Vidal, Messias. Roman. Deutsch von Helga und Peter von Tramin. st 390
Band 6 Ambrose Bierce, Das Spukhaus. Gespenstergeschichten. Deutsch von Gisela Günther, Anneliese Strauß und K. B. Leder. st 365
Band 7 Stanisław Lem, Transfer. Roman. Deutsch von Maria Kurecka. st 324 (vergriffen)
Band 8 H. P. Lovekraft, Der Fall Charles Dexter Ward. Zwei Horrorgeschichten. Aus dem Amerikanischen von Rudolf Hermstein. st. 391
Band 9 Herbert W. Franke, Zarathustra kehrt zurück. st 410
Band 10 Algernon Blackwood, Besuch von Drüben. Gruselgeschichten. Aus dem Englischen von Friedrich Polakovics. st 411
Band 11 Stanisław Lem, Solaris. Roman. Aus dem Polnischen von I. Zimmermann-Göllheim. st 226 (vergriffen)
Band 12 Algernon Blackwood, Das leere Haus. Phantastische Geschichten. Deutsch von Friedrich Polakovics. st 30
Band 13 A. und B. Strugatzki, Die Schnecke am Hang. Aus dem Russischen von H. Földeak. Mit einem Nachwort von Darko Suvin. st. 434
Band 14 Stanisław Lem, Die Untersuchung. Kriminalroman. Aus dem Polnischen von Jens Reuter und Hans Jürgen Mayer. st 435
Band 15 Philip K. Dick, UBIK. Science-fiction-Roman. Aus dem Amerikanischen von Renate Laux. st 440
Band 16 Stanisław Lem, Die Astronauten. Utopischer Roman. Aus dem Polnischen von Rudolf Pabel. st 441
Band 17 Phaïcon 3. Almanach der phantastischen Literatur. Herausgegeben von Rein A. Zondergeld. st 443
Band 18 Stanisław Lem, Die Jagd. Neue Geschichten des Piloten Pirx. Aus dem Polnischen von Roswitha Buschmann, Kurt Kelm, Barbara Sparing. st 302
Band 19 H. P. Lovecraft, Cthulhu. Geistergeschichten. Deutsch von H. C. Artmann. Vorwort von Giorgio Manganelli. st 29

Band 20 Stanisław Lem, Sterntagebücher. Aus dem Polnischen von Caesar Rymarowicz. Mit Zeichnungen des Autors. st 459

Band 21 Polaris 4. Ein Science-fiction-Almanach von Franz Rottensteiner. st 460

Band 22 Das unsichtbare Auge. Eine Sammlung von Phantomen und anderen unheimlichen Erscheinungen. Erzählungen. Herausgegeben von Kalju Kirde. st 477

Band 23 Stefan Grabiński, Das Abstellgleis und andere Erzählungen. Mit einem Nachwort von Stanisław Lem. Aus dem Polnischen von Klaus Staemmler. st 478

Band 24 H. P. Lovecraft, Berge des Wahnsinns. Zwei Horrorgeschichten. Deutsch von Rudolf Hermstein. st 220

Band 25 Stanisław Lem, Memoiren, gefunden in der Badewanne. Aus dem Polnischen von Walter Tiel. Mit einer Einleitung des Autors. st 508

Band 26 Gerd Maximovič, Die Erforschung des Omega-Planeten. Erzählungen. st 509

Band 27 Edgar Allan Poe, Der Fall des Hauses Ascher. Aus dem Amerikanischen von Arno Schmidt und Hans Wollschläger. st 517

Band 28 Algernon Blackwood, Der Griff aus dem Dunkel. Gespenstergeschichten. Deutsch von Friedrich Polakovics. st 518

Band 29 Stanisław Lem, Der futurologische Kongreß. Aus dem Polnischen von I. Zimmermann-Göllheim. st 534

Band 30 Herbert W. Franke, Sirius Transit. Roman. st 535

Band 31 Darko Suvin, Poetik der Science-fiction. Zur Theorie und Geschichte einer literarischen Gattung. Deutsch von Franz Rottensteiner. st 539

Band 32 M. R. James, Der Schatz des Abtes Thomas. Zehn Geistergeschichten. Aus dem Englischen von Friedrich Polakovics. st 540

Band 33 Stanisław Lem, Der Schnupfen. Kriminalroman. Autorisierte Übersetzung aus dem Polnischen von Klaus Staemmler. st 570

Band 34 Franz Rottensteiner (Hrsg.), ›Quarber Merkur‹. Aufsätze zur Science-fiction und Phantastischen Literatur. st 571

Band 35 Herbert W. Franke, Zone Null. Science-fiction-Roman. st 585

Band 36 Über Stanisław Lem. Herausgegeben von Werner Berthel. st 586

Band 37 Wie der Teufel den Professor holte. Science-fiction-Erzählungen aus Polaris 1. st 629

Band 38 Das Mädchen am Abhang. Science-fiction-Erzählungen aus Polaris 2. st 630

Band 39 Der Weltraumfriseur. Science-fiction-Erzählungen aus Polaris 3. st 631

Band 40 Die Büßerinnen aus dem Gnadenkloster. Phantastische Erzählungen aus Phaïcon 2. Herausgegeben und mit einem Vorwort von Rein A. Zondergeld. st 632

Band 41 Herbert W. Franke, Einsteins Erben. Science-fiction-Geschichten. st 603

Band 42 Edward Bulwer Lytton, Das kommende Geschlecht. Aus dem Englischen übersetzt von Michael Walter. st 609

Band 43 H. P. Lovecraft, Die Katzen von Ulthar und andere Erzählungen. Deutsch von Michael Walter. st 625

Band 44 Phaïcon 4. Almanach der phantastischen Literatur. Herausgegeben von Rein A. Zondergeld. st 636

Band 45 Johanna Braun, Günter Braun, Unheimliche Erscheinungsformen auf Omega XI. Utopischer Roman. st 646

Band 46 Bernd Ulbrich, Der unsichtbare Kreis. Utopische Erzählungen. st. 652

Band 47 Stanisław Lem, Imaginäre Größe. Aus dem Polnischen von Caesar Rymarowicz. st 658

Band 48 H. W. Franke, Paradies 3000. Science-fiction-Erzählungen. st 664

Band 49 Arkadi und Boris Strugatzki, Picknick am Wegesrand. Utopische Erzählung. Aus dem Russischen übersetzt von Aljonna Möckel. Mit einem Nachwort von Stanisław Lem. st 670

Band 50 Louis-Sébastien Mercier, Das Jahr 2440. Deutsch von Christian Felix Weiße (1772). Herausgegeben, mit Erläuterungen und einem Nachwort versehen von Herbert Jaumann. st 676

Band 51 Johanna Braun, Günter Braun, Der Fehlfaktor. Utopisch-phantastische Erzählungen. st 687

Band 52 H. P. Lovecraft, Stadt ohne Namen. Gespenstergeschichten. Aus dem Amerikanischen von Charlotte Gräfin von Klinckowstroem. Mit einem Nachwort von Dirk W. Mosig. st 694

Band 53 Leo Szilard, Die Stimme der Delphine. Utopische Science-fiction-Erzählungen. Mit einem Vorwort von Carl Friedrich von Weizsäcker. st 703

Band 54 Polaris 5. Ein Science-fiction-Almanach. Herausgegeben von Franz Rottensteiner. st 713

Band 55 Arthur Machen, Die leuchtende Pyramide und andere Geschichten des Schreckens. Aus dem Englischen von Herbert Preissler. st 720

Band 56 J. G. Ballard, Der ewige Tag und andere Erzählungen. Deutsch von Michael Walter. st 727

Band 57 Stanisław Lem, Mondnacht. Hör- und Fernsehspiele. Aus dem Polnischen übersetzt von Klaus Staemmler, Charlotte Eckert, Jutta Janke und I. Zimmermann-Göllheim. st 729

Band 58 Herbert W. Franke. Schule für Übermenschen. st 730

Band 59 Joseph Sheridan Le Fanu, Der besessene Baronet und andere Geistergeschichten. Deutsch von Friedrich Polakovics. Mit einem Nachwort von Jörg Krichbaum. st 731

Band 60 Philip K. Dick, LSD-Astronauten. Deutsch von Anneliese Strauß. st 732

Band 61 Stanisław Lem, Terminus und andere Geschichten des Piloten Pirx. Aus dem Polnischen von Caesar Rymarowicz. st 740

Band 62 Herbert W. Franke, Keine Spur von Leben. *Hörspiele.* st 741

Band 63 Johanna Braun, Günter Braun, Conviva Ludibundus. Utopischer Roman. st 748

Band 64 William Hope Hodgson, Stimme in der Nacht. Unheimliche Seegeschichten. Deutsch von Wulf Teichmann. st 749

Band 65 Kōbō Abe, Die vierte Zwischeneiszeit. Aus dem Japanischen von S. Schaarschmidt. st 756

Band 66 Die andere Zukunft. Phantastische Erzählungen aus der DDR. Herausgegeben von Franz Rottensteiner. st 757

Band 67 Michael Weisser, SYN-CODE-7. Science-fiction-Roman. st 764

Band 68 C. A. Smith, Saat aus dem Grabe. Phantastische Geschichten. Aus dem Amerikanischen von Friedrich Polakovics. st 765

Band 69 Herbert W. Franke, Tod eines Unsterblichen. Science-fiction-Roman. st 772

Band 70 Philip K. Dick. Mozart für Marsianer. Science-fiction-Roman. Aus dem Amerikanischen von Renate Laux. st 773

Band 71 H. P. Lovecraft, In der Gruft und andere makabre Geschichten. Deutsch von Michael Walter. st 779

Band 72 A. und B. Strugatzki, Montag beginnt am Samstag. Utopisch-phantastischer Roman. Aus dem Russischen von Hermann Buchner. st 780

Band 73 Stanisław Lem, Die Ratte im Labyrinth. Ausgewählt von Franz Rottensteiner. Aus dem Polnischen von Roswitha Buschmann, Caesar Rymarowicz, Jens Reuter und Klaus Staemmler. st 806

Band 74 Johanna Braun, Günter Braun, Der Irrtum des großen Zauberers. Phantastischer Roman. st 807

Band 75 J. G. Ballard, Kristallwelt. Science-fiction-Roman. Deutsch von Margarete Bormann. st 818

Band 76 Peter Schattschneider, Zeitstopp. Science-fiction-Geschichten. st 819

Band 77 Phantasma. Polnische Geschichten aus dieser und jener Welt. Herausgegeben und übersetzt von Klaus Staemmler. st 826

Band 78 Arkadi und Boris Strugatzki, Die gierigen Dinge des Jahrhunderts. Phantastischer Roman. Aus dem Russischen von Heinz Kübart. st 827

Band 79 J. G. Ballard, Die Tausend Träume von Stellavista und andere Vermilion-Sands-Stories. Aus dem Englischen von Alfred Scholz. st 833

Band 80 Brian W. Aldiss, Der unmögliche Stern. Science-fiction-Geschichten. Aus dem Englischen von Rudolf Hermstein. st 834

Band 81 Herbert W. Franke, Transpluto. Science-fiction-Roman. st 841

Band 82 Polaris 6. Ein Science-fiction-Almanach, Herbert W. Franke gewidmet. Herausgegeben von Franz Rottensteiner. st 842

Band 83 Algernon Blackwood, Der Tanz in den Tod. Unheimliche Geschichten. Herausgegeben von Kalju Kirde. Aus dem Englischen von Friedrich Polakovics. st 848

Band 84 L. Sprague de Camp, H. P. Lovecraft. Eine Biographie. Aus dem Amerikanischen von Jörg Krichbaum. st 849 (erscheint nicht)

Band 85 Stanisław Lem, Robotermärchen. Aus dem Polnischen von I. Zimmermann-Göllheim. st 856

Band 86 Phaïcon 5. Almanach der phantastischen Literatur. Herausgegeben von Rein A. Zondergeld. st 857

Band 87 C. A. Smith, Planet der Toten. Phantastische Erzählungen. Aus dem Amerikanischen von Friedrich Polakovics. st 864

Band 88 Jerzy Żuławski, Auf dem Silbermond. Science-fiction-Roman. Aus dem Polnischen von Edda Werfel. st 865

Band 89 Arkadi und Boris Strugatzki, Fluchtversuch. Science-fiction-Roman. Aus dem Russischen von Dieter Pommerenke. st 872

Band 90 Michael Weisser, DIGIT. Science-fiction-Roman. st 873

Band 91 Rein A. Zondergeld, Lexikon der phantastischen Bibliothek. st 880

Band 92 Johanna Braun, Günter Braun, Der Utofant. In der Zukunft aufgefundene Journale aus dem Jahrtausend III. st 881

Band 93 Cordwainer Smith, Herren im All. Science-fiction-Erzählungen. Aus dem Amerikanischen von Rudolf Hermstein. st 888

Band 94 Tod per Zeitungsannonce und andere phantastische Erzählungen aus Rußland. Herausgegeben von Elisabeth Cheauré. Aus dem Russischen von Edda Werfel und anderen. st 889

Band 95 J. G. Ballard, Hallo Amerika! Science-fiction-Roman. Aus dem Englischen von Rudolf Hermstein. st 895

Band 96 J. G. Ballard, Billennium. Science-fiction-Erzählungen. Aus dem Englischen von Alfred Scholz und Michael Walter. st 896

Band 97 Stanisław Lem, Die Stimme des Herrn. Roman. Aus dem Polnischen von Roswitha Buschmann. st 907

Band 98 Thomas Owen, Wohin am Abend? und andere seltsame Geschichten. Deutsch von Rein A. Zondergeld. Mit einem Nachwort des Übersetzers. st 908

Band 99 Martin Roda Becher, An den Grenzen des Staunens. Aufsätze zur phantastischen Literatur. st 915

Band 100 Phantastische Träume. Herausgegeben von Franz Rottensteiner. st 954

Band 101 Jerzy Zuławski, Der Sieger. Ein klassischer Science-fiction-Roman. Aus dem Polnischen von Edda Werfel. st 916

Band 102 Joseph Sheridan Le Fanu, Maler Schalken und andere Geistergeschichten. Deutsch von Friedrich Polakovics. Mit einem Nachwort von Rein A. Zondergeld. st 923

Band 103 J. G. Ballard, Das Katastrophengebiet. Science-fiction-Erzählungen. Aus dem Englischen von Charlotte Franke und Alfred Scholz. st 924

Band 104 Polaris 7. Ein Science-fiction-Almanach. Herausgegeben von Franz Rottensteiner. st 931

Band 105 Lygia Fagundes Telles, Die Struktur der Seifenblase. Unheimliche Erzählungen. Aus dem portugiesischen Brasilianisch von Alfred Opitz. st 932

Band 106 Adolfo Bioy Casares, Morels Erfindung. Phantastischer Roman. Aus dem Spanischen von Karl August Horst. Mit einem Nachwort von J. L. Borges. st 939

Band 107 J. G. Ballard, Der tote Astronaut. Science-fiction-Erzählungen. Aus dem Englischen von Michael Walter. st 940

Band 108 Villiers de l'Isle-Adam, Die Eva der Zukunft. Deutsch von Annette Kolb. Mit einem Nachwort von Peter Gendolla. st 947

Band 109 Johanna Braun, Günter Braun, Das kugeltranszendentale Vorhaben. Phantastischer Roman. st 948

Band 110 Stanisław Lem, Eine Minute der Menschheit. Aus dem Polnischen von Edda Werfel. st 955

Band 111 Arkadi und Boris Strugatzki, Der ferne Regenbogen. Eine utopische Erzählung. Aus dem Russischen von Aljonna Möckel. st 956

Band 112 Josef Nesvadba, Die absolute Maschine. Science-fiction-Erzählungen. Aus dem Tschechischen von Erich Bertleff. st 961

Band 113 Adolfo Bioy Casares, Die fremde Dienerin. Phantastische Erzählungen. Aus dem Spanischen von Joachim A. Frank. st 962

Band 114 Jerzy Żuławski, Die alte Erde. Science-fiction-Roman. Aus dem Polnischen von Edda Werfel. st 968

Band 115 Robert Plank, George Orwells »1984«. Eine psychologische Studie. Deutsch von Leopold Spira. st 969

Band 116 J. G. Ballard, Die Dürre. Science-fiction-Roman. Aus dem Englischen von Maria Gridling. st 975

Band 117 Mihály Babits, Der Storchkalif. Phantastischer Roman. Einzig berechtigte Übertragung aus dem Ungarischen von Stefan J. Klein. st 976

Band 118 Walter de la Mare, Aus der Tiefe. Seltsame Geschichten. Aus dem Englischen von Traude Dienel. st 982

Band 119 Johanna Braun, Günter Braun, Die unhörbaren Töne. Utopisch-phantastische Erzählungen. st 983

Band 120 Erckmann-Chatrian, Das Eulenohr und andere phantastische Erzählungen. Aus dem Französischen von Hilde Linnert. st 989

Band 121 Herbert W. Franke, Die Kälte des Weltraums. Science-fiction-Roman. st 990

Band 122 Stanisław Lem, Phantastik und Futurologie I. Autorisierte Übersetzung aus dem Polnischen von Beate Sorger und Wiktor Szacki. st 996

Band 123 Marianne Gruber, Die gläserne Kugel. Utopischer Roman. st 997

Band 124 Stanisław Lem, Waffensysteme des 21. Jahrhunderts. Aus dem Polnischen von Edda Werfel. st 998

Band 125 Stanisław Lem, Das Katastrophenprinzip. Die kreative Zerstörung in der Natur. Aus dem Polnischen von Friedrich Griese. st 999

Band 126 Stanisław Lem, Phantastik und Futurologie II. Aus dem Polnischen von Edda Werfel. st 1013

Band 127 J. G. Ballard, Der vierdimensionale Alptraum. Science-fiction-Erzählungen. Aus dem Englischen von Wolfgang Eisermann. st 1014

Band 128 Svend Åge Madsen, Dem Tag entgegen. Utopischer Roman. Aus dem Dänischen von Horst Schröder. st 1020

Band 129 Peter Schattschneider, Singularitäten. Ein Episodenroman im Umfeld Schwarzer Löcher. st 1021

Band 130 Über H. P. Lovecraft. Herausgegeben von Franz Rottensteiner. st 1027

Band 131 Antoni Słonimski, Der Zeittorpedo. Phantastischer Roman. Aus dem Polnischen von Klaus Staemmler. st 1028

Band 132 Jean Ray, Die Gasse der Finsternis. Phantastische Erzählungen. Aus dem Französischen von Willy Thaler. st 1034

Band 133 Gerd Maximovič, Das Spinnenloch und andere Science-fiction-Erzählungen. st 1035

Band 134 Guy de Maupassant, Die Totenhand und andere phantastische Erzählungen. Aus dem Französischen von Walter Widmer und anderen. st 1040

Band 135 H. P. Lovecraft und andere, Das Grauen im Museum und andere Erzählungen. Ausgewählt von Kalju Kirde. Aus dem Amerikanischen von Rudolf Hermstein. st 1067

Band 136 Martin Roda Becher, Hinter dem Rücken. Phantastische Erzählungen. st 1041

Band 137 Phantastische Welten. Herausgegeben von Franz Rottensteiner. st 1068

Alphabetisches Gesamtverzeichnis der suhrkamp taschenbücher

Abe, Die vierte Zwischeneinszeit 756
Achternbusch, Alexanderschlacht 61
– Das letzte Loch 803
– Der Neger Erwin 682
– Die Stunde des Todes 449
– Happy oder Der Tag wird kommen 262
Adorno, Erziehung zur Mündigkeit 11
– Studien zum autoritären Charakter 107
– Versuch, das ›Endspiel‹ zu verstehen 72
– Versuch über Wagner 177
– Zur Dialektik des Engagements 134
Aitmatow, Der weiße Dampfer 51
Aldis, Der unmögliche Stern 834
Alegría, Die hungrigen Hunde 447
Alewyn, Probleme und Gestalten 845
Alfvén, Atome, Mensch und Universum 139
– M 70 – Die Menschheit der siebziger Jahre 34
Allerleirauh 19
Alsheimer, Eine Reise nach Vietnam 628
– Vietnamesische Lehrjahre 73
Alter als Stigma 468
Anders, Kosmologische Humoreske 432
v. Ardenne, Ein glückliches Leben für Technik und Forschung 310
Arendt, Die verborgene Tradition 303
Arlt, Die sieben Irren 399
Arguedas, Die tiefen Flüsse 588
Artmann, Grünverschlossene Botschaft 82
– How much, schatzi? 136
– Lilienweißer Brief 498
– The Best of H. C. Artmann 275
– Unter der Bedeckung eines Hutes 337
Augustin, Raumlicht 660
Bachmann, Malina 641
v. Baeyer, Angst 118
Bahlow, Deutsches Namenlexikon 65
Balint, Fünf Minuten pro Patient 446
Ball, Hermann Hesse 385
Ballard, Der ewige Tag 727
– Die Tausend Träume 833
– Kristallwelt 818
Barnet (Hg.), Der Cimarrón 346
Basis 5, Jahrbuch für deutsche Gegenwartsliteratur 276
Basis 6, Jahrbuch für deutsche Gegenwartsliteratur 340
Basis 7, Jahrbuch für deutsche Gegenwartsliteratur 420
Basis 8, Jahrbuch für deutsche Gegenwartsliteratur 457
Basis 9, Jahrbuch für deutsche Gegenwartsliteratur 553
Basis 10, Jahrbuch für deutsche Gegenwartsliteratur 589
Sylvia Beach, Shakespeare and Company 823
Beaucamp, Das Dilemma der Avantgarde 329
Becker, Jürgen, Eine Zeit ohne Wörter 20
– Gedichte 690
Becker, Jurek, Irreführung der Behörden 271
– Der Boxer 526
– Jakob der Lügner 774
– Schlaflose Tage 626
Beckett, Das letzte Band (dreisprachig) 200
– Der Namenlose 536
– Endspiel (dreisprachig) 171
– Glückliche Tage (dreisprachig) 248
– Malone stirbt 407
– Molloy 229
– Warten auf Godot (dreisprachig) 1
– Watt 46
Das Werk von Beckett. Berliner Colloquium 225
Materialien zu Beckett »Der Verwaiser« 605
Materialien zu Becketts »Godot« 104
Materialien zu Becketts »Godot« 2 475
Materialien zu Becketts Romanen 315
Behrens, Die weiße Frau 655
Bell, Virginia Woolf 753
Benjamin, Der Stratege im Literaturkampf 176
– Illuminationen 345
– Über Haschisch 21
– Ursprung des deutschen Trauerspiels 69
Zur Aktualität Walter Benjamins 150
Beradt, Das dritte Reich des Traums 697
Bernhard, Das Kalkwerk 128
– Der Kulterer 306
– Frost 47
– Gehen 5
– Salzburger Stücke 257
Bertaux, Hölderlin 686
– Mutation der Menschheit 555
Beti, Perpétue und die Gewöhnung ans Unglück 677
Bienek, Bakunin, eine Invention 775
Bierce, Das Spukhaus 365
Bingel, Lied für Zement 287
Bioy Casares, Fluchtplan 378
– Tagebuch des Schweinekriegs 469
Blackwood, Besuch von Drüben 411
– Das leere Haus 30
– Der Griff aus dem Dunkel 518
Blatter, Zunehmendes Heimweh 649
– Schaltfehler 743
Bloch, Atheismus im Christentum 144
Böni, Ein Wanderer im Alpenregen 671
Börne, Spiegelbild des Lebens 408
Bohrer, Ein bißchen Lust am Untergang 745
Bonaparte, Edgar Poe, 3 Bde. 592
Bond, Bingo 283
– Die See 160
Brandão, Null 777
Brasch, Kargo 541
Braun, J. u. G., Conviva Ludibundus 748
– Der Fehlfaktor 687
– Der Irrtum des Großen Zauberers 807
– Unheimliche Erscheinungsformen auf Omega XI 646
Braun, Das ungezwungne Leben Kasts 546
– Gedichte 499
– Stücke 1 198
– Stücke 2 680
Brecht, Frühe Stücke 201
– Gedichte 251
– Gedichte für Städtebewohner 640
– Geschichten vom Herrn Keuner 16
– Schriften zur Gesellschaft 199
Brecht in Augsburg 297
Bertolt Brechts Dreigroschenbuch 87
Brentano, Berliner Novellen 568
– Prozeß ohne Richter 427
Broch, Hermann, Barbara 151
– Briefe I 710
– Briefe II 711
– Briefe III 712
– Dramen 538
– Gedichte 572